제2판

산업안전보건법 해설

조흠학 지음

신광문화사

머리말

2020년 전부개정 후 시행되고 있는 「산업안전보건법」은 사업장에서 노동자를 보호하기 위한 목적으로 근로자를 노무를 제공하는 자로 보호범위를 넓히고, 적용대상을 특수형태근로종사자, 배달종사자 및 프랜차이즈사업장의 근로자 보호규정 등을 포함시켰다. 그리고 산업재해를 줄이기 위해 현장에서 위험요인의 파악이 중요하다고 보여 위험성평가를 전면적으로 시행한 것은 재해감소를 위한 매우 적절하게 이루어진 제도라고 볼 수 있다. 이외에도 사업주의 안전보건개선계획 이사회 보고제도와 사업주의 수강명령제도, 건설 발주자의 책임 및 도급사업주 의무, 작업중지, MSDS 정보제공 등은 산업환경의 변화에 적절하게 대응하여 사업장의 일하는 노동자의 건강과 안전을 보호하기 위하여 시행되는 것은 매우 바람직한 방향이라고 볼 수 있다.

이후 산업안전보건법 개정을 통하여 지방자치단체의 산업안전보건책임을 추가한 것은 지역적 특성을 고려한 책임을 부여한 것이지만, 아쉬운 면은 사업장의 실질적인 권한을 가지고 있는 대표이사의 책임을 부과하지 못한 것이다. 물론 법률에서 모든 부분의 내용을 담을 수는 없지만, 법의 적용을 통하여 보호 받아야 하는 사람과 책임을 부담하는 사람은 명확하게 규정하는 것이 매우 중요한 문제라고 생각되어 아쉬운 부분은 있다고 생각된다.

그런 의미에서 이번 「산업안전보건법」의 개정판은 기존의 해설을 중심으로 개정된 법률내용을 반영하고 최근에 사업장에 중요하게 생각하는 「중대재해처벌법」을 제4편에 포함시켜 현장에서 필요한 내용을 이해하도록 하였다. 그러므로 이번 개정판의 구성은 제1편은 법의 기본이론이고, 제2편은 외국제도, 제3편은 개정된 법률의 조문별 해석, 제4편은 처벌규정과 중대재해처벌법으로 구성하여 개정된 내용을 이해할 수 있도록 하였다. 특히 노동형법이라는 측면에서 산업안전보건법을 위반하면 처벌되는 형사처벌에 관한 이론적 근거가 무엇인지 정리하였고, 중대재해처벌법의 사업주 의무와 법적용의 문제점 등과 차후 법률 개정 시에 보완해야 할 부분이 무엇인지 설명하고 정리하였다.

책의 내용이 법률 주석서에 해당되어 현장에서 법률 조문을 해석하고 이해하는데 도움이 될 수 있도록 쉽게 정리하였다. 또한 조문 해석 외에 산업안전보건법의 역사적 배경과 해외제도에 대한 지식도 필요하여 정리하여 설명하였다. 이번 개정판은 사업장에서 현장을 담당하는 관리자들과 「산업안전보건법」을 처음 접하는 사람에게 법률개념을 쉽게 이해할 수 있도록 형사법이론을 정리하여 도움이 될 것으로 기대한다.

그리고 부족하지만 출판에 기꺼이 동의해 주신 신광문화사의 전귀연 사장님과 편집과 제작에 참여하여 준 신광문화사 출판부 직원들에게 심심한 감사를 표하며, 개정판의 오타와 교정을 도와 준 박채은 법학박사에게 감사드리고, 앞으로 산업안전보건분야의 학문적 역량이 성취하길 바란다. 그리고 저자가 인제대에서 산업안전보건법과 안전보건부분을 강의하도록 도와주신 김태구 교수님께도 감사드리고 오늘도 사업장에서 불철주야 노력하는 현장의 노동자들에게 머리 숙여 감사드린다.

마지막으로 지금까지 산업안전보건법 분야에서 존재할 수 있도록 도와준 아내와 아들, 그리고 딸과 사위, 손녀 아은이에게도 고마움을 표한다.

「산업안전보건법」의 개정판을 출간하게 된 것을 하나님께 영광을 돌립니다.

2025년 2월
저 자 씀

목 차

Part 1 산업안전보건법 개론 9

Ⅰ. 산업안전보건법의 연혁 10
1. 산업안전보건법의 태동 10
2. 산업안전보건법 제정시기의 사회적 특징 15
3. 현대적 산업안전보건법의 입법방향 19

Ⅱ. 산업안전보건법의 체계와 구조 26
1. 산업안전보건법의 체계 26
2. 산업안전보건법과 타법과의 관계 31
3. 산업안전보건법의 법원 34
4. 산업안전보건법의 해석 40
5. 산업안전보건법의 발전과정 49

Part 2 외국의 산업안전보건법 67

Ⅰ. ILO의 안전보건 협약과 EU의 안전보건지침 68
1. ILO의 산업안전보건에 관한 협약 68
2. EU지침 74

Ⅱ. 미국 산업안전보건법 79
1. 역사적 배경 79
2. 사업장 안전관련 법령 체계 93
3. 미국 산업안전보건법의 지위 101

Ⅲ. 영국 산업안전보건법 116
1. 역사적 배경 116
2. 사업장 안전보건 법령 체계 130
3. 기업과실치사 및 기업살인에 관한 규정 141

Ⅳ. 독일 산업안전보건법 145
1. 역사적 배경 145
2. 사업주 의무와 근로자 권리 161
3. 독일 산업안전보건법의 구조 164

Ⅴ. 일본 산업안전보건법 174
1. 역사적 배경 174
2. 일본 노동안전위생법의 제정배경 180
3. 일본의 노동위생관련 법령 190
4. 산업안전보건법의 사업주 책임과 근로자 보호 198

Part 3 산업안전보건법 조문 해설 215

제1장 총칙 216

제2장 안전보건관리체제 등 236
제1절 안전보건관리체제 236
제2절 안전보건관리규정 252

제3장 안전보건교육 253
제4장 유해·위험 방지 조치 268
제5장 도급 시 산업재해 예방 305
제1절 도급의 제한 305
제2절 도급인의 안전조치 및 보건조치 312
제3절 건설업 등의 산업재해 예방 320
제4절 그 밖의 고용형태에서의 산업재해 예방 333

제6장 유해·위험 기계 등에 대한 조치 340
제1절 유해하거나 위험한 기계 등에 대한 방호조치 등 340
제2절 안전인증 344
제3절 자율안전확인의 신고 351
제4절 안전검사 355
제5절 유해·위험 기계 등의 조사 및 지원 등 360

제7장 유해·위험 물질에 대한 조치 363
제1절 유해·위험 물질의 분류 및 관리 363
제2절 석면에 대한 조치 379

제8장 근로자 보건관리 385
제1절 근로환경의 개선 385
제2절 건강진단 및 건강관리 391

제9장 산업안전지도사 및 산업보건지도사 407
제10장 근로감독관 등 410
제11장 보칙 413
제12장 벌칙 426

Part 4 노동형법으로 처벌규정과 중대재해처벌법 441

Ⅰ. 산업안전보건법의 적용과 효력 442
1. 산업안전보건법의 처벌규정 442
2. 산업안전보건법의 형벌이론 450

Ⅱ. 중대재해처벌법 482
1. 중대재해처벌법의 제정이유 482
2. 중대재해처벌법의 주요내용 483
3. 경영책임자의 의무 486
4. 지배·운영·관리에 관한 책임 488

5. 안전보건 관리체계의 구축 489
6. 도급인의 경영책임자 업무 490
7. 중대재해처벌법의 재검토 492
8. 중대재해처벌법의 향후 전망 497

- 참고자료 500
- 참고문헌 504
- 찾아보기 510

PART 01

산업안전보건법 개론

Ⅰ. 산업안전보건법의 연혁

Ⅱ. 산업안전보건법의 체계와 구조

I. 산업안전보건법의 연혁

1. 산업안전보건법의 태동

생명과 건강은 노동자를 포함한 모든 사람에게 가장 기본적인 권리이다. 근로는 노동자가 생존을 목적으로 수행하기 때문에 때로는 여러 형태의 위험에 노출되어 있어 노동자를 법적으로 보호해야 한다. 사용자는 노동자를 보호(사법적 의무)하고, 국가는 이를 제도적으로 보장할 의무(공법적 의무)가 있다. 노동자의 안전과 보건에 관한 법률체계는 산업재해의 발생 전과 발생 후로 구분하여 달리 규정하고 있다. 산업재해 발생 전은 예방을 목적으로 제정된 산업안전보건법에서 사업주에 대한 각종 의무를 부과하고 위반 시에는 벌칙을 적용하며, 산업재해 발생 후는 치료와 재활 그리고 생활안정을 목적으로 제정된 산업재해보상보험법이 적용된다.[1] 노동자의 안전·보건 및 재해보상에 관한 사항은 원래 근로기준법의 일부로 규정되었지만(근기법 제6장 안전과 보건 및 제8장 재해보상 참조), 산업재해의 예방강화와 재해보상의 사회보험화라는 목적으로 각각 독립된 법률로 제정될 필요가 나타났다. 산업안전과 보건에 관해서는 고도경제성장기를 거치면서 산업의 확대와 기술의 변화에 따라 산업재해가 급증하는 것을 배경으로 1981년에 독립된 법률로 제정되었다.[2]

산업안전보건법은 근로기준법 제6장과 근로보건규칙(1961.9.11 제정) 및 근로안전관리규칙(1962.5.7 제정)을 바탕으로 새로운 안전규정 속에 정부의 책무 등을 추가하여 제정되었으며, 이 산업안전보건법은 산업화가 한창 진행 중인 1981년이라는 시기에 갑자기 제정된 법률이 아니라 1953년에 제정된 근로기준법과 이 법에 따른 시행령과 시행규칙을 모태로 한 것이다.

따라서 산업안전과 보건을 위한 법적 규제는 근로기준법의 제정으로부터 시작되었으나 우리나라의 근로기준법은 노동자 보호라는 측면에서 고용과 근로관계를 위주로 제정되었다. 단지 근로기준법 제6장에 '안전과 보건'을 근간으로 하는 근로안전규칙, 근로보건관리규칙이 있을 뿐이었다. 그러나 실제로는 안전보건의 중요성은 해방이전에 이미 우리나라의 노동운동사에서도 나타나듯이 노동조합의 형성과 동시에 사회보장적 측면의 산재예방에 관한 노동자 보호의 중요성을 두고 있었다. 특히 단체협약 같은 사업장 협약이나 요구를 보면 한일합방이전 조선말에도 부두노동자와 광산노동자를 중심으로 한 노동운동 속에는 단체행동의 주된 부분은 임금이외에 작업장 안전에 관한 근로조건을 우선으로 하고 있었다.

1) 조흠학, 「산재발생의 사업주 책임에 관한 개선방안」, 한국노총 중앙연구원, 2004, 6면.
2) 법률 제3532호, 1981.12.31. 제정, 1982.7.1. 시행. 근로기준법에서 안전과 보건에 관하여 산업안전보건법이 정하는 바에 따른다고 정리하여 산업안전보건법의 단일법체제로 개정되었다.

(1) 근대 이전의 노동과 산업안전

우리나라는 산업안전을 개인들이 주장하기 보다는 노동관계측면에서 나타나는 노동조합이라는 노동자들의 단체에서부터 노동자 보호의 산업안전이 시작되었다고 볼 수 있다. 이러한 노동조합의 형태는 인위적으로 생겨난 것이 아니라 갑오경장이후에 사회 경제적 구조가 봉건적제도의 말기적인 현상과 사회 정치적인 상황에 따라 제조업보다는 자유업을 택하는 근로자에 의하여 나타나게 되었고, 조합이라는 명칭은 1898년 부두노동자를 대상으로 등장하게 되었다.[3)]

하지만 역사적 기록을 통하여 살펴보면 근대적 시대에 임금보존에 관한 18세기 이전 19세기 전후하여 노동자 개념을 나타내는 표시가 있었다. 사실상 노동자라는 의미는 노동관계에서 사용자라는 의미의 상대적 개념을 가지고 있다. 현재의 산업안전보건측면에서 본다면 일하는 사람의 상대적인 사업주가 있어야 하는 것이다. 즉 노동자라는 의미는 단순히 일하는 사람이라는 의미도 되지만, 일하는 사람의 건강과 안전이라는 문제에서는 일하는 사람, 즉 근로자의 안전한 작업장을 제공해야 하는 상대적인 사용자 즉 사업주가 있어야 하는 것이다. 그런 의미에서 우리나라에서 노동자라는 의미가 최초로 쓰여진 것은 매우 중요한 의미를 나타내고 있으며, 이것은 사업주라는 상대적 개념도 존재했다고 볼 수 있다. 그런 의미에서 노동자라는 의미가 사용되어진 것은 18세기 중엽 이후라고 볼 수 있다.

우리는 여러 가지 역사적 기록을 통하여 근대적 임금보존을 중심으로 한 노동이 중심적 형태라고 볼 수 있을 만한 '고공(雇工)'·'임용사공(賃用私工)'·'용인(庸人)' 등의 발생을 18세기 이후 19세기 중엽에 걸쳐서 찾아 볼 수 있으며, 19세기 후반에 이르러서는 명백한 임금노동자가 나타나고 있음을 알 수 있다.

1781년(정조5년) 박일원이 편찬한 추관지(秋官志)를 보면, "민가에서 한때 품팔이하는 자를 고공이라 하는데, 이들은 식사를 제공받음으로써 그 집에서 노역을 해준다. ……이 고공이라 불리는 자들은 촌(村)·점(店) 사이에 언뜻 왔다가 언뜻 떠나는 등 한때 머무르는 무리들에 불과하다."[4)]고 하고 있으며, "관에서 편역이 있으면 사공을 임용했다."[5)]는 기록이 있는데, 이 '고공'이나 임용한 '사공'은 근대적 자본가에 의해서 고용된 것이 아니며, 그들이 자금을 유일한 생활원

3) 조흠학, 산재종합센터 건립에 관한 연구, 한국노총, 1998; 김윤환, 한국노동운동사, 일조각, 1982, 11쪽 참조목포항에서 최초의 동맹파업이 일어난 것은 1898년 2월 "개항후 5개월째의 사건이었다. 당시는 초창기여서 모든 것이 무질서함을 면치 못했는데, 일본인 등이 매일 사역하는 한인부의 임전에 대해서도 그 지불방법 및 청구방법이 구구하여 매우 불통일적이며, 동시에 불편을 느끼는 바가 적지 않아 그 표준을 정하려고 이것을 협정하려고 하였는데, 한인부는 불평을 외치며 취업을 거부하고 동맹파업을 실행할 뿐 아니라, 한인 위탁문옥(각주)의 거류지에 출입하여 일본인과 매매거래를 하는 자를 박해하였다. 때문에, 일본인 거류지 외, 즉 한인 마을과는 교통이 두절하여 서로 노려보며 통상의 정지 일주일에 이르렀다. 그런데, 한국관리는 이 중대사건에 대하여 하등의 적당한 조치도 하지 않고 아일본 거류민과 한인 문옥조합과의 진력에 의하여 점차 이를 해결했다. 이 사건 중 한인부 등은 매일 거류지 외 죽동 산 중턱에 군집하여 밤이 되면 모닥불을 피우면서 거류지에 대한 시위운동을 하고 자칫하면 일본인과 충돌하려고 하였다."

4) 秋官志 卷六 雇工立案條「民家一時作傭者 謂之雇工 此類旣以食供役其家……以雇工名者 不過村店間 乍去乍來 一時留接之類也. (김윤환, 한국독립운동사, 일조각, 8쪽 이하 참조)

5) 대전통편 공전외공장조「관유편역칙 임용사공」

천으로 삼고 있는 것이 아니라는 의미에 있어서 임금노동으로 보기는 어려우나, 임금노동으로 전화할 수 있는 기초적 단계였다고 말할 수 있을 것이다.

(2) 구한말의 사회현상과 노동관계

광산노동자 및 부두노동자들은 토지소작인에서 넘어온 빈한한 농민들이었고, 그들은 도시 부근에서 빈궁한 생활에 시달리며 광산이나 부두에서 품팔이군이 되었고, 이 당시의 노동자의 개념은 안전보건이라는 현재의 모습은 전혀 찾아볼 수가 없고 단지 하루하루 살아가는데 급급한 형태였다. 이들 일일 임금노동자는 자기 노동을 제공한 대가로 얻어지는 임금을 유일한 생활원으로 삼고 매일 매일을 살아가는데, 생활상의 필요에 의하여 집단적 행동을 취하기도 하고, 또는 조직을 결성하여 단결을 기하기도 하였다. 특히 한일합방을 전후하여 서서히 늘기 시작한 공장노동자의 수가 1919년에는 5, 6천명에 달했으므로 노동운동 발생의 소지는 충분히 마련되었던 것이다.

우리나라에서 임금노동자들이 집단적 행동을 취한 사건은 일찍이 19세기 말엽 광산노동자와 부두노동자들 사이에서 발생하였으며, 이들은 공동 이익을 위하여 함께 투쟁하고 나아가 단체를 조직함으로써 단결을 공고히 하였지만 이 당시의 공동이익은 임금과 열악한 작업장 환경개선이 주된 내용이었다. 이 당시의 집단적 행동 속에는 열악한 작업장 환경을 내세웠지만, 당시에는 작업환경개선보다는 먹고 살기 위한 임금이 주된 관심사이기 때문에 작업환경, 건강, 안전은 무시되어진 것이라 볼 수 있다.

물론 현 시대적 의미 입장에서 본다면 작업환경과 안전은 매우 중요한 내용이라고 할 수 있지만 당시에는 임금의 개념을 우선시 할 수밖에 없는 사회적 환경 때문이라고 생각된다.

광산노동자의 경우, 교통 통신이 불편했던 당시 산중에서 일어났던 일이라 널리 세상에 알려지거나 기록에 남은 것은 거의 없지만, 1888년 함경도 (후에 강원도) 초산에서 일어난 광산의 집단행동을 비롯하여 1892년 경북 예천 광산의 폭동, 1901년 운산금광 및 1898년 강원도 당현 광산에서 외국인의 채광권 취득을 반대하여[6] 작업을 거부하며 항쟁한 사건들이 있었다.[7]

이 당시의 발생한 사건의 대부분을 보면 이 시대의 노동조합이 활성화 되지 않았기 때문에 집단행동이 거의 발생할 수 없었고, 이에 따라 의견불일치라는 의미의 노동쟁의라는 단어는 사실상

6) 김윤환, 앞의 책, 재인용;「황성신문」, 광무 2년(1898년) 12월 29일호 및 동 光武 5년(1901년) 5월 9일호 1898년 당현 광민의 항거와 1901년 운산금광 노동자들의 항쟁은 그들이 채광권이 독일인 또는 미국인에게 넘어간 것을 반대하여, 외국인의 채광을 위해서 노동하는 것을 집단적으로 거부하며 투쟁했던 사건들이다. 그리하여 그들은 투석 작경하며 외국인의 광산 침입을 반대하였으니, 이는 단순하게 자기들의 노동조건 개선을 위한 것이 아니라 외국자본가의 채광권 침략을 반대하는 애국적 행동의 하나였지만, 노동자들의 집단적 행동이었다는 점에서 큰 의미를 가지는 것이다.

7) 木浦志編纂會「木浦志」, 1913년, p.576.다음 개항 이해 성장한 부두노동자들이 취했던 집단적 행동으로는 1898년 이래 1900년초에 걸쳐 단행된 목포부두노동자들의 동맹파업이 유명하다.「목포지」는 당시의 부두노동자 동맹파업에 대하여 다음과 같이 기록하고 있다. “당목포에는 개항 이래 명치 36년(1903년)까지 한인부의 동맹파업 또는 한인 문옥(객주)의 망동에 의하여 거류지외 한인가와의 교통을 차단하고 통상을 정지한 일이 전후 실로 8회에 이르렀고, …… 중략…… 목포의 스트라이크라 하면 목포에 특유한 만성병으로 보여 각지에 유명하다.”

생소한 시기였다. 이에 따라 임금과 그에 따른 사업장의 근로조건에 관한 부당성을 요구하는 의미에서 노동자의 작업장안전과 보호를 요구하는 의미의 주장이 나타나 사실상 안전보건을 중심으로 집단행동이 일어났음을 알 수 있다.

(3) 일제 침략 시기의 노동과 산업안전

일제 침략 시기에는 1929년 세계대공황 이래 산업의 군사화와 전쟁의 확대, 그리고 군사체제의 강화 등 일본 식민지통합하에서 급속한 성장을 강요당하고 있던 한국의 노동자들의 노동조건과 생활상태를 보면, 공장노동자들의 임금수준은 가혹한 민족차별적인 임금과 함께 작업장 안전도 열악한 형태였다.

더욱이 임금은 점차 하락하는 경향을 나타내고 있어 성년공의 경우 1929년 1원하던 임금이 1935년에는 불과 90전으로 되었다. 여성노동자의 임금은 더욱 낮아, 성년남자의 임금은 일본인 성년남자임금의 2분의 1이었는데 비해, 성년여자는 일본의 4분의 1, 유년여자는 6분의 1도 못되는 낮은 임금을 받고 있었다. 이는 이들 사이의 노동생산능률에 그렇게 큰 차이가 있었기 때문인 것은 아니고, 단지 민족적 차별과 함께 여성들은 앉아서 굶는 것보다는 일을 하고 한 푼이라도 벌어 살림에 보태지 않으면 안 되는 비참한 처지에서 가계보조적인 임금을 얻기 위해 일하는 형편이었기 때문이다. 그러므로 당시 여성노동자들은 임금만 저수준이었던 것이 아니라 모든 노동조건 특히 작업장 안전과 보건은 인간 이하의 처우를 받고 있었으며, 당시 조선중앙일보는 여성노동자들의 형편을 이렇게 말하고 있다.[8)]

"어두컴컴한 공장에서 그리고 감독의 무서운 감시와 100도 가까운 열도 속에서 뜨거운 공기를 마시며 골육이 쑤시고 뼈가 으스러지도록 노동을 하는 여성노동자는 대게 15~16세 혹은 20세 전후로 그 대부분은 각지 농촌에서 모집되어 온 것이다. 그들은 하루에 최고가 15~16전으로 6~7년간 동안 이런 환경 속에서 괴로운 훈련을 겪은 다음에야 겨우 40~50전을 받게 된다. 기숙사라고 해도 한 방에 10명씩이나 몰아넣고 수위가 계속 교대하며 그들은 감시하여 극도로 자유를 제한하고 있다. 노동 시간은 길고 식사는 형편없이 그들의 영양상태와 건강은 극도로 악화하고 있었다. 이 여성들의 얼굴빛은 마치 중병 직후의 환자와 같고, 몸은 쇠약할 대로 쇠약하여 졸도하는 일이 허다한데, 공장 내에는 특별한 규율이 있어 조금이라도 그 규율을 어기면 즉각 매를 맞는 형편이었다."[9)]라고 기술하고 있으며, 당시의 노동조건 속에는 안전과 작업환경의 개념은 있었다고 볼 수 있다.

8) 조흠학, 법제사적 의미에서 산업안전보건법의 역할과 지위에 관한 연구, 산업안전보건연구원, 2010.
9) 조선중앙일보, 1937. 7. 2.

(4) 해방이후의 산업안전

1945년 8월 31일 경성방직공장 노동자들의 노동자대회를 열고 노동조건의 개선을 위한 쟁의를 제기한 것을 비롯하여, 각 공장노동자들과 백화점점원 등이 이제까지 오랫동안 일제 비호 밑에 노동자를 혹사하여 온 친일자본가들 밑에서 일할 수 없다 하여 경영주를 배척하며, 또는 이제까지 일본인의 지배하에 있던 공장들을 스스로 관리하도록 해야 한다고 주장하여 쟁의와 조직활동을 전개하기 시작했던 것이다.

산업노동조사소의 발표에 의하면, 1945년 11월 4일 현재 경성을 비롯한 남한 각지도시들에는 금속·화학·출판·섬유·교통·운수·식료·토건·전기·통신·어업·광산·해원항만·일반봉급자 합동 등 16개 산업별 노동조합에 728개 분회가 조직되고, 조직노동자의 수는 88,634명에 달했다고 한다.[10)]

따라서 이 시기에 사업장의 노동자 안전을 위하여 중요함을 깨닫고 사업장 안전에 관한 법률 제정의 필요성을 느끼게 되었다. 이러한 인식 속에서 근로기준법이 제정되기 전이지만, 1945년 8·15해방 이후에 한국의 노동관계상황은 다른 모든 분야와 마찬가지로 일제의 36년간의 식민지 수탈과 봉건적인 체제의 결과로 비민주적이거나 비인간적인 상태로 노동관계가 나타나게 되었고, 이러한 사회적 감정을 고려하여 미군정 법령에서 일부 안전보건에 관한 부분을 찾아볼 수 있다.[11)]

안전보건에 관한 미군정 법령을 보면 1946.9.18. 미군정당국은 군정법령 제112호 '아동노동법규'와 동년 9.18. 군정법령 제121호 제정된 근로자 보호 입법인 『최고노동시간법(Regulations on Maximum Working Hours)』과 과도정부 법령 제4호로 『미성년자 노동보호법』이 제정 되었으나, 1953년 『근로기준법』이 제정·공포됨에 따라 동법 부칙 제114조에 의하여 폐지되었다. 16세 미만과 18세 미만 아동에 대해서도 고용에 일정한 제한을 두었다. 그리고 21세 미만 여성의 고용에도 일정한 규제를 설정하였고, 그 외에 상병휴일과 임신 및 수유에 관련된 규정도 마련하였다. 최고근로시간에 관한 법령에서는 하루 8시간 주당 48시간의 근로시간을 규정하고 이 시간을 초과하여 근로할 경우에는 기본급료의 15% 이상의 금액을 보상할 것을 규정하였다.[12)]

우리나라의 산업안전보건에 관한 법은 근로기준법으로부터 태동되었으며, 근로기준법은 헌법

10) 김윤환, 한국노동운동사, 일조각, 33면 참조; 산업노동조사소, 「산업노동시보」 창간호, 114~115면.

11) 이시기의 사회 국제적인 정세는 승전국의 사회·정치형태체제로 변화가 나타나 일부 소수 승전국의 정치권력행사로 이루어지고, 약소국의 정치 사회적인 권한은 사실상 거의 전무 한 상태라고 볼 수 있다. 당시의 우리의 사회 및 노동관계의 형태는 남한과 북한의 38선이라는 군사적 목적으로 구분이 되어진 상태에서 남한은 반공 이데올로기의 확립에 주력하였고, 미군정은 노동자, 농민의 광범위한 대중의 불만을 고조시켜, 일제하의 반발이었던 노동자계층을 좌익노동자라 하여 억압하는 정책으로 실시하였다. 이에 따라 조선노동조합 전국평의회와 우익단체인 대한독립촉성노동총연맹으로 나누어지고, 1947년 3월 생활급 보장, 실직방지, 테러방지 등으로 파업이 실시되었지만 미군정에서 즉시 종결 시켰으며, 이후 1947년 4월 19일 조합원투표에서 대한독립촉성노동총연맹이 단체교섭권을 얻어 합법적인 노동단체가 되고 1948년 남한 단독 정부가 수립되자 대한 노총이 유일한 노동단체로 등장하게 되었다.

12) 노동부, 산업안전보건법 제·개정 발자취, 노동부, 2003.11. 3면.

에 근거를 두고 노동자의 근로조건 기준을 정함으로써 노동자의 기본적 생활을 보장·향상시키며 균형 있는 국민경제 발전을 기함을 목적으로 하는 법이다.

1948년 제1공화국 헌법 제17조(현행 헌법 제32조)에서 "근로조건의 기준은 법률로서 정하고 여자와 연소자의 근로는 특별보호를 받는다."고 규정한지 약 5년 후인 1953년 5월 10일 법률 제286호로 노동법으로서는 최초의 법으로 『근로기준법』이 제정·공포되었다.

이 법에서는 사업장의 기계, 기구, 설비 및 작업환경 등에 관하여 일정한 기준을 설정하고 안전관리자와 보건관리자를 두도록 하는 등 동법 제6장에 "안전과 보건"에 관한 10개 조항을 규정하고 산업재해의 발생을 예방하고자 사업주로 하여금 그 준수를 강제하였으며 산업안전보건법이 제정, 공포될 때까지 약 28년간 시행되었다.[13]

그 내용은 ① 위험방지(법 제64조) ② 안전장치(법 제65조) ③ 특히 위험한 작업(법 제66조) ④ 유해물(법 제67조) ⑤ 위험작업의 취업제한(법 제68조) ⑥ 안전보건교육(법 제69조) ⑦ 병자의 취업금지(법 제70조) ⑧ 건강진단(법 제71조) ⑨ 안전관리자와 보건관리자(법 제72조) ⑩ 감독상의 행정조치(법 제73조)로 구성되어 있다. 근로기준법은 제정 이후 8차에 걸쳐 개정이 있었으나 "안전과 보건"에 관한 개정은 없었다.[14]

2. 산업안전보건법 제정시기의 사회적 특징

우리나라의 산업안전보건에 관한 법은 1953년 5월 10일 법률 제286호로 제정된 "근로기준법"이 제정되면서 근로자의 안전과 보건에 관한 제6장에 안전보건 부분을 두고 제64조부터 제73조까지 위험방지, 안전장치, 유해물 제조금지, 안전보건관리자, 건강진단 등을 규정하고 있었으며, 이후 1961년 9월 11일 "근로보건관리규칙"이 제정·공포되고, 1962년 5월 7일에는 "근로안전관리규칙"이 제정·공포되면서 우리나라의 산업안전보건관리 제도에 대한 구체적인 틀이 마련되었다.

1980년대 들어 경제의 고도성장으로 사업장 기계설비의 대형화, 고속화 및 건설공사의 대규모화 등에 따른 중대재해가 급증하고, 유해물질의 대량사용 등으로 새로운 직업성 질병이 증가함에 따라 정부에서는 산업사회의 급속한 변화에 대응하기 위한 산업안전보건 대책을 추진하기 위해 산업안전보건 분야를 근로기준법에서 분리하여 새로운 독립법으로서의 제정을 추진하게 되었다.

1981년 11월 29일 "산업안전보건법 제정(안)"이 국회에 제안되어, 1981년 12월 18일 국회 본회의에서 통과되었으며, 1981년 12월 31일 법률 제3532호로 공포됨으로써 우리나라의 산업안전·보건에 관한 독립법인 『산업안전보건법』이 탄생하게 된 것이다.[15]

13) 조흠학, 법제사적 의미에서 산업안전보건법의 역할과 지위에 관한 연구, 산업안전보건연구원, 2010, 발췌함.
14) 조흠학, 법제사적 의미에서 산업안전보건법의 역할과 지위에 관한 연구, 산업안전보건연구원, 2010, 발췌함.

이러한 산업안전보건법(이하 산안법)은 1981년 제정된 이후 노동자 보호를 위한 방안으로 부족한 보호기능을 보완하기 위하여 계속적인 개정을 하고 있다.

따라서 산업안전보건의 예방조치의 준거법으로서의 입법적 측면과 과정을 살펴보도록 한다.

(1) 1960년대 사회보장과 산업안전보건

1960년대는 우리나라의 산업재해예방을 위한 제도적 체제가 구축된 시기라 할 수 있다. 1961년에는 근로보건관리규칙이, 1962년에는 근로안전관리규칙이 제정됨에 따라 안전보건 관리업무를 구체적으로 명문화하는 틀이 마련되었다. 또 1963년 3월에는 광산근로자의 안전을 규정하는 광산보안법이, 동년 11월에는 산업재해보상보험법이, 1964년 6월에는 동법 시행령이 제정·공포되었다.[16)]

당시의 1960년대에는 사회복지에 관계되는 법령이 중심이 되어 4·19와 5·16의 변혁기를 치른 정부에서는 국민의 새로운 신뢰를 받고 또한 이전의 정부와는 다르다는 것을 보여주기 위해서 사회복지적 성격을 띤 여러 사회법을 제정 공포했는데 주요 법률은 다음과 같다.

① 공무원연금법(법률 제265호, 1960.1.1.), ② 직업안정법(법률 제912호, 1961.12.6.), ③ 아동복리법(법률 제912호, 1961.12.30.), ④ 생활보호법(법률 제913호, 1961.12. 30.), ⑤ 군사수호보상법(법률 제758호, 1961.11.1.), ⑥ 윤락행위등방지법(법률 제771호, 1961.11.9.)

참고적으로 이보다 앞서 1953년 5월 10일 근로기준법이 법률 제286호로 제정·공포됐다.

이상의 법률들이 제정된 배경을 대체로 두 가지로 설명할 수 있다. 한 가지는 어느 나라나 마찬가지로 관리들의 노후보장을 위한 연금법을 먼저 제정했다는 점이고, 다른 한 가지는 6·25 후 당연히 수반되는 상이군인의 보호와 무질서하게 전개되고 있던 고아나 영아들을 보호하거나, 그리고 전란 중 남편을 잃었거나 가족과 헤어진 젊은 여성들의 생활보호에 대처해야 한다는 즉흥적인 필요성이 중요했던 것이다.

이 무렵 일단의 사회보장 연구자들 외에는 학계나 사회단체 등 어느 곳에서도 체계적이고 종합적인, 전 국민을 대상으로 하는 사회보장제도의 도입에 대한 주장이나 관심은 없었다. 심지어 노동계의 총연맹에서도 근로자를 보호하기 위한 사회보장을 주장하는 활동이 없었던 것이다.[17)]

5·16이 일어난 1961년에는 '시급한 민생고의 해결'이라는 추상적 공약 외는 별 것이 없었으

15) 노동부, 산업안전보건법 제·개정 발자취, 6면.

16) 근로자의 업무상 재해를 신속하고 공정하게 보상하고 이에 필요한 보험시설을 설치, 운영하여 산업재해예방 및 근로자의 복지증진을 위한 사업을 행함으로써 근로자 보호에 기여함을 목적으로 하는 산업재해보상보험법이 1963년 11월 5일 법률 제1438호로 공포되었고, 그 후 12차에 걸쳐 개정되었다. 이 법은 전문 37조로 구성되어 있었으나 1994년 12월 22일 법률 제4826호로 전면 개정되면서 106조로 구성되었다.

17) 예를 들면 영국이 제2차 세계대전을 치르면서도 전후 영국의 부흥계획 중 최우선 순위를 사회보장제도의 재건에 두어 전쟁의 상처를 씻고 국민에게 희망을 주며 단결심을 고취시켰던 노력과 비교하면 정책수준에 큰 차이가 있음을 알 수 있다.

나, 1962년 국가최고회의 기본정책 방향에는 '의료균점을 수립하고 보조와 보험을 기간으로 하는 사회보장제도의 기틀을 마련하여 국민생활향상과 사회복지를 건설한다'라는 것과 1963년도의 기본정책 방향에는 '사회보장제도를 수립함으로써 빈곤과 질병, 실업 및 인구과잉 등 사회불안의 요인을 제거하고 사회정의를 실현하여 복지사회 건설에 매진한다'라는 입장이 천명된 것이다. 이와 같이 사회보장실시를 약속하는 정책방향이 나오게 된 배경은 당시의 사회보장연구자들과 최고회의 소속 전문위원들이 최고회의 당국자들에 대하여 조직적이고 끈질긴 설득작전을 폈기 때문이라고 본다.

당시 개정헌법(1962년 12월 26일) 제30조에는 국가의 사회보장증진의 의무가 규정되어 있어, 이것을 모법으로 사회보장의 개념, 사회보장정책의 범위, 관장부처 및 자문기관의 설치 등에 관한 기본법인 '사회보장에 관한 법률'의 제정을 시도한 것이다. 전문위원들(사회보장제도 심의위원회의 전문위원들과 최고회의의 전문위원들을 칭함)은 이 법안을 초안하여 1963년 10월 8일 제107차 최고회의 상임위원회의에 산업재해보상보험법안과 함께 상정하여 질의·심의를 거쳐 동년 11월 5일 두 법안이 동시에 통과됐다.

이 법률은 제1조(목적)에서, 국민의 인간다운 생활을 도모하기 위한 사회보장제도의 확립과 그 효율적인 발전을 기한다고 명시했고, 제2조(정의)에서, 사회보장이라 함은 사회보험에 의한 급여와 무상으로 행하는 공적부조를 말한다고 규정하여, 이른바 베버리지(W. H. Beveridge)체계를 도입했던 것이다.[18)]

사회보장적 의미의 사회적 인식에서 산업안전보건에 관한 법률은 1961년 9월 11일 각령 제132호로 "근로보건관리규칙"이 공포되었으며, 1969년 11월 10일 대통령령 제4222호로 개정되었다. 이 규칙의 제정은 우리나라 보건관리제도의 기틀을 처음으로 마련하였으며 이를 기점으로 법에 의한 "산업보건"이 본 궤도에 진입하는 원동력이 된 것이다.

동 규칙은 5개의 장[제1장 : 보건관리자(제1조~제8조), 제2장 : 건강진단(제9조~제14조), 제3장 : 취업금지(제15조), 제4장 : 보건기준(제16조~제59조)은 제1절 (유해물), 제2절 (보호구), 제3절 (고기압), 제4절 (기적 및 환기), 제5절 (채광 및 조명), 제6절 (기온 및 습도), 제7절 (휴양), 제8절 (청결), 제9절 (식당 및 취사장), 제10절 (구급용구), 제5장 : 잡칙(제60조~제61조)]으로 구성되었다.[19)]

그리고 1962년 5월 7일 "근로안전관리규칙"이 공포되었고 동 규칙은 1969년 11월 10일 대통령령 제4221호 "근로안전관리규정"으로 개정되었다. 그 후 1975년 4월 17일 제2차 개정(대통령령 제7599호)이 있었다.

18) 참고로 베버리지 사회보장 기본원칙 6가지를 살펴보면 다음과 같다.
① 균일최저급여(flat rate of subsistence benefit), ② 균일보험료(flat rate of contribution), ③ 행정책임통합(unification of administrative responsibility), ④ 적정급여(adequacy of benefit), ⑤ 포괄적 보장(comprehensiveness), ⑥ 대상자의 분류(classification)

19) 노동부, 산업안전보건법 제·개정 발자취, 5면.

이 규정은 전문 122개조로 구성되었고 그 내용은 제1장 총칙[안전관리자(제1조～제9조), 안전장치(제10조～제13조), 성능검사(제14조～제16조), 취업제한 및 금지(제17조～제19조), 보칙(제20조～제21조)], 제2장 안전기준[원동기 및 동력전도장치(제22조～제30조), 기계장치(제31조～제41조), 통로 및 작업장(제42조～제59조), 비계(제60조～제67조), 추락방지(제68조～제71조), 붕괴 및 낙하의 방지(제72조～제79조), 전기(제80조～제83조), 보호구 기타(제84조～제90조), 화재 및 폭발의 방지(제91조～제110조), 건조실(제111조～제120조)], 제3장 보칙(제121조～제122조)으로 되어 있다.

(2) 산업안전보건법의 탄생

1953년 대표적인 노동보호법규인 근로기준법이 제정되었고, 제6장을 안전과 보건에 관한 장으로 하여 기본적이고 종합적인 산업안전보건에 관한 법률을 제정하기에 이르렀다.

당시 국회에서는 노동관련 법안의 제정이 있었는데, 이시기에는 노동관련 법안이 제정되어지면서 사회에서 근로자를 보호함과 동시에 산업안전보건의 중요성을 알리는 계기가 되었다고 볼 수 있다. 당시의 1953년 제14회 정기국회에서 노동관계법의 제정에 관한 법률들을 살펴보면, 노동조합법(법률 제280호) 전문 제52조, 노동쟁의조정법(법률 제279호) 전문 제31조, 노동위원회법(법률 제281호) 전문 제24조, 근로기준법(법률 제286호) 전문 제115호 등을 1953년 3월 8일 공포하였고, 이중에서 근로기준법을 살펴보면 1953년 근로기준법은 노동자의 안전과 보건에 관하여 제6장 「안전과 보건」 장을 두어 제64조에서 제73조에 걸쳐 「위험방지」, 「안전장치」, 「유해물 제조 등의 금지」, 「안전·보건관리자」, 「건강진단」 등을 규정하고 있어 지금의 근로기준법보다 많은 조문을 제정하여 사업장을 규제하는 근거로 두었다.[20)]

경제의 고도 성장기에 접어들면서 사업장 기계설비의 대형화, 고속화 및 건설공사의 대규모화

20) 노동관련 쟁의에 관한 법률을 간단히 살펴보면, 공익사업(쟁의법 제4조)의 의미, 일반사업의 차이(동법 제7조, 제22조), 공무원의 쟁의행위금지(동법 제5조), 쟁의발생시 행정관청의 알선 또는 노동위원회의 조정기간(일반사업 3주일, 공익사업 6주일)을 경과하지 아니하고는 쟁의행위를 할 수 없다는 조항(동법 제7조), 노동위원회의 중재판정(노사쌍방의 신청시 또는 어느 일방이 단체협약의 규정에 의해 신청시, 공익사업의 경우에는 행정관청의 요구 또는 어느 일방이 단체협약의 규정에 의해 신청시, 공익사업의 경우에는 행정관청의 요구 또는 노동위원회의 직권으로 행한다)이 내렸을 경우에 그 판정에 불복할 수 없다는 조항(동법 제24조) 등 있다. 이 당시의 노동관계에 따른 쟁의는 많았으나, 노동조합 자체가 비민주적 하향식 조직이었기 때문에 사실상 조정이라는 절차형태에 주안점을 두었다고 볼 수 있지만 조정의 기본원리인 자주성과 공정성은 배제된 일방적인 조정이 많았다. 따라서 당시의 노동운동 속에는 (임송자, 대한노총연구, 성균관대박사학위논문 참조, 2003) 노동운동의 법적 기초가 되는 노동관계법 입법화는 1953년에 완수되었지만 정부에서의 주도보다는 사회적 분위기가 노동 관련 법안을 제정 할 수밖에 없는 시기라고 묘사되고 있다. 1953년 1월 23일에 노동조합법, 1월 27일에 노동위원회법, 1월 31일에 노동쟁의조정법, 4월 15일에 근로기준법이 각각 통과되었다. 노동관계법 제정·공포는 국가가 노동법을 중심으로 노동운동을 통제할 장치를 마련한 것으로 볼 수 있는 반면, 민주주의적 노동운동을 위한 법률적 기초가 완성된 것을 의미한다. 정부의 강제집행의사가 없었더라도 법적 보호(?) 하에서 노동자들은 노동조합 결성투쟁, 임금인상 투쟁, 생존권투쟁을 전개해 나갈 수 있었다. 특히 1950년대 후반기로 들어서면서 이러한 노동자들의 투쟁은 고양되어 가고 있었다. 노동관계법이 제대로 지켜지지 않았다고 하더라도 노동자들은 법적인 틀 속에서 자신의 권익옹호를 위하여 줄기차게 투쟁을 전개해 나가고 있었다(김윤환·김낙중, 『한국노동운동사』, 일조각, 1970, 160쪽 참조).

등에 따른 중대재해 발생이 급증하고, 유해물질의 대량사용 등으로 새로운 직업성 질병이 증가하는 등 산업사회의 급속한 변화에 대응하는 산업안전보건 대책을 추진하기 위해 정부에서는 산업안전보건 분야를 근로기준법에서 분리하여 새로운 독립법으로서의 제정 필요성을 제기하기에 이르렀다.

당시의 우리나라 산업재해 발생현황을 살펴보면, 첫째, 전산업의 재해자수는 1970년에 37,752명에 불과하였으나, 1980년에는 113,375명으로 3배 증가하였고, 둘째, 산업재해로 인한 사망자수도 1970년에 639명이던 것이 1980년에는 1,273명으로 2배 늘어났으며, 셋째, 직업병자수 또한, 1970년에 780명에서 1980년에는 4,828명으로 6.2배 늘어났고, 넷째, 산업재해로 인한 경제적 손실 추정액은 1970년에 92억1,500만원이었으나 1980년에는 3,125억 2,300만원으로 33.9배 증가되어 산업재해로 인한 인적·경제적 손실의 심각성을 보여주고 있다.

그러므로 이 법은 1981년 11월 29일 국회 보건사회위원회 소속 김집 의원 외 35인의 발의로 국회에 제안되어 심의를 거쳐 1981년 12월 18일 국회 본회의에서 통과되었으며, 1981년 12월 31일 법률 제3532호로 공포됨으로써 우리나라의 산업안전보건에 관한 독립법인 『산업안전보건법』이 탄생하게 된 것이다.

3. 현대적 산업안전보건법의 입법방향

(1) 산업안전보건법의 입법취지

이후 정부주도의 경제부흥을 위하여 산업이 발달하기 위하여 경제개발 5개년계획 속에서 사업주가 단순한 사업장의 안전보건의 책임을 묻기에는 부족하였다.

그래서 정부주도로 '60년대 이후 급속한 산업화 과정에서 체계화된 예방정책 부재[21]와 산업구조가 복잡·다양해지고 중화학공업이 확산됨에 따라 새로운 화학물질의 사용이 증가와 함께 경제성장과정에서 사용했던 기계장비 중에는 선진공업국에서 사용하던 중고품이 많이 도입되어 있었고, 최신 설비였다 하더라도 노후화되어 정부 차원의 특별한 대책이 수립과 함께 사업장에서 명확한 책임을 부과할 수 있는 산업안전보건법의 필요성이 대두되었다.[22]

이러한 근거로 사업장의 산업재해의 책임을 명확히 함과 동시에 근로자 보호를 위하여 1981

21) 이후 1981년 처음으로 원진레이온(주) 이황화탄소 중독 중독사고의 환자가 발생하고 이후 1990년 전후 사회적 문제가 대두되어 직업병 예방의 산업안전보건의 정책이 수립되어 졌다(김대성, 원진레이온 이황화탄소중동발생 20년을 돌아보며, 안전보건연구동향, 2010.4월호10면 참조).

22) 납·크롬·카드뮴·수은 등 중금속에 대한 중독과 이황화탄소, TCE 등과 같은 유기용제중독에 의한 직업병자의 발생빈도가 점차 증가하고 산업구조가 복잡·다양해지고 중화학공업이 확산됨에 따라 새로운 화학물질의 사용이 증가하게 되고 새로운 형태의 직업병이 발생할 가능성 또한 커짐에 따라 제도의 필요성이 대두되었다.

년 제정·공포된 『산업안전보건법』이 1990년 대폭 개정됨에 따라 『근로기준법』도 개정되어 관련조항들이 모두 폐지되고 제76조만이 그 흔적으로 남아 『산업안전보건법』에 따르도록 규정하였다.[23]

산업안전보건법이 제정된 근본적인 이유는 산업재해를 효과적으로 예방하는 데 있다. 1970년대 이후 중화학공업을 중심으로 산업이 발전하면서, 위험한 기계·기구를 사용하게 되고, 더 나아가 각 산업마다 새로운 공법이 사용되면서 산업재해가 과거에 비해 더 빈번하게 나타나고, 그 피해 역시 과거에 비해 매우 광범위하게 나타났다. 특히 유해물질을 대량으로 사용하는 산업이 다양해지고, 작업환경 역시 각 산업에 따라 다른 모습을 보이자 이에 따른 직업병의 발생이 크게 증가하였다. 이러한 위험은 직접적으로 근로자의 생명과 건강을 해칠 뿐만 아니라 사용자에게도 심대한 경제적 피해를 주게 된다. 이러한 위험에 효율적으로 대처하기 위해 체계적이고 종합적인 산업안전보건관리가 필요하게 되었다. 또한 안전과 보건에 필요한 위험방지기준에 대한 인식이 보편화 되었고, 사업장 내 안전보건관리체제의 필요성 역시 커졌다. 즉 산업안전보건관리에 필요한 위험방지기준을 확립하고, 사업장 내 안전보건관리체제를 명확히 함과 동시에 사업주 및 전문단체의 자율적 활동을 촉진함으로써 산업재해를 효율적으로 예방하고 쾌적한 작업환경을 조성하여 근로자의 안전·보건을 확보하는 입법이 필요하였다. 이러한 필요에 의해 산업안전보건법은 다음과 같은 목적으로 제정되었다.

① 산업재해예방을 위한 사업주 및 근로자의 기본적 의무를 명시하고,

② 노동부에 산업안전보건정책심의위원회를 두어 산업재해예방에 관한 주요정책을 심의 조정하도록 하며,

③ 유해위험성이 있는 사업에는 안전보건관리책임자와 안전관리자 및 보건관리자를 선임하게 하고 안전보건위원회를 설치하도록 하며 안전보건관계자 및 근로자에 대한 안전보건교육을 실시하도록 하고,

④ 작업환경이 인체에 해로운 작업장에 대하여는 작업환경을 측정 기록하고, 근로자에 대한 건강진단을 실시하여,

⑤ 산업재해 예방시설의 종류와 설치, 운영방법 및 정부의 지원육성방안을 정하고 산재예방에 관한 과학기술의 진흥과 연구개발을 추진하여 그 성과를 보급할 수 있도록 하는 것이다.[24]

(2) 산업안전보건법 현재의 의미

산업안전보건법의 전개과정을 보면, 근로기준법에 근거하여 새로운 산업안전보건에 관한 법규가 형성되기 시작하였다. 즉 '안전보건에 관한 법규는 성장하는 법규(growing regulations)'라는

23) 『근로기준법』 제76조(안전과 보건) 근로자의 안전과 보건에 관하여는 『산업안전보건법』이 정하는 바에 의한다.
24) 산업안전보건법(법률 제3532호, 1981.12.31, 제정) '신규제정이유' 참조.

말과 같이 산업안전보건법규는 기술의 진보, 재해·질병의 발생상황 그밖에 산업현장에서의 제반 사정의 변화에 따라 부단히 진화를 거듭한다. 산업안전보건법은 이러한 변화와 진화에 따라 산업재해를 예방하기 위한 목적으로 1981년 입법된 노동보호법규이며, 이 법은 1982년 7월에 시행되었으며 1983년에 시행령과 시행규칙이 정비되었다. 그리고 1987년에는 한국산업안전공단이 설립되어 산업안전보건행정을 뒷받침하는 토대가 마련되었으며, 특히 1990년에는 산업안전보건법을 전면 개정하여 사업장의 안전보건관리체계를 개편함으로써 자율적인 안전보건관리 정착을 위한 법규가 도입되었다.

이 당시의 산업안전보건법의 전면 개정이 이루어졌는데 당시의 산업현장에서는 산업재해 중에서 직업병에 관한 사회적 인식이 나타나는 커다란 사건이 있었다.

60년대 이후 급속한 산업화 과정에서 재해 발생이 늘어나고 산업화과정의 하나인 직업병의 증가로 인하여 산업안전보건의 예방체계를 도입하게 되었다. 따라서 체계화된 예방정책이 부재한 결과로 1987년 발생한 원진레이온(주)의 이황화탄소 중독 등 직업병이 사회적인 문제로 크게 부각됨에 따라 직업병예방 종합대책을 수립하게 되었다. 그 종합대책의 기본적 바탕은 정부 차원의 특별한 대책이 수립되지 않으면 직업병 문제가 앞으로 걷잡을 수 없이 확산될 가능성이 있다는 것이며, 경제성장과정에서 사용했던 기계장비 중에는 선진공업국에서 사용하던 중고품이 많이 도입되어 있었고 최신 설비였다 하더라도 노후화되고 있어 그 후유증이 적지 않을 것으로 예상하여 그 대책을 마련하려 하였다. 그 내용을 자세히 살펴보면, 첫째, 근로자 건강관리의 내실화, 둘째, 작업환경관리의 전문성 제고, 셋째, 직업병 판정 및 치료의 합리화, 넷째, 산업보건 전문기구 및 인력 확충, 다섯째, 직업병 예방홍보 및 교육강화 등으로 계획을 세웠다.[25)]

우선적으로 근로자 건강관리의 내실화로는 사업장 자체 보건관리자에 의한 1차적 예방중심체계로 전환으로 특수검진의 누락을 방지하고 재용 시 섬신을 확대하여 작업배치기준으로 활용하며, 연 2회 실시하는 특수검진주기는 작업환경의 유해정도에 따라 조정하며, 특수검진 정도관리 실시, 직업병소견은 검진결과를 근로자에게 직접 통보를 통하여 크롬, 석면 등 유해작업(11종) 근로자에게 건강관리수첩 발급, 직업병 조기 발견 및 치료를 통한 내실화를 계획하였다.

그리고 작업환경관리의 전문성 제고를 위하여 유해물질에 대한 근원적 관리강화[26)]를 중심으로 유해작업환경 개선 및 관리[27)]와 작업환경측정에 대한 정도관리 실시, 측정 시 근로자대표 참여 등 측정에 대한 신뢰성 제고와 유해물질, 작업환경측정 자료의 체계적 관리를 위하여 노동부, 공단, 보건협회를 연결하는 전산망 구축하고 매 5년마다 작업환경실태 센서스 실시를 통한 전문

25) 정진우, 직업병 예방대책, 원진레이온 이황화탄소 중독 발생 20년을 되돌아보며, 18회 산업안전정책포럼, 39면 이하 참조

26) 석면 등 직업병유발물질에 대한 제조·사용 허가제, 신규화학물질에 대한 유해성 심사제 실시, 유해공정 부당 하청을 방지하기 위한 유해작업도급 인가기준 제정·시행과 납, 수은, 카드뮴 등 유해물질은 별도 취급규정 제정 특별 관리를 우선으로 하였다.

27) 매년 직업병 발생가능이 높은 사업장 2,000개소씩 집중개선 지도와 국소배기설비 표준모델 개발·보급, 환경개선업체 등록제 실시를 계획하였다.

성제고를 계획하였다.

셋째, 직업병 판정 및 치료의 합리화는 직업병 진찰기간을 단축(특수검진결과로 직업병인정이 가능한 경우 특별진찰 생략)하고 진찰기간 중 악화 가능성이 있는 질병의 경우 의학적 치료 병행하도록 하였고, 업무상 질병인정기준을 정비(의학적으로 명백한 경우, 의학적으로 상당한 인과관계가 있는 경우로 인정하는 방안으로 추진)하였고, 직업병 보상신청의 효율적 처리를 위하여 업무 전산화 및 지방청별 직업병 판정위원회 설치·운영을 하도록 하였다.

넷째, 산업보건 전문기구 및 인력 확충은 직업병 연구기관 활성화를 위해 산업보건연구원 설립과 유해인자별 전문기관 육성(수은, 연 등), 연구용역, 시설장비 지원 등 민간에 대한 직업병예방 연구지원을 중점적으로 정리하였으며, 산업의학 전문인력 양성체제 구축을 위하여 산업의학 전문의 양성과정 신설, 산업위생기사 양성 확대(학과 증설 및 교과목 증설), 일반간호사에 대한 직무교육 강화하여 산업보건인력으로 전환하는 방안을 제안하였고, 행정력 보강(산업보건지도관 신설, 산업위생과, 유해물질관리과 신설) 및 산업안전보건 감독관 증원을 통한 인력확충을 제시하였다.

다섯째로 직업병 예방홍보 및 교육강화를 위한 방안으로 초중고 교과서에 산업안전보건에 관한 내용을 넣어 국민교육 실시 계획과 보건관리자에 대해 체계적인 직무교육 실시 및 사용자에 대해 안전보건투자의 유용성 인식과 공익광고, TV 기획물, 선전탑 등을 통한 대국민 홍보 강화를 중점적으로 도입하였다.

이러한 91년의 종합대책이 나오게 된 계기인 원진레이온(주)의 이황화탄소 중독에 관한 직업병 발생사건을 살펴보면, 우리나라의 유일한 인견사제조업체였던 원진레이온회사는 1961년 군사정부가 제1차 경제개발 5개년 계획의 일환으로 인견사 생산공장 2개를 건설키로 하고 기업주를 공모한 것으로부터 시작되었다.[28]

원진레이온 최초의 직업병 환자로 알려진 홍석원씨는 1981년 8월 8일 국립의료원에서 이황화탄소 중독이 아닌 '아황산가스'중독으로 직업병 판정을 받았다. 이후 89년 8월 고려대학교 부속병원에서 이황화탄소중독증으로 판정을 받았다. 원진레이온 직업병 문제가 본격화 된 것은 1987년 1월 4명의 원진레이온 퇴직 노동자들이 이황화탄소용액에서 녹인 펄프에서 인조견사를 뽑아내는 방사과에서 14~18년 동안 근무하다가 퇴직한 이유로 팔다리의 감각이상 및 마비증상, 언어장애, 기억력 감퇴 등 전신증상이 업무와 관련하여 발생하였다고 청와대와 노동부에 진정서를 제출하면서 이루어지기 시작했다. 이때에 고려대 환경의학연구소는 진정인 4인의 개인별 임상검

28) 김대성, 직업병 예방대책, 원진레이온 이황화탄소 중독 발생 20년을 되돌아보며, 18회 산업안전정책포럼, 5면 이하 참조. 1959년 12월 24일 화신그룹의 박흥식씨가 흥한화학섬유(주)를 설립하여 1962년 경기도 미금시 도농동 1번지, 147,290평에 공장건물 약 4만평 규모로 건설하면서 당시 나일론, 데드론 등 화학섬유 사용의 대규모 활용과 당시 5.16 군사정부가 주도한 제1차 경제개발 5개년 계획에 따른 전략 산업의 집중 육성방침에 의하여 일본정부의 차관자금으로 일본 도레이사로부터 방사기 등 중고기계를 수입하여, 1966년부터 인견사 생산이 시작되었고, 1968년 1차 부도로 산업은행의 법정관리를 받게 된다. 이후 1972년 부실기업 정리의 일환으로 민간에게 경영권이 넘어가지만, 1979년 2차부도를 내면서 산업은행의 법정관리가 시작되고 1993년 7월 폐업 때까지 이어지게 된다.

사 결과와 특별조사단의 작업환경측정결과를 바탕으로 직업성질환에 이환된 것으로 추정하였고, 방사과 근무자 전원에 대한 정밀검사가 요구됨을 보고하였다. 이에 노동부 의정부지방사무소는 5월 11일 요양결정을 통보하였고, 고려대학교 구로병원에서 1개월 요양치료 후 장해보상금을 지급하였다. 회사측은 6~7백만원의 민사배상금을 지급하고 합의서를 공증하였으나, 가족들이 없는 상황에서 회사측의 일방적 강요로 이뤄진 민사배상은 무효라고 주장하고, 이 문제를 계기로 '원진레이온 직업병 피해자 및 가족협의회(원가협)'의 구성 등 본격적인 직업병 환자와 가족들의 보상투쟁이 시작되었다. 이후 회사와 원가협간의 합의에 의해 1등급 2명은 1억원씩, 4등급 2명은 7천9백여만원의 보상금을 지급받았으나 정근복씨는 1989년 11월 26일 서울기독병원에서, 강희수씨는 92년 2월 5일 사당의원에서 사망하였다.

4인 진정사건 발생 이후 87년 4월 23~24일 방사과 근무자들 일부에 대한 특수건강진단이 이뤄져, 108명의 건강진단 대상 자중 34명이 다발성말초신경염의 소견을 보였고, 근속년수 5년 이상 근무자의 50%가 유소견자임을 보고하였다. 이에 고려대학교 환경의학연구소는 작업환경의 개선, 장기근속자에 대한 작업전환, 개인보호구의 착용, 5년 이상 근속자에 대한 주기적 특별검진 실시 등을 건의하였으나 원진레이온 측은 이 권고안을 받아들이지 않았다.

그 후 1988년 7월 15세 소년인 문송면 군[29]이 수은중독증으로 사망하면서 직업병에 대한 사회적 관심이 고조되고 7월 17일 산업재해노동자장이 열리면서 7월 22일 한겨레신문에서 그 한 해 전에 진상조사를 요구했던 원진레이온 4명의 비참한 상황(요양치료 후 재요양을 받지 못하여 경제적 곤란에 빠짐)이 보도되면서 원진레이온에 근무했던 사람들 중 비슷한 증상을 가진 사람들이 모여 "원진레이온 피해노동자 및 가족협의회(원가협)"이 만들어지게 되었다.

그 해 8월부터 진상조사, 항의방문, 보고대회, 성명서 발표, 기자회견 등 항의집회와 진정, 호소를 거듭하면서 9월 14일 박영숙 당시 평민당 부총재의 중재로 피해노동자 단체와 회사가 합의하여 회사와 노동자 단체가 각각 3명씩 추천의사로 직업병과 장애등급을 판정하고 산재요양과는 별도로 1급 1억원에서 14급 1천만원의 장애보상금을 지급받게 되었다.[30]

이 합의는 1988년 9월 14일 이루어져 판정위원회가 6인에서 4인으로 바뀌고 원진레이온이 폐

29) 문송면군이 일했던 영등포 소재 온도계 생산 공장에서 일을 시작하였고, 남들은 고입을 마치고 소일했을 그 해 겨울, 문송면군은 온도계 공장에서 일하기 시작했다. 온도계에 수은을 주입하고 압력계를 신너로 닦는 일을 두 달을 했고, 이내 수은중독으로 이듬해인 '87. 7. 2 세상을 떠났다. 겨우 만 15년 5월의 생을 살고 직업병으로 생애를 마쳤지만 이 사건은 당시 겉으로 드러나지 않고 있던 우리사회 직업병문제를 본격적으로 부각시키는 계기가 되었다. 원진레이온 직업병도 이 사건으로 드러나게 되었으며 관련 당국인 노동부내 산업안전국이 생긴 것도 이 문제에 대한 대책의 일환이었다.

30) 원진레이온 이황화탄소 중독증 문제는 환자와 가족들이 문제를 제기하여 노동계와 의료전문인은 물론 사회 각층에서 모인 사람들이 대책위원회를 만들어 활동하는 것으로 시작되었다. 이 대책위에서 회사와 협상을 하여 진단과정과 보상 등을 합의하였다. "피해자의 직업병 또는 장애가 업무로부터 기인하는지 여부 및 장애등급의 판정을 위해서" 노동자 측에서 추천한 의사 3인과 회사 측에서 추천한 의사 3인으로 판정위원회를 구성하였고 "단, 산재보상보험법 및 근로기준법 소정의 신체장애등급에는 업무로 인한 질병 또는 장애가 제대로 반영되지 않은 상태에서 만들어진 등급이라는 것을 유념하여 피해 등급을 (중간 생략) 보정하여 판단하기로 한다"고 합의하였다. 장애등급은 1급에서 14급으로 하고 1급에는 1억원, 14급은 1천만원을 별도의 보상금으로 지급하기로 정했다.

업한 뒤로 보상금 지급 주체가 원진직업병관리재단이 되는 등 변화가 있지만 그 틀은 지금까지 존중되어오고 있다.

1991년 고 김봉환씨 137일 장례투쟁으로 인한 원진레이온에 대한 역학조사가 실시되고 그 조사결과를 반영한 업무상 질병 인정기준의 개정이 있었다. 인정기준이 기준의 "명백한 인과관계"에서 "상당한 인과관계"로 유연해졌고, 다발성 뇌경색 같은 다양한 요인에 의해 올 수 있는 임상 소견을 받아들여지는 결과를 나타냈다. 폭로군이 비폭로군에 비해 (연령에 따른 보정을 하고도) 평균 발병률을 훨씬 넘는 임상 소견들은 인과관계에 관한 다른 설명이 가능하지 못할 경우 위해물질에 대한 폭로군이 "상당한" 인과관계로 인정되어 인정기준에 들어가게 된 것은 직업병 판단의 명확한 인과관계를 상당 인과관계로 전환시킨 중요한 계기가 되고, 이로 인한 법률적 판단의 근거도 바뀌게 되었다. 인과관계를 설명하지 못할 경우에 상당함으로 인정하는 법률적 근거를 산업안전보건법에서 일명 '일응추정의 원칙'을 도입한 최초의 근거라 할 수 있으며, 현행 대륙법계통을 따르는 한국 법률상 특징에서 영미법계의 판례적 특징으로 일부 전화된 커다란 기준이 되고 있다.[31)]

이러한 법률 해석상 특징으로부터 원진레이온 이황화중독사건이 우리에게 주는 의미는 법제사적 의미에서 커다란 전환점이 되었고 산업현장에서는 노동자 건강에 대한 중요성과 직업병의 새로운 인식 전환이 이루어진 것은 대단한 성과라고 볼 수 있다.

이후, 1991년 산업안전보건법의 전면 개정과 아울러 산업보건연구원의 설립의 계기가 되었다.

1987년 12월 9일 창립된 한국산업안전보건공단은 1989년도에는 직제를 개편하여 기술이사 밑에 안전 1부, 안전 2부, 산업보건부, 기술위원실을 두어 산업보건업무를 독립적으로 수행하기 위한 기틀을 마련하였고, 노동부산하기관인 국립노동과학연구소의 기능을 이관 받아 산업안전보건연구원을 설립하여 재해예방 연구와 검정업무를 시작하였다.

앞서 이야기한 1991년에 가장 괄목할만한 사항은 노동부에서 수립한 "직업병예방 종합대책" 사업의 후속조치로 공단 산하에 산업보건연구원이 설립된 것이다.

산업보건연구원은 1991년 12월 31일 근로복지공사의 직업병 연구소를 폐쇄하고 1992년 1월 18일 산업안전보건연구원의 산업보건위생담당이 개편되어 산업보건연구원이 신설됨에 따라 산업안전보건연구원은 산업안전연구원으로 개편되었고, 1992년 1월 30일 산업안전보건연구원의 산업보건위생담당과 근로복지공사 산하 직업병연구소를 통합하여 산업보건연구원이 설립되었다.[32)]

산업보건연구원의 직제는 산업위생연구실, 산업의학연구실, 산업독성연구실, 직업병진단센터로 편성되었으며 당시의 수행한 업무는 다음과 같다.

31) 조흠학, 법제사적 의미에서 산업안전보건법의 역할과 지위에 관한 연구, 산업안전보건연구원, 2010, 74면에서 발췌함.
32) 산업안전보건연구원, 도전과 열정 새로운 길, 20년사, 2009, 40면

1. 직업성질병예방 및 산업보건연구를 위한 협약

연구기능을 활성화하기위하여 서울대학교와 "직업성질병의 진단 및 산업보건연구를 위한 협약"을 5년간 체결하여 직업병 판정 등에 서울대학교 인력을 활용하고 공동연구도 수행하여 보건연구원이 발전할 수 있는 기반을 조성하였다.

2. 작업환경측정 정도관리

작업환경측정기관 및 대행기관의 수행 업무 중 분석과정에서 발생하는 오차를 최소화하여 각 측정기관에서 실시한 작업환경측정 결과의 신뢰성을 향상시키기 위하여 이 사업이 시작되었으며 첫해년도에는 벤젠, 톨루엔, 자일렌 등 유기용제 3종과 납, 카드뮴 등 금속물질 2종을 표준시료로 하여 정도관리를 실시하였고 30개 기관이 참가하여 합격률은 50% 이하로 저조하였지만 그동안 각 기관들의 분석능력이 향상되어 현재에는 95% 이상의 합격률을 보이고 있다.

3. 생물학적 모니터링

직업병이 발생하기 전에 예방을 목적으로 업종별 또는 유해인자 노출군별 사업장을 선정하여 조사하는 모니터링 사업을 착수하였다.

4. 직업병 심의위원회 개최

노동부 재해보상과에서 의뢰하는 업무상질병 조사를 위하여 심의위원회가 구성되어 최초로 LPG가스에 의한 건강장해의 업무관련성과 이황화탄소 노출자에 대한 건강관리수첩 발급 여부를 심의하였으며 현재에는 역학조사평가위원회로 명칭이 변경되었다.

5. 연구사업 수행

연구사업으로는 유해물질 측정방법의 표준화, 소음방지대책, 건강진단제도 및 검사항목 개발, 화학물질의 독성 및 유해성 평가, 유기용제 취급근로자의 대사산물 측정방법과 건강장해 평가방법 등을 연구하였다.[33)]

1994년 개정에서는 안전보건에 관한 사업주의 의무를 강화하고 산업안전보건위원회의 권한을 확대하였고, 안전보건관리체제와 유해·위험예방조치의 보완 및 근로자의 보건관리를 강화하는 등 근로자 보호를 위한 규정을 신설 또는 강화하였다. 1996년 개정에서는 산업재해예방활동에

33) 산업안전보건연구원, 도전과 열정 새로운 길, 20년사, 2009, 40면.

근로자의 참여를 활성화하고 현행제도의 운영에서 나타난 미비점을 대폭 개선·보완하였다. 1999년 개정에서는 사업장의 산업안전관리체제를 노사자율적인 관리체제로 정착시키기 위해 근로자 참여권을 제도적으로 보장하고, 사업주에 대한 행정규제를 폐지하거나 완화하면서 근로자의 안전과 보건을 보호하기 위하여 필요한 사항을 규정하였다.[34] 그리고 2009년 2월 산업안전보건법 제5조 '사업주의 의무'를 전문 개정하면서 위험성평가(Risk Assessment)를 사업주의 일반적 의무로 도입하였으며, 정부는 2012년부터 위험성평가 제도를 도입하여 시행하고 있다.

이러한 산업안전보건법의 계속적인 발전을 통하여 사업주의 책임을 명확히 하고 위반하는 경우에 범죄로 규정하여 처벌규정을 강화하였다. 특히 입법과정에서 반드시 포함되어야 하는 보호법익의 범위를 단순한 근로자로 보기 보다는 넓은 의미의 국민생활상의 이익을 보호하는 것으로 포괄하고 있다.

산업현장에서 산업재해를 예방하기 위한 제도적 규범인 산업안전보건법의 주된 보호법익은 사업주의 물적 재산보호나 불특정 다수의 국민적 재산의 이익 또는 대기환경보호 등에 있는 것이 아니라 근로자의 생명보호 또는 신체의 완전성에 있으며 이는 생존에 관한 국민생활의 완전성에 있다 할 것이다.[35]

II. 산업안전보건법의 체계와 구조

1. 산업안전보건법의 체계

(1) 산업안전보건법의 구조

산업안전보건법령은 1개의 법률과 1개의 시행령 및 3개의 시행규칙으로 이루어져 있으며, 하위규정으로서 60여개의 고시, 17개의 예규, 3개의 훈령 및 각종 기술상의 지침 및 작업환경 표준 등으로 구성되어 있다.[36]

일반적으로 다른 행정법령의 시행규칙은 1개로 구성되어 있으나 산업안전보건법 시행규칙이 3개로 구성된 것은 그 내용이 1개의 규칙에 담기에는 지나치게 복잡하고 기술적인 사항으로 이루어져 있기 때문이다.

34) 김형배, 노동법(제19판), 박영사, 2010, 468면.
35) 조흠학, 법제사적 의미에서 산업안전보건법의 역할과 지위에 관한 연구, 산업안전보건연구원, 2010, 80면에서 발췌함.
36) 조흠학, 법제사적 의미에서 산업안전보건법의 역할과 지위에 관한 연구, 산업안전보건연구원, 2010, 90면에서 발췌함.

산업안전보건법은 산업재해예방을 위한 각종 제도를 설정하고 그 시행근거를 확보하며 정부의 산업재해예방정책 및 사업수행의 근거를 설정한 것으로써 175개의 조문과 그 외의 부칙으로 구성되어 있고, 산업안전보건법 시행령은 법에서 위임된 사항 즉 제도의 대상·범위·절차 등을 설정하고 산업안전보건법 시행규칙은 크게 법에 부속된 시행규칙과 산업안전기준에 관한 규칙, 산업보건기준에 관한 규칙 및 유해·위험작업 취업제한 규칙 등 3개의 규칙으로 구분되는 바, 이들은 모두 법률과 시행령에서 위임된 사항을 규정하고 있다.

산업안전보건법에 부속된 시행규칙은 산업안전보건법과 시행령을 집행하기 위한 일반사항을 규정하고 있고, 산업안전보건기준에 관한 규칙은 사업주가 행할 안전상의 조치와 보건상의조치에 관한 기술적 사항을 규정하고 있다.

또한 유해·위험작업 취업제한에 관한 규칙은 유해 또는 위험한 작업에 필요한 자격·면허·경험에 관한 사항을 규정하며, 산업안전보건에 관한 고시·예규·훈령은 일반사항분야, 검사·인증분야, 기계·전기분야, 화학분야, 건설분야, 보건·위생분야 및 교육 분야별로 70여개로 구성되어 있다.[37)]

고시는 각종 검사·검정 등에 필요한 일반적이고 객관적인 사항을 널리 알리어 활용할 수 있는 수치적·표준적 내용이며, 예규는 정부와 실시기관 및 의무대상자간에 일상적·반복적으로 이루어지는 업무절차 등을 모델화하여 조문형식으로 규정화한 내용이고, 훈령은 상급기관, 즉 노동부장관이 하급기관 즉 지방노동관서의 장에게 어떤 업무 수행을 위한 훈시·지침 등을 시달할 때 조문의 형식으로 알리는 내용이고, 기술상의 지침 및 작업환경표준은 「선박건조 및 수리업의 안전작업 기술기준」 등 안전작업을 위한 기술적인 지침을 규범형식으로 작성한 기술상의 지침과 「VDT(영상표시단말기)취급 근로자 작업관리지침」 등 작업장내의 유해(불량한) 환경요소 제거를 위한 모델을 규정한 작업환경표준이 마련되어 있으며, 이는 고시의 범주에 포함되는 것으로 볼 수 있으나 법률적 위임근거에 따라 마련된 규정이 아니므로 강제적 효력은 없고 지도·권고적 성격을 띠고 있다.[38)]

<table>
<tr><td colspan="3">기본법(헌법)</td><td rowspan="5">법령</td></tr>
<tr><td colspan="3">산업안전보건법(법률)</td></tr>
<tr><td colspan="3">산업안전보건법 시행령(대통령령)</td></tr>
<tr><td colspan="3">고용노동부령(3개)</td></tr>
<tr><td>산업안전보건법
시행규칙</td><td>산업안전보건기준에
관한 규칙</td><td>유해·위험작업의 취업제한에
관한 규칙</td></tr>
<tr><td colspan="3">기술상의 지침 및 작업환경의 표준(고시), 예규, 훈령</td><td>행정규칙</td></tr>
</table>

37) 조흠학, 법제사적 의미에서 산업안전보건법의 역할과 지위에 관한 연구, 산업안전보건연구원, 2010, 82면에서 발췌함.
38) 조흠학, 세계 각국의 산업안전보건법 형사처벌제도와 처벌사례 연구, 산업안전보건연구원, 2009, 54면에서 발췌함.

산업안전보건법령의 체계

근로감독(고용노동부)	기술지원(안전보건공단)

↕ 연계관계 ↕

산업안전보건 관련 민간기관					
안전·보건 관리대행기관	재해예방 전문지도기관	지정검사기관	특수건강 진단기관	작업환경 측정기관	산업안전·위생지도사

산업안전보건법령 계층 구조도

제정	법률 체계	적용	관할	위반 구속력
국회	헌법	모든 국민	헌법재판소	
국회 (환노위 및 법사위)	산업안전보건법	사업 및 사업장	법원	형사처벌 (벌금, 구속)
대통령	시행령		행정청	행정명령 (과태료, 업무정지 등)
고용노동부 (법제처심의)	시행규칙, 산업안전보건규칙, 유해위험작업의 취업제한규칙			
고용노동부 (법무담당관)	고시, 예규, 훈령			

(2) 산업안전보건법의 체계

1) 산업안전보건법의 목적

산업안전보건법은 제1조 목적 규정에서 명시한 바와 같이 직장에서 노동자의 안전과 건강을 확보하는 것을 주된 목적으로 한다. 산업안전보건법 제1조를 보면 "이 법은 산업 안전 및 보건에 관한 기준을 확립하고 그 책임의 소재를 명확하게 하여 산업재해를 예방하고 쾌적한 작업환경을 조성함으로써 노무를 제공하는 자[39]의 안전 및 보건을 유지·증진함을 목적으로 한다."라고 규정하고 있어 산업안전·보건에 관한 기준을 확립하고 그 책임소재를 명확히 하고, '사업주 의무'와

39) 여기에서 말하는 노무제공자의 의미는 일하는 사람이라고 볼 수 있지만, 엄밀히 이야기하면 일하는 사람의 범위보다는 개념상 차이가 있다고 본다. 일하는 사람이라는 의미는 일의 제공 또는 수령과 상관없이 넓은 의미를 말하고 있다. 그러나 노무제공자는 근로자보다는 폭넓은 볼 수 있지만, 노무라는 측면에서 본다면 노무의 의미는 채권법의 계약론에서 나오는 용어로 노무를 제공하게 되면 노무제공의 상대방노무제공을 받는 자가 존재하게 된다. 따라서 근로계약과는 다르게 폭넓은 의미로 노무종류와는 상관없이 노무제공자 또는 노무수령자의 존재가 나타나는 것이다. 다시 말하면 근로기준법의 근로자 또는 이전 산업안전보건법의 보호대상인 근로자의 범위보다는 넓은 의미이지만 계약관계가 나타날 수 있는 것이다. 그러므로 일하는 사람의 범위와는 다르다고 볼 수 있어 불특정 다수의 일하는 사람의 개념과는 다르다고 볼 수 있는 것이다.

이에 대한 행정관청의 관리·감독 및 위반에 대한 처벌에 의하여 노동자 즉 노무제공자의 안전과 보건을 확보하는 법적 구조를 취하고 있다. 그 내용은 법 총 175개 조문으로 제1장(13개) 제1조~제13조(목적 : 노무제공자), 제2장 안전·보건관리체제(15개) 제14조~제28조(안전보건개선계획), 제3장 안전보건교육(5개) 제29조~제33조, 제4장 유해위험 방지조치(24개) 제34조~제57조, 제5장 도급시의 재해예방(22개) 제58조~제79조(특고, 배달, 가맹본부), 제6장 유해위험기계 등에 대한 조치(24개) 제80조~제103조, 제7장 유해 위험물질에 대한 조치(21개) 제104조~제124조(MSDS, 석면), 제8장 근로자 보건관리(17개) 제125조~제141조(건강진단, 역학조사), 제9장 산업안전지도사, 보건지도사(13개) 제142조~제154조, 제10장 근로감독관(3개) 제155조~제157조, 제11장 보칙(9개) 제158조~제166조(과징금 제도), 제12장 벌칙(9개) 제167조~제175조(수강명령 등)로 구성되어 있다. 그리고 산업안전보건법은 원칙적으로 노무제공자를 사용하는 모든 사업장에 적용된다. 다만, 유해·위험의 정도, 사업의 종류·규모 및 사업의 소재지 등을 고려하여 대통령령으로 정하는 사업에는 이 법의 전부 또는 일부를 적용하지 아니할 수 있다(시행령 제2조의2 별표 1 참조).

2) 산업안전보건법의 주체 및 의무

산업안전보건법의 의무 주체는 '사업주'이다. 사업주라 함은 근로기준법상의 의무주체인 '사용자'[40]와 달리 사업경영이익의 귀속주체를 의미한다. 법인기업은 경우 그 법인이, 개인기업인 경우에는 사업경영주가 이에 해당한다. 그렇지만 산업안전보건법은 사업주 이외에 많은 자에게 의무를 부과하고 있다. 위험한 기계나 유해물의 제조자·수입자, 특정사업의 발주자, 건축물의 대여자, 수급인, 근로자 등이다. 산업안전보건법의 규정 대부분은 사업주와 근로자 사이에 성립하는 근로계약관계를 전제로 하고 있지만, 몇몇 규정은 물건 또는 행위에 관련되는 자 모두를 규제대상으로 한다. 즉 직접적인 고용관계가 없더라도 산업안전보건에 영향을 미치는 모든 자를 의무주체로 한다. 또한 하도급이나 리스 등 책임소재가 모호한 관계에서도 명확히 하고 있다(제29조 등). 의무주체가 '사용자'가 아닌 '사업주'로 규정한 것은 사업경영과 그 사용하는 근로자의 안전보건 확보에서 책임소재를 명확히 하는 취지이고, 이는 근로기준법과의 차이점이다.[41]

산업안전보건법의 의무 규정은 제1장에서 선언되어 있는 일반적 의무와 개별법조문에서 규정된 구체적인 의무로 나눌 수 있다. 전자의 일반적 의무는 ① 사업주는 산업재해의 예방을 위해 법령의 기준을 준수하고, 근로조건을 개선하여 적절한 작업환경을 조성함으로써 노무제공자의 신체적 피로와 정신적 스트레스 등으로 인한 건강장해를 예방함과 동시에 노무제공자의 생명을 지키고 안전 및 보건을 유지·증진시켜야 하며, 국가의 산업재해 예방시책에 따라야 한다(제5조

40) 사용자란 사업주 또는 사업 경영 담당자, 그 밖에 근로자에 관한 사항에 대하여 사업주를 위하여 행위하는 자를 말한다(근기법 제2조제1항제2호).

41) 조흠학, 세계 각국의 산업안전보건법 형사처벌제도와 처벌사례 연구, 산업안전보건연구원, 2009, 102면에서 발췌함.

제1항). 또한 ② 기계·기구와 그 밖의 설비를 설계·제조 또는 수입하는 자, 원재료 등을 제조·수입하는 자, 건설물을 설계·건설하는 자는 각자의 입장에서 산업재해를 방지하도록 노력하여야 한다(제5조제2항). 그리고 ③ 근로자는 산업재해의 예방을 위해 법령을 준수하여야 하며, 사업주 등이 실시하는 산업재해 방지에 관한 조치에 따라야 한다(제6조). 이러한 규정은 선언적 규정임과 사업주의 개념과 사업주의 범위를 규정한 것이기도 하다. 그러므로 이 규정에서는 사업주인지 아닌지의 판단근거가 될 수 있는 근거 규정이며 이 내용에 해당하지 않는다고 책임을 지는 벌칙규정은 정해져 있지 않다. 그리고 후자의 구체적 의무 속에는 의무를 이행하지 않아 법률적 위반으로 인한 그 책임을 부과 받을 수 있는 벌칙이 있는 의무규정과 벌칙이 없는 의무규정, 그리고 노력규정(예컨대 법 제37조(안전보건표지의 설치 부착) 제1항의 단서규정으로 외국인 근로자를 채용한 사업장에 외국어로 된 안전보건표지 설치와 작업안전수칙의 부착)이 있다. 산업안전보건법에서 규정하는 의무는 많은 부분이 대통령령(또는 노동부령)에 위임되어, 대통령령에서 상세하게 규정하여 방대한 조문으로 되어 있다.[42] 새로운 직업병이나 질병의 발생과 예방의학의 발전으로 의무규정을 부가하거나 개정할 필요가 있는 경우에는 시행령(또는 시행규칙)의 개정 등으로 처리하는 경우가 일반적이다.

시행령 (총 119개)	시행규칙 (총 243개)
제1장 총칙(12개) 제1조~제12조 제2장 안전·보건관리체제(27개) 제13조~제39조 제3장 안전보건교육(1개) 제40조 제4장 유해·위험 방지(10개) 제41조~제50조 제5장 도급시 산업재해예방(19개) 제51조~제69조 제6장 유해·위험기계등에 관한 조치(14개) 제70조~제83조 제7장 유해·위험물질에 대한 조치(11개) 제84조~제94조 제8장 근로자 보건관리(6개) 제95조~제100조 제9장 산업안전지도사 및 산업위생지도사(8개) 제101조~제108조 제10장 보칙(10개) 제109조~제118조	제1장 총칙(8개) 제1조~제8조 제2장 안전·보건관리체제(17개) 제9조~제25조 제3장 안전보건교육(11개) 제26조~제36조 제4장 유해·위험 방지(37개) 제37조~제73조 제5장 도급시 산업재해예방(24개) 제74조~제97조 제6장 유해·위험기계등에 관한 조치(43개) 제98조~제140조 제7장 유해·위험물질에 대한 조치(45개) 제141조~제185조 제8장 근로자 보건관리(39개) 제186조~제224조 제9장산업안전지도사 및 산업위생지도사(10개) 제225조~제234조 제10장 근로감독관(2개) 제235조~제236조

42) 개정 전 산업안전보건법에도 산업안전보건법 112개 조항, 산업안전보건법시행령 113개 조항, 산업안전보건법시행규칙 219개 조항, 산업안전보건기준에 관한 규칙 675개 조항, 유해위험작업의 취업제한에 관한 규칙 13개 조항 등 천개가 넘는 방대한 양이다.

제11장 벌칙(1개) 제119조 과태료	제11장 보칙(7개) 제237조~제243조

안전보건규칙 (675개)	유해위험작업 취업제한 규칙 (12개)
제1조~제670조 제4조의2(분진의 흩날림 방지) 제66조의2(걸침비계의 구조) 제79조의2(세척시설 등) 제497조의2(석면해체·제거작업 기준의 적용 특례) 제497조의3(석면함유 폐기물 처리작업 시 조치)	제1조~제12조

2. 산업안전보건법과 타법과의 관계

(1) 근로기준법과의 상관관계

산업안전보건법은 형식적으로는 근로기준법과 분리·독립된 것으로 되어 있으나 산업안전·보건에 관한 사항은 노동자의 근로조건개선 속에는 사업장의 건강과 안전이라는 중요한 부분이 포함되어 있어 산업안전보건법과 근로조건에 대한 일반법인 근로기준법과는 상관적인 관계가 있다고 할 수 있다. 그러나 법 적용에 있어서 산업안전보건법은 근로기준법에 대해 특별법으로서의 지위를 차지한다.

구체적으로 살펴보면, 일반법과 특별법의 관계를 보면 법은 그 제정 당시에 자료나 예측되는 장래의 사항 등을 될 수 있는 대로 충분히 고려하여서 제정되는 것이 보통이지만 모든 사항을 규율할 수 있을 만큼 완전할 수는 없다. 그 뿐만 아니라 법의 규율의 대상인 사회관계에서는 유동적이어서 시시각각으로 변하고 있다. 그러므로 법을 제정할 때에 예상하지 못한 예외적 사항이 생기거나, 또는 그 법을 그대로 적용하는 것이 적당하지 않은 사항이 생긴 때에는 이를 처리하기 위하여 특별법을 제정하여야만 하며, 특별법의 발생은 일반법 성격을 지니는 성문법에 있어서는 불가피한 것이 되는 것이다. 그리고 특별법이 제정되면 그 법률이 다시 일반화되어 그에 대한 특별법을 낳게 한다. 이러한 법현상이 일반법과 특별법의 융합을 가져오는 중요한 원인이 되기도 한다. 이러한 내용들이 상대적인 것임에 따라 상법은 민법의 특별법이다. 그리고 각종의 상사특별법은 상법의 특별법이 되는 것이다. 실제로 일반법과 특별법을 구별하는 실익은 특별법이 일반법에 우선하여 적용되는데 있다.[43] 바꾸어 말하면 어떤 사항에 관하여 특별법이 있으면, 그 특별법이 일반법에 우선해서 먼저 적용되고, 그러한 특별법이 없는 경우에 일반법이 적용된다.[44]

43) 곽윤직, 민법총칙, 박영사, 2011, 12면, (특별법우선의 원칙「특별법은 일반법을 깨뜨린다.」에 구체적으로 설명되어 있다.)

그 어원을 찾아보면 일반법은 영어로 (general law), 독일어 (gemeingültiges Recht), 프랑스어 (droit général), 라틴어로 (ius geneale)이라 하며, 특별법은 영어 (special law, particular law), 독일어 (Spezialrecht, Partikularrecht), 프랑스어 (droit spécial, droit particulier), 라틴어로는 (ius speciale)라고 하고 있다.[45)]

그러므로 특별한 제한없이 일반적으로 적용되는 법은 일반법이며, 특정의 사람이나 사물, 행위 또는 지역에 국한해서 적용되는 법이 특별법이다. 특별법은 제정 시 예상하지 못한 예외적 사항이 생기거나 또는 그 법을 그대로 적용하는 것이 적당하지 않은 사항이 생길 때에 이를 처리하기 위하여 제정되기 때문에 일반법과 특별법과의 관계는 항상 상대적이다 사법 중 민법에 대하여 상사에만 적용되는 상법은 특별법이 되지만, 상법에 대하여 「주식회사의 외부감사에 관한 법률」·「담보부사채신탁법」·「증권거래법」 등은 이의 특별법이 된다. 이처럼 양자를 구별하는 실익은 법의 효력과 적용의 순서를 명확히 하는데 있는바. 특별법은 일반법에 우선하며, 상법 제1조의 규정처럼 특별법에 규정이 없는 경우에 한하여 일반법이 보충적으로 적용되는 데 있다.[46)]

그러므로 산업안전보건법과 광산, 선박, 항공, 원자력 등에 관한 법률들이 근로자 안전에 관하여 산업안전보건법이 일반법적 성격을 가지고 있지만, 광산이나 항공, 선박, 원자력 등에 관한 집행부서 입장에서 본다면 당해 법률들이 일반법이고 그 해당 법률에 관련된 업종들에 대하여 근로자인 경우만 산업안전보건법을 적용하게 될 수도 있다는 것이다.

즉, 산업안전보건법은 모든 업종에 근로자 안전에 관한 보호 규정이고 광산, 항공, 선박, 원자력 등은 모든 업종 중의 일부업종에 해당한다. 따라서 우리나라 산업의 업종에 따른 근로자 보호 규정입장에서 당연히 산업안전보건법이 일반법적 규정이고 각각의 법률이 특별법에 해당된다. 그러므로 산업안전보건법에서 특별법과 일반법의 법리가 적용된다.[47)]

그러므로 산업안전보건법의 근로자 범위라든가 사업주 범위 도급사업 등의 명확한 규정이 없을 때에는 근로기준법의 정신을 따라야 한다. 또한 임금·근로시간·휴일 등의 일반적 근로조건은 산업재해의 발생과 밀접한 관련이 있음을 감안하여 산업안전보건법은 근로기준법의 근로자보호정신을 포함시켜 적용되어야 할 것이다.

(2) 기업활동 규제완화에 관한 특별조치법과의 관계

1997년 4월 기업활동의 원활한 촉진을 위해 '기업활동 규제완화에 관한 특별조치법'을 개정하여 산업안전보건과 관련한 규제를 대폭완화 하였다. 그 이후 감소추세이던 산업재해 증가에 따른

44) 조흠학, 산업안전보건법의 적용범위에 관한 타법과의 비교연구, 산업안전보건연구원, 2014, 135면을 중심으로 정리.
45) 조흠학, 산업안전보건법의 적용범위에 관한 타법과의 비교연구, 산업안전보건연구원, 2014, 135면.
46) 조흠학, 산업안전보건법의 적용범위에 관한 타법과의 비교연구, 산업안전보건연구원, 2014, 136면.
47) 조흠학, 산업안전보건법의 적용범위에 관한 타법과의 비교연구, 산업안전보건연구원, 2014, 137면.

경제적 손실이 증가되고 국가경쟁력강화에 역행하는 결과가 초래되었다. 따라서 경쟁력강화와 산업안전보건의 현실적인 정책강화를 위하여 '기업활동 규제완화에 관한 특별조치법'에서 산업안전보건의 규제완화에 따른 법률안을 재개정하여 2007년 8월 3일(법률 제8599호) 관보를 통하여 공포되었고 2009년 1월 1일부터 시행되었다.

기업활동 규제완화에 관한 특별조치법의 제정이유는 기업활동에 관한 행정규제 완화와 특례를 규정하여 원활한 기업활동을 도모하고 국민경제의 건전한 발전에 기여하기 위해 제정된 법(법률 제4560호, 1993. 6. 11)[48]으로 1993년 제정된 뒤 2004년 3월 11일 법률 제7186호까지 42차례 개정되었으며, 이 법은 기업활동의 행정규제를 정한 다른 법의 규정에 우선하여 적용되도록 하였다.

이 법률 속에 있는 산업안전보건에 관한 내용을 살펴보면 산업안전보건법에서 고용하도록 규정한 산업안전보건관계자의 의무고용을 완화하여 산업보건의의 채용은 기업의 자율에 맡기도록 하였고, 산업안전관리자는 동일한 산업단지 안에 있는 2～5개의 사업장에서 공동으로 채용할 수 있도록 하였으며, 이외에 유해위험방지계획서 제출의무 면제, 기계·기구 및 설비 등에 관한 검사 완화 등을 규정하였다.

최근 조정식의원이 대표발의 한 '기업활동 규제완화에 관한 특별조치법'의 일부개정안을 보면 1997년 4월 개정 이후 프레스·리프트에 관한 정기검사면제와 산업안전보건법의 안전관리자 직무교육면제, 제조업 유해위험방지계획서 제출의무 등이 산업재해의 증가에 결정적인 영향을 미친것으로 나타나고 있고, 당시 노동부발표에 의하면 1998년의 산재발생률은 0.68%이었고, 1999년은 0.74%, 2000년에는 0.73%로 산재발생률이 계속 증가된 것으로 나타나고 있다.[49]

프레스·리프트 정기검사가 폐지된 이후 사용과정에서의 안전성확보곤란으로 해당 기계로 인한 재해가 증가 하고 있으며, 검사비용과 이에 따른 편익분석결과 편익비가 5배 이상으로 확인되었고,[50] 안전관리자등에 실시하는 신규교육과 보수교육(2년 주기)의 폐지로 인하여 사업장의 안전관리 투자위축 및 안전보건관계자의 업무 수행능력 부족으로 실질적인 재해예방효과를 기대할 수 없는 실정이며, 이에 대한 편익비용도 5배 이상인 것으로 나타났다.[51]

그리고 유해위험방지계획서 제출의무가 면제 되면서 위험설비 설치시 사전에 유해 위험성평가를 통한 재해예방대책을 제대로 수립 시행하지 않아 사업장의 재해위험이 증가하고 있으며 실제로 유해위험방지계획서 제출계획서 사업장이 미제출사업장보다 재해율이 20～30% 낮은 것으로 나타나고 있다.[52]

48) 법의 구조를 보면 총칙, 창업 및 공장설립에 관한 규제완화, 의무고용의 완화, 수출입에 관한 규제의 완화, 검사 등의 완화, 진입제한등의 완화, 기업활동규제심의위원회, 벌칙등 총8장으로 나누어진 전문 75개조문과 부칙으로 되어 있고 시행령과 시행규칙이 제정되어 있다.

49) 정혜선, 안전보건규제완화이후 산재예방활동 평가 및 향후 정책방향, 제5회 노사정학산업안전보건정책 지원방안 토론회(2003.11.25) 자료집, 4면.

50) 양봉민외 4인, 산업안전보건분야 규제완화에 따른 사회경제적 비용편익 분석, 노동부용역보고서, 2002, 114～118면.

51) 양봉민외 4인, 산업안전보건분야 규제완화에 따른 사회경제적 비용편익 분석, 노동부용역보고서, 2002, 124～125면.

그래서 '기업활동 규제완화에 관한 특별조치법'의 개정 내용에는 제47조제2항의 프레스 정기검사면제규정과, 법제55조의2조의 안전보건관계자 직무교육 면제, 법제55조의3의 제조업 유해방지계획서 제출의무 면제를 삭제하기로 개정발의 하였다.

이러한 근거로 기업활동 규제완화에 관한 특별조치법은 기업의 활성화를 목적으로 제정된 것인데 산업안전보건법과는 상반된 것으로 사실상 산업안전보건의 사업주책임 완화라고 볼 수 있는 것이다.

기업활동 규제완화에 관한 특별조치법은 다른 법령에 대해 특별법적 지위에 있으므로 다른 법에 규정된 내용과 이 법에 규정된 내용이 상충되는 경우에는 이 법에 규정된 내용이 우선 적용되게 되어 산업안전·보건관련 제도의 목적에 반하는 내용이 될 수 있으므로 산안법의 입법목적에 반하지 않도록 적용해야 한다고 본다.

3. 산업안전보건법의 법원

(1) 노동법에 있어서의 법원의 의의

법원(Rechtsquelle, source of law, source du droit)이 무엇을 의미하는가에 대해서는 법철학의 영역에 있어서 종래부터 여러 가지 견해가 있었고, 현재에도 존재한다.[53] 그러나 오늘날의 실용법학에 있어서는 법원을 재판규준이 되어야 할 규범(재판규범)으로 본다는 데 공통의 이해가 있다고 말할 수 있다. 여기에서도 법원은 이러한 의미로 이해하고 있다.

소위 성문법주의를 취하는 국가에 있어서는 이 의미에 있어서 법원의 대표적인 것이 제정법이라는 것은 말할 필요도 없다. 다만 이 이외에 어떠한 것이 법원으로서 인정되는가는 일의적이 아니다. 따라서 실용법학에서는 법원론에 있어서 통상 제정법 이외의 법원의 탐구와 확정에 중점이 있다. 이 시점에서 일반적으로 문제되는 것이 관습, 판례, 학설, 조리 등이라는 것은 주지의 사실이다.

이 경우에 노동법의 법원을 정리할 필요가 있으며, 노동법속에 나타난 산업안전보건법의 법원의 대상으로 인정되는 것이 무엇인지 정리 할 필요가 있다. 사실상 현재의 노동법은 자본주의 체제에서 나타난 노동관계속에 내재하는 모순을 규정요인으로 하면서 조합활동을 매개로 한 자본주의 체제의 노동관계에서 나타났으며, 이러한 결과로 노동법의 생성은 고용계약관계의 상호간에 나타난 계약 형태를 자유로운 계약관계로 보아 파악하는 시민법의 수정형식으로 등장하였

52) 한성대학교 & 한국행정연구원, 기업활동 규제완화에 관한 특별조치법 개정안 제안서설명요지, 조정식의원발의, 10면; 산업안전보건 규제완화의 타당성 분석연구, 노동부용역보고서, 2005년 11월.
53) 곽윤직, 민법총칙, 박영사, 2018, 21면.

다.[54] 그러므로 자기완결성을 과시하는 시민법 체계에서 노동법은 근로계약의 충돌을 보완하고 그 흠결 및 간극을 보완, 보충하는 상호보완적인 성격을 갖고 있지만 사실상 근로관계의 약자인 노동자 그룹을 보호해야 하는 이중적 특성을 가지고 있다. 그러한 의미에서 산업안전보건법의 근거법인 노동관계 법률의 법원성을 찾아보고 고용계약과 근로계약의 법이론적 측면을 정리하고 그에 따른 판례를 분석하기로 한다.

(2) 노동법의 법원의 내용

1) 실정 노동법

성문법주의를 취하는 국가에서는 실정노동법이 제1차적 법원임을 의심의 여지가 없다. 실정노동법상의 여러 규정이 어떠한 규범적 의미를 가지는 법원인가는 개별적·구체적으로 명확하지 않으면 안 된다. 그러므로 이러한 명확성은 말할 것도 없이 이것은 당해 규정의 해석의 문제에 귀결되어진다고 볼 수 있다.

우리나라에서의 제정법은 법으로 규정하여 절차적 규정을 준수하여 정하여진 문장의 형식으로 표현된 것이며 법규라고 한다. 그것은 성문법으로서 관습법 또는 판례법 등의 불문법과 구별되며, 제정법은 법원으로서 가장 중요한 것이며 강력한 구속력을 가지고 있다. 제정법은 성문법주의의 대륙법계 국가에 있어서 뿐만 아니라 판례를 기본으로 하고 있는 판례법주의 내지 불문법계 국가에서도 중요한 역할을 하는 법원(法源)이다.[55]

제정법은 명백한 내용을 지니고 있으며 명확하게 법률관계를 통제할 수 있다는 점에서 다른 법원(法源)에 비하여 우수하다고 할 수 있다. 그러나 반면에 제정법은 탄력성이 결여되어 있기 때문에 사회변화에 순응하여 개정되지 않으면 사회발전에 부응하지 못할 우려가 있다.

우리나라에서 가장 중요한 법원(法源)은 제정법 즉 실정법이며, 이와 같이 제정법이 기본적 법원이며 불문법은 이를 보충해주는 제2차적 법원으로 되어 있다. 이러한 경우를 제정법주의 내지 성문법주의라고 하며 이는 프랑스·독일 등의 대륙법계국가에서 채택되고 있는 원리이다. 이에 반하여 영미에는 판례법이 제1차적인 중요한 법원(法源)으로 취급되는 판례법주의가 있다. 우리나라, 프랑스, 독일에서는 노동법상의 법률문제가 발생하면 우선 법률 등을 중심으로 하는 제정법을 우선적으로 검토하게 된다. 그리고 이러한 법률의 적용과정에서 판례가 쌓이게 되며 판례는 논란이 될 경우 보충적 역할을 담당한다. 그러나 영미법은 우선 먼저 판례의 누적에 의하여 형성

54) 「노동법의 법원으로서는 재판규범의 존재 형식이라는 측면에서는 사법상의 협정이나 계약도 법원이 될 수도 있다. ~~ (김형배, 노동법, 박영사, 2018, 90~92면)」라고 하여 당사자 계약도 법원의 일종이라고 보는 견해도 있으나, 노동법의 특별법인 산업안전보건법에서는 노무제공자라고 하여 보호대상이 노무를 제공자도 해당되는 것으로 개정하여 폭넓게 보고 있으므로 당사자의 계약관계보다 노동관습이나 노동관행 등도 법원(法源)으로 해당될 수 있는 것으로 종합적으로 검토해야 한다고 본다.

55) 조흠학, 법제사적 의미에서 산업안전보건법의 역할과 지위에 관한 연구, 산업안전보건연구원, 2010, 103면.

된 법이기 때문에 영미법에서는 판례법이 기본이며, 제정법은 이것을 보완하거나 수정하는 제2차적 법원이다. 따라서 우리나라는 성문법주의인 대륙법계에 해당하므로 제정법을 우선으로 하고 판례는 보충적 역할을 담당하고 있다. 이런 의미에서 노동관계 제정 법률은 우리나라에서 가장 중요한 법원(法源)으로 인정하고 있는 것이다.[56]

2) 사회적 자주법

노동관계에서 실정법외에 노동법에서의 근거에 따라 노사가 스스로 사업장내에서 당사자를 규율하고 대외적으로 용인되어 인정되어질 수 있는 근거를 사회 자주법적 형식을 제정 할 수 있다. 이것은 사용자와 노동조합 내지 근로자라고 하는 이해대립집단 관계 속에서 노사 간의 새로운 자주적 질서가 형성됨으로 등장 된다. 이러한 근거 속에 사회자치적 입장에서 가치를 부여 할 것을 입법 주체 간에 적극적인 노력을 통하여 가치를 부여함과 동시에 당사자를 법률적으로 구속할 수 있도록 법률적 효과를 부여하고 있다. 따라서 입법주체는 노사 당사자가 되는 것은 당연한 것으로서 이 관계에서 형성되는 또는 여러 집단내부에서 형성된 사회규범에 대해서 강한 구속력을 나타내며 노사 간에서 대외적 입장에서 법원(法源)의 역할을 담당한다. 그러므로 사회적 자주법에 대하여 법원성을 묻는 문제는 결국 입법주체인 노사당사자가 어떠한 태도를 가지고 노사당사자간의 사회규범들을 실정법 질서의 내부 속에 도입시킬 수 있는지를 보여주는 것이라고 본다. 그래서 현재 노사관계 당사자들 사이에 나타나는 이러한 대상이 될 수 있는 것은 사업장내에서의 조합규약, 단체협약, 취업규칙 등으로 존재하여 나타나고 있다.

① 조합규약 기타 조합내 규범

노동조합의 규약은 노동조합의 대외관계 및 내부관계를 규율하는 기본적인 조직내 규범이다. 노동조합의 내부에서 노동조합자체가 당해조합원의 안전보건을 규율하는 것은 조합규약에 한하는 것은 아니다. 조합강령 및 조합규약에 근거를 둔 조합내 기관의 결의·결정을 통하여 확정된 불문의 관행 등을 통하여 노동조합 또한 조직내부규범으로서의 성격을 갖는다. 그러나 현행법상 조합규약 기타 조합내부 규범에 대해서 노사관계 속에서 법적 효력을 인정한 규정은 없으나, 그렇지만 그 법원성은 헌법 제33조의 단결권보장 속에 포함되어 있다고 긍정적으로 이해되어야 할 것이다.[57]

② 단체협약

사용자와 노동조합과의 사이에 체결되는 안전 및 보건에 관한 근로조건을 규율하는 단체

56) 조흠학, 산업안전보건법의 적용범위에 관한 타법과의 비교연구, 산업안전보건구원, 2014, 248면.

57) 조흠학, 산업안전보건법의 적용범위에 관한 타법과의 비교연구, 산업안전보건구원, 2014, 200면; 김형배, 「노동법(제28판)」, 박영사, 2018, 99면.

협약이 개별적 근로관계에 대해서 사회규범으로서의 기능을 가지고 있는 것은 의심할 여지가 없다. 현재 단체협약이 사회규범으로의 법원성에 긍정적으로 인정되는 것은 노사당사자를 규율하기 때문에 논쟁 할 여지가 없으며, 다만 이 법원성이 어떠한 논리를 통해서 인정될 수 있는가가 중요한 것이다. 즉, 다시 말하면 사회규범으로서의 단체협약이 구속력의 한계가 어느 정도 법규범성으로 인정되는가 하는 것이다. 이러한 단체협약의 법원성이 일반적으로 긍정적으로 인정되고 있으나 어떠한 부분이 법원성을 가지느냐는 논의의 대상이 되고 있다. 합의를 매개로 하면서도 현실적인 작용이 합의당사자를 초월하는 개별적 근로관계까지 포함되는 고용의 문제 속에 산업안전보건의 책임까지 단체협약의 대상으로 인정되는지의 판단이 중요하다고 본다. 따라서 단체협약의 법원성을 문제는 오직 사회규범으로서의 성격을 가지는 규범적 부분문제를 어디까지 인정하느냐가 중요하며, 단체협약의 내용 중에 근로조건에 해당하는 규범적 부분은 인정하되, 노사당사자의 책임을 묻는 채무적 부분은 제외하더라도 근로조건 개선에 해당하는 규범적 부분 속에 산업안전의 책임까지 포함되는 법원성을 인정할 수 있느냐의 문제이다. 그런데 현재의 이러한 근로조건 속에는 근로자의 사업장내에서 나타나는 안전보건의 문제도 포함되어진다고 보는 것이 타당하다고 볼 수 있다.[58] 단체협약은 최우선 유리의 원칙에 따라 근로계약이 우선할 수 있고, 법원이라는 입장에서 본다면 조합원만 해당 한다는 의미가 있어 논란이 될 수 있다. 그러나 근로자 안전이라는 부분을 우선 적용하는데 있어서 근로자 보호라는 단체협약의 본질을 해하지 말아야 한다고 생각된다.

③ 취업규칙

사용자가 일방적으로 정하는 취업규칙도 근로자에 대한 사용자 힘의 우위를 배경으로 해서 당해 경영 내지 사업장에 있어서는 실질적으로 사회규범으로서 기능을 가진다. 그러나 법적 인격의 평등을 기초로 하는 근대사회에 있어서는 사인(私人)이 일방적으로 정립한 사회규범에 대해서 바로 법원성이 긍정된다는 것은 있을 수 없다고 볼 수 있다. 더구나 근로조건에서 노사대등결정이라는 법원칙 개념으로는 설명되기 어려운 부분이 있을 수 있지만, 따라서 취업규칙의 법규범성을 긍정하려면 근로기준법 불리한 취업규칙의 변경이 없는 상태에서 이루어져야 법원으로서의 근거를 삼을 수 있으며, 이 속에 산업안전보건의 영역까지 포함될 수 있는 것이다.[59]

58) 조흠학, 산업안전보건법의 적용범위에 관한 타법과의 비교연구, 산업안전보건구원, 2014, 201면; 김형배, 「노동법(제28판)」, 박영사, 2018, 99면.

59) 조흠학, 산업안전보건법의 적용범위에 관한 타법과의 비교연구, 산업안전보건구원, 2014, 204면; 법제사적 의미에서 산업안전보건법의 역할과 지위에 관한 연구, 산업안전보건연구원, 2010, 266면.

3) 노동관행

관행이나 관습은 일정사회집단에 있어서 사회행동의 일정양식이 반복·계속되고 있는 것을 전제로 해서 그 사회집단에 속하는 사람에게 일정양식의 사회행동을 할 것을 요청하고 이에 반할 때에는 일정한 사회적 제재를 가한다고 하는 사회행동의 패턴 혹은 제도이다. 관행이나 관습이 반복과 법적 확신이라는 일정한 요건을 갖춘 경우에는 관습법으로서 노사관행에 직접 법원으로서의 지위가 확정되나, 이에 반해서 사실인 관습 등 단순한 관행의 경우에는 그 법원성이 부정된다.

노동관행이 노사 중 어느 쪽 일방의 손에 의한 그 의식적인 변경 및 폐기는 그때까지의 이해관계를 변경시키는 것으로서 새로운 이해대립을 노사 간에 초래시키는 것이 되므로 사실상 법원으로 인정하기는 어려운 면이 발생한다. 그러나 이러한 새로운 이해대립이 어떠한 형태로 귀착되어 가는가의 문제는 별개이며, 노동관행의 복원 또는 새로운 노동관행의 형성과 함께 계속적인 관행은 사업장의 근로관계 형성과 함께 근로조건에 관한 부분 즉, 사업자에서 안전보건에 관한 부분은 법원성을 인정할 수 있으며, 또한 명확한 단체협약에 문서로서 인정되는 경우에도 노사간에 법원으로서 가능하게 될 것이다.[60)]

4) 노동판례

노동판례에 특별한 문제는 없지만 모든 판례를 다 법원으로 인정하는 것은 어려운 것이다. 노동판례나 다른 판례도 법률상 법률적용에 관한 「선례구속성의 원칙」[61)]이 인정되지 않는 대륙법계통의 나라에 있어서는 법원성이 부정되지만, 어떠한 유형적 사실 및 행위에 대해서 새로운 판례가 가치판단의 기준은 될 수 있다. 그러므로 다수의 선례로 나타난 재판의 결과는 동일한 법적 평가를 내릴 수 있기 때문에 법원으로서의 인정이 되어 질 수 있지만, 노동사건에 관한 판례는 자칫 하면 동종사건에 대한 장래 재판의 결과에 대해서 영향을 미칠 수 있어 법원성을 부정할 수 있다고 볼 수 있다.[62)]

5) 행정해석

노동법의 영역 중에서 행정관청에 의한 해석이 근로조건이나 안전보건의 영역에서는 다른 법 영역에 비하여 법을 운용하는 면에서는 적용하는 비중이 높은 편이다. 산업안전보건법에서의 안전·보건은 기술적 성격이 강하고 또 형벌을 가지고 법정안전보건기준의 실효성을 확보한다고 하는 측면이 강하게 나타나고 있다. 그 결과 행정해석은 산업안전보건법과 동일하게 작용하고,

60) 조흠학, 법제사적 의미에서 산업안전보건법의 역할과 지위에 관한 연구, 산업안전보건연구원, 2010, 266면.
61) https://search.daum.net/ : 보통 판례에 관한 설명으로 후일 동일 또는 유사한 사건에 대하여 판결을 내리는 경우에 선판례에 의하여 구속을 받으며, 상급법원의 판결은 하급법원을 구속한다는 것으로서 선결례의 원칙이라고 한다.
62) 조흠학, 산업안전보건법의 적용범위에 관한 타법과의 비교연구, 산업안전보건구원, 2014, 204면; 법제사적 의미에서 산업안전보건법의 역할과 지위에 관한 연구, 산업안전보건연구원, 2010, 267면.

때로는 산업안전보건법을 제한하거나 확장하고 때로는 근로기준법에 새로운 것을 부가하도록 하는 작용을 할 수도 있다. 그러나 아무리 법률적 근거에 따라 부수적인 영향력이 강해도 행정해석은 법원일 수가 없다. 단지 행정해석은 제정법 기타 재판규범의 해석에 즈음하여 참고적 소재를 제공하는 것에 불과한 것이라고 볼 수 있다.[63)]

6) ILO협약

안전보건문제를 포함하는 노사관계는 그것이 국제적 상품시장에서 경쟁조건을 형성하고 또 근로자의 국경을 초월하는 넓은 의미에서 명확한 국제적 성격을 띠고 있다. ILO가 채택한 협약을 우리나라가 비준하는 경우(이 헌법에 의하여 체결, 공포된 조약은 국내법과 같은 효력을 갖는다)는 헌법 제6조에 의거 그 법원성이 인정될 수 있다. 또한 비준되지 않은 ILO협약 및 국제노동관행에 대해서는 그것이 「일반적으로 승인 된 국제법규」에 속하는 경우가 아닌 한 원칙적으로 그 법원성은 부정되는 것이 일반적이며, 산업안전보건에 관한 부분은 근로자의 생명권에 관한 부분이므로 법원성을 인정하는 것이 타당하다고 본다.[64)]

7) 조리와 학설

조리에 대해서는 법원성에 대해 학설대립이 있으나 판단의 기준정도를 보아야 할 것이다. 학설은 법원성을 인정하기가 곤란하다고 생각된다.[65)]

(3) 법원(法源)의 상호 관계

노동법의 법원은 효력상 순위가 있으며 하위의 법원은 상위의 법원에 위반하여 적용할 수 없다. 왜냐하면 상위법원에 근거를 두지 않은 하위법원은 성립할 수 없기 때문이며 노동법의 목적인 근로자의 보호라는 측면을 벗어나서 적용할 수 없기 때문이다. 그러나 이와 같은 체계에 있어서도 근로자보호를 위하여 하위의 법원이 상위의 법원보다 근로자에게 유리한 내용을 규정하고 있을 때에는 상위의 법원은 적용되지 않고 하위법원의 규정이 적용하고 있는 것이 있다. 이것을 노동법에서는 유리한 조건의 우선원칙(Günstigkeitsprinzip)[66)]이라고 하여 근로자 보호라는 노동법의 목적을 바탕으로 인정하고 있는 원칙이다.[67)]

63) 조흠학, 법제사적 의미에서 산업안전보건법의 역할과 지위에 관한 연구, 산업안전보건연구원, 2010, 266면; 김형배, 노동법, 박영사, 2018, 105면 "행정해석이 판례와 같은 의미의 법원성을 가질 수 없다는 것이 일반적인 견해로 보인다."라고 설명하고 있다.

64) 조흠학, 법제사적 의미에서 산업안전보건법의 역할과 지위에 관한 연구, 산업안전보건연구원, 2010, 267면 재정리하였음.

65) 조흠학, 법제사적 의미에서 산업안전보건법의 역할과 지위에 관한 연구, 산업안전보건연구원, 2010, 267면.

66) 김형배, 노동법, 박영사, 2018, 93면; 96면 "~~~ 근로자 보호를 위하여 유리한 조건의 원칙이 지배한다."

4. 산업안전보건법의 해석

(1) 노동법의 해석

노동법의 해석은 「법」의 해석과 다르게 「법의 해석」 일반에 대하여 특별히 이질적인 성격을 가지고 있는 것은 아니다. 다만 법의 목적에 반하지 않은 정도의 법해석을 일반적으로 논의로 하고 있는 것이 원칙적인 노동법 해석이라고 볼 수 있다.

노동법의 해석은 사실상 현상의 특수한 상태를 법률적 목적에 반하지 않는 범위 내에서 근로자 보호라는 입장에서 판단하여 해석하는 것이 일반적이다. 그러나 노동법 내에서 산업안전보건법의 해석은 기술적 기준의 준수라는 면에서 본다면 기술기준 준수가 이루어지면 법률적 책임이 발생하지 않을 수 있는 특징이 나타난다. 그러나 산업안전보건의 목적인 근로자 보호와 산재예방은 기술기준 준수만으로 이루어지는 것은 아니고 산재예방은 노력을 다했는지의 판단에 따라 책임을 지는 것이다. 따라서 산업안전보건법의 해석은 단순한 법률조문의 해석이 아니고 산안법의 목적을 명확하게 규정하여 적용하는 것이 타당한 것이다.[68]

1) 노동법의 해석과 기능

법 특히 제정법의 해석은 제정법의 의미내용을 명백히 하는 작업이며, 따라서 이 의미내용을 명확히 하는 작업[69]은 법률적용의 실효성 확보라는 의미로 나타낼 수 있다. 법률적용은 해석 전까지 가지고 있는 의미내용을 명백히 하는 것은 아니고 해석 이후에 있어서 어떠한 의미내용으로 할용 할 것인지가 중요한 것이다. 법해석은 법목적의 내용에 관한 객관적 사실을 발견해서 인식하는 것은 아니고 제정법의 외부에서부터 어떤 의미 내용을 부여하는 가치판단의 기준을 말하여 즉, 법해석에 있어서 특수한 성질이 사실인정 → 법률적용 → 재판의 결론이라고 하는 소위 삼단논법이 행하여진 재판의 구조, 특히 재판의 결론을 논의할 수 있어야 하는 것이다. 이러한 법해석의 의미가 사회적 요청에 근거하여야 할 필요는 없지만 오늘날 일반적으로 승인되어 있는 것이라 하겠다.[70]

노동법의 해석도 그 예외는 아니다. 즉, 노동법의 해석은 노동법이 가지고 있던 목적 속에 노동법의 목적을 벗어나는 것인 없는지 확인하는 것이라 볼 수 있다. 따라서 노동법이 가지고 있는 의미내용을 사실인식으로서만 명확히 하는 것은 아니고 가져야 할 의미내용을 가치판단으로서 명백히 해야 작업이다. 따라서 노동법의 해석도 다른 법의 해석과 마찬가지로 가치판단으로서 명

67) 조흠학, 법제사적 의미에서 산업안전보건법의 역할과 지위에 관한 연구, 산업안전보건연구원, 2010, 267면.
68) 조흠학, 법제사적 의미에서 산업안전보건법의 역할과 지위에 관한 연구, 산업안전보건연구원, 2010, 268면에서 발췌함.
69) 곽윤직, 민법총칙, 박영사, 2018, 78면.
70) 조흠학, 법제사적 의미에서 산업안전보건법의 역할과 지위에 관한 연구, 산업안전보건연구원, 2010, 269면.

백히 함과 동시에는 항상 현실의 사회현상에 대한 실현으로서의 성격을 가진다.

그러므로 해석과 함께 또 하나의 특징은 노동법의 해석이 노동법의 의미내용에 있어서 사실인식이 만이 아니고 가치판단을 실현하는 기능도 가지고 있다고 볼 수 있다. 노동법의 해석이 불가피하게 일정분야에 있어서도 실현기능을 하고 있다고 하여도 이것은 넓은 의미의 노동법의 해석이며, 근로자 보호라 원칙을 전혀 자의적으로 일정한 입장에 따라 판단 할 수 있도록 해석 하는 것이다. 노동법의 해석은 노동관계의 가치판단을 근로자 보호라는 측면으로 객관적으로 판단할 수 있어야 한다고 본다. 그러나 노동법도 실정법의 하나이기 때문에 법률의 객관적 해석이 있을 수 있어 실정노동법의 문언·문장에 구속되는 것은 당연하다고 본다.[71] 또한 법률의 구성과 체계를 기준으로 체계적·논리적인 정연함을 요구하는 것도 당연한 일이다. 그러나 여기에서 중요한 것은 노동법은 대등한 관계 속에서 나타난 법률이 아니라 경제적 약자를 보호하기 위하여 태동된 법률이므로 법의 입법적 취지를 충분히 판단하여 법률조문의 해석이 되어야 한다고 본다. 특히 노동법속에 있는 산업안전보건법은 근로자의 책임과 의무를 대등한 관계에서 보는 것이 아니라, 사업주의 책임과 의무를 중요하게 강조하여 사업주의 책임을 요구하는 입법적 측면의 해석이 중요하다는 것이다. 다시 말하면 산업안전보건법의 위반은 사업주책임이며 근로자의 법률적 책임은 없고, 근로자를 보호하기 위하여 제정된 법률이다.[72]

2) 산업안전보건법의 해석의 의미

인간사회가 존재하는 곳이면 반드시 존재하고 필요한 것이 법이라고 할 수 있다. 이것은 법이 인간사회생활에 미치는 커다란 영향력이 있음을 말하는 것이다. 따라서 인간사회에서는 당위규범을 두어 사회현상의 존재를 인정하고 그 기준을 마련하여 사회질서를 유지한다. 이 기준의 틀은 부지불식간에 만드는 것이 아니라 정의, 법적안정성, 공익성을 고려하여 기준을 만들고 그 기준을 법이라 한다. 그러므로 법이 제정되면 궁극적인 실현이 있어야 하고 올바른 적용이 되는지를 지속적인 추정과 사정을 참작하여 판단하게 된다. 이러한 판단과정은 제정된 법률의 올바른 적용을 위해 법의 해석을 통하여 이루어진다. 그러므로 법의 해석은 추상적·일반적으로 구성되어 있는 법규범의 의미를 내용과 함께 밝혀서 확정하는 것이다.[73]

그러므로 법의 목적에 맞게 이론적·기술적 정의를 내려 법의 이념과 정신을 객관화시켜 단순한 형식논리를 떠나서 법률이 가지고 있는 객관적 목적과 그 시대의 사회성을 고려하여 정의를 내리는 것이므로 법률적 판단과 적용에 상당한 영향을 미치는 것이다. 그러므로 일반적으로 법률을 보면 어렵다고 하는 것은 어떠한 목적으로 일관성을 가지고 해석 할 수 있느냐를 말하는 것이고, 이것이 어려운 것이다.

71) 조흠학, 법제사적 의미에서 산업안전보건법의 역할과 지위에 관한 연구, 산업안전보건연구원, 2010, 269면.
72) 조흠학, 법제사적 의미에서 산업안전보건법의 역할과 지위에 관한 연구, 산업안전보건연구원, 2010, 269면 참조.
73) 조흠학, 법제사적 의미에서 산업안전보건법의 역할과 지위에 관한 연구, 산업안전보건연구원, 2010, 270면 참조.

(2) 법의 해석 종류

법의 해석은 법률의 구속력에 따라 유권해석과 학리해석으로 나눈다.

유권해석이란 관청에서 법을 집행하기 위해서 유권적으로 내리는 것이고, 학리해석은 법학자가 학설로서 전개한 법해석을 말한다. 이러한 학리해석은 국가권력의 뒷받침이 없어 구속력은 없다. 하지만 모든 법률의 해석은 유권해석을 하기 위해서는 학리해석을 밑바탕으로 해석하여야 온전한 유권해석을 할 수가 있는 것이다.

그러므로 학리해석은 항상 시대적 권력에 영향을 받지 않아 학문적 입장에서 해석하기 때문에 일반여론과 사회적 의견에 따른 설득력이 강하므로 일반적으로 유권해석에 절대적인 영향력을 가지고 있다.[74)]

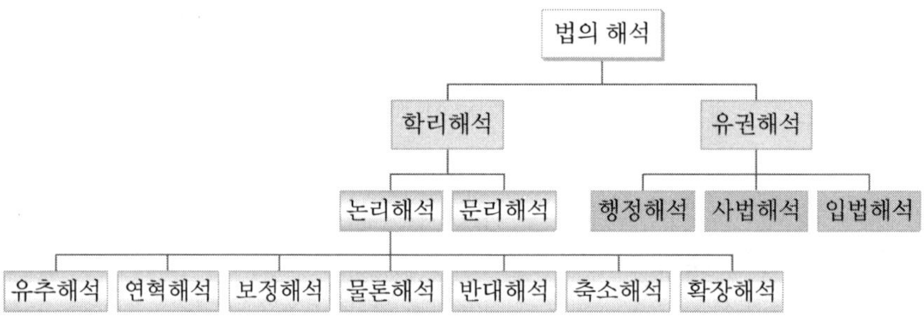

1) 유권해석

유권해석은 관청에서 법의집행을 필요로 하여 해석하는 것으로 입법, 사법, 행정해석이 있다.[75)]

① 입법해석

입법기관에서 법률 조문자체를 가지고 법률 제정 입장에서 해석하는 것으로 민법 제98조의 예를 보면 '본법에서 물건이라 함은 유체물 및 전기 기타 관리하는 것'을 말한다. 여기서의 유체물은 명확하지 않아 다른 법률 또는 령이나 규칙으로 집행에 필요한 해석을 또 해야 하는 번거로움이 있다. 산업안전보건법에서는 법 제160조 과징금규정이 있는데 이에 관한 부과규정이나 대상, 범위를 법에 넣을 수 없어 시행령 제111조 내지 제112조에 산정

74) 조흠학, 법제사적 의미에서 산업안전보건법의 역할과 지위에 관한 연구, 산업안전보건연구원, 2010, 272면.
75) 조흠학, 법제사적 의미에서 산업안전보건법의 역할과 지위에 관한 연구, 산업안전보건연구원, 2010, 270~272면 참조; www.naver.com/.

기준 등을 통하여 부과한다.

② 사법해석

재판의 형식으로 이루어져 법원의 재판결과에 따라 법률을 이해하는 것으로 대표적으로 법원판결을 말하는데 대법원의 판결을 우선으로 한다. 대법원판결에서 판결하기를 산업안전보건법의 건설현장의 안전조치 위반 중에서 비계설치 시 보호막설치를 하지 않은 것을 법 제23조의 안전조치위반으로 판결 할 경우 구속력이 있어 그 이후의 보호막미설치는 전부 위반이 된다.

③ 행정해석

행정관청의 해석을 말하는 것으로 법의 집행형태로 상급관청에서 하급관청으로 회답, 훈령, 지령의 형식을 통한다. 그릇된 행정해석이 위법처분이 내려지면 법원의 사법해석에 의하여 교정된다.

2) 학리해석

학리해석은 법문의 자체해석, 법의 입법취지, 그 법을 적용할 사물의 성질 등을 기초로 언어학적 논리적 방법으로 법의 의미와 내용을 확정하는 것이다. 문리해석과 논리해석으로 구분되며 법의 목적에 어긋나지 않도록 해석해야 하며 사비니(Savigny)에 의하여 주장되었다.[76]

① 문리해석

법규의 문자나 문장에 중심을 두는 것으로 말한다. 동일한 법령가운데 동일어는 특별한 이유가 없는 한 동일의미로 해석해야 한다. 또한 법조문의 자구는 사회일반 통념에 의하여 쉽게 해석하며 예외적으로 특수한 경우만 특수의미로 해석하는 것이다. 법조문의 용어가 제정당시의 의미를 달리할 때에는 해석당시의 기준으로 판단하여야 한다. 성문법의 출발점은 이러한 해석을 기준으로 하지만 이러한 문구적 해석은 1차적 해석이며, 목적을 살피지 않으면 무의미하다. (특수의미의 예, 부동산이중매매가 이루어져있을 때 선의행위는 이중매매인지 모르고 매매관계가 성립되므로 위법하지 않지만 악의행위는 이중매매인지 알고 매매관계가 성립되었으므로 위반행위에 해당된다.)

② 논리해석

법령의 문구에 얽매이지 않고 당해 법령의 구성과 법질서 논리적 연관성, 법률이 가지는 목적, 취지, 적용 결과 등의 논리적 사유에 따라 법의 객관적 의미의 해석을 말한다.

76) 조흠학, 법제사적 의미에서 산업안전보건법의 역할과 지위에 관한 연구, 산업안전보건연구원, 2010, 270~272면 참조하여 정리함; www.naver.com/.

i) **축소해석(제한해석)** : 법조문의 문리적 의미가 너무 넓어 입법 취지에 비추어 법규의 용어 해석을 좁혀서 하는 것을 말한다. "차마통행금지"일 경우 유모차와 사람의 통행은 가능하다. 예) 산업안전보건법을 적용하는 범위대상을 한정 할 때에 적용범위에 관한 부분은 제3조를 규정하는데 조문을 보면 '모든 사업 또는 사업장'으로 되어있어 이것을 그대로 해석하면 너무 넓어 해석하기가 어려워 단서를 사용하여 해석하고 있다, 단서를 보면 '유해 위험정도 종류 규모 등을 고려하여 대통령령으로 정하여 이 법의 전부 또는 일부를 적용할 수 있다.'라고 규정하고 있는데 이를 축소해석이라 한다. 만약 이 경우에 모든 사업장으로 해석하는 경우는 확장해석이고, 전부 또는 일부 고려하여 적용하면 축소해석이 된다.

ㅇ "상시 사용하는 근로자 중 사무직에 종사하는 근로자(공장 또는 공사현장과 **같은 구역***에 있지 아니한 사무실에서 서무·인사·경리·판매·설계 등에 직접 종사하는 근로자는 제외한다)에 대하여는 2년에 1회 이상, 그 밖의 근로자에 대하여는 1년에 1회 이상 일반건강진단을 실시" 하도록 규정(구 산업안전보건법 시행규칙 제99조)

* "같은 구역"이라 함은 담 또는 울타리를 경계로 하여 '동 경계 안'을 의미하며, 생산동과 사무동이 동일 건물에 있지 아니하고 충분한 이격거리를 두고 있는 경우는 같은 구역으로 보지 아니함(이 경우 축소해석에 해당함)
* "근로자"는 사무실 등에서 주된 업무가 주로 정신적인 근로를 하는 자이며, 그 외 현장에 종사하는 근로자 및 사무실에서 단순 반복업무를 하면서 업무 중에 자유롭게 움직이기 곤란한 업무(교대하지 않는 한 자리를 비울 수 없는 업무) 등을 하는 근로자는 "기타직 근로자"로 분류

ii) **확장해석** : 법조문의 범위가 너무 좁다고 생각하는 경우 법률용어를 넓혀서 생각하는 것이다. "공원 안에서 수목을 꺾지 말라" 하는 경우 수목에는 화초도 포함되며 풀과 잔디도 포함된다.[77)]

ㅇ 산업안전보건법에서 확장해석을 살펴보면 사업주의 범위가 구 산업안전보건법 제2조제3호에 따라 "근로자를 사용하여 사업하는 자"인 경우 모든 근로자 즉, 임금을 목적으로 근로하는 자는 전부 대상이 된다는 해석이고, 이것은 근로기준법 제2조의 정의에 따라 "직업의 종류와 관계없이 임금을 목적으로 사업이나 사업장에서 근로하는 자"이므로 공무원 및 교원 모든 포함된다는 의미로 해석하는

77) 조흠학, 법제사적 의미에서 산업안전보건법의 역할과 지위에 관한 연구, 산업안전보건연구원, 2010, 270~274면 참조; www.naver.com/.

것이 확장해석이다. 단, 이것은 근로기준법에서 적용하는 근로계약을 체결하는 근로자일 경우를 축소하여 해석 하면 공무원법과 국가교육공무원법에 적용을 받는 공무원과 교원은 제외될 수 있다.

- 한국산업안전보건공단법을 보면 제1조 "이 법은 한국산업안전보건공단을 설립하여 산업재해예방기술의 연구·개발과 보급, 산업안전보건 기술지도 및 교육, 안전·보건진단 등 산업재해 예방에 관한 사업을 효율적으로 수행하게 함으로써 근로자가 안전하고 건강하게 일할 수 있도록 하고 사업주가 재해 예방에 힘쓰게 하여 국민 경제발전에 이바지함을 목적으로 한다." 따라서 기술지도 및 교육과 안전보건진단의 사업을 수행 하도록 되어있어 사업장내에서의 산업안전보건공단의 직원들이 사업장을 방문하여 안전보건예방의 지도를 할 수 있다.
- 그러나 일부에서 해석하기를 공단 직원들은 지도를 할 수 없고, 단순히 조언만을 할 수 있다고 하는데 이는 법률적 해석의 이론적 측면에서 보면 법해석상의 부족함이라 할 수 있다. 다시 말하면 기술지도의 범위를 어디까지 볼 수 있는 것인지가 중요한 것인데, 이 경우에 법의 입법 목적에 충실하도록 해석하면 된다고 볼 수 있다. 동법 제6조를 보면 "공단은 제1조의 목적을 달성하기 위하여 다음 각 호의 사업을 한다."라고 하고 제3호를 보면 "사업장의 산업재해예방을 위한 안전·보건 진단 또는 관리 등과 이를 위한 기술지원"을 하도록 되어있어, 기술지원 속에는 당연히 예방을 하지 않은 경우에는 이것을 지적하고 기술지원을 할 수 있는 것이기 때문에 지원 속에는 지도라는 의미의 내용도 포함되어 있어 산업안전보건법의 목적에 타당하기 위해서는 당연하다고 볼 수 있다. (이는 물론해석도 해당됨)
- 일부에서는 스스로 공단의 업무를 축소하여 지도하는 방법이 명쾌하게 나열되어 있지 않아 지도를 못하는 것으로 해석하는 경우도 있다. 이를 일명 축소해석이라고 하지만, 사실 축소해석은 법조문의 문리적 의미가 너무 넓어 입법 취지에 비추어 법규의 용어 해석을 좁혀서 하는 것을 말하는 것이지 입법목적을 벗어나서 해석하는 것은 아니다.

iii) **반대해석** : 법조문의 요건과 반대되는 것이 존재하는 경우 법조문이 정하는 반대의 효과를 발생시키는 것을 말한다. 민법 제800조 "성년이 달하는 자는 자유로이 약혼할 수 있다." 그러므로 반대해석을 하면 성년이 달하지 못한 자는 자유로이 약혼할 수 없다는 것이다.[78]

78) 조흠학, 법제사적 의미에서 산업안전보건법의 역할과 지위에 관한 연구, 산업안전보건연구원, 2010, 270~272면 참

ㅇ 산업안전보건법은 입법목적이 사업주가 사업장에서 근로자를 위하여 쾌적한 사업장의 안전보건을 유지하여야 하는 것이므로 구 산업안전보건법 제23조 "안전조치를 하여야 한다." 구 산업안전보건법 제24조 "건강장해를 예방하기 위하여 보건조치를 하여야 한다."에서 안전 및 보건조치는 당연히 사업주가 해야 하는 것이다. 따라서 이행하지 않으면 처벌이 되는 것이다. 그러므로 반대해석을 하게 되면 법률조문에 따라 하지 않으면 그에 따른 책임을 져야 하는 것으로 처벌대상이 된다. 단, 반대해석의 문제점은 법조문에서의 대상을 일반적으로 해석하여서는 아니 되고 법의 목적에 타당한 것인지에 따라 해석하여야 한다.

ⅳ) **물론해석** : 법조문이 정하는 것에 따라 입법상의 취지나 내용이 당연히 적용되는 것이므로 그 조문에 해당하는 것은 보다 더 강하게 적용할 수 있는 것이다. 자동차통행금지인 경우에는 물론 탱크도 해당되지 아니한다는 것이다.79)

ㅇ 산업안전보건법에서는 구 산업안전보건법 제31조의 안전보건교육을 보면 "사업주는 해당사업장의 근로자에 대하여 노동부령을 정하는 바에 따라 정기적으로 안전보건에 관한 교육을 하여야 한다."라고 하면 당연히 근로자는 사업주가 교육을 시킴과 동시에 비정규직, 계약직, 단시간 근로자 모두 대상이 되는 것이다.

또한 최근 나온 내용 중에

ㅇ 국민건강보험법에 따른 건강검진은 산업안전보건법에 의한 일반건강진단으로 인정(시행규칙 제99조제1항)하고 있으나 단시간 근로자에 대한 법적용 여부는 별도로 규정한 바 없음

ㅇ 국민건강보험법 제6조(시행령 제10조)에 의하여 "비상근 근로자 또는 1월간의 근로시간이 80시간 미만인 시간제근로자"는 직장건강보험 가입대상에서 제외하고 있어서 계속 사용하는 근로자 중 1개월 근로시간이 80시간 미만인 경우 일반건강진단을 실시해야 하는지 한다면 비용 등은 누가 지급하는지 등의 판단이 필요함. 따라서 이 경우에 단시간 근로자는 규정한 바가 없지만 단시간 근로자도 근로자이므로 물론 당연히 해당되는 것이다.

ⅴ) **유추해석** : 어떤 사항에 대하여 직접적인 명문규정이 없는 경우에 이와 유사한 사항에 대하여 규정한 법률을 적용하는 것이다. 유추해석을 인정하는 이유는 동일한 법 이유

조; www.naver.com/.

79) 조흠학, 법제사적 의미에서 산업안전보건법의 역할과 지위에 관한 연구, 산업안전보건연구원, 2010, 270~272면 참조; www.naver.com/.

가 존재한다는 전제하에서 적용하는 것이므로 법조문의 자구해석을 넘어 해석하여 적용하는 경우도 있다. 그러므로 이러한 유추해석은 입법 당시의 예기치 못한 부분이 발생할 경우, 그 사안이나 내용이 성질이 같아 같은 의미로 해석하여 적용될 수 있다는 것이다. 단 형벌 법규에서는 죄형법정주의가 강조되므로 해석의 한계를 넘어서는 적용하는 것은 불가능하다.[80] (산업안전보건법에서는 예방조치에 관한 위반사실에 관하여 처벌하는 형사법의 일종이므로 유추해석을 하여 처벌하면 형사법의 죄형법정주의에 위반되므로 유추해석을 할 수 없다.)[81]

vi) **보정해석(보충해석, 변경해석)** : 보정해석이란 법조문의 자구해석이나 내용이 부정확하다고 인정하였을 경우에 그 자구를 보정하거나 변경하는 해석을 말한다. 이는 법조문이 입법자가 명백히 잘못하거나 확정적 학설에 따라 명백히 위반될 경우에 그 사항이 사회적 수요에 확실히 반할 때 허용된다고 볼 수 있다. 민법 제7조를 보면 "법정대리인은 미성년자가 아직 법률 행위를 하기 전에 동의와 허락을 취소할 수 있다."라는 법률조문에서 동의와 허락의 법률 구속력이 취소보다 우선할 수 없지만, 미성년자를 대리한다는 의미에서 미성년의 보호라는 법의 목적을 감안하여 취소의 내용을 우선하여 미성년자의 법정대리인이 취소하는 것에 관하여 인정할 수 있는 것이므로 사실상 법률조문의 구성이 다르지만 취소를 보정하여 법률구속력을 인정하는 것을 말한다.[82]

(3) 산업안전보건법해석의 중요성

결론적으로 법의 해석은 법률을 적용하고 실현하는데 중요한 역할을 하고 있다.[83] 법규범이 추상적으로 규정된 법이 사회생활에서 구체적 사실로 인정받을 수 있는 근거가 법의 해석이므로 법의 목적과 의미, 내용을 명확하게 해석해야만 올바른 적용이 가능하다고 본다. 특히 산업안전보건법처럼 의무규정의 준수를 하지 않으므로 처벌되는 경우는 더욱 명확한 법의 해석이 중요하다.

법원(法院)이 법률해석을 하게 되는 경우에는 입법목적을 중심으로 법률을 해석하는 것이 법원의 우선이다. 따라서 법원이 엄격한 문리해석을 하느냐 진보적으로 입법자의 진의를 파악하는

80) 조흠학, 법제사적 의미에서 산업안전보건법의 역할과 지위에 관한 연구, 산업안전보건연구원, 2010, 271~272면 참조; www.naver.com/.

81) 조흠학, 법제사적 의미에서 산업안전보건법의 역할과 지위에 관한 연구, 산업안전보건연구원, 2010, 270~275면 참조; 이재상, 형법 총론, 박영사, 2019, 24면 "~~ 유추해석 금지의 원칙은 범죄와 그 결과에 대한 형벌 법규의 모든 요소에 대하여 적용된다." 따라서 형법의 일종은 산업안전보건법도 적용된다고 본다.; www.naver.com/.

82) 조흠학, 법제사적 의미에서 산업안전보건법의 역할과 지위에 관한 연구, 산업안전보건연구원, 2010, 270~275면 참조; www.naver.com/.

83) 곽윤직, 민법총칙, 박영사, 2013, 80면 참조 "~~ 해석이 법의 목적이나 정신에 따라서 행하여져야 한다면 해석으로 생기는 실제상의 결과를 고려하지 않고서는 해석 할 수가 없다. ~~"라고 설명하고 있다. 그러므로 법의 해석은 법을 적용하고 실현시키는데 중요한 역할을 담당하고 있다고 본다.

해석을 하느냐는 시대적 분위기에 따라 변화할 수도 있다.

현대의 모든 법률은 해석을 다루는 조항과 필요한 경우 특별한 용어의 정의 조항을 포함하고 있다. 따라서 산업재해, 근로자, 사업주 등은 산업안전보건법에 그 의미에 대해서 규정되어 있다. 또한 시행령, 시행규칙 등에 사용되는 용어는 정의 조항이 있거나 관련사항이 있는 경우에는 반드시 참조되어야 하는 조항들이다.

또한 산업안전보건법의 해석에 있어서는 관계법률 예컨대 근로기준법 등의 관계법률이 참조되어야 하며, 또한 해석은 문자 그대로의 문법적 의미를 파악하는 문리해석이나, 전체의 논리적 구조에 따라 해석하는 논리해석, 유추해석, 물론해석, 반대해석, 목적론적 해석 등 여러 가지 해석 기술이 있다. 그러나 중요한 것은 법률 목적에 따라 해석해야 하며, 법원은 두 법률이 동일하거나 유사한 문제를 취급하고 있을 때에는 다른 법률에서 사용하는 특수한 용어나 구절에서 이미 행해진 해석을 참조하지만 법의 목적에 반하지 않도록 하여야 한다. 예를 들어 만약 법 규정에 '어떠한 승용차, 버스 그 밖의 차량'이라고 표현되어 있다면, 그 종류가 명백히 동력에 의해 가동되는 것으로서 이 조항이 자전거를 포함하는 것인지의 여부가 의심스러워지기 때문에 목적에 해당하는지를 먼저 살펴보고 해석하여야 한다.[84]

예를 들면, 산업안전보건법의 근로자 정의를 보면 '근로자'는 근로기준법 제2조제1항제1호에서 사용된 정의를 그대로 사용하게 된다. 이것은 두 개 법률 중에 유사한 내용 중에서 법의 목적에 우선 해석하여야 하며, 이것을 다른 말로 유사한 현황을 구성하는 것(in pari material; in similar circumstances)으로 우선하는 것으로 해석하고 있다.[85]

산업안전보건법에서 어떤 용어들은 일반적으로 사용되는 용어들이 있다. 예컨대 '…하여서는 안 된다.'는 표현이다. 이러한 표현들은 일반적인 형법에서 위험한 행위, 즉 범죄를 유발하는 행위를 하지 말라는 의미이고, 문제되어 있는 행위나 사물이 해야 할 또는 하여서는 아니 될 절대적 의무를 부과하는 규정이다. 그렇기 때문에 하지 말라는 행위를 위반한 경우 처벌되는 행위론 입장에서는 작위범에 해당한다. 그러나 산업안전보건법에서는 일반 행위론처럼 하지 말라는 규정으로 "기술준수를 따라서는 아니 된다."라고 해석하게 되면, 형법의 금지 규정처럼 적용하기 때문에 산업안전보건법의 특성상 사업주가 반드시 이행해야 할 의무규정일 경우에는 안 된다의 표현은 사용할 수 없는 것이다. 따라서 산업안전보건법에서는 「기계의 모든 위험한 부분은 안전하게 망을 설치하여야 한다.」고 규정되어 있고 하도록 유도하며 하지 않을 경우 책임을 지는 부작범의 처벌에 따라 책임을 부담 하는 것이다. 그래서 산안법에서는 사업주가 안전하게 망을 설치할 의무를 부과하게 되고, 망을 설치하지 못할 경우 부작위범으로 형사처벌을 받을 수도 있으며, 망을 설치하지 않아서 특정인이 재해를 당한 경우에는 그에 따른 민사상 손해배상의무를 부

84) 조흠학, 법제사적 의미에서 산업안전보건법의 역할과 지위에 관한 연구, 산업안전보건연구원, 2010, 270～272면 참조; www.naver.com/.

85) 조흠학, 법제사적 의미에서 산업안전보건법의 역할과 지위에 관한 연구, 산업안전보건연구원, 2010, 270～272면 참조; www.naver.com/.

담하도록 하는 의무이행의 책임을 부과하도록 해석하여야 한다고 본다.[86]

5. 산업안전보건법의 발전과정

(1) 산업안전보건법 개정 이유

1) 산업안전보건법 제1차 개정

산업안전보건법의 제1차 개정(1990. 1. 13; 법률 제4220호)[87]은 사업장 안전보건관리체제에 있어서의 제반 문제점을 해소하고 자율재해예방활동이 촉진될 수 있도록 하며, 산업재해예방사업을 효율적으로 추진하기 위하여 산업재해예방 기금을 설치하여 산업재해의 감소와 근로자의 안전과 보건을 유지·증진시키기 위하여 개정을 단행하였다.[88] 그 취지를 살펴보면

① 산업안전보건업무에 대한 정부의 업무를 규정하고

② 행정기관이 사업장내 안전·보건에 관한 사항을 규제하고자 할 경우에는 미리 노동부장관과 협의하도록 하였으며,

③ 근로자대표는 사업장내 안전·보건에 관한 조치결과를 사업주에게 요청할 수 있도록 하며, 사업주는 이에 성실히 응하도록 하고,

④ 사업주는 안전·보건표지를 설치하거나 부착하도록 하였다.

⑤ 안전보건관리규정의 작성, 안전·보건에 관련되는 안전장치 및 보호구의 구입 시 적격품 여부 확인을 안전보건관리책임자의 업무에 추가하고, 의사가 아닌 보건관리자를 둔 사업의 경우에는 산업보건의를 따로 두어 근로자의 건강관리업무 등 보건관리자의 업무를 지도하도록 하고 종전의 보건담당자의 업무를 보건관리자의 업무에 흡수·통합하였고,

⑥ 산업안전보건위원회의 구성을 노·사 동수로 하고,

⑦ 건설분야 재해를 획기적으로 줄이기 위하여 해체작업 및 구축물에 의한 붕괴 우려가 있을 때에도 안전상의 조치를 하도록 추가하고, 표준안전관리비를 계상하는 근거를 마련하여

⑧ 근로자에 대하여 정기적으로 안전·보건교육을 실시하도록 하였다.

⑨ 기계·기구 등을 대여자에 대하여 안전상의 조치를 하도록 의무를 부여하고, 유해·위험 기계·기구에 부착하는 방호장치는 성능검사를 받도록 하고,

86) 조흠학, 법제사적 의미에서 산업안전보건법의 역할과 지위에 관한 연구, 산업안전보건연구원, 2010, 270~272면 참조; www.naver.com/.

87) 노동부, 산업안전보건법 제·개정 발자취, 노동부, 2003.

88) 조흠학, 법제사적 의미에서 산업안전보건법의 역할과 지위에 관한 연구, 산업안전보건연구원, 2010, 50~55면 참조; www.naver.com/.

⑩ 근로자에게 건강장해를 일으키거나 보건상 유해한 화학물질에 대하여 그 종류에 따라 제조금지, 제조·사용 허가제, 성분·함유량 등의 표시제 내지 유해성 조사 및 조치의무 등에 관하여 정하였으며,

⑪ 건강관리수첩제도를 도입하여 사업주의 건강관리책임을 명확히 하고, 직업병 발생을 예방하며, 질병에 이환된 근로자의 사후관리가 가능하도록 하며,

⑫ 유해·위험작업에 종사하는 근로자의 근로시간을 1일 6시간, 1주 34시간으로 제한하였고,

⑬ 중대재해발생 사업장 등에 대하여 필요한 경우 노동부장관이 지정하는 자의 안전·보건진단을 받도록 하며,

⑭ 산업재해예방사업을 효율적으로 추진하는데 소요되는 재원을 확보하기 위하여 산업재해예방기금을 설치·운영하도록 하기 위하여 개정이 추진되었다.

2) 산업안전보건법 제2차 개정

산업안전보건법의 제2차 개정(1993. 12. 27; 법률 제4622호)은 공산품품질관리법이 전문 개정됨에 따라 이를 인용하고 있는 관계조문을 정비하려는 것으로 개정되었다.[89)]

3) 산업안전보건법 제3차 개정

산업안전보건법의 제3차 개정(1994. 12. 22; 법률 제4826호)은 산업재해보상보험법이 전문 개정됨에 따라 이를 인용하고 있는 관계조문을 정비하려는 것에 목적을 두었다.[90)]

4) 산업안전보건법 제4차 개정

산업안전보건법의 제4차 개정(1995. 1. 5; 법률 제4916호)은 사업장에서 산업안전보건에 관한 사항을 결정하는 경우에 근로자의 참여를 확대시킴으로써 산업안전대책이 보다 효율적으로 수립·시행될 수 있도록 하고, 새로이 산업안전 ·위생지도사 제도를 도입하여 사업주의 의뢰에 따라 사업장의 안전 및 위생에 대한 평가·지도 등을 담당하도록 함으로써 사업장의 안전·위생수준을 향상시키려는 것을 목적으로 아래와 같은 입법취지를 두고 개정하였다.[91)]

① 근로자와 사용자가 동수로 구성하는 산업안전보건위원회에서 당해 사업장의 안전·보건에 관한 사항을 정할 수 있도록 하고, 사업주 및 근로자가 이를 준수하도록 함으로써 근로자의 안전 및 보건의 유지·향상을 도모하고,

② 동일한 장소에서 그 사업의 일부를 도급하는 사업주는 그 수급인 또는 수급인의 근로자가

89) 노동부, 산업안전보건법 제·개정 발자취, 노동부, 2003.
90) 노동부, 산업안전보건법 제·개정 발자취, 노동부, 2003.
91) 노동부, 산업안전보건법 제·개정 발자취, 노동부, 2003; 조흠학, 법제사적 의미에서 산업안전보건법의 역할과 지위에 관한 연구, 산업안전보건연구원, 2010, 51～55면 참조.

이 법의 규정을 지키지 아니하는 경우에는 그 위반행위의 시정을 요구할 수 있도록 함으로써 산업재해를 방지하도록 하며,

③ 사업주는 화학물질을 제조·수입·사용·저장하는 경우에는 미리 그 명칭·취급상 주의사항 및 환경상 영향 등을 기재한 자료를 사업장에 비치하도록 함으로써 근로자의 안전과 건강을 보호하도록 하였고,

④ 유해·위험설비를 보유하는 사업장의 사업주는 당해설비로 인한 위험물질의 누출·화재·폭발 등을 방지하기 위한 공정안전보고서를 노동부장관에게 제출하여 노동부장관의 심사를 받도록 함으로써 동 설비로 인하여 발생할 수 있는 중대한 산업재해를 방지하도록 하였으며,

⑤ 산업안전지도사 및 산업위생지도사제도를 도입하여 사업주의 의뢰에 따라 각각 공정상의 안전에 관한 평가·지도, 유해·위험의 방지대책에 관한 평가·지도와 작업환경의 평가·개선 지도 등을 행하도록 하여 민간부문의 자율적인 노력에 의한 산업안전보건의 유지·향상을 도모하도록 하기 위한 목적으로 개정하였다.

5) 산업안전보건법 제5차 개정

산업안전보건법의 제5차 개정(1996. 12. 31; 법률 제5247호)은 근로자참여 및 협력증진에 관한 법률 제정에 따른 관계 조문 정비에 따라 개정되었다.[92]

6) 산업안전보건법 제6차 개정

산업안전보건법의 제6차 개정(1996. 12. 31; 법률 제5248호)은 산업재해를 예방하고 쾌적한 작업환경을 조성하기 위하여 산업안전·보건에 관한 사업주의 의무를 강화하고 산업재해예방활동에 근로자의 참여를 활성화하도록 하는 등 현행제도의 운영상 나타난 일부 미비점을 개선·보완하려는 것을 목적으로 하였다.[93]

① 산업안전보건위원회의 역할과 위상을 강화하기 위하여 위원회에 의결기능을 부여하고 근로자 1,000인 이상의 사업장은 노사협의회와 분리하여 동위원회를 별도 설치토록 하였으며,

② 산업재해의 급박한 위험발생시 작업을 중지하고 대피한 근로자에 대해 이를 이유로 불이익한 처우를 하지 못하도록 하며,

③ 사업장에서 사용하는 기계·기구의 안전성과 국제적 신뢰도를 높이기 위하여 노동부장관은 기계·기구에 대한 안전성 인증을 할 수 있도록 하고 인증 기준, 인증의 취소 등에 관한 사항을 정하였으며,

92) 노동부, 산업안전보건법 제·개정 발자취, 노동부, 2003; 조흠학, 법제사적 의미에서 산업안전보건법의 역할과 지위에 관한 연구, 산업안전보건연구원, 2010, 51～55면 참조.

93) 노동부, 산업안전보건법 제·개정 발자취, 노동부, 2003; 조흠학, 법제사적 의미에서 산업안전보건법의 역할과 지위에 관한 연구, 산업안전보건연구원, 2010, 51～55면 참조.

④ 노동부장관은 근로자의 유해·위험방지를 위한 방호장치 또는 보호구의 품질향상을 위하여 이를 제조하는 자중 노동부령이 정하는 기준에 적합한 자에 대하여는 예산의 범위 안에서 필요한 지원을 할 수 있도록 하고,

⑤ 사업장내의 산업안전보건 활동에 대한 근로자의 참여를 확대하기 위하여 자체검사, 건강진단, 안전·보건진단을 행할 때에 근로자대표가 입회할 수 있도록 하고 건강진단결과를 근로자들에게 설명하도록 하였고,

⑥ 노동부장관은 산업재해예방활동에 대한 참여와 지원을 촉진하기 위하여 근로자, 근로자단체, 사업주단체 및 산업재해예방 관련 전문단체에 소속된 자 중에서 명예산업안전감독관을 위촉할 수 있도록 하며,

⑦ 산업재해예방의 실효성을 높이기 위하여 안전·보건조치의무 위반자에 대한 벌칙을 상향조정하여 실효성을 높이기 위한 목적으로 일부 개정이 있었다.[94]

7) 산업안전보건법 제7차 개정

산업안전보건법의 제7차 개정(1997. 12. 13; 법률 제5453호)은 행정절차법 시행에 따른 공인회계사법 등의 정비에 관한 법률이 제정됨에 따라 이를 인용하고 있는 관계조문을 정비하기 위하여 개정되었다.[95]

8) 산업안전보건법 제8차 개정

산업안전보건법의 제9차 개정(1997. 12. 13; 법률 제5454호)은 행정부처명칭등의변경에따른건축법등의정비에관한법률 제정에 따른 정비일환으로 개정되었다.[96]

9) 산업안전보건법 제9차 개정

산업안전보건법의 제9차 개정(1999. 2. 8; 법률 제5886호)은 사업장의 산업안전 관리체제를 노사의 자율적인 관리체제로 정착시키기 위하여 근로자의 참여권을 제도적으로 보장하고, 근로자의 질병과 유해요인들의 인과관계 내지는 질병 발생의 원인을 찾아내기 위한 역학조사 근거를 신설하는 한편, 행정규제기본법에 의한 규제 정비계획에 따라 사업주에 대한 행정규제를 폐지하거나 완화하며, 기타 근로자의 안전과 건강을 보호하기 위하여 필요한 사항을 정하려는 목적으로 개정되었다.[97] 그 내용을 살펴보면

94) 노동부, 산업안전보건법 제·개정 발자취, 노동부, 2003; 조흠학, 법제사적 의미에서 산업안전보건법의 역할과 지위에 관한 연구, 산업안전보건연구원, 2010, 53~57면 참조.
95) 노동부, 산업안전보건법 제·개정 발자취, 노동부, 2003; 조흠학, 법제사적 의미에서 산업안전보건법의 역할과 지위에 관한 연구, 산업안전보건연구원, 2010, 53~58면 참조.
96) 노동부, 산업안전보건법 제·개정 발자취, 노동부, 2003; 조흠학, 법제사적 의미에서 산업안전보건법의 역할과 지위에 관한 연구, 산업안전보건연구원, 2010, 56~59면 참조.

① 사업장의 안전·보건에 관한 사항을 심의·의결하기 위하여 노사동수로 구성되는 산업안전보건위원회의 근로자 위원이 정당한 직무수행을 한 경우에 사업주는 동 위원에 대하여 불이익한 처우를 하지 못하도록 하여 노사간의 자율적인 안전관리가 제도적으로 보장될 수 있도록 하기 위하며,

② 종전에는 근로자의 작업상 필요한 보호구를 제조·수입하는 자는 노동부장관이 실시하는 보호구의 성능검정을 받는 외에도 별도의 인력과 시설을 갖추도록 하였으나, 앞으로는 성능검정외의 중복적인 규제사항을 폐지하고,

③ 사업장에서 사용하는 위험한 기계·기구에 대하여는 유자격 검사원으로 하여금 정기적으로 자체검사를 행하도록 하고 당해 검사원에 대하여는 필요한 교육을 받도록 하였으나, 앞으로는 당해 검사원에 대한 교육제도를 폐지하도록 하며,

④ 노동부장관이 근로자의 질병과 유해요인들의 인과관계 내지는 질병발생의 원인을 찾아내기 위하여 역학조사를 실시할 수 있는 근거를 신설하고,

⑤ 건강장해를 발생시킬 우려가 높은 업무에 종사한 근로자에 대하여 종전에는 노동부장관으로 하여금 이직 시에만 건강관리수첩을 교부하도록 하여 무료로 건강진단을 받을 수 있도록 하였으나, 앞으로는 사업장에서 일정기간이상 유해작업에 종사한 재직 중인 근로자에 대하여도 이를 교부받을 수 있도록 하여 유해작업에 종사한 근로자의 건강이 쉽게 점검될 수 있도록 하기 위한 목적이 있고,

⑥ 근로감독관의 점검·출석요구 등 감독상의 조치에 위반한 경우의 벌금을 1천만원 이하에서 500만원 이하로 조정하여 근로기준법에 의한 벌칙과 균형이 맞도록 조정하여 사업주 행정상의 의무위반을 일부 완화하였다.

10) 산업안전보건법 제10차 개정

산업안전보건법의 제10차 개정(2000. 1. 7; 법률 제6104호)은 유해·위험설비를 보유한 사업주가 당해 설비로부터 발생할 수 있는 사고를 예방하기 위하여 제출하도록 되어 있는 공정안전보고서 정기제출의무를 완화하고, 산업안전지도사 등에 대한 정기직무교육제도를 폐지를 목적으로 하는 개정안이 만들어졌다.[98)]

11) 산업안전보건법 제11차 개정

산업안전보건법의 제11차 개정(2001. 12. 31; 법률 제6590호 기금관리기본법 부칙)은 산업재

97) 노동부, 산업안전보건법 제·개정 발자취, 노동부, 2003; 조흠학, 법제사적 의미에서 산업안전보건법의 역할과 지위에 관한 연구, 산업안전보건연구원, 2010, 57~59면 참조.

98) 노동부, 산업안전보건법 제·개정 발자취, 노동부, 2003; 조흠학, 법제사적 의미에서 산업안전보건법의 역할과 지위에 관한 연구, 산업안전보건연구원, 2010, 61면 참조.

해예방기금과 산업재해보상보험기금이 산업재해보상보험 및 예방기금으로 통합됨에 따라 산업안전보건법의 산업재해예방기금을 삭제하기 위한 내용으로 개정되었다.[99]

12) 산업안전보건법 제12차 개정(시행 2003. 7. 1)

산업안전보건법 제12차 개정(법률 제6847호, 2002. 12. 30, 일부개정)에서는 단순반복작업 또는 중량물 취급 등으로 인한 근골격계질환의 예방을 위한 법적 근거를 마련하고, 그 동안 행정형벌 부과대상이었던 안전관리자 미선임, 산업안전보건위원회 미설치 등 경미한 위반사항에 대하여 앞으로는 과태료를 부과하도록 하는 한편, 현행 제도의 운영상 나타난 일부 미비점을 개선·보완하려는 것을 목적으로 하였다[100].

개정의 주요 골자를 보면

① 노동부장관은 산업재해 예방을 위하여 대통령령이 정하는 사업장의 산업재해발생건수, 재해율 등을 공표할 수 있도록 하고(법 제9조의2 신설),

② 산업재해가 발생한 때에는 사업주가 재해발생원인 등을 기록하고, 이를 3년간 보존하도록 하고(법 제10조의2 신설),

③ 사업주는 사업을 행함에 있어서 단순반복작업 또는 인체에 과도한 부담을 주는 작업에 의하여 발생하는 건강장해를 예방하기 위하여 필요한 조치를 하도록 하고(법 제24조제1항제5호 신설),

④ 노동부장관은 유해하거나 위험한 기계·기구 등의 방호장치 및 근로자의 작업상 필요한 보호구에 대하여 검정유효기간을 설정하여 일정기간마다 재검정을 받도록 의무화하며(법 제33조제3항 및 제35조제1항),

⑤ 사업주가 유해·위험한 신규화학물질을 양도 또는 제공하는 경우에는 근로자의 건강장해를 방지하기 위하여 조치하여야 할 사항을 기록한 서류를 함께 제공하도록 하고(법 제40조제5항 신설),

⑥ 그 동안 안전관리자 선임, 산업안전보건위원회 설치, 작업환경측정실시 등의 의무 불이행에 대하여 행정형벌을 부과하던 것을 앞으로는 과태료를 부과하도록(법 제72조제1항 및 제2항) 개정하였다[101].

99) 노동부, 산업안전보건법 제·개정 발자취, 노동부, 2003; 조흠학, 법제사적 의미에서 산업안전보건법의 역할과 지위에 관한 연구, 산업안전보건연구원, 2010, 62면 참조.

100) 노동부, 산업안전보건법 제·개정 발자취, 노동부, 2003, 15면 참조; 조흠학, 법제사적 의미에서 산업안전보건법의 역할과 지위에 관한 연구, 산업안전보건연구원, 2010, 64면 참조.

101) 조흠학, 법제사적 의미에서 산업안전보건법의 역할과 지위에 관한 연구, 산업안전보건연구원, 2010, 64면 참조.

13) 산업안전보건법 제13차 개정(시행 2005. 7. 1)

산업안전보건법 제13차 개정(법률 제7467호, 2005. 3. 31, 일부개정)에서는 유해·위험설비를 보유한 사업장의 사업주는 사업장에 비치한 공정안전보고서의 내용을 변경하여야 할 사유가 발생한 경우에는 지체없이 이를 보완하도록 하고, 노동부장관은 노동부령이 정하는 바에 따라 공정안전보고서의 이행상태를 정기적으로 평가할 수 있도록 하며, 노동부장관은 공정안전보고서의 이행상태를 평가한 결과 보완상태가 불량한 사업장의 사업주에 대하여 공정안전보고서를 다시 제출하도록 명할 수 있도록 함으로서 유해·위험설비로 인한 안전사고를 예방하려는 것으로 개정하였다[102].

14) 산업안전보건법 제14차 개정(시행 2006. 9. 25)

산업안전보건법 제14차 개정(법률 제7920호, 2006. 3. 24, 일부개정)에서는 산업구조 및 고용구조의 다양화에 부응하여 사업장의 특성에 맞는 자율적인 안전·보건활동을 촉진하기 위한 법적 기반을 마련하고, 안전관리대행기관·보건관리대행기관 및 재해예방전문기관에 대하여 업무정지를 명하여야 할 경우로서 업무의 정지가 이용자에게 심한 불편을 주거나 공익을 해할 우려가 있다고 인정되는 때에는 업무의 정지에 갈음하여 5천만원 이하의 과징금을 부과할 수 있도록 하며, 근로자가 산업재해로 사망한 사고가 발생한 사업장에서 그 산업재해와 관련하여 안전상의 조치의무 또는 보건상의 조치의무를 위반한 자에 대하여는 7년 이하의 징역 또는 1억원 이하의 벌금에 처하도록 하는 등 현행 제도의 운영상 나타난 일부 미비점을 개선·보완하려는 것을 목적으로 개정하였다[103].

15) 산업안전보건법 제15차 개정(시행 2008. 1. 1)

산업안전보건법 제15차 개정(법률 제8475호, 2007. 5. 17, 일부개정)은 외국인근로자의 안전을 보장하기 위하여 외국인근로자를 채용한 사업주로 하여금 외국어로 된 안전·보건표지 등을 부착하게 하고, 누구든지 중대재해 발생 원인조사를 방해할 목적으로 중대재해 발생현장을 훼손하지 못하도록 함으로써 정확한 원인조사가 이루어질 수 있도록 하는 한편, 사업주가 측정한 작업환경측정 결과의 정확성과 정밀성을 평가하는 제도를 도입함으로써 작업환경측정 결과의 신뢰성을 확보할 수 있는 법적 근거를 마련하고, 정부의 산업재해예방사업의 보조·지원에 대한 관리·감독을 강화하여 정부의 보조·지원금이 사업목적에 부합하게 집행되도록 하려는 것을 목적으로 개정하였다[104].

102) 조흠학, 법제사적 의미에서 산업안전보건법의 역할과 지위에 관한 연구, 산업안전보건연구원, 2010, 67면 참조.
103) 조흠학, 법제사적 의미에서 산업안전보건법의 역할과 지위에 관한 연구, 산업안전보건연구원, 2010, 69면 참조.
104) 조흠학, 법제사적 의미에서 산업안전보건법의 역할과 지위에 관한 연구, 산업안전보건연구원, 2010, 69면 참조

16) 산업안전보건법 제16차 개정(시행 2009. 1. 1)

산업안전보건법 제16차 개정(법률 제8562호, 2007. 7. 27, 일부개정)을 통하여 산업재해 발생의 위험이 높은 기계·기구 등의 안전성을 체계적으로 관리하기 위하여 현행 검사·검정제도를 안전인증제도로 개편하고, 발암성물질 등 근로자에게 중대한 건강 장해를 유발할 우려가 있는 유해인자의 노출농도를 일정기준 이하로 유지·관리하도록 사업주에게 의무를 부과하는 한편, 1997년 4월 기업활동촉진을 위한 「기업활동 규제완화에 관한 특별조치법」의 개정으로 산업안전보건과 관련된 규제를 대폭 완화한 이후, 산업재해가 급증하는 문제가 있어 이들 규제를 합리적으로 복원하는 등 현행 제도의 운영상 나타난 일부 미비점을 개선·보완하려는 것이다[105].

그 주요내용을 보면

① 안전·보건에 관한 노·사협의체의 구성·운영에 관한 특례(법 제29조의2 신설)
도급사업으로서 대통령령으로 정하는 사업의 사업주가 근로자와 사용자가 같은 수로 구성되는 안전·보건에 관한 노·사협의체를 구성·운영하는 경우에는 노·사협의체가 산업안전보건위원회의 심의·의결 기능과 안전·보건에 관한 협의체의 협의 기능을 함께 수행하도록 하고 별도로 산업안전보건위원회 및 안전·보건에 관한 협의체를 설치·운영하지 아니하도록 하였고,

② 직무교육 대상자의 조정(법 제32조제1항)
관리책임자·안전관리자 및 보건관리자에 대하여 노동부장관이 실시하는 안전·보건에 관한 직무교육을 복원하되, 산업보건의, 안전관리대행기관의 종사자, 보건관리대행기관의 종사자 및 노동부령으로 정하는 사업의 사업주 및 관리감독자를 교육 대상자에서 삭제하여 자율적으로 교육을 실시하도록 하고,

③ 위험 기계·기구·설비 등에 대한 검사·검정제도의 개편(법 제34조 및 제35조)
유해하거나 위험한 기계·기구·설비 및 방호장치·보호구 중 근로자의 안전·보건을 위하여 대통령령으로 정하는 것은 안전인증기준에 맞는지 여부에 대하여 이를 제조하는 자가 의무적으로 노동부장관의 안전인증을 받도록 하고, 생산기술이 보편화되어 제품의 안전에 관한 성능검사만으로 안전관리가 가능한 것은 이를 제조 또는 수입하는 자가 제품의 안전에 관한 성능이 안전기준에 적합하다는 것을 스스로 확인하여 노동부장관에게 신고하도록 하여,

④ 사용단계에서의 정기 및 자체검사를 안전검사로 일원화(법 제36조 및 법 제36조의2 신설)
정기검사 및 자체검사를 통합하여 유해하거나 위험한 기계·기구·설비로서 대통령령으로 정하는 것을 사용하는 사업주는 노동부장관이 실시하는 안전검사를 받도록 일원화하되, 사업주가 근로자대표와의 협의와 노동부장관의 인정을 받아 정한 검사프로그램에 따라 자율

105) 조흠학, 법제사적 의미에서 산업안전보건법의 역할과 지위에 관한 연구, 산업안전보건연구원, 2010, 69면 참조

적으로 검사를 실시하는 경우에는 안전검사를 면제하도록 하는 것으로 골자로 하여,

⑤ 사업주의 유해인자 허용기준 준수의무 부과(법 제39조의2 신설 및 법 제72조제1항제1호) 발암성물질 등 근로자에게 중대한 건강 장해를 유발할 우려가 있는 유해인자에 대하여는 작업장 내의 유해인자의 노출 농도를 노동부령으로 정하는 허용기준 이하로 유지하도록 사업주에게 의무를 부과하고, 이를 위반하는 경우 1천만원 이하의 과태료를 부과하도록 하고,

⑥ 유해·위험방지계획서 제출대상 위임 법령 상향조정(법 제48조제1항)을 통하여 유해·위험방지계획서의 제출대상을 노동부령으로 정하던 것을 관계부처가 협의하여 정할 수 있도록 하기 위하여 대통령령으로 정하도록 개정하였다.

17) 산업안전보건법 제17차 개정(시행 2009. 8. 7)

산업안전보건법 제17차 개정(법률 제9434호, 2009. 2. 6, 일부개정)에서는 석면이 함유된 건축물 등의 철거 및 해체 작업에 따른 근로자의 건강장해를 예방하기 위하여 석면 해체·제거 시의 안전보건조치를 정비하고, 특수건강진단기관의 검진능력을 종합적으로 평가하고 그 결과를 공표하는 등 근로자의 안전과 건강보호를 강화하는 한편, 어려운 용어를 쉬운 용어로 바꾸고, 길고 복잡한 문장의 체계 등을 정비하여 간결하게 하는 등 국민이 법 문장을 이해하기 쉽게 정비하며, 현행 제도의 운영상 나타난 일부 미비점을 개선·보완하려는 것을 목적으로 하였다[106].

그 주요내용을 보면

① 사업주의 유해·위험요인 분석·평가 및 관리(법 제5조제1항 후단 신설, 안 제27조제1항) ⅰ) 현재는 산업재해 예방을 위한 기준 등 사업주가 준수하여야 할 일반적인 기준을 정하고 이를 이행하도록 의무를 부과하고 있으나 산업환경의 변화 및 사업장별 특성에 따른 다양한 유해·위험요인의 관리기준을 모두 법령으로 정하고 지도·감독하는 데 한계가 있어, ⅱ) 사업주는 지속적으로 사업장 유해·위험요인에 대한 실태를 파악·평가하여 이를 관리·개선하는 등 필요한 조치를 하도록 하고 노동부장관은 사업주가 하여야 할 조치에 관한 기술상의 지침 등을 정하여 사업주에게 지도·권고할 수 있도록 하고, ⅲ) 사업장 스스로 자기 사업장의 유해·위험요인을 평가·관리함에 따라 사업장의 자율적인 안전관리능력을 높이고 산업재해 발생을 효과적으로 예방할 수 있을 것으로 기대하였다[107].

② 석면 해체·제거 시의 안전·보건조치(법 제38조의2부터 제38조의5까지 신설) ⅰ) 현재 건축물 등에 함유된 석면을 해체·제거할 때는 노동부장관의 허가를 받도록 하고 있으나 건축물을 철거할 때 석면함유 여부를 확인하지 아니하거나 허가 없이 철거작업을 실시하는 경우가 많아, ⅱ) 건축물이나 설비를 철거·해체하려는 자는 작업 전에 노동부장

106) 조흠학, 법제사적 의미에서 산업안전보건법의 역할과 지위에 관한 연구, 산업안전보건연구원, 2010, 66면 참조
107) 조흠학, 법제사적 의미에서 산업안전보건법의 역할과 지위에 관한 연구, 산업안전보건연구원, 2010, 67면 참조

관이 지정하는 석면조사기관으로 하여금 해당 건축물 등에 포함된 석면 함유 여부, 함유량, 위치 및 면적 등을 조사하도록 하고, 일정 기준 이상의 석면이 함유된 경우에는 노동부장관에게 등록한 석면해체·제거업자로 하여금 석면을 해체·제거하도록 하고, iii) 석면이 함유된 건축물 등을 철거·해체하는 근로자를 석면에 의한 건강장해로부터 보호할 수 있을 것으로 기대하였다[108].

③ 건강진단기관 평가 등(법 제43조제10항 신설)

i) 건강진단기관이 사업주에게 부담이 없게 건강진단 결과를 도출하는 경향이 있어 제도 본래의 목적인 근로자의 직업병 조기발견 기능이 미흡하여, ii) 노동부장관이 지정한 건강진단기관을 종합적으로 평가한 후 그 결과를 공표할 수 있도록 하고, 평가기준·평가방법 및 공표방법은 노동부령으로 정하도록 하고, iii) 건강진단기관의 수준향상을 위한 자기노력을 유도하여 건강진단의 직업병 발견기능을 강화하고, 사업장에 건강진단기관에 대한 정보를 제공함으로써 우수한 건강진단기관을 선택할 수 있게 될 것으로 기대하였다[109].

④ 역학조사 정보요청(법 제43조의2제3항 신설)

i) 업무상 질병의 특성상 질병의 원인규명 및 대책마련을 위하여는 전·현직 근로자 개인의 건강정보 등이 필수적이나 건강정보를 보유한 기관의 협조가 제대로 이루어지지 아니하여 역학조사가 지연되거나 제한되어, ii) 노동부장관은 역학조사가 필요한 경우 근로자의 건강진단결과, 요양급여기록 및 건강검진결과 등을 보유하고 있는 기관에 정보제공을 요청할 수 있고 관련 기관은 특별한 사유가 없는 한 이에 응하도록 하고, iii) 신속하고 내실 있는 역학조사를 수행하여 직업성 질환의 원인을 규명함으로써 근로자 보호조치가 가능할 것으로 기대할 것을 목적으로 하였다[110].

18) 산업안전보건법 제18차 개정(시행 2010. 11. 21)

산업안전보건법 제18차 개정(법률 제10305호, 2010. 5. 20, 일부개정)에서는 산업재해보상보험법을 개정 하여 업무상 질병인 진폐에 걸린 근로자 중 일부는 합병증 등의 치료를 이유로 장기간 요양을 하면서 그 기간 동안에 휴업급여와 상병보상연금도 함께 지급받게 되고 사후에는 진폐로 인한 사망으로 쉽게 인정되어 유족급여도 받게 됨으로써, 요양을 받지 않으면서 장해급여만을 받고 있는 다른 진폐근로자에 비하여 보상수준이 지나치게 커지는 문제가 있어서, 진폐근로자에게 휴업급여와 상병보상연금을 지급하지 않고 요양 여부와 관계없이 기초연금을 포함한 진폐보상연금을 지급하는 것으로 변경하여 진폐근로자 간 보상의 형평성을 높이고 진폐근로자의 생활안정에 기여하며, 진폐요양 의료기관을 등급화하여 관리하도록 하는 등 요양관리 합리화의 기

108) 조흠학, 법제사적 의미에서 산업안전보건법의 역할과 지위에 관한 연구, 산업안전보건연구원, 2010, 68면 참조
109) 조흠학, 법제사적 의미에서 산업안전보건법의 역할과 지위에 관한 연구, 산업안전보건연구원, 2010, 68면 참조
110) 조흠학, 법제사적 의미에서 산업안전보건법의 역할과 지위에 관한 연구, 산업안전보건연구원, 2010, 67면 참조

반을 마련하는 한편, 산재보험 보험급여, 진료비 및 약제비를 부당하게 지급받은 자를 신고한 사람에 대한 포상금 지급 근거를 정하는 등 현행 제도의 운영상 나타난 일부 미비점을 개선·보완하려는 것을 이유로 하였다[111].

주요내용을 보면

① 진폐에 대한 보험급여의 종류를 진폐보상연금 및 진폐유족연금 등으로 변경(법 제36조제1항 단서 신설)하여 i) 진폐에 대해 다른 업무상의 재해와 동일한 보험급여와 보상기준을 적용함에 따라 요양이 장기화되고, 요양을 하는 진폐근로자와 요양을 하지 않는 진폐근로자 간에 보상수준의 현격한 격차가 발생하는 문제가 있어 보상제도를 개편할 필요가 있고, ii) 진폐에 대해서는 휴업급여, 장해급여, 유족급여, 상병보상연금을 지급하지 않고, 연금의 지급방식으로 변경하여 진폐근로자에게는 진폐보상연금, 그 유족에 대해서는 진폐유족연금을 지급하며, iii) 진폐에 대해서는 요양급여와 연결된 휴업급여 등을 지급하지 않고, 요양급여와 별개로 진폐보상연금을 지급함에 따라 진폐 요양관리의 합리화 및 대다수 진폐근로자의 생활안정에 기여할 것으로 기대하였다.

② 진폐에 따른 장해에 대하여 진폐보상연금을 지급을 하여(법 제91조의3 신설).
i) 현재 진폐근로자 중 장해보상일시금을 수령한 후 바로 소비하여 생활이 어려운 경우가 있어 진폐근로자에 대한 생활안정대책을 마련할 필요성이 있고, 요양을 하는 진폐근로자가 요양급여 및 휴업급여 등을 받는데 비해 요양을 하지 않는 진폐근로자는 요양급여 및 휴업급여를 받지 못하고 장해급여만을 받으므로 보상의 형평성을 제고하고 요양의 장기화를 방지할 필요가 있고, ii) 진폐근로자에게 요양 여부와 관계없이 진폐보상연금을 지급하고, 진폐보상연금은 기초연금과 진폐장해연금을 합산한 금액으로 하되, 기초연금은 최저임금액의 100분의 60에 365를 곱한 금액으로 하고 진폐장해연금은 진폐장해등급에 따라 3단계로 차등한 금액으로 하고, iii) 기초연금을 도입하고 진폐장해등급 간 보상격차를 줄임으로써 진폐근로자 간 보험급여의 형평성을 제고하고 생활안정에 기여할 것으로 기대하였다.

③ 진폐근로자의 유족에 대하여 진폐유족연금을 지급(법 제91조의4 신설).
i) 진폐근로자는 사후보다는 생전에 보상을 더 많이 받기를 원하고 있고, 요양을 하지 않는 진폐근로자에 비해 요양환자는 상대적으로 유족급여를 받기 쉬워 입원 위주의 장기요양의 원인과 ii) 진폐에 대한 유족급여는 유족일시금을 폐지하여 진폐유족연금으로 일원화하고, 진폐유족연금을 사망 당시 진폐근로자에게 지급하고 있거나 지급하기로 결정된 진폐보상연금과 같은 금액으로 하되, 유족보상연금을 초과할 수 없도록 하며, iii) 진폐근로자의 생활안정과 진폐근로자 간 진폐유족연금에 대한 형평성이 제고될 것으로 기대.

111) 조흠학, 법제사적 의미에서 산업안전보건법의 역할과 지위에 관한 연구, 산업안전보건연구원, 2010, 63면 참조

④ 진폐판정 절차의 간소화[112](법 제91조의5부터 제91조의8까지 신설)

i) 현재 이 법의 시행규칙에 규정되어 있는 진폐판정의 절차가 복잡하여 간소화하고 이 법에 주요한 내용을 규정할 필요가 있고, ii) 진폐에 대한 판정 절차를 요양급여 등의 청구, 진폐의 진단, 진폐심사회의의 심사, 진폐판정 및 보험급여의 결정으로 단순화하고, 진폐판정에 필요한 기준, 요양대상 인정기준, 진폐장해등급 기준 등은 대통령령으로 정하도록 하며, iii) 진폐판정 및 보험급여의 결정 절차 등을 명확히 하여 관련 업무의 신속성 및 공정성을 제고할 것으로 기대하였다.

⑤ 진폐요양 관리의 합리화 방안 마련(법 제91조의9 신설)

i) 현재 진폐요양 의료기관에서는 환자별로 전문화된 서비스를 제공하지 못하고 있으며, 진폐근로자의 경우 일부 합병증은 일정기간 치료를 하면 완치가 가능함에도 요양을 시작하면 사망 시까지 입원 위주의 요양을 하는 문제가 지속되어 왔으며, ii) 노동부장관은 진폐요양 의료기관이 적정한 요양을 제공하도록 입원과 통원의 처리기준 및 표준적인 진료기준 등을 정하여 고시하고, 진폐요양 의료기관을 등급화하여 등급별 요양대상 환자를 정하며, 진폐요양 의료기관에 대한 평가를 위해 근로복지공단에 진폐요양의료기관평가위원회를 두고, iii) 합리적인 요양관리 및 진폐요양 의료기관의 의료의 질 관리를 통해 진폐근로자에 대해 적절한 의료·재활서비스를 제공할 것으로 기대하였다.

⑥ 보험급여 등을 부당하게 지급받은 자를 신고한 사람에 대한 포상금 지급 근거 마련[113](법 제119조의2 신설)

i) 산재보험급여, 진료비 및 약제비를 부당하게 지급받은 자를 신고한 사람에 대하여 포상금을 지급하고 있으나, 법적 근거 없이 운영되고 있어 불필요한 재정지출을 유발할 뿐만 아니라 인권 침해의 가능성도 높은 실정이며, ii) 산재보험급여, 진료비 및 약제비를 부당하게 지급받은 자를 신고한 사람에 대하여 예산의 범위에서 노동부령으로 정하는 바에 따라 포상금을 지급할 수 있고, iii) 포상금 제도 운영의 적정을 기하는 한편, 포상금의 무분별한 지급에 따른 불필요한 재정지출 방지에 기여할 것으로 기대

⑦ 종전의 진폐에 따른 보험급여를 받던 사람들에 대한 경과조치(법 부칙 제2조부터 제5조까지)를 두어 이 법 시행 당시 진폐로 요양 중인 사람 등에 대해서는 요양이 종결되기 전까지 종전 규정에 따라 휴업급여 또는 상병보상연금을 지급하도록 하는 등 종전의 법령에 따라 요양 중인 진폐근로자, 장해급여 및 유족급여 수급자 등에 대해서는 개정 법률의 시행에도 불구하고 종전의 지위를 보장하기 위한 규정을 마련함을 목적으로 하였다.

112) 조흠학, 법제사적 의미에서 산업안전보건법의 역할과 지위에 관한 연구, 산업안전보건연구원, 2010, 66면 참조
113) 조흠학, 법제사적 의미에서 산업안전보건법의 역할과 지위에 관한 연구, 산업안전보건연구원, 2010, 67면 참조

(2) 최근 산업안전보건법 전부 개정 주요 내용

1) 추진배경(산업안전보건법 전부 개정, 시행 2020. 1. 1)

① 국정과제로 추진하여 원청의 공동사용자 책임 강화 및 산업안전보건체계의 혁신으로 건강하고 안전한 일터 조성이 실천과제로 확정되었음.

i) 주요 내용은 보호대상 확대(근로자 → 일하는 사람), 발주자 및 도급인의 산업재해 예방 의무의 개선방안 마련, 중대재해 처벌 강화, 감정노동자 보호 근거 마련, 물질안전보건자료 영업비밀 심사제도 도입 등을 중심으로 하여 중대 산업재해 예방대책('17.8월), 타워크레인 중대재해 예방대책('17.11월), 산업재해 사망사고 감소대책('18.1월) 수립·추진하였음.

ii) 보호대상 확대, 위험의 외주화 방지, 도급인 책임 강화, 근로자의 작업중지 강화 등

② (노사정위원회 공익위원) 노사가 이해하기 쉽도록 단순화하고, 현장 준수성을 높이기 위하여 법령 체계 등 정비 필요성 제기('16.9월)하였음.

③ 보호대상 및 책임 주체 확대 등 국정과제 주요 내용은 산업안전정책의 패러다임을 전환하는 것으로 전부 개정으로 추진할 필요에 따라 '81년 제정 후 전반적인 법령 정비가 없었던 상황으로 체계적 정합성이 부족하고 가지조문으로만 규정 수가 대폭 늘어나 조문의 복잡성을 감안하여 법체계 정비도 함께 진행하였음.

2) 주요내용[114]

1. 법의 목적 및 보호대상 확대

[1] 법의 목적 및 산업재해 개념 확대(안 제1조, 제2조)
근로계약관계 당사자의 틀을 벗어나 최근 변화된 노동력 사용 실태에 맞게 보호대상을 넓히는 입법취지를 명확히 하기 위하여 법의 목적 확대를 위하여 "근로자"를 "노무제공자" 확대함.

[2] 특수형태근로종사자의 산업재해 예방(제77조)
특수형태근로종사자에 대한 안전조치 및 보건조치 근거 마련하고, 대통령령으로 정하는 일부 직종의 특수형태근로종사자로부터 노무를 제공받는 자에게 안전보건교육 의무 부과

[3] 배달종사자에 대한 안전조치 및 보건조치(제78조)

114) 고용동부, 산업안전보건법 전부개정안 설명 자료, 2019.1. 전부개정안 자료를 발췌하여 정리하였음.

이동통신단말장치로 물건의 수거·배달 등을 중개하는 자에게 그 중개를 통해 이륜자동차로 물건을 수거·배달하는 사람에 대한 안전조치 및 보건조치를 하도록 함.

2. 위험의 외주화 방지를 위한 도급 제한

1 유해한 작업의 도급금지(제58조)

(원칙) ▲도금작업 ▲수은, 납, 카드뮴 제련·주입·가공·가열 작업 ▲허가대상물질* 제조·사용 작업의 사내 도급을 금지함. 황화니켈, 염화비닐, 크롬산 아연, 비소 등 12개 물질(시행령 제30조)을 중심으로 현행법의 도급 시 인가 대상 작업을 금지하는 것으로, 도급인 기준 17개소, 수급인 기준 22개소('18.8월 기준) 하였으며, '16.7.18(월), 「3차 민생경제 현안점검회의」에서 유해·위험업무 재하도급 제한 관련 법률을 3당 공동으로 입법 추진키로 합의함.

(예외) 일시·간헐적 작업, 도급인의 사업에 필수불가결한 수급인의 기술을 활용하기 위한 목적의 도급은 허용하였으며, 다만, 기술활용 목적의 도급은 고용노동부장관의 승인을 받도록 함.

(위반 시 과징금) 도급 금지 또는 승인 의무 위반 시 10억원 이하의 과징금 부과하였음.

2 도급의 승인 및 하도급 금지(제59조, 제60조)

유해·위험 작업 중 대통령령*으로 정하는 작업을 사내 도급하려는 경우에는 안전 및 보건에 관한 평가를 받아 고용노동부장관의 승인을 받도록 하였으며, 황산, 불산, 질산 또는 염산을 취급하는 설비를 개조·분해·해체·철거 등 예정하였고, 수급인은 고용노동부장관의 승인을 받아 도급받은 작업을 다시 하도급 할 수 없도록 하였음.

3 적격수급인 선정 의무(제61조)

사업주는 산업재해 예방을 위한 조치를 할 수 있는 능력을 갖춘 사업주에게 도급하여야 함.

3. 산업재해 예방 책임 주체 확대 등

1 대표이사의 안전 및 보건에 관한 계획 수립 의무(제14조)

대통령령으로 정하는 주식회사의 대표이사는 매년 회사 전체의 안전과 보건에 관한 계획을 수립하여 이사회에 보고하고 승인을 받도록 하였으며, 위반 시 1천만원 이하 과태료 부과함.

2 도급인의 안전조치 및 보건조치 의무(제63조, 제66조 등)

- 도급의 정의 신설하여 "도급, 위임 등 명칭에 관계없이 물건의 제조·건설·수리 또는 서비스의 제공, 그 밖에 업무를 타인에게 맡기는 계약"으로 정의함, "도급인"이란 물

건의 제조·건설·수리 또는 서비스의 제공, 그 밖의 업무를 타인에게 도급하는 사업주를 말함. 다만, 제10호의 건설공사발주자는 제외

- 관계수급인이라 함은 도급계약이 여러 단계에 걸쳐 체결된 경우에 각 단계별로 도급받은 수급인 전부를 말하며, 도급인이 도급인의 사업장에서 작업하는 모든 근로자에 대한 안전조치 및 보건조치 의무를 부담하도록 함.
- 도급인의 책임 장소 확대를 통하여 도급인의 책임 범위를 22개 위험장소에서 ▲도급인 사업장 ▲도급인이 제공·지정한 장소 중 대통령령으로 정하는 위험장소로 확대함 다만, 불법파견 논란 해소하기 위하여 보호구 착용 등 근로자의 작업행동에 관한 직접적인 조치는 안전·보건조치 의무에서 제외
- 도급인의 정보 제공 의무 내실화를 위해 도급인의 정보 미제공 시 수급인은 해당 도급 작업의 개시를 연기할 수 있으며, 이때 수급인은 계약상 이행지체 책임을 면하도록 함.
- 도급인의 수급인에 대한 시정조치를 통하여 도급인이 안전조치 및 보건 조치를 직접 부담하는 만큼 수급인의 위반행위에 대한 도급인의 시정조치는 의무에서 권한으로 변경함.

③ 가맹본부의 산업재해 예방조치 의무(제79조)

대통령령으로 정하는 규모의 가맹본부로 하여금 가맹점의 안전 및 보건에 관한 프로그램을 마련·시행하도록 하고, 가맹본부가 제공하는 설비·기계 및 상품 등에 대하여 안전 및 보건에 관한 정보를 제공하도록 함

4. 작업중지 강화

① 근로자의 작업중지권 강화(제52조)

산업재해의 급박한 위험 시 근로자가 작업중지 할 수 있음을 명확히 규정하고, 작업중지를 이유로 사업주가 근로자에게 해고 등 불이익 처우 시 제재* 신설 하였으며, 1년 이하 징역 또는 1천만원 이하 벌금을 부과함

② 중대재해 발생 시 고용노동부장관의 작업중지 명령(제55조)

중대재해 발생 시 고용노동부장관의 작업중지 명령의 근거를 명시하고, 작업중지 범위를 ① 해당작업 ② 동일작업으로 한정하되, ③ 위험물질누출, 토사·구축물 붕괴, 화재·폭발 등의 경우에만 사업장 전체의 작업을 중지할 수 있도록 함, 중대재해 발생에 따른 작업중지 해제 요구 시 심의위원회 등을 거치도록 하는 등 작업중지 해제와 관련한 절차를 마련함

5. 건설업의 산업재해 예방책임 강화

1 건설공사발주자의 산업재해 예방조치(제67조)

건설공사발주자란 건설공사를 타인에게 도급한 자로서 건설공사의 시공을 주도하여 총괄·관리하지 않는 자. 다만, 도급받은 건설공사를 타인에게 도급하는 사업주는 제외로 정의하고 건설공사발주자의 의무를 두어 대통령령으로 정하는 건설공사발주자로 하여금 건설공사의 계획단계에서는 안전보건대장을 작성토록하고, 설계·시공 단계에는 안전보건대장의 이행 등을 확인토록 함

2 건설공사도급인의 기계·기구 등에 대한 안전조치(제76조)

건설공사도급인은 자신의 사업장에서 타워크레인 등 대통령령으로 정하는 기계·기구 등이 작동되고 있거나 설치·해체 작업이 이루어지고 있는 경우 필요한 조치를 하도록 함

3 타워크레인 설치·해체업 등록 의무화(제82조)

타워크레인을 설치하거나 해체하려는 자는 고용노동부장관에게 타워크레인 설치·해체업을 등록하도록 하고, 사업주는 등록한 자로 하여금 타워크레인 설치·해체 작업을 하도록 하여야 함

6. 물질안전보건자료의 영업비밀 심사

1 물질안전보건자료의 작성 및 제출(제110조)

물질안전보건자료의 작성을 통하여 물질안전보건자료 기재 대상을 국제기준과 같이 유해·위험 화학물질로 한정(유해성 미분류 물질명은 별도 제출)하였고, 우리나라는 대상 화학물질에 함유된 모든 구성성분 화학물질을 물질안전보건자료에 기재하고 있으나, 외국은 국제기준에 따라 유해성·위험성 물질만 기재하도록 함. 그리고 물질안전보건자료의 제출을 통하여 화학물질을 제조·수입하는 자가 작성한 물질안전보건자료를 고용노동부장관에게 제출하도록 하였음. 현행은 화학제품 양도 시 사인 간에 물질안전보건자료 제공의무만 있어 정부가 국내 제조·수입 화학제품의 현황을 정부가 확보하기 어려움

2 물질안전보건자료의 영업 비밀에 관한 사항 비공개 심사(제112조)

물질안전보건자료 중 구성성분의 명칭 및 함유량을 비공개하려는 경우 고용부장관의 사전승인*을 받도록 하였고, 영업비밀 적용 비율이 45.5%('09년) → 67.4%('14년)로 증가 하는 등 영업비밀 기재 남용 문제가 지속 제기됨에도 효과적으로 통제할 수 있는 수단 부재하여, 비공개 승인을 받더라도 노출 시 유해성·위험성을 유추할 수 있도록 대체명칭* 및 대체함유량을 기재하도록 함. 대체명칭에는 물질의 주된 작용기가 나타

나도록 하여 노출 시 인체 유해성 등을 유추할 수 있어 근로자의 안전·보건을 위한 최소한의 정보가 제공하도록 하였음.

3 물질안전보건자료의 제공 등(제116조)
고용노동부장관은 제출받은 물질안전보건자료를 근로자의 안전 및 보건 유지를 위하여 근로자 및 사업주에게 제공 할 수 있다.

7. 위험성 평가의 실시

사업주는 위험성 평가를 실시하는 경우에 해당 작업장의 근로자를 참여시키도록 하며(제36조) 사업장 내 건설물, 기계·기구 등의 유해·위험 요인을 찾아내어 그 위험의 크기가 허용 가능한 범위내인지를 평가하는 제도임.

8. 산업재해 예방을 위한 제재 강화

1 근로자 사망 시 사업주 처벌 강화(제167조, 제173조)
안전조치 또는 보건조치 위반으로 근로자가 사망한 경우의 벌칙(7년 이하 징역 또는 1억원 이하 벌금) 중 그 형이 확정된 후 5년 이내에 다시 그 죄를 범한 자는 그 형의 2분의 1까지 가중하고, 법인인 사업주의 경우에는 벌금형의 법정형을 1억원 이하 → 10억원 이하로 상향함(제173조)

2 도급인의 안전조치 및 보건조치 의무 위반 시 처벌 강화(제167조)
도급인의 안전·보건 조치 의무 위반 시 그 처벌수준을 수급인과 동일하게 상향
현행규정은 1년 이하 징역 또는 1천만원 이하 벌금에서 개성안은 7년 이하 징역 또는 1억원 이하 벌금으로 상향 조정하고, 근로자 사망 시 7년 이하 또는 1억원 이하의 벌금으로 동일한 처벌규정을 둠

3 유죄판결 선고 시 수강명령 도입(제174조)
안전조치 또는 보건조치 위반으로 근로자 사망 시 법원에서 유죄판결 선고 시 200시간 범위에서 수강명령을 병과할 수 있도록 함

PART 02

외국의 산업안전보건법

Ⅰ. ILO의 안전보건 협약과 EU의 안전보건지침
Ⅱ. 미국 산업안전보건법
Ⅲ. 영국 산업안전보건법
Ⅳ. 독일 산업안전보건법
Ⅴ. 일본 산업안전보건법

I. ILO의 안전보건 협약과 EU의 안전보건지침

1. ILO의 산업안전보건에 관한 협약

(1) ILO의 창설

국제노동기구(ILO)는 국제연합의 18개 전문기구들 중의 하나이다. 국제연합 조직 내에서 가장 오래된 국제기구로, 제1차 세계대전 이후 1919년에 베르사유 평화회의를 통해 창설 되었다. 역사적으로, ILO는 19세기의 사회적 관념의 성장 결과이다. 산업혁명으로 근로자의 여건은 점차적으로 경제학자 및 사회학자들에 의해 매우 열악한 것으로 비춰지게 되었다. 사회개혁가들은 어떠한 국가 및 산업도 다른 국가나 산업들과 비교하여 근로조건을 경제적으로 불리한 조건으로 보고, 노동의 가치를 상승시킬 수 있도록 근로조건을 개선하기 위한 방안들을 도입할 것이라고 확신하였다. 그 이유는 그들이 국제협약의 주제인 보다 나은 근로조건과 단축된 근로시간을 위한 유럽의 권한을 확인하기 위하여 끊임없이 노력하였기 때문이다. 1890년 이후 3개의 국제회의가 다음과 같은 주제에 대하여 개최되었다. 첫 번째 국제회의는 1890년 베를린에서 독일 황제와 로마 교황이 공동으로 소집되었고, 두 번째 국제회의는 1897년 브뤼셀에서 벨기에 정부 기관들의 촉구로 개최되었다. 세 번째 국제회의는 1906년 스위스 베른(Bern)에서 개최되어 백린(P)의 사용(성냥 제조업) 및 공업에서 여성들의 야간 근로 금지에 대한 2개의 국제협약을 처음으로 채택하였다. 제1차 세계대전으로 인하여 근로조건의 국제화에 대한 어떠한 지속적인 활동도 금지되었기 때문에, 베르사유 평화회의는 향후 전쟁의 원인을 근절시킨다는 취지하에 전쟁 예방 활동의 목표를 과제로 삼고, 국제노동법제정위원회를 설립하였다. 노동자 보호를 위한 국제적 기구의 설립에 대한 위원회의 정교한 제안서는 베르사유조약의 Part XIII가 되어, 오늘날까지 ILO가 사용하는 헌장에 따라 유지되고 있다.[1)]

(2) 산업안전보건에 관한 ILO 주요 협약

ILO에서 규정한 산업안전보건에 관한 주요 협약을 보면 제115호 전리방사선으로부터 근로자의 보호에 관한 협약, 제120호 상업 및 사무직 부문 위생에 관한 협약, 제139호 직업상 암의 관리 및 예방에 관한 협약, 제148호 공해, 소음, 진동으로 인한 작업환경상 위험으로부터 근로자

1) 한국산업안전공단, 「산업안전보건 백과사전-국제노동기구(ILO)」, 2001.

보호에 관한 협약, 제제152호 부두작업에서의 산업 안전보건에 관한 협약, 제155호 산업 안전보건과 작업환경에 관한 협약, 제161호 산업안전기관에 관한 협약, 제162호 석면 사용 시 안전에 관한 협약, 제167호 건설업의 안전보건에 관한 협약, 제170호 작업장에서의 화학물질 사용 안전에 관한 협약, 제174호 중대산업사고의 예방에 관한 협약, 제176호 광산의 안전보건에 관한 협약, 제184호 농업부문의 안전 및 보건에 관한 협약, 제187호 작업장 안전 및 건강 촉진에 관한 협약이 있다.

이러한 ILO협약(Convention)은 국제조약으로서 협약을 비준하면 가맹국을 구속하는 효력을 지니고,[2] 권고(Recommendation)는 비강제성을 지니지만 그 나라의 상황에 적합한 입법이나 단체협약 또는 그 외의 조치를 위한 지침으로서 가이드역할을 하는 성격을 지닌다. ILO기준의 적용상황을 감시하는 기관으로서 '협약권고적용전문가위원회'와 '기준적용에 관한 총회위원회'가 있다. 이 두 기관은 정기적으로 ILO가맹국에 있어서의 기준의 적용상황을 조사한다. 비준한 협약이 준수되지 않고 있는 가맹국에 대해서는 항의나 제소의 절차를 밟게 된다.[3]

ILO협약과 우리나라의 비준현황을 살펴보면 표 2-1과 같다. 이중에서 우리나라가 비준한 협약은 제170호 작업장에서의 화학물질 사용 안전에 관한 협약(2003년 3월), 제162호 석면 사용 시 안전에 관한 협약(2007년 4월), 제155호 산업 안전보건과 작업환경에 관한 협약(2008년 2월), 제187호 작업장 안전 및 건강 촉진에 관한 협약(2008년 2월)이다.

표 2-1 ILO협약 비준 현황(2009년 8월 20일)[4]

협약번호 (채택년도)	협약명 주요내용	비준일
제73호 (1946)	선원의 건강진단에 관한 협약	92. 12
	해상근무에 대한 적격성을 입증하는 권한 있는 기관이 발급한 건강증명서를 소유한 경우에만 선박 내에 고용될 수 있음을 규정	
제81호 (1947)	공업 및 상업부문에서 근로감독에 관한 협약	92. 12
	공업 및 상업부문 사업장에서 근로조건과 근로자 보호에 관한 법 규정 집행을 보장하기 위한 근로감독 체계를 제공해야함을 규정	
제122호 (1964)	고용정책에 관한 협약	92. 12
	경제성장과 발전을 촉진하고 생활수준을 향상시키고 인력수요를 충족시키는 한편 실업 및 불완전 고용을 해소하기 위하여 완전 고용을 촉진하는 적극적인 정책을 추진하도록 규정	

2) ILO협약에 따른 회의국의 의무는 채택된 협약을 국회에 제출하고 국회의 비준을 받아 ILO에 보고하여야 하며, 비준 협약에 대하여 협약이행을 취한 조치를 정기적으로 보고하여야 한다.
3) 한국ILO협회, "안전하고 건강한 직장-디센트워크를 실현한다", 「국제노동」 제125호, 2007.8, 5쪽.
4) 노동부 www.molab.go.kr

협약	내용	비준
제142호 (1975)	인적자원의 개발에 있어서 직업지도 및 훈련에 관한 협약	94. 1
	고용과 밀접하게 관계된 직업지도 및 직업훈련에 관한 포괄적이고 조화된 정책과 프로그램을 채택하고, 특히 공공취업알선기관을 통하여 정책을 시행할 것을 규정	
제100호 (1951)	동일가치 근로에 대한 남녀근로자의 동등보수에 관한 협약	97. 12
	사용자가 근로자에게 직·간접적으로 혹은 현금·현물의 형태로 지불하는 최저임금, 급료, 그 밖의 모든 형태의 추가급여가 남녀차별 없이 동등하게 지불되어야 함을 규정	
제150호 (1978)	노동행정(역할·기능·조직)에 관한 협약	97. 12
	비준국은 적절히 조율된 효율적인 노동행정, 기능, 책임체계를 조직해야 함을 규정	
제160호 (1985)	노동통계에 관한 협약	97. 12
	회원국은 기본적인 노동통계를 정기적으로 수집·편집·출판하여야 함.	
제111호 (1958)	고용 및 직업에 있어서 차별대우에 관한 협약	98. 12
	직업훈련·고용·특정직업에의 접근·고용계약과 조건 등에 있어 모든 형태의 차별을 철폐할 목적으로 국가정책을 결정·추진함으로써 기회와 처우의 평등을 촉진하여함.	
제138호 (1973)	취업의 최저연령에 관한 협약	99. 1
	아동노동의 효율적인 철폐를 보장하고, 또한 취업의 최저연령을 연소자의 심신의 완전한 발달에 가장 적합한 수준까지 점진적으로 높일 것을 규정, 특히 취업최정연령은 어떤 경우에도 15세 미만이어서는 안 됨.	
제144호 (1976)	국제노동기준의 이행을 촉진하기 위한 3자협의에 관한 협약	99. 11
	국제노동기구 관련활동을 하는데 있어 정부·사용자·근로자 대표 사이의 효율적인 협의를 보장하기 위한 절차적 조치를 취해야 함	
제159호 (1983)	장애인 직업재활 및 고용에 관한 협약	99. 11
	장애인과 일반 근로자간의 동등한 기회원칙을 토대로 직업소개, 직업훈련, 취업 및 기타 고용에 관련된 적절한 서비스를 장애인들에게 제공해야 함.	
제19호 (1925)	근로자 재해보상에 대한 내·외국인 근로자의 균등대우에 관한 협약	2001. 3
	산업재해 발생 시 내·외국인 근로자를 차별하지 않고 동등하게 보상하여야 함.	
제156호 (1981)	가족부양의 의무가 있는 근로자의 고용 및 기회균등에 관한 협약	2001. 3
	모든 근로자는 가족 부양의 의무로 인하여 고용·승진 등 모든 경제활동에서 차별되어서는 아니 됨.	
제182호 (1999)	가혹한 형태의 아동노동 철폐에 관한 협약	2001. 3
	18세 미만 아동에 대한 가혹한 노동은 금지함.	
제26호 (1928)	최저임금의 결정제도의 수립에 관한 협약	2001. 12
	임금이 예외적으로 낮은 산업에 고용된 근로자를 위한 최저임금 보장을 위한 제도 유지를 규정함.	
제131호 (1970)	개발도상국을 특히 고려한 최저임금 결정에 관한 협약	2001. 12
	부당한 저임금으로부터 근로자 보호를 위한 최저임금제 시행을 규정함.	
제88호 (1948)	직업안정기관의 구성에 관한 협약	2001. 12
	무료의 공공직업안정기관 유지를 규정함.	
제135호 (1971)	기업에서 근로자대표에게 제공되는 보수 및 편의에 관한 협약	2001. 12
	근로자 대표는 동 지위 또는 활동을 이유로 해고 또는 불이익 조치를 받지 않아야 함을 규정함.	

第170호 (1990)	작업장에서의 화학물질 사용 안전에 관한 협약	2003. 3
	작업장에서의 화학물질 사용에 있어 안전유지를 위한 규정 및 사용자와 근로자간 협력 등 규정	
第53호 (1936)	상선에 승무하는 선장과 직원에 대한 직무상 자격의 최저요건에 관한 협약	2003. 3
	상선에 승무하는 선장과 직원의 최저연령, 자격 등 규정	
第162호 (1986)	석면협약	2007. 4
	직업상 유해한 석면에 노출되는 근로자의 건강 보호에 관한 협약	
第185호 (2003)	선원신분증명협약	2007. 4
	선원신분증명서의 내용, 형태 및 유요한 신분증명서의 효력 등에 관한 협약	
第155호 (1981)	산업안전보건협약	2008. 2
	산업안전·보건 및 작업환경에 관한 협약	
第187호 (2006)	산업안전보건 증진체계 협약	2008. 2
	작업상의 안전 및 건강촉진에 관한 협약	

1) ILO 협약 第155호

산업안전보건분야와 관련한 ILO협약 중에서 기본적인 협약이라 할 수 있는 것은 제155호의 산업 안전보건과 작업환경에 관한 협약[5])으로 국제노동기구(ILO)총회는 ILO 이사회에 의해 소집되어 1981년 6월 3일 제62차 회의를 개최한바 총회 제6호로 제기된 안전보건 및 작업환경에 관한 제안들을 채택하기로 결정하고 또한 이들 제안이 국제조약 형태를 취해야 한다고 결정하여 1981년 6월 22일에 '1981년 산업안전보건협약'이라고 불리게 될 협약을 채택하였다. 주요내용은 본 협약은 일부 예외의 가능성이 있기는 하지만 공공부문을 포함한 모든 근로자들과 모든 경제활동에 적용되는 비준국은 국내 상황 및 관행에 맞게 가장 대표적인 근로자 단체 및 사용자 단체들과의 협의를 통하여 산업안전 및 보건과 작업환경에 관한 일관적인 국가정책을 형성, 이행, 정기적으로 검토해야 한다고 규정하고 있다.

이 협약은 총 5개장 23개의 조문으로 구성 되어있다. 제1장은 범위와 정의, 제2장은 국가정책 및 원칙, 제3장은 국가차원의 조치, 제4장은 기업차원의 조치, 제5장은 최종규정으로 이루어져 있다.

간략히 살펴보면, 비준을 통한 각 회원국은 정부에서 의무적으로 자국의 법과 관행에 따라 그리고 대표적인 사용자 및 근로자 단체들과 협의하여 산업안전, 직업병 및 작업환경에 관한 일관성 있는 국가정책을 실시하고 정기적으로 안전보건에 관한 검토하도록 하고 있다(동협약 제4조). 산업안전·보건 및 작업환경에 관한 상황을 전반적으로 또는 특정분야에 관하여 적절한 시간적

5) 국제노동기구 총회에서 국제노동기구 사무국 이사회가 1981년 6월 3일 제네바에서 소집한 제67차 회의에서 여섯번째 의제인 산업안전보건 및 작업환경에 관한 제안을 채택하기로 결정하고, 이 제안이 국제협약의 형식을 취할 것을 결의하여, 1981년 산업안전보건 협약을 1981년 6월 22일 채택하였다.

간격으로 검토하여 주요 문제점들을 발견하고, 그 효과적인 대처방법과 사업우선 순위를 산출하며, 또한 그 결과를 평가하도록 하였다(동협약 제7조). 또한 국가차원의 행위를 통하여 산업안전의 감독을 통하여 각 회원국은 법률이나 규정 또는 국법이나 관행에 일치하는 그 밖의 다른 방법에 의하여, 그리고 노사를 대표하는 관계단체와 협의하여 본 협약 제4조의 실행에 필요한 조치를 취하도록 규정하고 있다(동협약 제8조). 협약 제9조에서는 제1항에 산업안전보건 및 작업환경에 관한 법률과 규정의 사항은 적합하고 적절한 감독제도를 두도록 하였으며 의하여 보장되어야 한다. 제2항에는 이 시행제도는 법률 및 규정의 위반에 대한 적절한 벌칙규정을 마련하도록 하고 있다. 그리고 국가가 협약 제4조에 언급한 정책의 실행을 위해 주무관청 즉 노동부는 그 기능이 점진적으로 이루어지도록 보장하는 규정을 두어 안전과 보건의 효율적 관리를 하도록 하고 있다(동협약 제11조). 협약 제12조는 설비 및 장비 설계 제조수입 등에 관한 규정을 두어 자국의 법률과 관행에 따라 조치를 취함으로써 산업상의 용도로 기계, 장비 또는 물질을 설계, 제조, 수입, 공급 또는 이전하는 인원들이, ① 실천가능한 범위 내에서 기계, 장비 또는 물질이 이를 올바로 사용하는 자에게는 안전·보건상 위험이 없음을 확인하고 ② 기계 및 장비의 올바른 설치법 및 사용법과 물질의 올바른 사용법에 관한 정보, 그리고 기계 및 장비의 위해와 화학물질 및 물리적, 생물학적 약제 또는 제품이 갖는 유해특성과 아울러 알려진 위해를 회피할 수 있는 방법에 관한 정보를 입수하고, ③ 연구와 조사 등을 통해 본조 ①, ②의 실행에 필요한 과학적, 기술적 지식을 습득할 수 있도록 하여 위험성 평가 관리 및 안전보건 물질 자료의 공개를 통하여 안전을 도모하도록 하고 있다. 또한 하나의 사업체 단위는 다음과 같은 조치(동협약 제16조)와 사용자는 필요한 경우 적절한 대응대책 등 비상시와 사고에 대비한 조치를 마련하여야 하였으며(동협약 제18조), 동협약 제19조에는 사업체 단위의 조치사항의 의무규정을 두었다.[6)]

ILO협약 제155조와 우리 산안법의 수용여부를 요약하면 표 2-2와 같다.

표 2-2 ILO 협약 제155호(산업안전 및 보건과 작업환경에 관한 협약)[7)]

비교규정명		ILO	국내규정
ILO협약 제155호	국내규정		
제1조	산업안전보건법 제3조	협약의 적용범위, 적용제외대상 및 제외된 분야에 대한 조치방법	모든 사업 또는 사업장에 적용
제4조	산업안전보건법	산업안전, 산업보건 및 작업환경에 관한 국가정책 수립 및 시행	산업안전보건법 전반에 걸쳐 반영
제5조	산업안전보건법	제4조의 정책에 포함되어야 할 내용을 규정함	산업안전보건법 전반에 걸쳐 반영

6) ILO 협약 제155호 19조 제1항~제2항에는 근로자는 작업수행 과정에서 사용자가 의무를 수행할 수 있도록 협력하여야 하고, 사업체의 근로자대표는 산업안전. 보건 부문에서 사용자와 협력하여야 하도록 규정하고 있다.

7) 이학춘, 「ILO 주요 산업보건분야 협약과 국내법의 비교연구」, 노동부정책 연구용역보고 2003, 138~140쪽을 현행 산안법 규정으로 재구성함.

제6조	산업안전보건법 제4～6조	공공기관, 고용주, 근로자 및 기타 책임, 업무기능 및 의무를 명시	정부의 책무(제4조), 사업주의 의무(제5조), 근로자의 의무(제6조)
제7조	산업안전보건법 제7조	산업안전보건과 국가정책	산업안전보건정책 심의위원회를 두어 국가의 책무를 정함
제8조	산업안전보건법	제4조의 국가정책의 효력을 발생시키는데 필요한 조치	관련규정 없음
제9조	산업안전보건법 제51조	산업안전과 보건 및 작업환경에 관한 법령 시행 및 벌칙	산업안전보건에 대한 규칙의 시행을 보장
제10조	산업안전보건법 제4조제1～2항	고용주와 근로자가 법적의무를 준수할 수 있도록 지도조치	정부의 책무 및 각항 1호 사항을 수행하기 위한 시책강구
제11조 제1호 제2호 제3호 제4호 제5호 제6호	산업안전보건법 제4조 산업안전보건법 제9조의2 산업안전보건법 제37조 산업안전보건법 제40조 산업안전보건법 제43조의2	국가차원에서의 조치(제1호)	정부책무의 포괄적 명시(산안법 제4조)
		노출금지 및 보건상의 위험(제2호)	제조 등의 금지(산안법 제37조)
		연간통계의 작성(제3호)	조사·통계의 유지·관리(산안법 제4조)
		직업병 등의 조사(제4조)	직업성질환 역학조사실시 규정(산안법 제43조의2)
		재해현황 등의 공표(제5호)	사업장의 산업재해 발생건수 등 공표(산안법 제9조의2)
		위험 또는 유해성의 검사제도(제6호)	신규화학물질의 유해성·위험성 조사(산안법 제40조)
제12조	산업안전보건법 제41조	제조부터 공급까지의 준수사항	물질안전보건자료의 작성·비치
제13조	산업안전보건법 제26조	긴급피난 및 보호에 관한 규정	산업재해발생시 작업중지에 대한 규정
제14조	산업안전보건법 제31조	전문직인 산업안전보건교육과 훈련	정기적 안전·보건에 관한 교육 규정
제15조	산업안전보건법 제7조	정책과 협약의 적용에 관한 조치와 보장	산업안전보건정책심의위원회를 두고 필요한 사항권고 및 협조
제16조	산업안전보건법 제24조	기업차원에서 안전보건상의 조치	사업주의 보건상 조치
제17조	산업안전보건법 제18조	동시작업에 대한 협조의무	산업재해예방을 위한 안전보건총괄 책임자
제18조	산업안전보건법 제26조	기업차원의 응급조치	작업장소에서의 안전·보건상의 조치
제19조	산업안전보건법 제6·11·26·31조	사업장차원에서의 조치사항	근로자의 의무(산안법 제6조) 법령요지의 게시(산안법 제11조) 작업중지(산안법 제26조) 안전보건상의 교육훈련(산안법 제31조)
제20조	산업안전보건법 제29조의2	제16조부터 제19조까지 제규정에 대한 조직상의 중요한 요소	산업안전보건위원회의 설치와 법적내용
제21조	산업안전보건법	비용부담문제	사업주 의무주체

2) ILO 협약 제187호

이 협약은 2006년 5월 31일 제95차 제네바에서 소집된 국제노동사무소 이사회에 의한 회의 때 논의되어 2006년 6월 15일에 채택되었고, 우리나라와의 비준 시기는 2008년 2월이다.

이 협약의 취지를 살펴보면 직업상의 부상, 질병 및 사망의 세계적인 규모를 감소시키기 위하여 추가 조치의 필요성을 인식하고 고용에서 생기는 질병, 질병 및 부상에 대한 노동자의 보호, 국제 노동기구 헌장에 규정하는 국제 노동기구의 목적에 포함된 것을 상기하고, 직업상의 부상, 질병 및 사망, 생산성향상과 경제와 사회 발전에 악영향을 미칠 수 있음을 확인한다. 그리고 국제 노동기구가 모든 직업에서 노동자의 생활과 건강의 충분한 보호를 달성하기위한 계획을 세계 국가 간의 의무가 있음의 취지를 규정하는 필라델피아 선언을 재확인하기 위하여 직업상의 안전과 건강 증진, 모든 사람에 대한 적절한 업무의 확보는 국제 노동기구의 과제의 일부라는 것을 인식하여, 세계적인 전략으로 직업상의 안전과 건강 분야의 국제 노동기구의 기준과 관련된 활동에 대한 결론 속에 안전보건의 방지의 문화를 지속적으로 증진하는 것이 중요하다는 것을 강조하기 위하여 채택하였다. 이 협약은 6개 장 14의 조문으로 제1장 정의, 제2장 목적, 제3장 국가정책, 제4장 국가제도, 제5장 국가 프로그램, 제6장 최종 조항으로 구성되어 있다. 안전보건에 있어서의 일관된 체계적인 대책을 추진하려는 동시에 위에서 언급한 기존의 협약에 대한 인식을 높이는데 목적이 있다. ILO 가맹국에 대하여 노동으로 인한 부상, 질병, 사망을 방지하기 위하여 노동안전보건의 계속적인 개선을 촉진하도록 요구하고 있다.

2. EU지침

(1) EU의 법적체계

EU법이라는 독특한 법질서는 EU설립과 관련한 조약들과 그 부속서들, EU 제기관이 제정한 2차 입법, EU법을 이행하는 회원국의 국내법, 국제기구와 국제조약을 규율하는 국제법, 법의 일반원칙 등으로 구성된다. 노동관 관련한 EU법제는 2차적 法源인 지침에 의해서 주로 이루어지고 있다.

1) 1차적 법원(法源)

EU의 1차적 법원은 세 개의 공동체 설립조약[8])으로 구성된다. 이는 EU 회원국들이 일반적 조약체결방식에 따라 체결한 조약으로 EU의 지주를 이루는 법원이다. 각 공동체의 위원회와 이사

8) ESSC, EC, Euratom

회의 통합을 정한 기관통합조약(Merger Treaty, 1965), 예산조약(Budgetary Treaty), 신규회원국 가입조약(Accession treaties), EEC 조약의 수정을 주된 내용으로 하는 단일유럽의정서(Single European Act, 1987), 마스트리히트 조약(1993), 암스테르담조약(1999), 니스조약(2003) 등도 설립조약의 부속조약으로서 1차적 법원에 포함된다.[9)]

2) 2차적 법원(法源)

EU의 2차적 법원은 1차적 법원인 공동체 설립조약을 근거로 하여 EU 기구에서 직접 제정하는 법규정이다.[10)] 2차적 법원의 형태와 법적 효력에 관하여는 EC 조약 제249조[11)]가 규정하고 있다.

① 규칙(regulation)

규칙(regulation)은 일반적용성을 가진다. EC의 규칙은 모든 회원국이 그대로 지켜야 하는 의무규정으로 국가의 법과 같은 수준으로, 전적인 구속력을 지니며 모든 회원국에게 직접 적용된다.

② 지침(directive)

EC 조약 제249조에 의하면 지침은 구속력 있는 법적 행위이나 규칙과 달리 '전부' 구속력이 있는 것이 아니고 달성되어야 하는 결과에 대해서만 지침이 통고된 각 회원국을 구속한다. 그리고 결과 달성의 형식 및 방법의 선택은 회원국에게 달려 있다.[12)]

지침은 회원국 외에 개인(private citizens)에 대하여 내려질 수 없으며, EC 조약 제249조의 규정상 직접적용성이 인정되지 않는다. 즉 지침에서는 목표만 수립되고, 적당하다고 생각되는 방법에 따라 그 목표를 달성하는 것은 회원국에 일임되고 있는 것이다. 그에 따라 지침은 국내법으로의 변형이 필요한데, 회원국에게 앞서 본 바와 같은 재량이 인정되기 때문에

9) 국제노동법연구원, 「우리나라와 EU의 노동법제 비교연구」, 노동부, 2007, 6~7쪽.

10) EU의 입법(규칙, 지침, 결정, 권고 및 의견)은 집행위원회(European Commission)와 각료이사회(Council of Minister)를 양축으로 하여 이루어진다. 즉 집행위원회가 제안을 제출하고, 각료이사회는 이 제안을 심의하여 통과 여부를 최종 결정한다. 유럽의회(European Parliament)는 암스테르담 조약에 의하여 그 지위가 강화되어 종래의 협의적 역할에서 공동결정자의 역할로 나아가게 되었다. 다만 의회는 여전히 스스로 법안을 발의할 수는 없고, 집행위원회를 통한 간접 법안제출권만 행사할 수 있을 뿐이다.

11) Article 249. "In order to carry out their task and in accordance with the provisions of this Treaty, the European Parliament acting jointly with the Council, the Council and the Commission shall make regulations and issue directives, take decisions, make recommendations or deliver opinions. A regulation shall have general application. It shall be binding in its entirety and directly applicable in all Member States. A directive shall be binding, as to the result to be achieved, upon each Member State to which it is addressed, but shall leave to the national authorities the choice of form and methods. A decision shall be binding in its entirety upon those to whom it is addressed. Recommendations and opinions shall have no binding force."

12) A directive shall be binding, as to the result to be achieved, upon each Member State to which it is addressed, but shall leave to the national authorities the choice of form and methods. (EC 조약 제249조)

지침의 실시에 있어서 지침의 규정이 실시조치로서 제정되는 국내법에 그대로 수용되어야 하는 것은 아니다.[13] 또한 지침의 실시가 반드시 국내법의 개폐 혹은 제정을 필요로 하는 것은 아니다.[14] 한편 지침은 일반적으로 그 국내적 실시에 기한을 정하고 있다. 이러한 지침은 기한이 완료되기 전에는 직접효력을 갖지 못하는데 이 또한 규칙과의 차이점이다.

③ **결정(decision)**

결정은 당해 수범자에게 전적인 구속력을 가진다. 전적인 구속력이 있다는 점에서 규칙과 같고 지침과 다르다. 결의를 국내 행정법상의 행정행위에 비유하지만, 실제로는 그 내용이 추상적인 입법적 성격의 결의도 많이 채택되고 있다. 그 결과 지침과 비슷하게 어떤 목적을 달성하기 위해서 회원국에 대해 필요한 조치를 취할 것을 요구하는 결의도 있고, 또 오히려 명령과 같이 일반적 규칙을 수립하는 결의도 있다고 한다.[15]

④ **권고(recommendation)와 의견(opinion)**

'권고'란 일정한 상대방에게 특정행위를 권하는 국제기구의 일방행위이며, '의견'이란 특정 대상자 없이 제3자의 요청으로 단순한 견해를 표시하는 것이다. 일반적으로 권고는 공동체 집행기관이 회원국들의 국내 법규를 조화시키기 위해 간접적인 행동수단으로 기능한다. 권고 및 의견은 모두 법적 구속력이 없다. 그러나 권고 및 의견이 다른 EU법의 해석에 기준을 제공하는 한 법원성을 승인할 수도 있다.[16]

(2) 산업안전보건관련 EU의 지침

EU의 산업안전보건관련 법제는 기본이 되는 기본지침과 이것에 기초한 개별 지침으로 이루어져 있다. 기본지침은 1989년 6월 12일에 제정된 89/391/EEC "근로자의 안전·위생의 개선을 촉진하는 조치의 도입에 관한 지침[17]"과 1991년 6월 25일에 제정된 91/383/EEC "임시 고용관계 혹은 대여 고용관계에 있는 근로자(파견근로자)의 안전·위생의 개선을 촉진하는 조치의 도입에 관한 지침"이다. 임시직 근로자에 관한 지침인 91/383/EEC는 총 4개의 장 9개의 조문으로 구성되어 위의 89/391/EEC와 더불어 기본지침으로 작용하고 있다.

89/391/EEC는 산업안전보건정책과 법제의 기본 틀을 제시한 것으로 표 2-3과 같이 총 4장 19조로 구성되어 있다.

13) Case 247/85 Comission v. Belgium [1987] ECR 3029.
14) Case 29/84 Comission v. Germany [1985] ECR 1661.
15) 박두용외, 「위험성 평가제도의 도입방안에 대한 연구」, 노동부, 2004, 20쪽.
16) 국제노동법연구원, 「우리나라와 EU의 노동법제 비교연구」, 노동부, 2007, 7～9면.
17) Council Directive 89/391/EEC of 12 June 1989 on the introduction of measures to encourage improvements in the safety and health of workers at work.

표 2-3 89/391/EEC 구성

근로자의 안전·위생의 개선을 촉진하는 조치의 도입에 관한 지침 (the introduction of measures to encourage improvements in the safety and health of workers at work)	
제1장	일반규정(GENERAL PROVISIONS)
	제1조 목적(Object)
	제2조 적용범위(Scope)
	제3조 정의(Definitions)
	제4조 각국의 조치
제2장	사업주의 의무(EMPLOYERS' OBLIGATIONS)
	제5조 일반규정(General provision)
	제6조 사업주의 일반의무(General obligations on employers)
	제7조 보호 및 예방서비스(Protective and preventive services)
	제8조 응급조치, 소방 및 대피, 중대·급박한 위험(First aid, fire-fighting and evacuation of workers, serious and imminent danger)
	제9조 기타 의무(Various obligations on employers)
	제10조 근로자에게 정보제공(Worker information)
	제11조 근로자에 대한 협의(자문) 및 근로자의 참여 보장(Consultation and participation of workers)
	제12조 근로자 교육훈련 제공(Training of workers)
제3장	근로자의 의무(WORKERS' OBLIGATIONS)
	제13조 근로자의 의무(Workers' obligations)
제4장	기타 조항(MISCELLANEOUS PROVISIONS)
	제14조 건강진단(Health surveillance)
	제15조 위험집단(Risk groups)
	제16조 개별 지침(Individual Directives)
	제17조 분과위원회(Committee)
	제18조 최종 규정(Final provisions)
	제19조 이 회원국에 대한 규정임(This Directive is addressed to the Member States)
부록	

위의 기본지침의 제16조 1항에 따라 후속조치로 개별지침을 제정·공포하였으며, 현재까지 제정된 산업안전보건에 관한 개별 지침은 "직장에서 안전·위생 최저 기준에 관한 지침(89/654/EEC)[18)]", "직장에서 개인용 방호구의 사용에 관계된 안전·위생 최저기준에 관한 지침(89/656/EEC)[19)]", 최근의 "광학 인공 방사능의 노출의 안전·위생 최저기준에 관한 지침(2006/25/EC)[20)] 등

18) Council Directive 89/654/EEC of 30 November 1989 concerning the minimum safety and health requirements for the workplace (first individual directive within the meaning of Article 16 (1) of Directive 89/391/EEC).

19) Council Directive 89/656/EEC of 30 November 1989 on the minimum health and safety requirements for the use by workers of personal protective equipment at the workplace (third individual directive within the meaning of Article 16 (1) of Directive 89/391/EEC).

총 19개로 표 2-4와 같다.

표 2-4 89/391/EEC의 제16조 제1항에 의해 제정된 산업안전보건 개별지침현황[21)]

지침번호	내 용
89/654/EEC	the minimum safety and health requirements for the workplace (작업장 안전보건에 관한 지침)
89/655/EEC	the minimum safety and health requirements for the use of work equipment by workers at work (작업공구, 기구에 관한 지침)
89/656/EEC	the minimum health and safety requirements for the use by workers of personal protective equipment at the workplace (개인보호구에 관한 지침)
90/269/EEC	the minimum health and safety requirements for the manual handling of loads where there is a risk particularly of back injury to workers (중량물 취급작업에 관한 지침)
90/270/EEC	the minimum safety and health requirements for work with display screen equipment (컴퓨터 단말기 작업에 관한 지침)
2004/37/EC	the protection of workers from the risks related to exposure to carcinogens or mutagens at work (발암물질과 돌연변이물질의 노출에 관한 지침)
2000/54/EC	the protection of workers from risks related to exposure to biological agents at work (생물학적 요인에 대한 노출에 관한 지침)
92/57/EEC	the implementation of minimum safety and health requirements at temporary or mobile construction sites (단시간 또는 현장이동의 건축현장에 관한 지침)
92/58/EEC	the minimum requirements for the provision of safety and/or health signs at work (근로 시 안전 또는 보건의 표시 규정에 관한 지침)
92/85/EEC	the introduction of measures to encourage improvements in the safety and health at work of pregnant workers and workers who have recently given birth or are breastfeeding (임산부 근로자나 수유근로자들의 근로 시 안전보건에 대한 지침)
92/91/EEC	the minimum requirements for improving the safety and health protection of workers in the mineral- extracting industries through drilling (굴착작업을 포함하는 채광 산업 근로자들의 안전보건에 관한 지침)
92/104/EEC	the minimum requirements for improving the safety and health protection of workers in surface and underground mineral-extracting industries (지상, 지하매장의 석유시추산업에 관한 지침)
93/103/EC	the minimum safety and health requirements for work on board fishing vessels (어업선상에서의 노동에 대한 최소한의 안전보건상의 조건에 관한 지침)
98/24/EC	the health and safety of workers from the risks related to chemical agents at work (화학물질과 관련된 위험에 관한 지침)
1999/92/EC	the minimum requirements for improving the safety and health protection of workers potentially at risk from explosive atmospheres (공기 중 폭발로 인한 잠재적 위험에 관한 지침)

20) Directive 2006/25/EC of the European Parliament and of the Council of 5 April 2006 on the minimum health and safety requirements regarding the exposure of workers to risks arising from physical agents (artificial optical radiation) (19th individual Directive within the meaning of Article 16(1) of Directive 89/391/EEC), amended by Directive 2007/30/EC and Regulation (EC) No 1137/2008.

21) http://osha.europa.eu/fop/czech-republic/en/leislation/smernice.php 참조.

2002/44/EC	the minimum health and safety requirements regarding the exposure of workers to the risks arising from physical agents(vibration) (진동의 위험에 관한 지침)
2003/10/EC	the minimum health and safety requirements regarding the exposure of workers to the risks arising from physical agents(noise) (소음의 위험에 관한 지침)
2004/40/EC	on the minimum health and safety requirements regarding the exposure of workers to the risks arising from physical agents(electromagnetic fields) (전자기파의 위험에 관한 지침)
2006/25/EC	the minimum health and safety requirements regarding the exposure of workers to risks arising from physical agents (artificial optical radiation) (광학 인공방사능의 위험에 관한 지침)

산업안전보건관련 기본지침인 89/391/EEC지침에 의해서 독일의 경우 산업안전보건에 관한 각각의 여러 개별법만 존재하였다가 가장 기본이 되는 현대적인 의미의 사업장안전보건관리법(ArbSchG)을 1996년에 제정하게 되었다. 프랑스도 이 지침을 프랑스 노동법전내에 편입시켰으며, 영국은 1972년 로벤스보고서를 바탕으로 1974년 산업안전보건법(HSWA)을 제정하였기 때문에 기본지침을 안전보건관리시행령(The Management of Health and Safety at Work Regulations 1999, MHSWR)을 제정함으로써 반영하였다.[22)]

Ⅱ. 미국 산업안전보건법

1. 역사적 배경

미국의 산업안전보건법과 관련한 정책에 관한 내용을 살펴본다면 1970년을 전후로 나타나고 있다. 그것은 미국연방 산업안전보건법(OSH Act, 1970)이 제정된 이후 현대적 의미의 산업안전보건 정책이 수립되었기 때문이다. 이것은 다시 말하면 미국에서 1970년 이전에는 산업안전보건 행정과 정책은 거의 없었다는 것을 말한다. 산업안전보건의 행정 및 정책의 역사는 정치, 경제 및 사회 등의 타 부분과 매우 긴밀한 연계를 가지고 있고, 여러 부분들의 상호작용에 의한 역사의 흐름과 밀접한 관계를 가지고 있다. 그러므로 미국의 산업안전보건법과 행정, 정책도 미국의 정치, 경제, 사회의 역사적 산물이며, 미국의 산업안전보건법의 역사를 이해하기 위해서는 미국의 역사적 흐름에 대한 배경을 이해하는 것이 필요하며 역사적 배경부터 살펴보기로 한다.[23)]

22) 박두용, "외국의 위험성 평가제도-EU Directive 89/391/EEC)", 「산업보건」 통권 제228호 2007년 4월, 대한산업보건협회, 42～43면.

23) 조흠학, 법제사적 의미에서 산업안전보건법의 역할과 지위에 관한 연구, 산업안전보건연구원, 2010, 90면; 박두용, 21세기 노동환경권변화에 따른 산재예방 실효성확보방안에 관한 연구, 산업안전보건연구원, 2003에서 발췌하여 재

(1) 미국의 사회적 특징과 역사적 흐름

미국의 역사를 살펴보면 May Flower를 타고 온 Pilgrim Fathers 이후, 영국이나 스페인국왕의 허가장을 받은 유럽인들의 식민지로서 시작되었다. 이후 독립전쟁을 거쳐 영국으로부터 독립함에 따라 헌법을 제정하고 북미대륙을 미합중국에 편입시키면서 근대 미국이 탄생되었다. 헌법제정과정에서 중앙집권을 지지하는 연방주의자와 지방분권을 지지하는 반연방주의자가 대립하게 되었고 이후 민주당과 공화당이라는 정당이 탄생하였다. 초기 미국은 정치·경제적 배경이 다른 13개주를 합쳐 건설하게 되었는데, 각 주마다 서로 다른 정치적 견해를 가지고 있었다. 크게 남부와 북부의 정치적 특징을 본다면, 공업을 위주로 중앙집권을 추구하는 북부의 연방파와 농업을 위주로 지방분권을 추구하는 남부의 공화파로 볼 수 있다. 헌법제정 시에 헌법을 지지하는 연방파와 지지하지 않는 공화파가 서로 대립하였고, 연방주의자인 해밀턴과 공화주의자인 제퍼슨의 반목이 촉진제가 되어 공업중심인 북부지방과 노예제도를 바탕으로 한 농업중심의 남부지역간 노예제의 허용문제는 첨예하게 대립되었으며, 결국은 남북전쟁으로 이어졌다. 남북전쟁에서 북부군의 승리로 노예는 해방되었으나, 연방파와 공화파의 구도는 남부를 기반으로 하는 민주당과 북부를 기반으로 하는 공화당으로 발전되었고 양당의 대립이 미국정치의 중심으로 작용하게 되었다.[24)]

제1차 세계대전[25)] 이후 보수파가 정권을 장악한 미국정부는 자유방임주의의 친기업적 경제정책을 지속시켰으며, 1920년대는 새로운 생산기술의 발달과 산업전반에 걸친 기계화로 기업조직이 거대화되었고 신흥공업이 크게 성장하게 되었다. 그리고, 새로운 기업경영방식의 도입과 신용제도의 정비로 미국 경제는 크게 발전하였고 자동차, 화학, 전기, 토목, 석유 등의 전 산업이 괄목하게 성장하였다. 그러나 자유방임주의의 경제정책은 빈부의 격차를 심화시켰고, 노동조건에 악영향을 미쳤고, 노동자들의 작업조건과 환경은 더욱 악화되었다. 부품의 표준화, 공장자동화, 분업화 등으로 생산성이 증대되었고 대량생산이 이루어졌지만 생산의 자동화로 실업자가 급격히 증가하였고 사회적 구매력은 감소하게 되었다.[26)]

결국 빈부격차와 생산과잉으로 1929년부터 1933년까지 장기침체의 극심한 대공황이 나타났으며, 이후 케인즈 사상을 바탕으로 하여 시작경제에 정부의 개입이 본격화되었고, 1932년 당선된 루즈벨트[27)]는 공황으로부터 탈출을 위해 국가경제에 대한 정부의 개입정책을 적극 추진하였다.

정리함.

24) 조흠학, 법제사적 의미에서 산업안전보건법의 역할과 지위에 관한 연구, 산업안전보건연구원, 2010, 90면; 박두용, 21세기 노동환경권변화에 따른 산재예방 실효성확보방안에 관한 연구, 산업안전보건연구원, 2003에서 발췌하여 재정리함.

25) 1914～1919년에 걸친 전쟁

26) 조흠학, 법제사적 의미에서 산업안전보건법의 역할과 지위에 관한 연구, 산업안전보건연구원, 2010, 91면; 박두용, 21세기 노동환경권변화에 따른 산재예방 실효성확보방안에 관한 연구, 산업안전보건연구원, 2003에서 발췌하여 재정리함.

뉴딜정책의 핵심은 '구제와 부흥'으로 자유방임주의의 경제정책에서 정부 개입주의 경제정책으로의 전환을 의미하며, 행정의 입장에서 뉴딜정책의 의미는 바로 정부의 적극적인 시장개입이라고 할 수 있다. 이러한 현대적 의미에서 시장에 대한 정부의 정책(policy)이 시행되고, 이때부터 정부의 적극적인 시장개입주의로 전환하게 되었다. 자유방임주의와 정부의 시장개입주의 이념은 정권이 바뀌거나 호황과 불황이 교차할 때마다 순환을 반복해 왔으나, 1990년대에 들어와서는 정도의 차이는 있으나 신자유주의 사상을 바탕으로 한 자유방임경제를 기조로 하는데 양당의 입장이 일치되는 것으로 보인다.[28)]

1800년대의 미국은 과학기술의 발달과 연이은 발명과 발견, 값싼 노동력의 대향유입, 풍부한 자원을 바탕으로 산업이 크게 발달하였다. 농업, 섬유, 철강, 운동 등의 분야에서도 비약적인 발전을 거듭하여 국제적 경쟁력을 갖추게 됨에 따라 세계최강의 경제대국이 되었다. 동시에 산업혁명은 저임금, 여성 및 미성년자 고용, 도시 빈민촌, 노사간의 대립 등 자본주의 경제의 문제점이 나타났으며, 이민자, 흑인, 여성 등의 농업인력이 대거 공업으로 유입되면서 일자리에 대한 경쟁이 심해졌기 때문에 이는 노동환경을 악화시키는 요인이 되었다. 1800년대 말까지 미국은 철저한 자유방임정책으로 노동조건의 개선이나 빈부격차의 해소에 대한 정책은 거의 없었고, 1900년대 초까지 이어져 19세기 후반 들어 급진적 노동운동과 격심한 계급적 갈등을 불러일으키는 원인이 되었다. 1800년대 말부터 대규모 노동운동과 파업이 나타나기 시작하였으며, 1890년 최초의 메이데이 행진이 이루어지게 되었고,[29)] 이후 오늘날 강력한 이익집단중의 하나인 미국노동총연맹(AFL)이 탄생되었다.

19세기 후반부터 20세기 초에 걸쳐 처음에는 일부 주정부가, 그 후에는 연방정부도 노동쟁의의 조정을 위한 정부기관의 설립을 추진하였고, 최초의 노동통계청은 1869년 매사추세츠주에서 설치되었으며 1885년에는 연방내무성 안에 노동청이 창설되었다. 1888년에 연방노동성이 생거났고, 1903년에 상무성과 통합하여 연방노동성 및 상무성이 되었다. 이후 1913년에 연방노동성이 분리되어 오늘에 이르렀다.[30)]

2차 대전[31)]은 북미와 유럽의 열강, 일본 등의 제국주의 국가들이 공황을 타개하기 위하여 식민지를 개척하는 이해다툼에서 발생하였고, 미국이 뉴딜정책 등을 통한 국가의 시장개입을 통하

27) 미국의 제32대 대통령(재임 1933～1945)

28) 조흠학, 법제사적 의미에서 산업안전보건법의 역할과 지위에 관한 연구, 산업안전보건연구원, 2010, 91면; 박두용, 21세기 노동환경권변화에 따른 산재예방 실효성확보방안에 관한 연구, 산업안전보건연구원, 2003에서 발췌하여 재정리함.

29) 조흠학, 법제사적 의미에서 산업안전보건법의 역할과 지위에 관한 연구, 산업안전보건연구원, 2010, 92면; 박두용, 21세기 노동환경권변화에 따른 산재예방 실효성확보방안에 관한 연구, 산업안전보건연구원, 2003에서 발췌하여 재정리함.

30) 조흠학, 법제사적 의미에서 산업안전보건법의 역할과 지위에 관한 연구, 산업안전보건연구원, 2010, 92면; 박두용, 21세기 노동환경권변화에 따른 산재예방 실효성확보방안에 관한 연구, 산업안전보건연구원, 2003에서 발췌하여 재정리함.

31) 1939년 9월1일 독일의 폴란드침입과 이에 대한 영국·프랑스의 대독선전에서부터, 1941년의 독일·소련간 개전이 되어 태평양전쟁의 발발을 거쳐 1945년 8월 15일 일본의 항복에 이르는 기간의 전쟁이다.

여 공황문제를 해결하려 하였다. 이후 세계정세는 세계 제2차대전을 전후로 경제 침체 등의 변화가 이루어졌지만, 미국은 세계 제2차대전이 일어난 동안 미국은 전시경제로 인해 공황에서 완전히 벗어나게 되었으며, 의회에 대한 행정부의 역할이 중요하게 되었다. 또한 전시경제로 인한 정부의 경제개입이 나타나고 전후 처리과정에서 자본주의와 사회주의 소련의 대립이 심화되게 되어 독일, 일본 등의 식민지 처리과정에서 미국과 사회주의를 이식하려는 소련사이에 갈등이 빚어지게 되었고, 이러한 냉정은 1950년대의 미국의 보수로의 회귀에 결정적인 영향을 끼치게 된다.[32)]

2차 대전 이후 세계는 민주주의와 공산주의 이데올로기 대립 속에 각자의 영향력을 확장하기 위한 냉전체제가 지배하였고, 1950년대 미국사회는 더욱 보수화되었으며 맥카시즘의 등장과 한국전쟁은 이러한 보수화를 한층 강화시켰다. 이러한 보수화로 루즈벨트의 뉴딜정책에 힘입은 진보주의나 정부의 시장개입주 등은 후에 나타난 트루먼의 페어딜정책 등에 힘입은 흑인의 인권개선과 같은 민권정책을 크게 후퇴시켰다. 또한 2차 대전을 거치면서 군부와 산업체가 연계되면서 군산복합체(military-industrial complex)가 출현하였고, 군산복합체로 대표되는 기업체는 강력한 이익집단이 되었고, 일부 진보주의적 사건도 있었지만 1950년대 미국사회는 전반적으로 보수주의가 지배하였다. 따라서 1950년대 노동보호정책은 매우 미비하였으며, 산업안전보건정책은 찾아보기 어렵다.[33)]

1960년대에 들어서 케네디는 대외적으로 반공노선을 취하였지만 대내적으로는 진보정책을 취하였다. 1950년대 중반부터 시작된 민권운동에 부응하여 인종통합정책을 시행하는 등 진보주의의 기초가 되었으며, 케네디 이후의 존슨대통령도 빈곤과의 전쟁(War on Poverty)을 선포하는 등 여러 가지 경제정책과 민권정책을 시행하였다. 이 당시 여러 가지 사회정책의 이론이 정립되었으며 정책학과 행정학이 크게 발달하기 시작하였다. 존슨대통령은 진보정치는 여러 가지 사업장 안전보건정책에도 영향을 미쳤으며, 1970년 연방 산업안전보건법을 탄생시키는 사회적 기반을 조성하였다.[34)]

그러나 아이러니컬하게도 미국의 산업안전보건법이 제정된 1970년, 존슨은 재선에 실패하고 보수주의자인 닉슨이 당선되었다. 2차 대전이후 탄생한 군산복합체의 경제와 보수주의체제에 대한 반동으로 인권운동과 반전운동이 나타났고, 케네디와 존슨 대통령은 진보정책을 펼쳤지만 월남전에 깊게 개입한 존슨 정부는 반전세력이 등을 돌림으로써 결국 보수파인 공화당의 닉슨대통

32) 조흠학, 법제사적 의미에서 산업안전보건법의 역할과 지위에 관한 연구, 산업안전보건연구원, 2010, 93면; 박두용, 21세기 노동환경권변화에 따른 산재예방 실효성확보방안에 관한 연구, 산업안전보건연구원, 2003에서 발췌하여 재정리함.

33) 조흠학, 법제사적 의미에서 산업안전보건법의 역할과 지위에 관한 연구, 산업안전보건연구원, 2010, 93면; 박두용, 21세기 노동환경권변화에 따른 산재예방 실효성확보방안에 관한 연구, 산업안전보건연구원, 2003에서 발췌하여 재정리함.

34) 조흠학, 법제사적 의미에서 산업안전보건법의 역할과 지위에 관한 연구, 산업안전보건연구원, 2010, 95면; 박두용, 21세기 노동환경권변화에 따른 산재예방 실효성확보방안에 관한 연구, 산업안전보건연구원, 2003에서 발췌하여 재정리함.

령에게 패배하였다.[35)]

1970년대는 월남전 패전과 경제침체 그리고 석유파동을 거치면서 미국의 경제는 악화되기 시작하였다. 경제적으로 공화당은 자유방임 노선을 택했지만, 당시 월남전 후유증과 세계적인 경제침체 때문에 인플레이션이 증가하였고, 그리고 사회적 인식의 변화로 인한 정부의 강력한 주장으로 의회는 진보적 입법은 계속되었고, 산업안전보건 정책은 크게 발전하였다. 70년대 초부터 시작된 인플레이션과 경쟁력 약화로 인하여 미국 경제는 더욱 침체되었으며, 석유파동으로 인한 에너지 위기는 자동차산업 등의 침체를 초래하였고 결과적으로 미국의 경제침체는 가속화되었다. 71년대 후반 민주당의 카터가 대통령으로 당선되었지만 1979년과 1980년, 미국의 경제는 최악의 상황으로 이었으며, 당시의 1970년대 미국사회는 급진주의가 퇴조하고 개인주의가 심화된 시기였다. 따라서 1960년대 존슨대통령이 주장한 위대한 사회건설과 같은 거대한 사회개혁은 급속히 쇠퇴하였으며, 상대적으로 흑인과 히스패닉, 그리고 여성들이 자신들의 정치적, 사회적, 경제적 지위 향상을 위해 직접적인 노력하는 등 수많은 사회단체 세력들이 자신들의 인권을 향상시키기 위한 노력을 꾸준히 전개하게 되었다.[36)] 이러한 경제위기의 분위 속에서 1980년 공화당의 레이건 대통령이 당선되면서 미국사회는 소위 '레이거노믹스(Reaganomics)'로 지칭되는 보수주의 경제정책을 통하여 정부지출의 축소와 감세정책, 그리고 환경 등에 대한 규제완화를 통하여 경제회복을 추진하고자 하였다. 이러한 경제정책으로 미국 경제는 회복되었지만 지나치게 기업가에게 유리한 경세정책으로 경제구조가 심각하게 왜곡되었다는 비판과 함께, 그에 따른 여러 가지 사회문제를 발생시켰다는 비판을 받았다. 그러한 결과로 1980년대 초 정부의 구조조정과 예산 삭감의 영향으로 미국 산업안전보건청(OSHA)과 미국 국립산업안전보건연구원(NIOSH)은 커나란 타격과 함께, 산업안전보건정책도 영향을 받았다.[37)]

1990년대에 이르러 미국과 유럽은 진보진영의 보수화 경향이 뚜렷해지면서 전반적으로 보수적 경제기조가 지배하고 있는 상태이며, 민주당의 클린턴 대통령도 부분적으로 진보적 정책을 시행하기는 하였지만 전체적으로는 보수적인 경제정책을 유지하게 되었다. 이러한 경제정책의 결과 2000년대에 이르러서는 신자유주의로 불리는 새로운 방식의 자유주의 경제정책이 전 세계를 지배하면서 경제정책은 더욱 기업 친화적으로 강화되고 이에 산업안전보건정책도 기업 친화적 형태로 변화되어지고 있다.

35) 조흠학, 법제사적 의미에서 산업안전보건법의 역할과 지위에 관한 연구, 산업안전보건연구원, 2010, 95면; 박두용, 21세기 노동환경권변화에 따른 산재예방 실효성확보방안에 관한 연구, 산업안전보건연구원, 2003에서 발췌하여 재정리함.

36) 조흠학, 법제사적 의미에서 산업안전보건법의 역할과 지위에 관한 연구, 산업안전보건연구원, 2010, 96면; 박두용, 21세기 노동환경권변화에 따른 산재예방 실효성확보방안에 관한 연구, 산업안전보건연구원, 2003에서 발췌하여 재정리함.

37) 조흠학, 법제사적 의미에서 산업안전보건법의 역할과 지위에 관한 연구, 산업안전보건연구원, 2010, 96면; 박두용, 21세기 노동환경권변화에 따른 산재예방 실효성확보방안에 관한 연구, 산업안전보건연구원, 2003에서 발췌하여 재정리함.

(2) 1960년대 이전의 안전보건에 관한 역사적 배경

미국의 안전보건의 역사적 측면을 살펴보면 1970년의 OSH Act(1970)는 산업안전보건 체계의 일원화라는 사회변화 속에 나타난 산업사회의 역사적 결과이므로 1970년대 OSH Act제정시기의 배경과 그 이전 산업안전보건 관련 법규에 관한 역사적 상황을 살펴보기로 한다.

1) 안전보건에 관한 아동 및 부녀자문제

산재에 관한 직업병이 사회문제로 부각되고, 그 부분에 관한 당사자 해결이 아닌 사회적 개입을 통하여 해결하게 된 것은 산업혁명 이후의 사회적 관심으로부터 이라고 볼 수 있다. 산업혁명이 일어난 후 임금노동자문제가 사회적 관심의 중심으로 부각되었고 산업안전보건문제도 동시에 사회적 관심의 대상이 되었다. 초기의 산업안전보건 문제는 열악한 노동조건과 심각한 빈곤문제와 혼합되어 나타났으며, 이것이 미국에서 사업장의 안전보건문제에 대하여 사회적으로 인식되기 시작하였다. 이러한 인식의 변화는 공업화가 이루어지기 시작한 19세기 초이며, 초기의 문제는 주로 공장의 비위생적인 문제와 여성 및 아동노동문제였고, 1830년부터 1880년에 이르는 약 반세기간에 공장의 노동조건 개선을 위한 노력은 주로 노동시간 단축, 고용 연장의 제한, 그리고 안전규칙의 도입 같은 기본적인 문제에 치중되었다. 1848년에 펜실베이니아주에서 아동노동법이 제정되었으며, 그 이듬해인 1849년에 뉴욕주에서 10세 이하 아동의 고용금지법이 통과되었다. 1860년경에 이르자 공업지대중심인 북부의 각 주에서 정도의 차이는 있었으나 대부분 아동노동을 제한하는 법이 제정되었다. 그러나 이러한 법률은 실제 공장을 감시하는 제도가 확립되어 있지 않아서 실효를 거두지는 못했으며, 이때까지만 해도 열악한 노동조건을 규제하는 법률은 없었다.[38)]

따라서 노동자의 건강문제는 정부측면에서 보는 노동청에 있어서 매우 중요하고 필요한 업무중의 하나로 많은 주 노동청에서 직업이 노동자의 건강에 미치는 영향에 대해서 조사하고 그 결과를 발표하였다. 1895년에 뉴저지주는 직업이 노동자의 수명에 미치는 영향에 관한 보고서를 발표하기도 하였다. 이러한 결과로 건강문제를 다루는 조직이 생겨남에 따라 여성과 아동의 노동조건에 관한 문제가 본격적으로 제기되었다.

당시에는 부인들과 어린이들이 열악한 환경 속에 장기간의 노동에 시달리고 있었다. 1900년에 미국의 사업장에서 일하는 16세 이하의 어린이들은 모두 170만 명이나 되는 것으로 추산되었고, 이들은 대부분 가내공업과 같은 소규모 영세사업장이나 비위생적인 공장에서 일하고 있었다.[39)]

38) 조흠학, 법제사적 의미에서 산업안전보건법의 역할과 지위에 관한 연구, 산업안전보건연구원, 2010, 96면; 박두용, 21세기 노동환경권변화에 따른 산재예방 실효성확보방안에 관한 연구, 산업안전보건연구원, 2003에서 발췌하여 재정리함.

39) 조흠학, 법제사적 의미에서 산업안전보건법의 역할과 지위에 관한 연구, 산업안전보건연구원, 2010, 97면; 박두용, 21세기 노동환경권변화에 따른 산재예방 실효성확보방안에 관한 연구, 산업안전보건연구원, 2003에서 발췌하여 재

열악한 환경에서의 아동노동에 대한 사회적 비난이 고조되자 이에 대한 정부의 정책적 개입이 이루어졌고, 1873년부터 1885년까지 매사추세츠주 노동청 장관이었던 라이트(Carroll D. Wright)는 연방정부의 노동청 초대 장관으로 임명되자 켈리(Florence Kelly)로 하여금 대도시의 빈민지역 조사의 일환으로 시카고의 빈민지역 주민을 조사하도록 하였다.[40] 그 결과, 대부분의 작업장이 비위생적이며 수많은 어린이와 여성들이 이러한 사업장에서 일하고 있는 실태가 밝혀졌다. 심지어는 세 살 먹은 아이들도 아동노동에 시달리고 있는 것으로 밝혀져 충격을 주었으며, 켈리 여사는 일리노이주 노동청에 요청하여 이러한 사실을 더욱 자세히 밝혀내는 조사를 실시하였다.[41] 이 조사를 통하여 일리노이주에 최초의 공장법이 제정되었다.[42] 그 결과, 부녀의 노동시간은 8시간으로 제한되었고, 14세 이하의 아동고용이 금지되었고, 그 결과 주정부에는 공장감독과를 설치하였다. 켈리 여사는 1893년 7월 일리노이주의 최초 수석감독관이 되어 12명의 직원과 더불어 새로운 공장법을 적극적으로 집행하여 아동노동과 비위생적인 공장환경의 개선에 주력했다. 그러나 1895년에 일리노이주 최고재판소는 부인의 8시간 노동은 주헌법 위반이라고 판결하였고, 새로 선출된 주지사는 켈리 여사를 사임시켰다. 이후, 켈리 여사는 전국소비자연맹의 회장이 되어 근로여성과 아동보호를 위해 적극적인 활동을 계속하였고, 아동노동을 금지하는 법제정 운동은 그 후 노동조합과 각종 여성단체들에 의해 추진되었다. 그 결과 1904년에는 전국 아동취업금지심의회가 조직되었다. 1907년에 이러한 노력의 성과로 미국의 약 2/3주(州)에서 아동노동을 제한하는 새로운 법을 만들거나 기존 법률을 강하시켰다.[43]

1907년에는 연방의회는 부인과 아동근로자의 실태조사를 위해 예산을 배정하였고, 그 조사결과는 19권의 보고서로 출판되어 여론을 크게 환기시켰다. 1907년에 러셀 세이지 기금에서 지원하는 피츠버그 조사도 역시 열악한 아동노동 실태를 파헤쳐 주목을 끌었으며, 그 결과 1912년에는 연방 아동국이 생겨났으며, 각 주에서는 아동노동을 규제하는 새로운 법률을 제정하게 되었다. 1908년에 이르자 연방 대법원은 부인의 10시간 노동시간제를 만든 오레곤 주법(州法)을 지지하는 판결을 내렸다. 이는 브란다이스(Louis D. Brandeis)[44]가 새로운 사회법이론에 입각해서

정리함.

40) 조흠학, 법제사적 의미에서 산업안전보건법의 역할과 지위에 관한 연구, 산업안전보건연구원, 2010, 97면; 박두용, 21세기 노동환경권변화에 따른 산재예방 실효성확보방안에 관한 연구, 산업안전보건연구원, 2003에서 발췌하여 재정리함.

41) 조흠학, 법제사적 의미에서 산업안전보건법의 역할과 지위에 관한 연구, 산업안전보건연구원, 2010, 98면; 박두용, 21세기 노동환경권변화에 따른 산재예방 실효성확보방안에 관한 연구, 산업안전보건연구원, 2003에서 발췌하여 재정리함.

42) 조흠학, 법제사적 의미에서 산업안전보건법의 역할과 지위에 관한 연구, 산업안전보건연구원, 2010, 97면; 박두용, 21세기 노동환경권변화에 따른 산재예방 실효성확보방안에 관한 연구, 산업안전보건연구원, 2003에서 발췌하여 재정리함.

43) 조흠학, 법제사적 의미에서 산업안전보건법의 역할과 지위에 관한 연구, 산업안전보건연구원, 2010, 97면; 박두용, 21세기 노동환경권변화에 따른 산재예방 실효성확보방안에 관한 연구, 산업안전보건연구원, 2003에서 발췌하여 재정리함.

44) Brandeis, Louis D.(1856～1941); 미국의 법률가, 오레곤주와 일리노이주의 10시간 조동법과 오하이오주의 9시간 노동법, 그리고 캘리포니아주의 8시간 노동법 등 노동자의 기본권 획득을 위해 노력했다. 윌슨 대통령에 의해 유태인으

장시간 노동이 부인의 건강과 가정의 안정을 직접 침해한다는 사실을 미국 연방대법원으로 하여금 납득하도록 하는데 성공한 것이다. 또한 각 주는 시민의 건강과 안전 및 행복을 보호할 책임을 지게 되었다.[45)]

2) 초기의 안전보건 담당 정부조직

19세기 후반부터 20세기 초에 걸쳐 처음에는 일부 주정부가, 그 후에는 연방정부도 노동쟁의의 조정을 위한 정보기관의 설립을 추진했다. 남북전쟁 후 노동조합은 노동자들의 문제를 다룰 정부기관의 설립을 지속적으로 요청하여, 1869년에 매사추세츠주에 최초로 노동통계청이 생겨나게 되었다. 1885년에는 연방내무성 안에 노동청이 창설되었다. 그 후 노동조합은 계속 연방노동부의 설치를 요구하여 1888년에 연방노동성이 생겨났으나 1903년에 다시 상무성과 통합하여 연방노동성 및 상무성이 되었다. 10년 후인 1913년에 '노동자의 복지향상과 근로조건의 개선과 아울러 고용기회의 향상을 위해' 연방 노동부가 분리되었다. 각 주 노동청은 초기에는 근로자의 노동조건을 조사해서 주 입법기관에 건의하는 기관의 역할을 담당했다.[46)]

1911년에는 뉴욕의 한 피복공장에서 화재로 145명의 여공들이 사망하는 사건이 발생함으로써 사회적 비난이 고조되자, 공장조사위원회가 발족되었고, 여러 가지 사업장의 안전조치와 보건상태를 조사하였다. 이 위원회의 위원이었던 사람들 중에는 그 후 뉴욕 주지사가 된 스미스(Alfred E. Smith)와 연방사원의원이 된 와그너(Robert F. Wagner)도 들어 있었다. 이들은 둘 다 그 후에 각종 사회입법에 현저한 업적을 남겼다. 1912년부터 1915년까지 이 위원회는 뉴욕주의 각종 노동법을 개정하는데 성공하였다. 또한 1914년에 미연방 공중보건국이 뉴욕시 피복노동자를 대상으로 실시한 조사를 통하여 이들에게 결핵환자가 많다는 사실도 밝혀냈다. 그 결과 여성 피복노동조합의 조합원들을 위한 보건진료소가 설치되어, 오늘날 사업장내 의료실과 같은 모델이 되었다.

매사추세츠주 보건부가 직업병에 관여하기 시작한 것은 1930년대 초부터였다. 그 후 1935년의 사회보장법과 제2차 대전은 산업보건에 관한 관심과 활동을 증가시켰다. 주정부에 대한 보조금에 의해 산업보건과가 주 보건부마다 생겨나게 되었다. 1940년에는 약 1/4의 주 보건부가 산업보건활동을 하지 않았으나 1951년에 이르자 모든 주의 보건부가 산업보건활동에 관여하게 되었다.[47)]

로서는 최초로 연방대법원 판사로 임명되었다(1916～1939).

45) 조흠학, 법제사적 의미에서 산업안전보건법의 역할과 지위에 관한 연구, 산업안전보건연구원, 2010, 97면; 박두용, 21세기 노동환경권변화에 따른 산재예방 실효성확보방안에 관한 연구, 산업안전보건연구원, 2003에서 발췌하여 재정리함.

46) 조흠학, 법제사적 의미에서 산업안전보건법의 역할과 지위에 관한 연구, 산업안전보건연구원, 2010, 98면; 박두용, 21세기 노동환경권변화에 따른 산재예방 실효성확보방안에 관한 연구, 산업안전보건연구원, 2003에서 발췌하여 재정리함.

47) 조흠학, 법제사적 의미에서 산업안전보건법의 역할과 지위에 관한 연구, 산업안전보건연구원, 2010, 99면; 박두용, 21세기 노동환경권변화에 따른 산재예방 실효성확보방안에 관한 연구, 산업안전보건연구원, 2003에서 발췌하여 재정리함.

그 외가 산업안전에 관한 관리는 19세기 이전까지 미국에서 체계적인 산업안전관리는 이루어지지 않은 것으로 보인다.[48] 20세기에 들어서 비로소 대기업을 중심으로 산업안전관리가 시작되었는데 1912년 철강 전기공학자협회(Association of Iron and Steel Electrical Engineers)의 주관으로 위스콘신주 밀위키에서 '연합안전학회(Cooperative Safety Congress)'를 연 것이 과학적 안전관리의 시발이었다. 이 조직은 이후 전미안전협회(National Safety Council, NSC)로 발전하였다. 1900년대 초의 활발한 민간단체의 활동이 시작되면서 1920년대 들어서 각종 아전기준(Safety standards)과 기술수준(safety codes)이 개발되기 시작하였다. 안전기준과 안전기술기준을 제정하기 위한 최초의 조직으로 미국공학기준위원회(American Engineering Standards Committee, AESC)가 발족되어 다양한 안전기준과 안전기술기준을 제정하였다. 이러한 기준과 코드는 곧 미국 국립표준국(National Bureau of Standards)에서 채택함으로써 미국의 민간 기준이 국가의 표준으로 채택되는 전통이 싹트기 시작하였다. 1920년대 후반에는 AECS는 미국 표준연합회(American Standards Association, ASA)로 발전하였고 이것이 현재 미국국립표준연구소(American National Standards Institute, ANSI)의 모태가 되었다.[49]

한편 1940년대 Manhattan Project라는 계획 하에 핵에너지의 개발을 본격화하기 시작하였다. Manhattan Project는 원자핵에너지위원회(Atomic Energy Commission)로 발전하였고 이 조직은 현재의 핵규제위원회(Nuclear Regulatory Commission)가 되었다. 핵에너지의 개발과 함께 근로자와 국민의 안전문제가 국가적인 차원에서 신각하게 받아들여졌고 여러 가지 안전규제와 규칙을 제정하였다. 이러한 안전기준과 규칙은 'Agreement State'라는 각 주(州)간 합의형태로 통과되었고, 이러한 경험은 후일 연방 안전보건법을 만드는 토양이 되었다고 볼 수 있다.[50]

3) 산업보건에 관한 사업장관리

사업장 안전보건과 직접 관련된 법으로는 매사추세츠주에서 1852년에 증기기관의 안전장치, 방직공장의 먼지제거, 공장의 조명, 냉난방 및 환기 등 노동조건을 규제하는 일련의 법률이 제정된 것이 시초이다. 1888년에는 공장의 일반환경에 대한 감시제도도 확립되었으나 그 실효성에 대해서는 잘 알려져 있지 않다.[51]

48) HooverR.L, HancockR.L, HyltonK.L, DickersonO.B, HarriesG.E : History and Organization in Health, Safety and Environmental Control Chap. 1., Van Nostrand Reinhold, 1989. P.2.

49) 조흠학, 법제사적 의미에서 산업안전보건법의 역할과 지위에 관한 연구, 산업안전보건연구원, 2010, 99면; 박두용, 21세기 노동환경권변화에 따른 산재예방 실효성확보방안에 관한 연구, 산업안전보건연구원, 2003에서 발췌하여 재정리함.

50) 조흠학, 법제사적 의미에서 산업안전보건법의 역할과 지위에 관한 연구, 산업안전보건연구원, 2010, 99면; 박두용, 21세기 노동환경권변화에 따른 산재예방 실효성확보방안에 관한 연구, 산업안전보건연구원, 2003에서 발췌하여 재정리함.

51) 조흠학, 법제사적 의미에서 산업안전보건법의 역할과 지위에 관한 연구, 산업안전보건연구원, 2010, 99면; 박두용, 21세기 노동환경권변화에 따른 산재예방 실효성확보방안에 관한 연구, 산업안전보건연구원, 2003에서 발췌하여 재정리함.

19세기 이전에는 미국에서 산업보건과 관련된 연구를 찾아보기 어렵다. 물론 일부 학자들은 특정 직업에 따른 특정 질병의 위험이 있다는 사실을 알고 있었다고 한다. 예를 들어, 플랭클린(Benjamin Franklin)[52]은 식자공이나 납을 다루는 직공 중에 납중독이 자주 생긴다는 사실을 알고 있었다. 19세기에 접어들자 저자가 불분명한 「저술생화자의 질병」(1883)이라는 책이 출판되었다. 또한 1837년에는 뉴욕 주의사회로부터 수상논문으로 선정된 「질병발생에 각종 직업이 미치는 영향」이 발표되어 도시화와 산업화에 따른 건강상 문제점이 제시되었다. 1837년부터 1870년대에 발표된 많은 논문과 저서를 통해 산업보건에 관한 관심이 점차 늘어났음을 엿볼 수 있다. 그 중에는 존슨[53]의 「화공(畵工)의 복통(腹痛)」(1847～1848)이 있고, 가드나[54]의 「재봉기계의 위생」(1860), 와야만[55]의 「먼지에 관한 조사」(1862), 목공수(carpenter)의 「건강과 생명에 대한 채탄(採炭)의 영향」(1869), 그리고 워커[56]의 「대중의 직업」(1860) 등이 있다. 또한 캘리포니아와 네바다주의 광산이 많이 생겨나자 광산의 노동위생에 관한 각종 연구도 나타나기 시작했다. 이러한 문제뿐만 아니라 노동위생 전반에 걸친 각종 연구결과가 1880년대 이후 꾸준히 증가되기 시작했다. 그러나 이러한 관심은 일부학자의 관심과 연구대상의 수준에 머물렀으며, 정부의 개입이나 사회정책이 마련되지는 않았다.[57]

미국에서 산업보건분야에 관심을 나타내기 시작한 것은 근래의 일이다. 약 70～80년 전까지만 해도 산업보건이나 산업의학은 매우 생소한 분야였다. 이 당시의 아동노동의 건강보호에 노력했던 보건전문가들로부터 이러한 문제점이 제기되기도 하였다. 당시의 납중독에 관한 보건부분의 전문가인 해밀턴[58]의 자서전을 보면 이 당시의 상황을 잘 나타내고 있으며, 1910년에 브뤼셀에서 개최된 국제산업보건대회와 직업병회의에 참석했을 때 미국의 산업보건분야의 취약성을 구체적으로 이야기하기도 하였다. 그 외에도 당시의 벨기에 정부 노동국의 길버트(Dr. Gilbert)는 본 회의에서 "주지하는 바와 같이 미국에는 아직 산업보건사업은 없다"고 주장하기도 하였다는 것이다.[59]

공장의 유해물질이나 위험한 노동조건에 때문에 생겨나는 건강문제가 인식되기 시작한 것은

52) Franklin, Benjamin(1706～1790년) : 미국의 정치가, 저술가, 과학자로서 독립전쟁의 지도자. 미국독립 선언문을 기초하였다.

53) Johnson, Joseph(1776～1862년) : 미국 칼스타운의 의사

54) Gardner, Charles Kitchel(1787～1869년) : 미국의 군인이며 저널리스트로서 1808년에 의학교육을 마친 후 군대에 들어가 활약했다.

55) Wyman, Jeffries(1814～1874) : 미국의 해부학자로서 하버드대학의 교수가 되었다.

56) Walker, Mary Edwards(1832～1909년) : 미국의 여권운동가이며 남북전쟁 당시에는 간호원으로 참전했다.

57) 조흠학, 법제사적 의미에서 산업안전보건법의 역할과 지위에 관한 연구, 산업안전보건연구원, 2010, 100면; 박두용, 21세기 노동환경권변화에 따른 산재예방 실효성확보방안에 관한 연구, 산업안전보건연구원, 2003에서 발췌하여 재정리함.

58) Hamilton, Alice(1868～1970) : 미국의 여의사로 미국 산업보건의 선구자, 납중독을 연구로 많은 사람들의 관심을 집중시켰다.

59) 조흠학, 법제사적 의미에서 산업안전보건법의 역할과 지위에 관한 연구, 산업안전보건연구원, 2010, 100면; 박두용, 21세기 노동환경권변화에 따른 산재예방 실효성확보방안에 관한 연구, 산업안전보건연구원, 2003에서 발췌하여 재정리함.

1910년 이후부터이며, 안전보건 예방과 산재를 제거하기 위한 조치들이 하나 둘씩 생겨나게 되었다. 일부 노동조합과 사회지도자, 법률가 그리고 의사들의 협력에 의해 산업안전보건문제를 개선하려는 움직임도 나타나기 시작하였다. 근로자의 건강문제가 단지 근로자뿐만 아니라 사회 전체에 매우 중요한 관계가 있다는 사실도 서서히 인식되기 시작하였고, 또한 좋지 않은 취업조건은 근로자의 건강에 좋지 않은 영향을 끼쳐 사회전체에 부담을 주기 쉽다는 사실도 알려졌다. 따라서 1910년부터 1920년대를 거치는 동안 산업보건에 대한 학문적 활동이 나타나기 시작하였고 법제도의 도입도 추진되기 시작하였다. 미국의 산업안전보건은 영국이나 독일에 비해 시기적으로 상당히 뒤늦게 시작되었으며, 유럽의 경험에 의해 크게 영향을 받기 시작하였다.[60)]

1910년에 직업병에 관한 전국회의가 시카고에서 개최되었으며, 연방 광산청이 창설되고 최초의 직업병 상담소가 톰슨[61)]의 주선으로 뉴욕의 코넬대학 의학부에 설치되었다. 또한 해밀턴(Alice Hamilton)이 납중독에 관한 조사보고서를 발표했으며, 앤드류(John B. Andrews)가 성냥공장의 황린 중독에 관한 연구결과를 발표하여 연방노동청은 산업중독에 관한 교육책자를 발행하기도 했다.[62)]

직업병에 대한 일반인의 관심이나 여론은 20세기 이후 더욱 강력하게 되었다. 미국은 유럽이나 영국으로부터 영향도 받았으나 19세기 말부터 점차 미국 내에서도 직업병에 관한 관심이 증대되기 시작하였다. 1896년에는 산업보건에 관한 특집이 미국 공중보건협회 잡지에 연재된 바 있다. 1902년에 이르사 조지디운 의학부 법의학 교수였던 코버(George M. Kober, 1850∼1931)[63)]는 주 노동국의 요청에 의해 그의 제자로 하여금 납·도료 등 각종 생산품의 제조과정과 환경을 조사하도록 하며 1903년 1원에 그 결과를 발표하였다. 산업보건이 보건부의 관장사항이 된 최초의 주는 매시추세츠주였다. 1905년 매사추세츠주의 보건부는 노동자의 건강과 안전에 미치는 작업조건에 관해 보고서를 발간하였다. 이 보고서에 보건감독관을 임명하고 공장과 작업장에 대한 정부의 감시활동도 강화시키도록 건의되었다. 또한 1907년에 해슨(W.L. Hanson)은 먼지가 많은 사업장에서의 근로자 건강위험을 강조한 보고서를 발표하였고, 1907년부터 많은 대중잡지도 산업보건운동에 지면을 제공하기 시작했다. 먼세이즈 잡지(Munsey's Magazine)는 '어떠한 노동조건에 산업중독이 생겨나는가'란 제목 아래 하드(William Hard)의 기사를 연재했다.[64)]

60) 조흠학, 법제사적 의미에서 산업안전보건법의 역할과 지위에 관한 연구, 산업안전보건연구원, 2010, 101면; 박두용, 21세기 노동환경권변화에 따른 산재예방 실효성확보방안에 관한 연구, 산업안전보건연구원, 2003에서 발췌하여 재정리함.

61) Thompson, William Gilman(1850∼1927) : 미국 산업보건의 선구자였으며, 뉴욕주 노동부 위생과장을 역임하고 코넬대학 의학부에서 직업병상담소를 개설했다.

62) 조흠학, 법제사적 의미에서 산업안전보건법의 역할과 지위에 관한 연구, 산업안전보건연구원, 2010, 101면; 박두용, 21세기 노동환경권변화에 따른 산재예방 실효성확보방안에 관한 연구, 산업안전보건연구원, 2003에서 발췌하여 재정리함.

63) Kober, George M.(1850∼1931) : 의과대학에서 산업의학에 관한 강의를 시작해서 이 분야에 대한 관심을 환기시켰으며 여러 중요한 교과서도 썼다.

64) 조흠학, 법제사적 의미에서 산업안전보건법의 역할과 지위에 관한 연구, 산업안전보건연구원, 2010, 102면; 박두용, 21세기 노동환경권변화에 따른 산재예방 실효성확보방안에 관한 연구, 산업안전보건연구원, 2003에서 발췌하여 재

1908년에는 루즈벨트 대통령의 요청으로 코버(Kober)는 각종 사업장이 건강에 미치는 위험과 아울러 그 해결을 위한 법적 조치를 건의한 포괄적 보고서를 제출했다. 또한 1908년에는 호프만(Frederick L. Hoffmann)의 「분진이 많은 산업장 근로자의 폐병으로 인한 사망」이 발표되어 노동관계 입법뿐만 아니라 결핵관리 운동에도 커다란 영향을 끼쳤다. 그 후 각 산업장의 분진을 제거하기 위한 규제조항이 공장법에 삽입되었다. 1908년에는 영국의 유명한 산업보건학자 올리버(Thomas Oliver)의 「직업병」이 출판되어 많은 사람들에게 영향을 주었다. 1908년에는 일리노이주가 직업병위원회를 설치하고 1910년부터 활동을 개시했다. 한편, 예일대학의 경제학자 피셔[65]는 1909년에 「국민의 생명력 - 그 낭비와 보전에 관한 보고」를 발표해서 많은 사람들의 관심을 끌었다. 그는 마땅히 노동자를 질병으로부터 보호해서 귀중한 인력자원 보존에 힘써야 한다고 정부에 호소했다. 미국 노동법협회가 최초로 직업병에 관한 전국 회의를 1910년에 개최하여 직업병 예방을 위한 법제화운동이 시작되었다. 그로부터 2년 후에 열린 2차 회의는 애틀란틱시에서 미국 의사회와 공동으로 개최되었다. 직업병에 관심을 가진 여러 전문가들과 경제계 대표들이 모여 법제화운동을 계속했다.[66]

이 외에도 1910년에 성냥제조 공장의 황린중독에 관한 앤드류(John B. Andrews)의 연구가 발표되었고, 이에 따라 새롭게 생겨난 법률에 의해 1912년부터 황린 성냥에는 고액의 세금을 부과시켜 더 이상 제조할 수 없도록 하였다. 1910년에 발족된 일리노이주 직업병위원회는 1911년에 해밀턴의 주도 아래 도자기 노동자와 페인트 공의 납중독에 관한 선구적인 연구가 포함된 매우 중요한 보고서를 제출했다. 1909년에 「미합중국의 부인과 아동근로자의 실태에 관한 상원보고서」가 발표되어 부인과 아동근로자에게 질병을 일으키기 쉬운 직물이나 의복 등의 사업장 실태가 보고되었다. 이 보고서에 따라 산업중독보다는 각종 기계나 먼지, 지나치게 긴 노동시간, 환기불량 등 좋지 않은 근로조건 때문에 많은 노동자들이 질병에 걸리게 된다는 사실이 알려지기 시작하였다. 1910년 9월에는 뉴욕의 피복업 합동위생협의회가 피복공장의 위생실태를 조사하기 시작했다. 이 조사는 미국에서 사용자와 노동조합이 보건분야에 대한 근로조건 설정을 위해 실시한 최초의 조사였다.[67]

이러한 조사 결과의 문제점에도 불구하고 전반적으로 사업장의 안전보건 상태는 열악하여 근로자의 건강보호를 위한 많은 운동단체와 조직이 탄생하였다. 1911년 전국 안전평의회가 조직되었고, 1914년에 미연방 공중보건국에 산업위생과가 생겨났으며, 미국 공중보건협회에 산업보건

정리함.

65) Fisher, Irving(1867~1947) : 미국의 경제학자와 통계학자로서 계량경제학의 선구자

66) 조흠학, 법제사적 의미에서 산업안전보건법의 역할과 지위에 관한 연구, 산업안전보건연구원, 2010, 102면; 박두용, 21세기 노동환경권변화에 따른 산재예방 실효성확보방안에 관한 연구, 산업안전보건연구원, 2003에서 발췌하여 재정리함.

67) 조흠학, 법제사적 의미에서 산업안전보건법의 역할과 지위에 관한 연구, 산업안전보건연구원, 2010, 101면; 박두용, 21세기 노동환경권변화에 따른 산재예방 실효성확보방안에 관한 연구, 산업안전보건연구원, 2003에서 발췌하여 재정리함.

부가 독립되었다. 1920년대까지 전국에서 수백 명의 의사들이 계약에 의해 노동자들의 진료를 담당하게 되었다. 일부 의사들은 신체검사도 실시하였다. 1914년 4월에는 이들 산업보건에 관련된 의사들이 산업의협회를 결성했다. 그 후 1916년에는 미국산업의학회가 정식으로 발족되었다. 산업보건문제에 대한 학술활동도 점차 활발해져 갔다. 산업위생학회지(The Journal Industrial Hygiene가 1919년 5월부터 발간되었고, 1930년에는 산업의학(Industrial Medicine)이 창간되었다. 산업보건 발전에 이러한 전문지는 큰 역할을 하여싸. 1926년에 미국 외과의학회는 산업의학위원회를 설치했다. 이 위원회는 산업장의 의료시설에 관한 최저기준을 설정하고 전문의사의 자격기준도 마련했다. 그 후 1937년에 미국 의사회는 산업보건위원회를 만들어 이 분야의 독립적인 훈련을 시작했다.[68)]

4) 근로자 보호 산재보험

산업보건사업은 1910년 이후 노동자들의 산업재해보상운동의 결과로 크게 발전되었다. 미국에서 노동자에 대한 산업재해보상에 관한 관심은 1893년에 발표된 브루크(John Graham Brook)의 독일 사회보험에 관한 보고서에 의해 크게 자극을 받았다. 연방정부는 1908년부터 피사용자에게 재해보상을 해주기 시작했다. 몬태나주는 1909년부터 광부의 재해보상을 해주기 시작했으며, 뉴욕주는 1910년부터 산업재해보상제도를 도입했다. 뉴욕주의 재해보상법은 곧 주고등재판소에 의해 무효로 판정되었으나 산업재해보상제도 발전에 크게 공헌했다.[69)] 1911년에는 10개 주에서 재해보상법이 생겨나고 1917년에 이르자 연방대법원은 이러한 법률들은 합헌이라고 지지하였고, 이후 이러한 재해보상법은 점차 강제적인 성격을 띠게 되었으며, 1932년에는 재해보상법이 없는 주는 4개 주로 줄어들었다. 처음에는 단지 산업재해만을 다루었고 직업병은 제외되었다. 산업재해보상법에 직업병이 포함되기 시작한 것은 1917년 이후의 일이다. 1948년에 이르자 직업병의 보상은 33개 주에서 시장되었다. 결국 이러한 산업재해보상법은 산업보건의 향상을 가져와 재해와 직업병에 따른 비용이 감소되어 사용자에게도 유리한 영향을 주었다. 사용자는 재해로 인한 비용의 부담을 마련하기 위해 보험에 가입하고 보험료는 공장의 재해발생실적과 안전 내지 보건관계시설에 따라 결정되어 재해보상제도는 결과적으로 이러한 재해의 예방의 직업병의 발생 감소에 공헌하게 되었다. 그러나 산업재해보상에는 여러 가지 해결해야 할 문제가 있으며, 주마다 법률이 통일되어 있지 않는 문제점도 존재하고 있다.[70)]

68) 조흠학, 법제사적 의미에서 산업안전보건법의 역할과 지위에 관한 연구, 산업안전보건연구원, 2010, 102면; 박두용, 21세기 노동환경권변화에 따른 산재예방 실효성확보방안에 관한 연구, 산업안전보건연구원, 2003에서 발췌하여 재정리함.

69) 조흠학, 법제사적 의미에서 산업안전보건법의 역할과 지위에 관한 연구, 산업안전보건연구원, 2010, 102면; 박두용, 21세기 노동환경권변화에 따른 산재예방 실효성확보방안에 관한 연구, 산업안전보건연구원, 2003에서 발췌하여 재정리함.

70) 조흠학, 법제사적 의미에서 산업안전보건법의 역할과 지위에 관한 연구, 산업안전보건연구원, 2010, 102면; 박두용, 21세기 노동환경권변화에 따른 산재예방 실효성확보방안에 관한 연구, 산업안전보건연구원, 2003에서 발췌하여 재

(3) 1970년 산업안전보건법의 제정

1960년대 이전까지는 연방차원에서 산업안전보건과 관련이 있는 법령은 The Walsh-Healey Public Contracts Act나 Longshoremen's and Harbor Worker's Compensation Act 같은 몇 개의 법만이 있었을 뿐이었다. 1960년대에 들어서 비로소 산업안전과 관련 법령이 제정되었는데 주요한 것은 다음과 같다.[71]

- The Service Contract Act of 1965
- The National Foundation of Arts and Humanities Act
- The Federal Metal and Nonmetallic Mine Safety Act
- The Federal Coal Mine Health and Safety Act
- The Contract Workers' and Safety Standards Act

1960년대 말부터 주(洲)간 교역에 확대되고 다주간(多洲間) 기업(multi-state corporation)이 생겨남에 따라 주마다 상이한 안전보건규정을 통일화할 필요성이 커지게 되었다. 또한 산업의 발달로 안전보건문제가 심각한 사회문제로 대두되었고, 대중들이 환경문제의 심각성을 인식하기 시작하면서 연방정부 차원에서 산업안전보건법의 제정이 추진되었다. 그리하여 1970년 12월 29일 닉슨대통령에 의해 OHS Act가 공포되었고, 미국은 현재와 같은 산업안전보건 관리체계를 이루게 되었다.

그래서 미국은 1970년 산업안전보건법(OSH Act)이 연방법에서 제정되고, 이에 따라 산업안전보건청(OSHA)이 설립됨으로써 사업장 안전관리 일원화가 이루어진 것으로 평가하고 있다. 미국에서 1970년 연방차원의 산업안전보건법이 제정된 배경에 관해서 OSHA의 공식적인 입장 외에 문헌으로 보고된 것은 많지 않다. 미국의 산업안전보건법이나 행정체계를 역사적 변화에 다른 영향을 중심으로 살펴본다면 행정주체의 난립이나 안전관련 법령의 분산으로 인한 중복규제로 인하여 사업장 관리가 어려웠다고 볼 수는 없다.[72]

1970년 미국 연방법으로서의 산업안전보건법(OSH Act)을 제정한 입법 배경을 정리하여 보면, ① 주(洲)간 교육에 내용과 다른 주(多洲間)의 기업(multi-state corporation) 교육수요의 증가에 따른 주 정부들과의 다른 산업안전보건체계로 주(洲)간 교역의 걸림돌이 되거나 다주간(多洲間) 기업(multi-state corporation)의 불편함이 증대됨에 따라 여러 가지 문제가 나타나게 되었는데,

정리함.

71) 조흠학, 법제사적 의미에서 산업안전보건법의 역할과 지위에 관한 연구, 산업안전보건연구원, 2010, 102면; 박두용, 21세기 노동환경권변화에 따른 산재예방 실효성확보방안에 관한 연구, 산업안전보건연구원, 2003에서 발췌하여 재정리함.

72) 조흠학, 법제사적 의미에서 산업안전보건법의 역할과 지위에 관한 연구, 산업안전보건연구원, 2010, 104면; 박두용, 21세기 노동환경권변화에 따른 산재예방 실효성확보방안에 관한 연구, 산업안전보건연구원, 2003에서 발췌하여 재정리함.

특히 주(洲)간 교역이 확대됨에 따라 주마다 상이한 산업안전보건법규 및 체제로 혼동이 발생하였고 일부 洲에서는 불만을 제기하기도 하였다. 따라서 이에 대한 연방차원에서 기준의 통일화와 표준화 및 안전보건관리의 체계화가 필요하였고, ② 산재율의 증가에 따라 미국에서는 1960년대 이전부터 안전관련 법규가 양산되기는 하였으나 1960년대 후반에 산업재해는 계속 증가하여 체계적인 사회적 개입의 필요성이 높아졌다. 또한 ③ 기존의 개별적 법령에서 일부 근로자의 안전보건관리에 소회되어 있어, 그 동안 기존의 법에서 소외된 근로자에 대한 보호를 위하여 종합적인 산업안전보건 법체제의 정비에 대한 필요성이 증가되었고, ④ 1960년대 말 환경안전보건의 심각성 대두되어 산업안전보건법의 제정을 필요하게 되었다.[73)]

2. 사업장 안전관련 법령 체계

(1) 미국법 체계

1) 영미법(英美法)의 특징

미국법은 일반석으로 영미법이라고 하여 판례법 또는 불문법주의가 가지고 있는 특징을 가지고 있지만 성문법전이 없는 것은 아니다. 특히 세법이나 환경법 등 각종 행정관련 법은 물론이고, 과거에는 법률로 성문화되지 않고 판례만 존재하였던 계약법(Contract Law) 불법행위법(Torts), 재산권법(Property Law), 증여·상속법(Gift & Estate) 등 개인 간의 사적 법률 관계영역까지고 성문화되는 등, 오늘날 미국법은 거의 모든 분야에 걸쳐 성문법선이 존재하여 외견상으로는 불문법주의라는 의미가 무색해 지고 있지만, 불문법의 특징을 가지고 있는 것은 법률의 해석과 적용면에서 불문법주의를 찾아 볼 수 있다. 특히 법률의 해석과 적용에서 있어서는 판례 등을 기준으로 입법적 취지를 구성하는 등 성문법주의와는 다른 특성을 가지고 있다. 성문법주의에서는 법률이 제정되어야 어떤 구체적 사건에 그 법을 적용 할 수 있는 판례가 나오게 된다.[74)] 그러므로 법원에서의 법의 규정을 해석하거나 적용할 때 성문법 자체가 다소 추상적일 수밖에 없기 때문에 상당히 제한적인 입장을 나타낸다. 그래서 법원에서는 판례를 구체화시켜 판단할 수 없기 때문에 법률을 기본 원리로 보고 법률자체는 조문으로서 완전한 것이라고 가정하기 때문에 1차 법원으로 보고 판단한 뒤 판례는 법률을 해석하는데 보조적인 역할을 할 뿐이다[75)].

73) 조흠학, 법제사적 의미에서 산업안전보건법의 역할과 지위에 관한 연구, 산업안전보건연구원, 2010, 106면; 박두용, 21세기 노동환경권변화에 따른 산재예방 실효성확보방안에 관한 연구, 산업안전보건연구원, 2003에서 발췌하여 재정리함.

74) 조흠학, 법제사적 의미에서 산업안전보건법의 역할과 지위에 관한 연구, 산업안전보건연구원, 2010, 109면에서 발췌하여 재정리함.

75) 따라서 법원이 법률의 해석을 지나치게 넓게 한다든지 새로운 분야에까지 법률을 적용하여 기존 법률의 의미를 벗어

그러나 판례법주의에서는 법률의 안전성 보다 일련의 판례들로 구성된 법이론 체계가 성립된 이후에 그러한 판례를 정리하여 필요한 법률이 제정되어진다. 따라서 법원(法院)은 성문법전에 종속되지 않고, 법원(法院)이 법률을 해석하고 구체적 사건에 적용한다는 점에서는 같으나 불문법전은 수많은 판례에서 귀납적으로 도출된 것이므로 구체적 사건에서는 관련된 판례로 보충해야만 완전해진다고 본다.[76] 그러나 판례는 성문법상의 의미와 상당히 다르게 해석되어 사실상 새로운 입법작용을 하는 경우에 발생 할 수 있다. 이러한 불문법의 전통은 행정 관련법에도 적용되어진다. 지금까지의 대부분의 행정법은 판례로부터 성립된 것이 아니고 의회에서 제정된 제정법이지만 법의 해석과 적용에 있어서는 불문법의 전통이 적용된다. 즉, 법률이나 하위의 명령·규칙이 제정되어도 이러한 의미에서 불문법은 기본적으로 불완전하기 때문에 법원이 판례로서 그 부족한 부분을 보충함으로서 완전해진다는 논리가 지배적이다. 그래서 이러한 법률의 보충적 작용은 실제 많은 경우에 사실상 불문법주의에서 입법의 기능을 하고 있으며, 이러한 것이 미국법의 특성 중의 하나이다.[77]

50개 주(洲)로 구성된 미국의 연방정부는 각 주(洲)에 각각 고유한 법률 체계와 입법, 사법, 행정조직이 있다. 그러나 1970년 제정된 산업안전보건법(OSH Act)은 연방법으로 제정되었고, 시행령(CFR)이 제정되어 연방정부의 권한이 확대되었지만, 여전히 상당수의 주에서는 각자 고유한 산업안전관련법과 주의 시행령이 있다. 물론 이러한 주법은 각 주마다 조금씩 차이가 있다.

2) 미국법의 체계구조

미국은 연방헌법, 연방법률(statute), 행정부령(regulation)이나 대통령령(executive order) 그리고 각 주의 헌법, 법률(statute), 행정부령(regulation)이나 주지사령 그리고 지방자치단체인 시나 Village Town 등의 조례(ordinance)나 규칙(regulation) 등으로 구성되어 있다. 이를 체계적으로 살펴보면 다음과 같다.[78]

- 국가의 최고의 제정법인 미합중국헌법
- 연방법률과 동등한 효력을 지니나 헌법보다는 하위에 위치하는 조약
- 미의회가 제정한 연방법률
- 대통령이 연방헌법에 따라 명할 수 있는 연방행정명령

나는 판결을 하였을 경우에는 상급법원에서 번복되기 마련이다.

76) 조흠학, 법제사적 의미에서 산업안전보건법의 역할과 지위에 관한 연구, 산업안전보건연구원, 2010, 109면; 세계 각국의 산업안전보건법 형사처벌제도와 처벌사례 연구, 산업안전보건연구원, 2009에서 발췌하여 재정리함.

77) 조흠학, 법제사적 의미에서 산업안전보건법의 역할과 지위에 관한 연구, 산업안전보건연구원, 2010, 109면; 세계 각국의 산업안전보건법 형사처벌제도와 처벌사례 연구, 산업안전보건연구원, 2009에서 발췌하여 재정리함.

78) 조흠학, 법제사적 의미에서 산업안전보건법의 역할과 지위에 관한 연구, 산업안전보건연구원, 2010, 109면; 세계 각국의 산업안전보건법 형사처벌제도와 처벌사례 연구, 산업안전보건연구원, 2009; 박두용, 21세기 노동환경권변화에 따른 산재예방 실효성확보방안에 관한 연구, 산업안전보건연구원, 2003에서 발췌하여 재정리함.

- 연방행정부가 연방의회가 위임한 범위 안에서 제정하는 행정(명령)규칙
- 주(州)에서는 최고의 법인 주헌법(洲憲法)[79]
- 주의회가 제정하는 주법률(洲法律)[80]
- 지방자치단체가 제정하는 조례와 규칙

1970년에 제정된 산업안전보건법(OSH Act)은 미의회가 제정한 연방법률이며, 이 법의 하위 규정인 시행령(CFR)은 연방의회가 위임한 범위 안에서 연방정부가 제정한 행정규칙이다. 각 주에서는 주 의회가 정하는 주의 법률로써 주의 산업안전보건법을 둘 수 있고, 그에 따른 행정명령이나 규칙을 제정할 수 있다. 각 주의 산업안전보건 법규는 연방법규에 저촉되지 않도록 하는 범위에서 제정이 가능하다. 따라서 주의 산업안전보건법규는 연방법으로 정한 산업안전보건법규보다 적용범위를 넓히거나 강화하는 것은 가능하다. 실제로 캘리포니아주와 같이 일부 주에서는 연방법보다 강화된 주의 산업안전보건법을 가지고 있다.[81]

(2) 미국의 산업안전보건법 체계

1) 산업안전보건법(OSH Act, 1970)

① 산업안전보건법 구성

미국의 OSH Act는 산업재해와 직업병 예방을 『기준(Regulation)』, 『연구(Research)』, 『교육(Education)』의 3가지 핵심과제를 통해 해결하는데 중점을 두고 제정되었으며, OSH Act의 내용은 이의 실현을 위한 다음 5가지 목적으로 요약되고 있으며 이것은 안전, 보건기준 제정, 안전보건기준 집행수단 마련, 연구 및 통계 활동강화, 주(State)의 안전보건활동 강화, 사업주, 근로자 및 안전보건 관계자 등에 대한 교육방안 마련 등을 기준으로 하고 있다. 이러한 5가지의 원칙을 기준으로 OSH Act의 전문 34개 조항은 다음과 같이 분류할 수 있다.[82]

ⅰ) 총칙조항으로 총칙, 의회의 조사결과 및 목적(제2조), 용어 정의(제3조), 법의 적용(제4조), 사업주 및 근로자의 의무(제5조)를 기준으로 정하고 있다.

79) 연방헌법, 조약, 연방법률에 대해서는 하위에 위치하나 당해 주에서 최고의 위치
80) 연방헌법과 주헌법에 저촉되지 아니하는 범위 안에서 제정된다.
81) 조흠학, 법제사적 의미에서 산업안전보건법의 역할과 지위에 관한 연구, 산업안전보건연구원, 2010, 110면; 세계 각국의 산업안전보건법 형사처벌제도와 처벌사례 연구, 산업안전보건연구원, 2009; 박두용, 21세기 노동환경권변화에 따른 산재예방 실효성확보방안에 관한 연구, 산업안전보건연구원, 2003에서 발췌하여 재정리함.
82) 조흠학, 법제사적 의미에서 산업안전보건법의 역할과 지위에 관한 연구, 산업안전보건연구원, 2010, 111면; 세계 각국의 산업안전보건법 형사처벌제도와 처벌사례 연구, 산업안전보건연구원, 2009; 박두용, 21세기 노동환경권변화에 따른 산재예방 실효성확보방안에 관한 연구, 산업안전보건연구원, 2003에서 발췌하여 재정리함.

ii) 안전보건기준 관련 조항에는 산업안전보건기준(제6조), 자문위원회(제7조) 등을 두고 있다.

iii) 안전보건기준 집행수단 관련 조항 속에는 점검·재해조사 및 기록유지(제8조), 위반(제9조), 이의신청의 심의(제10조), 법원의 심의(제11조), 산업안전보건 심의위원회(제12조), 긴박한 위험에의 대응절차(제13조), 민사소송에서의 대리인(제14조), 업무상 비밀유지(제15조), 법 적용의 예외(제16조), 벌칙(제17조) 등을 두고 있다.

iv) 주(State)의 안전보건활동 강화내용 속에는 주의 관할권 및 안전보건계획(제18조), 주에 대한 보조금(제23조), 감사(제25조) 등이 있다.

v) 연구 및 통계관련은 연구활동(제20조), 국립산업안전보건연구원(NIOSH)(제22조), 통계(제24조) 등이 있고,

vi) 사업주, 근로자, 안전보건 관계자 등의 교육에 관한 근로자의 교육·훈련(제21조) 등도 포함되어 있다.

vii) 기타내용으로는 연방정부의 산업안전보건 계획과 책임(제19조), 연차보고서(제26조), 주(State) 산업재해보상보험법 관련 연방위원회(제27조), 소규모 기업에 대한 경제적 지원(제28조), OSHA 청장 관련 사항(제29조), 기타 직위(제30조), 비상 위치표시(제31조), 조항의 분리적용(제32조), 예산승인(제33조), 시행일(제34조) 관한 내용으로 구성되어 있다.

② 산업안전보건법 적용범위

법의 적용범위를 보면 OSH Act는 원칙적으로 미국 전체 56개 지역(50개주, 콜롬비아 자치구, 푸에토리코, 버진군도, 미령 사모아, 괌 및 태평양군도 신탁지역) 내에 있는 모든 사업장에 적용되나 자영업자(self-employed person), 가족농업(family employed farm), 타법의 적용을 받고 있는 사업장[83], 주정부 및 지방자치기관[84]은 제외되도록 하고 있으며, 법 제18조의 규정에 의해 각 주는 연방기준과 동일수준 이상의 자체적인 산업안전보건규정(State Plan)을 제정·시행토록 하고 있으며, 이 경우 반드시 주정부 및 지방자치기관 공무원들을 동 규정의 적용범위에 포함시켜야 적용하도록 하는 것으로 범위를 규정하고 있다[85].

83) 연방광산안전보건법, 원자력법, 석탄광업안전보건법, 비금속안전법, 고기류 포장, 철도, 항공, 수로운송 등의 적용을 받는 사업장

84) 주정부 및 지방자치기관은 법의 정의에 따라 사업주(employer)의 범위에 들어가지 않으므로 공무원들은 적용대상에서 제외

85) State Plan : OSHA(산업안전보건청)는 산업안전보건법 제18조에 따라 미국 내에서 산업안전보건법의 적용을 받는 주(州)가 자체적인 산업안전보건규정을 제정·시행토록 권고하고 있으며, 현재 26개 주가 자체적인 산업안전보건규정을 제정하여 시행하고 있다.; 조흠학, 법제사적 의미에서 산업안전보건법의 역할과 지위에 관한 연구, 산업안전보건연구원, 2010, 111면; 세계 각국의 산업안전보건법 형사처벌제도와 처벌사례 연구, 산업안전보건연구원, 2009; 박두용, 21세기 노동환경권변화에 따른 산재예방 실효성확보방안에 관한 연구, 산업안전보건연구원, 2003에서 발췌하

2) 사업주의 책임과 권리

① 사업주의 책임

미국 산업안전보건법에 있어서 사업주의 책임을 정리하여 보면 법에 의한 기준, 규칙, 규정을 준수하고 사망 혹은 근로자에게 위험을 줄 수 있는 알려진 위험으로부터 안전한 작업 장소를 제공해야 하며(General Duties), OSHA기준을 보유, 요청 시 근로자에게 해당기준 등 제공하고, OSHA에 관한 정보를 근로자에게 제공, 적용기준을 지킬 수 있도록 작업환경을 측정, 위험을 최소화 혹은 제거, 개인보호구를 포함하여 장비 및 공구를 근로자들이 안전하게 사용하도록 교육하고 잘 유지하고 관리해야 하는 의무 및 책임을 부과하고 있다. 사업장내에서 사업주의 책임은 잠재위험을 경고하기 위한 색깔, 포스터, 표지 등을 부착하거나 근로자가 최신 안전보건준수사항을 지킬 수 있도록 절차, 전파방법 등을 강구하도록 되어있다. 그리고 근로자의 건강보호를 위하여 OSHA기준을 준수하도록 하는 책임을 부고하고 있는데 그 내용으로는 건강진단 기회를 부여, 사망재해, 3인 이상의 병원치료를 요하는 재해가 발생할 경우 8시간 이내에 OSHA에 보고와 OSHA가 요구한 산업재해, 직업병, 기록 보존, OSHA log 200양식의 마지막 장을 2월 한 달 동안 게시하도록 하는[86] 규정이 있다.[87]

사업장내에서 근로자에게 고지하여야 할 규정으로 OSHA 2203포스터(근로자의 권리와 책임)를 눈에 잘 띄는 장소에 부착할 것과 근로자, 근로자대표, 전직 근로자들에게 적당한 시간, 방법에 의해 산업재해, 직업병(OSHA log 200)의 요약사항을 알려줄 것, OSHA감독(Compliance Inspection)시 함께 동행 할 근로자 대표의 이름을 감독관에게 알려주어야 하고, 법에 의한 근로자 권리행사를 할 경우 차별, 부당한 대우를 하지 말 것을 규정하고 있다[88].

② 사업주의 권리

산업안전보건법 속에는 사업주가 안전한 사업장을 만들어야 할 의무 외에 사업주의 권리도 주어지고 있다. 그 내용을 살펴보면 관할 소속 OSHA 지방사무소에 서류, 전화, 직접 방문에 의해 조언과 작업장 밖 자문(Off-site Consultation)을 구할 수 있는 권리가 있으며, 직무안전보건을 위해 관계 단체에 참여할 권리, 감독 전에 OSHA 감독관에게 신분증을 요

여 재정리함.

86) 이 규정은 11인 이상 근로자 고용 사업장만 적용한다.

87) 조흠학, 법제사적 의미에서 산업안전보건법의 역할과 지위에 관한 연구, 산업안전보건연구원, 2010, 111면; 세계 각국의 산업안전보건법 형사처벌제도와 처벌사례 연구, 산업안전보건연구원, 2009; 박두용, 21세기 노동환경권변화에 따른 산재예방 실효성확보방안에 관한 연구, 산업안전보건연구원, 2003에서 발췌하여 재정리함.

88) OSHA기준의 위반 시 이에 관련된 작업장에 3일간 부착하든지 위반사항이 개선될 때까지 부착할 것과 규정된 시간 안에 위반사항을 개선할 것 등의 책임이 있다.

구할 수 있으며, 감독에 대한 이유를 감독관에게 질문할 수 있는 권리와 시작회의, 강평을 감독관과 함께 참여, 토의할 수 있도록 하고 있다.[89)]

이외에 행정관청에 행정명령, 벌금부과를 받은 후 15일 안에 OSHA 지방사무소장에게 이의신청을 할 수 있는 권리와 OSHA에 규정된 시간 안에 필요한 개선을 위한 재료, 장비, 인원의 미확보로 인하여 법을 지킬 수 없을 경우 임시 대안(Temporary Variance)의 승인을 요구할 수 있는 권리와 근로자 보호가 OSHA기준 이상으로 유효함을 증명할 경우 영구적 대안(Permanent Variance)의 승인을 요구할 수 있는 권리 등이 주어지고 있다.

이외에 사업주가 공공기관에 참여하여 산업안전보건의 안전기준 마련을 위하여 OSHA기준 자문위원회에 참여 할 수 있는 권리와 청문회에 의견제출 및 기준수립과 관련하여 전문단체의 참여로 안전보건 기준제정에 적극적으로 의사를 반영할 수 있도록 하고 있다. 그리고 OSHA 감독관에 의해 관철된 사업의 비밀을 보장받을 수 있도록 하고 있으며, NIOSH에 사업장 사용물질의 독성유무를 질의할 수 있는 권리를 두어 사업장의 안전보건예방 조치를 다하도록 하고 있다.[90)]

3) 근로자의 권리보호

① 근로자 권리

미국에서 산업안전보건법상 근로자 권리를 보면 OSHA에는 우리나라 산업안전보건법처럼 근로자의 책임위반에 대한 벌칙은 없지만 모든 근로자들은 반드시 법의 모든 기준, 규정 등을 따라야 하도록 하고 있다.[91)]

근로자의 책임을 살펴보면 OSHA 포스터를 작업장에서 읽을 것, OSHA 기준을 준수할 것, 사업주가 제정한 안전보건 규정을 준수하고 보호 장비를 착용, 사용할 것, 관리자에게 위험조건을 보고할 것, 산업재해, 직업병이 발생한 경우 즉시 사업주에게 보호를 요청하고 치료를 받을 것, OSHA 감독 시 감독관이 근로자에게 작업장의 안전보건에 관하여 질문을 하면 감독관에게 협조할 것, 적당한 방법에 의해 근로자 권리를 행사할 것 등의 규정의 준수에 관한 권리가 있다.

이외에 근로자의 사업장에서 안전보건예방을 위한 적극적 참여가 이루어질 수 있는 권리

89) 조흠학, 법제사적 의미에서 산업안전보건법의 역할과 지위에 관한 연구, 산업안전보건연구원, 2010, 112면; 세계 각국의 산업안전보건법 형사처벌제도와 처벌사례 연구, 산업안전보건연구원, 2009; 박두용, 21세기 노동환경권변화에 따른 산재예방 실효성확보방안에 관한 연구, 산업안전보건연구원, 2003에서 발췌하여 재정리함.

90) 조흠학, 법제사적 의미에서 산업안전보건법의 역할과 지위에 관한 연구, 산업안전보건연구원, 2010, 112면; 세계 각국의 산업안전보건법 형사처벌제도와 처벌사례 연구, 산업안전보건연구원, 2009; 박두용, 21세기 노동환경권변화에 따른 산재예방 실효성확보방안에 관한 연구, 산업안전보건연구원, 2003에서 발췌하여 재정리함.

91) 조흠학, 법제사적 의미에서 산업안전보건법의 역할과 지위에 관한 연구, 산업안전보건연구원, 2010, 112면; 세계 각국의 산업안전보건법 형사처벌제도와 처벌사례 연구, 산업안전보건연구원, 2009; 박두용, 21세기 노동환경권변화에 따른 산재예방 실효성확보방안에 관한 연구, 산업안전보건연구원, 2003에서 발췌하여 재정리함.

로 직무안전보건에 관해 사업주, 노조, 기타 정부단체에 진정할 수 있는 권리, 안전보건 불만처리에 관한 서류보존을 요구권, 안전보건에 관련하여 안전보건위원회, 노조활동에 참여권, OSHA 감독 시 시작회의, 강평, 청문회, OSHA에 관련된 활동에 참여권 등이 있다[92]. 또한 사업장 안전규칙에 관한 열람권이 있어 사업주가 제공한 OSHA기준, 규칙 등 열람권과 근로자가 재해와 관련, 독성물질에 노출될 경우 지켜야 할 규칙, 주의사항, 안전보건 위험성에 관한 자료를 사업주에게 요청권이 있다. 또한 근로자가 해당 작업장에 위험한 작업조건 혹은 기준의 위반이라고 믿을 경우 OSHA감독권 행사를 OSHA지방사무소에게 진정할 수 있는 진정권[93] 등이 있다.[94]

이외에 정보 참여에 관하여 NIOSH에 해당 작업장에서 사용하는 농도에서 독성효과에 관한 정보를 서면으로 요구할 수 있고, 익명으로도 가능, 행정명령을 받은 후 15일 안에 OSHA지방사무소에 사업주에게 발급된 개선 명령기간에 대한 이의신청을 할 수 있고, 사업주가 OSHA에 대안을 신청할 경우 답변을 받을 권리가 있으며, OSHA기준을 개정, 취소 제청할 경우 OSHA에 의견을 제출할 수 있고 청문회를 요구할 수 있는 권리가 주어지고 있다.[95]

② 미국노사관계법상의 위험근로거부권

미국 산업안전보건법에 근로자의 안전보건에 관한 권리 외에 노사관계법상에도 위험근로에 대한 근로자의 거부권이 주어지고 있다. 그 내용을 살펴보면[96]

첫째, 미국의 전국노사관계법(National Labor Relation Act) Section 7은 단체교섭이나 기타 상호원조나 보호목적으로 단체행동을 할 권리(the right to engage in concerted activities for the purpose of collective bargaining or other mutual aid or protection)를 보장하

92) 근로자는 안전보건권리행사로 인해 불리한 대우를 받았을 경우 30일 이내에 가장 가까운 OSHA지방사무소에 진정할 수 있음. 이때 노조는 근로자 진정서류를 보존해야 함. 근로자는 어떠한 양식을 작성할 필요가 없고 OSHA직원이 양식 작성을 대신해 주며 만약 근로자가 불리한 대우를 받았다고 판명되면 OSHA는 사업주에게 근로자에 대한 보상을 요구할 수 있다.

93) 근로자가 요구 시에는 익명으로 진정이 가능하고, 진정에 대한 OSHA 답변을 얻을 수 있고, 요구할 경우 감독권의 미집행, 행정권 발동 등 답변을 비공식으로도 받을 수 있으며, OSHA 감독 시 동행할 수 있고, 특별히 감독관과 동행하지 않는 근로자일지라도 감독관 질문에 답변할 수 있고, 위험물질 측정기록과 법에 의해 측정 의무화된 기록을 볼 수 있으며, 권한을 가진 근로자대표로 하여 OSHA Log 200 양식(산업재해요약 등)을 적당한 방법, 시한에 재검토시킬 수 있고, 감독 후 감독관과 함께 폐회식(강평)에 참여할 수 있다.

94) 조흠학, 법제사적 의미에서 산업안전보건법의 역할과 지위에 관한 연구, 산업안전보건연구원, 2010, 113면; 세계 각국의 산업안전보건법 형사처벌제도와 처벌사례 연구, 산업안전보건연구원, 2009; 박두용, 21세기 노동환경권변화에 따른 산재예방 실효성확보방안에 관한 연구, 산업안전보건연구원, 2003에서 발췌하여 재정리함.

95) 조흠학, 법제사적 의미에서 산업안전보건법의 역할과 지위에 관한 연구, 산업안전보건연구원, 2010, 113면; 세계 각국의 산업안전보건법 형사처벌제도와 처벌사례 연구, 산업안전보건연구원, 2009; 박두용, 21세기 노동환경권변화에 따른 산재예방 실효성확보방안에 관한 연구, 산업안전보건연구원, 2003에서 발췌하여 재정리함.

96) 조흠학, 법제사적 의미에서 산업안전보건법의 역할과 지위에 관한 연구, 산업안전보건연구원, 2010, 114면; 세계 각국의 산업안전보건법 형사처벌제도와 처벌사례 연구, 산업안전보건연구원, 2009; 박두용, 21세기 노동환경권변화에 따른 산재예방 실효성확보방안에 관한 연구, 산업안전보건연구원, 2003에서 발췌하여 재정리함.

고 있다. 미국연방대법원은 근로에 영향을 미치는 안전 및 보건의 조건에 대해 근로자는 파업권을 가진다고 판시하였다.[97] 이 권리는 본질적으로 단결권이다. 일인의 근로자가 집단적 이익을 요구하기 위하여 근로를 거부할 수 있다는 전국노동관계국(NLRB)의 결론은 항소법원의 승인을 얻지 못했다. 둘째, 미국노사관계법(Labor Management Relation Act) Section 502는 위반 시에는 상기 Section 7에 의해서 평화조항을 위반하는 근로자에게 해고의 원인이 될 수도 있는 단체협상의 평화조항에 대한 예외로서 "비정상적으로 위한 근로조건"(abnormally dangerous conditions of work)과 관련하여 작업중단을 허용한다. 이 조항이 단체행동에만 관련되는 조항인가의 여부에 대해서는 의문이 있다. 셋째, 미연방대법원의 승인 하에 단체협약상의 고충처리조항이 적용될 수 있다. 넷째, 미국직업안전보건법(Occupational Safety and Health Act 1970)이 근로자에게 개별적인 권리로서 부여하고 있다고 생각된다.[98] 동법 Section Ⅱ(c)는 "어느 누구도 근로자가 고충을 제기하거나 어떤 절차는 취하거나 그 절차의 원인을 야기시켰음을 이유로… 또는 그 자신이나 타인을 대리하여 이장이 제공한 권리를 근로자가 헹사하었음을 이유로 근로자를 해고하거나 여하한 방식으로도 차별대우를 하지 못한다." ("No person shall discharge or in any manner discriminate against any employee such employee has filed any complaint or instituted or caused to be instituted any proceedings… or because of the exercise by such employee on behalf of himself or others of any right afforded by this chapter.") 이 조항에 따라 노동부장관은 1973년 시행령[99]을 공포하여 "작업장의 잠재적은 불안한 조건 때문에 작업을 중단하는 권리가 법에 의해 부여된 것은 아니다"고 일반적 조치를 선언하면서 계속해서 "근로자가 부여된 직무를 수행하지 않느냐 하는 것과 작업장의 위험한 조건으로부터 야기되는 중상이나 사망에 스스로를 종속시키느냐 하는 것 사이의 선택문제 직면하는 경우가 발생할 수 있다"고 언급하였다. 만약 근로자가 다른 합리적인 선택가능성이 없이 선의로(in good faith) 스스로를 위험한 근로조건에 노출시키기를 거부한다면, 근로자는 차별대우로부터 보호받는다. 미연방대법원도 이러한 규정을 노동부장관의 입법권의 범위에 속한다고 하여 지지를 표시했다.[100] 사망이나 중상을 초래할 위험이 있고 통상적 집행절차에 의해서는 위험을 제거할 충분한 시간이 없는 경우가 반드시 있다. 근로자는 그의 사용자에게 위험한 상황의 시정을 요청했어야 하고 근로자의 작업거부가 반드시 선의일 것이 요구되어지고 근로자가 해고나 정직 등에 의해서 차별대우를 받았다고 생각할 경우에 개별적인

97) NLRB. v. Washington Alumium Co. 370. U. s. 9(1962) : 근로자들은 난방장치의 수리를 수차에 걸쳐 요구한 후 아주 추운 날 난방이 되지 않자 파업을 단행했다.

98) 조흠학, 법제사적 의미에서 산업안전보건법의 역할과 지위에 관한 연구, 산업안전보건연구원, 2010, 115면; 세계 각국의 산업안전보건법 형사처벌제도와 처벌사례 연구, 산업안전보건연구원, 2009; 박두용, 21세기 노동환경권변화에 따른 산재예방 실효성확보방안에 관한 연구, 산업안전보건연구원, 2003에서 발췌하여 재정리함.

99) 29. C. F. R. 1977. 12(b)(1), (2)

100) Whirlpool Corporation v. Marshall, 445 V. S. I (1980)

구제책은 없다. 다만 고충을 조사할 직업안전보건청에 고충을 제소해야 하고 그 후에 근로자는 사용자를 상대로 지방법원에 소를 제기할 수 있다.

이러한 미국식 구제나 중재의 명백한 장점은 근로자의 재배치를 명령할 수 있다는 것이다.

3. 미국 산업안전보건법의 지위

(1) 법원

법원의 의미는 법의 연원을 이야기 하므로 법의존재 형식 또는 법의 현상상태를 말하는 것이다. 그러므로 법의 존재 형식과 현상상태는 무엇인가 법을 인식하기 위한 준거적인 법률을 이야기 하는 것이다. 그런데 앞서 이야기 하듯이 대륙법입장에서는 법의 존재형식인 법전 자체와 관습법등을 말하지만 영미법에서는 법원(法院)이 법률을 해석하고 구체적 사건에 적용한다는 점도 있으나 불문법전인 영미법은 수많은 판례에서 귀납적으로 도출된 것이므로 구체적 사건에서는 관련된 판례로 보충해야만 완전한 법률 근거로 인정되어 재판근거가 될 수 있는 것을 법원으로 본다. 이에 따라 연방법률의 근거와 시행령, 주 법률 등을 정리하여 보도록 한다.

1) 연방 법률근거

산업안전보건 부문에 있어서는 산업안전보건법(OSH Act)과 미연방규정 제29장(29 CFR, Code of Federal Regulation)이 중심규정이지만, 미국의 법은 상·하원 양원을 통과하여 대통령이 서명함으로써 공포되며, 대부분 포괄적이고 선언적인 측면이 강하다. 그러므로 각 조문이 규칙과 직접적으로 연계되는 한국의 법체계와 달리 각 조문과 기준은 독립적이며 연관성이 없다. 또한 미국의 규칙은 각 부의 장관이 마련한 초안을 공청회 등을 거쳐 확정하는 복잡한 절차를 통해 공포되며, 실제로 법의 집행은 대부분 각 주에 위임하여 각 주에서는 주마다 관련 산업안전보건법을 제정하고 있으며, 연방법인 OSH Act가 기본법 성격을 가진다.[101)]

연방정부는 안전위생에 관하여 주(州)나 기업, 그리고 조합을 지도, 지원하는 권한을 규정한 근거가 있으며, 연방정부가 주정부로 하여금 최소한 OSH Act를 집행하도록 하고 있고[102)] 주의 법은 지극히 간단한 규정을 가지고 있을 뿐이며 상세한 규정은 대부분 행정규칙에서 규정하고

101) 조흠학, 법제사적 의미에서 산업안전보건법의 역할과 지위에 관한 연구, 산업안전보건연구원, 2010, 116면; 세계 각국의 산업안전보건법 형사처벌제도와 처벌사례 연구, 산업안전보건연구원, 2009; 박두용, 21세기 노동환경권변화에 따른 산재예방 실효성확보방안에 관한 연구, 산업안전보건연구원, 2003에서 발췌하여 재정리함.

102) 이 부분은 미국의 사업장 안전관리일원화의 핵심사항이다. 1970년 연방차원에서 산업안전보건법이 제정되고 발효된 것은 산업재해 문제가 심각해졌으나 각 주마다 상이한 기준과 법규로 혼선이 오고 법집행의 실효성이 저하되자 연방차원에서 통일된 법규를 제정하기 위한 것이 그 배경이다.

있다.

① 산업안전보건법(OSH Act, 1970)의 구성체계

미국의 기본적 법체계는 상·하원을 통과하여 대통령이 서명·공포하는 법(Act)과 하위규정으로서 주무장관이 정하는 규칙(Regulation)으로 구성되며 산업안전보건 부문에 있어서는 산업안전보건법(OSH Act)과 미연방규칙 제29장(29 CFR)[103)]이 중심규정이며, 미연방규칙 제29장은 노동부소관 규칙으로서 part 1910은 일반사업장 전체에 적용되는 수평적 기준(Horizontal Standards)이며 아래와 같이 특수업종에 적용되는 수직적 기준이 있다.[104)]

미국 산업안전보건법체계

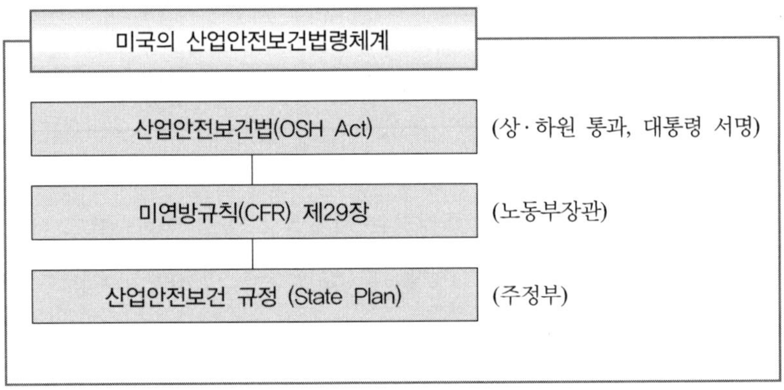

② 산업안전보건 관계법령의 제·개정

i) 산업안전보건기준의 절차

산업안전보건기준의 제안은 법 제6조 b항에 따르면 사업주, 근로자(대표), 국가가 인정한 기준제정기관, 국립산업안전보건연구원(NIOSH), 주정부기관 등에서 할 수 있으며, 장관은 산업안전보건 자문위원회(NACOSH)에 필요한 정보를 제공한 후 권고안을 제출한다. 또한 법 제22조에 따르면 국립산업안전보건연구원(NIOSH)은 산업안전보건 권고기준(Criteria)을 개발하여 노동부장관에게 제출할 권한을 가지고 있으므로 이 권고기준이 제안으로 고려되는 경우도 많다. 일반적으로 NIOSH의 권고기준은 근로자를

103) CFR(Code of Federal Regulation) - 29 CFR 1915 : 조선업(Shipyards), 29 CFR 1917 : 해양터미널(Marine Terminals), 29 CFR 1918 : 항만작업(Long Shoring), 29 CFR 1926 : 건설업(Construction), 29 CFR 1928 : 농업(Agriculture)

104) 조흠학, 법제사적 의미에서 산업안전보건법의 역할과 지위에 관한 연구, 산업안전보건연구원, 2010, 119면; 세계 각국의 산업안전보건법 형사처벌제도와 처벌사례 연구, 산업안전보건연구원, 2009; 박두용, 21세기 노동환경권변화에 따른 산재예방 실효성확보방안에 관한 연구, 산업안전보건연구원, 2003에서 발췌하여 재정리함.

보호하기 위한 학문적·이론적 근거를 배경으로 마련되고 있다.[105)]

연방안전보건기준 제정·공포 절차

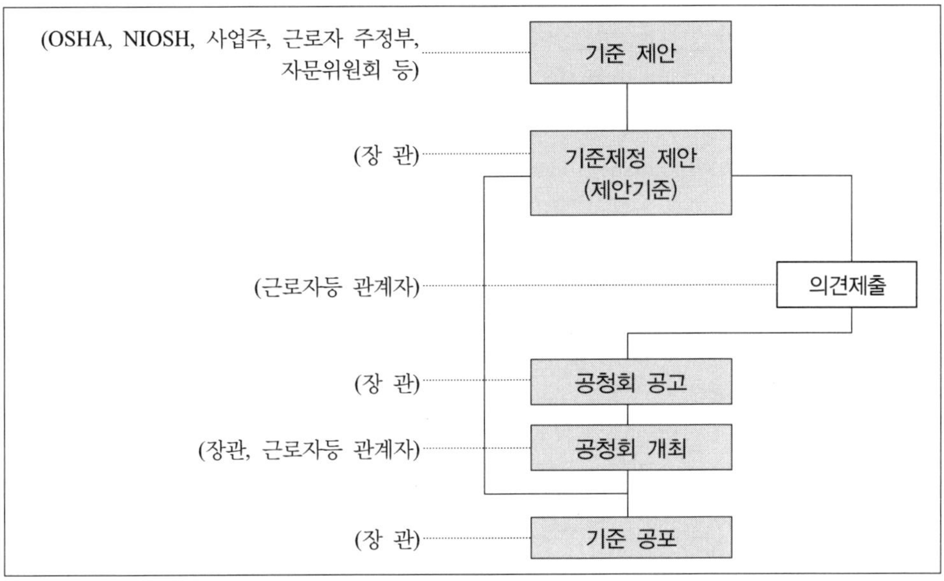

제안된 기준(proposed rule)안은 연방관보에 게재되어 일반에게 공개되는데, 이 때 장관은 사업주나 관계자가 이의신청을 할 수 있도록 30일간의 기한을 주어야 하며, 이의신청 접수 후 30일 이내에 이러한 이의신청 내용과 공청회 개최시기를 연방관보에 공고하여야 해야 하며, 공청회를 통해 수렴된 의견을 근거로 장관은 공청회가 종결된 날로부터 60일 이내에 해당기준을 공포하거나 또는 수정, 무효화하여 연방관보에 게재하여야 하는데 이를 “최종기준(final rule)”이라고 하며, 이것이 곧 연방기준이 되어 29 CFR에 등록 된다. 미 연방공보처는 1년에 1회 CFR을 개정 출판하는데 29 CFR의 경우는 매년 7월1일을 기준으로 발간된다.[106)]

ii) 예외(Variance)

미국의 법이나 기준은 필요한 경우 적용을 제외, 완화할 수 있는 조항을 포함하고 있는 경우가 많고, 또한 정해진 기준이외의 방법으로 해당 법의 목적을 수행할 수 있는 경우 이를 허용함. 이를 예외(Variance)라 하며, 잠정적 예외(temporary variance)와 영

105) 조흠학, 법제사적 의미에서 산업안전보건법의 역할과 지위에 관한 연구, 산업안전보건연구원, 2010, 119면; 세계 각국의 산업안전보건법 형사처벌제도와 처벌사례 연구, 산업안전보건연구원, 2009; 박두용, 21세기 노동환경권변화에 따른 산재예방 실효성확보방안에 관한 연구, 산업안전보건연구원, 2003에서 발췌하여 재정리함.

106) 조흠학, 법제사적 의미에서 산업안전보건법의 역할과 지위에 관한 연구, 산업안전보건연구원, 2010, 120면; 세계 각국의 산업안전보건법 형사처벌제도와 처벌사례 연구, 산업안전보건연구원, 2009; 박두용, 21세기 노동환경권변화에 따른 산재예방 실효성확보방안에 관한 연구, 산업안전보건연구원, 2003에서 발췌하여 재정리함.

구적 예외(permanent variance) 등으로 구분한다.[107]

- 잠정적 예외(temporary variance) : 일정한 절차를 거쳐 확정 공포된 특정기준을 사업장의 특수여건상 준수하지 못한다고 사업주가 소정의 절차를 거쳐 신청하는 경우, 노동부장관은 해당 사업주에 대하여 해당 기준에 대한 "예외"를 허용하는 "임시명령"(temporary order)을 법 제6조 a항 6호에 따라 내릴 수 있음. 신청의 적합성을 노동부장관이 인정하면 1년의 범위 안에서 해당 기준에 대한 예외를 인정받게 된다.
- 영구적 예외(permanent variance) : 사업주는 사업장의 작업공정, 조건, 방법 등이 근로자의 안전과 보건을 확보하는데 충분하여, 특정한 기준을 별도로 준수할 필요가 없다고 판단한 경우에는 특정기준에 대한 예외를 노동부장관에게 요청할 수 있음. 노동부장관이 영구적 예외를 인정할 때에는 예외에 대한 사항과 그에 따른 사업주의 준수사항을 알리며, 사업주는 모든 사항을 근로자(대표)에게 통보하고 게시할 의무를 지닌다.

iii) 긴급 임시기준(Emergency Temporary Standard)

노동부장관은 근로자가 새로운 유해인자에 노출되어 중대한 위험에 처하게 되었을 때 당해 위험으로부터 근로자를 보호하기 위해 소정의 기준제정 절차를 거치지 않고 긴급임시기준을 제정할 수 있으며, 긴급임시기준은 시행 후 6개월 이내에 기준제정에 필요한 절차를 거쳐 정식기준으로 제정되도록 한다.[108]

③ 노동부관련 주요 법률 현황[109]

- ○ 사업장 안전 및 보건(Workplace Safety and Health) 부문
  - The Occupational Safety ad Health Act
- ○ 임금 및 노동시간(Wages and Hours) 부문
  - The Fair Labor Standards Act
  - The Immigration and Nationality Act
- ○ 연금 및 복지(Pensions and Welfare Benefits) 부문
  - The Employee Retirement Income Security Act
- ○ 노동조합(Unions and Their Members) 부문

107) 조흠학, 법제사적 의미에서 산업안전보건법의 역할과 지위에 관한 연구, 산업안전보건연구원, 2010, 121면; 세계 각국의 산업안전보건법 형사처벌제도와 처벌사례 연구, 산업안전보건연구원, 2009; 박두용, 21세기 노동환경권변화에 따른 산재예방 실효성확보방안에 관한 연구, 산업안전보건연구원, 2003에서 발췌하여 재정리함.

108) 조흠학, 법제사적 의미에서 산업안전보건법의 역할과 지위에 관한 연구, 산업안전보건연구원, 2010, 121면; 세계 각국의 산업안전보건법 형사처벌제도와 처벌사례 연구, 산업안전보건연구원, 2009; 박두용, 21세기 노동환경권변화에 따른 산재예방 실효성확보방안에 관한 연구, 산업안전보건연구원, 2003에서 발췌하여 재정리함.

109) 조흠학, 법제사적 의미에서 산업안전보건법의 역할과 지위에 관한 연구, 산업안전보건연구원, 2010, 122면; 세계 각국의 산업안전보건법 형사처벌제도와 처벌사례 연구, 산업안전보건연구원, 2009; 박두용, 21세기 노동환경권변화에 따른 산재예방 실효성확보방안에 관한 연구, 산업안전보건연구원, 2003에서 발췌하여 재정리함.

- The Labor-Management Reporting and Disclosure Act(also known as the Landrum-Griffin Act)

○ 노동자 보호(Employment Protection) 부문
- The Occupational Safety and Heath Act

○ 전역 군인 재취업법
- Veteran's Reemployment Rights Act

○ 공장 폐쇄 및 해고(Plant Closing and Layoffs) 부문
- The Worker Adjustment and Retraining Notifications Act

○ 고용주의 거짓말탐지기 사용금지법
- Employer Polygraph Protection Act

○ 임금 압류(Garnishment of Wages) 부문
- The Consumer Credit and Protection Act

○ 가족 및 병가법
- The Family and Medical Leave Act

○ 정부 계약 및 보조(Government Contracts, Grants or Financial Aid)
- The Davis-Bacon Act
- The McNamara-O'hara Service Contract Act
- The Walsh-Healey Public Contracts Act

○ 특수분야 - 특정요건의 농업(Industry-Specific Requirements Agriculture)부문
- The Migrant ad Seasonal Agricultural Worker Protection Act
- The Fair Labor Standards Act
- The Immigration and Nationality Act

○ 광업안전보건(Mining Safety and Health)부문
- The Federal Mine Safety ad Health Act of 1977

○ 건설(Construction)부문
- The Occupational Safety and Health Act
- The Davis-Bacon and related acts
- The Copeland Act

○ 항만부문
- The Longshoring and Harbor Workers, Compensation Act

2) 연방정부 시행규칙

연방정부 시행 규칙은 OSH Act를 집행하기 위한 노동부의 시행규칙으로 CFR이라고 하며, 법

과 시행규칙(CFR)이 직접적으로 연계되는 한국의 법체계와 달리 미국은 OSH Act와 CFR은 독립적이며 직접적인 종속성이나 연관성이 없다.

단, CFR에서는 산업안전보건 기준을 제시해 놓고 있으며, 기준(Standard)이란 일반적으로 안전하고 위생적인 작업조건이나 작업장을 제공하기 위해 필요한 방법, 작업절차, 공정 등을 요구하는 규정이라고 볼 수 있다.[110]

① OSHA Standards(CFR 29)의 구성과 제정절차

미연방규칙(CFR) 제29장은 노동부 규정으로 모두 6개의 parts가 있으며, 일반사업장 전체에 적용되는 수평적 기준(Horizontal standards)과 특수업종에 적용되는 수직적 기준(Vertical standards)이 있다. 수평적 기준(Horizontal standards)은 29 CFR Part 1910 : 모든 일반 업종에 적용하며, 수직적 기준(Vertical standards)과 특수업종에 적용되는 수직적 기준으로는 29 CFR Part 1915 : 조선업(Shipyards), 29 CFR Part 1917 : 하역부두(Marine terminals), 29 CFR Part 1918 : 항만작업(Long shoring), 29 CFR Part 1926 : 건설업(Construction), 29 CFR Part 1928 : 농업(Agriculture)이 있으며 이들에 관한 기준 제정절차는 OSHA는 자체의견 또는 기타 유관단체(예, 보건기준의 경우 NIOSH)의 건의에 의해 기준제정 착수하며, OSHA는 법률 개정의 자문을 받기 위해 임시자문위원회를 설치하며, OSHA가 기준을 제정하기로 결정하면, 기준(안)을 발행, 서류의견 제출을 위해 30일간 일반에게 공고하고, 이때 안에 대한 반대의견이나 청문회가 요구될 경우 청문회는 반드시 열어야 한다. OSHA는 기준[111]을 제정하든지, 기준제정의 필요가 없다든지 최종 결정을 해야 하고 최종 결정에 대한 이유를 밝히도록 하고 있다[112].

② OSHA Standards(CFR 29) 주요내용[113]

CFR 29에 관한 내용을 정리하면 주의 기준에 따른 사업주의 의무에 관한 내용과 주정부

110) 조흠학, 법제사적 의미에서 산업안전보건법의 역할과 지위에 관한 연구, 산업안전보건연구원, 2010, 123면; 세계 각국의 산업안전보건법 형사처벌제도와 처벌사례 연구, 산업안전보건연구원, 2009; 박두용, 21세기 노동환경권변화에 따른 산재예방 실효성확보방안에 관한 연구, 산업안전보건연구원, 2003에서 발췌하여 재정리함.

111) 기준 제정방법에 따른 분류로 ① 초기기준(Start-up Standard) : 법 절차에 의하지 않고 산업안전보건법 발효직후(1971년) 2년 동안 표준협회, 화재예방협회로부터 그대로 인용된 기준이며, 영구기준(Permanent Standard) : 법 절차에 의하여 공포된 기준, 비상임시기준(ETS: Emergency Temporary Standard): 중대한 위험이 있을 경우 우선 6개월 간 유효한 기준으로 되고 있다. ② 일반적인 분류기준으로는, 안전기준 : 증후가 남는 부상을 방호하기 위한 기준, 보건기준 : 독성인자와 위험, 물리적 인자를 다루며 처음 노출 후 장시간에 걸쳐 질환에 이환될 수 있음을 방호하기 위한 기준 ③ 기준의 범위에 따른 분류로는 수평적 기준 : 일반 사업장에서 공동으로 사용될 수 있는 규정과 수직적 기준 : 건설, 조선업, 농업, 잠수, 폭파사업 등 특수한 경우에 적용되는 기준으로 정해 적 있다.

112) 만일 청문회가 열리지 않았을 경우 최종기준은 의견제출 마감 후 60일 이내에 나와야 하고 또한 청문회가 열렸을 경우는 청문회 종료 후 60일 이내에 나와야 하도록 하고 있다.

113) 한국산업안전공단, 선진외국의 산업안전보건제도와 활동, 2008, 22~30면 참조; 조흠학, 법제사적 의미에서 산업안전보건법의 역할과 지위에 관한 연구, 산업안전보건연구원, 2010, 124면; 세계 각국의 산업안전보건법 형사처벌제도와 처벌사례 연구, 산업안전보건연구원, 2009; 박두용, 21세기 노동환경권변화에 따른 산재예방 실효성확보방안에 관한 연구, 산업안전보건연구원, 2003에서 발췌하여 재정리함.

의 관한 내용으로 구분되어 있다. 특히 일반 규정이외에 수직적 규정이 특수업종 적용규정을 제외하고 주의 행정 명령 법규사항으로 정하고 있다. 그 외에 특징적인 것은 개인정보 보호에 관한 부분(PART 70a)과 개인정보 이행규정(PART 2400) 등을 두고 있다.

OSHA Standards(CFR 29) 주요내용

- PART 70: Production or Disclosure of Information or Materials(정보의 생산과 공개)
- PART 70a: Protection of Individual Privacy in Records(개인정보의 보호)
- Part 1900: Reserved(보류)
- Part l901: Procedures for State Agreements(주협약 절차)
- Part 1902: State Plans for the Development and Enforcement of State Standards(주 기준의 개발 및 집행 계획)
- Part 1903: Inspections, Citations and Proposed Penalties(검사, 소환 및 처벌)
- Part 1904: Recording and Reporting Occupational Injuries and Illness(산업재해 및 직업병의 기록·보고)
- Part 1905: Rules of Practice(집행규칙)
- Part 1906: Administration Witness and Documentation in Private Litigation(민사소송의 행정증언 및 입증자료 제시)
- Part l908: Consultation Agreements(자문 협정)
- Part 1910: Occupational Safety and Health Standards(노동안전 및 보건기준)
- Part l911: Rules of Procedure for Promulgating, Modifying or Revoking OSHA Standards(OSM기준의 제·개정 및 폐기 절차)
- Part l912: Advisory Committees on Standards(기준 자문위원회)
- Part 1912a: National Advisory Committees on OSHA(OSHA 국립자문위원회)
- Part 1913: Rules Concerning OSHA Access m Employee Medical Records(근로자 의료카드 열람에 관한 규정)
- Part 1915: Occupational Safety and Health Standards for Shipyard Employment(조선관련 노동안전 및 보건기준)
- Part 1917: Maine Terminal(하역부두)
- Part 1918: Safety and Health Regulations for Longshoring(항만 안전 및 보건규정)
- Part l919: Gear Certification
- Part 1920: Procedure for Variation under Longshoremen's Act(항만노동자법의 대안(예외)인정절차)
- Part 1921: Rules of Practice in Enforcement under Section 41 of Longshoremen's Act(항만노동자법 section 41 집행)
- Part 1922: Investigation Hearings under Section 41 of Longshoremen's Act(항만노동자법 section 41 조사청문회)
- Part 1924: Safety Standards Applicable to Workshops and Rehabilitation Facilities(작업장 및 재활시설 안전기준)
- Part 1925: Safety and Health Standards for Federal Service Contracts(연방서비스 계약의 안전 및 보건기준)
- Part 1926: Safety and Health Regulations for Construction(건설 안전 및 보건 규정)
- Part 1927: Reserved(보류)
- Part 1928: Occupational Safety and Health Standards for Agriculture(농업 노동안전 및 보건 기준)
- Part 1949: Office Training ad Education(직업훈련, 교육 사무소)
- Part 1950: Development ad Planning Grants for Occupational Safety and Health(산업안전보건 보조금)

- ㅇ Part 1951: Grants for Implementing Approved State Plans(승인된 주 계획의 수행을 위한 보조금)
- ㅇ Part 1952: Approved State Plans for Enforcement of State Standards(기준 집행을 위한 승인 주계획)
- ㅇ Part 1953: Changes to State Plans for Development Md Enforcement(주계획의 변경)
- ㅇ Part 1954: Procedures for the Evaluation and Monitoring of Approved State Plans(승인 주계획의 평가 절차)
- ㅇ Part 1955: Procedures for Withdrawal of Approval of State Plans(주계획 승인의 취소 절차)
- ㅇ Part 1956: Plans for State and Local Government Employees without Approved Plans(주 · 지방정부 직원 대상 계획)
- ㅇ Part 1960: Basic Program Elements for Federal Employees without Approved Plans(연방정부 직원 대상 기본 프로그램 구성)
- ㅇ Part 1975: Coverage of Employees under Williams-Steiger OSHA 1970
- ㅇ Part 1977: Discrimination against Employees under OSHA Act of 1970
- ㅇ Part 1978: Rules for Implementing Section 405 of the STAA of 1982
- ㅇ Part 1990: Identification, Classification, and Regulation of Carcinogens(발암물질의 발견, 분류 및 제어)
- ㅇ Part 2200: OSHA Review Commission(OSHA 검토위원회)
- ㅇ Part 2400: Regulations Implementing the Privacy Act(개인정보보호법 이행 규정)

(2) 기본권과의 관계

미국연방헌법상 기본권의 성격과 효력은 한국헌법이론과 비교해 볼 때 다음과 같은 특징을 가진다.[114] 첫째, 자연권 사상이 배척된다. 정부의 권한을 제한하는 헌법 외적인 '자연권'이 존재한다는 주장은 미국 법원에서는 일반적으로 수용되지 않는다. 둘째, 기본권 조항은 원칙적으로 사인에게 적용되지 않는다. 기본권 조항의 문언은 연방정부나 주정부가 일정한 행위나 입법을 할 수 없도록 금지하거나 제한한다. 그러므로 사인의 행위에 연방헌법이 적용되기 위해서는 그것을 정부행위로 간주할 수 있는 별도의 요소가 필요하게 된다. 셋째, 연방헌법은 원칙적으로 주정부를 구속하지 않는다. 헌법개정 제14조는 "주정부는 연방시민의 특권과 면제를 박탈하는 법률을 제정하거나 집행하여서는 안 된다"고 규정하고 있으나, 연방대법원은 개정 제14조의 특권과 면제 조항에 의하여 권리장전이 바로 주정부에 적용되는 것은 아니라고 판시하였다. 이 조항을 대신하여 주정부의 행위를 제한하는 연방헌법상의 근거로 사용된 것은 개정 제14조의 적법절차조항이다. 즉, 적어도 권리장전의 일부 권리들은 헌법개정 제14조의 적법절차조항이 보호하는 생명, 자유, 재산 중 '자유'에 속한다는 것이다.[115] 개정 제14조는 정부에만 적용되고 사인에게는

114) 박종보, 미국헌법상 기본권의 체계와 이론적 특징(The Structure of the lndividual Rights of the U.S. Constitution and its Theoretical Characteristics), 미국헌법학회, 41~74면 (34pages), http://dbpia.co.kr/view/ar_view.asp?arid=718643

115) 조흠학, 법제사적 의미에서 산업안전보건법의 역할과 지위에 관한 연구, 산업안전보건연구원, 2010, 125면; 세계 각국의 산업안전보건법 형사처벌제도와 처벌사례 연구, 산업안전보건연구원, 2009; 박두용, 21세기 노동환경권변화에 따른 산재예방 실효성확보방안에 관한 연구, 산업안전보건연구원, 2003에서 발췌하여 재정리함.

적용되지 않는다는 원칙은 미국연방헌법의 핵심원리 중의 하나이지만, 다음과 같은 두 개의 큰 범주에 속하는 일정한 예외가 인정된다. 첫째, 공적 기능의 예외로서, 사인의 행위가 전통적으로 정부에 배타적으로 유보되어 있던 권한을 행사하는 것이라면 정부행위에 해당한다고 보는 것이다. 둘째, 정부 관여의 예외로서, 정부가 연방헌법을 위반한 사인의 행위를 적극적으로 수권하거나, 고무하거나, 조장한 경우에는 헌법이 적용된다는 것이다. 미국연방대법원은 기본권과 평등보호에 관한 일련의 헌법재판에서 법률의 위헌 여부를 판단하는 기준으로 심사단계라는 도구를 사용한다. 가장 낮은 심사단계는 "합리적 근거 심사"이다. 이 심사단계에서는 법률이 정당한 공익 목적에 합리적으로 관련되어 있으면 합헌이다. "중간단계 심사"에 따르면, 법률이 중요한 공익 목적에 상당한 정도로 관련되어 있으면 합헌이다. 가장 높은 "엄격심사" 기준에 따르면, 법률이 필요한 공익 목적을 달성하기 위하여 필수불가결한 경우에 합헌이다. 예컨대 평등권 문제에 이 심사기준을 적용해 보면 다음과 같다. 인종이나 민족성(출신국)과 같은 위헌성 짙은 구별과, 차별적 취급이 "중요한 기본권"의 행사에 영향을 미치는 경우에 법원은 엄격심사기준을 적용한다. 중요한 기본권의 행사 또는 위헌성 짙은 구별과 관련 없는 경우라면, 경제, 영업, 사회복지 등에 관한 규제와 관련된 모든 구별에는 합리적 근거 심사가 적용된다.[116)]

이 경우에 사업장 안전보건과 사업장 관리에 관한 권리가 충돌 될 경우 어떤 근거로 적용해야 하는 것인지가 중요한 문제로 나타났다. 즉 기본권의 충돌이라는 의미로 나타났는데 서로 상이한 기본권 주체가 서로 각기 충돌하는 권익을 실현하기 위하여 서로 동일한 혹은 상이한 기본권의 적용을 국가에 대하여 주장하는 것이다. 따라서 기본권의 충돌은 한 기본권 주제가 그의 효력을 주장함에 있어 다른 기본권의 효력을 희생시킨다는데 그 특징이 있으며 이를 기본권의 상충이라고도 한다. 기본권의 충돌과 구별되어야 할 개념 중에 유사충돌 혹은 외견적 충돌이 있는데 이는 기본권의 충돌처럼 보이나, 실질적으로는 한 기본권 주체의 보호영역에 속하지 않는 행위, 곧 기본권의 남용 또는 기본권의 한계를 벗어난 행위가 다른 기본권주체의 보호영역과 충돌하는 경우를 말하는 것이다. 따라서 산업안전보건의 기본적 권리의 보호가 다른 기본권과 충돌 되지 않는 범위에서 보호 되어야 한다는 외견적 충돌이므로 보호해야 한다는 이론이다. 그러므로 명백하고 현존하는 위험의 원칙이 등장하면서 기본권이 충돌하는 위험부분에 대하여 기본권을 침해하지 않는 범위에서 위험의 원칙을 적용 하였다. 1907년의 패터슨 판결에서 홈즈 판사는 "수정헌법 제1조의 주목적은 정부가 하는 모든 출판에 대한 사전의 모든 제한을 방지하는데 있는 것이지 공공복리에 어긋난다고 생각되는 것과 같은 것을 사후에 처벌하는 것을 막는 것은 아니다."라고 판시하여 단순한 출판의 억제 정책이지 기본권에 대한 산업안전보건에 대한 위험의 원칙을 제한하여 적용하는 것은 아니라고 인정하게 되었다. 1919년의 생크사건은 언론의 자유의 보장에 획

116) 조흠학, 법제사적 의미에서 산업안전보건법의 역할과 지위에 관한 연구, 산업안전보건연구원, 2010, 125면; 세계 각국의 산업안전보건법 형사처벌제도와 처벌사례 연구, 산업안전보건연구원, 2009; 박두용, 21세기 노동환경권변화에 따른 산재예방 실효성확보방안에 관한 연구, 산업안전보건연구원, 2003에서 발췌하여 재정리함.

기적인 전환점을 가져오게 되어 명백하고 현존하는 위험의 원칙이 위험경향의 이론 속에 사전억제금지의 원칙과 명백하고 현존하는 위험에 대한 우월적 지위이론과 이익형량이론 등에 대하여 기본권을 침해하지 않는 범위에서 국민의 안전보건과 위험을 관리해야 한다는 것이다. 그러므로 다른 법에서 보호하고 있는 근거를 가지고, 기본권에 있는 위험을 경시하여서는 아니 된다고 하는 이론이 나타나게 되었다.[117)]

(3) 산업안전보건법의 집행

1) 지도 점검

산업안전보건법의 적용에 관한 결과는 법의 집행으로 나타나는데 이것은 법령의 지도·점검과 법령위반 사항에 대한 행정·사법 조치할 수 있으며, 감독 후 OSHA 지방사무소장은 행정명령 또는 벌금 부과여부를 결정, 사업주는 벌금 및 시정명령서를 내용증명으로 통보받은 후, 사업주는 위반사항을 즉시 해당 작업장소에 게시해야 하며 기간은 3일 혹은 개선할 때까지로 한다.

시정명령서에는 근로자와 사업주로 하여금 어떤 기준을 위반하였는지와 위험을 제거하는데 소요되는 시간을 표시하고, 사업주가 벌금 및 시정명령서에 불복할 경우 이의신청을 15일 이내에 OSHA에 제출할 수 있고, 사업주는 정해진 기간 내에 위반사항을 시정하고, 시정 완료 시 OSHA에 보고하도록 되어 있다.[118)]

2) 산업안전보건법 위반에 대한 제재[119)]

벌금 내역은 OSH Act 제17조에 규정된 벌금으로 원칙적으로 사업주로 하여금 위반사항을 시정토록 하기 위한 압력의 형태로 부과되는 것이며, 그러나 벌금의 금액이 낮은 경우 사업주들이 벌금을 비용으로 간주할 우려가 있으므로 그 비용을 초과토록 부과한다는 것이 안전보건 벌금의 근본 취지이다.

117) 조흠학, 법제사적 의미에서 산업안전보건법의 역할과 지위에 관한 연구, 산업안전보건연구원, 2010, 126면; 세계 각국의 산업안전보건법 형사처벌제도와 처벌사례 연구, 산업안전보건연구원, 2009; 박두용, 21세기 노동환경권변화에 따른 산재예방 실효성확보방안에 관한 연구, 산업안전보건연구원, 2003에서 발췌하여 재정리함.

118) 조흠학, 법제사적 의미에서 산업안전보건법의 역할과 지위에 관한 연구, 산업안전보건연구원, 2010, 129면; 세계 각국의 산업안전보건법 형사처벌제도와 처벌사례 연구, 산업안전보건연구원, 2009; 박두용, 21세기 노동환경권변화에 따른 산재예방 실효성확보방안에 관한 연구, 산업안전보건연구원, 2003에서 발췌하여 재정리함.

119) 조흠학, 법제사적 의미에서 산업안전보건법의 역할과 지위에 관한 연구, 산업안전보건연구원, 2010, 129~131면; 세계 각국의 산업안전보건법 형사처벌제도와 처벌사례 연구, 산업안전보건연구원, 2009; 박두용, 21세기 노동환경권변화에 따른 산재예방 실효성확보방안에 관한 연구, 산업안전보건연구원, 2003에서 발췌하여 재정리함.

위반의 종류는 아래와 같이 5종류로 나눌 수 있으며 벌금내역은 다음과 같다.[120)]

① **중대한 위반(Serious Violation)** : 사망이나 심각한 신체적 상해를 일으킬 잠재적 우려가 있는 위반을 말하는데, OSHA는 그 위반의 경중에 따라 $1,500에서 $7,000까지 벌금을 부과할 수 있다.

② **경미한 위반(Other-Than-Serious Violation)** : 업무상 안전보건과 직접적인 연관성은 있지만, 아마도 사망이나 심각한 신체적 상해를 일으키지는 않을 것으로 보이는 것으로, OSHA에서는 각 위반에 대해서 $0에서 $1,000까지 벌금을 부과할 수 있다. 물론 이것도 95%까지 삭감하여 조정할 수 있다.

③ **고의적 위반(Willful Violation)** : 사업주가 의도적으로 그리고 알면서 저지르는 위반 사항인 것을 말하는데 이때 사업주는 유해한 상황이 존재한다는 것을 인지하고 그 상황이 산업안전보건법의 기준을 위반하는 것임을 알면서도 그것을 제거하기 위한 합리적인 노력을 기울이지 않는 상태이다. SHA는 이런 위반에 대해서는 위반한 건별로 최소 $5,000, 최대 $70,000까지 벌금을 부과할 수 있다.

④ **반복적 위반(Repeat Violation)** : 어떤 기준이나 규정 등에 대해 재점검을 실시했을 때 비슷한 위반사항이 발견될 경우에는 원래의 소환장이 마지막으로 부여한 명령이 되어 3년 이내에 벌금(fine)을 내게 하거나 각 위반 건별로 $70,000까지 벌금을 부과할 수 있다. 반복적 위반을 계산할 때는 사업장 규모에 따라 최초의 벌금에 2, 5, 10을 곱하는 방법을 취한다.

⑤ **개선 실패(Failure-to-Abate)** : 이전의 위반 사항에 대해서 개선을 하지 못했을 경우 민사 사건(civil penalty)으로 분류되어 기존에 개선하기로 했던 날짜부터 위반이 계속되는 일별로 $7,000까지 벌금을 부과한다.

⑥ **기타의 위반** : 기록, 보고 등을 위반했을 경우 $10,000의 벌금 혹은 최고 6개월까지의 징역을 부여하거나 둘 다를 부여할 수 있음, 게시의무를 위반했을 경우 민사상 처벌로 $7,000의 벌금을 부과할 수 있음, 감독관에게 저항을 하거나, 협박을 하거나 업무를 방해할 경우 형사상의 위반이 되어 최대 $5,000의 벌금과 최소 3년의 징역에 처할 수 있도록 규정하고 있다.

그러나 최초 OSH Act가 제정되었을 때의 벌금 금액은 1990년 11월에 한번 개정되면서 대폭 상향 조정되었으며, 자료를 보면 1970년에 비해 1990년에 최고 금액에 대해 약 7배가 높아진 것을 알 수 있다.

120) 인용한 자료는 "OSHA inspections(http://www.osha.gov/Publications/osha2098.html)" 자료이고 이는 최근 2002년 개정한 것으로 위반에 대한 벌금 금액은 현재는 조금 차이가 있을 수도 있다.

미국 OSH Act의 벌금 규정 변화(단위 : $)

위반 종류	1970년 OSH Act 제정당시	1990년 11월 개정
고의적 위반(Willful)	$10,000	$70,000 (최저 $5,000)
반복적 위반(Repeat)	$10,000	$70,000
중대한 위반(Serious)	$1,000	$7,000
경미한 위반(Other than serious)	$1,000	$7,000
개선 실패(Failure to abate)	하루 $1,000	하루 $7,000

출처: 20Years of OSHA Federal Enforcement Data(미국 DOL, 1992) cited from OSHA Integrated Management Information System, OSHA Inspections와 Occupational Safety and Health Law(Rothstein, 2007)(모든 금액은 최고 금액임)

그러나 사업주의 권리를 인정하여 벌금 부과의 부당성에 대하여 사법적 이의제기를 할 수 있는 근거를 두어, 사업주가 위반사항에 대하여 이의를 제기코자 할 경우 이의신청서(Notice of Contest)를 관할 OSHA 지역사무소에 제출하여야 하며, OSHA 지역사무소의 장은 이의신청서가 접수되면 이를 즉시 산업안전보건심의위원회(OSHRC : Occupational Safety and Health Review Commission)에 회부하여야 하고, 동 위원회는 해당 사항을 행정판사에 배당하여 판결토록 하고 있다[121].

벌금 경감은 OSH Act 제17조제j항에 따라 산업안전보건심의위원회(OSHRC : Occupational Safety and Health Review Commission)에서는 OSHA에 의해 부과된 모든 벌금을 심의할 권한을 가지며 4가지 요소[122]를 감안하여 벌금을 경감시킬 수 있다.[123]

3) 사업장에 대한 지도·감독 및 집행체계

① 사업장 점검

사전통고 금지를 두어 미국 OSHA 감독관은 특별한 사유가 없는 한 사업장에 방문사실을 사전 통고할 수 없도록 하고 있고, 사전통고 할 수 없음에도 이를 위반한 감독관은 $1,000 벌금 또는 6개월 이하의 징역에 처할 수 있도록 규정하고 있다. 사전 통고하여도 무방한

121) 산업안전보건심의위원회는 OSH Act에 따른 OSHA와는 전혀 무관한 사법심사기관으로 대통령이 상원의 인준을 받아 임명하는 3인의 위원으로 구성됨, 행정판사가 판결한 사항에 대해 OSHRC 위원들이 재심을 실시하며, 이에 불복 시에는 연방순회항소심재판소, 미 연방대법원의 순서로 다시 항소할 수 있음, OSHA 지역사무소장은 재판의 진행 중에도 사업주와 화해 조정할 수 있는 권한을 가지고 있으며, 사업주가 해당 위반사항을 시정할 의사가 있다고 판단할 경우에는 대부분 화해조정의 방법을 권장하고 실제로 사업주가 소환장과 벌금에 대해 사법적 판결을 기다리는 경우는 5% 미만이다.

122) 사업장의 규모 : 규모가 작을수록 경감률이 큼(최고 60%), 위반의 경중, 사업주의 안전보건 유지·확보 노력 : 문서화된 안전보건 프로그램을 시행하고 있는 경우 25% 경감, 과거 위반 경력 : 과거 위반사항이 없는 경우 10% 경감

123) 조흠학, 법제사적 의미에서 산업안전보건법의 역할과 지위에 관한 연구, 산업안전보건연구원, 2010, 132면; 세계 각국의 산업안전보건법 형사처벌제도와 처벌사례 연구, 산업안전보건연구원, 2009; 박두용, 21세기 노동환경권변화에 따른 산재예방 실효성확보방안에 관한 연구, 산업안전보건연구원, 2003에서 발췌하여 재정리함.

경우는 "급박한 위험상황", "특별한 준비가 사업장에서 필요한 경우" 및 "사업주나 근로자의 참여를 위해 사전연락이 필요한 경우" 등이다.[124)]

사업장 감독우선순위는 모든 감독관들은 사업장 점검 매뉴얼(FOM : Field Operation Manual)에 따라 정해진 절차를 엄격히 준수하고, 법 적용 사업장수가 2005년 기준 850만 개소 이상(총 근로자수 : 약 1억 3천만 명 이상) 되기 때문에 다음과 같은 우선순위에 의해 점검 실시

i) 급박한 위험상황(Imminent Danger)이 있는 사업장

ii) 사망 및 중대재해[125)](미국에서는 '94년 『중대재해』의 개념이 변경됨) 발생 사업장

iii) 근로자 진정(Employee Complaints)이 발생한 사업장

iv) 고위험 업종에 대한 계획적인 점검(Programmed Inspections) : 재해율, 법 위반경력, 유해물질에 대한 근로자 폭로정도, 또는 무작위 추출을 통해서 점검대상 사업장을 선정

v) 법위반 사업장에 대한 개선 확인점검(Follow-up Inspections)

감독관의 점검의 종류를 보면[126)]

i) 비계획적 점검(Un-programmed Inspection) : 특정한 사업장이 유해한 작업조건을 가지고 있을 가능성이 높을 때 아래와 같은 경우에 실시되는 특별 점검으로 당해 사업장의 근로자로부터 작업환경 등 사업장내 문제가 있다고 OSHA에 진정이 있을 경우, 사망 및 중대재해가 발생한 경우, 근로자의 건강진단결과 직업병이 발생하여 담당의사가 사업장에 검사가 필요하다고 요구할 경우, 기타 정부기관이 검사를 요구할 경우에 실시하며,

ii) 계획적 점검(Programmed Inspection) : 특별히 유해성이 높은 업종이나 그 물질을 대상으로 OSHA에서 계획적으로 실시하는 점검으로 이 경우 사망률, 재해율, 직업병 이환율, 근로자의 유해물질 폭로여부 등에 따라 가장 심각한 업종을 우선적으로 점검대상으로 선정. 해당업종은 표준산업분류번호(SIC Code)에 따라 분류되며, 동 업종 중 무작위로 사업장을 선별하여 점검하거나 사업장수가 적은 경우는 모든 사업장을 대상으로 하여 점검 실시한다.

사업장 점검절차는 사업장에 대한 점검은 OSHA의 산업안전보건감독관에 의해 정해진 절

124) 조흠학, 법제사적 의미에서 산업안전보건법의 역할과 지위에 관한 연구, 산업안전보건연구원, 2010, 133면; 세계 각국의 산업안전보건법 형사처벌제도와 처벌사례 연구, 산업안전보건연구원, 2009; 박두용, 21세기 노동환경권변화에 따른 산재예방 실효성확보방안에 관한 연구, 산업안전보건연구원, 2003에서 발췌하여 재정리함.

125) 중대재해 : "1인 이상의 사망 또는 3인 이상(종래 : 5인 이상)이 동시에 병원입원 치료를 요하는 재해", 사업주는 중대재해 발생 8시간 내(종래 : 48시간)에 관할 OSHA사무소에 보고하여야 한다.

126) 조흠학, 법제사적 의미에서 산업안전보건법의 역할과 지위에 관한 연구, 산업안전보건연구원, 2010, 134면; 세계 각국의 산업안전보건법 형사처벌제도와 처벌사례 연구, 산업안전보건연구원, 2009; 박두용, 21세기 노동환경권변화에 따른 산재예방 실효성확보방안에 관한 연구, 산업안전보건연구원, 2003에서 발췌하여 재정리함.

차에 따라 시행하며, OSHA에서는 사업장점검기준(Field Operation Manual)을 만들어 감독지침으로 사용하고 있으며, 이러한 사업장에 대한 점검절차는 사업주들도 잘 알고 있으므로 엄격히 준수하고 있다.

i) 사업장 도착 및 신분증 제시[127)]

ii) 시작회의(Opening Conference) : 점검대상 사업장으로 선정된 배경, 점검목적 및 범위 등에 대한 설명[128)]

iii) 현장점검(Inspection Tour)[129)]

iv) 강평(Closing Conference)[130)]

v) 점검 후 협의(Post-Inspection Matter)[131)]

지도·점검결과 법령위반 사항에 대한 행정·사법조치는, 감독 후 OSHA 지방사무소장은 행정명령 또는 벌금 부과여부를 결정하며, 사업주는 벌금 및 시정명령서를 내용증명으로 통보받을 수 있도록 하고 있다. 사업주는 위반사항을 즉시 해당 작업장소에 게시해야 하며 기간은 3일 혹은 개선할 때까지로 하며, 시정명령서에는 근로자와 사업주로 하여금 어떤 기준을 위반하였는지와 위험을 제거하는데 소요되는 시간을 표시하며, 사업주가 벌금 및 시정명령서에 불복할 경우 이의신청을 15일 이내에 OSHA에 제출할 수 있다. 사업주는 정해진 기간 내에 위반사항을 시정하고, 시정 완료 시 OSHA에 보고하도록 규정하고 있다.[132)]

4) 미국산업안전보건법 위반 판례

미국 산업안전보건청(OSHA)에서는 산업안전보건법 위반에 관하여 각각 위반사실에 대한 강력한 처벌을 하고 있다. 그 예를 보면 뉴저지주 파밈델에 있는 콘크리트관 제조공장에서 56세의

127) 사업주나 사업주를 대리할 수 있는 자와 면접요구, 사업주는 감독관의 사업장 점검을 거부할 권한은 있으나, 거부당한 감독관은 OSHA 지역사무소장을 거쳐 점검영장(search warrant)을 법원으로부터 발부 받아 사업장 점검에 임할 수 있다.

128) 사업장 점검 시 수행할 사용자 측 대표 및 근로자 대표 선정(근로자대표는 사용자가 선정할 수 없음), OSHA활동(특히 무료상담서비스)에 대한 안내, 기타 기록열람 등이다.

129) 현장 관찰, 근로자와 대화, 사진촬영, 측정 등·재해 기록의 유지 및 개시 등을 중점적으로 점검(재해기록 양식인 OSHA 200 서식을 제대로 기록·유지·관리하여 게시하였는지, OSHA 포스터가 잘 보이는 곳에 게시되고 있는지를 조사)

130) 점검 시 발견된 모든 불안전 유해·위험요소에 대하여 토의, 감독관은 "최종회의 점검표" 작성, 위반장 발부 또는 과태료 부과대상인 모든 명백한 법 위반사항에 대해 사업주에게 알려줌(특정한 과태료 액수를 시사할 수는 없음), 채취한 시료분석 등 보건상의 위험에 대한 평가가 필요한 경우 추가 정밀점검 실시

131) 사업장 점검 완료 후 의문사항에 관해 사업주와 유선 등의 방법으로 의견교환, 추후에 불필요한 사법적 절차가 발생하지 않도록 이견사항을 조정

132) 조흠학, 법제사적 의미에서 산업안전보건법의 역할과 지위에 관한 연구, 산업안전보건연구원, 2010, 135면; 세계 각국의 산업안전보건법 형사처벌제도와 처벌사례 연구, 산업안전보건연구원, 2009; 박두용, 21세기 노동환경권변화에 따른 산재예방 실효성확보방안에 관한 연구, 산업안전보건연구원, 2003에서 발췌하여 재정리함.

근로자 1명이 모래호퍼에 빨려 들어가 사망한 사고에 대해 조사하는 과정에서 총 14건의 위반사항을 적발, $268,000(약 3억 2천만원)의 과태료를 부과[133]하였다. 또한 벌금을 부과내용으로는 개선명령 불이행 3건에 대하여도 $241.200 과태료 부과하였다.

그 외 사건을 살펴보면

① 밀폐공간 출입시 통제 프로그램 미실시

② 정비·수리중 사고발생방지를 위한 교육 미실시 및 시건장치·알림표 프로그램 부재

③ 청력측정 프로그램 부재[134] 사건 등에 관하여 각각 3건에 대하여 $10,400 과태료 부과하였다[135]. 또 한 중대한 위반사항 7건에 대하여 $16,400 과태료 부과하였는데 그 내용을 살펴보면

④ 개구부 덮개 미설치·사슬톱니 및 체인의 방호조치 미비·소음방지(청력보호)를 위한 초기교육 및 연례 보수교육 미실시 등에 대하여 부과한 것이다[136].

그리고 미국 안전규칙 위반을 위반한 국내 H건설에 1억 8천만원의 과태료 부과한 내용도 있다. 1998년 12월 미국 산업안전보건청에서 괌 국제공항청사 확장공사 감독 시 추락방지시설 없이 15미터 높이에서 작업을 진행시키는 등 미국 산업안전보건기준을 반복적으로 위반한, 3건에 대하여 국내 H건설업체에게 $151,000(약 1억 8천만원)의 과태료를 부과했다[137].

OSHA 감독관은 괌 국제공항청사 확장공사의 주요 건설회사인 한국의 H건설업체가 수차례 추락방지시설 미비 등으로 인해 OSHA에 적발된 적이 있으나 다시 동일한 위반사항이 적발된 경우로서 미국 정부에서는 엄정한 법집행을 하지 않을 수 없다고 언급했다[138].

133) 안전보건, 산업안전공단, 1999. 2. 36면; 조흠학, 법제사적 의미에서 산업안전보건법의 역할과 지위에 관한 연구, 산업안전보건연구원, 2010, 136면; 세계 각국의 산업안전보건법 형사처벌제도와 처벌사례 연구, 산업안전보건연구원, 2009; 박두용, 21세기 노동환경권변화에 따른 산재예방 실효성확보방안에 관한 연구, 산업안전보건연구원, 2003에서 발췌하여 재정리함.

134) 「아주 경미한 사건에도 위반사항에 관하여 과태료를 부과하였다. 그 내용으로는 "청소용 압축공기압력을 기준(30psi) 이하로 감소시키지 않은 것"에 하여 부과한 것이다.」(안전보건, 산업안전공단, 1999. 2. 35면).

135) 「중대사건이나 경미한 사건과 상관없이 일정한 사업주의 위반이 발생하면 과태료를 부과 하고 있다. 그 내용을 살펴보면 "개선명령 불이행은 지적된 위반사항에 대한 개선명령을 이행하지 않는 경우로써 개선완료기한 이후부터 매일 $7,000까지의 과태료를 부과, 반복위반의 경우에는 위반 사항당 $70,000까지의 과태료를 부과하고, 중대한 위반은 사업자가 알고 있거나 알아야 하는 위험으로 인해 사망 또는 중대재해가 발생할 위험이 있는 경우의 법령위반을 의미하고 위반사항당 $1,500~$7,000까지의 과태료를 부과하였고, 경미한 위반은 사망이나 중대재해를 야기하지는 않지만 근로자의 안전보건에 직접적인 관계가 있는 위험한 환경을 방치하는 경우를 의미하고 그 위반 사항당 $7,000까지의 과태료를 부과"하였다.」(안전보건, 산업안전공단, 1999. 2. 37면).

136) 「경미한 사건에도 위반사실을 적발하여 과태료를 부과하였다. "작업대에 표준난간 및 발판 미설치·위험기계 상부의 받침대에 표준난간 미설치·이동사다리의 적절한 고정 불이행·높은 소음에 노출된 근로자에 대한 청력보호구착용 불이행·아세틸렌과 산소실린더를 함께 보관·절연이 제대로 되지 않은 아크 용접케이블 사용"에 관하여 과태료를 부과하였다.」(안전보건, 산업안전공단, 1999. 2. 35면)

137) 안전보건, 국제 산업안전보건 동향, 산업안전공단, 1998. 12. 28면

138) 안전보건, 산업안전공단, 1999, 28면「과태료 부과내용으로는 3건의 반복 위반에 대해 각각 $50,000씩의 과태료 부과하였다. 그 내용은 "추락방지시설 없이 지상 15미터 높이에서 지붕방수작업·추락방지시설 없이 지상 12미터 높이에서 창문설치작업·추락방지시설 없이 지상 10미터에서 지붕 끝 브라켓(까치발)설치작업"에 대한 것이다. 또한 "그네식 안전대 대신 벨트식 안전대 착용"이라는 1건의 중대한 위반에 $1,500의 과태료를 부과하였다.」

(4) 소결

미국의 산업안전보건은 대부분 1970년을 기점으로 나타나고 있다. 그 이유는 미국연방 산업안전보건법(OSH Act, 1970)이 제정된 이후 비로소 현대적 의미의 산업안전보건 행정과 정책체계가 수립되었기 때문이다. 하지만 지금은 사업주의 책임을 중심으로 미국에서는 산안법의 규정에서 사업주의 정의를 사업주로 한정하지 않고 책임 있는 기업의 임원으로 확장하여 처벌하는 등, 미국의 근로자를 보다 더 보호하기 위해서 현재 산안법 처벌 규정을 대폭 강화시킨 미국노동자보호법안의 통과를 눈앞에 두고 있다.[139] 미국노동자보호법의 법안 발의 배경을 보면 2004년 Edward Kennedy상원의원에 의해 발의 되어 오바마 정부가 들어서면서 민주당이 의회를 장악하자 올해 법안 통과를 눈앞에 두고 있다. 이 법안은 오바마 대통령, 바이든 부통령, 힐다 솔리스 노동부 장관이 공동발의자로 표기되어 있다.[140]

미국은 산안법을 제정하고 산업안전보건청(OSHA)이 설립된 후에서도 확인할 수 있듯이 40년간 거의 400,000명의 근로자들의 생명을 구한 것으로 연구결과 나타나고 있다. 하지만 아직까지도 많은 근로자들이 생명을 잃고 있으며 불안전하고 비위생적인 환경에서 일하고 있는 것으로 주장하여 보다 강력한 이에 미국노동자보호법의 추가를 통하여 효과적인 보호를 하려고 시도하고 있다.

III. 영국 산업안전보건법

1. 역사적 배경

영국의 산업안전보건 정책과 제도는 사업장 안전관리일원화의 대표적인 모델로 손꼽히고 있다. 특히, 영국에서의 1972년 산업안전보건법(HSW Act; Health and Safety at Work etc. Act)의 제정과 산업안전보건청(HSE; Health and Safety Executive)의 설립과정은 우리나라의 사업장 안전관리일원화 논의에서 대표적인 외국의 성공사례로 빠짐없이 인용된다. 모든 국가의 체제나 제도가 역사적 산물이듯이 영국의 산업안전보건체제도 영국 특유의 역사적 배경을 바탕으로 하고 있다. 따라서 현재의 영국제도나 1972년 HSW Act의 제정과 HSE 설립을 통한 산업안전보건체제

139) 조흠학, 법제사적 의미에서 산업안전보건법의 역할과 지위에 관한 연구, 산업안전보건연구원, 2010, 137면에서 발췌하여 재정리함.

140) 정선욱, "미국의 노동안전규제강화 : 산업안전보건청의 예산 및 역할 확대", 「국제노동브리프」, 한국노동연구원, 2009년 8월호, 59면.

도의 개혁과정을 제대로 이해하기 위해서는 역사적 발달과정을 살펴 볼 필요가 있다.

(1) 영국 역사의 개관

영국은 17세기 말부터 20세기 초에 근대화가 진행되었으며, 그 이전에는 유라시아대륙 변경(邊境)에 위치한 후진지역에 지나지 않았다. 대륙에서 그리스·로마의 고대문명이 전성기를 펴던 시대의 영국은 미개한 켈트계의 여러 부족이 연합체를 형성하고 있었을 뿐, 국가 형태를 갖추지 못하고 있었다. 4세기 말 훈족의 징기즈칸이 유럽대륙을 침략하자 지금의 독일북동부지방의 게르만족의 유럽의 서부와 남부로 밀려나는 게르만족의 대이동이 시작되었다. 이 때 밀려난 게르만족의 한 부류인 앵글로색슨족이 영국을 침입하여 9세기 초까지 7개의 왕국을 건설하여 부족국가의 형태를 벗어나지 못하였다. 11세기에 노르만족의 침입으로 본격적인 봉건사회가 성립되었다.[141] 영국중세사는 앵글로색슨적과 정복자가 융합하는 과정임과 동시에, 대륙과 긴밀한 관련을 맺게 된 시기였다. 12세기에 영국왕조는 프랑스의 속국과 같은 상태가 되었다. 프랑스와 백년전쟁[142]을 벌이면서 왕국의 형태를 갖추고 강력한 튜더왕조의 절대주의시대를 맞게 되었다. 중세에서 근대로 가는 이행기에 엘리자베스 1세의 치세와 스튜어트왕조가 있었다. 17세기의 2차례의 혁명, 즉 청교도혁명과 명예혁명을 계기로 영국과 유럽대륙 여러 나라들과의 관계는 달라진다. 영국은 식민지 형성, 산업혁명의 수행, 의회정치의 확립 등으로 '배우는' 입장에서 '가르치는' 입장으로, 모범적인 존재로 변모하였다. '세계의 공장'으로서의 번영을 구가한 19세기의 빅토리아 시대는 영국역사의 절정이었다. 그러나 20세기에 2차례의 세계대전을 치른 영국은 복지국가로서의 위상이 정립되었다.

영국의 산업안전보건 정책과 제도는 사업장 안전관리일원화의 대표적이 모델로 손꼽히고 있다. 특히, 우리나라에서는 사업장 안전관리일원화의 대표적인 외국의 성공사례로 1972년 영국의 산업안전보건법(HSW Act; Health and Safety at Work etc. Act)의 제정과 산업안전보건청(HSE; Health and Safety Executive)의 설립을 주요한 내용으로 설명하는 것이 일반적이다.

(2) 1960년대 이전의 사업장 안전보건관련 역사적 배경

1) 산업안전보건 관련법의 태동

18세기 말 영국사회는 산업혁명이 시작되면서 봉건사회의 질서가 무너지기 시작하였다. 도시

141) 조흠학, 법제사적 의미에서 산업안전보건법의 역할과 지위에 관한 연구, 산업안전보건연구원, 2010, 138면; 세계 각국의 산업안전보건법 형사처벌제도와 처벌사례 연구, 산업안전보건연구원, 2009; 박두용, 21세기 노동환경권변화에 따른 산재예방 실효성확보방안에 관한 연구, 산업안전보건연구원, 2003에서 발췌하여 재정리함.

142) 1377～1453년에 걸친 전쟁

에 등장한 공장은 많은 노동력이 필요하였지만 노동력을 확보하지 못하였으며, 그 이유는 당시의 봉건사회에서 농노는 생산력을 담당하는 매우 중요한 요소였기 때문에 영주는 농노의 거주이전의 자유를 엄격히 제한하고 있었다. 따라서, 봉전제도가 완전히 무너지기 전까지의 산업혁명 초기에는 도시의 공장에서 노동력을 확보하기란 매우 어려웠다. 당시 농촌경제는 날로 악화되어 농민의 생활은 매우 궁핍해졌지만 농노는 거주이전의 제한으로 농촌지역을 벗어날 수 없었다. 다만, 어린이는 이런 제한을 받지 않았으므로 빈곤을 이기지 못한 농촌에서 어린이가 대거 도시로 이도아형 공장노동자로 전락하였다. 이들은 매우 열악한 노동환경에서 장시간동의 노동에 시달려야 했다. 따라서 열악한 아동노동은 곧 사회문제로 등장하였다.[143]

산업화가 급속히 전개됨에 따라 도시빈민은 급격히 증가하였지만 불충분한 상하수도 및 위생시설은 도시는 물론 공장 내에서도 여러 가지 환경위생 문제를 야기시켰다. 비위생적인 환경에서 오랜 시간에 걸쳐 일하는 중노동과 어린이 및 부녀자의 저임금 고용, 안전장치도 없는 기계에 의한 빈번한 산업재해, 그리고 환기불량과 지치게 짧은 식사시간 등의 비참한 실상이 알려지기 시작하였고, 18세기 말에 계속해서 발생된 전염병으로 공장 노동자의 건강은 심각한 위험에 직면하게 되었다. 따라서 공장의 아동노동 착취와 전염병과 같은 위생문제는 곧 중대한 사회문제로 등장하였다. 이 문제는 결국 의회에 심각한 논란을 일으켰고, 드디어 1802년에 당시 공장주였던 필[144]에 의해 방직공장의 근로조건을 개선하기 위하여 견습공에 대한 건강과 윤리에 관한 법(The Health and Morals of Apprentices Act)이 통과되었다.[145]

이 법이 제정되어진 사회적 배경을 보면 '스쿠리지 영감(A Christmas Carol in Prose, Being a Ghost Story of Christmas; Charles Dickens 1812～1870, 1843년 作)'과 '성냥팔이 소녀(Den lille Pige med Svovlstikkerne; Hans Christian Andersen 1805～1875, 1846년 作)'의 두 이야기 속에서 많은 점을 찾을 수 있다. 특히 유명한 작가들인 찰스디킨스와 안데르센은 비슷한 시기에 태어났고 둘 다 어린 시절 지독한 가난으로 아동노동에 시달렸다. 각각 12세, 11세 시절로 디킨스는 구두약공장에서 안데르센은 담배공장에서 일했다. 사실 당시 유럽의 대부분의 아동들은 10시간 이상의 장시간 노동에 동원되었다. 1833년 제정된 영국의 공장법에서 섬유공장에서 9세 이하의 고용을 금지하였고 13세 이하 아동의 1일 노동시간을 9시간 이내로 정하였음을 보면 짐작할 수 있다. 당시 법으로 공장 감독제도가 확립되었고 세계 최초로 노동시간을 1일 12시간으로 한정하였던 것이다. 디킨스와 안데르센의 어린 시절은 물론 다른 사람들도 당시에 아동시절에 많은 노동을 하던 시기였다. 이외에도 루시퍼성냥 소녀(The Lucifer Match Girl, Henry Mayhew,

143) 조흠학, 법제사적 의미에서 산업안전보건법의 역할과 지위에 관한 연구, 산업안전보건연구원, 2010, 140면; 세계 각국의 산업안전보건법 형사처벌제도와 처벌사례 연구, 산업안전보건연구원, 2009; 박두용, 21세기 노동환경권변화에 따른 산재예방 실효성확보방안에 관한 연구, 산업안전보건연구원, 2003에서 발췌하여 재정리함.

144) Peel, Sir Robert(1788～1850) : 영국의 정치가로서 영국의 보수당을 근대 정당으로 탈바꿈시킨 정치가이며, 1834～1835, 1841～1846년에 수상을 재임했다.

145) 조흠학, 법제사적 의미에서 산업안전보건법의 역할과 지위에 관한 연구, 산업안전보건연구원, 2010, 140면; 세계 각국의 산업안전보건법 형사처벌제도와 처벌사례 연구, 산업안전보건연구원, 2009에서 발췌하여 재정리함.

1861)이야기를 보면 보다 현실감 있는 사회상황이 나타나고 있음을 알 수 있다. 루시퍼 소녀는 성냥 원료인 황린(yellow phosphorous)으로 인해 턱뼈가 뭉개져 내리는 인턱(phossy jaw)에 걸렸다.[146)]

따라서 안데르센 동화 성냥팔이소녀를 떠올리면 늘 헨리 메이휴(Henry Mayhew, 1812～1887)가 쓴 "런던 노동자계급과 빈민(London Labour and the London poor)" 1권에 있는 "루시퍼 성냥팔이 소녀(The Lucifer Match Girl)"가 연관되며, 이 '루시퍼성냥'은 영국의 초기 성냥 모델이다. 소녀의 턱을 잘 보면 턱이 이상하며, 이것은 그 악명 높은 직업병인 인턱(phossy-jaw)에 걸린 것이라고 볼 수 있다. 1849년대부터 1910년대까지는 대부분의 성냥에 황린(yellow phosphorous or white phosphorous)을 사용했다. 이 성분은 치명적인 직업병인 인턱(phossy-jaw)을 일으켰으며, 황린에 오래 노출되어 '인턱'에 걸리면 잇몸이 심하게 붓고 심한 통증을 느끼게 된다. 이윽고 턱뼈에 농이 생기고 턱뼈가 뭉개져서 외형상으로 아래턱이 꺼진 것으로 나타나게 된다. 환자는 엄청난 통증에 시달리게 된다. 유일한 방법은 턱뼈를 외과적으로 제거하는 것이었다.[147)] 화학물질에 어린이가 훨씬 민감하게 반응하여 성냥공장에서 일하던 어린 소녀들에게 빈발했다. 안데르센 동화속의 성냥팔이 소녀도 단순히 추위로 죽은 것만은 아닐 것이라고 생각된다. 소녀는 처음에는 공장에서 일했을 것이다. 한동안 그 곳에서 일하다가 '인턱'이란 몹쓸 직업병으로 노동을 할 수 없을 정도로 심한 통증에 시달렸을 것이며, 당시 가장 인기 있는 성냥이라도 팔아 생계를 이을 결심으로 거리로 나왔을 것이고, 결국 직업병과 추위로 안타까운 생을 마감한 것을 소설로서 정리한 것이라고 볼 수 있다.[148)] 이후 1888년 7월 Bryant and May의 성냥공장 여성노동자들은 파업으로 자신들의 참상을 알리기 시작했다. 이것은 노동운동사에서도 숙련노동자 중심의 노동운동이 비숙련노동자로 옮아가는 계기가 된 중요한 사건이 되었으며, 이후 성냥에 쓰인 황린은 건강영향이 훨씬 적은 적린(red phosphorous)으로 대체되었으나, 국제노동기구에서도 황린은 금지물질이 되었다. 우리나라 산업안전보건법 제37조에도 '제조 등의 금지물질'에 제일 먼저 황린이 나오고 있으며, 이러한 당시의 사회적 상황과 시련이 산업안전보건법의 태동이라고 할 수 있다.[149)]

당시에 견습공에 대한 도덕과 건강보호에 관한 법률 속에 있는 견습공이란 아동노동자를 지칭하는 것이며, 이 법률의 제정으로 섬유공장에서 일하는 어린 견습공들의 야간잔업이 금지됐으나,

146) 조흠학, 법제사적 의미에서 산업안전보건법의 역할과 지위에 관한 연구, 산업안전보건연구원, 2010, 141면; 세계 각국의 산업안전보건법 형사처벌제도와 처벌사례 연구, 산업안전보건연구원, 2009; 박두용, 21세기 노동환경권변화에 따른 산재예방 실효성확보방안에 관한 연구, 산업안전보건연구원, 2003에서 발췌하여 재정리함.

147) 조흠학, 법제사적 의미에서 산업안전보건법의 역할과 지위에 관한 연구, 산업안전보건연구원, 2010, 141면; 세계 각국의 산업안전보건법 형사처벌제도와 처벌사례 연구, 산업안전보건연구원, 2009; 박두용, 21세기 노동환경권변화에 따른 산재예방 실효성확보방안에 관한 연구, 산업안전보건연구원, 2003에서 발췌하여 재정리함.

148) 조흠학, 법제사적 의미에서 산업안전보건법의 역할과 지위에 관한 연구, 산업안전보건연구원, 2010, 140면; 세계 각국의 산업안전보건법 형사처벌제도와 처벌사례 연구, 산업안전보건연구원, 2009에서 발췌하여 재정리함.

149) 조흠학, 법제사적 의미에서 산업안전보건법의 역할과 지위에 관한 연구, 산업안전보건연구원, 2010, 146면; 세계 각국의 산업안전보건법 형사처벌제도와 처벌사례 연구, 산업안전보건연구원, 2009; 박두용, 21세기 노동환경권변화에 따른 산재예방 실효성확보방안에 관한 연구, 산업안전보건연구원, 2003에서 발췌하여 재정리함.

엄격한 의미에서 이것은 공장법은 아니었다. 이것은 각 지역 안에 있는 구호대상 견습공에 대한 일종의 구빈법이었으며, 노동시간의 개선조치에 불과했다. 그러나 이들 아동들에 대한 야간작업 금지조치에 따라 필요한 경우에는 정부는 어린이의 노동조건 개선을 명령할 수 있게 되었으며, 그 후 수십 년에 걸쳐 계속 이와 같은 조치가 이루어질 수 있는 기초가 되어졌다는데 큰 의의가 있었다. 실제로 이 법률은 거의 실효를 거두지는 못했으나 정부가 공장노동자의 건강과 복지문제에 관심을 가져야 한다는 원칙을 제시했다는 것에 대한 의의가 있으며, 이로 인한 1831년에는 21세 이하 근로자의 야간노동이 금지되었으며, 18세 이하 근로자 모두에게 주 69시간의 노동제가 실시되었다. 그러나 이와 같은 조치는 방직공장에만 적용되었기 때문에 모두 산업에서 적용된 것은 아니었다. 그러나 산업화가 가속화되면서 공장의 환경문제가 날로 악화되었고, 이에 대한 개선운동도 계속되었다. Oastler[150)]와 Sadler[151)]에 의해서 공장에서 일하는 소년노동자의 작업조건 개선을 위해 노력했으며, 1843년에 10시간 노동법안을 통과하도록 하였다. 이후에 Anthony Ashley경[152)]이 지속적으로 전개한 공장개선운동은 1830년대에 이르자 점차 그 효과가 나타나기 시작하였고, 당시 Ed. Chadwick위원[153)]을 중심으로 구빈법(救貧法) 위원회의 조사결과에 따라 1833년에는 공장법(Factory Act)이 통과되었으며, 그 후 많은 공장관계 입법이 시작되었다. 이는 영국에서 산업안전에 관한 중요성을 깨닫게 되었으며, 그에 필요한 제도적 장치를 마련 할 필요성을 시도한 계기라고 할 수 있다.[154)]

따라서 영국에서 견습공(도제)에 대한 건강과 윤리에 관한 법(The Health and Morals of Apprentices Act)을 제정하게 되었으며 이 법률은 공장법(Factory Act)[155)]과 함께 노동법 및 산업안전보건과 관련된 최초의 법이 되었다.

2) 초기의 산업안전보건법령

1830년대 초부터 1840년대에 이르는 사이에 공장 환경개선운동과 그 성과는 당시 영구의 지배층을 이루고 있었던 지주들과 산업자본가들 사이의 투쟁에서 얻어진 소산이었다. 이것은 새로이 등장한 사업가와 현존 지주간의 이해관계를 둘러싼 시비에서 얻어진 부산물이었으며, 또한 노

150) Oastler, Richard(1789~1861년) 영국의 사회개혁운동가로서 공장에서 일하는 소년노동자의 작업조건 개선을 위해 노력했으며, 1843년에 10시간 노동법안을 통과시켰다.

151) Sadler, Michael(1780~1835년) : 영국의 정치가이며 사회개혁운동자이다.

152) Anthony Ashley Cooper, 7th Earl of Shafresbury(1801~1885년) : 보수당의 하원의원으로서 노동자의 생활개선에 힘썼다. 1851년 부친의 사망으로 제7대 샤프스베리 백작이 되어 상원에 진출했다. 그 후에도 계속 인도주의로서 많은 활약을 했다.

153) "노동자 계급의 위생상태 조사보고"를 저술하여 빈민법과 의료부조, 공중위생법의 기초하였다.

154) 조흠학, 법제사적 의미에서 산업안전보건법의 역할과 지위에 관한 연구, 산업안전보건연구원, 2010, 147면; 세계 각국의 산업안전보건법 형사처벌제도와 처벌사례 연구, 산업안전보건연구원, 2009; 박두용, 21세기 노동환경권변화에 따른 산재예방 실효성확보방안에 관한 연구, 산업안전보건연구원, 2003에서 발췌하여 재정리함.

155) 근로자보호법을 처음으로 제정하였고, 1833년 영국의 공장법속에는 ① 감독관을 임명하여 공장을 감독, ② 작업할 수 있는 연령을 13세 이상으로 제한, ③ 18세 미만의 야간작업 금지, ④ 주간 작업 시간을 48시간으로 제한, ⑤ 근로자들에게 교육을 시키도록 의무화 하도록 하였다.

동자 자신들의 계소적인 운동에 따라 얻어진 결과이기도 했다. 공장노동자들도 노동시간의 단축, 노동조건의 개선, 아동조동의 금지 등을 요구해서 이와 같은 개선운동과 보조를 같이 했다. 1833년에 통과된 공장법은 격심한 정치적 대결의 결과이다. 그러나 이 법도 아동노동자만 보호대상이었을 뿐, 일반노동자는 그 혜택이 별로 없었다. 실제로 이 법을 입안했던 사람들은 10시간 노동제를 주창한 사람들을 가리켜 '그들은 수요와 공급의 법칙이 근로자들에게도 적용된다는 사실을 전혀 알지 못하는 것 같다'고 반박했으며, 단지 아동보호를 위한 입법에만 찬성했을 뿐 성인 남녀 노동자의 보호조치는 불합리하다고 믿었다. 이 법률의 적용대상은 대부분의 방직공장이었다. 이 법에 따라 9세 이하의 아동고용은 전면적으로 금지되었으며, 9세부터 13세까지의 어린이는 1일 9시간 이상 또는 1주 48시간 이상 노동을 시키지 못하게 됐다. 13세부터 16세까지는 1일 12시간, 1주 69시간 이내의 노동시간으로 제한시켰다. 가동 중인 기계의 청소는 금지됐으며, 고용된 어린이에 대해서는 공장주는 하루에 두 시간씩 교육을 시켜 주도록 의무화시켰다.[156)]

이 법률 시행을 위해 최초로 4명의 감시원의 임명되었다. 이것이 근로감독관의 효시라고 볼 수 있다. 감시원은 언제나 공장으로 들어가서 각종 정보를 입후하고 증인을 불러내어 필요한 경우에는 규제도 가할 수 있는 권한을 갖게 되었다. 이와 같이 수집된 정보는 공장의 작업조건에 관한 연보작성에도 이용되었는데, 그들이 작성한 보고서를 보면 감시원들이 매우 폭넓게 노동자의 생활과 복지에도 관심을 쏟았음을 알 수 있다.

이러한 방직공장에 대한 활동과 더불어 광산사고가 잇달아 발생하자 일반대중은 광산노동자의 취업실태에도 관심을 가지게 되었다. 또한 공장 취로가 금지된 어린이늘이 광산에 보내지지 않을까 의심한 나머지 광산의 실태조사가 필요하다는 사실이 많은 사람들에 의해 제기되었다. 이에 따라 1840년에 에슐레이경(Lord Ashley)의 제의에 따라 광산의 아동노동에 관한 조사위원회가 생겨났다. 이 위원회는 4명으로 구성되었으며, 이 중 두 사람은 당시 위생개혁운동으로 추진하고 있었던 스미스(Southwood Smith)와 1833년의 공장법 입법에도 참여했던 경제학자 투크[157)]였다. 그리고 나머지 두 사람은 공장감시원이었던 호너(Leonard Horner)와 사운더스(R. J. saunders)였다. 이들에게는 약 20명 정도의 조수가 배당되었다. 이 위원회는 1842년 광산실태에 관한 보고서를 발표했다. 이 보고서는 광산에서 일하고 있는 부녀자와 어린이를 그린 생생한 그림들에 의해 더욱 충격적인 것이 되었다. 이 그림들은 '바빠서 보고서전문을 모두 읽을 수 없는 의원들께서 단지 그림만 보아도 좋겠다'고 스미스가 집어넣은 것이었다.[158)]

이 보고서는 당시 광산이 지니고 있었던 여러 가지 문제점과 사회악을 파헤쳐서 심각한 여론

156) 조흠학, 법제사적 의미에서 산업안전보건법의 역할과 지위에 관한 연구, 산업안전보건연구원, 2010, 149면; 세계 각국의 산업안전보건법 형사처벌제도와 처벌사례 연구, 산업안전보건연구원, 2009; 박두용, 21세기 노동환경권변화에 따른 산재예방 실효성확보방안에 관한 연구, 산업안전보건연구원, 2003에서 발췌하여 재정리함.

157) Tooke, Thomas(1774～1858년) : 영국의 실업가이며 경제학자이다.

158) 조흠학, 법제사적 의미에서 산업안전보건법의 역할과 지위에 관한 연구, 산업안전보건연구원, 2010, 150면; 세계 각국의 산업안전보건법 형사처벌제도와 처벌사례 연구, 산업안전보건연구원, 2009; 박두용, 21세기 노동환경권변화에 따른 산재예방 실효성확보방안에 관한 연구, 산업안전보건연구원, 2003에서 발췌하여 재정리함.

의 반응을 불러 일으켰다. 도자기 생산을 위해 청소년노동이 불가피했던 북부지방뿐만 아니라 어느 광산에서나 고년노동자는 보편적으로 볼 수 있는 현상이었다. 여성노동자의 광산취업을 일부 지역에서만 볼 수 있었다. 주로 여성들은 좁은 갱도에서 석탄차를 끌거나 밀었으며, 짊어진 광주리로 석탄을 운반했다. 이 보고서에 따라 탄광노동은 매우 위험하며, 건강을 해친다는 사실이 분명하게 밝혀졌다. 실제로 불구가 되는 산업재해나 사망에 이르는 사고의 발생빈도도 높았다. 그러나 어린이와 여성노동력은 값싸고 어디서나 구하기 쉬워서 이들의 광산취로는 거의 불가항력적인 것이기도 했다.159)

이 보고서는 영국인들에게 큰 충격을 주었다. 그러나 그 충격이 더욱 컸던 것은 광산의 노동조건이 노동자의 건강에 몹시 해롭기 때문에 분노했다기보다는 광산에서 취로하고 있는 아동들에게 종교교육이 전혀 시행되지 않고 있었으며, 여성 근로자들이 거의 알몸으로 남자들과 같이 갱도에서 작업을 함으로써 부도덕한 결과를 만들기 쉽다는 것이었다고 한다. 이 보고서가 발표된 지 1개월 후 광산법안이 의회에 제출되었다. 극심한 반대와 타협 끝에 1842년에는 광산 및 탄광노동에 관한 법률이 통과되었다. 이 법에 따라 여성과 10세 이하의 아동에 대한 지하 노동이 금지되었다. 또한 15세 이하 소년은 증기기관의 취급도 금지되었다. 그러나 노동시간에 대해서는 아무런 제한 규정을 두지 않았다. 이 법에 따라 광산감시제도가 시작되었다. 이 법은 만족할 만한 것이 아니었으며, 초기에는 정부도 법 집행을 위해 조력하지도 않았다. 그러나 광산노동에 관한 규제는 시작되었고, 광산노동자 보호를 위한 선례가 확립되었다는 의의가 있다. 이 법은 그 후 영국 광산노동자의 건강에 영향을 끼치게 되었던 각종 입법조치를 선도한 최초의 법률이 되었다.160)

이러한 공장법이나 광산법은 법 자체로서도 의의가 컸으나, 그 입법과정은 19세기 영국의 노동자 보호를 위한 사회관계법의 입법이란 선례를 남겼다는 측면에서 매우 중요한 것이다. 대부분의 이러한 입법은 우선 대중의 자발적이 민간운동과 조사가 선행되어 완고한 반대를 물리치고 제정되었다. 전체적으로 볼 때 1830년경으로부터 19세기말에 걸쳐 생겨난 공장관계법과 광산법은 사업주나 탄광 경영자에게는 크게 불리한 것은 아니었다. 1846년에는 에슐레이경이 '10세간 노동법안'을 의회에 제출하여 1847년에 통과되었다. 이 법률에 따라 1848년 5월 이후, 모든 부녀노동자와 13세에서 18세의 청소년은 주 58시간 노동제가 적용되었다. 또한 1850년에는 또 다른 공장법에 의해 여성과 청소년에게 식사시간으로 1시간 반을 포함해서 오전 6부터 오후 6시까지의 법정 노동시간이 설정되었다.

159) 조흠학, 법제사적 의미에서 산업안전보건법의 역할과 지위에 관한 연구, 산업안전보건연구원, 2010, 151면; 세계 각국의 산업안전보건법 형사처벌제도와 처벌사례 연구, 산업안전보건연구원, 2009; 박두용, 21세기 노동환경권변화에 따른 산재예방 실효성확보방안에 관한 연구, 산업안전보건연구원, 2003에서 발췌하여 재정리함.

160) 조흠학, 법제사적 의미에서 산업안전보건법의 역할과 지위에 관한 연구, 산업안전보건연구원, 2010, 151면; 세계 각국의 산업안전보건법 형사처벌제도와 처벌사례 연구, 산업안전보건연구원, 2009; 박두용, 21세기 노동환경권변화에 따른 산재예방 실효성확보방안에 관한 연구, 산업안전보건연구원, 2003에서 발췌하여 재정리함.

19세기 중반에 이르자 공장과 광산의 노동조건을 규제하는 법률이 크게 늘어나기 시작하였다. 이러한 과정을 거쳐 19세기 중반에 영국에서는 공장감시원이 임명되었고 여성 및 아동의 노동시간이 제한되었으며, 특히 기계조작과 관련된 안전장치가 확립되기 시작되었다. 그러나 19세기 중반까지 일반 노동자들은 이러한 법률에 의한 보호를 받지 못하였다. 이러한 법규가 일반 산업과 일반 노동자에게도 적용되기까지에는 오랜 시일이 걸렸다. 1860년에 이르러 처음으로 방직공장 이외의 노동자들에게도 그 적용범위가 확대되었다. 일반 산업과 가내수공업에 종사하는 노동자들이 건강 영향 실상을 밝혀낸 1860년도와 1862년도의 사이먼(John Simon) 보고서와 함께 1861년에 아동고용위원회의 건의에 따라 1862년에는 공장법이 개정되었다. 개정된 공장법에 따라 도자기, 성냥, 염색공장 등 일부 사업장도 그 규제를 받게 되었다. 적용대상은 계속 확대되어 1867년은 주물공장, 동 및 유기공장 등 50명 이상을 사용하는 대부분의 공장이 규제를 받게 되었다. 또한 50명 이하의 제조업에 적용되는 공장법도 제정되었다. 1860년에는 광산 및 탄광에 대한 통합법이 통과되어 광산감시제도가 완전히 정착되었다. 철광에도 감시기능이 확대되어 새로운 안전감시제도가 도입되었다. 또한 지하에서 작업하는 소년노동자의 연령을 12세 이상으로, 그리고 기계조작을 18세 이상으로 끌어 올렸다. 그러나 직업병에 따른 사회경제적 피해를 예방하거나 도와주려는 입법은 생겨나지 않고 있었다.[161]

19세기 중에 이룩된 사업장 근로자의 노동조건 개선을 위한 운동의 일반적 성격을 든다면, 첫째로 여성과 아동노동을 보호하기 위한 입법이 중심을 이루었다는 점이다. 이와 같은 노동조건개선 운동은 우선 아동들이 직면했던 좋지 않은 노동조건 개선에 관심을 쏟았고 다음에는 부녀자들의 지하 작업을 규제하는 운동으로 연결되었으며 성인남성 노동자들의 보호를 위한 규제조치는 19세기 말부터 20세기에 들어와서야 생겨나기 시작했다. 또한 이와 같은 운동이나 규제조치는 직업병에 관한 연구와는 거의 아무런 관계도 맺지 않고 일종의 사회개혁 운동으로 일관되어 왔음을 알 수 있다. 공장노동자의 건강악화에 대한 각종 조사 결과는 그 개선을 위한 근거가 아니면 이러한 운동의 지지를 호소하고자 이용되었을 뿐이었다.[162]

3) 산업위생관련 연구와 입법

산업위생에 관한 연구는 실제로 공장환경의 개선과는 직접 관계가 없는 사람들이나 집단에 의해 생겨나기 시작했다. 그러나 이 기간 중에도 18세기에 라마찌니(Ramazzini) 등이 닦아 놓은 연구기반을 더욱 확고하게 발전시키는 연구가 진행되었다.19세기의 유럽에서 산업위생 연구의

161) 조흠학, 법제사적 의미에서 산업안전보건법의 역할과 지위에 관한 연구, 산업안전보건연구원, 2010, 152면; 세계 각국의 산업안전보건법 형사처벌제도와 처벌사례 연구, 산업안전보건연구원, 2009; 박두용, 21세기 노동환경권변화에 따른 산재예방 실효성확보방안에 관한 연구, 산업안전보건연구원, 2003에서 발췌하여 재정리함.

162) 조흠학, 법제사적 의미에서 산업안전보건법의 역할과 지위에 관한 연구, 산업안전보건연구원, 2010, 152면; 세계 각국의 산업안전보건법 형사처벌제도와 처벌사례 연구, 산업안전보건연구원, 2009; 박두용, 21세기 노동환경권변화에 따른 산재예방 실효성확보방안에 관한 연구, 산업안전보건연구원, 2003에서 발췌하여 재정리함.

주도권은 프랑스가 잡고 있었다. 1822년에 이르자 파티쉐(Patissier)는 그 자신의 관찰을 추가해서 라마찌니의 프랑스 번역본을 펴냈다. 이 시기에는 이미 많은 사람들이 이 분야에서 독창적 연구를 시작했다. 이 중 가장 중요한 업적을 남긴 사람은 이미 지적한 빌레르메(Villermé)였다. 또 한 위생학자로서 오늘날에도 파리의 매춘부에 관한 논문으로 잘 알려져 있는 유사테러(A. Parent-Duchatelet, 1790～1836)는 하수도 시설에 관심을 가지고 하수도 노동자의 보건문제를 연구하기도 하였다. 1838년에 프랑쉐[163]는 납중독에 관한 논문을 발표했다.[164] 롬바르[165]는 각종 직업이 폐결핵에 미치는 영향에 대해서 연구했다. 또한 화학자 쉐발리에[166]는 산업중독에 관해 연구했으며, 1846년에 러셀[167]은 성냥제조공장 노동자의 질병에 관한 논문을 발표했다. 이 논문은 오늘날에도 산업납중독에 관한 선구적 연구로 평가되고 있다. 타르디우[168]는 1849년에 직업성 피부병에 관한 연구결과를 발표하여 산업보건 연구에 커다란 공헌을 하였다.

산업위생 문제는 영국에서도 관심을 끌기 시작했다. 테클라(Thackrah)는 1831년에 직업이 건강에 미치는 영향을 다룬 책을 출판했으며, 각종 직업에 따른 질병에 대한 논문이 여러 전문잡지에 나타나기 시작했다. 영구에서 실시된 유명한 연구로는 파르(William Farr)의 통계적 분석을 들 수 있으며, 사이먼(John Simon)이 실시한 산업보건관계 조사보고서가 있었다. 잉글랜드 공장지대의 직업병 실태를 1860년대에 조사한 그린하우(E. H. Greenhow)[169]는 특히 사업장에서 많이 발생하는 진폐에 관심을 쏟았다. 이외에도 성냥 제조공장의 납중독에도 관심을 기울였으나 이러한 연구결과가 충분히 그 영향을 나티내기 시작한 것은 20세기 이후였다.[170]

1867년에 개정된 공장법에 따라 12세 이하의 소년과 여성이 특수작업으로부터 제외된 금지조치는 Greenhow[171]의 진폐연구결과의 발표에 따라 생겨난 조치였다. 개정된 공장법에 따라 사업장의 보건관리를 효과적으로 다루고자 공장 감시를 위한 조직과 노동자의 건강상태를 검사하기 위한 요원이 생겨났다. 1878년의 공장법에 따라 런던에는 수석 감시관이 배치되었고, 공장을 계통적으로 감시할 수 있는 행정조직도 창설되었다. 최초로 레드그레이브(Alexander Fedgrave)가 수석 감시관으로 임명되었다. 1883년에 이르자 수석 감시관 아래 5명의 감시 감독관과 30명의 감시원, 그리고 10명의 준감시원이 배치되었다. 최초의 여성 감시원은 1893년에 임명됐으며, 레

163) Ranches, L. Tanquerel des(1809～1862) : 프랑스의 위생학자로서 납중독 연구로 유명하다.

164) 조흠학, 법제사적 의미에서 산업안전보건법의 역할과 지위에 관한 연구, 산업안전보건연구원, 2010, 153면; 세계 각국의 산업안전보건법 형사처벌제도와 처벌사례 연구, 산업안전보건연구원, 2009; 박두용, 21세기 노동환경권변화에 따른 산재예방 실효성확보방안에 관한 연구, 산업안전보건연구원, 2003에서 발췌하여 재정리함.

165) Lomard, HC(1803～1895) 프랑스 의학자. 폐결핵연구로 유명하다.

166) Chevallier, J.B.A.(1793～1879년) : 프랑스의 화학자. 공업중독연구로 유명하다.

167) Roussel, V.J.(1846～1903년) : 성냥공장의 산업보건 문제를 다루었다.

168) Tardieu, Ambrise-Auguste(1818～1879년) : 프랑스 법의학 및 산업보건에 공헌한 학자이다.

169) Greehow, Edward Headlam(1814～1888년) : 영국의 의사로서 산업보건학 발전에 공헌했다.

170) 조흠학, 법제사적 의미에서 산업안전보건법의 역할과 지위에 관한 연구, 산업안전보건연구원, 2010, 149면; 세계 각국의 산업안전보건법 형사처벌제도와 처벌사례 연구, 산업안전보건연구원, 2009; 박두용, 21세기 노동환경권변화에 따른 산재예방 실효성확보방안에 관한 연구, 산업안전보건연구원, 2003에서 발췌하여 재정리함.

171) Greenhow, Edward Headlam(1814～1888년) : 영국의 의사, 진폐 등의 연구로 산업보건학 발전에 큰 공헌을 했다.

찌[172]가 최초의 보건감시원으로 1898년에 임명되었다. 또한 1896년에는 의사인 화이트 레찌가 수석감시관으로 임명되었다. 1903에 이르자 전기감시원과 위험노동감시원도 생겨났다. 1910년에 이르자 공장감시원 수는 200명으로 늘어났으며, 1939년에는 320명으로, 그리고 1944년에는 440명으로 증가되었다.[173]

납중독의 예방조치(1888)와 공장의 환경위생 및 안전대책과 근로자의 보상금 지급제도(1897년) 등이 생겨나게 되었다. 이리하여 영국에서는 19세기 말까지 많은 노동관계 법규와 규칙이 생겨났다. 가내수공업에 종사하는 노동자들에 대한 보호는 불충분했으나 점차 대부분의 사업장 노동자가 보호를 받게 되었다. 1901년에는 과거의 모든 노동관계법을 종합하여 '공장 및 작업장 규제를 위한 통합법'이 제정·통과되었다.

4) 19세기 중반이후

영국에서 노동자들의 안전과 건강보호를 위해 생겨난 입법활동은 정치와 경제적 환경변화에 의해 더욱 촉진되었다. 1867년[174]의 선거법 개정으로 투표권자는 2배 이상으로 늘어났다. 도시에서는 모든 남자세대주에게 선거권이 주어졌다. 모든 남성에게 투표권이 주어진 것은 아니었으나 많은 노동자에게 참정권이 주어짐에 따라 노동자들의 문제가 점차 정치적 과제로 대두되었다. 1868년에는 노동조합대회가 맨체스터에서 열렸고, 1873년에는 노동조합이 합법화되었으며, 그 후 노동조합은 영국의 정치 및 사업활동에서 중요한 역할을 하게 되었다. 노동자들은 투표와 조직적인 활동에 의해 자신들의 노동조건을 개선하고자 힘썼다. 이에 따라 자유방임주의적 경제원칙은 점차 수정을 받기 시작했다. 1884년에는 런던 파비안협회(London Fabian Society)가 결성되어 웹 부부(Sidney and Beatrice Webb)[175][176], 쇼오(George Bernard Shaw)[177], 웰라스[178] 등의 인사들이 그 회원이 되어 공식적으로 사회개혁을 주장하게 되었다. 점진적인 사회개혁을 주장한 파비안협회는 많은 중산층의 호응을 받아 각종 노동관계법을 입안하였다. 파비안협회는 노동조합과 진보파의 정치가들은 물론 보수파 정치인들에게도 큰 영향을 끼쳤다. 또한 산업이 발달하고 기술이 변화됨에 따라 과거의 공장관계법은 수정될 수밖에 없었다. 유기화학의 발전과 산업생

172) Whitelegge, Sir Arhur(1852～?); 1891～1896년에 보건관으로 일했으며, 1896년에는 수석 공장감시관이 되었다.

173) 조흠학, 법제사적 의미에서 산업안전보건법의 역할과 지위에 관한 연구, 산업안전보건연구원, 2010, 149면; 세계 각국의 산업안전보건법 형사처벌제도와 처벌사례 연구, 산업안전보건연구원, 2009; 박두용, 21세기 노동환경권변화에 따른 산재예방 실효성확보방안에 관한 연구, 산업안전보건연구원, 2003에서 발췌하여 재정리함.

174) 조흠학, 법제사적 의미에서 산업안전보건법의 역할과 지위에 관한 연구, 산업안전보건연구원, 2010, 149면; 세계 각국의 산업안전보건법 형사처벌제도와 처벌사례 연구, 산업안전보건연구원, 2009; 박두용, 21세기 노동환경권변화에 따른 산재예방 실효성확보방안에 관한 연구, 산업안전보건연구원, 2003에서 발췌하여 재정리함.

175) Webb, Sidney James(1863～1932) : 영국의 경제학자이며 사회학자인 동시에 정치가로서 노동당집행위원(1915～1925)과 상무상(1924), 식민상(1929～1931)을 역임했다.

176) Webb, Beatrice(1858～1943) : 영국의 경제학자이며 사회학자로서 Sidney Webb의 아내이다.

177) Shaw, Georfe Bernard(1856～1950) : 아일랜드 태생의 극작가이며 배역가로서 1925년에 노벨 문학상을 받았다.

178) Wallas, Graham(1858～1932) : 영국의 정치학자이며, 사회학자로서 런던대학 정치학 교수를 역임했다.

산을 위한 전력의 대량 사용, 새로운 금속 사용의 증가 등 변화에 발맞추어 새로운 직업병 문제도 나타나게 되었다.

이러한 입법조치와 감시활동을 뒷받침하기 위해서는 산업보건에 관한 지식도 더욱 많이 필요하게 되었다. 이러한 요구를 충족시켜 주기 위한 연구가 많은 사람들에 의해 실시되었다. 1860년대에 발표된 그린하우(Greenhow)의 보고 이후 정부도 많은 조사를 실시했다. 1890년 이후 발표된 영국의 이러한 간행물에는 알릿지[179]의 고전적인 「각종 직업에 따른 질병과 사망」(1892)과 오늘날에도 자주 이용되고 있는 올리버[180]의 저서 「위험한 노동」(1902)이 이으며, 1912년에 출판된 렛지와 고드비(Legge and K.W.Goadby)의 「납중독과 납의 흡수」가 있으며, 그린우드[181]의 저서 「공장노동자의 건강」(1921)이 있다.

20세기 초반에 이르자 더욱 많은 법률이 제정되었다. 세탁업이 1907년에 규제대상으로 포함되었으며, 1908년에는 성냥 제조과정에서 황린 사용이 금지되었으며, 1909년에는 광부의 8시간 노동제가 실시되었다. 1910년과 1911년에는 광산방제법과 탄생법이 통과되었다. 또한 광산에서는 각종 장비의 공급과 구조작업의 훈련이 의무화되었으며, 부인과 아동의 노동이 제한되고, 위생시설의 설치와 분진감소를 위한 기구 사용이 의무화되었다. 1916년에는 사용자로 하여금 노동자 보호와 구급장비, 샤워 및 탈의 시설과 조리 및 급식시설을 갖추도록 의무화시켰다. 그럼에도 불구하고 이 시기에는 급속한 산업화의 진행으로 직업병과 재해의 발생도 급격히 증가했다. 직업병의 대부분은 납, 비소, 수은 등에 의한 산업중독이었으며, 탄저병과 같은 감염증도 있었다. 거의 전 공장에서 문제가 되자 1937년에 종전의 여러 법률과 규칙을 다시 공장법으로 통합 개정하였다. 이에 따라 산업재해뿐만 아니라 직업병의 신고가 의무화되었다.[182]

1937의 공장법(The Factory Act)은 모든 공장에서의 건강과 안전 그리고 복지를 모두 포함하고 있어 매우 복잡했다. 또한 이 법은 건물의 바닥, 통로 그리고 계단의 조건, 안전통로 같은 새로운 필요조건에 대한 모든 규정도 포함하고 있었다. 그러나 그 전의 법에 의하여 만들어진 규칙들이 1937년의 공장법제정 이후에도 그대로 효력을 발휘하였으며, 이러한 관례는 이후의 1961년에 개정된 공장법의 제정이후에도 계속 지속되었다. 따라서 시대에 맞지 않는 조항이나 기준들도 많고 여러 법규가 존재하고 기준이 제각각이었으므로 감독에 있어서 혼선이 오거나 법집행의 효율성이 떨어지게 되었다.[183]

179) Arlidge, John Thomas(1822～1899) : 산업보건분야에 공헌했으며, 저서로 Hygiene, Disease and Mortality of Occupations(1892)가 있다.

180) Oliver, Thomas(1853～1942) : 영국의 산업보건학자이다.

181) Greenwood, Major(1880～?) : 1927년 이후 런던대학에서 질병역학을 강의했다.

182) 조흠학, 법제사적 의미에서 산업안전보건법의 역할과 지위에 관한 연구, 산업안전보건연구원, 2010, 150면; 세계 각국의 산업안전보건법 형사처벌제도와 처벌사례 연구, 산업안전보건연구원, 2009; 박두용, 21세기 노동환경권변화에 따른 산재예방 실효성확보방안에 관한 연구, 산업안전보건연구원, 2003에서 발췌하여 재정리함.

183) 조흠학, 법제사적 의미에서 산업안전보건법의 역할과 지위에 관한 연구, 산업안전보건연구원, 2010, 150면; 세계 각국의 산업안전보건법 형사처벌제도와 처벌사례 연구, 산업안전보건연구원, 2009; 박두용, 21세기 노동환경권변화에 따른 산재예방 실효성확보방안에 관한 연구, 산업안전보건연구원, 2003에서 발췌하여 재정리함.

법규는 계속 늘어나 1960년에는 사무실법(an Office Act)이 통과되었다. 그러나 법이 발효도 되기 전에 이 법이 폐지되었으며, 1963년에 제정된 사무실, 가게 및 철도구내법(the Office, Shops and Railway Premises Act)으로 대체되었다. 이것은 1961년의 공장법(the Factory Act)과 비슷한 조항을 많이 인용하고 유사한 구조를 채용하였으나 공장만을 대상으로 한 법은 아니었다. 광산과 채석장의 안전과 관리에 관한 법은 1950년대에 재검토되었으며, 그 중 중요한 법은 1954년에 제정된 과안 및 채석장법(The Mines and Quarries Act)이다.

(3) 1972년 로벤스보고서의 탄생

2차 세계대전이후 세계는 경제재건이 국가의 최우선과제가 되었다. 영국도 1950년대와 1960년대를 거치면서 산업이 현대화되었고, 이때의 산업구조는 2차 세계대전 이전과는 비교가 되지 않을 정도로 변하게 되었다. 기존 양산된 여러 가지 산업안전보건관련 법령은 새롭게 변화된 산업구조와 대형화된 규모에 적절하지 않은 문제점이 나타나기 시작하였다. 따라서 기존의 법은 계속 개정되었고, 필요한 경우 새로운 법규가 제정되었다. 그러나 기존의 법들이 모두 체계적으로 개정된 것은 아니었기 때문에 점점 법규가 복잡해졌다. 법규는 점점 누더기처럼 되었으며, 이에 따라 법의 집행체계도 뒤죽박죽되는 혼란이 나타났다. 이런 와중에 1950년대와 60년대의 급격한 산업이 발달에 따라 대형 산재사고와 직업병의 발생은 급격히 증가하였다.[184]

1967년 영국정부는 건강과 안전에 관한 법을 하나로 통합하는 계획에 대한 문서를 발표하였다. 여기서 목표로 하는 법은 1963년의 사무실, 상점 및 철도구내법(the Office, Shops and Railway Premises Act)과 1961년의 공장법(the Factory Act)에서 다루고 있는 분야를 포함하고자 하였다. 그러나 이 계획이 발표되자 1968과 1969년에 걸쳐 이 계획의 다당성에 대하서 많은 의문이 제기되고 논란이 극심해지면서 산업안전보건에 대한 정부정책은 사회문제로 비화되었다.

이에 영국정부는 1970년 6월, 고용 및 생산성부(Secretary of State for Employment and Productivity)의 장관이었던 Barbara Castle은 이러한 문제를 다룰 왕립위원회(Royal Commission)를 발족시켰다. 이 위원회의 위원장으로는 Robens 경이 선임되었다. 이 위원회에서는 2년 동안의 연구를 거쳐 1972년 그 결과 보고서를 제출하였는데, 이 보고서가 Robens 보고서이다.[185] 이 보고서는 당시 영국에서 산업안전보건과 관련된 법령 및 진행실태와 사업장의 안전보건현황에 대해 광범위하고도 심층적인 조사를 바탕으로 전격적인 안전보건체계의 개혁을 주장하였다. 이

184) 조흠학, 법제사적 의미에서 산업안전보건법의 역할과 지위에 관한 연구, 산업안전보건연구원, 2010, 151면; 세계 각국의 산업안전보건법 형사처벌제도와 처벌사례 연구, 산업안전보건연구원, 2009; 박두용, 21세기 노동환경권변화에 따른 산재예방 실효성확보방안에 관한 연구, 산업안전보건연구원, 2003에서 발췌하여 재정리함.

185) 조흠학, 법제사적 의미에서 산업안전보건법의 역할과 지위에 관한 연구, 산업안전보건연구원, 2010, 151면; 세계 각국의 산업안전보건법 형사처벌제도와 처벌사례 연구, 산업안전보건연구원, 2009; 박두용, 21세기 노동환경권변화에 따른 산재예방 실효성확보방안에 관한 연구, 산업안전보건연구원, 2003에서 발췌하여 재정리함.

위원회는 Robens 보고서를 통하여 1980년대부터 산발적으로 제정되어 온 개별법의 한계로 불문명한 책임소재와 집행주체의 부재 그리고 수많은 명령 - 통제형 법조항의 비현실성과 비효과성을 지적하였으며, 산재예방의 실효성을 확보하기 위한 대안으로 사업장내 안전보건활동의 활성화를 위한 자율 관리시스템(self-regulatory system)의 원리와 책임소재에 대한 명확한 기본 원칙을 확립해야 한다는 것을 제시하였다. 그 구체적인 방법으로 복잡하게 얽힌 기존의 법률을 모두 통합하여 자율관리시스템을 위한 사업장내 안전조직과 책임에 대한 기본적인 원칙을 분명하게 나타내는 산업안전보건법의 제정을 제시하였다. 기존의 개별법에서 규정한 각종 기준과 세부적인 의무사항은 모두 시행규칙과 코드를 통하여 산업안전보건법을 보완하여야 한다고 하였다. 또한 법의 실효성을 확보하기 위한 정부조직체계를 갖추어야 한다고 하였다.[186)]

(4) 1974년 산업안전보건법의 제정과 산업안전보건청의 설립

영국은 대표적인 판례법 또는 불문법주의를 택하고 있는 나라다. 영국법을 일반적으로 보통법(Common Law)이라 부르고 있는데, 그 이유는 노르만 왕조를 설립한 윌리엄 1세가 설치한 보통법원(普通法院)에서 만들어진 판례집을 중심으로 보통법이 형성, 발전되었기 때문이다. 보통법원에서의 재판은 배심제(陪審制)로 이루어져 왔는데 여기서 축적된 판례가 보통법의 중요 내용이 되었다.[187)]

이러한 보통법원의 재판제도는 시간이 지나면서 보통법 소송이 경직되고 영장을 발급 받지 못하는 경우가 발생하고, 소송이 공정하게 진행되지 못하는 등 그 불공정성으로 인하여 새로운 형평법원이 등장하게 되었다. 형평법원(衡平法院)은 보통법원에서 축적된 판례(判例)뿐만 아니라 도덕률(道德律)을 근거로 배심원 없이 대법관(大法官)이 재판을 진행하게 되었는데 여기서 보통법과 다른 형평법(衡平法)이 형성 발전하게 되었다. 그 후 1873년 영국은 재판절차의 중복으로 인한 시간과 비용의 낭비를 줄이기 위하여 법원조직법에 따라 보통법원과 형평법원을 통합하였고 19세기의 입법개혁(보통법의 법전화, 법원제도의 개편, 보통법과 형편법의 통합, 소송절차의 간소화)을 거쳐 현대에 이르고 있다. 따라서 영국법은 판례법 또는 불문법이라고 하고 있다.

반면 제정법은 판례의 축적으로 형성된 판례법과는 달리 일반적으로 의회에서 제정된 법으로 판례법이 불명확한 경우, 판례법이 통일성을 상실한 경우, 시대적 변화로 인하여 판례법을 적용하는 것이 불합리한 경우, 또는 새로운 분야의 법규범이 필요한 경우에 그 필요성에 따라 제정된

186) 조흠학, 법제사적 의미에서 산업안전보건법의 역할과 지위에 관한 연구, 산업안전보건연구원, 2010, 152면; 세계 각국의 산업안전보건법 형사처벌제도와 처벌사례 연구, 산업안전보건연구원, 2009; 박두용, 21세기 노동환경권변화에 따른 산재예방 실효성확보방안에 관한 연구, 산업안전보건연구원, 2003에서 발췌하여 재정리함.

187) 조흠학, 법제사적 의미에서 산업안전보건법의 역할과 지위에 관한 연구, 산업안전보건연구원, 2010, 152면; 세계 각국의 산업안전보건법 형사처벌제도와 처벌사례 연구, 산업안전보건연구원, 2009; 박두용, 21세기 노동환경권변화에 따른 산재예방 실효성확보방안에 관한 연구, 산업안전보건연구원, 2003에서 발췌하여 재정리함.

법률이다. 현대 영국은 포괄적인 제정법이 다수 제정되었으며, 산업안전보건법은 의회에서 제정된 제정법이다. 그러나 영국법 체계의 기본은 판례법주의를 유지하고 있으며, 특히 법원에서의 법적용과 해석에서 불문법의 전통이 남아 있으므로 보통법의 배경과 원리를 이해하는 것은 영국의 산업안전보건법을 이해하는데 도움이 된다.[188)]

영국은 법(Act)과 시행규칙(Regulation) 및 명령(Order)으로 이루어져 있고, 집행 기준을 위한 승인된 기술기준(ACoPs, Approved Codes of Practice)과 지침(Guidance)이 있다. 그리고 법규는 아니지만 법에서 규격으로 인용하거나 법해석 시 참조하는 민간의 기준(Standard)이 있다.

이러한 근거에 따라 법이 제정되어 실행되었지만 산업안전보건은 Robens 보고서에 의하여 전체적인 산업안전의 틀을 이루게 되었다. Robens 보고서가 영국의회에서 커다란 영향을 일으켰고, 영국의회는 곧바로 Robens 보고서의 권고대로 사업장의 자율적인 안전보건활동이 가능하도록 하는 산업안전보건법(Health and Safety at Work Act, HSW Act)을 제정하였고, 산업안전보건법에서는 이 법을 집행하기 위한 정부기구로 안전보건위원회(Health and Safety Commission, HSC)와 안전보건청(Health and Safety Executive, HSE)을 설립하였다.[189)]

산업안전보건법에는 이 법이 시행되기 전이 있던 모든 법률은 법규(Regulation)와 승인실무규범(Approved Codes of Practice) 형태로 점진적으로 교체할 것을 언급하고 있고, 산업안전보건법이 시행될 당시에 30개의 법령(Statute)과 500개의 법규(Regulation)가 있었으며 법령을 정비하는 과정에서 법에는 가능한 일반적 의무, 원칙과 목적만을 기술하고 세부적인 사항은 권장기준과 표준에 기술토록하고 있다.

산업안전보건법 이전에 제정되었던 광산관련법(The Mines and Quarries Act, 1954), 사무실, 상점, 철도 영지법(The Offices, Shops, and Railway Premises Act, 1963), 핵발전 관련법(The Nuclear Installations Act, 1965), 공장법(The Factory Act, 1961)의 일부는 유효한 것으로 하며 오늘날 수많은 Code와 지침의 제정으로 감독관은 자문이나 상담에 대해서 확정적인 답변을 꺼리게 되며, 한 감독관이 적정하다고 판단한 것들이 다른 하위 감독관에 의해서 번복되는 경우가 자주 발생하고 있다. 최근에도 산업안전보건 관리에 있어 법적 불안정성을 가져오게 되어 1999년 이후 지속적인 법 정리 작업을 하고 있는 실정이다.[190)]

노동행정의 특징으로 영국에는 노동부[191)]가 없다는 것이다. 즉, 보통 다른 나라에서 볼 수 있

188) 조흠학, 법제사적 의미에서 산업안전보건법의 역할과 지위에 관한 연구, 산업안전보건연구원, 2010, 154면; 세계 각국의 산업안전보건법 형사처벌제도와 처벌사례 연구, 산업안전보건연구원, 2009; 박두용, 21세기 노동환경권변화에 따른 산재예방 실효성확보방안에 관한 연구, 산업안전보건연구원, 2003에서 발췌하여 재정리함.

189) 조흠학, 법제사적 의미에서 산업안전보건법의 역할과 지위에 관한 연구, 산업안전보건연구원, 2010, 154면; 세계 각국의 산업안전보건법 형사처벌제도와 처벌사례 연구, 산업안전보건연구원, 2009; 박두용, 21세기 노동환경권변화에 따른 산재예방 실효성확보방안에 관한 연구, 산업안전보건연구원, 2003에서 발췌하여 재정리함.

190) 조흠학, 법제사적 의미에서 산업안전보건법의 역할과 지위에 관한 연구, 산업안전보건연구원, 2010, 155면; 세계 각국의 산업안전보건법 형사처벌제도와 처벌사례 연구, 산업안전보건연구원, 2009; 박두용, 21세기 노동환경권변화에 따른 산재예방 실효성확보방안에 관한 연구, 산업안전보건연구원, 2003에서 발췌하여 재정리함.

191) 영국에도 노동부가 있었음. 1866년 무역부내에 노동국이 설립되어 주로 노조, 파업 및 기타 문제들에 관한 정보수집

는 노동부라는 정부부처가 없다. 이전에는 일부 있었으나 그러나 1974년 9월 노사관계를 다루는 노동행정이 ACAS(Advisory, Conciliation and Arbitration Service)로 이관되면서 노동부는 고용과 관련된 행정만 다루게 되었고, 고용정책은 교육과 훈련이 주가 되면서 노동부의 기능은 교육부로 흡수·통합되었다.[192)]

영국에서는 각국의 노동부가 행사하는 많은 기능들을 독립적인 정부기관이나 반독립적인 정부기관에 위임되어 있고, 1999년 영국의 노동행정 조직은 당시 교육고용부(DfEE, Department for Education and Employment)가 담당하였으나 지금은 혁신·고등교육·기술부(Department for Innovation, Universities and Skills)로 명칭이 변경되었다. 그러나 당시의 교육고용부도 그렇고, 현재의 혁신·고등교육·기술부도 노사관계와 같은 노동행정을 담당하지는 않고, 교육의 질 제고, 과학 및 기술, 혁신 업무만 담당하고 있으며, 현재의 안전보건청(HSE) 유관부처는 직업·연금부(Department for Work and Pensions)인데 처음 취업을 하는 청년층과 고령층에 대한 취업(job center), 장애자 지원과 연금관리를 주요 업무로 하고 있으며 작업장 안전보건을 위해 안전보건청(Health and Safety Executivc : HSE)을 관리하고 있고, 따라서 HSE를 직접적으로 관할하는 기관으로 볼 수 있고, 2002년부터 직업·연금부가 안전보건법의 실행주체로 HSC의장을 지명하고 예산을 편성하며 대외협력, 사업목표 및 실적을 보고하도록 함으로써 HSE를 관할하고 있다고 볼 수 있다.[193)]

2. 사업장 안전보건 법령 체계

(1) 영국 산업안전보건법상 사업주 의무 및 책임

1) 산업안전보건법(HSWA)의 사업주 의무[194)]

근로자에 대한 사업주의 일반 의무(제2조)를 보면, 종사하는 모든 근로자에 대한 안전, 보건

을 하였고, 1차 대전 중에 이 부서가 독립하여 노동부가 탄생하였다.

192) 조흠학, 법제사적 의미에서 산업안전보건법의 역할과 지위에 관한 연구, 산업안전보건연구원, 2010, 155면; 세계 각국의 산업안전보건법 형사처벌제도와 처벌사례 연구, 산업안전보건연구원, 2009; 박두용, 21세기 노동환경권변화에 따른 산재예방 실효성확보방안에 관한 연구, 산업안전보건연구원, 2003에서 발췌하여 재정리함.

193) 조흠학, 법제사적 의미에서 산업안전보건법의 역할과 지위에 관한 연구, 산업안전보건연구원, 2010, 155면; 세계 각국의 산업안전보건법 형사처벌제도와 처벌사례 연구, 산업안전보건연구원, 2009; 박두용, 21세기 노동환경권변화에 따른 산재예방 실효성확보방안에 관한 연구, 산업안전보건연구원, 2003에서 발췌하여 재정리함.

194) 산업안전보건법에 명기한 의무는 '합리적으로 실용적인(so far as is reasonably practical)'이라는 조건이 있으며 이는 부과된 의무가 기술적으로 불가능하거나 시간, 어려움 또는 비용이 위험을 대처하기에 부적합한 경우 대안을 찾을 수 있다는 의미이다.; 조흠학, 법제사적 의미에서 산업안전보건법의 역할과 지위에 관한 연구, 산업안전보건연구원, 2010, 156~158면; 세계 각국의 산업안전보건법 형사처벌제도와 처벌사례 연구, 산업안전보건연구원, 2009; 박두용, 21세기 노동환경권변화에 따른 산재예방 실효성확보방안에 관한 연구, 산업안전보건연구원, 2003에서 발췌하여 재정리함.

및 복지보장의무, 공장 및 생산시스템의 설비와 유지관리는 안전하고 보건상 위험이 없어야 하며, 재료와 물질의 사용, 조작, 저장 및 운반은 안전하고 건강에 위험이 없도록 정리되어야 한다. 정보, 지침, 훈련 및 감독은 근로자의 안전보건을 보장하는 내용이어야 하며, 사업주의 통제 하에 있는 작업장은 안전하고 근로자의 건강을 해치지 않도록 유지·관리되어야 하며 출입수단에 대한 유지관리 및 시설이 안전하고 위험이 없어야 하도록 한다. 근로자의 작업환경에 관한 설비와 유지관리가 안전하고 건강을 해치지 않아야 하며 근로자의 작업상 복리에 충분한 시설과 정돈이 필요하며, 근로자의 보건과 안전에 관련된 모든 정책을 문서화하고 유효한 동안 근로자들이 알 수 있도록 공고하고, 노조에서 인정한 안전대표자(Safety Representative)의 선임과 근로자의 안전보건을 확보하기위한 기준개발 등을 안전대표와 협의 및 안전위원회(Safety Committee) 설치 의무가 주어지고 있다.

사용자의 의무 부과를 보면 사용자에 관해서는 노동의 안전·보건·복지를 위해 합리적이고 실질적인 조치를 하도록 하고 업무와 관련되는 일반 방문객, 학교의 학생, 병원의 환자, 상점고객 등의 안전과 보건을 위한 필요한 조치를 강구토록 하였다. 근로자의 동의를 얻은 안전보건규정을 작성·비치 하여야하며, 이 규칙은 우리의 취업규칙과 유사한 것으로서 사업장의 안전보건조직과 그 기능 및 담당자의 책임, 안전대표(Safety Representatives)의 선임절차 및 업무와 책임한계, 직장의 안전보건위원회의 구성과 기능·권한·응급조치에 관한 사항, 개인보호구에 관한 사항 등을 규정하고 있다.

산업안전보건법에서 사용자범위를 넓혀서 살펴보면 노동자설계사, 세조업자, 수입입자, 공급업자의 의무와 책임을 강제하고 있다. 이 경우를 살펴보면 사용자는 작업장에서 모든 근로자들의 보건, 안전, 그리고 복지를 보장할 의무가 주어지고 있다.[195)]

그 내용을 살펴보면 다음과 같다.

- 사업장 안전과 작업의 시스템적 안전성 확보
- 보건·안전 확보에 필요한 정보제공, 기술지도, 교육 및 훈련과 지도·감독[196)]
- 작업장내의 안전확보
- 복지시설을 갖춘 안전한 작업환경 확보
- 안전보건 규칙 작성·비치(5인 이상 사업장)
- 근로자대표와 안전보건에 관한 사항 협의
- 안전보건위원회 설치
- 작업 시 위험에 근로자 및 일반인의 노출 방지
- 대기 중에 유해물질 유출 방지

195) HSWA(1974)의 제2조제1항 참조.
196) Envtl Resources Ltd의 261면 참조.

사업주는 근로자의 동의를 얻은 안전보건규칙을 작성·비치하여야 하도록 하며, 이 규칙은 사업장의 안전보건조직과 그 기능 및 담당자의 책임 안전 대표의 선임절차, 임무와 책임, 안전보건위원회의 구성과 기능·권한, 응급조치에 관한 사항, 개인보호구에 관한 사항 등을 규정한다.[197][198] 그리고 사업주는 작업상의 안전과 보건용 개인장비를 구비함에 있어 근로자에게 비용을 부담시킬 수 없다. 또한 이 법 또는 이 법과 관련된 규정을 위반하였을 경우 최고 2년 이하의 징역이나 일정액의 벌금을 부과할 수 있다.

그리고 사용자와 유사한 사용자협의의 권리는 HSC의 9명 위원 중 3명이 사용자대표로 구성되어 있어 그들을 통해 의견을 제시하거나 정책결정에 참여할 권리를 갖고, 이러한 HSC를 통해 규약이나 법규의 제정·변경에 대한 의견을 제시하고 상담할 권리를 갖는다.

또한 영국의 산안법에서는 사업주에게 안전대표제도를 두어 사업장의 안전관리의 책임을 지도록 하고 있다. 안전대표는 1974년 법의 중요한 골자의 하나로서 1978년 시행규칙으로 구체화되었는데, 사용자는 노조가 지명하는 근로자 중에서 안전대표를 선임하여야 하는데 법에서는 이들에게 안전보건에 관한 많은 임무를 부여하였다. 이들은 작업장의 잠재적 유해위험요인의 조사, 재해의 조사는 물론 안전·보건·복지에 관한 근로자의 불만사항 조사 및 안전보건에 관한 대외협조 업무를 수행하고 직장 안전보건위원회에 참석함. 안전대표는 부서장이나 작업반장급에서 안전보건에 관한 지식이나 경험이 있는 자를 선출하는데 노조대표(Shop Steward)가 겸임하는 경우가 많음. 사업주에 대한 주요 의무사항은 다음과 같다.[199]

① 작업상의 안전과 보건용 개인장비를 구비함에 있어 근로자에게 비용을 부담시킬 수 없음

② 또한 산업안전보건법에는 이 법 또는 이 법과 관련된 규정을 위반했을 경우 최고 2년 이하의 징역이나 일정액의 벌금을 부과할 수 있음. 이 법 위반은 감독관들에 의해 입건이 되고 있음

③ 자신의 안전보건 및 자기의 행동이나 잘못이 타인의 안전 및 건강을 해칠 우려가 있을 때에는 타인의 안전보건에 대하여도 충실토록 하여야 함

④ 법령에 의하여 사용자 또는 타인에게 주어진 의무가 진행되도록 필요한 범위에서는 그 사람들과 협력하여야 함

⑤ 어떤 사람이라도 법령에 따라 근로자의 안전, 보건 또는 복지를 위하여 설치된 건물을 고의로 손상시키고 또는 그릇되게 사용해서는 안 됨

적용대상을 확대하여 HSW Act를 통하여 작업에 임하는 모든 사람들의 안전·보건·복지를 보장하도록 확대함으로서 산업안전보건에 대한 국가적 개입의 적용대상을 확대하였다. 특히 유해

197) HSWA(1974)의 제2조제3항 참조.

198) Envtl Resources Ltd의 261면 참조.

199) 조흠학, 법제사적 의미에서 산업안전보건법의 역할과 지위에 관한 연구, 산업안전보건연구원, 2010, 157면; 세계 각국의 산업안전보건법 형사처벌제도와 처벌사례 연구, 산업안전보건연구원, 2009; 박두용, 21세기 노동환경권변화에 따른 산재예방 실효성확보방안에 관한 연구, 산업안전보건연구원, 2003에서 발췌하여 재정리함.

위험물질 특히 신규개발물질의 저장·보관·관리 및 사용에 있어서의 안전을 기하고 작업장에서 발생하는 모든 유해위험 요인으로부터 근로자를 보호할 뿐만 아니라 업무와 관련된 일반인의 안전도 보장하도록 규정하였고, 또한 사업장에서 배출하는 유해물질로부터 작업환경오염을 방지하도록 하였다.

2) 산업안전보건관리규칙(Management of Health and Safety at Work Regulation, 1999)에 의한 사업주 의무[200)]

산업안전보건관리규칙에 의한 사업주 의무를 보면 사업주의 주요 의무사항은 위험성평가이고, 5인 이상을 고용하고 있는 사업주는 위험성평가 결과 식별된 위험을 기록하여야 하며, 사업주가 이행하여야 하는 사항은 다음과 같다.

- 위험성평가 결과 식별된 위험에 대한 안전보건상의 조치를 위한 관리
- 조치를 위해 사업장 내외부에서 그를 조력할 수 있는 능력자 지정(Competent People)
- 비상조치계획 수립
- 근로자에게 명확한 정보 및 훈련제공
- 동일사업장과 협력

그리고 사업주가 참고해야할 주요 법령을 살펴보면 다음과 같다.

- 산업안전보건법(HSWA, 1974)
- 산업안전보건관리규칙(Management of Health and Safety at Work Regulations, 1999)
- 작업장(안전, 보건 복지)규칙(Workplace(Health, Safety and Welfare) Regulation, 1992)
- 안전보건(화면장비)규칙(Health and Safety(Display Screen) Regulations, 1992)
- 개인보호구규칙(Personal Protective Equipment at Work Regulations, 1992)
- 작업장비 사용과 규정법(Provision and Use of Work Equipment Regulations, 1998)
- 수작업법(Manual Handling Operation Regulations, 1992)
- 안전보건(응급조치)법(Health and Safety(First Aid) Regulations, 1981)
- 근로자를 위한 안전보건정보법(The Health and Safety Information for Employees Regulations, 1989)
- 사업주 책임(의무보험)법(Employers' Liability(Compulsory Insurance) Act, 1969)
- 상해, 질병 및 위험사항보고법(Reporting of Injuries, Diseases and Dangerous Occurrences

200) 조흠학, 법제사적 의미에서 산업안전보건법의 역할과 지위에 관한 연구, 산업안전보건연구원, 2010, 159~160면; 세계 각국의 산업안전보건법 형사처벌제도와 처벌사례 연구, 산업안전보건연구원, 2009; 박두용, 21세기 노동환경 권변화에 따른 산재예방 실효성확보방안에 관한 연구, 산업안전보건연구원, 2003에서 발췌하여 재정리함.

Regulations, 1995)
- 작업장 소음법(Noise at Work Regulations, 1989)
- 작업장 전기법(Electricity at Work Regulations, 1989)
- 건강유해물질 통제법(Control of Substances Hazardous to Health Regulations, 2002)
- 화학물질(공급을 위한 위험정보 및 자료)법(Chemicals(Hazard Information and Packaging for Supply) Regulations, 2002)
- 건설(설계)법(Construction(Design and Management) Regulations, 1994)
- 가스안전(설치 및 사용)법(Gas Safety(Installation and Use) Regulations, 1994)
- 중대사고위험통제법(Control of Major Hazards Regulations, 1999)
- 위험물질 및 폭발환경법(Dangerous Substances and Explosive Atmospheres Regulations, 2002)

이외에 안전대표자 제도(Safety Representative)를 둘 수가 있는데 이것을 보면 다음과 같다. 안전대표자 및 안전위원회 법(the Safety Representatives and Safety Committees Regulations 1977)과 안전보건(근로자와 협의) 법(the Health and Safety(Consultation with Employees) Regulation 1996)에 근거하여 대부분의 사업장에 적용되며 노조의 존재 유무, 사업주의 노조 인정여부에 따라 달리 적용되어지고 있다.

안전대표자제도는 최소한 2명 이상의 안전대표가 서면으로 요청할 경우 사업주는 사업장내에 안전위원회를 구성하여야 하고, 안전대표와 협의해야할 사항으로는 다음과 같다.

- 근로자의 안전보건에 영향을 미칠 수 있는 새로운 장비나 작업방법의 도입
- 안전보건법을 준수할 수 있도록 능력자(Competent Person)가 그들을 지원하는 일
- 작업에서 발생하는 유해·위험 정보, 위험의 감소 또는 제거 그리고 이러한 위험에 노출되었을 때 해야 할 사항에 대한 정보
- 안전보건 훈련의 계획 및 실시
- 새로운 기술의 도입에 따른 안전보건상의 문제

이외에 사업주는 안전보건대표가 역할을 수행하기 위한 장비 등을 지원하도록 의무화되어 있다.

3) 안전위원회(Safety Committee)와 작업장 안전점검[201)]

안전대표자 및 안전위원회 규칙(the Safety Representatives and Safety Committees Regulations, 1977)에 의거 2인 이상의 안전대표가 요청시 안전위원회를 구성할 수 있다. 안전위원회의 구성을

201) 조흠학, 법제사적 의미에서 산업안전보건법의 역할과 지위에 관한 연구, 산업안전보건연구원, 2010, 159~160면; 세계 각국의 산업안전보건법 형사처벌제도와 처벌사례 연구, 산업안전보건연구원, 2009; 박두용, 21세기 노동환경 권변화에 따른 산재예방 실효성확보방안에 관한 연구, 산업안전보건연구원, 2003에서 발췌하여 재정리함.

위한 별도의 규정은 없으며 사업주가 근로자대표(안전대표자)와 협의하여 사업장의 규모에 따라 6～8명 정도로 구성하고 안전위원회 운영 규정을[202] 제정한다. 일반적인 운영사항은 위원회에서 자율적으로 결정하고 HSE에서 가이드라인 제공하여 안전위원회의 업무를 정하여 규정한다.

또한 작업장 안전점검을 통하여 안전보건을 예방하도록 하고 있다. 작업장 안전점검은 노조에서 지명한 안전대표자가 작업장을 안전점검할 수 있으며, 안전점검 사전에 서면으로 공지하여야 하며 점검일로부터 3개월 이전에 점검하였을 경우 근본적인 작업조건의 변화, HSE에서 새로운 위험정보의 발간 또는 합의한 경우가 아니면 불가하도록 규정하고 있다. 안전점검의 종류는 ⅰ) 안전견학(Safety Tour) : 일반적인 안전점검과 ⅱ) 견본조사(Safety Sampling) : 특별히 위험한 작업, 공정, 지역에 대한 체계적인 견본조사, ⅲ) 안전조사(Safety Survey) : 특별히 위험한 작업, 공정, 지역에 대한 일반적인 안전조사, ⅳ) 사고검사(Incident Inspections) : 사고발생시 점검 등을 하도록 되어 있다.

(2) 근로자의 권리[203]

근로자의 의무와 권리를 살펴보면 근로자의 의무는 합리적으로 그들 스스로의 안전·보건에 대비할 의무를 가지며, 법에 정한 안전보건의 요구를 충족시키려는 사용자의 노력에 협력할 의무를 가진다.[204] 그리고 노동조합은 작업장 안전보건 측정의 시행과 발전을 위해 노력해야 한다. 노동조합에 가입하지 않은 노동자들은 사용자가 안전한 작업장을 유지하기 위해 일반적으로 가지는 의무의 범위 내에서만 안전보건법의 보호를 받는다. 근로자가 건강상의 문제로 근로를 하지 못하게 되면 최대 26주 동안 통상 임금을 받을 권리를 가지며,[205] 안전대표자에 의해 추가적인 안전훈련을 지시받았을 때에는 훈련에 참가할 수 있는 권리를 가진다.

노동조합은 사용자협회의 권리와 동일한 권리를 가진다. 안전대표자를 통해 안전훈련이 필요한 모든 노동자에게 훈련을 지시할 수 있는 권리가 있다.

202) 목표 및 목적, 회원자격(사용자대표, 근로자 대표, 상호 선택하는 관련자), 회의일정 및 규칙, 회의결과의 공지 등
203) 조흠학, 법제사적 의미에서 산업안전보건법의 역할과 지위에 관한 연구, 산업안전보건연구원, 2010, 162면; 세계 각국의 산업안전보건법 형사처벌제도와 처벌사례 연구, 산업안전보건연구원, 2009; 박두용, 21세기 노동환경권변화에 따른 산재예방 실효성확보방안에 관한 연구, 산업안전보건연구원, 2003에서 발췌하여 재정리함.
204) HSWA(1974)의 제7조 참조 또한 Envtl Resources Ltd 261면 참조.
205) 고용보호법(Employment protection Act) 1978, 44장 제19조 : Envtl Resources Ltd의 261면 참조.

(3) 영국 산업안전보건법의 지위

1) 법원[206)]

영국법 체계에 따른 법원을 보면 영국은 대표적인 판례법 또는 불문법주의를 택하고 있는 나라로 영국법을 일반적으로 보통법(Common Law)이라 부르고 있는데, 이것은 보통법원에서 만들어진 판례집을 중심으로 보통법이 형성, 발전되었기 때문이다. 보통법원에서의 재판은 배심제(陪審制)로 이루어져 왔는데 여기서 축적된 판례가 보통법의 중요 내용이 되었고 있으며 이러한 보통법원의 재판제도는 시간이 지나면서 보통법 소송이 경직되고 영장을 발급 받지 못하는 원고가 발생하고, 소송이 공정하게 진행되지 못하는 등 그 불공정성으로 인하여 새로운 형평법원이 등장하게 된다. 형평법원(衡平法院)은 보통법원에서 축적된 판례(判例)뿐만 아니라 도덕률(道德律)을 근거로 배심원 없이 대법관(大法官)이 재판을 진행하게 되었는데 여기서 보통법과 다른 형평법(衡平法)이 형성 발전하게 되었다.

그 후 1873년 영국은 재판절차의 중복으로 인한 시간과 비용의 낭비를 줄이기 위하여 법원조직법에 따라 보통법원과 형평법원을 통합하였고 19세기의 입법개혁(보통법의 법전화, 법원제도의 개편, 보통법과 형평법의 통합, 소송절차의 간소화)을 거쳐 현대에 이르고 있으며, 따라서 영국법은 판례법 또는 불문법이라고 하고 있다.

반면 제정법은 판례의 축적으로 형성된 판례법과는 달리 일반적으로 의회에서 제정된 법으로 판례법이 불명확한 경우, 판례법이 통일성을 상실한 경우, 시대적 변화로 인하여 판례법을 적용하는 것이 불합리한 경우, 또는 새로운 분야의 법규범이 필요한 경우에 그 필요성에 따라 제정된 법률이지만, 현재 영국은 포괄적인 제정법이 다수 제정되었으며, 산업안전보건법은 의회에서 제정된 제정법이라 할 수 있고 그러나 영국법체계의 기본은 판례법주의를 유지하고 있으며, 특히 법원에서의 법적용과 해석에서는 불문법의 전통이 남아 있다.

영국의 법원은 법(Act)과 시행규칙(Regulation) 및 명령(Order)으로 이루어져 있고, 집행기준을 위한 승인된 실무규범(ACoPs, Approved Codes of Practice)과 지침(Guidance)이 있다. 그리고 법규는 아니지만 법에서 규격으로 인용하거나 법해석 시 참조하는 민간의 기준(Standard)이 있다.

① **법(Act)** : 법은 원칙적으로 그 나라의 의회에서 발의하고 제정함. 그러나 행정부나 사회단체 또는 국민이 법의 제안이나 제정을 청원할 수 있음.

② **시행규칙(Regulations)** : 법(Act)의 위임이나 근거에 의거하여 장관이 의회에 제출하여 승인을 받도록 되어있음. 시행규칙/규정은 적용 및 집행에 있어서 강제력이 있음.

206) 조흠학, 법제사적 의미에서 산업안전보건법의 역할과 지위에 관한 연구, 산업안전보건연구원, 2010, 162~164면; 세계 각국의 산업안전보건법 형사처벌제도와 처벌사례 연구, 산업안전보건연구원, 2009; 박두용, 21세기 노동환경권변화에 따른 산재예방 실효성확보방안에 관한 연구, 산업안전보건연구원, 2003에서 발췌하여 재정리함.

③ **명령(Order)** : 법 및 규정의 위임이나 근거에 의거하여 내각에서 발하는 집행명령으로 주로 행정절차에 관한 내용임.

④ **승인실무규범(Approved codes of practice, ACoPs)** : 시행규칙/규정을 보완하기 위하여 만든 예시 위주의 규범이임. 이 규범의 적용이 강제되는 것은 아니고, 이 규범에 의하여 처벌을 할 수 있는 것도 아니지만 특별한 법률적 지위를 가짐. 만약 사업주가 산업안전보건법 위반으로 구속되었는데 이 규범을 따르지 않았음이 입증되는 경우 법정은 사업주에게 과실이 있다고 판결할 근거로 채택될 수는 있음.

⑤ **지침(Guidance)** : 법의 해석 및 업무수행을 위한 기술적인 지침으로서 사업장의 적용 및 집행에 있어서 강제력이 있거나 의무적인 것은 아님.

영국의 법령체계

법(Act)	ex : The Health and Safety at Work etc. Act
시행규칙(Regulation)	ex : HSW Act 하위 각종 Regulations
시행명령(Order)	ex : HSW Act 하위 각종 Orders
승인실무규범(ACoPs)	Approved Codes of Practice, Guidance
기준/표준(Standards)	유럽연합 입법과 지침 : European Legislation, British Standards

2) 산업안전보건법(HSW Act)의 구조

1974년 영국의 산업안전보건법이 제정된 것은 사실 사업장의 안전관리 일원화를 목적으로 했다기보다는 기존의 명령·통제형(command and control regulation) 규제방식에서 노사정의 3자에 의한 사업장의 산업안전보건관리 시스템을 통한 규제방식으로 전환한 것에 더 큰 의의와 근본적인 목적을 두고 있었다.[207)]

산업안전보건법은 정부에 노사정에 의한 안전보건위원회(Health Safety Commission, HSC)를 설치하고 여기에서 이루어진 사업장의 안전보건상의 조치 및 기준에 대한 합의사항을 집행하기 위한 법적 근거로서의 만들어진 것이며, 또한 이러한 사항을 집행하기 위한 행정기구로 영국의 안전보건청(Health Safety Executives, HSE)이 발족되었다.

207) 조흠학, 법제사적 의미에서 산업안전보건법의 역할과 지위에 관한 연구, 산업안전보건연구원, 2010, 165면; 세계 각국의 산업안전보건법 형사처벌제도와 처벌사례 연구, 산업안전보건연구원, 2009; 박두용, 21세기 노동환경권변화에 따른 산재예방 실효성확보방안에 관한 연구, 산업안전보건연구원, 2003에서 발췌하여 재정리함.

조문구성은 총 4장 85개조로 되어 있는 이 법의 구성내용은 제1조 목적 외에 사용자 및 근로자가 지켜야 할 의무와 안전보건위원회(The Health and Safety Commission), 안전보건청(The Safety and Health Executive)의 조직과 기능, 안전보건 관련규정의 적용에 관한 사항, 노동감독관의 권한과 직무 등 이 법의 집행에 관한 사항, 벌칙, 보칙, 사업장 의료지침에 관한 사항, 건물관리 및 건축법 개정사항, 부칙(통합된 법규정 개정내용)의 순서로 되어 있다[208].

① 사업주의 근로자 안전, 보건 및 복지증진의 의무를 포괄적으로 규정

② 근로자의 의무는 작업장에서는 자신의 불안전한 행동이 자신의 안전보건 뿐만 아니라 타인의 안전 및 건강을 해칠 우려가 있을 때에는 타인의 안전보건에 대하여도 충분히 고려하여야 하므로 법령에 의하여 규정된 의무사항이나 사업주 또는 상사로부터 지시받은 사항을 필히 준수할 수 있는 범위 내에서는 협력하도록 규정

③ 어떤 사람이라도 법령에 따라 근로자의 안전, 보건 또는 복지를 위하여 설치된 건물을 고의로 손상시키거나 그릇되게 사용해서는 안 되도록 되어 있음

3) 적용범위와 대상[209]

법 적용범위는 작업에 임하는 모든 사람들의 안전·보건·복지를 보장하도록 확대하였고, 유해위험물질 특히, 신규화학물질의 저장·보관·관리 및 사용에 있어서 안전을 기하고, 작업장에서 발생하는 모든 유해위험요인으로부터 근로자를 보호할 뿐만 아니라 업무와 관련된 일반인의 안전도 보장하도록 규정하였다.

적용대상은 영국내의 모든 근로자, 자영업자 및 공공주민을 포함한 모든 사람에 대하여 적용되며 또한 제조업, 학교, 병원, 철도, 광산 등 위험이 높은 대부분의 업종에 적용되지만 그러나 원자력, 일반차량에 의한 교통안전, 서비스업종 및 군시설 등 특별한 분야 등에 대하여 적용을 제외하고 위험이 적은 업종은 제외하되 필요한 경우 이들 업무분야와도 긴밀한 협조체계를 유지하여 관리하고 있다.

사업장에서 배출하는 유해물질로부터 환경오염을 방지하도록 하여, 이 법의 적용을 받는 사업장을 확대 적용하도록 하였으며 사업장 등을 출입하는 일반인도 보호대상에 포함되고 있으며, 이와 같이 산업안접보건법의 적용범위가 확대된 이유는 종전 개별법에서 각각 적용하던 대상을 통합하면서 제외되었던 분야 등이 포함되었기 때문이다.

특징으로 집행기구의 일원화가 있는데 HSW Act의 제정으로 안전보건위원회(HSC)와 안전보건청(HSE)이 설립되었음. HSC는 전국노조(TUC)와 사용자단체(CBI), 그리고 지방노동 당국으

208) http://www.hse.gov.uk/legislation/hswa.htm)

209) 조흠학, 법제사적 의미에서 산업안전보건법의 역할과 지위에 관한 연구, 산업안전보건연구원, 2010, 166면; 세계 각국의 산업안전보건법 형사처벌제도와 처벌사례 연구, 산업안전보건연구원, 2009; 박두용, 21세기 노동환경권변화에 따른 산재예방 실효성확보방안에 관한 연구, 산업안전보건연구원, 2003에서 발췌하여 재정리함.

로부터 추천된 6~9인의 대표들로 구성되며 위원장은 상근으로서 관련부처 장관이 지명한다. HSC에서는 주로 안전보건정책을 결정한다. 여기에서 결정된 정책은 집행 전담 부서인 안전보건청(Health and Safety Executives, HSE)에 의해 실행에 옮겨진다. HSE는 기준 책정, 감독기능이 있으며, 행정지원을 받는 학술연구진이 있다. 결국 이러한 기구를 통하여 산업안전보건법규의 집행과 감독업무가 일원화되었다고 볼 수 있다.

(4) 산업안전보건법의 집행[210)]

산업안전보건 감독관의 법집행을 보면 영국에서는 2005년 기간 동안 FOD 감독관 및 전담위임 공무원이 약 650,000개소의 사업장에 대해 접촉 및 감독업무를 수행한다. 2006년도에는 HSE 주요 감독부분과 토픽에 대해 최일선 감독시간의 60%를 소모하였고, 이를 통해 17만 건의 접촉과 이중 66,000건의 감독을 실시하였으며 HSE/FOD의 현장조사활동을 수행한 건수는 46,032건(2005/06년)에 달한다.

산업안전감독관은 강제집행신청을 하는 등 법적인 절차를 진행할 수 있으나, 법원 판결 없이는 벌금 등의 형벌을 부과할 수는 없고, HSC에서는 감독관이 HSWA를 공정하게 집행하기 위해서 지켜야 할 원칙을 다음과 같이 제시하고 있다.

균형성(Proportionality), 목표성(Targeting), 일관성(Consistency), 투명성(Transparency), 책임성(Accountability)의 원칙에 따라 집행 하고 있다[211)].

법집행 결과를 알리는 방법으로는 크게 권고(Advice)와 통보(Notice)로 나뉘는데 구체적인 구분을 보면, 약식통보(Informal Notice) 혹은 권고(Advice)[212)]를 통하여, 개선통보(Improvement Notice)[213)]를 하고, 그 다음은 금지통보(Prohibition Notice)[214)]와 마지막으로는 기소(Prosecution)

210) 조흠학, 법제사적 의미에서 산업안전보건법의 역할과 지위에 관한 연구, 산업안전보건연구원, 2010, 168~169면; 세계 각국의 산업안전보건법 형사처벌제도와 처벌사례 연구, 산업안전보건연구원, 2009에서 발췌하여 재정리함.

211) 균형성(Proportionality) : 위험에 대한 법집행의 행위에 관한 것으로서 보건과 안전에 대한 위험의 정도에 따라, 그리고 위반의 심각성에 따라 차등적으로 법을 집행해야 한다는 것임, 목표성(Targeting) : 가장 심각한 위험을 일으킬 수 있거나 유해성이 가장 제어가 안 되는 부분부터 개선을 추진해야 한다는 것이고 그 조치는 의무 이행자들, 사업주든 제조자든, 공급자든 누구든지 간에 위험에 책임을 지도록 하고 제어가 잘 될 수 있도록 최적의 배치를 해야 함. 즉, 우선순위에 따라 행동해야 한다는 것을 의미함, 일관성(Consistency) : 비슷한 상황에서 비슷한 목적을 이루기 위해서는 비슷한 접근방법을 사용해야 한다는 것으로 획일성(uniformity)을 의미하는 것은 아님, 투명성(Transparency) : 의무 이행자들이 해야 할 일이 무엇이고 법집행 당국이 원하는 바가 무엇인가에 대해서 이해할 수 있도록 도와주어야 한다는 것으로, 해야 할 일 뿐만 아니라 하지 않아야 할 일들까지도 분명하게 밝혀주어야 함. 특별히 감독관들은 경고를 포함하여 정보를 제공하고 법을 지키기 위해 해야 할 일과 왜 해야 하는 지에 대한 설명을 해야 함, 책임성(Accountability) : 감독관들은 그들의 조치에 대해서 책임을 져야 한다. 즉, 정책과 기준을 명확하게 가지고 민원을 처리하는 등의 일을 할 때 효과적이고 보다 접근성이 있는 메커니즘을 이용해야 함. 단, 지방정부에서는 고유의 민원처리 방법을 가지고 있을 수도 있다.

212) 위반사항이 비교적 경미할 경우 사업주 및 협력업체 관련자에게 필요한 개선사항 및 개선사유를 알려주는 것으로서 사업주가 요청 시 서면으로 통보할 수 있음. 만약 이러한 감독관의 권고사항이 지켜지지 않아서 어떤 해(harm)가 있었을 경우 법원에서 설명할 수 있다.

213) 법 위반사항이 보다 클 경우 법 위반내용, 개선방안, 개선사유 및 개선기일을 명기하여 통보함. 개선기간은 21일

를 통하여 집행을 실행할 수 있다. 기소의 판단 기준은 HSC의 "Enforcement Policy Statement"를 따르며 잉글랜드 및 웨일즈에서는 HSE가 직접 기소하고 스코틀랜드에서는 검사가 직접 또는 HSE의 의견을 받아서 기소[215]한다.

영국의 HSE/지방정부의 전체 법집행 결과 통보 내역의 추이(단위 : 건수)

구분	HSE				Local authorities			
	합계	개선통보	기한내 금지통보	즉각적인 금지통보	합계	개선통보	기한내 금지통보	즉각적인 금지통보
1997/98	8,911	4,411	181	4,319	4,500	3,320	110	1,070
1998/99	10,900	6,353	199	4,348	6,470	5,140	130	1,200
1999/00	11,340	6,972	196	4,172	6,100	4,850	80	1,170
2000/01	11,056	6,671	147	4,238	5,810	4,720	60	1,030
2001/02	11,082	6,712	116	4,254	5,960	4,820	50	1,090
2002/03	13,324	8,140	113	5,071	5,780	4,560	50	1,170
2003/04	11,335	6,798	81	4,456	6,080	4,800	80	1,200
2004/05	8,471	5,186	49	3,236	6,420	5,110	50	1,260
2005/06	6,593	3,925	38	2,630	6,770	5,220	80	1,470
2006/07	8,234	5,139	54	3,041	6,960	5,270	50	1,640
2007/08p	7,715	4,512	44	3,159	6,010	4,470	60	1,480

최근 이러한 감독업무를 수행하여 법집행 결과를 통보한 사항을 구체적인 사안별로 HSE와 지방정부로 나누어 정리하여 보면 중대한 사안일수록 HSE에서 해결하는 경우가 많으므로 HSE의 통보는 거의 금지통보에 해당하며 지방정부보다 전체 건수도 많은 것을 알 수 있다.

(5) 소결

영국법의 체계를 살펴보면 영국은 대표적인 판례법 또는 불문법주의를 택하고 있는 나라이다.

이상으로 주어지며 사업주는 이의가 있을 경우 산업재판소(Industrial Tribunal)에 이 기간 동안 이의를 제기하는 것이 가능하며, 이의가 제기되면, 문제가 해결될 때까지 개선통보의 효력은 중지되고 만약 개선기간동안 개선이 되지 않을 경우에는 추가적인 조치를 취할 수 있다.

214) 사업장에 심각한 위험이 있을 경우 즉각 또는 일정 시간이 경과한 후 기기의 사용 또는 작업을 금지함. 금지통보에는 금지하는 이유를 명시하며 이의가 있을 경우 이의제기 절차도 명시해주고 있다. 금지통보에는 두 가지 형태가 있을 수 있음이 있다. 첫째는, 즉각적인 금지통보(Immediate Prohibition Notice)로서 위험이 없어질 때까지 즉각 작업을 중지시키도록 하는 것이고 둘째는, 기간 내 금지통보(Deferred Prohibition Notice)로서 정해진 기간 내에만 작업을 중지하도록 하는 것이다.

215) 기소를 할 수가 있는 경우는 ① 법을 위반해서 사망에 이르렀을 경우, ② 실제적인 혹은 잠재적인 위험의 심각성 또는 위반사실을 보증하는 기록과 접근 방법이 뒷받침되는 강력한 위반의 중대성이 있을 경우, ③ 보건과 안전에 대한 요구조건을 무모하게 무시한 경우, ④ 반복적인 위반으로 심각한 위험 혹은 지속적이고 중대한 법 미준수의 사항 등이 있을 경우, ⑤ 적절한 면허 등을 가지지 않고 작업을 수행하거나 가지고 있다고 해도 심각하게 법을 지키지 않고 작업을 수행하는 경우, ⑥ 보건과 안전을 관리하는 의무 이행자의 기준이 보건안전법에서 요구하는 조건에 한참 못 미치거나 심각한 위험을 일으킨다고 보는 경우, ⑦ 개선 혹은 금지통보를 이행하지 않은 경우 혹은 권고사항을 반복적으로 위반하는 경우, ⑧ 심각한 위험을 야기시킬 수 있는 문제에 대해 잘못된 정보를 고의로 제공하거나 속이려는 의도가 있는 경우, ⑨ 감독관이 법적인 절차를 밟으려고 할 때 고의적으로 방해하는 경우 등이다.

그래서 영국법을 일반적으로 보통법(Common Law)이라 부르고 있는데, 보통법원에서 만들어진 판례집을 중심으로 보통법이 형성, 발전되어 있었다.[216)]

하지만 근로자의 산업안전보건법의 효과적인 보호를 위하여 추가적인 기업살인법을 제정하여 근로자 보호에 힘쓰고 있다.

영국에서 산업재해 사망사고는 기업에 의한 살인이며, 산재사망에 대해 기업의 처벌을 강화하는 새로운 형사정책의 도입의 필요성이 제기 되었고 업무와 관련한 근로자의 사망사고를 단순 과실치사로 보지 않고, 살인죄를 적용하여 사업주 및 경영층을 구속함으로써 사업주의 책임의식을 강화해야 한다는 의견이 제기되었다. 또한 노동조합과 시민단체에서 산재사망 기업에 대한 책임과 처벌강화 운동을 통해서 주의 의무 위반으로 근로자를 사상케 한 기업을 처벌할 수 있는 새로운 법률의 제정을 요구하였다. 그리하여 기업과실치사 및 기업살인법(Corporate Manslaughter and Corporate Homicide Act, 2007)이 제정되어 2008년 4월 6일부터 시행되었다.[217)]

영국의 법률은 대륙 법처럼 한 개의 특별법형태로 법률을 제정하는 것이 아니라 필요한 목적이 있어야만 기존법률에 번호를 붙여 법을 제정하고 특별규정의 목적에 따른 법률적 구속력을 적용한다. 그래서 기업과실치사 및 기업살인법은 기존법률의 번호에 붙여 특별법형태로 제정되어 제19장에 총 29개의 조문으로 공포되었다.

그 주된 골자를 살펴보면 첫째, 기업이 행한 행위나 기업경영상조직 및 활동에 관한 위법행위나 주의의무 위반으로 발생한 행위가 각각 사람을 사상하게 하거나 사망하게 하는 행위에 대하여 기업에게 책임을 부과하는 법률이며 둘째, 해당 조직 내의 근로자와 혹은 조직을 위해 서비스를 제공하는 자에 대한 포괄적인 안전을 책임져야 할 필요가 있어서 책임을 져야 할 자의 의무와 위법행위를 한 기업으로 한정하여 제정된 법률이라고 볼 수 있다. 이러한 의미의 법률이 제정되어 근로자 보호책임을 국가가 관여하여 적극적인 책임을 부과하는 의미는 상당한 법률적 발전이라고 볼 수 있다.

3. 기업과실치사 및 기업살인에 관한 규정

(1) 제정배경

영국에서 산업재해사망사고는 기업에 의한 살인이며, 산재사망에 대해 기업의 처벌을 강화하는 새로운 형사정책의 도입의 필요성이 제기되었고 업무와 관련한 근로자의 사망사고를 단순 과

216) 조흠학, 법제사적 의미에서 산업안전보건법의 역할과 지위에 관한 연구, 산업안전보건연구원, 2010, 169~170면; 세계 각국의 산업안전보건법 형사처벌제도와 처벌사례 연구, 산업안전보건연구원, 2009에서 발췌하여 재정리함.

217) http://www.hse.gov.uk/corpmanslaughter/index/htm 참조.

실치사로 보지 않고, 살인죄를 적용하여 사업주 및 경영층을 구속함으로써 사업주의 책임의식을 강화해야 한다는 의견이 제기되었다. 또한 노동조합과 시민단체에서 산재사망 기업에 대한 책임과 처벌강화 운동을 통해서 주의 의무 위반으로 근로자를 사상케 한 기업을 처벌할 수 있는 새로운 법률의 제정을 요구하였다. 그리하여 기업과실치사 및 기업살인법(Corporate Manslaughter and Corporate Homicide Act 2007)이 제정되어 2008년 4월 6일부터 시행되었다.[218)]

영국의 법률은 대륙 법처럼 한 개의 특별법형태로 법률을 제정하는 것이 아니라 필요한 목적이 있어야만 기존법률에 번호를 붙여 법을 제정하고 특별규정의 목적에 따른 법률적 구속력을 적용한다. 그래서 기업 과실치사 및 기업 살인 법은 기존법률의 번호에 붙여 특별법형태로 제정되어 제19장에 총 29개의 조문으로 공포되었다.

그 주된 골자를 살펴보면 첫째, 기업이 행한 행위나 기업경영상조직 및 활동에 관한 위법행위나 주의의무 위반으로 발생한 행위가 각각 사람을 사상하게 하거나 사망하게 하는 행위에 대하여 기업에게 책임을 부과하는 법률이며 둘째, 해당 조직 내의 근로자와 혹은 조직을 위해 서비스를 제공하는 자에 대한 포괄적인 안전을 책임져야 할 필요가 있어서 책임을 져야 할 자의 의무와 위법행위를 한 기업으로 한정하여 제정된 법률이라고 볼 수 있다.

(2) 주요내용

1) 적용범위

적용범위는 법 제1조 제2항을 보면 기업, 별첨에 명시된 부처 및 기타 기관[219)], 경찰, 고용주와 협력관계에 해당하는 노동조합 및 경영자 단체 등이 해당되고, 이 법의 적용 범위는 일반적인 기업은 당연히 해당되므로 일반적인 기업 내에서 발생되는 사망과 사망에 이르게 한 위법행위는

218) http://www.hse.gov.uk/corpmanslaughter/index/htm 참조.

219) 정부부처 등 총 49개의 기관 등으로 명시 되어있다. (별첨 1, 정부 부처 등의 명단 :Assets Recovery Agency, Attorney General's Office, Cabinet Office, Central Office of Information, Crown Office and Procurator Fiscal Service, Crown Prosecution Service, Department for Communities and Local Government, Department for Constitutional Affairs (including the Scotland Office and the Wales Office), Department for Culture, Media and Sport, Department for Education and Skills, Department for Environment, Food and Rural Affairs, Department for International Development, Department for Transport, Department for Work and Pensions, Department of Health, Department of Trade and Industry, Export Credits Guarantee Department, Foreign and Commonwealth Office, Forestry Commission, General Register Office for Scotland, Government Actuary's Department, Her Majesty's Land Registry, Her Majesty's Revenue and Customs, Her Majesty's Treasury, Home Office, Ministry of Defence, National Archives, National Archives of Scotland, National Audit Office, National Savings and Investments, National School of Government, Northern Ireland Audit Office, Northern Ireland Court Service, Northern Ireland Office, Office for National Statistics, Office of the Deputy Prime Minister, Office of Her Majesty's Chief Inspector of Education and Training in Wales, Ordnance Survey, Privy Council Office, Public Prosecution Service for Northern Ireland, Registers of Scotland Executive Agency, Revenue and Customs Prosecutions Office, Royal Mint, Scottish Executive, Serious Fraud Office, Treasury Solicitor's Department, UK Trade and Investment, Welsh Assembly Government)

유죄로 인정하는 것으로 규정되어 있다. 일반적인 기업 외에도 정부부처, 경찰, 노동조합 및 경영자단체등이 포함되며 일반 기업 외에도 사람을 고용하여 업무를 행하는 기관이나 단체는 전부 포함된다는 것이고, 경찰 또는 정부부처와 왕실단체[220], 군대[221]에도 적용되며, 노동조합, 경영자단체 등, 사람을 고용하여 업무도중 발생한 사망사건은 당해조직의 위법행위로 나타날 수 있다고 규정하고 있다.[222]

2) 적용주체

위법행위대상이 되는 법률의 적용주체는 기업과 정부기관이다. 직접적인 적용의 주체는 그 기관들의 해당조직이며(법 제1조 제4항 c), 해당조직이 중대위반이 발생한 경우에 직접적인 적용대상이 된다(동법 제1조 제4항 b). 조직의 직접적인 법률적용 주체를 구체적으로 살펴보면, 조직의 최고경영층에 해당하는 역할을 하는 자로 규정하고 있으며(법 제1조 제4항 c), 직접적인 법률적용의 대상자로 규정하고 있다[223].

(3) 처벌대상 행위

1) 위법행위

위법행위로 보는 경우(동법 제1조 제2항의 조직과 동법 제1조 제4항)는 최고경영층이 조직 내의 어떤 사람을 사망에 이르게 하거나, 사망에 관한 주의의무를 현저히 위반하여 발생한 사건의 상당한 부분을 차지 할 때를 말한다.

위법행위의 결과로 유죄를 인정하는 경우에는 기업과실지사죄(잉글랜드와 웨일스, 북아일랜드)와 기업살인죄(스코틀랜드)로 규정(동법 제1조 제5항)하여, 죄의 결과는 기업과실치사사죄, 기업살인죄 등으로 직접적인 유죄가 되며, 각각 벌금형(동법 제1조 제6항)등에 처하도록 하고 있으며, 기업 살인의 위법행위 판단은 (스코틀랜드)최고법원에서만 판결 할 수 있도록 하고 있다.

2) 주의의무위반

위법행위가 나타날 수 있는 주의의무(동법 제2조)는 관련주의의무라는 과실을 기준으로 판단

220) 법 제11조 왕실단체적용(왕실단체산하기관도 이법의 적용되어지며, 해당고용자는 왕실에 의하여 고용된 자로 본다.)
221) 법 제12조에서 군대란 영국의 육·해·공군을 포함하며, 군대소속원은 국방부에 고용된 것으로 보고 이 법을 적용하는 것으로 규정하고 있다.
222) CMCHAct s 1 The offence (2) The organisations to which this section applies are - (a) a corporation; (b) a department or other body listed in Schedule 1; (c) a police force; (d) a partnership, or a trade union or employers' association, that is an employer.
223) 최고경영층의 역할을 담당하는 자의 의미는 조직의 경영 활동을 하며, 총괄적이고 중요부분의 의사결정을 할 수 있는 자를 말하고, 조직경영 및 활동에서 실제적인 총괄을 담당하는 자를 말한다.

하며, 법률에 정해놓은 의무를 이행하지 않을 때에 조직 내의 주의의무 위반으로 보고 위법행위로 간주하고 있다.[224]

3) 기타 법률내용

정부기관의 업무에 관한 정의를 설명(동법 제5조~제7조)규정, 중대위반인 경우에는 배심제도를 통하여 판단하므로 배심원에 관련한 사항(동법 제8조), 법원에서 위반에 관한 개선명령권과 유죄 시에 유죄 명령 공표 권(동법 제9조~제10조), 왕실단체적용규정(동법 제11조), 경찰의 적용 문제와 정부기관에서도 주의의무에 관한 책임(동법 제12조), 협력회사에 관한 책임을 부과하고 있다(동법 제14조).

(4) 산업안전보건에 관한 부분

산업안전보건에 관한 이 법률의 적용은 동법 제19조의 안전보건 법률의 유죄에 관한 규정이다. 위반행위에 관한 내용이 안전보건 법률에 의한 유죄판결로 나타날 경우에는 아래와 같이 적용한다.

1) 동일한 소송일 경우

특정 상황에서 발생한 기업 과실치사 또는 기업 살인 혐의가 있는 경우, 일부 또는 전체 상황에서 발생한 안전보건을 위법한 동일한 피고에 대하여 혐의가 있을 때에는 배심원은 관련 법률에 따라 각각의 그 혐의에 대하여 평결하도록 하고 있다.

2) 특정 상황

관련 법률에 따라 특정 상황에서 발생한 기업 과실치사 또는 기업 살인으로 유죄판결을 받은 기관은 필요한 일부분 또는 전체에 대하여 안전보건 위법행위로 고발될 수 있도록 하고 있다.

3) 안전보건 위반의 의미

동 조에서 '안전보건 위반'이란 것은 모든 안전보건 법률의 위반을 의미하는 것으로 규정하고

224) 조직 내에 주의의무 위반내용을 보면, 조직의 근로자 또는 조직을 위해 일하는 서비스제공을 하는 자에 대한 안전의무, 부동산점유자의 안전서비스제공 의무, 상품 및 서비스제공 업무수행에 대한 안전서비스제공의무, 건축 및 유지보수업무수행(건설, 설치, 변경, 확장, 개선, 수리, 관리, 장신, 청소, 폭파, 해체를 할 수 있는 건물이나 구조물, 또는 토지일부를 구성하거나 구성을 위해 필요한 행위를 할 경우, 설비나 차량 또는 기타에 대하여 행하는 행위가 건축 및 유지보수 업무에 해당한다(법 제2조 제7항))의 안전서비스제공의무, 상업적 목적의 활동에 대한 안전서비스제공의무, 설비 차량 또는 기타 물품의 사용 또는 유지업무의 안전서비스제공의무 등이 있다.

있으며, 이 법률의 포괄적 적용은 안전보건의 위반을 한 기업에 대하여 안전보건행위 위반으로 고발할 수 있도록 규정하고 있다.

(5) 벌칙에 관한 규정

이 법을 심각하게 위반하였을 경우 벌금의 상한선은 없다.[225] 의회 지침(Guidelines Council)에 의하면 벌금의 금액을 기업의 1년 총 매출액의 5%에서 시작하고 대략 2.5～10% 내에서 부과 하도록 하고 있다(사고 원인이 더 악화되면 10% 혹은 그 이상이 부과될 수 있다).[226] 기업입장에서는 매우 큰 벌금이라 할 수 있는데 이러한 큰 벌금은 사고의 예방차원이라는 법 취지의 목적에 부합한다고 할 수 있다. 또한 법원은 벌금 이외에도 기업에게 그들의 범죄사실을 지역 혹은 국가의 언론에 광고하게 함으로써 다른 기업들에게 메시지를 전할 수 있는[227] 공표제도를 통하여 사업주의 책임의식을 널리 알리는 규정이 마련되어 있다.

IV. 독일 산업안전보건법

1. 역사적 배경

독일의 산업안전보건 체계는 상당히 복잡하다. 미국과 영국은 단일한 산업안전보건법을 가지고 있는 것과 달리 독일에는 산업안전보건에 관한 개별법이 다수 존재한다. 산업안전보건 행정 및 집행체계도 연방정부와 주정부로 이원화되고 있고, BG라는 동업조합의 민간감독관도 사업장에 대한 법규의 지도감독권한이 부여되어 있다. 또한 지방정부인 주정부의 자치기능은 주마다 매우 독립적이기 때문에 주정부의 조직과 규모도 다양하다. 따라서 독일의 산업안전보건 체계를 완전히 이해하기는 어렵다.

모든 제도가 그렇듯이 현재 독일의 산업안전보건제도는 독일의 역사적 발달과정의 산물이다. 특히, 독일은 역사적으로 대부분 지방자치의 연방국가를 형성해 왔다는 점과 근대화가 시작된 중

225) CMCHAct s 1 The offence 6) An organisation that is guilty of corporate manslaughter or corporate homicide is liable on conviction on indictment to a fine.

226) David Ormerod., Richard Taylor., "THE CORPORATE MANSLAUGHTER AND CORPORATE HOMICIDE ACT 2007", *Criminal Law Review* 2008, 8, p.610.

227) Rosemary Craig., "THOU SHALL DO NO MURDER: A DISCUSSION PAPER ON THE CORPORATE MANSLAUGHTER AND CORPORATE HOMICIDE ACT 2007", COMPLAW 2009, 30(1), p17.

세기말에 강력한 민간조직인 상공업자와 수공업자들의 동업조합인 길드(guild)가 발달되어 왔다는 점으로 인하여 오늘날 매우 독특한 산업안전보건의 제도를 갖게 되었다. 따라서 독일의 산업안전보건제도를 이해하기 위해서는 독일의 역사적 배경과 연방정부의 특성을 살펴보는 것이 매우 중요하다. 이러한 이유로 독일의 역사적 배경과 일반적 행정체계의 특성에 대해 약간 자세히 다루었다.

(1) 역사적 개관

1) 로마제국시대와 프랑크 왕국[228)]

고대 독일지방에는 4세기 중엽 훈족의 침입이 있기 전까지 게르만 민족의 흩어져 살고 있었다. 375년경 훈족의 침입으로 게르만 민족은 유럽이 남부와 서부로 대이동을 한 적이 있었지만, 840년 카를루스가 라인강 유역을 통일하여 지금의 프랑스와 독일 지방에 프랑크 왕국을 세울 때까지 국가의 틀을 갖추지 못한 채, 지방의 호족들이 조그만 여러 왕국을 형성하고 있었다. 카알 대제(Karl der GreBe)[229)]는 유럽 최대의 왕국을 세웠다. 로마제국이 멸망한 다음 약 400년간 이 프랑크 왕국이 유럽을 지배하였으나, 814년 카알 대제가 죽은 후 프랑크 왕국의 상속권을 두고 다툼 끝에 베르둥(Verdun) 조약(843년)과 메르센(Mersen) 조약(870년)이 체결되었다. 베르둥 조약에 따라 장남 로타르 1세는 황제칭호와 이탈리아 및 로트링겐을, 차남 루드비히 2세에는 라인강 동쪽의 동프랑크 왕국(독일 지방)을, 삼남 카알 2세는 서프랑크 왕국(프랑스 지방)을 통치하게 되었다. 장남 로타르가 사망하자, 다시 메르센 조약을 맺어 카알 2세는 서프랑크(오늘날 프랑스)를 루이 2세는 동프랑크(독일지방)를 통치하게 되었다. 이리하여 오늘의 독일 지역의 동프랑크 왕국이 독립국가로 되었으나, 지방마다 큰 세력을 지닌 호족들이 군사와 재산을 갖고 있었으므로 동프랑크 왕국은 사실상 여러 개의 작은 나라로 나누어져 있는 것과 같았다. 동프랑크 왕국은 911년 왕위를 물려받을 왕족을 남기지 않은 상태에서 왕이 사망함으로써 지방의 호족들이 선거로 왕을 선출하기로 합의했다. 따라서 독일은 지방 호족들의 독립성과 자치성이 크게 발달하였으며, 오늘날 지방자치가 가장 잘 발달한 나라가 된 것도 이러한 오랜 역사적 전통으로부터 기인될 것이다.

독일의 왕권을 처음으로 강화시킨 왕은 작센 지방의 호족인 하인리히(Heinrich) 1세와 그 뒤를 이은 오토(Otto) 1세(오토 대제)였다. 특히, 오토 1세는 교회와 호족을 견제하여 강력한 왕권을 확립함으로써 처음으로 독일을 통일국가로서 면모를 갖추었다. 그러나 962년에 로마교황 요하네스 1세로부터 신성로마제국(Heiliges Rmisches Reich Deutscher Nation, 962-1806)의 황제라는

228) 조흠학, 법제사적 의미에서 산업안전보건법의 역할과 지위에 관한 연구, 산업안전보건연구원, 2010, 171~173면; 세계 각국의 산업안전보건법 형사처벌제도와 처벌사례 연구, 산업안전보건연구원, 2009; 박두용, 21세기 노동환경 권변화에 따른 산재예방 실효성확보방안에 관한 연구, 산업안전보건연구원, 2003에서 발췌하여 재정리함.

229) 카알 대제를 영어로는 샤를마뉴(Charlemagne)로 읽는다.

칭호를 받았으면서 독일은 다시 지방 호족중심의 분권정치가 지속되었다. 독일 왕들은 로마제국의 황제가 되면서 독일보다는 로마제국의 통치에 관심을 기울여 독일은 사실상 호족들의 영향권에 들어가 각 지방별로 수많은 왕국이 난립되었기 때문이며, 신성로마제국은 1806년 나폴레옹에게 멸망당하기까지 지속되었다.

2) 중세기의 독일[230)]

중세 유렵의 영국, 프랑스, 스페인 등 서유럽의 다른 나라들은 세습군주를 중심으로 중앙집권화함으로써 통일국가로의 과정이 이루어지고 있었다. 반면 독일은 분권화되어 왕권이 약해지고 그 결과 가열된 지방 호족들간의 세력다툼은 독일이 통일국가로 되는 것을 방해했다. 호족들간의 세력 다툼으로 1300년경에는 약 300여개의 크고 작은 연방들이 난립해 있었다. 이처럼 독일은 1871년 비스마르크에 의해 통일될 때까지 수백 개의 연방들의 모임에 지나지 않았으므로 오랜 역사를 통해 별로 중요한 역할을 하지 못했다.

14세기에 이르자 지방의 제후와 기사들이 점점 쇠퇴하고 부를 축적한 도시의 성장이 두드러졌다. 경제력을 획득한 도시는 정치적 영향력도 커졌다. 도시는 도시들끼리 동맹을 결성하여 힘을 강화시켰는데, 이들 동맹 중 가장 유명한 것이 한자 동맹(Hansa Bund)이다. 한자 동맹은 14세기 발트해 지역의 도시들이 주도적으로 맺은 동맹이다. 한자동맹은 중세 유럽의 대표적인 도시 동맹으로, 중세 독일은 국가적 통일이 이루어지지 않고 제후들이 할거하고 있어서, 모든 도시들은 상업과 무역을 자체의 힘으로 보호하지 않을 수 없었다. 한자동맹은 14～15세기에 가맹 도시가 80여 개에 이르렀고, 자체 해군 등 군사력을 갖추는 등 연방 국가와 비슷한 모습을 갖추었다. 제국은 형식상으로만 남아있었고, 1438년 이후에 왕위는 가장 강력한 세력이었던 합스부르크가에서 세습되었다. 그러나 지방의 제후들과 도시대표들의 세력이 커지자 황제는 그들과 합의하여 여러 가지 조약을 체결함으로써 왕권의 명맥을 유지하였다. 따라서 왕권은 점점 약화될 수밖에 없었다. 그렇지만 군소 연방들을 강력한 이웃나라들의 침략에서 방어해주는 제국과 왕의 존재는 그 필요성 때문에 유지가 되었다.

16세기와 17세기의 유럽은 종교개혁으로 인한 종교분열과 종교전쟁의 시기였다. 르네상스와 휴머니즘에 의해 형성된 비판의식은 세속화된 교회의 전횡에 대한 반기로 이어졌고 1517년 루터의 종교개혁으로 폭발되었다. 독일의 제후들은 루터파와 카톨릭파로 나누어져 각각 동맹체를 구성하였다. 종교개혁 당시 신성로마제국의 황제는 합스부르크가의 황제인 카알 5세였는데 그의 목표는 제국의 통일과 교회의 통일을 유지하는 것이었으므로 루터 및 루터를 지지하는 독일의 제후들과 충돌할 수밖에 없었다. 1555년 아우구스부르크 종교평화조약으로 지방제후들은 종교를

230) 조흠학, 법제사적 의미에서 산업안전보건법의 역할과 지위에 관한 연구, 산업안전보건연구원, 2010, 173～175면; 세계 각국의 산업안전보건법 형사처벌제도와 처벌사례 연구, 산업안전보건연구원, 2009; 박두용, 21세기 노동환경 권변화에 따른 산재예방 실효성확보방안에 관한 연구, 산업안전보건연구원, 2003에서 발췌하여 재정리함.

그들의 예속 아래 통제할 수 있는 권리를 얻었으며, 개신교는 구교와 동등한 지위를 인정받게 되었다. 당시에는 지역주민은 통치자의 지배를 받았으므로 지역 군주의 종교에 따라 구교와 신교 중 하나를 믿게 되었다. 그 결과, 오늘날의 북부 및 중부독일은 대부분이 신교 지역이 되었고, 나부는 주로 구교 중심이 되었다.

그러나 크고 작은 종교분쟁의 지속되었고, 보헤미아에서도 반종교개혁을 수행하려는 합스부르크가의 무력적인 시도에 신교파가 무력으로 대응함으로써 독일에서는 30년 전쟁(1618～1648)이라는 내전이 일어났다. 30년 전쟁은 독일내전이었지만 덴마크군과 스웨덴군이 독일에 진주하였고, 후에 프랑스군도 가담하여 유럽 전체의 전쟁으로 확대되었다가 1648년 베스트팔렌 조약으로 종전이 되었다. 베스트팔렌 조약으로 독일의 각 지방 왕국은 독립국에 가까운 권력을 얻었지만 대부분 지역이 황폐화되었고 인구도 격감했다. 이 전쟁으로 프랑스가 유럽을 제패하게 되었고, 프랑스문화가 유럽을 지배하기 시작했다. 스위스와 네덜란드의 독립이 촉진되었으나 독일의 국토는 황폐해지고 정치적 분열과 문화 발달이 뒤지는 원인이 되었다.

베스트팔렌 조약에 따라 유럽에는 여러 가지 변화가 일어났다. 프랑스와 스웨덴이 유럽의 주도권을 장악했으며 스위스와 네덜란드가 독립했다. 독일의 지방 세력은 왕권이 약화된 틈을 이용하여 실제적인 독립을 이루어 무려 300개 이상의 왕국이 들어서게 되었다. 따라서 중세기 독일은 또 다시 지방분권의 역사가 지속되었다.

30년 전쟁 이후 독일은 여러 소왕국으로 갈라진 가운데 합스부르크가의 오스트리아와 오엔촐레른가(家)의 프로이센이 주도권을 다투게 되었다. 특히 오스트리아는 1683년 터키의 침략을 막아내고 헝가리와 터키의 발칸지역을 점령하여 거대한 세력으로 등장하였다. 한편, 프로이센은 17세기 중엽부터 그 영향력이 점점 확대되어 18세기에는 오스트리아에 맞선 경쟁국으로 부상했다. 프리드리히 빌헬름 군주(1640～1688)의 통치하에서 프로이센은 북부 독일에서 가장 강력한 나라로 발전하였음, 프리드리히 빌헬름 1세(1713～1740)는 교육, 무역, 제조업, 농업 등을 혁신하고 군사력을 크게 증강시켰다. 이를 바탕으로 뒤를 이은 프리드리히 대제(1740～1786)가 1763년 오스트리아를 물리침으로써 제국은 합스부르크와 프로이센의 양대 세력으로 나뉘게 된다. 프로이센은 유럽의 주요 강대국으로서 영국, 프랑스, 오스트리아, 러시아와 같은 서열에 오르게 된다.

절대주의는 상비군의 편성과 중앙집권적인 관료체제를 형성함으로써 아직은 현대적 국가를 완성할 단계에 이르지 못하였지만 서서히 독일은 현대적인 국가의 틀을 갖추기 시작하였다. 그러나 이 시기의 유럽에는 시민층의 자의식도 매우 강해졌으며, 주권의식도 크게 성장하여 절대주의에 대한 비판이 일었다. 특히 프랑스에서는 1789년 대혁명으로 절대주의가 붕괴되었다. 귀족과 성직자들이 그들의 특권을 상실하였고 자유와 평등에 기반을 둔 새로운 국가와 사회 체제가 형성되기 시작한 것이다. 1789년의 프랑스 대혁명은 중세기초 이래 지속되어 온 봉건적인 사회질서를 무너뜨렸다. 절대왕권의 위기의식을 느낀 프로이센과 오스트리아는 무력으로 프랑스 혁명에 개입하려 했지만 혁명군의 역습을 받아 패퇴하였으며, 1806년 나폴레옹에 의해 멸망하게 되었다. 전쟁에 이긴 나폴레옹은 독일의 세력을 약화시키기 위하여 여러 왕국으로 분할한 '라인 동맹'을 세웠다. 라인동맹은 나폴레옹의 후원으로 조직된 남서독일 16개국의 동맹을 라인연방이라고도 한다. 라인연맹의 가맹국은 각각 주권을 주장하고, 독일제국으로부터의 탈퇴를 선언함으로써 프란츠 2세는 왕권을 포기하게 되었고, 이로써 신성로마제국은 막을 내렸다.

독일에서는 중세 유럽에서 있었던 프랑스혁명과 같은 시민혁명을 겪지 않았다. 절대왕정의 중앙집권적인 프랑스와 달리 독일은 지방분권의 봉건적 구조를 이루고 있었기 때문이었다. 나폴레옹과의 전쟁으로 독일에서는 민족의식이 확산되었다. 1812년 나폴레옹 1세의 프랑스군이 러시아 원정에 실패하자, 프로이센은 러시아와 동맹을 맺고 1813년 프랑스에 선전포고를 했다. 이 전쟁에 오스트리아, 바이에른, 스웨덴이 동맹에 가담하여 동맹군은 1814년 3월 파리로 진격함으로써 나폴레옹은 퇴위하였다. 이 해방전쟁은 여기에 참가한 다양한 계층의 독일인들에게 자유에 대한 의식을 확산시켰고, 이때부터 독일 전역에 걸쳐 하나로 통합된 독일을 요구하는 목소리가 높아지게 되었다.[231)]

1848년 프랑스에서 2월 혁명이 일어나자 독일에서는 이전의 1789년 프랑스 혁명 때와는 달리 즉시 반향이 일어났다. 3월에 모든 연방주에서 자유주의 민족국가를 쟁취하고자 하는 민중봉기가 일어났다. 비인의 3월 혁명으로 베테르니히는 실각하고 오스트리아와 프로이센의 왕은 언론의 자유와 헌법제정을 약속했으며, 이를 계기로 독일의 다른 소왕국에서도 입헌운동과 통일운동이 일어났다. 1848년 5월에는 프랑크푸르트에서 연방회의가 열렸고, 여기에서 독일 각국의 대표들은 독일 국민의 권리 선언을 채택하고 통일 독일의 헌법을 제정하고자 했다. 입헌군주제와 공화제에 대한 양론과 통일 독일에 오스트리아를 포함시킬 것인지에 대한 양론의 대립으로 별다른 합의를 이루지 못했다. 결국 프랑크푸르트 회의는 아무런 성과없이 끝난 채 해제되었다. 이후 독일 전역에 확산된 자유주의, 민주주의, 계몽주의, 입헌주의는 퇴조하고 다시 군국주의, 권위주의, 전체주의가 자리를 잡기 시작했다.

1800년대 중반 이후 산업이 크게 발달하기 시작하였고 근대적인 경제 발전도 빠르게 진행되었다. 1834년에는 독일 연방국가들은 관세동맹을 맺어 통일된 내국시장을 형성하였다. 1835년에는 철도가 운행되기 시작하였고 산업화는 급속도로 진행되었다. 산업화와 함께 공장노동자라는 새로운 계층이 대두되었다. 산업화는 생산력의 증가와 경제발전을 이룩하였지만 기존의 경제질서를 무너뜨림으로써 대부분의 노동자는 오히려 경제적으로 매우 궁핍해졌다. 인구도 급격히 증가하여 노동력은 초과상태에 이르자 빈곤은 더욱 극심해졌고 노동자 문제는 커다란 사회문제가 되었다. 결국 이러한 문제는 1844년 슐레지엔 직조공들의 봉기와 같은 폭력적인 양상으로 폭발하였다. 그러나 이 폭동은 프로이센의 군대에 의해 곧 진압되었다.

231) 조흠학, 법제사적 의미에서 산업안전보건법의 역할과 지위에 관한 연구, 산업안전보건연구원, 2010, 175~176면; 세계 각국의 산업안전보건법 형사처벌제도와 처벌사례 연구, 산업안전보건연구원, 2009; 박두용, 21세기 노동환경권변화에 따른 산재예방 실효성확보방안에 관한 연구, 산업안전보건연구원, 2003에서 발췌하여 재정리함.

1848년에는 현재의 독일 남부에서 당시의 급진적인 민주주의자였던 헤커[232]가 주동이 되어 혁명을 일으켰다. 일명 헤커의 반란(Hecker Putsch)으로 알려진 이 혁명에서 급진적 민주주의자들은 연방 공화제에 의한 통일, 자유 선거에 의한 국회의 창설, 봉건제 특권의 폐지, 민병제 채택, 정치와 교회 분리 등을 주장하였다. 그러나 다수파인 보수주의자들에 밀려 성과 없이 퇴장하고 말았다. 이렇게 되자 급진 민주주의자들은 직접 봉기에 의하여 공화국을 수립할 것을 합의하였다. 헤커를 중심으로 4월부터 콘스탄츠에 임시정부를 수립함과 동시에 농민군을 구성하여 반란을 일으켰다. 이에 대하여 보수주의자들은 북부 독일연방과 연합하여 정규군을 투입하여 반란군을 공격하였다. 내부의 의견이 통일되어 있지 않은 혁명군은 외부와 고립되었으며 4월 말 완전히 패배하였다. 실패로 끝난 이 혁명을 3월 혁명이라고 한다.[233]

3) 근대국가의 형성[234]

1862년 비스마르크는 독일지역의 최강세력인 프로이센의 총리로 지명되었다. 비스마르크는 의회의 예산 승인을 받지 않는 등 헌법을 위반하는 강력한 철권통치를 하기 시작했다. 대외적으로는 일관된 평화정책과 동맹정책으로 유럽에서 독일의 확고한 지위를 확립하였다. 비스마르크는 독일지역 내 최대 경쟁자였던 오스트리아와의 갈등을 초래한 후 전쟁을 일으켜 승리하였다. 이로써 오스트리아와 프러시아의 이원체제였던 독일동맹은 해체되었고 그 대신 북쪽의 모든 독일 연방들을 포괄하며 비스마르크를 연방총리로 한 '북독일 연맹'이 결성되었다. 독일은 스페인에서의 왕위계승을 둘러싼 외교적 갈등에 의해 야기된 프로이센 - 프랑스전쟁(1870～1871)에서 나폴레옹 3세를 격파하고 승리함으로써 엘사스 - 로렌 지방을 합병하였으며 많은 전쟁 배상금을 받았다. 그 후 프랑스와의 전쟁에서 생겨난 애국심으로 남부도시의 연방국들이 북독일 연맹과 합세하여 독일제국이 되었다.

1871년 프로이센의 빌헬름 1세가 독일 황제가 되었으며, 비스마르크는 19년간 제국의 총리로 통치하였다. 독일제국은 1871년에서 1918년까지 지속되었다. 이 시기에 독일의 경제는 크게 발전하여 독일은 유럽의 강대국 반열에 들어섰다. 석탄과 철강 생산량은 영국을 능가하였으며 선박 건조에 있어서도 영국과 경쟁을 벌이게 되었으며, 대기업을 중심으로 전기, 화학, 군수 사업이 크게 부흥하였다. 인구도 크게 증가하여, 인구는 약 40년 동안 4100만에서 6100만이 되었다.

한편 유럽에서는 산업 혁명으로 신장된 국력과 함께 강대국 간의 경쟁도 격화되었다. 유럽은

232) Hecker 1811～1881

233) 조흠학, 법제사적 의미에서 산업안전보건법의 역할과 지위에 관한 연구, 산업안전보건연구원, 2010, 175～176면; 세계 각국의 산업안전보건법 형사처벌제도와 처벌사례 연구, 산업안전보건연구원, 2009; 박두용, 21세기 노동환경 권변화에 따른 산재예방 실효성확보방안에 관한 연구, 산업안전보건연구원, 2003에서 발췌하여 재정리함.

234) 조흠학, 법제사적 의미에서 산업안전보건법의 역할과 지위에 관한 연구, 산업안전보건연구원, 2010, 177～179면; 세계 각국의 산업안전보건법 형사처벌제도와 처벌사례 연구, 산업안전보건연구원, 2009; 박두용, 21세기 노동환경 권변화에 따른 산재예방 실효성확보방안에 관한 연구, 산업안전보건연구원, 2003에서 발췌하여 재정리함.

제국주의 시대로 접어들었고 식민지 쟁탈전은 날로 격화되었다. 통일 후 비스마르크는 독일과 적대관계에 있는 프랑스를 가장 경계했다. 프랑스에 대한 무마책으로 북아프리카에 대한 프랑스의 우위를 인정함과 동시에 프랑스를 외교적으로 고립시키기 위해 주변 나라들과 여러 가지 동맹을 맺었다. 특히 프랑스의 보복에 대한 방어망으로 오스트리아, 이탈리아와 3국 동맹을 체결했다. 오스트리아의 입장에서 이 동맹을 발칸지역에서 우위를 확보하는 것이었고, 이탈리아의 경우에는 지중해에 대한 프랑스의 지배에 맞서는 수단이었다. 비스마르크는 나아가 러시아와 재보장조약을 체결하여 양국 중 어느 하나가 강대국에 의해 공격받을 경우 중립을 지키기로 합의함으로써 유럽의 외교권을 주도하였다.[235)]

1890년 빌헬름 2세가 독일의 황제가 되면서 비스마르크는 실각했고 그 동안 동맹외교와 평화외교를 펼친 독일의 외교정책에 변화를 가져왔다. 빌헬름 2세는 러시아와 재보장조약을 갱신하지 않았으며, 군사력의 증강정책을 씀으로 인하여 주변국들은 독일을 크게 경계하기 시작했다. 러시아는 1894년 프랑스와 비밀리에 조약을 맺었으며, 영국도 1904년 프랑스와 조약을 체결했다. 러·일전쟁에서 패한 러시아는 1907년 프랑스, 영국과 함께 3국 협상을 체결하였다. 이로써 유럽에서 영국, 프랑스, 러시아의 3국 협상과 독일, 오스트리아, 이탈리아의 3국 동맹의 진영으로 갈라지게 되었다. 이러한 긴장은 1914년 7월 오스트리아가 독일의 지지를 바탕으로 세르비아를 공격함으로써 1차 세계대전이 발발하게 되었다.

전쟁 초기에는 동맹국 쪽이 유리했으나, 전쟁이 지속되면서 점점 동맹국 족이 불리해져 갔다. 1917년에는 중립을 지키고 있던 미국의 연합국에 참전함으로써 마침내 1918년 11월 독일이 휴전협정에 조인을 함으로써 1차 대전은 종결되었다. 1차 대전의 패배로 빌헬름 2세는 권좌에서 물러났다.

이후 독일은 1919년부터 바이마르에서 새 독일 의회가 소집됨으로써 바이마르 공화국 시대가 개막되었다. 바이마르 공화국은 히틀러에 의한 나치제국이 등장한 1933년까지를 지속되었다. 1918년 8월에 제정된 바이마르 헌법에 따르면, 독일은 연방공화국이며 연방의 대통령은 국민의 직접 선거로 선출되고 임기는 7년이다. 대통령은 수상을 임명하고 의회를 해산할 권한이 있으며 긴급령을 내릴 권한도 부여받았다. 연방수상은 대통령에 의해 임명되지만 의회에 대해 책임을 지도록 하였다. 그 외에 바이마르 헌법은 여성에게도 투표권을 주는 등 법적으로 남녀간의 평등을 보장하였고 사회보장제도와 의무교육제도를 도입했다.[236)]

그러나 바이마르 공화국은 정치적, 경제적으로 극심한 불안정에 시달렸다. 막대한 전쟁 배상금

235) 조흠학, 법제사적 의미에서 산업안전보건법의 역할과 지위에 관한 연구, 산업안전보건연구원, 2010, 177~179면; 세계 각국의 산업안전보건법 형사처벌제도와 처벌사례 연구, 산업안전보건연구원, 2009; 박두용, 21세기 노동환경 권변화에 따른 산재예방 실효성확보방안에 관한 연구, 산업안전보건연구원, 2003에서 발췌하여 재정리함.

236) 조흠학, 법제사적 의미에서 산업안전보건법의 역할과 지위에 관한 연구, 산업안전보건연구원, 2010, 178~179면; 세계 각국의 산업안전보건법 형사처벌제도와 처벌사례 연구, 산업안전보건연구원, 2009; 박두용, 21세기 노동환경 권변화에 따른 산재예방 실효성확보방안에 관한 연구, 산업안전보건연구원, 2003에서 발췌하여 재정리함.

과 극심한 인플레이션으로 경제난과 대량실업의 문제가 나타났으며, 많은 정당들이 난립하여 파업과 혁명, 쿠데타의 위협이 지속되는 등 정치적 불안정이 계속되었다. 그러나 1920년대 중반에 미국으로부터 대규모 차관을 통한 지원으로 경제적 회복과 함께 정치적으로도 안정을 되찾기 시작하였다. 미술, 음악, 과학과 사상도 크게 발달하였고 경제도 회복되기 시작하였다. 그러나 1929년의 미국의 대공황이 확산되면서 독일의 경제도 극심한 혼란에 빠지게 되었다. 특히 미국의 지원에 의존하던 독일의 경제는 미국 대공황의 직격탄을 맞았다.

경제공황은 정치적 불안으로 이어졌고, 이러한 사회분위기에서 독일 공산당과 나치스당과 같은 급진적인 정당의 세력이 급격히 증가하였다. 특히 히틀러의 국가 사회주의 운동은 불안한 정세를 틈타 1930년 이후 비약적으로 발전하여 1932년에는 가장 강력한 정당이 되었다. 1933년 선거에서 승리한 히틀러는 수상으로 임명되자 독일의 재무장을 선언하고 나섰다. 힌덴부르크 대통령의 사망하자 히틀러는 수상 겸 대통령으로서 정권을 잡았고 강력한 독재정권을 수립하였다. 나치당 이외의 모든 정당을 불허했고 노동조합을 해체하고 국민의 기본을 유린했으며 언론을 억압하였다.

독일의 모든 권력을 장악한 히틀러는 강력한 통치권을 바탕으로 국내 정치의 혼란과 정치적인 반대자들 간의 폭력적인 투쟁을 제거하고 고용창출 계획과 전쟁물자 비축을 통해 경제를 활성화 함으로써 실업을 감소시키는 데 성공하였다. 이후 세계 경제공황이 끝나고 경제가 회복되기 시작하면서 히틀러의 입지는 더욱 공고해졌다. 이러한 정치적 기반과 군사력을 바탕으로 1938년 오스트리아를 합병하였고, 3백여만 명의 독일인들이 살고 있던 자아르 지방을 독일로 환속시켰으며 국방사령부를 재창설하였다. 1939년에는 소련과 불가침 조약을 맺은 다음 폴란드를 침공하자, 영국과 프랑스가 이에 맞서 독일에 선전 포고를 함으로써 2차 세계대전이 시작되었다. 독일은 폴란드 침공에 이어서 덴마크, 노르웨이, 네덜란드, 벨기에 등을 점령하고 1940년에 프랑스의 파리를 점령하였다. 이어 1941년에는 불가침 조약을 어기고 폴란드 동부, 우크라이나를 침공함으로써 소련과도 전쟁을 벌였다. 전쟁 초기에 독일은 막대한 전과를 올렸으나 1943년 소련의 스탈린그라드에서 대패하여 전세가 역전되었고 1945년 5월에는 영국, 미국, 프랑스, 소련의 연합군이 베를린을 점령함으로써 결국 패배하였다.[237)]

4) 분단독일의 현대적 배경[238)]

전쟁에서 승리한 연합국인 영국, 미국, 프랑스, 소련은 독일을 분할 점령하였다. 프랑스와 영국

237) 조흠학, 법제사적 의미에서 산업안전보건법의 역할과 지위에 관한 연구, 산업안전보건연구원, 2010, 179~180면; 세계 각국의 산업안전보건법 형사처벌제도와 처벌사례 연구, 산업안전보건연구원, 2009; 박두용, 21세기 노동환경 권변화에 따른 산재예방 실효성확보방안에 관한 연구, 산업안전보건연구원, 2003에서 발췌하여 재정리함.

238) 조흠학, 법제사적 의미에서 산업안전보건법의 역할과 지위에 관한 연구, 산업안전보건연구원, 2010, 180~182면; 세계 각국의 산업안전보건법 형사처벌제도와 처벌사례 연구, 산업안전보건연구원, 2009; 박두용, 21세기 노동환경 권변화에 따른 산재예방 실효성확보방안에 관한 연구, 산업안전보건연구원, 2003에서 발췌하여 재정리함.

은 독일의 세력을 약화시키기 위하여 4개의 국가로 불하하기를 원하였지만 공산주의의 확산을 경계한 미국은 영국과 프랑스를 설득하여 서부지역을 합쳐 하나의 독일로 서독으로 독립심으로서 독일은 민주주의 진영의 서독과 공산주의 진영의 동독으로 분할된 분단국가가 되었다.

공식적으로 1955년 5월 서독의 북대서양조약기구(NATO) 가맹을 결정한 파리조약의 발효에 의하여 '베를린문제 및 독일 재통일과 평화조약의 문제를 포함하는 독일 전체에 관한 권리와 책임'을 미국·영국·프랑스 3국에 유보하고 주권을 회복하였다. 그 후 서독은 전독일을 대표한다는 원칙으로 '단독대표권'을 주장하여 동독을 승인하는 국가와는 외교관계를 가지지 않는다는 이른바 '할슈타인원칙'을 견지하였다. 이와 같은 원칙의 배후에는 아데나워로 대표되는 동서냉전기의 미국의 보수파 정책의 영향력이 작용에 의한 것이었다. 그러나 할슈타인원칙은 오래가지 못하였다. 동독과 외교관계를 가진 동유럽이나 아랍지역의 여러 나라들과 국교를 가지지 않을 수가 없게 되었기 때문이다. 또한 동독과 어떤 식으로든 협의하지 않을 수 없는 많은 문제점들이 등장하였다. 대표적으로 1961년 동독에 의한 동·서 베를린간 '장벽'의 구축은 심각한 문제가 되고 있었다. 1969년 사회민주당 당수인 브란트가 서독의 총리로 지명되면서 동독과의 관계에 대한 해결방안을 모색하게 되었다. 브란트는 서독 총리로는 처음으로 동독을 정식 국명인 '독일민주공화국'으로 호칭하였고, 독일을 '한 국민, 두 국가'로 규정하면서 동서의 긴장완화를 추구하였다. 이러한 노력으로 1973년 동·서독은 동시에 UN에 가입하였으며, 동·서독간 긴장완화는 가속화되었다. 동독은 수백만 명의 서독 방문객을 받아들였다. 1989년 11월 동독은 동유럽을 휩쓴 자유화·개방화의 물결에 밀려 베를린장벽을 포함한 전 국경을 개방하였고 1961년에 설치된 베를린장벽이 제거되었다. 콜 총리를 '서독과 동독은 하나'라고 선하고 3단계 통일방안을 마련하였다. 제1단계는 동독에서 자유총선거를 실시하는 것이며, 제2단계로는 동·서독간 경제환경 및 기타문제 협력을 위한 공동위원회를 설치하는 것이있고, 제3단계로 궁극적인 통일을 이룩한다는 것이었다. 1990년 3월 18일 동독에서 실시된 자유총선거에서 서독이 동독을 흡수통합한다는 방안을 내세웠던 우파연합이 압승하였다. 7월 1일에는 동·서독 경제화폐·사회통합이 이루어져 단일경제체제를 이룩하여 사실상 독일은 통일이 되었다. 이후 독일의 민족자결권 인정, 통독 후 동독주둔 소련군의 단계적 철수, 통독 후 독일국경의 영속성에 관한 동·서독과 미·영·프·소간의 '2+4 회담'과, 소련의 '통독 NATO 잔류 수용' 등의 과정을 거쳐 1990년 10월 3일 서독 기본법 제23조에 의거, 서독은 동독을 흡수·통합하였다.

통일된 동·서독은 국명을 독일(Deutschland)로, 수도를 베를린으로 정했다. 이로써 독일은 면적 35만 6974 km^2, 인구 8189만명(1996)이 되었다. 동독은 서독의 자본주의 경제체제에 편입되었고 기존 동독의 중앙집권적 제도는 소멸되고 브란덴부르크·작센·작센안할트·튀링겐·메클렌부르크포르포메른 등 5개 지방주가 부활되었다.[239)]

239) 조흠학, 법제사적 의미에서 산업안전보건법의 역할과 지위에 관한 연구, 산업안전보건연구원, 2010, 182면; 세계 각국의 산업안전보건법 형사처벌제도와 처벌사례 연구, 산업안전보건연구원, 2009; 박두용, 21세기 노동환경권변화에

(2) 산업안전보건의 역사적 배경

1) 중세유럽의 보조[240)]

유럽에서는 18세기 후반에 공중위생의 개념이 나타났다. 18세기의 유럽은 중상주의(重商主義)를 숭상하는 절대군주제의 사회였다. 시민사회가 아직 제대로 성립이 되지 않은 상황에서, 국민의 경제적 부와 사회적 안녕 및 복지는 바로 국가의 그것과 동일한 것으로 간주되었다. 따라서 절대군주의 입장에서 국가의 부를 증대시키기 위해서는 많은 수의 국민을 필요로 했고 인구증가를 위한 여러 가지 사회적 대책들을 수립하게 되었다. 따라서 이렇게 지속적으로 인구를 증가시키면서 기존의 사회질서 속에서 이를 통합시켜 나갈 것인가 하는 것은 중세 국가통치에 있어서 매우 중요한 과제였다. 즉, 사회를 안전하게 통치하는 것은 국가의 부를 증진시키며, 국민의 건강을 유지하는 것이었는데 이것이 바로 치안(Polizey)이었다.

따라서 치안이란 국가 권력이 인구의 계속적인 증가를 위해 국민의 건강 및 위생상태를 유지하는 것으로 이를 실현하기 위한 행정적 수단과 사회통제 기능 등을 총체적으로 의미하는 것이었다. 국민의 출생과 사망, 연령과 성별 인구의 분포, 출산 가능한 여성의 수, 질병의 계절적, 지리적 발생률, 사망원인에 따른 질병의 분포 등과 같은 보건행정은 치안의 중요한 측면이었다.

18세기 후반에 들어서면서 급격히 증가하면서 국민들의 건강 및 위생 문제를 해결하기 위해 절대군주국가에서는 의사경찰(醫事警察, Medical Police)의 개념이 태동한다. 당시 이러한 시대적 조류에 영향을 받은 의사들은 치안의 개념을 받아들여 보건위생 문제에 이를 적용하기 시작하였다. 라우(Wolfgang Thomas Rau, 1721～1772)에 의해 처음 사용된 의사경찰의 개념은 나라마다 정도의 차이는 있었지만, 18세기 후반에서 19세기 초반을 거치면서 유럽 사회의 보건위생 문제를 해결하는 기본적인 틀이 되었다.[241)]

의사경찰은 특히 독일에서 더욱 발전된 형태로 나타나는데, 프랑크(Johann Peter Frank, 1745～1821)는 '의사경찰제도(System einer vollständigen medizinischen Polizey, 1779)'라는 저서에서 의사경찰의 중요한 관심 영역을 크게, 인구 증가를 계속 유지하고, 보건위생의 증진을 위해 필요한 법률적 제도를 확립하며, 이를 수행하기 위해 의사와 다른 보건인력을 확보하는 것과 같

따른 산재예방 실효성확보방안에 관한 연구, 산업안전보건연구원, 2003에서 발췌하여 재정리함.

240) 이에 대한 논의는 이종걸의 '19세기 독일사회의학의 역사전 발전'과 허정의 '서양보건사'에서 발췌하여 요약한 것이다. (이종걸: 19세기 독일사회학의 역사적 발전, 1994년 대한의사학회, 춘계학술대회(1994.5.6) 심포지움 발표자료, 허정: 서양보건사, 신광출판사; 조흠학, 법제사적 의미에서 산업안전보건법의 역할과 지위에 관한 연구, 산업안전보건연구원, 2010, 182～184면; 세계 각국의 산업안전보건법 형사처벌제도와 처벌사례 연구, 산업안전보건연구원, 2009; 박두용, 21세기 노동환경권변화에 따른 산재예방 실효성확보방안에 관한 연구, 산업안전보건연구원, 2003에서 발췌하여 재정리함.)

241) 조흠학, 법제사적 의미에서 산업안전보건법의 역할과 지위에 관한 연구, 산업안전보건연구원, 2010, 183면; 세계 각국의 산업안전보건법 형사처벌제도와 처벌사례 연구, 산업안전보건연구원, 2009; 박두용, 21세기 노동환경권변화에 따른 산재예방 실효성확보방안에 관한 연구, 산업안전보건연구원, 2003에서 발췌하여 재정리함.

이 셋으로 나누었다. 여기에서 의사경찰의 개념은 국민의 건강과 위생 문제가 국가가 책임져야 할 기본적 권리와 의무의 관계로 이해되는 것이 아니라, 절대군주의 권력을 유지하고 중상주의 국가의 부를 증대시키기 위한 도구적인 방편으로 파악되는 것이다. 그렇지만 결국 의사경찰을 통하여 서양보건사에서 보건위생의 문제는 개인의 차원이 아니라 한 사회의 공적인 영역(public domain)으로 자리잡아 가게 된다.[242] 다시 말해서 국민의 건강 및 위생 상태는 18세기 후반 새로이 형성되는 유럽 사회의 정치절서 속에서 국가 권력이 어떤 형태로든 해결해야 할 중요한 과제였던 것이다. 독일 사회에서 의사경찰의 점진적인 퇴조 현상은 1830년대에 들어오면서 현저해지다가 1848년 3월 혁명을 통해서 결정적인 전환을 맞게 된다. 당시의 진보적인 독일 의사들은 위생개혁 운동을 통한 공중보건의 발전은 독일 사회의 개혁뿐만 아니라 의학의 개혁 없이는 불가능하다고 믿었다. 이 점이 바로 독일 공중보건의 근대적 발전이 사회의학의 성립 과정과 궤를 같이하게 된 시대적 배경인 것이다. 빌효를 비롯한 당시의 위생개혁가에게 있어서 의학개혁(mediziniche Reform)은 과학과 사회의 개혁을 뜻한다. 빌효는 건강의 보장을 복지의 차원에서 파악하고 있으며 국가각 시민의 건강에 대해 책임을 져야 한다고 했다. 노이만(Solomon Neumann)은 1847년 '공중보건과 위행(Din öffentliche Gesundhitspflege und das Eigenthum)'이라는 저서에서, "의학은 본질적으로 진정한 사회과학이며, 실제로 우리가 이러한 사실을 의식하지 못하는 한, 우리는 의학의 혜택을 누릴 수 없으며 텅빈 껍데기와 허위에 만족해야만 할 것이다"라고 강력하게 주장하였으며, 결국 중세 유럽에서는 시민들의 건강문제를 사회문제로 보는 이론적 근거가 되고 있었다.[243]

2) 산업안전보건 문제의 태동[244]

독일에서 3월 혁명이 일어난 1848년에 이르자 임금노동자들의 문제가 새로운 사회적 문제로 부각되기 시작하였다. 먼저 영국이나 프랑스와 마찬가지로 어린이 노동이 사회문제로 대두되었다. 많은 어린이들이 공장이나 광산에 보내져 혹사당하는 경우가 늘어났다. 이러한 문제를 시정하고자 Leubuscher[245]는 노동조건의 법적 규제를 강조한 산업보건 계획을 제안했다. Leubuscher의 제안에는 14세 미만 아동의 취업금지와 위험한 직업에 종사하는 노동자의 노동일수단축, 그리고 임산부의 보호, 작업장의 환기기준제정, 공업중독예방 등이 들어 있었다. 또한 독일내 어디

242) 조흠학, 법제사적 의미에서 산업안전보건법의 역할과 지위에 관한 연구, 산업안전보건연구원, 2010, 183면; 세계 각국의 산업안전보건법 형사처벌제도와 처벌사례 연구, 산업안전보건연구원, 2009; 박두용, 21세기 노동환경권변화에 따른 산재예방 실효성확보방안에 관한 연구, 산업안전보건연구원, 2003에서 발췌하여 재정리함.

243) 조흠학, 법제사적 의미에서 산업안전보건법의 역할과 지위에 관한 연구, 산업안전보건연구원, 2010, 183면; 세계 각국의 산업안전보건법 형사처벌제도와 처벌사례 연구, 산업안전보건연구원, 2009; 박두용, 21세기 노동환경권변화에 따른 산재예방 실효성확보방안에 관한 연구, 산업안전보건연구원, 2003에서 발췌하여 재정리함.

244) 조흠학, 법제사적 의미에서 산업안전보건법의 역할과 지위에 관한 연구, 산업안전보건연구원, 2010, 184~186면; 세계 각국의 산업안전보건법 형사처벌제도와 처벌사례 연구, 산업안전보건연구원, 2009; 박두용, 21세기 노동환경권변화에 따른 산재예방 실효성확보방안에 관한 연구, 산업안전보건연구원, 2003에서 발췌하여 재정리함.

245) Leubuscher, Rudolph(1821~1861) 독일 의학자로 위생개혁운동에 앞장섰다.

에서나 의료에 종사할 수 있는 자격을 부여하는 의사면허제와 선발시험에 따른 보건요원의 임명, 그리고 보건성의 설치를 제안했다. 이 외에도 사회적 조건과 보건문제와의 인과관계를 밝혀내고자 정확한 통계수집을 적극적으로 주장했다.[246)]

독일의 공업화는 영국이나 프랑스에 비해 늦게 시작되었지만, 비스마르크가 통치하던 1871년부터 1918년까지 독일경제가 크게 발전함에 따라 공장노동자도 크게 증가하였다. 비스마르크는 보수주의 정치가였지만, 경제발전과 산업육성을 위해서는 발전되고 축적된 부를 이용하여 노동력의 보호 및 노동력 양성을 위한 여러 가지 제도를 도입하도록 하였다. 특히 사회의학과 보건의료의 발달은 비스마르크가 국가발전의 정책에 반영되어 추진되었으며, Virchow.R.[247)]와 같은 보건개혁운동가들이 주장했던 의견들은 19세기말에 이르러서 처음으로 실현시켰다. 그러나 독일은 1848년에 이미 지도적 위치에 있었던 Virchow,R.와 Neuman[248)]에 의하여 정치적 또는 사회 활동에서 보건 개혁운동을 통한 사회 개혁을 이루어 나갔다. 이러한 사회운동이 1848년 이후 보건개혁운동에서 환경위생 개혁에 집중되면서 여성과 아동의 노동조건이 개선되고 사업장 및 사회의 보건행정을 개선하기 위한 노력도 생겨났다. 그 후 1867년에 법률가이며 행정관이었던 Lorenz von Stein[249)]은 일반행정에 관한 논문을 통해 공중보건의 행정적 측면을 다루었으며, Lorenz von Stein에 따르면 개인의 건강은 본인이 통제할 수 없는 유해조건에 의해 생겨날 때, 그리고 사회적 부담으로 나타나며, 이는 후에 당연히 사회적으로 문제가 된다고 지적 하였으며, 이것은 개인 건강에 필요한 제도 확립과 건강을 위한 적극적인 대책은 모든 부분에 있어서 당연히 정부의 의무라고 주장했다. 이러한 사회개혁의 하나로 나타난 사회보건 의무와 환경개선의 의무가 사회전반적인 부분에 영향을 끼치고 사업장내에서도 같은 의미의 개혁운동이 일어나 산업안전이라는 의미를 부여하게 되었다.[250)]

3) 아동노동 제한법의 등장[251)]

1830년대에 독일에서도 산업의 발달에 따라 신흥공업지대로 등장한 라인 지방에서는 공장과 광산에서 생겨나는 문제점을 예방하려는 움직임이 나타나기 시작했다. 1839년에 프러시아 황제

246) 조흠학, 법제사적 의미에서 산업안전보건법의 역할과 지위에 관한 연구, 산업안전보건연구원, 2010, 184면; 세계 각국의 산업안전보건법 형사처벌제도와 처벌사례 연구, 산업안전보건연구원, 2009; 박두용, 21세기 노동환경권변화에 따른 산재예방 실효성확보방안에 관한 연구, 산업안전보건연구원, 2003에서 발췌하여 재정리함.

247) Leubuscher와 같이 위생개혁운동을 주도한 의사로 독일이 낳은 세계적 세포병리학자로 19세기 말에 프러시아의 농민들에게 발생한 재귀열을 지적함으로써 유럽의 사회위생운동을 제창한 바 있다.

248) Neuman, Salomon(1819～1908) : 독일의 의학자이다.

249) Stein, Lorenz von(1815～1890) : 독일의 사회학자이며 법학자로 국가에 의한 사회정책을 주장하였다.

250) 조흠학, 법제사적 의미에서 산업안전보건법의 역할과 지위에 관한 연구, 산업안전보건연구원, 2010, 184면; 세계 각국의 산업안전보건법 형사처벌제도와 처벌사례 연구, 산업안전보건연구원, 2009; 박두용, 21세기 노동환경권변화에 따른 산재예방 실효성확보방안에 관한 연구, 산업안전보건연구원, 2003에서 발췌하여 재정리함.

251) 조흠학, 법제사적 의미에서 산업안전보건법의 역할과 지위에 관한 연구, 산업안전보건연구원, 2010, 185～186면; 세계 각국의 산업안전보건법 형사처벌제도와 처벌사례 연구, 산업안전보건연구원, 2009; 박두용, 21세기 노동환경권변화에 따른 산재예방 실효성확보방안에 관한 연구, 산업안전보건연구원, 2003에서 발췌하여 재정리함.

는 포고령을 통해 공장의 아동고용을 제한시켰다. 9세 이하의 아동노동을 금지시키고, 9세부터 16세까지의 소년들은 야간작업을 금지시켰으며 이들에 대한 최장 노동시간을 하루 10시간으로 제한하였다. 이와 같은 법령은 라인지방 공장지역 주민의 징병검사 결과, 불합격자가 증가되었다는 군의관들의 보고결과로 취해진 조치였다. 교사와 목사, 그리고 지방관리들이 이 법의 집행을 책임지도록 하였다. 1840년에는 바바리아와 바덴에서도 이와 똑같은 조치가 시작되었다. 1853년에 생겨난 프러시아법에 따르면 12세 이하의 아동취로는 전면 금지되었다. 그러나 이 법을 시행하기 위한 감시 책임자는 없었다. 1865년 6월에 이르자 프러시아에서도 광산의 안전상태를 점검하여 광부들의 생명과 건강을 위협할 가능성이 있을 때는 이를 보고해야 할 의무를 지는 감시원 제도가 생겨났다. 1869년에 이르자 이와 같은 조치는 북독일연방의 산업관계 법규에도 도입이 되었다. 이 법규는 12세 이하의 아동 고용을 금지하고 14세 이하 어린이 노동시간을 6시간으로 제한했으며 청소년의 야간작업은 전면 금지시켰다. 이법은 1872년에 부르덴베르그[252]와 바덴에서, 그리고 1873년에는 바바리아에서도 채택되었다. 1878년에 이르러서는 공장감시가 완전히 의무화되었다.

4) 산업안전보건 관련 법률 및 제도의 등장[253]

빌헬름 1세 황제와 비스마르크 총리가 통치하던 독일제국 시기(1871～1918)에 독일은 산업안전보건법과 제도의 태동기이자 전성기를 맞이하였다. 이시기에 독일제국은 산업이 크게 발달한 시기로 석탄과 철강의 생산량이 영국으로 추월하였고, 선박 건조량도 영국과 어깨를 나란히 할 정도로 급부상하였다. 또한 전기, 화학, 군수산업 등이 크게 번창하였으며, 인구도 4100만 명에서 6100만 명으로 크게 증가하는 등 급격한 사회변화를 겪은 시기이다. 비스마르크는 각종 사회제도와 법을 정비하였는데 이 과정에서 산업안전보건법규가 쏟아져 나온 것이다.[254]

최초의 산업안전보건관련 법은 1869년 북독일연방에서 제정 공포된 공장법(Gewerbeordnung; GewO)이었다. 이 법은 1873년에 독일전역으로 확대되었고, 1878년에 개정되었다 1891년에는 노동자보건법으로 바뀌었고, 이 법은 또 다시 1897년, 1900년, 1908년 1918년 그리고 1920년에 계속 개정되었다. 1893년에는 납, 페인트, 거울, 담배제조공장에 대한 규제를 포함하는 규칙이 제정되었고, 1903에는 위험한 황린 성냥제조업을 규제하는 법률도 제정되었다. 1913년에는 가내노동자들의 특수한 문제를 다루는 법률도 제정되었다. 1918년 이후에는 노동성장관에게 중소기

252) Württenberg : 독일 남부의 주

253) 조흠학, 법제사적 의미에서 산업안전보건법의 역할과 지위에 관한 연구, 산업안전보건연구원, 2010, 187～188면; 박두용, 21세기 노동환경권변화에 따른 산재예방 실효성확보방안에 관한 연구, 산업안전보건연구원, 2003에서 발췌하여 재정리함.

254) 조흠학, 법제사적 의미에서 산업안전보건법의 역할과 지위에 관한 연구, 산업안전보건연구원, 2010, 188면; 박두용, 21세기 노동환경권변화에 따른 산재예방 실효성확보방안에 관한 연구, 산업안전보건연구원, 2003에서 발췌하여 재정리함.

업의 노동자보호와 규제에 관한 권한이 부여되었다. 제2차 세계대전이 시작될 때까지 33개의 각기 다른 법령이 생겨나 시행되었다. 국가적으로 규제가 되지 않을 경우에는 각주나 지방정부가 규정을 만들어 규제했다. 1911년 제국보험법(RVO)이 공포되었으며, 1925년에는 산재보상이 직업병까지 확대되고 출퇴근 시 재해도 포함되는 산재보험 시행령이 제정되었고, 1928년에 재개정되었다.[255)]

독일의 보건교육은 1908년에 독일 공중위생협회(Deutche Verein FürVolkshygiene)가 조직됨으로써 시작되었다. 그 후 1919년에 이르자 각 주의 공중위생 교육위원회가 생겨나고 1920년에 전국 위원회가 드레스덴에 본부를 두고 생겨났으나, 후에는 베를린으로 본부를 옮겼다. 전후 독일 연방공화국은 1954년 4월 7일에 연방 공중보건교육위원회를 창설했으며, 1957년에는 112개의 지부가 설치되었다. 이들은 정부의 보조금을 받았으나 민간조직으로서 지역사회보건을 위해 개인과 집단을 대상으로 하는 각종 보건활동에 관여하고 있다. 그러나 전문적인 교육을 받은 보건교육가는 거의 없었으며, 공식적으로는 지방 보건기관의 기능 중 일부로 보건교육사업이 실시되었으나 실제로는 민간단체에 의해 이루어졌다.

공장감시가 1878년에 독일 전역으로 확대되자 감시원은 사법경찰권을 가지게 되었다. 1937년에 이르자 이들은 행정관으로서 처벌할 수 있는 권한까지 갖게 되었다. 1909년에는 프러시아에 285명의 감시원이 있었으나 1912년에는 328명으로 증가되었다. 1940년에는 프러시아에 449명의 감시원과 8명의 보건감시원이 있었다. 다른 주에서도 프러시아와 비슷했다. 1880년대 초에는 제국보건국[256)] 이 신설되어 산업보건분야의 각종 조사를 착수하였으며, 제국보건국의 활동은 제2차 세계대전이 일어나기까지 계속되었다. 1889년부터 1938년 사이에 제국보건국은 납과 수은의 중독, 탄저병, 구충증 등과 같은 수많은 산업보건문제에 대해 조사를 실시했다. 이 당시에 대학이나 연구기관에서도 많은 연구와 공헌이 이루어졌다.[257)]

5) 독일의 사회보험과 동업조직(BG)의 탄생[258)]

1884년부터 독일에서는 비스마르크에 의해 사회보험제도[259)]가 시작되었다. 이 제도는 저소득

255) 조흠학, 법제사적 의미에서 산업안전보건법의 역할과 지위에 관한 연구, 산업안전보건연구원, 2010, 188면; 세계 각국의 산업안전보건법 형사처벌제도와 처벌사례 연구, 산업안전보건연구원, 2009; 박두용, 21세기 노동환경권변화에 따른 산재예방 실효성확보방안에 관한 연구, 산업안전보건연구원, 2003에서 발췌하여 재정리함.

256) Kaiserliche Gesundheitsamt, 1918년 이후에는 Reichsgesundheitsamt가 되었다.

257) 조흠학, 법제사적 의미에서 산업안전보건법의 역할과 지위에 관한 연구, 산업안전보건연구원, 2010, 188면; 세계 각국의 산업안전보건법 형사처벌제도와 처벌사례 연구, 산업안전보건연구원, 2009; 박두용, 21세기 노동환경권변화에 따른 산재예방 실효성확보방안에 관한 연구, 산업안전보건연구원, 2003에서 발췌하여 재정리함.

258) 조흠학, 법제사적 의미에서 산업안전보건법의 역할과 지위에 관한 연구, 산업안전보건연구원, 2010, 188~189면; 세계 각국의 산업안전보건법 형사처벌제도와 처벌사례 연구, 산업안전보건연구원, 2009; 박두용, 21세기 노동환경권변화에 따른 산재예방 실효성확보방안에 관한 연구, 산업안전보건연구원, 2003에서 발췌하여 재정리함.

259) 내용상 산재보상보험제도의 성격을 가지고 있으며, 이 제도가 오늘날 독일의 산재보상보험제도로 발전하였기 때문에 산업안전분야에서는 이를 산재보상보험제도라고 번역한다. 본 보고서에서도 뒷부분에서 산재보상보험제도라고 표기하였다.

층에 대하여 의료공급을 실시하기 위하여 도입되었다. 독일의 사회보험제도는 산업재해, 질병, 폐질, 노령에 대한 보험을 포함하는 포괄적인 제도로서 독일의 역사적 전통과 밀접한 관계를 가지고 생겨 난 것이었다. 1818년에 독일 공화국[260]은 이미 완벽한 공공의료제도를 가지고 있었다. 이러한 제도는 이 공국(公國)이 프러시아로 흡수된 1861년까지 계속되었다. 그 후 이와 같은 기능은 길드(동업조직)에 의해 유지되었다. 그 중 가장 오래된 것이 광부금고(Knappschaftskassen)로서 19세기 후반까지 존속되었다. 비스마르크는 이와 같이 수많은 금고가 유지되어 온 사회적 기반을 바탕으로 1883년 사회보험제도를 도입할 수 있었다. 또한 의료급여를 위한 자발적인 상부조직도 있었다. 1868년에 바바리아, 바덴, 그리고 부르덴베르그[261]에는 질병보험금고의 설치가 의무화되어 있었으며, 모든 임금노동자는 강제적으로 이 질병금고(Knappschaftskassen)에 가입되어 있었다.[262]

6) 길드(Guild)와 동업조직(BG: Berufsgenossenschaft)의 탄생[263]

동업조직(BG: Berufsgenossenschaft)[264]은 독일의 산업안전보건 제도를 논의하는데 있어서 매우 중요하다. 동업조직은 독일의 산재보험의 밑바탕이 되었으며, 산업안전보건 감시 및 지도에서 핵심적인 역할을 수행하기 때문이다. 오늘날에도 독일에서 BG는 비록 민간조직이지만 정부로부터 공식적으로 사업장의 감독과 지도권한을 부여받고 있으며, 사업장의 안전보건에 대한 자문역할을 수행하고 있다. 따라서 BG는 독일 사업장 안전관리에 있어서 매우 주요한 조직이다. BG는 길드조직으로부터 발달하였다. 길드(guild)는 서유럽에서 중세도시가 성립·발전하는 과정에서 중요한 역할을 한 상공업자의 동업조직이다. 길드는 크게 상인들에 의해서 결성된 상인길드와 수공업자들이 동업길드(crafr guild)가 있었다.

상인길드가 발생한 것은 중세기 초부터이다. 서유럽에는 중세 초부터 각지의 시장을 찾아서 이동하던 이동상인들이 있었는데 그들은 초기에 한 곳에 머무르지 않고 무리를 짜서 장거리에 걸쳐 이동하였다. 10세기경 그들은 성채(城砦)와 수도원·교회부근에 정착하기 시작하였는데 근처의 농촌지방을 내왕하는 수공업자도 합류하여 시장을 중심으로 하는 새로운 취락도시(聚落都市)를 형성하였다. 이 집단은 비크 또는 포르투스라 하여 나중에 중세도시로 발전하는 모태가 되었다.[265]

260) Nassau: 서독일의 서부지방으로 원래는 공국(공국(公國), 1806~1866)이었다.

261) Wütremberg:서독일 남부지방으로 과거에는 왕국이었다.

262) 조흠학, 법제사적 의미에서 산업안전보건법의 역할과 지위에 관한 연구, 산업안전보건연구원, 2010, 188면; 박두용, 21세기 노동환경권변화에 따른 산재예방 실효성확보방안에 관한 연구, 산업안전보건연구원, 2003에서 발췌하여 재정리함.

263) 조흠학, 법제사적 의미에서 산업안전보건법의 역할과 지위에 관한 연구, 산업안전보건연구원, 2010, 189~190면; 세계 각국의 산업안전보건법 형사처벌제도와 처벌사례 연구, 산업안전보건연구원, 2009; 박두용, 21세기 노동환경권변화에 따른 산재예방 실효성확보방안에 관한 연구, 산업안전보건연구원, 2003에서 발췌하여 재정리함.

264) Berufs-는 '직업의' Genossenschaft는 '조합'이라는 뜻으로 Berufsgenossenschaft는 동업조합을 말하며, 보통 BG라는 약칭을 쓴다.

한편, 상인과 수공업자들 사이에는 상인길드 또는 춘프트(Zunft)[266]라는 동업자조직이 형성되어 갔다. 북서유럽 지역에서 상인길드가 발생한 시점은 10세기 말에서 11세기 초까지 거슬러 올라간다. 브레멘의 상인들은 965년 오토 1세 황제로부터, 그리고 마그데부르크의 상인들은 975년 오토 2세 황제로부터 제국 내에서 교역의 자유와 일부 도시를 제외한 제국 내의 전국에서 관세를 면세받는 특권을 받았다. 이런 사실로 미루어 보아 그들은 상인 길드의 이름을 지니고 있지 않았지만, 사실상 상인 길드를 결성하고 있었다고 볼 수 있다.

길드 회원은 위급한 경우, 실패했을 경우, 사망했을 경우 또는 상품을 구입하였을 경우에 상호간 도울 것을 목적으로 조직을 결집한 것이다. 그러나 11세기 말부터 상인길드는 상호부조보다는 도시금제권(都市禁制圈) 내에서 상거래의 독점이 주요목적이 되었다. Zunft 회원만이 상거래를 할 수 있도록 하였다. 독일에서도 11~15세기가 되자 수공업자가 수와 종류가 늘어나고, 기존 Zunft의 분열과 새로운 수공업부문이 출현하면서 다양한 직종에 Zunft가 조직되었다. 그 결과, Zunft의 수는 현저히 늘어나 쾰른에는 61개, 뤼베크·뉘른베르크에는 50여 개, 그리고 빈에는 약 80개의 Zunft가 존재했다고 한다. Zunft결성의 동기는 강제권의 획득이었다. 즉, 대외적으로는 도시 내의 일정한 직업분야에서 영업을 독점하고, 대내적으로는 경영상의 여러 조건을 통제함으로써 조합원들의 권익을 유지하려고 하였다.[267]

한편, Zunft는 업주(業主)로서의 가입 희망자는 출신의 제한을 받았다. 수공업주(手工業主)의 지위를 얻기 위해서는 도제로서 일정기간의 수업시대(修業時代)를 지내야 하고, 또한 장인(匠人)으로서 일해야 하며 마지막으로 수공업주로서의 시작품(試作品)을 제공하여 그 심사에 합격하지 않으면 안 되었다. 도제의 수업시대는 영국에서는 7년, 독일에서는 약 3년, 그 밖의 나라에서는 5년이었다. 또한 새로 수공업자가 되자면 가입금을 납부하는데, 이것은 중세를 거치는 동안에 끊임없이 인상되어 갔다. 그리고 직접적인 제한으로서는 수공업주의 수의 제한, 수공업주의 지위의 세습화를 정하는 등의 조치가 취해졌다. 이리하여 14세기 이후에 들어서면서 수공업주가 될 가망이 없는 다수의 직인층이 생겨나게 되었는데, 그들은 본래의 Zunft에 대하여 자기들만의 장인조합을 조직함으로써 Zunft에 대항하게 되었다. 이리하여 Zunft는 급속히 쇠퇴하고 새로운 동업조합(BG)이 조직되어 갔다.

독일사회에서 동업조직은 상호부조와 자체규제를 위한 규약을 가진 강력한 민간조직으로 발전해 나갔으며, 국가로부터 자체 징벌권을 부여받는 등 공적인 영역까지 담당함으로써 오늘날 산재보험과 산업안전보건감독 기능을 가진 공공성격이 가미된 민간조직으로 발전하였다.

265) 조흠학, 법제사적 의미에서 산업안전보건법의 역할과 지위에 관한 연구, 산업안전보건연구원, 2010, 189면; 세계 각국의 산업안전보건법 형사처벌제도와 처벌사례 연구, 산업안전보건연구원, 2009; 박두용, 21세기 노동환경권변화에 따른 산재예방 실효성확보방안에 관한 연구, 산업안전보건연구원, 2003에서 발췌하여 재정리함.

266) 중세의 초기 동업조합

267) 조흠학, 법제사적 의미에서 산업안전보건법의 역할과 지위에 관한 연구, 산업안전보건연구원, 2010, 189면; 세계 각국의 산업안전보건법 형사처벌제도와 처벌사례 연구, 산업안전보건연구원, 2009; 박두용, 21세기 노동환경권변화에 따른 산재예방 실효성확보방안에 관한 연구, 산업안전보건연구원, 2003에서 발췌하여 재정리함.

그러므로 비스마르크가 포괄적인 사회보험제도를 도입하기 이전에도 이미 독일에는 임의가입에 의한 각종 금고와 강제가입을 전제로 하는 질병금고에 의해 의료의 선불방식이 존재해 왔던 것이다. 비스마르크는 경제적으로 소득이 낮은 모든 사람들에게 포괄적이고도 통일된 사회보험제도를 실시하고자 1884년 제국보험칙령(RVO)을 공포하여 사용자와 노동자, 그리고 정부의 3자가 내는 보험료를 재원으로 하는 의료보험성격의 산재보험제도를 탄생시켰다.[268] 그 후 독일의 선례에 따라 많은 나라들이 이와 비슷한 제도를 도입하게 되었다. 비스마르크에 의해 시작된 사회보험제도는 그 후 바이마르 공화국, 나치 독일, 그리고 독일연방공화국으로 계속되었다. 1918년에 알자즈·로렌지방[269]이 프랑스에 편입되자 주민들이 독일의 사회보험제도 존속을 주장하였으며, 프랑스도 1928년에 이와 비슷한 사회보험제도를 출발시켰다. 독일에서 시작한 사회보험제도는 오스트리아(1888), 헝가리(1891), 룩셈부르크(1901), 노르웨이(1909), 스위스(1911), 영국(1911) 등으로 퍼져나갔다.

2. 사업주 의무와 근로자 권리

(1) 사업주의 범위

산업안전보건법은 "작업 시 노동자의 안전과 보건개선조치에 관한 유럽연합체의 지침(Rahmenrichtlinie 89/391/EWG)"을 국내법을 통해 실행하기 위하여 1996년 8월 7일에 제정되었다. 본 법은 공기업을 포함한 모든 사업장(민간가계의 가사보조는 제외), 모든 업무, 모든 산업에 적용된다. 동법에서 의미하는 산업안전보건 조치란 "인간에게 적합한 작업을 조성하는 조치를 포함하여 산재와 근로로 인한 건강피해 예방조치"로서(제2조 제1항), 이를 마련하고 시행하는 것은 근본적으로 사용자의 의무이며 이에 드는 비용을 사용자가 부담해야 함을 강조하고 있다.[270]

(2) 사업주의 의무

사업주는 자신의 사업장에서 일하는 모든 근로자의 안전보건에 대한 총괄적인 책임자이다. 산업안전보건법에서는 사업주가 자신의 의무를 다하기 위해 내·외부의 전문가들로부터 자문을 받

268) 조흠학, 법제사적 의미에서 산업안전보건법의 역할과 지위에 관한 연구, 산업안전보건연구원, 2010, 190면; 세계 각국의 산업안전보건법 형사처벌제도와 처벌사례 연구, 산업안전보건연구원, 2009; 박두용, 21세기 노동환경권변화에 따른 산재예방 실효성확보방안에 관한 연구, 산업안전보건연구원, 2003에서 발췌하여 재정리함.

269) Alsace-Lorraine : 프랑스 북동부지방으로서 과거에 Alsace와 Lorraine의 2개주로 되어 있었다. 1871～1919년, 그리고 1940～1944년간 독일영토였으며, 현재는 프랑스영토이다.

270) 조흠학, 법제사적 의미에서 산업안전보건법의 역할과 지위에 관한 연구, 산업안전보건연구원, 2010, 192면; 세계 각국의 산업안전보건법 형사처벌제도와 처벌사례 연구, 산업안전보건연구원, 2009에서 발췌하여 재정리함.

으며, 자신의 법적 의무를 전문가에게 위임할 수 있도록 명시하였다. 이러한 위임사항은 문서화 되어야 하며 위임된다 하더라도 사업주의 책임은 그대로 남아 있다. 사업주의 의무는 기본의무와 기타 의무로 나눌 수 있다.

사업주의 기본의무와 관련하여 독일의 산업안전보건법에서는 다음과 같은 원칙을 명시하고 있다. 1) 사업주는 근로자의 안전과 보건을 위하여 실정에 맞는 조치를 취해야 한다. 2) 사업주는 적절한 안전관리조직 등 안전과 보건에 필요한 사항을 제공할 의무가 있다. 3) 안전보건조치는 사업장의 모든 사업부서간 적용되어야 하며 근로자가 안전보건에 관심을 갖도록 유도해야 한다. 4) 사업주는 법적으로 이행되는 안전보건조치 비용을 근로자에게 부담시켜서는 안 된다. 5) 사업주는 자신의 사업장내 작업환경을 산업안전보건의 관점에서 평가하여야 한다. 평가 결과 확인된 위험성에 대하여 사업주는 적절한 안전보건조치를 취하고 필요시에 안전보건 조치가 새로운 지식이나 기술에 적합한지, 효과가 있는지를 재고해 보아야 한다. 6) 사업장에서 산업안전보건 조치를 취함에 있어 위험 예방에 대한 기본적인 사항(위험의 최소화 대책, 근원적 위험예방, 최신 기술수준고려, 부분적 안전을 우선으로 하는 안전조치 등)을 고려한다. 7) 사업주는 위험성평가 결과와 안전보건조치 관련 사항을 문서화해서 동일한 위험상태에 대하여 용이하게 파악할 수 있도록 해야 한다. 단, 기타 기준에 규정되어 있지 않은 10인 이하의 사업장에는 관할 관청에서 지정하는 위험작업에 대해서만 기록을 보존하면 된다. 8) 사업주는 노사위원회 및 인사위원회에 사업장내 안전보건조치에 대하여 알릴 의무가 있다.[271)]

산업안전보건법 제3조(사용자의 근본적 의무)

① 사용자는 근로 시 노동자의 안전과 보건에 영향을 미치는 상황을 고려하여 산업안전보건에 필요한 조치를 취할 의무를 진다. 사용자는 이러한 조치의 효과를 조사하고 필요한 경우에는 변화하는 상황에 보조를 맞춰야 한다. 이때에 사용자는 노동자의 안전과 보건 개선을 추구하여야 한다.

② 1항에 따른 조치를 계획하고 수행하는데 있어서 사용자는 노동자수와 종사업무를 고려하여, 적절한 조직을 배려하고 필요한 재정을 제공하며, 필요한 경우에 조치들이 모든 종사업무와 사업장의 실행구조에 통합되고 종업원들이 자신의 협력의무를 수행할 수 있도록 방안을 마련하여야 한다.

③ 사용자는 본 법에 따른 조치에 드는 비용을 노동자에게 부담시켜서는 안 된다.

제4조(사용자의 일반원칙)

① 생명과 건강상의 위험이 최대한 방지되고, 제거할 수 없는 위험인 경우에는 이를 최소

271) 조흠학, 법제사적 의미에서 산업안전보건법의 역할과 지위에 관한 연구, 산업안전보건연구원, 2010, 190~192면; 세계 각국의 산업안전보건법 형사처벌제도와 처벌사례 연구, 산업안전보건연구원, 2009에서 발췌하여 재정리함.

화할 수 있도록 작업을 조성하며,
② 위험에 대해서는 그 근원에 대처하고,
③ 조치를 취할 때에는 기술·산업의학·위생 기준 및 그 밖의 확보된 노동학적 지식[272)]을 참작하며,
④ 기술, 작업조직, 근로조건, 사회적 관계, 작업장에 미치는 환경의 영향 등과 적절하게 결합하는 것을 목적으로 산업안전보건 조치를 계획해야 하고,
⑤ 개별 보호조치는 다른 조치들의 하위이며,
⑥ 특별한 보호가 필요한 노동자집단에 대해서는 특별히 고려해야 하고,
⑦ 노동자에게 적당한 산업안전보건지침을 알려줘야 하며,
⑧ 직·간접적으로 성(性)에 영향을 미치는 규정은 생물학적 근거로 부득이 한 경우에 한해서만 허용된다.

자신의 사업장에서 일하는 협력업체 근로자들의 안전보건과 관련 사업주의 기타 의무사항과 관련해서는 다음과 같이 명시하고 있다. 1) 협력업체 근로자에 대한 안전은 협력업체 사업주와의 공동책임이다. 2) 특수 위험이 있는 작업장 및 작업조건에 대해서는 그에 상응하는 안전보건 조치가 따라야 한다. 사고 발생 시 응급조치 및 소화설비, 대피 방법 등이 고지되어야 한다. 또한 해당 사업장 근로자의 합당한 요청에 따라 건강진단을 실시해야 한다.

(3) 근로자의 권리보호[273)]

노동자 또한 지침에 의거해서 뿐만 아니라 "자신이 가능한 만큼" 안전과 보건을 돌봐야 할 의무와 모든 안전보건 문제에 대해 사용자에게 제안할 권리를 가진다. 사용자의 안전조치가 불충분할 때에 노동자는 이의 시정을 요구할 수 있고 사용자가 이를 수용하지 않을 경우에는 담당기관에 사실을 알릴 권리가 있으며, 노동자가 담당기관에 알렸다고 해서 사용자가 노동자에게 불이익을 가해서는 안 된다.[274)]

산업안전보건법에는 사업장차원의 "예방적 조치(Präventivmaß nahmen)" 강화를 촉진하고 있는데 이를 수행하는데 있어서 사용자에 대한 직업공제조합과 의료보험조합의 협조와 지원, 종업원평의회를 비롯한 노동자들의 참여와 협력을 유도하고 보장함으로서 효과를 증대할 수 있는 기

272) 노동학적 지식이란 노동과 관련된 모든 학문(노동의학, 노동생리학, 노동사회학, 노동심리학 등)을 포괄하는 개념이다. "확보된 노동학적 지식"이란 전문집단 내에서 대부분이 인정하고 있는 지식을 의미하는데, 이러한 지식이 활용되고 있는 대표적인 예는 법이나 시행령, 직업공제조합의 규정, DIN-규격, ISO-규격, VDI-표준 및 그 밖의 기술적 규정 등이다.
273) 조흠학, 법제사적 의미에서 산업안전보건법의 역할과 지위에 관한 연구, 산업안전보건연구원, 2010, 191~192면; 세계 각국의 산업안전보건법 형사처벌제도와 처벌사례 연구, 산업안전보건연구원, 2009에서 발췌하여 재정리함.
274) 노동자의 권리와 의무에 대한 자세한 내용은 본 보고서의 참고 1) 참조.

초를 제공하고 있다.

근로자도 사업장내 안전보건에 적극적으로 참여해야 할 의무가 있다[275]. 사업장 근로자 안전보건에 관한 유럽연합지침서(Council Directive of 12 June 1989 on the introduction of measures to encourage improvements in the safety and health of workers at work, 89/391/EEC) 제11조(근로자 의견청취와 근로자 참여) 제1항에는 근로자 또는 근로자 대표의 참여권을 명시하고 있으며, 제2항에는 근로자의 안전과 건강보호에 있어서 특별한 역할을 담당하는 근로자 또는 근로자 대표의 참여에 관하여, 제3항에는 대책의 제안권, 제4항에는 이들의 업무상 행위로 인한 불이익금지 그리고 제5항에는 시간 보장 및 필요한 시설 및 설비의 제공 등이 규정되어 있다. 이 지침은 최소한의 요구조건을 담고 있으며 개별 국가의 법령에서는 이러한 최소한의 요구조건 이상을 담을 수 있다. 독일 산업안전보건법에는 이와 관련 다음 몇 가지 사항이 명시되어 있다. 1) 모든 근로자들은 작업 중에 발생할 수 있는 안전보건상의 위험 및 그 대책에 대하여 숙지하고 있어야 하며, 작업장에서의 재해예방에 대한 교육을 받아야 한다 2) 작업자는 기계와 기기·공구 및 개인보호구 등을 규정과 사용법에 맞게 사용, 운전해야 한다. 3) 근로자는 사업주와 부서장에게 작업장 내 안전보건상의 위험 및 안전체계의 이상을 발견하는 즉시 신고해야 한다. 4) 근로자는 자신의 작업에 대한 경험을 사업장내의 안전보건에 적극적으로 활용해야 한다. 또한 근로자는 작업장 개선사항을 사업주에 제안할 수 있어야 한다. 5) 근로자는 작업장의 중대한 직접적인 위험을 제거할 권리를 가지고 있으며, 이로 인해 불이익을 당해서는 안 된다. 또한 안전보건상의 결함사항을 사업주가 해결해 주지 않았을 경우 이를 관할관청에 알릴 수 있으며 이러한 사유로 불이익을 당해서는 안 된다.

3. 독일 산업안전보건법의 구조[276]

(1) 산업안전보건법 체계

독일 산업안전보건제도의 가장 큰 특징은 이원적인 제도(Dual System)이며, 사회보장제도가

275) 사업장 근로자 안전보건에 관한 유럽연합지침서(Council Directive of 12 June 1989 on the introduction of measures to encourage improvements in the safety and health of workers at work, 89/391/EEC) 제11조(근로자 의견청취와 근로자 참여) 제1항에는 근로자 또는 근로자 대표의 참여권을 명시하고 있으며, 제2항에는 근로자의 안전과 건강보호에 있어서 특별한 역할을 담당하는 근로자 또는 근로자 대표의 참여에 관하여, 제3항에는 대책의 제안권, 제4항에는 이들의 업무상 행위로 인한 불이익금지 그리고 제5항에는 시간 보장 및 필요한 시설 및 설비의 제공 등이 규정되어 있다. 그런데 이 지침은 최소한의 요구조건 전제하고 있으며 정도의 차이는 있지만 각 국가의 법령에서는 이러한 최소한의 요구조건 이상을 반영하게 된다.

276) 조흠학, 법제사적 의미에서 산업안전보건법의 역할과 지위에 관한 연구, 산업안전보건연구원, 2010, 196~199면; 세계 각국의 산업안전보건법 형사처벌제도와 처벌사례 연구, 산업안전보건연구원, 2009; 박두용, 21세기 노동환경 권변화에 따른 산재예방 실효성확보방안에 관한 연구, 산업안전보건연구원, 2003에서 발췌하여 재정리함.

가장 먼저 발달한 국가라는 역사적인 사실에 근거하여 연방정부와 주정부의 권한과 자치적인 성격의 재해보험조합이 시행규칙을 근거로 사업장의 안전보건을 자문하는 역할을 수행하고 있다.

독일의 이원적 산업안전보건 시스템277)

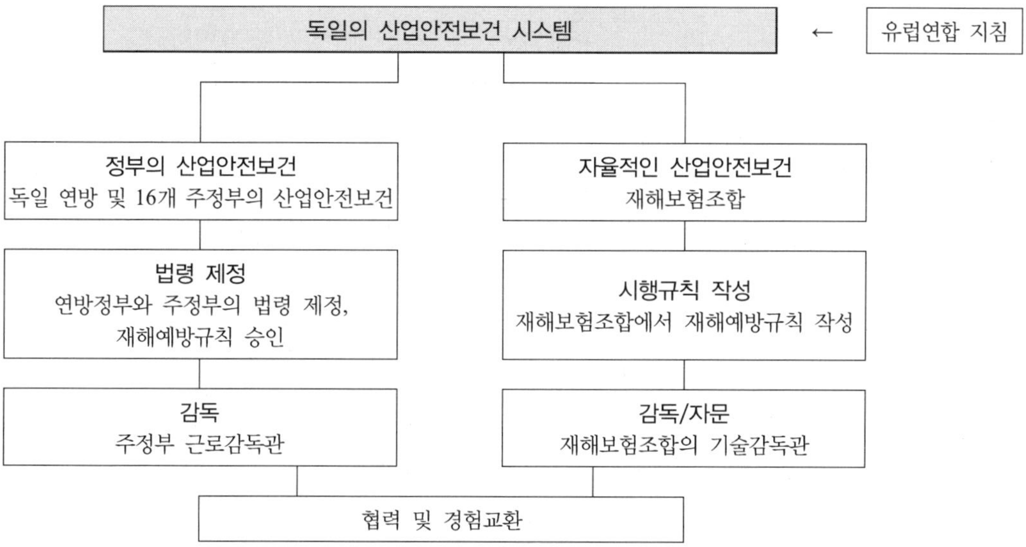

산업안전보건의 목적을 실현하기 위한 제도적 장치로서 법령은 필수적인 요소이며 이는 사업주·노동조합·안전관리자·산업보건의 및 모든 근로자에게 산업안전보건에 대한 근본적인 기틀을 제공하고 있으며, 사업장, 노동사회부를 비롯한 감독관청, 안전 검사소, 연구소 등 관계기관에서의 업무수행의 기본원리를 제공하고 있다.278)

연방 또는 주정부에서 제정한 법령은 정부의 산업안전보건감독에 필요한 주요사항과 사업장에서 지켜야 하는 기본사항을 규정하고, 재해보험조합(BG)에서 연방노동사회성의 승인을 받아 제정한 재해예방규칙(BGV)은 안전보건의 기술적 사항을 규정한다. 독일법령의 기본적 체제는 하위규정이 발달하여 상위의 법령을 세부적으로 보완하고 있는 것이 가장 큰 특징이라 할 수 있다.

법령에서 규정하기 힘든 기술적 기준은 VDE, DIN 등 전문적 기술단체에서 제정한 안전기준을 이용하고 있다. 그리고 법령의 제정에 있어 탄력적인 운영과 모든 기술기준에 대한 법제화의 어려움을 보충하며 각종 관련단체의 활성화를 촉진하고 있으며, 작업체계에 따른 법적 구조를 가

277) 조흠학, 법제사적 의미에서 산업안전보건법의 역할과 지위에 관한 연구, 산업안전보건연구원, 2010, 199면에서 발췌하여 재정리함.

278) 조흠학, 법제사적 의미에서 산업안전보건법의 역할과 지위에 관한 연구, 산업안전보건연구원, 2010, 192면; 세계 각국의 산업안전보건법 형사처벌제도와 처벌사례 연구, 산업안전보건연구원, 2009; 박두용, 21세기 노동환경권변화에 따른 산재예방 실효성확보방안에 관한 연구, 산업안전보건연구원, 2003에서 발췌하여 재정리함.

지고, 산업안전보건의 직접적인 대상인 작업장(Arbeitsstätten), 작업물질(Arbeitsstoffe), 작업기계(Arbeitsmittel) 및 작업자(Arbeitsnehmer)별로 필요한 사항을 규정하고 있다.

독일의 산업안전보건 관련법령의 체계[279]

<table>
<tr><td></td><td></td><td colspan="2">기본법</td><td></td></tr>
<tr><td></td><td></td><td colspan="2">법 령</td><td></td></tr>
<tr><td colspan="2">공 장 법</td><td colspan="2">기계기구안전법</td><td>제국보험법</td></tr>
<tr><td colspan="4">시 행 령</td><td>자치권리규정</td></tr>
<tr><td>가연성 액체</td><td colspan="2">작업장소</td><td>위험물질</td><td></td></tr>
<tr><td colspan="4">시 행 규 칙</td><td>재해보험조합의 재해예방규칙</td></tr>
<tr><td colspan="4">근 로 감 독</td><td>기 술 감 독</td></tr>
</table>

<table>
<tr><td colspan="5">일반적으로 인정된 기술지침</td></tr>
<tr><td>독일공업규격 협회(DIN)</td><td>독일전기기술자 협회(VDE)</td><td>독일기술자 협회(VDI)</td><td>기술감독협회의 기술규정(TÜV)</td><td>독일가스 및 용수 협회(DGW)</td></tr>
<tr><td colspan="3">검 사 전 문 가</td><td colspan="2">안 전 관 계 자</td></tr>
</table>

독일제국시대에 제정된 공장령(GewO, 1881년 제정)을 비롯하여 산재보험조합이 설립된 근거 법령이 제국보험령(RVO, 1884년 제정)등의 양대 주축으로 구성되었으며, 현대에는 산업안전보건법과 기계기구안전법(GSG, 1968년 제정), 사업장 안전보건관계자법(ASiG, 1974년 제정)이 주축을 이루고 있다.

독일의 산업안전보건 관련법은 4가지로 정리할 수 있는데

1) 산업안전보건법(ArbSchG)

   Gesetz über die Durchführung von Maßnahmen des Arbeitsschutzes zur Verbesserung der Sicherheit und des Gesundheitsschutzes der Beschäftigten bei der Arbeit

2) 사업장 안전보건관계자법(ASiG)

   Gesetz über Betriebsärzte, Sicherheitsingenieure und andere Fachkräfte für Arbeitssicherheit

3) 기계기구제품안전법(GPSG)

   Geräte- und Produktsicherheitsgesetz

4) 화학물질법(ChemG)으로 정리할 수 있다.

279) 조흠학, 법제사적 의미에서 산업안전보건법의 역할과 지위에 관한 연구, 산업안전보건연구원, 2010, 192면에서 발췌하여 재정리함.

(2) 관련법령의 주요 내용

1) 공장령(GewO)[280]

공장령은 빌헬름 1세 황제와 비스마르크 재상시절에 일종의 포고령인 Ordnung으로 공포되었으며, 그 성격이나 지위가 법과 유사하기 때문에 보통 공장법이라 하며, 현행 공장령은 '78. 1. 1. 개정되었으며 전체적으로는 사업주에 대한 노동자의 안전보건권 보장 성격이 강하다.

적용범위는 몇 가지 예외가 있지만 모든 근로자(학생, 자영업자를 포함하고 공무원은 제외)와 모든 상공업체에 포괄적으로 적용된다.

주요 내용은 공장 안전관리에 관한 사업주의 의무를 규정하고 있으며, 의무적으로 감독을 받아야 할 안전설비 및 기계기구를 명시, 유해위험설비의 감시·점검을 의무화, 사업주가 작업공정, 작업장 및 공구를 배치하고 유지하며, 사업의 특성상 허용하는 범위에서 생명과 건강에 대한 위험으로부터 근로자를 보호하도록 사업을 운영하는 등 일반 의무사항을 제시, 플랜트 모니터링 및 허가, 근로자의 조건, 벌칙 및 행정절차 요건 규정, 특히 산업안전 감독기관 설립과 그들의 권한 및 위험설비(압력용기, 보일러 등)를 검사·감독하여야 하는 책임에 대하여 규정하고 있다.

2) 사회법전(SGB)[281]

사회보험제도의 법률적 체계성을 높이기 위하여 각각의 법률에서 제정되어 개별적으로 운영되던 사회보험제도를 사회법전(Sozialgesetzbuch)에 집대성하는 작업을 70년대 초에 시작하여 최근에 완료하였다. 제국보험령의 산재보험에 관한 사항은 '96년 독일 사회법전 제7권(SGB VII)으로 이관하여 사회법전은 1권(일반), 3권(고용보험), 4권(사회보험 공동규정), 5권(건강보험), 6권(연금보험), 7권(산업재해보험), 9권(장애인 재활과 참여), 10권(행정절차), 11권(간병보험) 등 사회보장 전반을 규정하였다[282].

주요 내용을 보면, 재해보험의 원칙을 정하고 있으며 재해보험조합(BG) 설립을 명문화하였으며, BG에서는 산재보상뿐만 아니라 재해예방사업을 병행하도록 하였고, 단순히 사후보상에 그치지 않고 보다 적극적으로 재해를 예방하고자 재해예방규칙(BGV)을 정할 수 있도록 하여, 사업장의 재해예방규칙 준수여부 감독과 기술지도의 의무와 권한을 부여하고 있다.

280) 조흠학, 법제사적 의미에서 산업안전보건법의 역할과 지위에 관한 연구, 산업안전보건연구원, 2010, 198면; 세계 각국의 산업안전보건법 형사처벌제도와 처벌사례 연구, 산업안전보건연구원, 2009; 박두용, 21세기 노동환경권변화에 따른 산재예방 실효성확보방안에 관한 연구, 산업안전보건연구원, 2003에서 발췌하여 재정리함.

281) 조흠학, 법제사적 의미에서 산업안전보건법의 역할과 지위에 관한 연구, 산업안전보건연구원, 2010, 199면; 세계 각국의 산업안전보건법 형사처벌제도와 처벌사례 연구, 산업안전보건연구원, 2009에서 발췌하여 재정리함.

282) 독일의 사회보험제도는 건강보험제도(1883년 도입), 연금보험제도(1889년 도입), 고용보험제도(1927년 도입), 산재보험제도(1884년 도입) 및 간병보험제도(1994년 도입)의 5대 사회보험으로 구성된다.

3) 사업장 안전보건관계자법(ASiG : Arbeitssicherheitsgesetz)

'74. 12월 시행한 법으로 산업보건의 및 안전관리자의 선임, 임무, 산업안전보건위원회 설치운영 등에 관한 사항을 규정하고, 산업보건의와 안전관리자의 자격요건, 세부적인 선임방법에 관한 사항은 재해예방규정 BGV A2(산업보건의 및 산업안전전문가에 관한 규정)에 명시한 법률이다.[283)]

4) 산업안전보건법(Arbeitsschutzgesetz, ArbSchG)[284)]

사업장 안전보건관리의 중추적인 법이지만 다른 나라에 비해 늦게 '96년 제정되어 유럽연합의 지침을 시행하기 위하여 산업안전보건법과 다수의 시행령이 제정되었다. 사업장 자체 안전보건관리 활동을 법으로 규정하게 되었고, 종합적이고 체계적인 안전관리시스템을 갖출 기반이 조성되기도 하였으며,

내용은 사업장 근로자의 안전보건향상을 위한 산업안전보건조치를 규정하였고,

제1장은 적용범위로써 모든 근로자를 적용대상으로 하되, 가사일과 광산법과, 선박법에 의해 규율되는 광산과 선상작업은 예외규정

제2장은 사업주의 의무, 제3장 근로자의 의무 및 권리를 규정

제3장 중소기업을 위한 사항을 반영하고 사업장 자율시행 여지를 둠

제4장에서는 연방정부가 시행령이나 관련기준을 제정할 수 있는 권한이 있다는 내용과 법규사항의 대상에 관하여 규정

제5장에서는 정부와 재해보험조합(BG)과의 업무분장을 규정하고 있다.

5) 기계기구제품안전법(GSGP : Gerätesicherheitsgessetz)[285)]

'74년 시행되어 기계기구 및 설비의 생산·수입·유통·사용 시의 안전유지 의무를 부여하여, 사업장에서 사용되는 기계기구 및 설비뿐만 아니라 가정용품, 스포츠용품, 장난감에 이르기까지 거의 모든 공산품의 안전성이 확보되도록 하고자 제품인증제도(GS마크 제도)를 도입하였다. 이미 사용 중인 기계기구에 대하여 설계·제작단계와 동일한 안전성의 유지 및 의무 명시, 위험에 대한 명시까지 규정하고 기계기구 및 설비의 위험에 대해서 근원적으로 설계·제작·설치·사용단계에서 안전을 확보하여야 한다는 철학에 따라 제정되었다.

283) 조흠학, 법제사적 의미에서 산업안전보건법의 역할과 지위에 관한 연구, 산업안전보건연구원, 2010, 199면; 세계 각국의 산업안전보건법 형사처벌제도와 처벌사례 연구, 산업안전보건연구원, 2009; 박두용, 21세기 노동환경권변화에 따른 산재예방 실효성확보방안에 관한 연구, 산업안전보건연구원, 2003에서 발췌하여 재정리함.

284) 조흠학, 법제사적 의미에서 산업안전보건법의 역할과 지위에 관한 연구, 산업안전보건연구원, 2010, 200면; 세계 각국의 산업안전보건법 형사처벌제도와 처벌사례 연구, 산업안전보건연구원, 2009; 박두용, 21세기 노동환경권변화에 따른 산재예방 실효성확보방안에 관한 연구, 산업안전보건연구원, 2003에서 발췌하여 재정리함.

285) 조흠학, 법제사적 의미에서 산업안전보건법의 역할과 지위에 관한 연구, 산업안전보건연구원, 2010, 200면; 세계 각국의 산업안전보건법 형사처벌제도와 처벌사례 연구, 산업안전보건연구원, 2009; 박두용, 21세기 노동환경권변화에 따른 산재예방 실효성확보방안에 관한 연구, 산업안전보건연구원, 2003에서 발췌하여 재정리함.

6) 경영체제법(Betribsverfassungsgesetz)[286]

노동조합 안전담당위원(Bertriebsrat)의 권리, 사업주 및 안전관계자의 안전관계업무 이행 촉구 및 감독, 근로자의 안전사항 준수, 노조위원의 사고조사 참여 및 예방협조 사항, 안전관리자 및 공장의사 임명에 따른 노조의 동의권 등을 규정하였고, 근로자대표협의회에 안전담당위원이 참여하도록 하는 권리와 의무 규정을 삽입함으로써 사업장의 안전보건활동에 노동자의 참여를 법적으로 보장한 규정이다.

내용을 보면

- 사업주 및 안전관계자의 안전관계업무 이행 촉구·감독
- 근로자의 안전사항 준수
- 노조위원의 사고조사 참여 및 예방 협조 사항
- 안전관리자 및 공장의사 임명에 따른 노조의 동의권 등이 있다.

7) 화학물질법(Chemikaliengesetz; ChemG)[287]

유럽연합에서 '03. 10월 제정한 화학물질 등록평가허가제도(REACH, Registration, Evaluation and Authorization of Chemicals) 규정을 반영한 법률이고, 화학물질을 폭발성, 산화성, 고발화성, 고인화성, 인화성, 고독성, 독성, 유해성, 부식성, 자극성, 민감성, 발암성, 돌연변이성, 기형아유발성, 기타 만성적 유해성, 환경유해성으로 구분 하고, 신규 화학물질 제조자·수입자는 독일 내에 유통시키기 위해서는 연방산업안전보건연구원(BAUA)에 필요한 서류와 함께 등록토록 하였다[288].

8) 시행령(Verordnung)[289]

① 작업장소령(ArbstättV)

'75년 제정이후 '96년 EG지침에 부합되도록 전면 개정하였는데, 작업장소에 대한 안전기준 및 관리에 관한 내용으로 모든 사업장에 적용하고, 여행업 및 시장교역, 공공교통의 도

286) 조흠학, 법제사적 의미에서 산업안전보건법의 역할과 지위에 관한 연구, 산업안전보건연구원, 2010, 201면; 세계 각국의 산업안전보건법 형사처벌제도와 처벌사례 연구, 산업안전보건연구원, 2009; 박두용, 21세기 노동환경권변화에 따른 산재예방 실효성확보방안에 관한 연구, 산업안전보건연구원, 2003에서 발췌하여 재정리함.

287) 조흠학, 법제사적 의미에서 산업안전보건법의 역할과 지위에 관한 연구, 산업안전보건연구원, 2010, 201면; 세계 각국의 산업안전보건법 형사처벌제도와 처벌사례 연구, 산업안전보건연구원, 2009; 박두용, 21세기 노동환경권변화에 따른 산재예방 실효성확보방안에 관한 연구, 산업안전보건연구원, 2003에서 발췌하여 재정리함.

288) 확인명세서, 용도에 관한 세부사항, 사용 중 발생하는 유해한 영향, 연간 유통 또는 수입하고자 하는 물질의 양, 폐기방법, 재활용 또는 중화방법, 시험성적서.

289) 조흠학, 법제사적 의미에서 산업안전보건법의 역할과 지위에 관한 연구, 산업안전보건연구원, 2010, 201~205면; 세계 각국의 산업안전보건법 형사처벌제도와 처벌사례 연구, 산업안전보건연구원, 2009; 박두용, 21세기 노동환경권변화에 따른 산재예방 실효성확보방안에 관한 연구, 산업안전보건연구원, 2003에서 발췌하여 재정리함.

로, 철도, 차량 및 항공기 분야, 연방광업법에 의거한 기업체, 원양어선 및 내륙선박업은 예외규정 하였다.

사업장의 개념을 직업교육 장소를 포함하여 건물 속에 있는 작업공간, 기업체 옥외에 있는 작업장 등으로 정하고, 다만, 들판, 숲, 그밖에 농업 및 임업관련 기업체에 속하는 면적 및 기업체 건축면적 외부에 위치하는 경우는 제외하였다(건설공사 현장, 상점의 옥외판매대, 내륙의 수상교통수단 및 수상시설).

사업장에 속한 것으로 간주하는 경우도 규정하고 있는데, 통로, 창고, 기계실 및 인접공간, 휴게실, 준비실, 여성휴게실 및 체육관시설, 탈의실, 세탁실 및 화장실(세면실), 응급실에 관한 내용이 정리되어 있다.

환기에 관한 규정으로 창문이나 채광창 또는 통풍구를 통한 자연환기(natural ventilation)(유리창 표면 면적이 실내공간의 바닥면적의 1/10인 경우 1시간에 3회 이상 환기)등의 내용이 있고, 건축상에서 작업실의 창문, 채광창 또는 통풍구 자체의 이유로 충분한 환기가 되지 않는 경우 강제환기(기술적 장비를 이용한 환기)등의 규정을 다음과 같이 두고 있다.

i) 주로 앉아서 하는 작업에 대해서는 30 m^3/h
ii) 주로 앉아서 하는 작업이 아닌 경우에는 50 m^3/h
iii) 과중한 수작업인 경우에는 적어도 65 m^3/h

작업장의 온도에 관한 규정으로는 주로 앉아서 하는 작업 +19℃, 주로 앉아서 하는 작업이 아닌 경우 +17℃, 과중한 수작업 +12℃, 사무실 +20℃, 판매점 +19℃, 휴게실, 전화대기실, 수면실 및 개인위생실과 의무실 +21℃, 온수 샤워시설과 욕조를 갖춘 세면실 +24℃에 관한 내용이 있다.[290]

조명은 2000 m^2 이상의 작업장은 천장조명 설치, 근로자 작업장 조도 200 lux 이상이며, 소음은 지적작업 55 dB(A), 간단한 사무실 작업 70 dB(A), 기타 모든 형태의 작업 85 dB(A), 휴게실, 전화대기실 또는 수면실 55 dB(A)의 규정을 두고 있다. 또한 작업장 구성에 관한 규정은 다음과 같은 내용으로 구성되어 있다.

- 작업장 바닥면적 : 최소 8 m^2, 천장높이 2.5 m
- 바닥면적이 50 m^2인 경우 천장높이는 최소 2.75 m[291]
- 개별 근로자에 필요한 공간
  좌식작업 12 m^3, 입식작업 15 m^3, 과도한 수작업 18 m^3

290) 조흠학, 법제사적 의미에서 산업안전보건법의 역할과 지위에 관한 연구, 산업안전보건연구원, 2010, 202면; 세계 각국의 산업안전보건법 형사처벌제도와 처벌사례 연구, 산업안전보건연구원, 2009; 박두용, 21세기 노동환경권변화에 따른 산재예방 실효성확보방안에 관한 연구, 산업안전보건연구원, 2003에서 발췌하여 재정리함.

291) 바닥면적이 100 m^2인 경우 최소 3 m이어야 하며 2,000 m^2인 경우 최소 3.25 m이어야 한다.

- 작업장 내의 여유공간 : 작업자가 사방 1 m 이상 최소한 1.50 m^2의 공간을 확보
- 도로 및 통행로 : 바닥면적 1,000 m^2 이상 작업실, 창고는 도로와 통행로 표시
- 특별실 : 10인 이상 사업장에 휴게실, 임산부나 산모를 위한 수면실, 남녀탈의실, 필요한 수만큼의 화장실 등을 설치
- 의무실 : 1,000인 이상 사업장, 특별한 위험이 있는 100인 이상 사업장 및 50인 이상의 건설현장의 경우 의무실 설치

② 유해물질령(GefStoffV)[292)]

사업장이나 작업공정에서의 화학물질관리를 규정하고, 사업장내에서 생산하거나 일반 국민에게 판매할 때 발생할 수 있는 화학물질의 유해한 영향으로부터 근로자와 공공대중을 보호하기 위하여 위험물질과 제조와 판매, 라벨링, 취급 및 포장에 대한 사항을 규정하고 있다[293)].

작업장 유해물질자문위원회 설립을 규정할 때는 이해관계자, 제조자, 판매자, 중간상인, 재해보험조합(BG), 연방대표자, 주대표자, 의학전문가 및 과학 전문가로 구성하며, 발암성이나 중대한 위험물질에 노출될 가능성이 있는 근로자에 대한 건강검진, 그리고 해당 화학물질에 노출 가능성이 있는 장소에 대한 작업환경측정사항을 정하고 있다[294)].

위험물질령 채택으로 화학물질관련 여러 시행령의 단일화를 도모하여 '82년의 작업재료령, 고 독성물질과 살충제의 취급에 관한 연방정부와 각 주정부의 23개의 시행령과 질산암모늄에 관한 8개의 시행령, 가정에서 이루어지는 작업에 관한 4개의 시행령을 대체하였다. 이로써 위험물질과 그 제조로 인하여 발생하는 위험으로부터 근로자와 일반 대중을 보호하는 새로운 전환기가 도래하였으며, 입법권을 주정부에서 연방정부로 이관시켰으며 관할기관이 감소되는 성과가 있었다.

③ 중량물취급령(LasthandhabV)[295)]

EG 지침 90/269/EWG(수작업에 의한 화물취급시의 요통재해를 예방하기 위한 안전보건에

292) 조흠학, 법제사적 의미에서 산업안전보건법의 역할과 지위에 관한 연구, 산업안전보건연구원, 2010, 203면; 세계 각국의 산업안전보건법 형사처벌제도와 처벌사례 연구, 산업안전보건연구원, 2009; 박두용, 21세기 노동환경권변화에 따른 산재예방 실효성확보방안에 관한 연구, 산업안전보건연구원, 2003에서 발췌하여 재정리함.

293) 유해위험물질 제조 및 사용자에 대한 신고 의무, 유해위험물질의 위험등급 결정 후 대책마련, 유해위험 정도의 분명한 표시, 연방산업안전보건연구원(BAUA) 및 전문기관에 의한 시험증명, 유해위험물질의 안전한 포장, 부작용 및 변화명시.

294) '93.10.25 제정되어 '99.11.15 개정됐다.

295) 조흠학, 법제사적 의미에서 산업안전보건법의 역할과 지위에 관한 연구, 산업안전보건연구원, 2010, 203면; 세계 각국의 산업안전보건법 형사처벌제도와 처벌사례 연구, 산업안전보건연구원, 2009; 박두용, 21세기 노동환경권변화에 따른 산재예방 실효성확보방안에 관한 연구, 산업안전보건연구원, 2003에서 발췌하여 재정리함.

관한 최소규정)을 독일 내 시행하기 위하여 제정하였는데, '96 산업재해의 약 20%가 인력 운반 작업과 관련하여 발생하면서 근골격계질환도 모든 산업분야 근로자의 업무능력을 제한하는 주된 요인으로 등장하여 이 법령이 제정되었다.

동 시행령은 인력 화물 취급작업 자체를 제한하는 것이 아니라 생체역학적 부담으로 인한 위험을 방지하고자 제정하여, 적용범위는 수작업으로 화물을 취급하는 건설업, 쓰레기 수거, 공중위생업무 등도 포함되며, 인력운반은 사람의 힘으로 화물을 운반하거나 지탱하는 것을 의미하므로 손, 팔, 다리, 가슴, 등, 어깨, 또는 이들의 복합동작으로 수행하는 업무 부여 시 근로자의 신체조건을 고려하도록 하는 의무를 부과하도록 규정하고 있다.

④ 작업도구령(AMBW)[296)]

'89.11.30. 유럽지침 89/655/EWG(작업 중 근로자가 작업도구를 이용할 때의 안전 및 보건을 위한 최소규정)을 독일 내에서 시행하기 위하여 제정하여, 사업주는 근로자의 안전보건을 보장해 줄 수 있는 작업장비나 도구를 선택하여 근로자에게 제공해야 하며, 부가적으로 안전하게 사용토록 조치할 의무를 부여하고 있다.

⑤ 개인보호구령(PSA-BV)[297)]

'96. 12. 4. 유럽지침 89/656/EWG(작업 중 근로자가 개인보호구를 이용할 때 안전 및 보건을 위한 최소규정)을 독일 내에서 시행하기 위하여 제정하여 동 시행령의 제정을 통하여 그 동안 재해예방규정(BGV) 등에 산발적으로 규정되어 있던 여러 개인보호구와 관련된 기준이 통일규정 하였다. 사업주는 기술적인 안전보건 조치를 통해 근로자의 안전을 충분히 보장할 수 없는 경우 적절한 개인보호구를 선정하여 제공토록 하였고, 또한 근로자가 개인보호구를 잘 착용할 수 있도록 보호구 착용과 관리에 대한 적절한 지침을 제공하고 관리토록 규정하고 있다.

9) 시행규칙(Vorschrift)[298)]

일반적으로 법을 집행하기 위해서는 하위규정으로 구체적인 사항을 정하고 있으나 독일의 경우에는 연방정부에서 정한 시행규칙(Vorschrift)은 별도로 없는 실정이다.

296) 조흠학, 법제사적 의미에서 산업안전보건법의 역할과 지위에 관한 연구, 산업안전보건연구원, 2010, 204면; 세계 각국의 산업안전보건법 형사처벌제도와 처벌사례 연구, 산업안전보건연구원, 2009; 박두용, 21세기 노동환경권변화에 따른 산재예방 실효성확보방안에 관한 연구, 산업안전보건연구원, 2003에서 발췌하여 재정리함.

297) 조흠학, 법제사적 의미에서 산업안전보건법의 역할과 지위에 관한 연구, 산업안전보건연구원, 2010, 205면; 세계 각국의 산업안전보건법 형사처벌제도와 처벌사례 연구, 산업안전보건연구원, 2009; 박두용, 21세기 노동환경권변화에 따른 산재예방 실효성확보방안에 관한 연구, 산업안전보건연구원, 2003에서 발췌하여 재정리함.

298) 조흠학, 법제사적 의미에서 산업안전보건법의 역할과 지위에 관한 연구, 산업안전보건연구원, 2010, 205~206면; 세계 각국의 산업안전보건법 형사처벌제도와 처벌사례 연구, 산업안전보건연구원, 2009; 박두용, 21세기 노동환경권변화에 따른 산재예방 실효성확보방안에 관한 연구, 산업안전보건연구원, 2003에서 발췌하여 재정리함.

다만, 시행규칙에 해당하는 규정을 재해보험조합(BG)에서 재해예방규칙으로 제정할 수 있도록 하였으며, 사회법전 제7권(SGB Ⅶ) 제15조(산재예방규정) 제1항에 의하면 재해보험조합은 자율운영권으로써 다음과 같은 경우 재해예방규칙(BGV)을 제정·공표한다고 명시하여, 사업주 및 근로자가 산업재해, 직업병 그리고 건강위험 예방에 필요한 사항, 피보험자 또는 제3자의 생명과 건강을 위협하는 직업성 위험과 관련되는 작업 전, 작업 중 또는 작업 후 사업주가 조치하여야 하는 산업의학적인 조사(건강진단)와 안전공학적 대책에 관한 사항, 건강진단이 국가 법령에 규정되지 않은 경우 의사가 수행하여야 하는 사항, 사업주의 효율적인 응급조치 조직 구성운영에 관한 사항, 사업장 안전보건관계자법(ASiG)에 의거하여 사업주 의무수행에 필요한 대책등으로 규정하고 있다.

재해예방규칙은 독일 연방노동사회부의 승인을 받아야 하며, 연방정부는 주정부와 협조하여 결정(사회법전 제7권 제15조제4항)하도록 하며, 재해예방규칙은 독일 내에서 사업을 행하면서 어느 한 재해보험기관에 가입하지 않은 외국인 기업의 사업주와 근로자에게도 적용(사회법전 제7권 제16조)하고 있으며, 재해예방규칙(Unfallverhütungsvorschriften, UVV 또는 Berufsgenossenschaftliche Vorschrift, BGV)은 재해보험조합 전문기술위원회(Fachausschuss)에서 제·개정안을 작성하며, 26개의 산업BG가 주축이 되어 작업성격 및 기계종류에 따라 126가지로 작성된 재해예방규칙이 있다.

10) 일반적으로 인정된 기술지침[299)]

독일공업규격(DIN), 독일기술자협회(VDI)규격 등 민간기관이 자율적으로 제정한 규격을 산업전반에 적용한다.

(3) 산업안전보건 관계법령의 제·개정[300)]

독일 기본법(Grundgesetz) 제74조제1항제12호에 따라 산업안전보건 관계법령의 제정권은 연방정부가 가지며, 이 법의 관장은 연방노동사회부(BMAS, Bundesministerium der Arbeits and Soziales)에 귀속하며, 재해예방규칙(UVV=BGV) 초안은 각 BG에서 작성·발의되며, 연방노동사회부에서도 발의한다. BG 중앙회는 각 BG의 초안을 받아 BG 전문기술위원회에서 내용을 검토 후 각 BG에 통보, 의견수렴한 수정안을 연방노동사회부에 제출하도록 하고 있다.

299) 조흠학, 법제사적 의미에서 산업안전보건법의 역할과 지위에 관한 연구, 산업안전보건연구원, 2010, 206면; 세계 각국의 산업안전보건법 형사처벌제도와 처벌사례 연구, 산업안전보건연구원, 2009; 박두용, 21세기 노동환경권변화에 따른 산재예방 실효성확보방안에 관한 연구, 산업안전보건연구원, 2003에서 발췌하여 재정리함.

300) 조흠학, 법제사적 의미에서 산업안전보건법의 역할과 지위에 관한 연구, 산업안전보건연구원, 2010, 206면; 세계 각국의 산업안전보건법 형사처벌제도와 처벌사례 연구, 산업안전보건연구원, 2009; 박두용, 21세기 노동환경권변화에 따른 산재예방 실효성확보방안에 관한 연구, 산업안전보건연구원, 2003에서 발췌하여 재정리함.

연방노동사회부는 안을 각 주에 통보하여 의견을 수렴하고 BG중앙회와 의견을 조정함과 동시에 최종안을 BG중앙회 총회에서 결정한 후 연방노동사회부 승인을 거쳐 공포하도록 하고 있다.

(4) 소결

독일의 사업장 안전에 관한 산업안전보건법은 넓게 "사업주의 책임을 강조하고 있는데, 인간에게 적합한 작업을 조성하는 조치를 포함하여 산재와 근로로 인한 건강피해 예방조치"로서(제2조1항), 이를 마련하고 시행하는 것은 근본적으로 사용자의 의무이며 이에 드는 비용을 사용자가 부담해야 함을 강조하고 있으며, 사업주는 근로자의 안전과 보건을 위하여 실정에 맞는 조치를 취해야 하고, 사업주는 적절한 안전관리조직 등 안전과 보건에 필요한 사항을 제공할 의무가 있음을 강조하고 있다. 이외에도 근로자의 권리를 위하여 근로자 또한 지침에 의거해서 뿐만 아니라 "자신이 가능한 만큼" 안전과 보건을 돌봐야 할 의무와 함께 모든 안전보건 문제에 대해 사용자에게 제안할 권리를 가지고 있는 것이 특징이라 할 수 있다. 우리나라의 산안법에서는 제안보다는 참여를 두고 있지만 사실상 참여의 의미는 직접 참여보다는 간접참여 형태이므로 사업장에서의 효과를 거두기 어려운 면이 있다. 이러한 면에서는 사업주에게 제안하는 의미의 권리도 근로자의 안전보건을 위하여 효과적인 방법이라고 생각된다. 하지만 독일의 산안법의 근본취지는 사업주가 모든 책임을 부담한다는 입법취지와 함께 사회적 분위기도 사업주의 책임을 강력하게 인정하고 있는 것이 우리와 다른 특징이라 할 수 있다.[301)]

V. 일본 산업안전보건법

1. 역사적 배경

우리나라 산업안전보전법과 제도는 많은 경우 일본의 제도를 모방하였다. 그러나 심도 있는 연구와 검토를 거쳐 우리나라에 적합한 제도를 만들었다기보다는 일본의 제도적 틀과 내용을 모방한 것에 그치는 경향이 있다.[302)]

301) 조흠학, 법제사적 의미에서 산업안전보건법의 역할과 지위에 관한 연구, 산업안전보건연구원, 2010, 207면에서 발췌하여 재정리함.

302) 조흠학, 법제사적 의미에서 산업안전보건법의 역할과 지위에 관한 연구, 산업안전보건연구원, 2010, 208면; 세계 각국의 산업안전보건법 형사처벌제도와 처벌사례 연구, 산업안전보건연구원, 2009; 박두용, 21세기 노동환경권변화에 따른 산재예방 실효성확보방안에 관한 연구, 산업안전보건연구원, 2003에서 발췌하여 재정리함.

또한 우리나라의 많은 법령과 제도가 일본의 그것과 아주 흡사하여 일본의 법령과 제도는 비교적 우리가 이해하기 쉽다. 그러나 그렇기 때문에 일본의 제도에 대해서는 깊이 있는 연구나 탐색보다는 피상적으로 이해에 그치는 경우가 많다. 우리나라 제도와 비슷하므로 이미 알고 있는 것으로 치부해 버리거나 새로운 것이 없다고 미리 단정짓기 쉽기 때문이다. 연구를 한다 해도 기껏해야 우리나라와 어느 정도 같은가 또는 어느 정도나 다른가 하는 것을 확인하는 정도에 그치는 경우가 많다. 모든 제도는 그 나라의 정치, 경제, 문화적 역사의 산물이다. 우리나라의 산업안전보건 정책과 제도는 일본으로부터 많은 영향을 받아 산업안전보건의 발전을 이루어왔다. 그러나 산업환경의 다양한 변화로 인하여 산업안전보건의 환경도 변화되었다. 그러나 우리와 유사한 일본의 산업안전보건 역사적 의미를 찾아보기로 한다.

(1) 일본 산업안전보건의 역사 개요

1) 메이지유신(維新) 이전[303)]

일본은 4세기경 야마토 조정이 지배하는 국가가 성립하고, 5～6세기에 대륙문화가 유입되어 한자나 불교가 전해졌다. 7세기 중반에는 황실을 중심으로 하는 지배 계급의 결집과 율령제도에 의해 국가체제가 강화되었다. 그러나 율령제도의 기초를 이루고 있던 토지제도는 점차 변화하여 8세기 말에는 장원이 빌달했다.

10세기에 들어서면서 무사가 대두하고, 무사 계층이 지배하는 봉건제도는 19세기 중엽까지 약 700년간 계속 되었다. 16세기 후반에는 오다노부나가가 전국을 제패하였으며, 1603년에는 도쿠가와 이에야스가 에도에 막부(幕府)를 개설하고, 에도 막부시대를 열었다. 무사계층이 지배하던 봉건제도는 1869년 도쿠가와(德川) 막부가 멸망하고 메이지(明治)시대가 열리면서 사라졌다.

2) 메이지유신(明治維新)에서 제2차 세계대전까지[304)]

메이지 정부가 들어서면서 국내는 통일되었고, 강력한 중앙집권을 하게 되었다. 1869년에는 막부가 토지와 백성을 천황에게 반납하였고, 1871년에는 번(藩)을 폐지하고, 현(縣)을 설치하여 중앙집권체제를 확립하였다. 이로 인해 士農工商(사농공상)의 신분제도가 폐지되었고, 1873년에는 지조(地租) 개정을 실시해서 재정적 기초를 확립함으로써 근대국가로서의 기반이 갖추어지기

303) 조흠학, 법제사적 의미에서 산업안전보건법의 역할과 지위에 관한 연구, 산업안전보건연구원, 2010, 208～210면; 세계 각국의 산업안전보건법 형사처벌제도와 처벌사례 연구, 산업안전보건연구원, 2009; 박두용, 21세기 노동환경 권변화에 따른 산재예방 실효성확보방안에 관한 연구, 산업안전보건연구원, 2003에서 발췌하여 재정리함.

304) 조흠학, 법제사적 의미에서 산업안전보건법의 역할과 지위에 관한 연구, 산업안전보건연구원, 2010, 208～210면; 세계 각국의 산업안전보건법 형사처벌제도와 처벌사례 연구, 산업안전보건연구원, 2009; 박두용, 21세기 노동환경 권변화에 따른 산재예방 실효성확보방안에 관한 연구, 산업안전보건연구원, 2003에서 발췌하여 재정리함.

시작했다. 메이지 정부는 적극적인 개방정책을 펼쳐 구미 선진제국으로부터 기계에 의한 생산방법을 도입하였고 전신, 철도, 토목, 조선, 제철 등의 관영사업을 일으켰다. 1871년에는 새로운 화폐 조례를 제정하였고, 이에 따라 1872년 국립은행을 설립하였다. 또한 농업과 목축업을 위한 가공공장과 방직공장 등을 설립하여 국가 전체적으로 산업화에 총력을 기울였다. 이것이 메이지 정부가 펼친 개혁정책인 메이지유신이다.

청일전쟁[305] 후 일본은 청으로부터 받은 전쟁배상금으로 금본위제를 확립하여 엔화의 가치를 높여 엔화가 국제통화로 인정받게 되었고 이에 따라 해외무역도 크게 발전하였다. 1985년 관영 야하타 제철소를 설립하는 한편, 관영사업을 민간에 불하하여 민간기업과 자본가를 육성하였으며 이러한 조치로 대규모 중공업 개발의 기초가 확립되었다. 러일전쟁[306]을 계기로 일본에서 중공업이 크게 발전하였다. 1901년 야하타 제철소가 조업을 개시하면서 민간의 철강업과 조선업, 기계공업 등이 발전하기 시작했다.[307]

경공업 부문에서는 미국으로는 생사(生絲), 조선과 중국으로는 면사(綿絲)와 면직물(綿織物)의 수출이 크게 증가하여, 면직물, 제사업은 기업합병을 통하여 대규모 생산을 이루었다. 따라서 이 시기를 일본의 산업혁명 시대라고 볼 수 있다. 미츠이, 미츠비시, 스미토모 등의 재벌이 탄생하였고, 이들은 무역, 금융, 운수, 광산업 등으로 사업을 확장하였다.

메이지 정부 말에 일어난 제1차 세계대전으로 일본의 해외수출은 급격히 증가하여 일본은 완전한 공업국으로 탈바꿈하였다. 그러나 급격한 공업화로 인한 무역수지가 악화되어 1920년 3월 주식시세의 폭락과 함께 공황이 시작되어 조업단축과 기업도산 등 일본경제는 피폐해졌다. 이 시기는 세계적인 전후 공황시대였다. 더구나 1923년 9월 1일 간또오 대지진으로 일본의 경제, 사회적 불안은 더욱 증폭되었고, 1927년에는 예금인출소동이 일어나는 등 금융공황으로 발전했다. 이어 1929년에 시작된 미국의 대공황은 세계공황으로 이어졌고 일본경제는 더욱 악화되었다. 경제위기와 사회불안으로 파시즘이 대두되었고, 일본은 다른 제국들과 마찬가지로 공황타개책으로 식민지쟁탈전을 벌이면서 제2차 세계대전이 발발하였다.

3) 전후 체제[308]

1945년 종전이 되면서 일본은 연합군의 점령 하에 놓이게 되었고 포츠담 선언의 이행을 요구받고 있었다. 연합군은 일본의 재무장을 방지하고자 일본의 비군사회와 민주화를 추진하였다. 메

305) 1894~1895년에 걸친 전쟁.
306) 1904~1905년에 걸친 전쟁.
307) 조흠학, 법제사적 의미에서 산업안전보건법의 역할과 지위에 관한 연구, 산업안전보건연구원, 2010, 209면; 세계 각국의 산업안전보건법 형사처벌제도와 처벌사례 연구, 산업안전보건연구원, 2009; 박두용, 21세기 노동환경권변화에 따른 산재예방 실효성확보방안에 관한 연구, 산업안전보건연구원, 2003에서 발췌하여 재정리함.
308) 조흠학, 법제사적 의미에서 산업안전보건법의 역할과 지위에 관한 연구, 산업안전보건연구원, 2010, 211면; 세계 각국의 산업안전보건법 형사처벌제도와 처벌사례 연구, 산업안전보건연구원, 2009; 박두용, 21세기 노동환경권변화에 따른 산재예방 실효성확보방안에 관한 연구, 산업안전보건연구원, 2003에서 발췌하여 재정리함.

이지유신법은 폐지되었고 부인의 참정권인정, 노동조합법제정, 국가로부터 신도(神道)의 분리 등의 조치가 취해졌고, 재벌해체와 농지개혁이 추진되었다. 1945년 11월에는 미츠이, 미츠비시, 스미토모, 야스다 등 4대 재벌은 본사를 비롯한 계열사 등 83사가 해체 명령을 받았고, 1947년 독점금지법과 과도경제력집중배제법이 제정되었다. 이로써 본격적인 재벌 해체가 이루어졌으며, 이후 1946년 신헌법이 제정되었다. 신헌법은 주권재민과 평화주의 및 인권존중을 기조로 천황의 권력을 박탈하고 국회가 국가의 최고통치기관이 되었다. 국회는 중의원과 참의원의 양원으로 구성되었다. 1947년에는 지방자치법이 제정되었다. 이로써 일본은 중세 봉건제도에 이어 다시 지방자치시대가 열리게 되었다. 노동기준법도 제정되어 8시간 노동 및 최저 노동기준이 마련되었다. 호주제도 폐지되었고, 교육기본법과 학교교육법이 제정되어 근대적인 교육시스템이 도입되었다.

입법, 행정, 사법의 3권을 분리하여 국회, 내각, 재판소를 설립함으로써 현대적인 정치체제도 갖추었다. 국회는 법률을 제정하고, 예산을 심의하며 국정조사권도 행사하는 국가최고기관이 되었다. 국회는 중의원과 참의원으로 구성되어 양원의 의견이 일치하지 않을 경우에는, 법률안의 의결, 예산의 의결, 조약의 승인, 내각총리대신의 지명 등에 관해서는 중의원의 의결이 우선 하도록 정해져 있다.[309)]

행정권은 내각에 속해 있고 내각은 총리대신과 기타 국무대신으로 구성된다. 일본은 국회, 특히 중의원의 신임을 필요로 하는 의원 내각제를 채택하고 있다. 내각은 일반 행정사무 외에 법률의 집행, 외교관계, 조약체결, 예산작성 등의 사무를 집행하며, 천황의 국사행위에 대한 조언과 승인 등의 권한을 가지고 있다.

재판소는 최고재판소와 하급재판소가 있다. 하급재판소에는 고등재판소, 지방재판소, 가정재판소, 간이재판소 등이 설치되어있다. 재판소는 다른 국가기관으로부터 엄격히 독립되어 있으며, 법률에 대한 위헌입법 심사권한도 있다.

전후 일본경제는 크게 피폐되었지만, 중국과 소련으로부터 공산주의 팽창을 방어하고자 미국 등 서방으로부터 파격적인 경제적 기술적 지원에 힘입어 일본경제는 급격히 부흥되었다. 특히, 1950년 한국전쟁의 발발로 전쟁특수를 누린 일본의 경제는 비약적으로 발전하게 되었으며 이 시기에 소득이나 생산량 등 각종 경제지표가 이미 2차 세계대전 이전의 수준을 상회하였다. 이러한 경제발전에 힘입은 일본은 정부주도 하에 경제개발계획을 수립하고,[310)] 산업 구조를 중화학 공업으로 전환하였으며, 이러한 일본정부의 경제부흥정책은 기대보다 큰 성과를 거두어 오늘날 세

309) 조흠학, 법제사적 의미에서 산업안전보건법의 역할과 지위에 관한 연구, 산업안전보건연구원, 2010, 211면; 세계 각국의 산업안전보건법 형사처벌제도와 처벌사례 연구, 산업안전보건연구원, 2009; 박두용, 21세기 노동환경권변화에 따른 산재예방 실효성확보방안에 관한 연구, 산업안전보건연구원, 2003에서 발췌하여 재정리함.

310) 1954~55년 : 수량(數量) 경기, 1956~57년 : 신무(神武) 경기, 1959~61년 : 이와토 경기계획으로 연평균 10.6% 경제 성장을 달성했다. 특히, 1960년 이케다 정부의 '소득배증계획(10년 후 소득을 배로 증가하겠다는 계획)으로 일본국민에게 미래 청사진과 자신감을 주었으며, 중화학 공업진흥정책으로 1960년대 일본의 중화학 공업률이 60% 대에 이르게 되었다. 1965~1970년 : 이자나기 경기(景氣). 풍요로운 개인소득을 바탕으로 내수(內需)진작되었고 고도성장을 지속한다. 한층 더 근대화, 합리화를 자극했다. 칼라TV, 승용차, 에어컨 등 내구 소비재의 발달과 보급으로 내수가 크게 진작되었다.

계 최강의 경제대국으로 발돋움하였다.

4) 행정구역[311)]

일본은 혼슈우(本州), 규슈(九州), 시코쿠(四國), 홋카이도(北海道) 등 4개의 큰 섬으로 이루어져 있으며, 혼슈우(本州)는 東北(토오호쿠), 關東(간토오), 中部(츄우부우), 近畿(킹끼), 中國(츄우고쿠)의 다섯 개의 지방으로 나누어 부르기도 하는데 이것은 행정구역상 명칭은 아니고, 우리나라에서 호남, 영남 등으로 지역을 구분하는 것과 같다. 따라서 일본은 관행상 지역을 북해도, 동북, 관동 ,중부, 근기, 중국, 서국, 구주의 8개 지방으로 나누어 부른다.

일본의 행정구역은 1도(동경도 - 도쿄도), 1도(북해도 - 홋카이도), 2부(오사카 - 교토부), 43개의 현(顯)으로 나누어져 있다. 도(都)는 도쿄와 이를 둘러싼 위성도시를 포함한 권역을 말한다. 부(府)고 대도시와 이를 둘러싼 위성도시며, 우리의 '광역시'에 해당된다. 도(都)는 우리 식으로 말하면 '수도권'과 같이 대도시와 위성도시를 묶는 권역인데 공식행정구역 명칭이다. 도(道)는 특별한 지방으로 홋카이도(北海道)만 하나의 행정구역으로 나눈 명칭이다. 홋카이도는 특별히 현으로 나누지 않고, 道로 분리해 놓은 것이다. 현(顯)은 우리의 '도'에 해당한다. 현(顯) 아래 시(市shi), 구(區ku), 그리고 우리의 번지에 해당하는 정(丁cho)이 있다.[312)]

(2) 중앙정부조직과 내각

1) 중앙정부조직[313)]

일본의 중앙정부는 '중앙성청(中央省廳)'이라고 하며, 현재의 중앙성청은 1부 12성청의 조직으로 구성되어 있다. 각 부의 내부구조는 서로 비슷하다. 성의 각료는 1명 내지 2명의 정무차관의 보좌를 받으며 정부차관은 각료와 같이 경력직 공무원과 관계없이 정치적으로 임명되어진다. 사무차관은 성에서 가장 높은 경력직 지위에 해당되며, 각각의 성은 하나의 비서실과 많은 수의 국(局)을 가지고 있다. 국들은 과(課)와 계(係)로 세분되며 이러한 국과 과는 고위경력직 관료에 의해서 통솔된다.

311) 조흠학, 법제사적 의미에서 산업안전보건법의 역할과 지위에 관한 연구, 산업안전보건연구원, 2010, 212면; 세계 각국의 산업안전보건법 형사처벌제도와 처벌사례 연구, 산업안전보건연구원, 2009; 박두용, 21세기 노동환경권변화에 따른 산재예방 실효성확보방안에 관한 연구, 산업안전보건연구원, 2003에서 발췌하여 재정리함.

312) 조흠학, 법제사적 의미에서 산업안전보건법의 역할과 지위에 관한 연구, 산업안전보건연구원, 2010, 212면; 세계 각국의 산업안전보건법 형사처벌제도와 처벌사례 연구, 산업안전보건연구원, 2009; 박두용, 21세기 노동환경권변화에 따른 산재예방 실효성확보방안에 관한 연구, 산업안전보건연구원, 2003에서 발췌하여 재정리함.

313) 조흠학, 법제사적 의미에서 산업안전보건법의 역할과 지위에 관한 연구, 산업안전보건연구원, 2010, 213면; 박두용, 21세기 노동환경권변화에 따른 산재예방 실효성확보방안에 관한 연구, 산업안전보건연구원, 2003에서 발췌하여 재정리함.

현재의 조직은 2001년 1월 6일부터 21세기를 맞이하며 복잡한 정책적 과제에 적절하게 대응하기 위해 1부 22성청 체제에서 1부 12성청으로 재편성한 것이다. 일본의 정부조직개혁은 1996년부터 시작되었는데, 개혁의 주요내용은 내각기능의 강화, 국가 행정조직 등의 감량 및 효율화(1부 12성청 체제), 정책조정 및 정책평가 도입, 규제완화, 지방분권, 독립행정법인제도의 창설, 기획과 집행의 분리 등이었다. 정부조직의 개혁은 업무가 보완적이거나 중복되는 11개성의 청을 4성으로 통합하는 것이 주된 골자였다. 정부조직개편의 주요 내용은 다음과 같다.[314)]

- 우정성·자치성·총무청 → 총무성
- 문부성·과학기술청 → 문부과학성
- 후생성·노동성 → 후생노동성
- 운수성·건설성·북해도개발청·국토청 → 국토교통성
- 총리부 산하의 3청(금융재생위원회, 경제기획청, 오키나와 개발청) → 내각부
- 환경청 → 환경성으로 승격
- 대장성 → 재무성(명칭변경)
- 통상산업성 → 경제산업성(명칭변경)

2) 정부의 내각제도[315)]

일본은 의원내각제를 채택하고 있으므로 내각수반(內閣首班)인 '총리대신'이 국정을 총책임지고 있다. 총리대신은 관례상 집권당(執權黨)의 지도자가 맡는다. 내각은 성의 국무대신(장관)과 3～6명의 '무임소국무대신(장관)'으로 구성된다. 내각총리대신은 내각의 수장으로 국가의 행정기관을 지휘 감독한다. 총리대신은 국무대신과 함께 내각을 구성하며 행정권의 행사에 대하여 공동책임을 진다. 내각은 주요정책을 입안(立案)하고, 집행하는 행정권을 행사하며, '법률안 제출권(法律案 提出權)'이 있다.[316)]

내각은 일정 행정사무 외에 법률을 집행하고, 외교관계를 처리하고, 조약을 체결하고, 예산을 작성하여 헌법이나 법률실시를 위한 정령을 제정한다. 내각은 최고 의사결정기구로 각의(閣議)라는 내각회의를 개최하며, 의사결정은 만장일치를 관례로 하고 있다. 내각의 통일을 유지하기 위하여 내각총리대신은 국무대신의 임명권을 갖는다. 성 아래 다양한 사무국과 위원회가 행정업무를 수행하는데, 일상적으로 장관들은 이러한 부서를 지휘하며 각각 전체 행정업무를 분담하게

314) 조흠학, 법제사적 의미에서 산업안전보건법의 역할과 지위에 관한 연구, 산업안전보건연구원, 2010, 212면; 세계 각국의 산업안전보건법 형사처벌제도와 처벌사례 연구, 산업안전보건연구원, 2009; 박두용, 21세기 노동환경권변화에 따른 산재예방 실효성확보방안에 관한 연구, 산업안전보건연구원, 2003에서 발췌하여 재정리함.

315) 조흠학, 법제사적 의미에서 산업안전보건법의 역할과 지위에 관한 연구, 산업안전보건연구원, 2010, 214면; 세계 각국의 산업안전보건법 형사처벌제도와 처벌사례 연구, 산업안전보건연구원, 2009; 박두용, 21세기 노동환경권변화에 따른 산재예방 실효성확보방안에 관한 연구, 산업안전보건연구원, 2003에서 발췌하여 재정리함.

316) 법률안은 의회와 행정부 양쪽 모두 제출할 수 있다.

된다.[317)]

3) 지방행정체제[318)]

일본의 지방행정체제는 헌법에 의해 규정되어있다. 이에 따라 47개의 현과 11개의 특별시(현과 동격의 조직체로 인구가 가장 많은 도시 중 정부가 지정한 11개 도시), 그리고 그 아래 읍, 면, 시 단위로 행정업무를 수행하는 3,300개 지방자치시가 있다. 지방행정부는 현의 지사와 현의회가 중심이 되어있다. 각 현에는 시, 정, 촌 등의 자치기구가 있다. 현과 이들은 교육과 복지나 기타 여러 가지 서비스의 제공을 책임지고 있으며, 행정활동을 통해 지역 주민들과 긴밀한 접촉을 한다.[319)]

각각의 자치 시는 독자적인 의회가 있는데 의원들은 20세 이상의 주민들에 의해 선출되며 임기는 4년이다. 지방의회는 예산안을 결정하고, 시 자치를 위한 법규를 제정한다. 시장은 역시 4년 임기로 국민투표로 선출되는데 시 행정 각료에게 업무 지시를 하며 시의회 결정에 따른 행정대책을 수행하는 등의 지역 행정에 대한 책임을 수행한다. 중앙정부는 전국 혹은 하나 이상의 현에 영향을 미치는 총괄적인 행정대책을 수행한다. 지방정부는 그 지역에 바로 영향을 미치는 행정업무를 담당하는데, 공원을 유지하고 초등학교와 중학교를 운영하거나 시민의 건강과 보건을 책임지며 쓰레기의 수거와 처리, 주민등록 등의 일이며, 헌법에서 주민에 의하여 선출된 지사를 장으로 하는 지방공공단체에 광범위한 자치권을 인정하며, 지방자치단체의 장 및 의회의원의 임기는 4년이다.

2. 일본 노동안전위생법의 제정배경

(1) 전전(戰前)의 역사[320)]

우리나라에 공장 같은 것이 이미 에도 시대에 출현했지만, 근대적인 공장은 그 말기에 들어서

317) 조흠학, 법제사적 의미에서 산업안전보건법의 역할과 지위에 관한 연구, 산업안전보건연구원, 2010, 214면; 박두용, 21세기 노동환경권변화에 따른 산재예방 실효성확보방안에 관한 연구, 산업안전보건연구원, 2003에서 발췌하여 재정리함.

318) 조흠학, 법제사적 의미에서 산업안전보건법의 역할과 지위에 관한 연구, 산업안전보건연구원, 2010, 215면; 박두용, 21세기 노동환경권변화에 따른 산재예방 실효성확보방안에 관한 연구, 산업안전보건연구원, 2003에서 발췌하여 재정리함.

319) 조흠학, 법제사적 의미에서 산업안전보건법의 역할과 지위에 관한 연구, 산업안전보건연구원, 2010, 215면; 박두용, 21세기 노동환경권변화에 따른 산재예방 실효성확보방안에 관한 연구, 산업안전보건연구원, 2003에서 발췌하여 재정리함.

320) 조흠학, 법제사적 의미에서 산업안전보건법의 역할과 지위에 관한 연구, 산업안전보건연구원, 2010, 216~219면; 박두용, 21세기 노동환경권변화에 따른 산재예방 실효성확보방안에 관한 연구, 산업안전보건연구원, 2003에서 발췌하여 재정리함.

출현했다. 하지만 말기에 와서 출현한 공장은, 모두 막부와 각번에 의해 설치된 것으로, 아직 자본주의적인 공장은 아니다. 본격적인 자본주의기업은 메이지시대가 되어서 출현했다. 이 자본주의시대의 도래와 함께 노동자문제가 등장하게 되었다. 말할 것도 없이 자본주의기업의 목적은 이익의 획득에 있다. 그를 위해, 생산량의 확대를 도모하기 위해 노동시간을 늘리고, 비용을 줄이기 위해 임금은 낮추게 되었다.

그리고 근대기술을 구사하여 생산 활동을 하기 때문에, 대동력의 사용, 고온고압상태의 출현, 생산스피드의 확대, 취급물의 대형중량화, 위험유해재료의 사용이 증가하게 되었다. 그 결과, 노동자는 피로하고, 영양 상태는 저하하고, 노동재해와 직업병 재해의 기회가 급증하게 되었다. 특히 어린 아이와 여성 노동자의 증가는 비참하게도 박차를 가하고 있었다. 그러한 상태를 방치하는 것은 머지않아 회사의 존립조차도 위험하게 하여, 노동자보호법칙의 필요성이 대두되었다.

이미 1877년(메이지 10년)에는 오사카에서 제조공장의 단속규칙이 발표되어, 1881년(메이지 14년)에는 도쿄에도 제조소관리에 관한 명령이 공포되었다. 이러한 규칙은 반드시 순수한 의미에서의 노동자보호법규는 아니지만, 자본주의의 발달과 함께 공장에 미치는 노동재해와 공해가 현저하게 많아진 것을 알 수 있다[321].

1882년(메이지 15년)이 되어, 전년 내무성에서 분리한 농상무성내에서 노역법 및 공장조례입안의 움직임이 생겨나고 있었으며, 이것은 시대의 지배권력 사이에도 공장의 폐해가 중요하다는 것을 인식하게 되었다. 이 직공조례안은 1887년(메이지 20년)에 이르러 일단 초안 되었으나 발표되지는 못했지만, 이 조례인 속에 인진위생부분의 노동시간의 제한에 대해서 아무것도 언급되어있지 않았다.

본격적인 공장법안이 나온 것은 1898년(메이지 31년)이었다. 이 법안의 제5조에는, 「공장에는 위험예방, 건강보전, 관습유지, 공익보호를 위해 필요한 설비를 다 해야 한다.」라는 규정이 마련되었다. 그 후, 더 검토되어 1909년(메이지 42년) 제 26제국의회 소집에 제출되었지만, 면방적업자의 야간업무반대에 따라 철회되었다. 그리고 수정된 법안이 2년 후인 1911년(메이지 44년) 2월 2일 제27제국의회에서 제출되었다. 그 후, 드디어 3월 20일에 가결·성립되어, 같은 해 3월 29일 법률 제46호로서 공포되었다. 그러나 이것이 실제 시행된 것은 성립 후 5년 남짓 경과한 1916년(다이쇼 5년) 9월 1일부터이며, 공장법의 시행에 대해서 사업주의 강력한 저항이 있었지만 공장법안제안 이유에 대해서 그 당시 농상무대신 오오우라가네타네(大浦 兼武)가 "금일은 알고계신 것처럼 우리 국가의 공업의 발달에 따라 점점 공장법안을 제정의 필요에 다가왔습니다. 그 정신은 건전한 우리나라의 공업의 발달을 계획하는 것과 동시에 부녀자, 유년자의 건강을 보호하고, 숙련공을 양성하여 국가의 공업발달을 도모해야만 합니다"라고 강력한 주장에 따라 시행 되어졌다. 이렇게 힘들게 시행된 공장법은 당초 안(案)에서는 상시근로자 10명 이상의 근로자

321) 松岡三郎, 現代勞働法講座12, 勞働災害·安全衛生, 日本勞働法學會, 1983.

를 고용하는 공장을 대상이었지만, 상시근로자 15인 이상의 공장을 대상으로 적용범위가 수정되어 지금처럼 강력한 안전위생관계규칙으로 나타나지 못했다.322)

또한, 안전위생관계규정으로서는 15살 미만의 소년노동자와 여성노동자의 위험유해업무의 취업제한(제9조, 제10조, 제11조)과 공장, 부속건설물, 설비에 대해 행정관청의 안전위생명령권(제23조)뿐이고, 노동재해방지에 있어서 무엇보다 효과가 있는 설비에 관한 구체적인 안전위생기준이 제정되어진 것은 행정관청의 명령으로 공장법의 시행 후 15년 뒤의 1929년(소화 4년) 6월이다.

노동재해를 방지하는 규정도 소년과 여성의 취업제한이 비교적 반대가 심한 편이었지만 포함되었고, 안전위생관계규정에는 취업제한규정과 설비기준규정뿐만 아니라, 노동시간제한규정도 포함되어졌다. 노동시간의 제한규정에 대해서는 현재 인간다운 생활을 보내기 위한 여유확보와, 고용확보 효과 등이 있었지만 오히려 안전위생규정(특히 위생)으로서의 기본적 의의와 사회적분위기가 더 큰 것을 알 수 있다. 그러므로 노동시간제한규정을 포함해, 공장법의 제정은 전쟁 전의 노동안전위생법의 시작이라고 볼 수 있다.323)

이후의 공장법관계의 법령은 다음과 같은 변천이 이루어졌다.

1921년(다이쇼 10년) 황린(성냥종류)제조금지법이 제정되었다.

1922년(다이쇼 11년) 공장법시행사무가 농상무성 상공국에서 내무성 사회국으로 이관되었다.

1923년(다이쇼 12년) 공장법이 개정되어(법률 제33호), 당초의 법안같이 상시10인 이상의 직공(근로자)을 사용하고 있는 공장에까지 적용범위가 확대되었다.

1926년(다이쇼 15년) 공장법시행령(칙령 제153호)이 개정되어, 상시10일 미만의 직공(근로자)을 고용하고 있는 공장 중에 특히, 공장법 적용이 되는 「사업 성질상 위험한 물건 또는 위생상 유해의 우려가 있는 물건」으로 범위가 확대되었다.

1927년(소화 2년) 1922년 즈음부터 검토되었던 공장부속기숙사규칙(내무성령 제26호)이 드디어 공포되었다. 내용에는 안전위생에 관한 기준이 규정되어있고, 전후의 사업부속기숙사규정처럼 사생활 자유 확보에 관한 규정 등이 포함되어있지 않다.

1929년(소화 4년) 공장법 제13조에 따르면, 행정관청에는 안전위생에 관한 명령을 제출할 권한이 주어져있지만, 드디어 공장위해예방 및 위생규칙(내무성령 제24호)이 공포되었다. 공장법 제24조에 따르면, 안전위생에 관한 규정에 대해서는 공장법 제2조에 해당되지 않는 공장이라도, 원동력을 사용하는 공장에는 전부 적용시킬 수 있으므로, 이 규칙의 공포의 의의는 크다고 할 수 있다. 규칙의 내용은, 기계설비의 안전기준부터 원재료의 안전위생, 식당취사장등의 위생기준에까지 걸쳐, 우리나라(일본) 최초의 본격적인 안전위생규칙이다.

322) 조흠학, 법제사적 의미에서 산업안전보건법의 역할과 지위에 관한 연구, 산업안전보건연구원, 2010, 216면; 박두용, 21세기 노동환경권변화에 따른 산재예방 실효성확보방안에 관한 연구, 산업안전보건연구원, 2003에서 발췌하여 재정리함.

323) 조흠학, 법제사적 의미에서 산업안전보건법의 역할과 지위에 관한 연구, 산업안전보건연구원, 2010, 218~219면에서 발췌하여 재정리함.

1931년(소화 6년) 노동자재해보조법 제5조에 따른 토석채취장 안전 및 위생규칙(내무성령 제20호)이 공포되었다.

1935년(소화 10년) 노동자재해보조법의 적용범위는 1933년 동법 시행령의 개정(칙령 제314호)에 따라 구체적으로 보충되었지만, 법 개정(법률 제18호)에 따라 그 일부가 확대되었다. 공장법에 기초한 보일러단속령(내무성령 제20호)이 공포되어 보일러와 압력용기에 대해 규정되었다. 여기까지는 각 부현마다 규칙이 마련되었다. 현재 보일러 및 압력용기규칙의 전신이 된다.

1937년(소화 12년) 노동자재해보호법 제5조에 따른 토목건축장 안전 및 위생규칙(내무성령 제41호)이 공포되어, 건설현장의 안전위생기준에 대해서 규정이 마련되었다.

1938년(소화 13년) 상점법(법률 제28호)이 제정되어, 그 제9조에 따라, 행정관청은 사용인의 위해방지 또는 위생에 관해 명령을 발표할 권한을 가지게 되었다. 하지만, 구체적인 명령은 발표된 것은 없었다.

공장위해예방 및 위생규칙이 개정되어(후생성령 제4호), 안전관리자, 공장의, 안전위원, 안전위원회에 대해서 규정이 신설되어 안전위생관리체제를 확립하는 것이 의무가 되었다. 후생성이 신설되었기 때문에, 공장법 시행사무 등이 내무성에서 후생성으로 이관되었다.

1941년(소화 16년) 토목건축공장 부속기숙사규칙(후생성령 제53호)이 공포되어, 노동자재해보조법의 적용을 받는 토목건축공장의 부속기숙의 안전위생에 대해 규정되었다.

노동안전위생법규에서 중요한 것은 1937년 7월 7일에 발발한 중일전쟁에 따라, 1주일 후인 1937년 7월 14일에는 군의 증병이 있는 경우에는 소년과 여성의 노동시간제한에 대해서 완화조치의 강구가 되어 노동보호행정은 도리어 발전이 없었다.

특히 중일전쟁 중에 개정은 전력증강을 위해, 1942년(소화 17년)에 건강진단을 강화하기 위하여 행해진 공장법 시행규칙의 개정(후생성령 제7호)정도이었다.

현재 노동안전위생법의 관계범위에 관한 법령의 발전은 광산보안에 대해서는 1890년(메이지 23년)의 광업조례(법률 제87호) 이후와, 해상노동자의 안전위생에 대해서는 1879년(메이지 12년)의 서양형상선(西洋形商船) 고인고지(雇人雇止)규칙이래의 발전이 있었다.[324)]

(2) 패전 전 후의 노동안전위생법의 개정[325)]

1945년(소화 20년) 8월 15일 패전에 따라, 일본의 노동보호법에 새로운 시대가 도래 하였는데

324) 조흠학, 법제사적 의미에서 산업안전보건법의 역할과 지위에 관한 연구, 산업안전보건연구원, 2010, 219면; 박두용, 21세기 노동환경권변화에 따른 산재예방 실효성확보방안에 관한 연구, 산업안전보건연구원, 2003에서 발췌하여 재정리함.

325) 조흠학, 법제사적 의미에서 산업안전보건법의 역할과 지위에 관한 연구, 산업안전보건연구원, 2010, 220~223면; 박두용, 21세기 노동환경권변화에 따른 산재예방 실효성확보방안에 관한 연구, 산업안전보건연구원, 2003에서 발췌하여 재정리함.

패전 다음해인 1946년(소화 21년) 7월 16일, 정부는 새로운 노동보호법규를 제정하는 것을 주장하여, 7월 22일 노무법제법의회에 자문되었다. 같은 해 12월 24일에 제출된 동법의회의 답신에 기초하여 1947년(소화 22년) 구(旧)헌법 아래 최후의 의회에 있는 제73제국의회에서 노동기준법안으로서 제출, 3월 27일 무수정으로 가결·성립되었다. 이것과 동시에, 노동행정을 담당하는 새로운 행정관청으로서 노동성이 설치되어, 노동보호행정을 후생성에서 바뀌어 담당하게 되었다.

이 노동기준법이 종래 공장법과 비교했을 때 가장 다른 점은, 그 적용범위가 확대되어 노동자를 1명이라도 사용하고 있는 모든 사업에 적용되었다는 것이다. 그리고 전전에 제정된 공장법, 공장노동자최저연령법, 노동재해보조법, 상점법, 황린제조금지법은 모두 폐지되었다.[326)]

안전위생에 관한 부분에서 개정된 점은, 안전관리자제도와 위생관리자제도 등을 시작으로, 종래에는 성령(省令)으로 정해진 것이 법률로 규정되거나, 새로운 제도가 만들어지거나 한 것이다. 특히 구체적인 안전위생기준을 규정한 공장위해예방 및 위생규칙, 토석채취장안전 및 위생규칙, 보일러단속령, 토목건축장안전 및 위생규칙의 각 성령은 모두 새롭게 노동안전위생규칙(소화 22년 10월 31일 노동성령 제9조)으로서 통일되어, 1949년(소화 22년) 11월 1일부터 시행되었다. 또한 여성, 소년의 안전위생에 대해서는 여성, 소년 노동기준규칙(소화 22년 10월 31일 노동성령 제8호)이, 종래 공장부속기숙사규칙에 대신하는 것으로는 사업부속기숙사규칙(소화 2년 9월 31일 노동성령 제7호)이 각각 동시에 공포, 시행되었다. 이 안전위생법규는, 노동자의 안전위생 보호를 목적으로 공장법에서 공익을 대상으로 규정하였고, 이것은 노동재해와 함께 공해 발생원이 되는 것을 문제 삼아 현행 노동안전위생법 제27조제2항이 탄생하는 계기가 되었다.[327)]

같은 해 10월 21일 국가공무원법(법률 제120호)이 제정되어, 그 부칙 제16조에 따라, 일반직의 국가공무원에 대해서는 노동기준법이 적용되지 않게 되었다.[328)]

1948년(소화 23년), 국가공무원법의 개정(법률 제222호)에 따라, 일반직 국가공무원에 대해서도 별도의 법률이 제정, 실시될 때까지 국가공무원법의 정신에 위반하지 않고, 한편, 동법에 기초한 법률 또는 인사원규칙에 정해진 사항에 모순되지 않는 범위에 두어, 노동기준법과 그것에 기초한 명령 규정을 준용하는 것이 되었다(부칙 제3조). 같은 해 12월 21일 각의결정에 따라, 광산보안행정은 석탄의 생산 증가의 필요상, 상공대사가 소관 하는 것으로 변경되었다.

1949년(소화 24년) 4월 16일 법률 제70호로서 광산보안법이 제정되어, 광산의 보안에 관한 부분에 대해서는 노동기준법이 적용되지 않게 되었다.

326) 조흠학, 법제사적 의미에서 산업안전보건법의 역할과 지위에 관한 연구, 산업안전보건연구원, 2010, 221면; 박두용, 21세기 노동환경권변화에 따른 산재예방 실효성확보방안에 관한 연구, 산업안전보건연구원, 2003에서 발췌하여 재정리함.

327) 조흠학, 법제사적 의미에서 산업안전보건법의 역할과 지위에 관한 연구, 산업안전보건연구원, 2010, 221면; 박두용, 21세기 노동환경권변화에 따른 산재예방 실효성확보방안에 관한 연구, 산업안전보건연구원, 2003에서 발췌하여 재정리함.

328) 조흠학, 법제사적 의미에서 산업안전보건법의 역할과 지위에 관한 연구, 산업안전보건연구원, 2010, 223~224면에서 발췌하여 재정리함.

1951년(소화 26년), 비참한 중독사고 발생을 방지하기 위해 (4에틸)테트라에틸납위해방지규칙이 제정되었다(5월 1일 노동성령 제21호). 테트라에틸납에 중독된 노동자는 광란상태가 되어 사망하기도 했다.

1952년(소화 27년), 기업의 안전위생관리체제를 강화하기 위해 안전위생규칙을 개정하여 (8월 31일 노동성령 제25호) 안전관리자의 전임제, 주임위생관리자제도의 창설 등이 시행되었다.

1954년(소화 29년), 노동안전위생규칙의 일부가 개정되어(9월 7일 노동성령 제21호), 산의 증기 등에 노출되는 노동자의 건강진단에 대해서는 치과의에 의한 검사도 행해지게 되었다.

1955년(소화 30년) 7월 29일 법률 제91호를 두고, 괘선폐 및 외상성척수장해에 관한 특별호호법이 제정, 공포되었다. 이 법률은 괘선폐 및 외상성척수손상에 따른 장애자에 대한 치료 등의 급부와 함께, 괘선폐건강진단의 실시, 그 외 괘선폐에 관한 위생관리에 대해서도 규정을 마련하였다. 즉, 괘선폐는 1953년(소화 28년)에 사회당으로부터 참의원에 상정되었지만 철회되었다.

1958년(소화 33년) 9월, 증가하는 산업재해에 대처하기 위해 민간지식인부터 성공한 임시산업재해방지간담회가 총리부에 설치되어, 같은 해 11월 「산업재해방지대책에 관한 의견서」를 정부에 제출하였다. 또한, 같은 해 9월 중 중앙동기준번회의도 노동안전법규의 검토 정비 등에 대해 노동대상에 건의했다. 이 결과, 노동안전위생법규전부에 걸쳐 검토가 시작되었다.

1959년(소화 34년) 이 해부터 노동재해에 따른 사망자수는 연간 6000명대에 달하게 되었다. 패전의 혼란 중에 재건된 일본경제는 그 후 노동자의 생명과 건강을 희생해 고도성장을 이루었다. 경제백서가 「이제 전후(戰後)가 아니다」라고 낭낭하게 주장한 1956년(소화 31년)즈음부터 대기업에 대해서는 합리화가 진전된 결과, 경견완증 등의 새로운 직업병이 발생하여, 대기업의 수탈을 받는 중소영세기업에서 저임금장기간노동과 노동재해다발의 경향이 표면화되었다. 그것과 동시에, 먼저 중소기업에 구인난현상이 나타나고, 그 이후 대기업에도 영향을 미쳤다. 증가한 노동재해부터 중요한 노동력을 보호의 필요성이 나타나게 되었고, 노동자의 안전위생운동은 아직 미약함에도 불구하고, 안전위생법칙은 이후 강화되었다.

그 후 노동안전위생규칙이 개정되어(2월 11일 노동성령 제2호), 비계의 안전기준이 강화됨과 동시에 항타기 및 항발기에 관해서도 규정이 마련되었다. 계속해서 노동안전위생규칙 중에서 보일러 및 압력용기안전규칙(2월 24일 노동성령 제9호)이 독립되었다. 더욱이 새로운 전리(電離)방사선장해방지규칙(3월 31일 노동성령 제11호)이 제정되었다. 또한 노동안전위생규칙의 개정은 계속되어, 안전관리자의 선임을 필요로 하는 사업 범위의 확대, 발파작업과 운반신호작업(玉掛作業)의 취업제한강화 등도 시행되었다(7월 24일 노동성령 제21호). 이들 개정은 노동안전위생규칙의 전반에 걸쳐 산업 실태에 응한 검토가 실행되어 있는 것을 나타내며, 현재와 종래의 규칙에서는 대응하지 않도록 산업 변모(變貌)가 이루어지고 있는 것을 살피고 있는 것이다.[329)]

329) 조흠학, 법제사적 의미에서 산업안전보건법의 역할과 지위에 관한 연구, 산업안전보건연구원, 2010, 223면; 박두용, 21세기 노동환경권변화에 따른 산재예방 실효성확보방안에 관한 연구, 산업안전보건연구원, 2003에서 발췌하여 재

특히 올해 주목해야 할 사항은 노동기준법 제48조에 해당하는 제조금지물질로서 벤젠을 5퍼센트 이상 함유하는 고무풀이 추가되었다. 이는 제조금지물질로서 전쟁 전부터 규정되어 있던 황린성냥에 이어서 두 번째이다. 추가된 계기는 가내공업에 있어 중독사고가 빈발했기 때문이다.

1960년(소화 35년) 3월 31일 법률 제30호로서 진폐법이 공포되었다. 이는 괘선폐보다 더욱 넓은 범위로 진폐 건강관리에 있어 규정되어 있다. 또한, 괘선폐 및 외상성(外傷性) 척수장해에 관한 특별보호법은 올해 3월 31일까지의 시한입법 되었기 때문에 효력을 잃었다. 괘선폐를 포함한 진폐증과 척수손상자 등에 관한 요양급부 등에 관해서는 노동재해보상보험법이 개정되어 장기보상제도가 마련되었기 때문에 새롭게 규정된 진폐법은 진폐 건강관리에만 관여하는 법률이었다.

안전위생관계 단독성령(単独省令)으로서는 4에틸(테트라에틸)납을 포함한 4에틸(테트라에틸)납 등 위해방지규칙(3월 15일 노동성령 제3호)이 새롭게 제정되어 구(旧) 규칙은 폐지되었다. 이어서 종래, 노동안전위생규칙에는 유기용제의 중독예방에 관해서는 봐야 할 규정이 없기 때문에 안전위생관계의 단독성령(単独省令)으로서 새롭게 유기용제중독예방규칙(10월 31일 노동성령 제24호)이 제정되었다. 이는 사업장에서 넓게 유기용제가 사용되도록 되어있기 때문이다. 노동안전위생규칙에 관해서는 전기관계의 안전기준이 강화되었다[330](11월 25일 노동성령 제25호).

1961년(소화 36년) 노동재해에 따른 사망자는 전후 최고 6,712명으로 기록되었다. 특히 임업에 있어서는 제조업의 4배 이상으로 연간 500명의 사망자가 발생하였기 때문에 올해 겨우 노동안전위생규칙 중 임업안전기준이 강화되었다(3월 8일 노동성령 제4호). 이어서, 단독성령(単独省令)으로서 고기압장해방지규칙(3월 22일 노동성령 제5호)이 제정되었다. 더욱이 항만하역작업 안전과 부식성액체에 의한 약상(薬傷)방지에 관한 규정이 노동안전위생규칙 중에 추가되었다(11월 14일 노동성령 제24호).

1962년(소화 37년) 노동안전위생규칙 중에서 크레인 등 안전규칙(7월 31일 노동성령 제16호)이 분리 독립되었다.

1963년(소화 38년) 노동안전위생규칙 중에 형틀 지보공(型わく支保工)의 안전 등에 관한 규정이 추가되었다(5월 16일 노동성령 제10호).

그리고 경제성장은 가속되어지자 안전위생측면의 문제점이 나타나 그해 11월에 미츠이미이케미카와(三井三池三川)광에서 분진폭발이 발생하여 458명의 노동자가 사망하고 839명이 일산화탄소 중독에 걸린 사건이 발생하였다. 이로 인하여 다음해 64년에는 광산보안법규가 대폭으로 개정되어, 노동안전위생법으로 창설된 총괄안전위생관리자제도의 전신이라고도 할 수 있는 보안총괄자제도가 등장하게 되었다. 또한, 이 큰 재해발생의 결과, 노동조합의 관심이 안전위생으로 향하게 되었고, 다음 64년 2월의 총평 제24회 임시대회에서 안전위생투쟁을 받아들여, 「안전 없

정리함.

330) 조흠학, 법제사적 의미에서 산업안전보건법의 역할과 지위에 관한 연구, 산업안전보건연구원, 2010, 221면; 박두용, 21세기 노동환경권변화에 따른 산재예방 실효성확보방안에 관한 연구, 산업안전보건연구원, 2003에서 발췌하여 재정리함.

이 노동 없다」라는 슬로건이 게재되었다. 이러한 시대 분위기는 입법에도 반영되어, 64년에는 안전위생법규에 있어서도 획기적인 해(年)였다.331)

1964년(소화 39년) 6월 29일, 법률 제118호로서 노동재해방지단체 등에 관한 법률이 성립되었다. 이 법률의 주요 내용은 노동대신(勞動大臣)에 따른 노동재해방지계획의 작성, 노동재해방지단체의 설립, 청부관계에서 실행되는 사업에 대한 특별규칙 3가지이다. 그 중에서도 안전위생에 있어 특히 중요한 것은 청부사업에 대한 특별규제였다. 다시 말해, 종래의 노동기준법에서는 규제 가능한 것은 노동자를 직접고용하고 있는 사용자뿐이었다. 이를 건설업과 조선업에 한해서는 원청과 하청이 동일 장소에서 작업을 행함에 따라 발생하는 노동재해를 방지하기 위해서 상위 청부사업자에게도 안전위생책임을 부담시키는 것이 규정되었다. 이는 노동안전위생관계법이 질적인 변화를 달성해가는 것을 목표로 하는 것이다. 그만큼 노동자의 안전위생에 대한 요구가 강화되었다고 할 수 있다.

노동안전위생규칙에 관해서도 안전과 위생의 강화가 이루어졌다(12월 8일 노동성령 제27호).

1965년(소화 40년)에는 안전위생위원회의 설치의무, 위생공학위생관리자제도(이하 1월 21일 노동성령 제1호), 폭발방지 등(12월 28일 노동성령 제35조)의 규정이 노동안전위생규칙으로 추가되었다.

1967년(소화 42년) 7월 28일 법률 제72호에 따라 탄광재해에 의한 일산화탄소 중독증에 관한 특별조치법이 공포되었다. 중독환자의 건강진단 등에 관한 규정이 마련된 것이다. 단독성령(単独省令)으로서는 납중독예방규칙(3월 6일 노동성령 제2호)과 건설업 부속 기숙사규칙(9월 29일 노동성령 제27호)이 규정되었다.

노동안전위생규칙에는 화물취급작업의 안전규정이 추가되었다(12월 15일 노동성령 제31호).

1968년(소화 43년) 4에틸 납(테트라에틸 납) 등 위해방지규칙이 더욱 적용범위를 확대하여 4알킬 납 중독예방규칙으로 개칭되었다(3월 28일 노동성령 제4호).

노동안전위생규칙관계에서는 추락방지관계규정이 강화되었다(5월 29일 노동성령 제15호).

1967년(소화 44년) 노동안전위생규칙이 개정되어, 전기기계기구와 전기공사에 대한 규제의 강화(1월 29일 노동성령 제1호), 채석업에 관한 안전규정의 추가(10월 1일 노동성령 제22호)가 시행되었다.

단독성령(単独省令)으로서는 추락사망사고가 계속 발생했기 때문에 곤돌라 안전규칙(10월 1일 노동성령 제23호)이 제정되었다.

1970년 5월 15일 법률 제60호로서 가내노동법이 제정되어, 지금까지 방치되었던 가내노동자의 안전위생에 관해서도 규제가 가능케 되었다.

331) 조흠학, 법제사적 의미에서 산업안전보건법의 역할과 지위에 관한 연구, 산업안전보건연구원, 2010, 224면; 박두용, 21세기 노동환경권변화에 따른 산재예방 실효성확보방안에 관한 연구, 산업안전보건연구원, 2003에서 발췌하여 재정리함.

노동안전위생규칙에 관해서는 기계 안전에 관한 대 개정이 실행되어, 제조단계에 있어 규제 강화나 기계 본질적 안전화(安全化)에 관한 규정 등이 마련되었다(9월 28일 노동성령 제21호).

1971년(소화 46년)에는 단독성령(単独省令)으로서 발암물질 등을 대상으로 하는 특정화학물질 등 장해예방규칙(4월 28일 노동성령 제11호), 사무소 위생기준에 관해 규정한 사무소위생기준규칙(6월 25일 노동성령 제16호), 산소결핍위험장소의 대책기준에 관해 규정한 산소결핍증예방규칙(9월 13일 노동성령 제26호)이 제정되었다.

1972년(소화 47년) 노동기준법 중 제5장 안전 및 위생과 노동재해방지단체 등에 관한 법률 중 제2장 노동재해방지계획 및 제4장 노동재해의 방지에 관한 특별규제를 중심으로 해서 새롭게 노동안전위생법이 탄생했다(6월 8일 법률 제57호). 여성연소자에 관한 안전위생과 사업부속기숙소에 관한 안전위생에 관해서는 종래와 같이 노동기준법으로 남게 되었다. 또한 신법 성립에 따라 노동안전위생규칙 이하의 모든 규칙도 준비를 새로이 했다.

노동안전위생법이 종래의 안전위생관계법과 특히 상통하고 있는 것은 다음과 같은 점이다.[332)]

1. 종래의 사용자란 용어가 사업자로 되어, 사업자체에 준법의무가 있는 것이 명확히 했다.
2. 총괄안전위생관리자제도가 창설되어, 라인의 책임을 명확히 했다.
3. 제조유통단계에 있어 제제가 엄격히 했다.
4. 안전위생위원회관계의 규정이 성령(省令)에서 법률로 격상되었다.
5. 안전위생교육관계 규정이 강화되었다.
6. 유해물 규제가 강화되었다.
7. 건강관리수첩제도가 창설되었다.
8. 안전위생 컨설턴트 제도가 창설되었다.
9. 성령(省令)규정 때 공해방지에 관해서도 고려(배려)하였다.
10. 벌칙(罰則)이 강화되었다.

또한, 노동안전위생법 제정의 이유에 관해서 노동성은 옥외 산업(屋外的産業)의 고재해율, 중소기업 등의 재해다발, 중대재해의 증가, 신기술 등에 의한 새로운 재해요인의 증가나 직업병 증대, 중장년(中高年) 노동자 등의 증가, 공해관련재해 증대 등을 들고 있다[333)](소화 47년(1972년) 9월 18일 발기 제91호).

1975년(소화 50년), 환경측정 자격자 등에 대해 규정한 작업환경측정법(5월 1일 법률 제28호)

332) 조흠학, 법제사적 의미에서 산업안전보건법의 역할과 지위에 관한 연구, 산업안전보건연구원, 2010, 225～226면; 박두용, 21세기 노동환경권변화에 따른 산재예방 실효성확보방안에 관한 연구, 산업안전보건연구원, 2003에서 발췌하여 재정리함.

333) 일본에서도 안전보건에 대하여 학자나 노동조합 중에서는 신법을 제정하지 않고도, 종래의 법규를 강화하면 된다는 의견도 있었다.

이 제정되었다. 또한, 특정화학물질 등 장해예방규제가 개정되어 규제가 강화되었다[334](9월 30일 노동성령 제26호).

1976년(소화 51년)에는 노동안전위생법 시행령(1월 7일 정령(政令) 제1호), 크레인 등 안전규칙(12월 15일 노동성령 제43호), 그 외 소개정(小改正)이 실행되었다.

1977년(소화 52년)에는 노동안전위생법 시행령(1월 7일 정령(政令) 제1호) 그 외 소개정(小改正)이 더해지는 한편, 교량공사의 케이슨(caisson) 내에서 노동자 6명의 사망사고가 발생하여 종래의 고기압장해방지규칙이 강화되어, 명칭도 고기압작업안전위생규칙으로 되었다(3월 19일 노동성령 제2호).

7월 1일 법률 제76호에 따라 노동안전위생법이 개정되어, 신규화학물질 등 유해성 조사에 관한 규정이 추가되었다.

이 외 진폐법에 관해서도 관리구분과 전환수당 등에 관해 개정이 추가되었다(7월 1일 법률 제76호).

성령(省令)에 관해서는 전리(電離) 방사선 장해방지규칙이 개정되어 대상의 추가 등이 있고(8월 31일 노동성령 제25호), 노동안전위생규칙에 관해서도 특별교육을 실시하도록 업무 확대(10월 27일 노동성령 제29호), 안전위생위원회부의사항 등의 확대, 그 외(12월 27일 노동성령 제32호)가 있고, 노동안전위생법 시행령에 관해서도 작업주임자 선임작업의 확대 등이 시행되었다(11월 15일 정령(政令) 제307호).

1978년(소화 53년)에는 노동안전위생법 시행령의 일부가 개정되어(6월 5일 정령(政令) 제226호) 유기용제업무에 관한 작업주임자 제도 등이 추가되었다. 또한, 그에 관련하는 노동안전위생규칙 등의 일부가 개정되었다[335](8월 7일 노동성령 제32호, 9월 29일 노동성령 제35호).

1979년(소화 54년)에는 신규화학물질의 유해성조사 등에 관해 노동안전위생법 시행령이 개정되는(1월 21일 정령(政令) 제1호, 3월 13일 정령(政令) 제31호) 한편, 노동안전위생규칙도 그 관계로 일부가 개정되었다(1월 27일 노동성령 제2호, 4월 25일 노동성령 제18호). 단독성령으로는 분진장해방지규칙(4월 25일 노동성령 제18호)이 제정되었다.

1980년(소화 55년) 6월 2일 법률 제78호에 따라 노동안전위생법의 일부가 개정되었다. 이는 전년 3월 20일 조에츠 신칸센 공사의 오오시미즈 터널 내의 화재사고로 16명의 노동자가 사망한 사고로 촉발된 것으로서, 건설공사계획의 사전심사 강화, 중대사고 발생 시에 있어 구호(救護)조치의 안전확보대책, 하청혼재현장의 원방(元方:도매, 출자자)안전위생관리자의 창설 등을 내용으

334) 조흠학, 법제사적 의미에서 산업안전보건법의 역할과 지위에 관한 연구, 산업안전보건연구원, 2010, 225면; 박두용, 21세기 노동환경권변화에 따른 산재예방 실효성확보방안에 관한 연구, 산업안전보건연구원, 2003에서 발췌하여 재정리함.

335) 조흠학, 법제사적 의미에서 산업안전보건법의 역할과 지위에 관한 연구, 산업안전보건연구원, 2010, 225면; 박두용, 21세기 노동환경권변화에 따른 산재예방 실효성확보방안에 관한 연구, 산업안전보건연구원, 2003에서 발췌하여 재정리함.

로 하고 있다. 또한, 본법(本法)의 성립에 관련하여 노동안전위생법 시행령과 노동안전위생규칙 등이 수정되었다[336].

3. 일본의 노동위생관련 법령

일본의 산업안전보건법제로 우리나라의 산안법에 해당하는 일본의 법령은 '노동안전위생법'이다. 일본의 노동안전위생법령의 특징은 5년마다 주기적인 산업안전보건정책의 수립을 의무화하고 있는 것이다. 이 제도는 상대적으로 더 체계적이고 계획적인 정책의 입안 및 집행을 가능하게 하기 위하여 노동안전위생법 제2장 노동재해방지계획(제6조~제9조)은 11개장 중의 하나로서 산업재해방지계획의 수립, 변경, 공표, 권고 등에 관해서 규정하고 있다. 이것은 국가차원의 계획을 중시하고 이 책임을 법규에 의무화함으로써 정책의 방향도 안전수준의 향상에 따라 합리적으로 수립하게 하는 효과가 있다. 즉, 정부의 산업재해예방을 위한 책무를 단순화하고 추상적인 의무교정에 두는 것이 아니라 구체적인 실현을 강조하기 위한 수단으로써 설정하고 있으며, 이러한 점은 일반적 개별제도의 재정지원에 관한 입법을 두고 있는 것에서 확인할 수 있다.

정부의 사업장에 대한 규제와 감독인력은 비교적 충분하며 제재의 강도 또한 높다. 따라서, 만일 업체 내에서 중대재해가 발생하면 회사의 생존을 염려할 정도이다.

일본에서의 안전보건교육을 포함한 실질적인 재해예방활동은 중앙노동재해방지협회와 건설업재해방지협회 등 민간단체를 정부에서 지원하여 활용하고 있다. 민간단체의 규모나 역할이 안전공단과 순수한 민간단체로 나누어진 우리나라의 실정에 비해 더욱 조직적인 민간차원의 안전 활동이 가능하다.

일본의 후생노동성 노동기준국 안전위생부에 관할하는 노동위생관련 주요법령은 노동기준법(1947), 노동안전위생법(1972), 작업환경측정법(1972) 등이며 관련법령, 정령, 성령, 고시, 지침을 합하면 196가지에 이르고 있다.[337]

(1) 노동기준법

1947년 제정된 노동기준법은 '임금, 작업시간, 휴식, 기타 근로조건에 관한 기준은 법률로 이를 제정한다'라고 하는 헌법 규정에 기초하여 근로자 보호를 목적으로 근로조건의 최저기준을

336) 노동안전위생법 시행령 11월 2일 정령(政令) 제297호, 노동안전위생규칙 8월 26일 성령(省令) 제23호, 12월 2일 성령(省令) 제30호 외 일부 개정.

337) 조흠학, 법제사적 의미에서 산업안전보건법의 역할과 지위에 관한 연구, 산업안전보건연구원, 2010, 228~230면; 박두용, 21세기 노동환경권변화에 따른 산재예방 실효성확보방안에 관한 연구, 산업안전보건연구원, 2003에서 발췌하여 재정리함.

정한 것이며, 근로조건을 노사간의 자유에 맡겨 놓으면 근로자가 불리한 조건에 빠지기 쉽기 때문에 근로자가 인간다운 생활을 할 수 있도록 근로조건의 최저기준을 정하고 그 기준에 따라 근로조건을 저하시키지 않을 뿐만 아니라 그 향상을 도모하도록 노력할 것을 요청하고 있으며 근로자 보호를 목적으로 제정된 법률이다.

2차 대전 이전 일본의 노동기준과 산업안전보건에 관한 법령으로는 공장법은 1911년 제정되었고, 공업근로자 최저연령법, 근로자재해부조법, 광업법, 상점법, 황린성냥제조금지법 등이 명치시대 중기이후부터 있었다.[338]

노동기준법에 있는 산업안전보건과 관련 있는 노동기준을 살펴보면 일반적인 산업안전에 관한 기준이 거의 포함되어 있다.

노동기준법은 전부 13장으로 구성되어 있으며, 노동기준법은 노동조건에 대하여 광범위한 규정을 마련하고 있는데, 노동위생행정에 관련이 깊은 조문을 열거하면, 제33조 근무시간, 제34조 휴식, 제35조 휴일, 제39조 연차유급휴가, 제42조 및 제43조 위험유해 방지, 제48조 유해물 제조금지, 제50조 안전위생교육, 제51조 병자의 취업금지, 제52조 건강진단, 제53조 위생관리자, 제54조 위생상 유해한 사업의 건설물, 설비·기숙사 등의 설치의 사전신고, 제55조 위생기준위반에 대한 행정명령, 제60조 연소자의 근로시간 및 유일, 제61조 여성의 근로시간 및 휴일, 제62조 심야업, 제 63조 위험유해업무의 취업금지, 제64조 갱내 근로금지, 제65조 산전산후, 제67조 생리휴가, 제70조 직업훈련에 관한 특례, 제75조 요양보상, 제77조 장해보상, 제89조 취업규칙, 제95조 기숙사생활의 질서, 제96조 기숙사설비 및 안전위생 등 노동기준법 전체에 걸쳐서 밀접한 관계를 갖고 있는 것을 알 수 있다.[339]

노동기준법은 '54년 6월 일부 개정되어 『치아 및 그 지지조직에 유해한 가스, 증기 또는 분진이 발산하는 작업』에 종사하는 근로자에 대해서는 의사 이외에 치과의사에게도 건강진단을 실시토록 하였다('54년 6월 10일, 법률 제171호).

또한, 노동안전위생법('72년 6월 8일, 법률 제57호)이 공포되었는데, 그 부칙 제4조에 의하여 노동기준법은 일부 개정되어 그 제5장은 제42조가 조문개정, 제43조부터 제 53조까지가 해제되어 근로자의 안전 및 위생에 관해서는 노동안전위생법이 정하도록 되었다.

노동기준법 시행규칙은 노동기준법 제정에 기초하여 '47년 8월 30일 후생성령 제23호로써 공포된 이 규칙은 '49년 11월 16일 노동성령 제26호에서 일부 개정되었는데, 노동위생에 관한 부분은 노동기준법 제36조 단서에서 유추해 낸 제18조 규정이다.

338) 조흠학, 법제사적 의미에서 산업안전보건법의 역할과 지위에 관한 연구, 산업안전보건연구원, 2010, 225면; 박두용, 21세기 노동환경권변화에 따른 산재예방 실효성확보방안에 관한 연구, 산업안전보건연구원, 2003에서 발췌하여 재정리함.

339) 조흠학, 법제사적 의미에서 산업안전보건법의 역할과 지위에 관한 연구, 산업안전보건연구원, 2010, 225~226면; 박두용, 21세기 노동환경권변화에 따른 산재예방 실효성확보방안에 관한 연구, 산업안전보건연구원, 2003에서 발췌하여 재정리함.

노동기준법 제36조에는 노사가 합의하여 서면에 의한 협정을 체결하고, 이것을 행정관청에 신고한 경우에는 근로시간을 연장하거나 또는 휴일에 근무시킬 수 있는데, 『건강상 특히 유해한 업무의 연장은 1일 2시간을 초과해서는 안 된다.』라고 정하고 있고, 위 제18조에는 그 업무가 구체적으로 열거되어 있다. 그리고 노동기준법을 기초로 하여 노동안전위생규칙이 제정되었다.

(2) 노동안전위생법

현행 노동안전위생법은「직장에서 노동자의 안전과 건강을 확보함과 동시에 쾌적한 작업환경의 형성을 촉진하는 것」(제1조)를 목적으로 제정된 것이지만, 그 때문에 노동자를 고용하는 사업자를 주로 규제 대상으로 하고 있다. 산업안전에 관한 법률을 보면, 사업장 내에 있어 안전위생관리체제의 확립과 개별적인 안전위생조치의 실시를 위하여 노동안전위생법을 제정하였으며, 안전위생관리체제등의 중요한 규정들이 있지만, 구체적인 안전위생조치에 대한 조치의무자의 책임에 중점을 두고 있다.

일본의 산업안전보건관련법규의 주요규정으로는 노동기준법(1947년 법률 제49호), 노동안전위생법(1972년 법률 제57호), 작업환경 측정법(1975년 법률 제28호), 진폐법(1960년 법률 제30호), 노동재해방지단체법(1964년 법률 제118호) 등이 있다. 일본은 2차 세계대전 전부터 산업안전보건제도의 발전에 있어서의 다양한 경험을 축적해왔으나, 현재의 노동안전위생제도의 기본은 1972년 시행된 노동안전위생법이다.

일본 노동안전위생법의 구조를 보면 일본의 법령은 법률과 명령의 총칭이며 명령은 총리령과 부령으로 구분된다. 법률은 국회, 총리령은 내각, 부령은 그 행정을 담당하는 각 성 청이 정한다. 노동안전위생법을 예로 들면 노동안전위생법이 법률, 노동안전위생법 시행령이 총리령, 노동안전위생 규칙 등이 부령이다.[340)]

일본의 노동안전위생법은 노동기준법과 더불어 산업재해 방지를 위한 위해(危害)방지기준의 확립, 책임체제의 명확화 및 자주적 활동의 촉진조치를 강구하는 등, 그 방지에 관한 종합적이고 계획적인 대책을 추진함으로써 직장에 있어서의 근로자 안전과 건강을 확보함과 동시에 쾌적한 직장환경의 형성을 촉진할 것을 목적으로 한다(동법 제1조).[341)] 일본의 현행 노동안전위생법은 제1장 총칙(제1조～제5조), 제2장 노동재해방지계획(제6조～제9조), 제3장 안전위생관리체제(제10조～제19조의3), 제4장 노동자의 위험 또는 건장 장해를 방지하기 위한 조치(제20조～제36

340) 조흠학, 법제사적 의미에서 산업안전보건법의 역할과 지위에 관한 연구, 산업안전보건연구원, 2010, 226면; 박두용, 21세기 노동환경권변화에 따른 산재예방 실효성확보방안에 관한 연구, 산업안전보건연구원, 2003에서 발췌하여 재정리함.

341) 노동안전위생법 제1조 この法律は, 労働基準法(昭和二十二年法律第四十九号)と相まつて, 労働災害の防止のための危害防止基準の確立, 責任体制の明確化及び自主的活動の促進の措置を講ずる等その防止に関する総合的計画的な対策を推進することにより職場における労働者の安全と健康を確保するとともに, 快適な職場環境の形成を促進することを目的とする. (平四法五五·一部改正)

조), 제5장 기계등 및 위험물에 관한 규제(제37조~제58조)[342], 제6장 노동자의 취업에 있어서의 조치(제59조~제63조), 제7장 건강의 유지증진을 위한 조치(제64조~제71조), 제7장의2 쾌적한 직장 환경의 형성을 위한 조치(제71조의 2~제71조의 4), 제8장 면허 등(제72조~제77조), 제9장 안전위생개선계획 등(제78조~제87조)[343], 제10장 감독 등(제88조~제100조), 제11장 잡칙(제101조~제115조), 제12장 벌칙(제115조의2~제123조) 및 부칙으로 이루어져 있어 일본의 법령 및 제도를 모방한 우리나라의 산안법과 체계가 매우 유사하다.

1) 일본 산업안전보건제도의 특징

일본 산업안전보건제도의 특징을 보면 다음과 같다.[344] 첫째, 직장단위의 노동안전위생시스템이 정착이 잘 되어 있음을 볼 수 있다. 총괄 산업안전보건 관리자의 이하의 안전관리자, 위생관리자가 정해지고 필요한 연수가 실시되며, 정기적으로 개최되는 산업안전보건위원회에서 노사가 중심이 되어 일상적으로 직장의 건강·안전 리스크 저감대책을 추진하는 기본적인 틀이 잘 짜여진 포괄적인 체계와 시스템을 가지고 있다.

둘째, 산업안전보건의 법규·정책체계와 실시를 지탱하는 노동행정에 많은 실적과 긴 경험의 축적이 있다. 노동안전위생법을 근거로 지속적으로 변화하는 산업안전보건 요구에 대해 행정적으로 신속한 대응을 해왔으며, 5년 마다 정하는 노동재해방지계획을 통해 국가단위의 우선과제를 명확하게 규정하여 국민들에게 제시 하였다.

셋째, 제도를 지탱하는 전문가의 층이 깊고 법적으로 명확하게 역할이 정해져 있다. 산업의의 권한이 크며 건강 상담·관리활동 뿐만 아니라 직장 순시를 통해 건강·안전 위험성 저감을 위해 일차예방에 관여하는 것이 요구되며, 노동안전위생컨설턴트는 국가자격으로서 산업안전보건의 일차예방활동에 고도의 기술적 어드바이스를 제공한다.

넷째, 새로운 안전보건과제에 대처하기 위한 연구·기술개발역량이 충실하다.

다섯째, 산업안전보건 교육훈련 및 서비스 기관이 충실하다. 중앙노동재해방지협회는 산업안전보건 분야의 정보제공, 건강진단이나 환경 측정에 있어서의 서비스나 교육훈련 제공 등에 있어 중심적인 역할을 이루고 있다. 또한 민간에도 많은 산업안전보건 서비스 기관이 있으며 노동안전위생법에 정해진 건강 진단이나 환경측정업무를 실시하고 있다.

여섯째, 노사 쌍방의 산업안전보건의 중요성에 대한 인식이 강하고, 기업 단위 혹은 노동조합 활동 안에 독자적인 선진적인 체계가 있다.[345]

342) 제1절 기계등에 관한 규제(제37조~54조의6), 제2절 위험물 및 유해물에 관한 규제(제55조~제58조)

343) 제1절 안전위생 개선계획(제78조~제80조), 제2절 노동안전 컨설턴트 및 노동위생 컨설턴트(제81조~제87조)

344) 조흠학, 법제사적 의미에서 산업안전보건법의 역할과 지위에 관한 연구, 산업안전보건연구원, 2010, 225~226면; 박두용, 21세기 노동환경권변화에 따른 산재예방 실효성확보방안에 관한 연구, 산업안전보건연구원, 2003에서 발췌하여 재정리함.

345) 한국산업안전공단, 「선진외국의 산업안전보건제도와 활동 - 일본편」, 2008, 41~42면; 조흠학, 법제사적 의미에서

2) 안전위생과 조치기준의 유형

안전위생에 관하여 내용을 정리하여 보면, 노동성은 이에 관해서 부상질병의 발생이 있는 경우에 이를 경감제거(輕減除去)하는 것이 「안전」이고, 질병발생의 필연성이 있는 경우에 이를 경감제거(輕減除去)하는 것이 「위생」이라고 한다.

하지만, 예를 들어 키펀처(keypuncher)가 반드시 경견완증이 걸린다고 할 수 없지만 이를 방지하는 것은 「위생」대책이고, 직업암(職業がん)도 반드시 발생한다고는 단정할 수 없기 때문에, 개연과 필연으로 안전위생을 구별하는 것은 불가능하다. 사견으로는 이상 현상이 원인으로 발생하는 재해를 방지하는 것이 「안전」의 분야이고, 이상 환경에서 발생하는 재해를 방지하는 것이 「위생」의 분야가 아닐까 생각한다. 이상 현상에는 예를 들어 폭발과 같이 노동자가 작용 대상 쪽에서 발생하는 것이고, 추락과 같이 노동자 자신에게 발생하는 것이 있다. 일반적으로 환경이란 일상적인 기업활동 상태라고 할 수 있고, 이것은 예를 들어 통상 일상생활부터 분진이 발생하는 경우 등이 있다.346)

1972년 제정된 노동안전위생법은 근로자의 인간존중이라는 기본적인 이념에 기초하여 직장에서 근로자가 안전과 건강을 확보하는 것, 쾌적한 작업환경 형성을 촉진하는 것을 목적으로 하고 있는 것으로, 노동안전위생의 기본법이라 할 수 있는 법률이다. 노동안전위생법은 근로기준법중의 "안전 및 위생"부분과 노동재해방지단체법 등에 관한 법률 중에 "노동재해방지"에 관한 부분을 정리, 확충하는 형태로 만들어진 것이다.

과거의 노동기준법이 최저 기준을 정하고, 그 준수를 강요하는 명령통제적인 성격이 강했던 것에 반해, 노동안전위생법은 최저기준의 확보수준에서 더 나아가 산업 내용의 변화에 신속히 대응하는 것을 가능하게 하는 데 초점이 있었다.347)

① 안전과 위생에 관한 구체적 제도와 주요 내역

- 노·사·정의 책무
- 노동재해방지계획
- 안전위생관리체제
- 근로자의 위험 또는 건강 장해를 방지하기 위한 조치
- 기계 등 및 유해물질에 관한 규제

산업안전보건법의 역할과 지위에 관한 연구, 산업안전보건연구원, 2010, 225~226면; 박두용, 21세기 노동환경권변화에 따른 산재예방 실효성확보방안에 관한 연구, 산업안전보건연구원, 2003에서 발췌하여 재정리함.

346) 조흠학, 법제사적 의미에서 산업안전보건법의 역할과 지위에 관한 연구, 산업안전보건연구원, 2010, 225~226면; 박두용, 21세기 노동환경권변화에 따른 산재예방 실효성확보방안에 관한 연구, 산업안전보건연구원, 2003에서 발췌하여 재정리함.

347) 조흠학, 법제사적 의미에서 산업안전보건법의 역할과 지위에 관한 연구, 산업안전보건연구원, 2010, 225~226면; 박두용, 21세기 노동환경권변화에 따른 산재예방 실효성확보방안에 관한 연구, 산업안전보건연구원, 2003에서 발췌하여 재정리함.

- 근로자의 취업에 따른 조치
- 건강보호의 유지 증진을 위한 조치
- 면허
- 안전위생 개선계획수립 시행과 감독
- 잡칙 및 벌칙

② 노동안전위생법시행령(소47 정령 제318호)

노동안전위생법의 규정에 의거하여, 용어의 정의, 법의적용 범위 등을 정한 총리령

- 작업환경 측정기준(소51 노동부 고시 제46호(1976년))
  노동안전위생법 제65조제1항의 규정에 근거하는 작업환경측정을 하는 경우에 지키지 않으면 안 되는 기준으로서 동 조 제2항의 규정에 따라서 노동부 장관이 정한 것
- 작업환경평가기준(소63 노동부 고시 제79호(1988년))
  작업환경측정결과의 평가를 할 때의 기준으로서 노동안전위생법 제65조의2 제1항의 규정에 따라서 노동부 장관이 정한 것

③ 노동안전위생규칙(소47 노동부령 제32호)

통칙, 안전기준, 위생기준 및 특별 규제의 4편으로 이루어져있다. 제1편 통칙은 노동 안전위생법의 시행 규칙적인 성격을 가지고 있고, 안전 위생 관리체제, 근로자 교육, 면허 등에 대해서 정하고 있다. 제3편 위생 기준은 유해한 작업 환경, 보호구, 공기용적 및 환기 등 위생 기준 일반에 대해서 정하고 있다.[348)]

④ 상세한 시행규칙(노동안전위생규칙 이외)[349)]

- 보일러 및 압력용기 안전규칙
- 크레인 등 안전규칙
- 곤돌라 안전규칙
- 유기용제중독 예방규칙(부록 2)
- 납중독 예방규칙(부록 2)
- 4알킬연 중독예방 규칙
- 특정화학물질 등 장해예방 규칙(부록 2)

348) 조흠학, 법제사적 의미에서 산업안전보건법의 역할과 지위에 관한 연구, 산업안전보건연구원, 2010, 230~235면; 박두용, 21세기 노동환경권변화에 따른 산재예방 실효성확보방안에 관한 연구, 산업안전보건연구원, 2003에서 발췌하여 재정리함.

349) 조흠학, 법제사적 의미에서 산업안전보건법의 역할과 지위에 관한 연구, 산업안전보건연구원, 2010, 230~235면; 박두용, 21세기 노동환경권변화에 따른 산재예방 실효성확보방안에 관한 연구, 산업안전보건연구원, 2003에서 발췌하여 재정리함.

- 고기압 작업 안전위생규칙(부록 2)
- 전리방사선 장해방지 규칙(부록 2)
- 산소 결핍증 등 방지규칙(부록 2)
- 사무소 위생기준 규칙(부록 2)
- 분진장해방지 규칙(부록 2)
- 제조시 등 검사대행기관 등에 관한 규칙
- 기계 등 검정규칙
- 노동안전 컨설턴트 및 노동위생 컨설턴트 규칙
- 방독마스크의 규격
- 방전 마스크의 규격

(3) 작업환경측정법과 기타 법령

1) 작업환경측정법[350)]

1975년 제정된 작업환경측정법은 노동안전위생법에 있어서 직장에서의 근로자의 안전과 건강을 확보하는 것을 목적으로 하여 사업장의 작업환경측정 의무 등이 정해져 있으며 이를 수용하는 형태로 작업환경측정법은 작업환경 측정사의 자격과 작업환경측정기관 등에 대해 필요사항을 정하고 있다.

① 작업환경측정법시행령(소50 정령 제244호)

작업환경측정법의 규정에 따라, 작업환경측정사에 의한 측정을 하지 않으면 안 되는 작업장(지정작업장), 작업환경측정사 시험의 수수료 등에 대해 규정한 총리령

② 작업환경측정법시행규칙(소50 노동성령 제20호)

작업환경측정법 시행을 위한 세부 사항으로서, 작업환경 측정사의 자격, 시험, 강습, 등록 및 작업환경측정기관에 대해서 정한 것

2) 진폐법[351)]

1960년 제정된 진폐법은 진폐법의 정의, 진폐건강진단, 진폐관리구분, 건강관리를 위한 조치,

350) 조흠학, 법제사적 의미에서 산업안전보건법의 역할과 지위에 관한 연구, 산업안전보건연구원, 2010, 235~236면; 박두용, 21세기 노동환경권변화에 따른 산재예방 실효성확보방안에 관한 연구, 산업안전보건연구원, 2003에서 발췌하여 재정리함.

351) 조흠학, 법제사적 의미에서 산업안전보건법의 역할과 지위에 관한 연구, 산업안전보건연구원, 2010, 235~236면; 박두용, 21세기 노동환경권변화에 따른 산재예방 실효성확보방안에 관한 연구, 산업안전보건연구원, 2003에서 발췌하여 재정리함.

진폐심의회, 정부의 지원 등이 정해져 있다. 진폐법 제정은 규폐가 다발함에 따라 [규폐조치요강], [규폐 등 특별보호법](1955년 5월), [규폐 및 외상성 척추장해에 관한 특별조치법](1955년 7월), [규폐 및 외상성척추 장해요양 등에 관한 임시조치법](1958년 5월)을 거쳐 1960년 3월에 [진폐법]이 공포되었다.

그 내용은 광물분진 근로자(약 40만명)의 건강관리를 실시하고, 분진억제를 위한 공학적 대책 수립을 위해 공학관계 교수 등 23명의 분진대책지도위원을 임명하는 것으로 되어 있다. 이로서 노동자재해보상법을 일부 개정하여 장기 요양 및 휴업에 대한 보상급부를 지급하게 되었다. 또한 규폐진단의 대상으로 한 [규폐진단 text]를 발행하여 진단기술의 통일을 기하게 되었다.

① 진폐법 시행규칙(소35 노동성령 제6호)

② 진폐법의 규정에 의거하여, 진폐법이 적용된 분진작업의 종류, 진폐 건강진단의 항목 등에 대해서 정의

3) 노동재해방지단체법

일본은 2차 대전 후 급속한 산업화로 인하여 증가된 산업재해를 감소하기 위해 1964년 소위 노동재해방지단체법을 제정하여 전국적으로 5개 업종별 단체를 조직하고 그 핵심 단체로서 중앙산업재해방지협의회(이하 '중재방'이라 기술함)을 설립하였다.

이 법은 노동재해 방지를 목적으로 하는 사업주 단체에 관한 법률이다. 단체로서는 중앙노동재해방지협회와 지정업종마다 설립되는 노동재해방지협회가 있다. 현재 후자의 지정업종으로는 건설업, 육상화물운송업, 항만화물운송업, 임업, 광업, 등이 있다.

① 건설업 노동재해방지협회 : 1964년 노동재해방지단체법에 의해 설립된 민간재해예방단체

② 육상화물운송사업 노동재해방지협회

③ 임업목재제조업 노동재해방지협회

④ 항만화물운송사업 노동재해방지협회

⑤ 광업 노동재해 방지협회

이상의 후생노동성 소관의 노동위생에 관련된 주요 법령 외에 각종 고시, 지침(가이드라인), 규격 등을 규정하여 노동위생행정을 집행하는 근간으로 하고 있다(부록 3).[352]

352) 조흠학, 법제사적 의미에서 산업안전보건법의 역할과 지위에 관한 연구, 산업안전보건연구원, 2010, 236~237면; 박두용, 21세기 노동환경권변화에 따른 산재예방 실효성확보방안에 관한 연구, 산업안전보건연구원, 2003에서 발췌하여 재정리함.

4) 기타 일본의 사업장 안전보건 관련 법령[353)]

후생노동성외에 사업장 안전보건 관리와 관련된 주요 법령은 다음과 같다. 일본의 사업장 안전보건관리 체제는 후생노동성에서 종합적인 사업장 안전보건관리를 담당하고, 가스안전, 전기안전, 원자력 안전, 광산안전 등은 경제산업성에서, 건설안전은 국토교통성 등에서 분산하여 담당하고 있는 체제이다.

① 가스안전 : 고압가스보안법(경제산업성)
② 전기안전 : 전기사업법(경제산업성)
③ 광산안전 : 광업법(경제산업성)
④ 건설안전 : 건축기준법(국토교통성)

4. 산업안전보건법의 사업주 책임과 근로자 보호

일본에서 산업재해 민사소송과 관련하여 사용자의「안전배려의무」라는 개념이 논의의 대상으로 등장하게 된 것은 다음과 같은 이론적인 배경을 갖고 있다. 산업재해보상보험제도의 법적 성격을 손실전보제도로 볼 것인가 아니면 사회보장제도로 볼 것인가를 둘러싸고 많은 논의가 있었다.

이 논의는 아직도 근본적으로 해결된 것은 아니지만, 산재보상제도가 양자의 성격을 공유하고 있으며, 기업의 위험책임이냐 아니면 근로자의 생활보장책임이냐라고 하는 정도의 차이에서 비롯되는 것이지 근본적으로 대립되는 견해는 아니라고 하는 정도로, 어느 정도는 이론적인 합의가 성립되고 있다고 할 수 있을 것이다.

그러나 이러한 이론적인 논의와 관련하여 국가가 설정한 산업재해보상보험제도상의 사용자의 각출의무가 산업재해를 방지조치 하여야 할 사용자의 의무를 면책시키는 효과를 갖고 있는 것은 아닌가 하는 문제제기는 계속되어 왔다.[354)] 즉 근로자의 노동능력 감소·상실이라는 요보장성을 매개로 하는 사회보장제도로서의 산업재해보상보험제도가 정비되면 될수록, 산업재해에 대해서 사용자가 부담하는 의무는 산업재해보상기금에 대한 기여의무가 전면에 부각되는 반면, 산업재해를 사전에 방지·예방하기 위한 안전조치를 강구할 의무는 상대적으로 후퇴하는 경향이 있다는 것이다.[355)]

353) 조흠학, 법제사적 의미에서 산업안전보건법의 역할과 지위에 관한 연구, 산업안전보건연구원, 2010, 238면; 박두용, 21세기 노동환경권변화에 따른 산재예방 실효성확보방안에 관한 연구, 산업안전보건연구원, 2003에서 발췌하여 재정리함.

354) 일본에서는 다음과 같은 지적을 통해서 이러한 경향에 대해서 문제를 제기하고 있는 견해도 있다.「사회보장의 내실화는 산재급부에 있어서 직업적 위험이론으로부터 사회적 위험이론으로 진보를 통해서 전개되고 있는 것처럼 보이는 면이 있다고 하더라고, 사회보장제도에서 나타나는 국가부양책임이 산업재해에 대한 개별적인 혹은 집단적인 사용자책임원칙을 전면적으로 해소하고 있는 것은 아니다.」

355) 조흠학, 법제사적 의미에서 산업안전보건법의 역할과 지위에 관한 연구, 산업안전보건연구원, 2010, 238면; 박두용,

결국 산업재해보상보험제도의 법적 성격에 대한 논의는 단순히 이론적인 차원의 문제에 그치는 것은 아니며, 실천적인 문제와도 관련되어 있다. 실제로도 산업재해보상보험제도가 정비되어 감에 따라서 개별사용자의 산업재해방지대책에 대한 관심은 줄어 가는 현상이 나타나기도 하였다. 또한 소위 '열거되지 않은 직업성의 질환'은 일본의 노동기준법이나 노동재해보상보험법으로도 직접적인 보호의 대상이 되지 않고 앞으로의 의학이나 판례의 발전을 통해서 업무상의 인정범위가 확대되지 않는 한, 새로운 유형의 산업재해에 노출되어 있는 근로자들에게 국가가 설정한 산업재해보상제도에 의한 구제가 실질적으로 어렵게 되는 것이며, 개별 사용자들이 산업재해방지대책에 소홀하다는 것은 그만큼 근로자들에게는 새로운 유형의 산업재해에 노출될 가능성이 크다는 것을 의미한다.

이러한 상황하에서 1970년대에 노동기준법이나 노동재해보상보건법에 의해서는 충분한 구제를 받을 수 없었던 근로자들은 민사소송의 형태로 사용자의 책임을 추궁하는 이른바 '산재민사소송 재판투쟁'을 제기하는 사례가 증가하였고, 이렇게 근로자들이 실천적인 노력의 일환으로 재판투쟁을 전개한다는 것은 노동법학으로서는 산업재해의 구조와 그에 기인한 사용자의 책임과 근로자의 권리구조에 대해서 새로운 이론구성의 필요성을 의미하는 것이었다. 예컨대 산재민사소송에 있어서의 과실상계 문제가 그러한 것이다. 뒤에서 살펴보게 될 우리나라의 사례에서도 나타나는 바이지만, 대부분의 산업재해 민사소송에서 법원은 사업재해에 대한 근로자들의 기여과실 정도에 따라서 손해액의 산정을 고려를 하고 있다. 나아가서는 산업재해 민사소송에 있어서의 과실상계는 판례의 논리가 근로자측의 주장을 수용하는 경우에도 사실적으로는 근로자들이 보호에 대하여는 크게 나타나지 않을 수 있다고 본다.[356)]

원래 민사소송에 있어서의 과실상계는 구체적으로 발생한 손해에 대해서 양당사자 사이에서 공정 타당한 조정을 행하기 위한 제도이다. 따라서 일반시민법상의 논리에 집착하는 한, 산업재해를 당한 근로자에게도 산업재해에 기여한 과실의 정도에 따라서 책임을 분담하여야 한다는 논리를 만연히 수용할 개연성은 있다.[357)] 하지만 이러한 일반 시민법상의 과실상계의 논리가 산업재해 민사소송에도 그대로 타당한 것이 아님은 물론이다. 노동법학에서는 산업재해 민사소송의 이론적인 구조를 정립함에 있어서 산업재해의 특수성에 입각한 이론구성을 통해서 산업재해를

21세기 노동환경권변화에 따른 산재예방 실효성확보방안에 관한 연구, 산업안전보건연구원, 2003에서 발췌하여 재정리함.

356) 조흠학, 법제사적 의미에서 산업안전보건법의 역할과 지위에 관한 연구, 산업안전보건연구원, 2010, 230~235면; 박두용, 21세기 노동환경권변화에 따른 산재예방 실효성확보방안에 관한 연구, 산업안전보건연구원, 2003에서 발췌하여 재정리함.

357) 일본의 동급 동경지재판결사건에서 법원이 근로자측의 과실을 인정한 것에 대해서는 다음과 같은 비판이 있다.「본건에 대해서는 회사는 출입금지 표지조차 세우지 않았다. 회사가 만일 출입이 위험하다면 자물통 등의 물리적 조치로 출입을 금지했어야 한다. 만일 이 경우 피재자가 보안요원에게 연락하여 보안요원이 그 장소에 들어갔다고 한다면 보안요원이 사망했을 수도 있다. 이 사례는 회사의 안전방지의 의무위반과 피재자의 선의행위가 결부되어 있는 사고이다. 그러나 회사의 안전의무 위반이 없었다고 한다면 피재자의 선의행위는 없었을 것 아닌가. 이 연이경우에는 피재근로자의 과실상계에 있어서의 과실은 零이고, 회사의 책임은 100%라고 해야 할 것이다.」

당한 근로자들의 생존권을 확보해야 할 필요성이 있다고 할 것이다. 일본에서는 이러한 이론적인 필요성이 「사용자의 안전배려의무」론을 통해서 구체화되었는바, 일본에서의 판례와 논의를 간략하게 소개하기로 한다.[358)]

(1) 사업주의 범위와 책임

1) 사업주의 범위[359)]

노동기본법의 법제17호에서 '다음 각 호의 하나에 해당하는 사업 또는 사무소에 적용한다'고 하여 대부분의 모든 종류의 사업을 거의 포괄적 적용으로 적용하여 사업대상에 해당하는 사업주를 사업주의 의미로 사용하고 있다. 특히 근로관계 계약서를 기본 조건으로 하여 노동기본법에서 나타내고 있는 경제활동의 서비스나 일의 다양화를 따지지 아니하고 적용하는 것이 일반적이 특징이다. 특히 일부 적용제외는 1998년 노동기본법이 대폭 개정하여 제17호의 사업 중 제1호~15호 사업의 별표에 정리하여 적용제외에 관한 예외규정을 적용하고 있는 것이 특징이라 하겠다. 이전의 적용사업의 규정은 노동기본법에서 사업 또는 사무소의 범위에서 단순한 사업장의 범위가 정해져 있지 않아 근로자의 개념을 명확히 할 수 없어 넓은 범위의 사업으로 범위를 정하고 있다. 그래서 사업이란 공장, 광산 사무소, 점포 등과 같이 서로 연관된 조직하에 업으로 계속하는 경우에 작업의 일체를 포함하도록 하여 이러한 사업의 범위가 노동안전위생법의 적용범위에 해당하는 것이라고 볼 수 있다. 그러므로 사용자의 범위는 근로계약의 일방 당사자로서의 사용자를 의미하고 있다. 통상적으로 근로자가 입사하여 근로자를 고용한 자를 대상으로 사용자로 볼 수 있고, 임금지불 지휘명령, 인사관리, 등이 이루어지는 사업주를 통상 사용자라 하여 적용 하고 있다. 이러한 사용자가 노동안전위생법의 사업주로서 통상적인 책임주체의 사용자로 보고 사업장에서 사업주책임을 부과하고 있다.

법 제2조의 사업주의 책임을 부과하여 「사업자」라 함은, 법인기업인 경우는 당해법인(법인의 대표자는 아님) 개인 기업인 경우 사업 경영주를 말한다.

이는 종래의 노동 기준법상의 의무주체였던 「사용자」와는 달리 사업경영의 이익의 기속주체 그것을 의무주체로 하고 그 안전위생상의 책임을 명확히 한 것이다. 또 법위반이 있는 경우 벌칙 적용은 법 제122조에 의해 당해 위반의 실행 행위자인 자연인뿐만 아니라 사업자인 법인 또는 사람에 대하여도 각 각 본조의 벌금형이 부과된다(47.9.18 발기 91).

예를 들면 사업주의 범위가 도급이 이루어지는 경우에 조선사업의 예를 들어 선소 등의 각 공

358) 조흠학, 법제사적 의미에서 산업안전보건법의 역할과 지위에 관한 연구, 산업안전보건연구원, 2010, 236면에서 발췌하여 재정리함.

359) 조흠학, 법제사적 의미에서 산업안전보건법의 역할과 지위에 관한 연구, 산업안전보건연구원, 2010, 239~241면; 박두용, 21세기 노동환경권변화에 따른 산재예방 실효성확보방안에 관한 연구, 산업안전보건연구원, 2003에서 발췌하여 재정리함.

장이 사업부제로 되어있어도 조선소장이 이를 총괄적으로 관리하고 있는 경우는 당해 조선소를 하나의 사업장으로 법을 적용한다. 소장이 없는 경우에도 공동사항을 관리하는 부분은 사업부에서 독립하여 있는 경우가 일반적이며 위생관리등은 이 관리부분에 있어서 하나로 취급되는 경우가 많기 때문에 이와 같은 경우에도 당해 조선소를 하나의 적용 사업장으로 고려할 수 있다.

각 사업부가 완전히 독립하여 공통사항을 관리하는 부분이 별개로 존재하지 않는 경우는 각각 사업부에 있어서 총괄적인 안전위생관리를 실시하는 것이 기대될 수 있기 때문에 각 사업부마다에 개별의 사업장으로써 법을 적용하는 것이 바람직한 것으로 규정지어 있다(47.1.15 기발725).[360]

2) 사업주의 책임

노동안전위생법 제3조에 '사업자는 이 법률에서 정하는 노동재해방지를 위한 최저기준을 지킬 뿐 아니라 쾌적한 직장환경의 실현과 노동조건의 개선을 통하여 직장에 있어서 근로자의 안전과 건강을 확보하도록 해야 한다. 또 사업자는 국가가 실시하는 노동재해방지에 관한 정책에 협력해야 한다.'라고 되어 있다. 그러므로 기계, 기구 기타 설비를 설계하거나 제조하거나 또는 수입하는 자, 원재료를 제조하거나 또는 수입하는 자, 또는 건축물을 건설하거나 또는 설계를 하는 자는 이들의 설계, 제조, 수입 또는 건설 시에 있어서 이들의 시설이 사용됨으로써 노동재해의 발생방지에 도움이 되도록 노력해야 하며, 건설공사의 주문자등 일을 타인에게 도급시키는 자[361]는 시공방법, 공기 등에 있어서 안전하고 위생적인 작업의 수행을 방해하는 어떤 조건을 붙이지 않도록 배려해야 한다[362](소화52 법체76. 평성4 법제55. 일부개정).

① 일반이론

[판례] 근로자의 재해와 사용자의 손해배상책임[363]

국가는 국가공무원에 대하여 국가가 공무수행을 위하여 설치하는 장소, 시설 또는 기구 등

360) 「설계」라 함은 측정대상 사업장의 작업환경의 실태를 명확하게 하기 위해 당해 사업장의 모든 조건에 맞는 측정계획을 세우는 것이 좋다. 그 내용으로써는 생산공정, 작업방법, 발산하는 유해물의 성상 기타 작업환경을 좌우하는 모든 인자를 검토하여 샘플링의 개소, 샘플링의 시간 및 횟수, 샘플링한 시료를 분석하기 위한 전처리의 방법, 이것에 사용되는 분석 기기 등에 있어서 결정하는 것을 말한다. 제4호의 「샘플링」이라 함은 측정하고자 하는 물질의 포집 등에 적당한 샘플링 기기를 그 용법에 따라서 적정히 사용하고 설계에 있어서 정하여진 바에 따라 시료를 채취하고 필요에 따라서 분석을 행하기 위한 전처리, 예를 들면 동결처리, 산처리 등을 하는 것을 말한다. 제4호의 「분석(해석을 포함한다.)」라 함은 샘플링한 시료에 여러 종류의 이화학적 조작을 가하여 측정하려고 하는 물질을 분리하고 양을 측정 하고 또는 해석하는 것을 말한다. (50.8.1 기발448)

361) 노위법 제3조제2항의 「건설물을 건설하는 자」라 함은 당해 건설물의 건설을 발주한 자를 말하고, 제3항의 「건설공사의 주문등」에는 건설공사 이외의 주문자도 포함한다. 또한 제3의 「공기등」은 공정, 도급금액의 비목등이 포함한다. (47.9.18 기발 602)

362) 조흠학, 법제사적 의미에서 산업안전보건법의 역할과 지위에 관한 연구, 산업안전보건연구원, 2010, 240면; 박두용, 21세기 노동환경권변화에 따른 산재예방 실효성확보방안에 관한 연구, 산업안전보건연구원, 2003에서 발췌하여 재정리함.

363) 조흠학, 법제사적 의미에서 산업안전보건법의 역할과 지위에 관한 연구, 산업안전보건연구원, 2010, 241면에서 발췌하여 재정리함.

의 설치 관리 또는 공무원이 국가 또는 상사의 지시에 따라 수행하는 공무의 관리에 있어서 공무원의 생명 및 건강 등을 위험으로부터 보호하도록 배려해야 할 의무(이하 「안전배려의무」라 한다.)가 있다고 해석된다.

따라서 위의 안전배려의무의 구체적 내용은 공무원의 직종 직위 및 안전배려 의무가 문제로 되는 당해 구체적 상황 등에 있어서 다를 수 있다(최고재판소 3 소화50.2.25), 사용자는 보수지불의무를 질뿐만 아니라 근로자가 노동공급을 위해 설치하는 장소, 설비 또는 기구 등을 사용하거나 또는 사용자의 지시에 의해 노무를 제공하는 과정에 있어서 근로자의 생명 및 신체 등을 위험으로부터 보호하도록 배려해야 할 의무(안전배려의무)를 진다. 사용자는 숙직근무 중에 도적등이 용이하게 침입하지 못하도록 물적설비를 설치하고 또 만일 도적이 침입한 경우는 도적으로부터 받을지도 모르는 위험을 피할 수 있도록 물적 시설을 설치하도록 함과 동시에 이들의 물적시설 등을 충분히 정비하는 것이 곤란할 때는 숙직원을 증원하던지 숙직원에 대한 안전교육을 충분히 시키고 또 앞에서 이야기하는 물적시설 등과 상응하여 근로자의 생명 신체 등에 위험이 없도록 하는 배려의무가 있다(최고재판소 3 소화50.4.10). 사회, 경제의 발전 때문에 필요, 유익하나 위험을 내포할지도 모르는 기계 기구 등에 있어서는 그 사용을 금지할 뿐만 아니라 그 사용으로부터 발생되는 위험 손해의 발생가능성에 유의하고 그 발생을 방지하기 위한 수단 방법을 강구하는 것이 요청되나, 사회 통념상 상당하게 평가되는 조치를 강구했음에도 불구하고 손해 발생이 생기는 경우는 결과 회피 의무에 하자가 있다고는 할 수 없다[364](최고재판소 2 소2.4.20).

노동재해배상청구소송에 관하여 당해질병에 관한 노동기준감독서의 노재보험 급부관계서류에 대한 문서제출 명령신청의 취소에 관한 청구소송(오사카 고등법원 55.7.17), 진폐의 병은 청구 소송 시에 변화를 감안 판단하여 안전배려의무 위반에 따라 진폐에 이환되었다는 이유로 하는 손해배상청구권의 소멸시효는 최종 행정결정을 받은 시점으로부터 진행하는 것으로 인정한 사례(최고재판소 3 소6.2.22)와 사용자가 노동과정에서 근로자의 근로계약에 부수되는 근로자의 생명 및 건강에 피해가 발생하지 않도록 배려하는 의무는 관한 이행청구는 부수적 의무이므로, 노사간의 합의가 없는 경우는 불가능한 것으로 판결하고 있다(오사카 지법 2.11.28).

② 입증책임[365]

국가의 안전배려의무위반을 이유로 하는 손해배상청구소송에 있어서 이 의무내용을 특정화하고 또 의무위반에 해당하는 사실을 주장하거나 입증하는 책임은 국가의 의무위반을

364) 조흠학, 법제사적 의미에서 산업안전보건법의 역할과 지위에 관한 연구, 산업안전보건연구원, 2010, 241면에서 발췌하여 재정리함.

365) 조흠학, 법제사적 의미에서 산업안전보건법의 역할과 지위에 관한 연구, 산업안전보건연구원, 2010, 245면에서 발췌하여 재정리함.

주장하는 원고에 있다(최고재판소 2 소56.2.16).

구체적인 예를 부면 '부상·사망의 경우사업주 책임을 보면 Y경찰관이 공무로·경찰관 운전의 짚차에 동승하여 O의 졸음운전에 의해 사고로 사망하더라도 졸음운전은 도로교통법의 위반에 지나지 않고 국가에 안전배려 의무위반이다'라고는 말할 수 없다(동경 고등법원 56.4.30). 회사의 지정건물에 거주하고 그 관리권한을 갖는 지점장이 앞에서 이야기하는 건물의 지붕에 올라가서 제설작업 중 지붕위에 큰 부식구멍이 원인으로 되어 떨어져 부상을 했더라도 회사의 안전배려위반은 아니라고 판시하고 있다(삿뽀로 고등법원, 58.4.28). 직원이 야간 숙직 중에 도적의 공격을 당하여 사망한 사고에 있어서는 회사의 안전배려의무 불이행의 손해배상책임이 있다(나고야 지 56.9.28, 나고야 고 57.10.27). 사업장에 동료가 같이 온 유아가 일으킨 사고에 있어서는 통상 사용자가 이것을 예견하는 것은 불가능하므로 어린이의 행동을 감시해야하는 부모가 옆에 있는 상황에 사용자는 유아의 행동을 감시할 의무는 없다(삿뽀로 고등법원, 58.4.28).

불법취업의 외국인의 근로재해에 관한 사용자의 손해배상책임에 있어서는 일본법이 준거법으로 안전교육을 시키지 않고 안전장치가 없는 기계를 사용하여 작업을 시킨 사고에 대해서는 회사의 안전배려의무위반이 회사대표이사의 불법행위책임이 있다(센다이 지방법원 63.6.21). 탄광의 석탄분진 폭발사고에 의해 갱도 내에 폭발을 일으켜 많은 양의 석탄분진이 퇴적되어 있다는 것은 갱도의 보존상 하자이며 갱도의 점유자는 사용자는 토지 공작물의 하자 책임에 따라 피해자가 당한 손해를 배상해야 하는 책임이 있다(후쿠오카 지 5.3.26).

③ 질병·사망의 경우[366]

작업장에서는 인체에 유해한 유기용제가 다량 사용되고 있기 때문에 피고로서는 근로자에 대해 유기용제의 취급에 대한 주의를 평상시부터 철저히 안전위생교육을 하고 또 유기용제의 공기 중의 농도를 정확히 측정하고 작업장의 안전한 환경을 확보해야 하며 또한 특수건강진단을 소정의 방법에 따라 실시하고 근로자의 신체 이상을 정확히 파악하여야 하며 최소한도 드라이아이스 작업 시에는 호스마스크 등의 보호구를 사용하도록 하고 근로자의 생명 신체 안전을 도모하여야 하며 이들은 작업장과 같은 유기용제를 사용하는 작업장에 근로자를 취업시키는 경우에는 근로자의 안전을 보호하기 위해 사용자에게 부과되는 의무이다(센다이 지 52.3.14).

신간센에서 음식물의 판매에 종사하고 있는 아르바이트 학생이 일이 끝나고 야간 회사의 기숙사에 돌아오는 도중에 전화박스에서 습득한 콜라를 마시고 사망한 사고에 대하여 회

366) 조흠학, 법제사적 의미에서 산업안전보건법의 역할과 지위에 관한 연구, 산업안전보건연구원, 2010, 245~246면에서 발췌하여 재정리함.

사는 안전배려의무 태만은 아니라고 판시하였다[367]. 재판소의 기장, 기록운반 등의 업무에 종사하던 여자직원의 경견완증후군에 있어서 직무와의 인과관계가 없는 것으로 손해배상 청구권을 기각한 원판결은 정당(최고 2 소 58.11.11 오사카 고 56.10.23)하다고 판결하였고, 수동흡연에 의해서 당한 피해의 정도는 허용 한도의 범위를 초과한 것으로는 말할 수 없으며, 시장이 시청사의 사무실을 금연으로 하지 않는 것은 인격권의 침해로는 볼 수 없다고 판시하고 있다.

안전배려의무위반은 아니지만(야마구찌 지 4.7.16) 크롬산 등의 제조공정에 있어서 종사하고 있던 근로자의 피부장해, 기도장해, 기관지기관·폐의 장해, 폐암 등에 의한 사망에 대해 회사는 불법행위에 의한 손해배상 책임이 있음을 인정하였다.

(삿뽀로 지 61.3.19), 회사가 소음성 난청환자의 다수 발생을 인식하면서도환경개선이 그 요구되는 수준에 미치지 않고 불충분하며 위생면의 대책으로서도 귀마개를 지급할 뿐 청력검사의 횟수도 적고, 난청진행자의 배치전환, 폭로시간 단축의 조치를 하지 않았던 것은 안전배려의무의 불이행이라고 볼 수 있는 판결이 나왔다(오사카 고 63.11.28).

상시 분진작업에 종사시키는 근로자를 진폐 등에 이환되지 않도록 하기 위해 필요한 조치를 강구할 의무는 근로자와 직접고용계약을 체결한 사업주 뿐 만 아니라 근로자를 실질적으로 자기의 지배하에 종속시켜 분진작업에 관한 일을 시킨 사업주도 해당되며(동경 지 2.3.27), 근로자에 다른 분진직력이 있는 경우에도 진폐와 사용자의 이환방지조치 불이행과의 사이에 인과관계는 민법 제719조 제1항 후단의 유추적용에 의하여 법률상으로 추정되는 것이고, 사용자가 위의 인과관계가 성립되지 않는다는 것을 입증하지 않는 한 그 책임을 면할 수 없어 책임이 있음을 판시하고 있다.

④ 하도급인 경우의 책임[368]

하도급기업의 근로자가 회사 밖의 직원으로서 주문자의 사업장에서 주문자가 관리하는 설비, 공구 등을 이용하여 사실상 주문자의 지휘감독을 받고 가동하고 그 작업내용도 주문자의 종업원인 본공과 큰 차이가 나지 않는 사실관계가 있는 경우는 주문자는 하도급기업의 근로자와 특별한 사회적 접촉의 관계가 되어 신의면에서 안전배려의무를 지는 것으로 판결하고 있다(최고 1 소3.4.11).

작업에 종사하는 근로자의 신체생명에 위험한 사고가 발생할 위험이 많은 공사에 있어서는 기업자인 회사에 있어서 여러 종류의 조치를 운영조작하거나 작업공정의 편성실시함에 있어서 작업원의 신체생명의 안전확보와 위험방지를 위한 만전의 주의를 해야 할 의무가 있다(오사카 지 34.7.27). 원도급기업이 현장에 감독을 상주시키고 하도급 근로자를 지도

367) 오사카 고 60.6.28. 오사카 지재 56.2.20(독이 들어있는 콜라사건)

368) 조흠학, 법제사적 의미에서 산업안전보건법의 역할과 지위에 관한 연구, 산업안전보건연구원, 2010, 247면에서 발췌하여 재정리함.

감독하고 있는 경우 당해 원청은 하도급 근로자에 대해 안전배려의무를 지며(동경 지 56.2.10. 동 56.3.19, 오사카 지 56.3.30, 고베 지 히메지 지56.4.13), 안전배려 의무는 특별한 사회적 접촉 관계가 있던 당사자 간에 있어서 그 관계의 기초가 되는 법률관계의 부수적 의무이며 당사자의 일방 또는 쌍방이 상호 신의 측에 관한 의무로써 그 법률관계에 있어서는 하도급 관계도 포함되는 것으로 판결하고 있다(오사카 고 63.11.28, 오사카 고 3.10.25).

(2) 근로자의 권리보호에 관한 판례

1) 노무자 지위의 지휘감독의 과실책임에 관한 판례[369)]

노무자 지위를 인정한 판례로는 다가마쓰(高松) 고등재판소의 화물 자동차의 운전수 판결이 중심이 되고 있다. 이 판결은 주의의무 위반의 사업주 책임에 관한 내용으로 운전수가 토목공사 작업 중 솔가지 운송에 따른 통행에 관한 위험이 있음에도 통상적 주의의무위반에 관한 현장 감독자의 주의의무위반에 해당한다. (昭和39, 10.2 판시) 이 사건은 판결논거로 "감독자가 자기 통제하에 있는 노무자와 같이 현장에 있었을 뿐 아니라 그 위험 발생에 대한 예견 할 수 있는 상황하에서 결과발생의 저지의무를 다하지 아니하여 위험을 발생하게 하였으므로 그 과실과 결과간에 인과 관계가 있다"고 판시하였다.

공사관리와 과실책임에 관한 책임이 사업주에 있다는 판례를 살펴보면 일본의 대심원판례(大正15,12.23)에서 아치형 철교를 가설 할 것을 청부맡아 작업 중 돌연 카다가 추락하여 작업원 다수가 사상된 사건에 대하여 나고야 항소원은 공사 전반에 걸쳐 감독을 하고 있던 자에게 유죄 판결을 하였고 그 판결논거로 "아치형 교량은 은도변화에 대해 대단히 민감하고 은도의 영향이 대단히 크다는 것을 주의하여 카다의 철재 온도에 따라 카다와 이를 받쳐주는 지지대와 밀착을 유지하기 위하여 하루 수회 검사하여 사고를 미연에 방지할 주의의무가 감독자에게 있다"고 판시하였다. 이 판결에 불복한 피고인의 상고심에 대한 대심원은 이유없다고 기각하여 원심의 판결을 유지하도록 하여 사업주의 책임을 인정하였다.

2) 안전배려의무에 관한 판례

일본에 있어서 안전배려의무위반에 대한 판례[370)]를 살펴보기로 하겠다.

369) 조흠학, 법제사적 의미에서 산업안전보건법의 역할과 지위에 관한 연구, 산업안전보건연구원, 2010, 248면에서 발췌하여 재정리함.

370) 산업안전공단, 한일 산업안전보건비교 판례집, 1995 민집 29권2호, 최고재판소 제3소법정판결, 75.2.25; 조흠학, 법제사적 의미에서 산업안전보건법의 역할과 지위에 관한 연구, 산업안전보건연구원, 2010, 250면에서 발췌하여 재정리함.

우선 사실관계를 살펴보면 을은 차량정비공장에서 차량을 정비하던 중, 육상자위대 소속 공무원인 갑이 운전하는 대형 자동차가 후진하여 을의 머리를 치게 됨으로써, 을은 현장에서 즉사하였다. 을의 가족이 국가의 불법행위책임, 채무불이행책임이라는 점을 주장하여 제소하였지만 1심, 2심은 불법행위책임에 관하여 시효의 성립은 인정하였지만 채무불이행책임에 관하여는 인정하지 아니하였다. 그러나 최고재판소는 이 사건에 관하여, 원판결은 법령의 해석적용의 착오에 기인한 위법 있음을 이유로 파기 환송시켰다. 그 판결요지에서는 안전배려의무의 구체적 내용은 공무원의 직종, 지위 및 안전배려의무가 문제되는 해당 구체적 상황 등에 따라 달라져야 할 것이며, 자위대의 경우에 있어서는 상황에 따라 정도의 차이는 있겠지만 국가는 불법행위규범을 기본으로 하여 일반인에 대하여 그의 생명, 건강 등을 보호해야 할 의무를 지고 있는 이외에 여하한 경우에라도 공무원에 대하여 안전배려의무를 지지 않는다고 해석할 수는 없다고 판시하였다. 어쩌면 위와 같은 안전배려의무는 어떤 법률관계에 준하여 특별한 사회적 접촉관계에 있는 당사자간에 해당 법률관계의 부수의무로서 당사자의 일방 또는 쌍방이 상대방에 대하여 신의칙상 지는 의무로서 일반으로부터 인정받아야 하는 것이므로, 국가와 공무원사이에 있어서도 별다른 해석을 하여야할 논리적 근거는 없다고 해석할 수 있다.

즉, 공무원이 업무를 편하게 성실히 이행하기 위해서는 국가가 공무원에 대하여 안전배려의무를 지고 이것을 다하는 것은 필요불가결한 것이고, 또한 국가공무원법에 규정된 각종 조항과 이에 준한 국가공무원재해보상법 및 방위청 직원급여법 등의 재해보상제도도 국가가 공무원에 대하여 안전배려의무를 진다는 것이 당연한 것임을 전제로 하여 만들어진 보상제도이기 때문에, 이 의무가 다해진다고 하여도 역시 발생하게 될 공무원재해에 대처하기 위하여 마련된 것으로 해석할 수 있다.

안전배려의무위반에 관한 또 다른 판례를 살펴보면[371](고베 지방재판소 판결, 노동판례 502호, 87.7.31) 사실관계를 살펴보면 하청업자의 근로자로 있던 자의 소음성난청을 인정한 판례로 원고 등 8인은 피고의 종업원 혹은 사업장내 하청 근로자로 있었는데 소음성 난청이 되었기 때문에 피고의 안전배려의무위반을 이유로 손해배상청구를 하였다. 법원에서는 다음과 같이 안전배려의무에 대한 일반적인 내용을 제시하고 난청과 업무와의 사이에 인과관계가 인정되지 않는 3명만을 제외하고 피고의 안전배려의무위반을 인정하였다. 아래 판결요지는 안전배려의무에 대한 일반적인 판결요지를 설시했다는 점에 그 의의가 있겠다.[372]

371) 산업안전공단, 한일 산업안전보건비교 판례집, 1995 (고베 지방재판소 판결, 노동판례 502호, 87.7.31); 조흠학, 법제사적 의미에서 산업안전보건법의 역할과 지위에 관한 연구, 산업안전보건연구원, 2010, 251면에서 발췌하여 재정리함.

372) 「안전배려의무는 사용자가 근로자에게 근로공급을 명하는 과정에 있어서 그 공급장소, 이용설비, 근로내용에 있어 근로자의 생명, 건강에 대하여 위험이 발생할 염려가 있는 경우에는 근로자의 생명, 건강을 보호하기 위하여 신의칙상 당연히 발생하는 의무인 것이다. 따라서 그 근거가 되는 계약 내지 법률관계는 근로계약 또는 고용계약에 한하는 것이 아니고 넓게 일반적으로 한쪽 당사자가 노무를 제공하고, 다른 당사자가 노무공급을 받아야 할 장소, 설비 혹은 사용 기구 등의 설치관리를 행하고 혹은 직접 지휘명령을 주는 등을 방법에 의해서 해당 노무를 지배·관리하는 관계에 있는 경우는 그러한 법률관계에 의거하여 안전배려의무가 발생한다는 것으로 해석해야 마땅하다. 또 위

안전교육 미비에 의한 안전배려의무위반에 관한 또 다른 판례를 보면(우라가즈 지방재판소판결, 판례시보 1136호, 84.8.6) 이 사건은 버플판을 절단기로 조작하던 중 실린더와 버플판에 오른손이 끼어 오른팔 손목이 부러지는 사고를 당한 노동자(원고)가, 사용자의 안전배려의무위반을 이유로 손해배상을 청구한 사건이다. 법원은 다음과 같이 사용자의 안전교육의 미비와 안전배려의무위반을 인정하였다[373].

고용관계가 존재하지 않는 경우에 안전배려의무위반에 대한 또 다른 판례를 살펴보면(마쯔야마 지방재판소판결, 노동판례 473호, 85.10.3) 원고 갑은 해저 전선케이블 매몰공사를 행하고 있었던 전보전화국공사로부터 잠수작업을 인수받은 이찌까와 해사흥업에 파견되어 잠수작업을 하고 있었는데 잠수를 반복함에서 오는 체내 가스계수의 상승으로 잠수병을 앓게 되어 노동재해등급1급에 해당하는 후유증을 입었다. 그리하여 원고 갑은 이들 양사를 상대로 안전배려의무위반 등을 이유로 손해배상을 청구하였다. 법원은 양사의 안전배려의무위반은 인정했지만 전보전화공사에 대해서는 고용관계가 존재하지 않으므로 이에 따르는 안전배려의무를 지지는 않으나 노동안전위행법등에 정해진 안전배려의무는 진다고 판시하였다[374].

사용자와 노동자사이에 고용계약상 의무로서 안전배려의무에 관한 다른 판례를 살펴보면 (율지방재판 일시지부판결, 노동법률순보 867호, 74.3.12) 덤프트럭 기사가 가와라하에서 자갈을 운반하던 중 큰 돌에 핸들을 놓쳐 왼팔이 골절된 사건이다. 사용자는 노동자와의 고용계약상 의무로서 노동재해에 의한 위험에 대하여 노동자의 안전을 보호 할 의무를 지고 있는 것이라고 해석

의 안전배려의무의 내용은 일률적으로 정해지는 것이 아니고 노무공급관계에 있어서의 노무내용, 취업장소, 이용설비, 이용기구 및 그로 인하여 발생하는 위험의 내용, 정도에 따라 구체적으로 결정되어야 한다.」(고베 지방재판소판결, 노동판례 502호, 87.7.31); 조흠학, 법제사적 의미에서 산업안전보건법의 역할과 지위에 관한 연구, 산업안전보건연구원, 2010, 250면에서 발췌하여 재정리함.

373) 「일반적으로 고용계약은 노무제공과 보수지급을 기본적 요소로 하는 쌍무계약이지만 위 고용계약에 포함되는 사용자의 의무는 단지 보수지급의무에만 그치는 것이 아니라 노동자가 사용자의 지정하는 장소에서 또한 그 제공하는 설비, 기계, 기구 등을 이용하여 가동한 경우, 위 설비로부터 발생하는 노동재해전반을 방지하고 노동자를 안전하게 근로시켜야 할 안전보증의무마저 포함한다고 해야 한다. 이것은 노동기준법, 노동안전위생법 기타의 노동법이, 행정적 감독과 형사처벌로서 사용자에 대하여 노동재해로부터의 안전보증의무이행을 공법상 강제하고 있는 것을 보아도 긍정하고 있다고 인정할 수 있다. 따라서 위 인정사실에 의하면 위 사건 기계는 원고주장과 같이 하자의 유무여부 판단은 고사하고 적어도 본건 사고는 피고가 원고에 대하여 본건 기계의 구조, 기능, 작업방법은 물론 그 내포하는 위험성과 이에 대처하는 조치를 원고가 몸에 익히도록 교육하고 또한 통상 피고가 그렇게 하고 있는 바와 같이 조수 1명과 함께 작업하게 했다면(원고가 손목이 끼인 시점에서 그 조수가 즉시 본건 기계를 정지시킬 수도 있었기에) 미연에 방지가 가능했다고 생각되는 것으로서 피고가 이들 조치를 강구하지 않았던 것은 노동재해방지를 위한 안전보증의무에 위배된다고 말하지 않을 수 없다고 판시하여 원고승소로 확정되었다.」(우라가즈 지방재판소판결, 판례시보 1136호, 84.8.6); 조흠학, 법제사적 의미에서 산업안전보건법의 역할과 지위에 관한 연구, 산업안전보건연구원, 2010, 250면에서 발췌하여 재정리함.

374) 「피고(전보전화국공사)는 원고를 자기의 지배관리하에 있는 작업현장에서 직접 지휘감독하에 작업을 시키고 있었다고 인정된다. 이런 경우 피고는 원고와의 사이에 고용계약이 없었다고 하여도 자기가 지배관리하는 장소에서 자기의 지휘감독으로 일을 시키고 있었던 이상 노동안전위생법에 정하는 안전배려의무를 진다고 해석해야 할 것이다. 또한 피고는 잠수작업에 대하여 전혀 전문이 아니라고 하여 노동안전위생법에서 말하는 사업자가 아니라고 주장하지만 동법에서 말하는 사업자는 각 작업에 대하여 지식이 있고 없고에 관하여 묻는 것이 아니기에 위 주장은 이유가 없다. 따라서 피고 전보전화국공사는 안전배려의무를 져야 한다고 해석해야 할 것이라고 판시했다.」(마쯔야마 지방재판소판결, 노동판례 473호, 85.10.3); 조흠학, 법제사적 의미에서 산업안전보건법의 역할과 지위에 관한 연구, 산업안전보건연구원, 2010, 250면에서 발췌하여 재정리함.

함이 마땅하다[375].라고 판시하여 안전배려의무를 인정하고 있다.

암의 발생과 업무와의 사이에 인과관계가 존재한다고 하여 안전배려의무위반에 대한 판례를 살펴보면(고베지방재판소 니자끼지부판결, 노동법률순보 1051호, 81.10.30) 피고회사는 흑연, 전극등의 제조판매회사인데 동회사 종업원의 유족이 망 갑 및 을의 폐암·식도암에 대한 원인은 회사의 안전배려의무위반에 의한 것이라 하여 손해배상을 청구하였다. 이에 대하여 법원은 암의 발생과 업무와의 사이에 인과관계가 존재한다고 하여 업무기인성을 인정하는 한편 분진 등의 발생방지 및 억제조치의 미비 기타에 관하여 회사의 안전배려의무위반을 인정하였다[376].

결과의무라고 이해하여 안전배려의무위반으로 본 판례를 살펴보면(산형지방재판소판결, 판례시보 844호, 76.2.9)망 갑은 피고회사의 종업원으로서 면류 제조용 믹서를 사용하여 면류의 제조작업에 종사하던 중 믹서에 부속해 있는 스테인리스 용기내의 먼지들을 제거하려고 손을 넣은 순간 믹서의 샤프트에 감겨들어가 즉사하였다. 그리하여 갑의 양친은 회사의 안전배려의무위반을 이유로 손해배상을 청구하였다. 이에 법원은 본 사건에서 회사는 안전배려의무의 구체적 내용으로서 믹서의 개구부에 덮개를 할 것, 작업후의 청소를 교육시킬 것 등의 의무가 있는데, 이를 태만히 한 회사의 안전배려의무위반을 인정했다[377].

중대재해의 위반에 관한 안전배려의무위반에 따른 또 다른 판례를 살펴보면(나고야 고등재판소판결, 판례시보 892호, 77.12.19) 망 갑은 교량 등의 제조를 업으로 하는 을 회사의 종업원으로서 교량을 제작 작업하던 중 돌연 넘어지는 교량과 U형강과의 사이에 끼어 사망하였다. 갑의 유족들이 교량에 횡전방지장치(소위 양생)가 설치되어 있지 않았었다는 사실을 들어 회사의 안전배려의무위반을 들어 손해배상을 청구한 사실로서 이에 1심은 상사 등이 갑에 대하여 양생을 설치할 것을 지시하여 사고발생을 미연에 방지할 주의의무를 태만히 하였다고 하여 을 회사의 안

375) 「판결은 본건과 같이 토사 채취장에 있어서 덤프차를 운전하는 경우에는 사용자는 사용하는 차의 성능에 응하여 노면의 정비를 해 놓음으로써 사고를 미연에 방지할 의무가 있는데 본건에 있어서는 위 의무가 다해지지 않았다 하여 고용계약상의 보호의무불이행을 인정했다. 판결요지를 살펴보면 [사용자는 노동자와의 고용계약상 의무로서 노동재해에 의한 위험에 대하여 노동자의 안전을 보호할 의무를 지고 있는 것이라고 해석함이 마땅하다.]」 (율지방재판 일시지부판결, 노동법률순보 867호, 74.3.12); 조흠학, 법제사적 의미에서 산업안전보건법의 역할과 지위에 관한 연구, 산업안전보건연구원, 2010, 250면에서 발췌하여 재정리함.

376) 「판결요지를 살펴보면 [노동계약에 있어서 사용자는 노동자에 대하여 노동의 장소를 제공하고 설비, 기계 등의 수단을 제공하여 노무의 급부를 받는 것이기 때문에 노동자가 안전 및 위생의 보호된 상태에서 일할 수 있도록 배려하고 노동자의 생명, 건강 등을 보호할 의무를 지는 것으로 해석해야 할 것이다. 따라서 사용자는 노동자가 일하는 과정에 있어서 발생하는 건강상태의 발생을 미연에 방지할 의무가 있다]고 하여 피고패소판결을 하였다.」 (고베지방재판소 니자끼지부판결, 노동법률순보 1051호, 81.10.30); 조흠학, 법제사적 의미에서 산업안전보건법의 역할과 지위에 관한 연구, 산업안전보건연구원, 2010, 253면에서 발췌하여 재정리함.

377) 「판결요지를 살펴보면 [피고는 사용자의 안전배려의무는 피용자의 안전준수의무와 같이 피용자의 안전을 기하는데 서로 필요한 정도의 것이라고 해석해야 하고, 그렇다면 원고 갑이 안전시설 등의 미비라고 하는 사실은 사용자의 채무불이행에 해당하지 않는다고 주장한다. 그러나 피용자의 안전준수의무가 일반적으로 인정된다는 것이라 하더라도 사용자의 안전배려의무는 반드시 피용자가 위 안전준수의무에 위반하지 않는다는 것을 전제로 그 한도에서만 인정되는 것이 아니고 사용자는 위험의 발생이 피용자의 주의력의 편중, 피로 기타의 원인에 의한 정신적 이완, 작업에 대한 미숙 등에 의한 예상되는 경우마저 내포하여 피용자가 작업의 과정에서 접촉될 것이라는 위해발생의 위험으로부터 피용자를 보호하지 않으면 아니 된다고 해석함이 마땅하다. 물론 피용자의 부주의는 과실상계로써 고려되어야 할 것]이라고 판시하였다.」 (산형지방재판소판결, 판례시보 844호, 76.2.9)

전배려의무위반을 인정하였다. 회사측이 불복, 항소하였지만 고등재판소는 기각하였고 회사측이 패소한 사건이다[378].

또한 상황에 따라 안전배려의무의 내용을 탄력적으로 이해하는 판례로서(동경지방재판소판결, 노동법률순보 900호, 75.11.13) 갑은 을 회사의 종업원으로서 전화기의 배선·절연작업 등에 종사하고 있었는데 팔, 어깨 등의 통증이 있어 검사한 결과, 경견완 증후군이라는 진단을 받았기 때문에 회사에 안전배려의무위반을 이유로 하여 손해배상을 청구하였다. 법원은 업무기인성이 인정되는 이상 특별한 사정이 없는 한 사용자측에 위 안전배려의무의 위반이 있다는 것이 추정된다하여 회사의 안전배려의무위반을 인정하였다[379].

안전배려의무의 미치는 장소적 범위에 따른 안전배려의무 위반에 관한 또 다른 판례를 살펴보면(나고야 지방재판소판결, 판례시보 1018호, 81.3.9) 병원에서 기숙하는 간호사가 병원의 기숙사내에 설치되어 있던 욕실에서 입욕 후 가스 열탕기의 가스 불완전연소에 따른 일산화탄소 중독에 의해 의식불명이 되어 사망하였다. 그 후 법원은 기숙사에 응급기구를 설치하든가 또는 이에 대신하는 설비 등을 할 의무를 태만히 하였다 하여 안전배려의무위반을 인정한 판례이다[380].

378) 「판결요지를 살펴보면 [을 회사는 교량구축재의 제작을 주로 하는 업체로서 본건 사고는 중량이 큰 강철재료를 가지고 교량을 제작하는 작업 중에 발생한 것으로서 그 작업 중에 교량횡전 등의 사고가 발생하는 경우에는 작업하는 직원에게 치명상의 결과가 생기는 위험이 있다는 것은 명백한 것이기에 사업주인 을 회사로서는 위험방지를 위하여 만전의 안전대책을 강구하여 종업원의 안전을 확보할 의무가 있다고 할 수 있는 바 위 교량횡전이 불가항력등 을 회사의 책임이 돌아오지 않는다는 입증이 없는 위 사건에 있어서는, 을 회사가 고용주로서의 안전확보의무에 위반한 것이라고 하지 않을 수 없다. 위 횡전의 원인이 무엇에 의해서 발생하였는지 분명하지 않다고 하여 위 의무위반의 책임이 면해지는 것은 아니다. 무엇보다도 을 회사는 교양횡전방지대책으로서 앞서 말한 바와 같이 조인트 작업 시에 양생을 설치해야 함에도 불구하고 갑 등은 양생을 설치하지 않고 작업을 한 것도 앞에서 인정한 바와 같이 양생을 하고 작업을 하고 있었다면 본건 사고발생은 방지되었을 것이다. 그러나 횡전의 원인이 되었던 힘이 어느 정도의 것이었는가는 분명하지 않기 때문에 양생을 설치하지 않은 것이 본건 사고발생의 원인이라고만 단정할 수는 없고 더구나 갑이 속해 있던 팀의 팀장은 본건 교량횡전 시 조인트 작업을 갑 등이 양생을 설치하지 않은 상태인 것을 알면서도 오랜 경험으로 보아 횡전은 있을 수 없다고 확신하여 아무런 주의도 주지 않았다는 사실은 앞서 인정한 바와 같다. 이 사실로 본다면 을 회사에서는 위 양생실시의 철저성을 지도 감독하는데 태만히 하여 종업원의 양생경시를 초래케 하였는바, 이것이 곧 갑 등이 양생을 설치하지 않고 작업을 하는 결과가 되었다고 보아야 하기 때문에 을 회사는 사고방지대책에 있어 철저하지 못하였는바 결국 안전배려의무를 다하지 못했다]고 말할 수 있다.」(나고야 고등재판소판결, 판례시보 892호, 77.12.19); 조흠학, 법제사적 의미에서 산업안전보건법의 역할과 지위에 관한 연구, 산업안전보건연구원, 2010, 255면에서 발췌하여 재정리함.

379) 「판결요지를 살펴보면 [을 회사는 매년 2회의 정기건강진단을 실시해 오는 이외에, 매휴 2일제를 채용하고, 주 40시간 근로, 휴게시간을 오전 10시부터 7분간, 12시부터 45분간, 오후 3시부터 7분간으로 각각 설정하는 등 그 직원의 건강관리에 상당히 신중한 배려를 다해온 사실은 인정되지만, 그 업무에 기인하여 원고가 앞서 기술한 질병이 발생하고 있는 점으로 보아 위의 사실만으로는 아직 을 회사가 벨트컨베이어 작업에 종사하는 개개인의 종업원에 대하여 충분한 직업예방대책을 강구해 왔다고 말하기는 어려우며, 후술하는 바와 같이 을 회사로서는 갑의 발병 후 갑의 증상에 관하여 성실히 대처한 점은 인정되지만, 그렇게 했다 하더라도 발병 및 악화의 예방에 충분한 조치를 다했다고 아직 인정하기는 어렵다]고 판시하였다.」(동경지방재판소판결, 노동법률순보 900호, 75.11.13); 조흠학, 법제사적 의미에서 산업안전보건법의 역할과 지위에 관한 연구, 산업안전보건연구원, 2010, 255면에서 발췌하여 재정리함.

380) 「이에 대한 판결요지를 살펴보면 [기숙사는 노동계약에 의거하여 간호사로부터의 노무제공 및 사용자의 수령을 용이하게 하기 위한 시설인바 이것이 없다고 한다면 병원측의 진료사업에 있어서 필요한 간호사의 확보가 용이치 않으며 또 입원환자의 간호나 조조 혹은 야간의 업무는 현저히 곤란하게 된다고 생각되기 때문에 피고의 사업경영에 필요상 그 일부로서 설치된 시설이라고 말할 수 있다. 그런데 사용자는 노동계약에 의하여 노동자로부터 노무의 제공을 받기 위하여 제공한 장소, 시설 혹은 기구 등의 설치관리에 있어 노동자의 생명 및 건강을 위험으로부터 보호

3) 판례의 해설[381)]

산업재해와 관련하여 사용자의 손해배상책임을 추궁하는 법적 구성으로는 첫째, 민법상의 통상적인 불법행위책임 둘째, 공작물의 설치·하자에 의한 손해에 대한 소유자 또는 점유자로서의 책임 셋째, 계약관계에 기인한 채무불이행책임이 가능하다. 일본에서는 종전부터 첫째의 불법행위책임을 추궁하는 소를 제기하는 것이 일반적이고, 판례도 산업재해에 대한 책임을 인정함에 있어서 불법행위적 책임구성을 취함이 일반적이었다. 그렇지만 소멸시효기간과 그 기간이 기산점, 입증책임,[382)] 유족의 위자료 청구권의 유무 등에 있어서의 실무상의 차이점 때문에 근래에는 이와는 달리 채무불이행적 책임구성을 취하는 예가 많다.

예컨대 반주조사건에서 법원은 다음과 같이 사용자에게 고용계약에 근거한 안전보호의무가 있음을 인정하고 있다.

고용계약은 노무제공과 보수지불을 그 기본적인 내용으로 하는 쌍무유상계약이다. 하지만, 통상적으로 근로자는 사용자가 지정한 노무급부장소에 배치되어 사용자가 제공하는 설비·기계·기구 등을 사용하여 노무급부를 행하는 것이므로, 단순히 보수를 지불하였다는 것만 가지고 사용자가 고용계약에 포함되어 있는 의무를 다하였다고는 할 수 없고, 사용자는 이러한 여러 시설에서 생기는 위험이 근로자에게 미치지 않도록 근로자의 안전을 보호하는 의무도 포함되어 있다고 하지 않을 수 없다.[383)]

최고재판소도 육상자위대사건[384)]에서 안전배려의무가 근로계약상의 부수적인 의무이며 당해 법률관계의 일방 또는 쌍방이 신의칙상 부담하는 것으로서 일반적으로 인정되는 의무라고 하였다. 물론 이 사안에서는 공무원의 근로관계가 소위 특별권력관계라는 점, 그리고 이 사안에서는

하도록 배려해야 할 의무를 지고 있어 위에 노동계약에 따르는 신의칙상 주의라고 해석되는 바, 그와 같은 의무를 긍정하는 이상, 위 제공한 장소 또는 시설이라는 것은 노동 그 자체가 행해지는 장소, 시설에 한하지 않고 노무의 수령을 용이하게 하게 위한 사업에 부속하는 기숙사와 같은 장소, 시설까지 내포된다고 해석함이 마땅할 것이다. 본건에 있어 병원측은 본건 기숙사를 위와 같은 취지에서 노동자에게 제공하고 있는 것이기 때문에, 그 설치·관리에 있어서는 거주자의 안전을 배려할 의무가 있다고 할 수 있는 고로 기숙사를 주로 하여 근무시간외에 이용되는 것 등을 이유로 사용자의 위 의무를 소극적으로 해석할 수는 없다, 역시 사용자의 안전배려의무는 노동계약에 따라 발생하는 것으로서 노동계약이 계속되는 한 계속하여 이행되지 않으면 안 되는 성질의 의무라고 해석해야 한다]고 판시했다.」(나고야 지방재판소판결, 판례시보 1018호, 81.3.9); 조흠학, 법제사적 의미에서 산업안전보건법의 역할과 지위에 관한 연구, 산업안전보건연구원, 2010, 255면에서 발췌하여 재정리함.

381) 조흠학, 법제사적 의미에서 산업안전보건법의 역할과 지위에 관한 연구, 산업안전보건연구원, 2010, 255～258면에서 발췌하여 재정리함.

382) 입증책임에 대해서는 양자 사이에 논리적으로 차이가 있다고는 하지만, 안전배려의무위반에 해당하는 구체적인 사실의 주장·입증하는 책임은 원고인 근로자측에게 있다는 판례(航空自衛隊航空救難群芦屋分遣隊事件 東京高等裁判所判決 1981.2.16. 民集 35권 1호 56면)도 있다는 점을 감안하다면, 입증책임의 문제에 있어서 양자의 법률구성 사이에 커다란 차이가 있다고 할 수 없을 것이며, 문제는 산업재해 민사소송에 있어서 적절한 입증책임론은 어떠한 내용의 것이어야 하는가 하는 것으로 귀결된다고 할 것이다.

383) 조흠학, 법제사적 의미에서 산업안전보건법의 역할과 지위에 관한 연구, 산업안전보건연구원, 2010, 256면에서 발췌하여 재정리함.

384) 東京高判 1975.2.25. 민집 29권 2호. 143면.

소멸시회도 경과하였다는 점 등을 이유로 하여 결론적으로는 근로자측의 청구가 기각되었지만, 이 판결 이후로 근로계약관계에 사용자의 안전배려의무가 있다는 판례의 기본적인 입장에는 변화가 없었다.

국가는 공무원에 대하여 국가가 공무수행을 위하여 설치하는 장소·시설·기구 등의 설치·관리나 공무원이 국가나 상사의 지시에 의해서 수행하는 공무의 관리에 있어서 공무원의 생명 및 건강 등을 위험에서 보호하도록 배려해야 할 의무(안전배려의무)를 부담하고 있다. 그리고 이러한 의무는 어떤 법률관계에 기한 특별한 사회적 접촉의 관계에 들어가게 된 당사자 사이에서 신의착상 부담하는 의무로 일반적으로 인정되어야 한다고 볼 수 있는 것이다.

역시 벌목작업에서 생기는 진동장해에 관한 영림국판결사례(告知營林局白ろう病事件)[385]에서도 최고재판소는 논리적으로는 안전배려의무를 인정하였지만, 당해 사안에서 사용자(국가)가 결과회피에 필요한 상당한 조치를 취하였다고 하여 안전배려의무 위반을 인정하지는 않았다.[386]

국가가 국유임야사업의 수행을 위해서 벌목재제사나 기계조림사로 고용되어 있던 상고인 12인에게 기계를 제공하여 사용·조작하게 함에 있어서, 상고인 12인의 생명·건강 등을 위험에서 보호하고 배려해야 할 안전배려의무를 부담하고 안전배려의무의 구체적인 내용[387]은 국가가 구체적인 상황으로 책임을 부담해야 한다는 것이다.

사회·경제의 진보·발전을 위한 필요성·유익성이 인정되지만 어떠한 위험한 위험성을 내포하고 있을지도 모르는 기계기구에 관해서는 그 사용을 금할 것이 아니라, 그 사용을 전제로 하면서 그 사용에서 생기는 위험·손해의 발생가능성의 유무에 유의하여 그 발생을 방지하기 위한 상당한 수단방법을 강구하는 것이 바람직하나, 사회통념에 비추어 상당하다고 평가되는 조치를 강구했음에도 불구하고 역시 손해가 발생한 경우에는 결과회피의무를 다한 것이라고 볼 수 있을 것이다.

그리고 판례가 등장하기 이전에도 민법학에서는 사용자가 근로자의 건강·안전의 확보에 대해서 일정한 책임이 있다는 것은 민법상 고용계약의 부수의무의 하나로 언급되고 있었다. 즉 안전배려의무는 「고용계약 내지는 근로계약상의 부수의무의 하나인 보호의무」이며, 그 근거는 민법 제1조제2항의 신의칙이라고 한다.[388]

그렇지만 이러한 이론은 어디까지나 산업재해를 수반하는 노사관계의 특수성에 대해서 설득력이 있는 견해라고 보기는 어렵다. 이에 대해서 노동법학에서는 "고용계약이 해석에 있어서 신의칙을 도입하는 것은 일반적으로 승인되어 있고 사용자에게 신의칙에 의해서 일정한 안전위생에 관

385) 東京高判 1990.4.20. 노판 561호, 6면.
386) 조흠학, 법제사적 의미에서 산업안전보건법의 역할과 지위에 관한 연구, 산업안전보건연구원, 2010, 257면에서 발췌하여 재정리함.
387) 조흠학, 법제사적 의미에서 산업안전보건법의 역할과 지위에 관한 연구, 산업안전보건연구원, 2010, 257면에서 발췌하여 재정리함.
388) 我妻榮, 「民法講義Ⅱ」, 1962, 585~586면.

한 의무를 부담하게 하는 것도 가능하지만, … 이 경우의 신의칙은 어디까지나 시민법상의 개념이므로 고용계약상의 안전위생설비의 설치가 그 한도이지 나아가 근로자(동거가족은 제외)의 생명·건강을 지켜야 할 의무까지 부과한 것이라고 해석해야 하는가의 의문"이라고 비판하고 있다.

따라서 노동법학에서는 이러한 사용자의 의무는 단순히 고용계약상의 부수의무에 그치는 것이 아니라, 근로자들의 생존권 원리에 의해서 재구성된 근로계약상의 본질적인 의무라고 해석하는 것이 일반적이다. 산업재해의 발생을 방지하기 위해서 사용자가 노력해야 하는 의무는 단순히 고용계약상의 부수의무에 그치는 것이 아니라 근로자들의 생존권에 의해서 재구성된 근로계약상의 본질적인 의무라고 하며, 나아가서는 근로계약상의 부수의무가 아니라 급부의무 그 자체라고 한다. 즉 사용자에게는 근로계약상의 보호의무보다 질적으로 고도의 의무 "개개의 근로자의 부주의까지도 예측하여 불가항력에 의한 경우를 제외한 모든 사고가 발생하지 않도록 만전의 조치를 강구하여야 할 의무"가 있다고 한다.[389)]

또한 안전배려의무의 개념을 보다 구체화하여 사용자가 상당한 위험방지조치를 강구하여야 할 선관주의의무를 부담한다는 통상적인 안전배려의무와 계약적 접촉에 의한 사고발생의 위험성이 현저하게 높은 것에 주목하여 상대방인 근로자의 안전확보 그 자체를 의무내용으로 하여 만전의 사고방지조치를 위하여 결과책임에 가까운 절대적인 안전배려의무로 나누어 보려는 시도까지 나타나고 있었다.[390)]

4) 판례에 따른 새로운 학설

일본판례에서는 과실책임에 관한 넓은 범위의 이론적 측면을 인정하여 사업주의 책임을 폭넓게 판단하고 있다. 이에 따라 일반적인 과실이론을 벗어나 산업안전보건법위반에 관한 형사책임 강화로 인한 새로운 과실론이 대두되고 인정되어지고 있다. 이에 따른 내용을 살펴보면 기업재해(노동재해뿐 아니라 공해, 생산물에 의한 피해 등 기업의 조직적 활동에 따라 발생한 각종 사고 및 재해)를 둘러싼 형사책임의 추급에 있어서 신과실론[391)]이 재판실무에 있어서도 전재되고 있고, 이러한 기업재해는 단순히 개인의 과실책임을 요구하는 것만으로는 기업재해를 방지하는 일은 불가능하며, 또한 기업재해가 개인의 과실 때문에 발생된다기보다는 기업조직체가 유기적으로 결합한 생산활동을 하고 있으며 조직활동상에 따른 개인책임 보다는 조직체 그 자체의 과실책임이라고 말하는 관점으로부터 파악할 필요가 있다고 본다.[392)]

389) 조흠학, 법제사적 의미에서 산업안전보건법의 역할과 지위에 관한 연구, 산업안전보건연구원, 2010, 259면에서 발췌하여 재정리함.

390) 이러한 이분론의 실익은 입증책임의 문제와 관련하여 실익이 있다고 한다. 즉 통상적인 안전배려의무 위반책임을 면하고자하는 사용자는 추상적인 과실의 부존재를 입증하면 족하지만, 절대적 안전배려의무 위반책임을 면하려면 불가항력이 있었음을 입증하지 않는 한, 책임을 면할 수 없다는 것이다.

391) 일본노동법학회, 현대노동법강좌12 <노동재해·안전재해>, 총합노동연구소 1983, 341면; 조흠학, 법제사적 의미에서 산업안전보건법의 역할과 지위에 관한 연구, 산업안전보건연구원, 2010, 260면에서 발췌하여 재정리함.

392) 조흠학, 법제사적 의미에서 산업안전보건법의 역할과 지위에 관한 연구, 산업안전보건연구원, 2010, 260면에서 발췌

① 전통적 과실론

종래의 전통적 과실론에 있어서는 재해의 구체적인 결과를 예견했는가, 하지 못했는가(예견가능성), 예견할 수 있었다면 결과를 회피하여야 하는데도 불구하고(회피가능성), 부주의(주의의무위반)에 따라 결과를 발생시켰다고 하여 개인의 과실책임을 부과하고 개인과실책임주의에 머물렀다. 그러나 산업발전, 과학기술의 급속한 진보, 과학의 고도한 발달 등에 따라서 점점 신기술, 신공법, 신규의 화학물질 등 「미지의 위험」의 발생이 생각되는 현대에는 노동재해를 위시로 하는 각종 재해에 있어서 구체적으로 어떠한 내용의 사고가 발생하는 것을 예견하는 일은 대단히 곤란하며, 전통적 과실론으로는 현대의 새로운 유형의 기업조직체의 과실범은 파악하기 어렵기 때문에 새로운 형태의 과실이론을 적용하여야 한다고 본다.[393]

② 신과실론의 대두

전통적 과실론에는 이해하기 어려운 현대의 기업재해에 있어서 기업조직체의 형사책임을 요구하더라도 효과가 없기 때문에(이른바 무죄가 되는) 이러한 불합리성을 해소하기 위하여 등장한 것이 신과실론이다.

신과실론에 있어서 예견가능성은 구체적인 결과의 발생까지 예견하는 것을 필요로 하지 않고 어떤 일이 발생할 것인가가 명백히 판명되지 않지만 어느 정도 있을 수 있는 가능성이 있다는 정도의 위험성이 있으면 족하다고 판단하는 것이다.[394] 그 경우에는 사회적으로 상당하다고 인정되어지는 범위에서 결과의 회피의무를 부과하고자 하는 의도도 있지만 이 이론으로는 예견가능성의 입증책임을 크게 감소시키는 효과가 있다. 즉 예견가능성에 따라 산업안전보건법위반에 관한 사고가 발생할 것이라는 예견을 노동자가 입증하기에는 상당히 어렵기 때문에 입증책임의 감소는 큰 효과가 있다고 할 수 있다. 특히 이러한 신과실론이 갖는 정책적 의미는 행정감독에 의한 재해 방지가 큰 기대를 가지지 못하기 때문에 형법상 적용하는 문제의 업무상과실치사상죄의 적용범위를 확대하여 형사제재면에서 기업재해의 방지 효과를 높이고자 하는 것이다.

이와 같이 신과실론의 대두는 다름 아닌 기업재해의 증가, 행정상의 단속효과가 기대되어지지 않는 것과 기업책임 요구의 완화 등에서 출발하였다고 볼 수 있다.

이러한 예견가능성을 막연하게 위험성이라든지 불안감까지 확대해석하는 결과가 되지 않는다면 현재 발생한 사고에 관하여 형사책임을 요구하여 처벌이 대폭적으로 증가하더라도,

하여 재정리함.

393) 조흠학, 법제사적 의미에서 산업안전보건법의 역할과 지위에 관한 연구, 산업안전보건연구원, 2010, 260면에서 발췌하여 재정리함.

394) 조흠학, 법제사적 의미에서 산업안전보건법의 역할과 지위에 관한 연구, 산업안전보건연구원, 2010, 260면에서 발췌하여 재정리함.

무과실책임에 가까운 책임을 부담 지우려고 하는 형사책임확장에 대한 두려움은 없을 것이라고 볼 수 있다.

(3) 소결

1970년경까지는 대부분의 손해배상청구는 불법행위책임이나 공작물의 설치·관리상의 하자책임을 추궁하는 것이었다. 이러한 사례는 대부분 사용자측에게 노동기준법의 안전위생규정·안전위생규칙의 위반이 있었고, 법원은 이 위반에 대해서 책임을 인정하고 있었다.

하지만 1972년에 노동안전위생법이 제정·시행됨에 따라서 사용자의 안전위생상의 의무가 비약적으로 증대·강화되었고, 그 후부터 사용자의 고용계약상의 안전배려의무를 명확하게 하고, 안전시설과 보호장구의 불비로 인한 산업재해를 안전배려의무 위반에 의한 채무불이행으로 구성하는 판례가 나타나기 시작하였다고 할 수 있다. 일본의 경우에도 안전배려의무의 기본적인 내용은 전술한 바와 같은 독일민법에 있어서의 안전배려의무의 관념에서 기인하는 바가 크다.

하지만 일본의 경우에는 근로자측이 자각적으로 산업재해 민사소송을 재판투쟁의 일환으로 제기하는 경우가 많았고, 나아가서는 많은 판례를 통해서 그 구체적인 내용이 정립되어가고 있으며, 실정법상 명문의 규정은 없다고 하더라도 확고하게 판례법상의 원칙으로 자리 잡아가고 있다고 평가할 수 있을 것이다. 이러한 일본에서의 경험은 근로자들의 스스로 의식이 법원의 판례를 통해서 사회규범으로 승인되었다는 점에서 시사점이 많다고 할 것이다.[395)]

395) 조흠학, 법제사적 의미에서 산업안전보건법의 역할과 지위에 관한 연구, 산업안전보건연구원, 2010, 260면에서 발췌하여 재정리함.

PART 03

산업안전보건법 조문 해설

산업안전보건법 (총 175개)

제1장 총칙 (13개)	제1조~제13조(목적 : 노무제공자)
제2장 안전보건관리체제 등 (15개)	제14조~제28조(안전보건개선계획)
제3장 안전보건교육 (5개)	제29조~제33조
제4장 유해·위험 방지 조치 (24개)	제34조~제57조
제5장 도급 시 산업재해 예방 (22개)	제58조~제79조(특고, 배달, 가맹본부)
제6장 유해·위험 기계 등에 대한 조치 (24개)	제80조~제103조
제7장 유해·위험물질에 대한 조치 (21개)	제104조~제124조 (MSDS, 석면)
제8장 근로자 보건관리 (17개)	제125조~제141조 (건강진단, 역학조사)
제9장 산업안전지도사 및 산업보건지도사 (13개)	제142조~제154조
제10장 근로감독관 등 (3개)	제155조~제157조
제11장 보칙 (9개)	제158조~제166조(과징금 제도)
제12장 벌칙 (9개)	제167조~제175조(수강명령 등)

제1장 총칙

(1) 산안법의 목적

법 제1조(목적) 이 법은 산업 안전 및 보건에 관한 기준을 확립하고 그 책임의 소재를 명확하게 하여 산업재해를 예방하고 쾌적한 작업환경을 조성함으로써 노무를 제공하는 자의 안전 및 보건을 유지·증진함을 목적으로 한다.

기존 산업안전보건법에서는 근로자라는 개념으로 산업안전보건법의 보호대상으로 한정하였다. 그 내용을 보면 근로자는 근로계약을 체결한 자로 한정 되어질 수 있어 일하는 사람의 생명에 대한 안전과 보호가 필요하여 넓은 의미로 일하는 사람이라는 개념 속에 노무를 제공하는 자로 대상 목적을 바꾸었다.

그래서 개정법률 안에서는 근로자라는 범위보다 확대하여 노무를 제공하는 일하는 사람들은 모든 산업안전보건법을 적용하도록 하여 이 범위 속에는 특수형태근로종사자, 배달종사자 등도 해당된다고 보고 있다.

특히 장소적 범위를 나타내는 사업장 단위라는 개념입장에서 본다면 근로계약을 체결한 근로자라는 범위에 한정할 수 있지만 노무제공자라고 할 경우에는 넓은 의미의 일하는 사람이라는 개념으로 확대하여 해석할 수 있다고 본다. 여기에서 말하는 노무제공자의 의미는 일하는 사람이라고 볼 수 있지만, 엄밀히 이야기하면 일하는 사람의 범위보다는 개념상 차이가 있다고 본다. 일하는 사람이라는 의미는 일의 제공 또는 수령과 상관없이 넓은 의미를 말하고 있다. 그러나 노무제공자는 근로자보다는 폭넓은 범위로 볼 수 있지만, 노무라는 측면에서 본다면, 노무의 의미는 채권법의 계약론에서 나오는 상대방이 존재한다는 의미의 용어로 노무를 제공하게 되면 노무제공을 제공 받는 상대방적인 노무제공을 받는 자가 존재하게 된다. 따라서 근로계약과는 다르게 폭넓은 의미로 노무종류와는 상관없이 노무제공자라고 하는 것은 근로계약을 체결하는 근로자 개념보다는 넓은 의미이지만, 노무수령자의 존재가 나타날 수 있는 것이다. 다시 말하면 근로기준법의 근로자 또는 이전 산업안전보건법의 보호대상인 근로자의 범위보다는 넓은 의미이지만 계약관계에서 노무수령의 상대방이 나타날 수 있는 것이다. 따라서 엄밀히 이야기 하면 일하는 사람의 범위와는 다르다고 볼 수 있어 불특정 다수의 일하는 사람의 개념과는 다르다고 볼 수 있는 것이다. 그러나 근로자 보다는 넓은 범위라고 볼 수 있는 것이다.

일하는 사람은 근로계약을 체결하여 당해 사업장에서 일하는 근로자 외에도 근로계약을 체결하고 다른 장소에 작업하는 경우도 해당된다. 그래서 예를 들면, 배달종사자, 프랜차이즈 유형의 근로, 특수형태근로종사자처럼 사용자성을 가지고 있는 근로자, 간병인처럼 사업주 대상이 모호한 경우도 넓은 의미의 노무제공자라고 할 수 있다고 본다.

그러나 산업안전보건법의 노무제공자 속에는 근로계약을 체결하지 않아도 노무를 제공하는 자 속에는 배달종사자, 프랜차이즈 유형의 근로와 특수형태근로종사자, 간병인등도 포함되어진다고 볼 수 있다.

앞으로 경제적 상황을 고려하면 다양한 유형의 근로관계 유형이 나올 수 있어 계속적인 연구가 필요한 분야이다.

그 외에 필요한 사항은 시행령과 시행규칙에서 설명하고 있다.

> **시행령 제1조(목적)** 이 영은 「산업안전보건법」에서 위임된 사항과 그 시행에 필요한 사항을 규정함을 목적으로 한다.
>
> **시행규칙 제1조(목적)** 이 규칙은 「산업안전보건법」 및 같은 법 시행령에서 위임된 사항과 그 시행에 필요한 사항을 규정함을 목적으로 한다.

(2) 용어

법 제2조(정의) 이 법에서 사용하는 용어의 뜻은 다음과 같다.

1. "산업재해"란 노무를 제공하는 자가 업무에 관계되는 건설물·설비·원재료·가스·증기·분진 등에 의하거나 작업 또는 그 밖의 업무로 인하여 사망 또는 부상하거나 질병에 걸리는 것을 말한다.
2. "중대재해"란 산업재해 중 사망 등 재해 정도가 심하거나 다수의 재해자가 발생한 경우로서 고용노동부령으로 정하는 재해를 말한다.
3. "근로자"란 「근로기준법」 제2조제1항제1호에 따른 근로자를 말한다.
4. "사업주"란 근로자를 사용하여 사업을 하는 자를 말한다.
5. "근로자대표"란 근로자의 과반수로 조직된 노동조합이 있는 경우에는 그 노동조합을, 근로자의 과반수로 조직된 노동조합이 없는 경우에는 근로자의 과반수를 대표하는 자를 말한다.
6. "도급"이란 명칭에 관계없이 물건의 제조·건설·수리 또는 서비스의 제공, 그 밖의 업무를 타인에게 맡기는 계약을 말한다.
7. "도급인"이란 물건의 제조·건설·수리 또는 서비스의 제공, 그 밖의 업무를 도급하는 사업주를 말한다. 다만, 건설공사발주자는 제외한다.

8. "수급인"이란 도급인으로부터 물건의 제조·건설·수리 또는 서비스의 제공, 그 밖의 업무를 도급받은 사업주를 말한다.
9. "관계수급인"이란 도급이 여러 단계에 걸쳐 체결된 경우에 각 단계별로 도급받은 사업주 전부를 말한다.
10. "건설공사발주자"란 건설공사를 도급하는 자로서 건설공사의 시공을 주도하여 총괄·관리하지 아니하는 자를 말한다. 다만, 도급받은 건설공사를 다시 도급하는 자는 제외한다.
11. "건설공사"란 다음 각 목의 어느 하나에 해당하는 공사를 말한다.
    가. 「건설산업기본법」 제2조제4호에 따른 건설공사
    나. 「전기공사업법」 제2조제1호에 따른 전기공사
    다. 「정보통신공사업법」 제2조제2호에 따른 정보통신공사
    라. 「소방시설공사업법」에 따른 소방시설공사
    마. 「문화재수리 등에 관한 법률」에 따른 문화재수리공사
12. "안전보건진단"이란 산업재해를 예방하기 위하여 잠재적 위험성을 발견하고 그 개선대책을 수립할 목적으로 조사·평가하는 것을 말한다.
13. "작업환경측정"이란 작업환경 실태를 파악하기 위하여 해당 근로자 또는 작업장에 대하여 사업주가 유해인자에 대한 측정계획을 수립한 후 시료(試料)를 채취하고 분석·평가하는 것을 말한다.

---

① 산업재해

"산업재해"란 노무를 제공하는 자가 업무에 관계되는 건설물·설비·원재료·가스·증기·분진 등에 의하거나 작업 또는 그 밖의 업무로 인하여 사망 또는 부상하거나 질병에 걸리는 것을 말한다. 이것의 의미는 노무를 제공하는 자가 업무에 관계되는 작업 또는 그 밖의 업무로 인하여 사망 또는 부상하거나 질병에 이환되는 것을 말하며 이로 인하여 사업장내에서 발생되는 사람에 대한 사고 및 사망, 질병 및 질병사망을 전부 이야기하는 것이다. 따라서 사업장의 사고가 인사상 사고가 아닌 경우는 산업재해라 하지 않는다.

② 중대재해

"중대재해"란 산업재해 중 사망 등 재해 정도가 심하거나 다수의 재해자가 발생한 경우로서 고용노동부령으로 정하는 재해를 말한다. 중대재해는 심히 중대한 사업장의 재해를 말하는 것으로 그 기준은 동 **시행규칙 제2조**에서 설명되고 있다. 그 내용을 보면 산업재해 중 사망 등 재해의 정도가 심한 것으로서 ⅰ) 사망자가 1명 이상 발생한 재해, ⅱ) 3월 이상의 요양을 요하는 부상자가 동시에 2명 이상 발생한 재해, ⅲ) 부상자 또는 직업성질병

자가 동시에 10명 이상 발생한 재해를 말한다. 이 규칙에서 사용하는 용어의 뜻은 이 규칙에 특별한 규정이 없으면 「산업안전보건법」, 같은 법 시행령 및 「산업안전보건기준에 관한 규칙」(이하 "안전보건규칙"이라 한다)에서 정하는 바에 따르도록 규정하고 있다.

③ 근로자

"근로자"란 「근로기준법」 제2조제1항제1호에 따른 근로자를 말한다. 근로자의 개념은 앞서 설명되어진 목적조항의 노무제공자보다는 협소한 의미이지만 근로기준법에서 나타난 근로자를 설명하고 있다고 볼 수 있다. 그 내용을 정리하면 다음과 같은 것으로 해석할 수 있다. 근로기준법 제2조제1항제1호에 의한 근로자로 직업의 종류와 관계없이 사업 또는 사업장에 임금을 목적으로 근로를 제공하는 자를 근로자로 하여 사업주와 근로계약을 체결하는 자를 말한다. 그리고 통상적으로 근로기준법상의 근로자에 해당하는지 여부를 판단함에 있어서는 그 계약의 형식이 민법상의 고용계약인지 또는 도급계약인지 등에 관계없이 그 실질에 있어 근로자가 사업 또는 사업장에 임금을 목적으로 종속적인 관계에서 사용자에게 근로를 제공하였는지 여부에 따라 판단하여야 할 것이라고 본다. 그러므로 산업안전보건법에서 말하는 근로자의 정의는 근로기준법의 정의 속에서 근로자의 범위를 한정하는 것이 지금까지의 정의이다. 따라서 근로자의 권리는 근로자가 종속적인 관계가 있는지 여부를 판단함에 있어서는, 업무의 내용이 사용자에 의하여 정하여지고 취업규칙 또는 복무규정 등의 적용을 받으며 업무수행과정에 있어서도 사용자로부터 구체적·개별적인 지휘·감독을 받는지 여부, 사용자에 의하여 근무시간과 근무장소가 지정되고 이에 구속을 받는지 여부, 근로자 스스로가 제3자를 고용하여 업무를 대행케 하는 등 업무의 대체성 유무, 비품·원자재나 작업도구 등의 소유관계, 보수의 성격이 근로 자체의 대상적 성격이 있는지 여부와 기본급이나 고정급이 정하여져 있는지 여부 및 근로소득세의 원천징수 여부 등 소구에 관한 사항, 근로제공관계의 관계성과 사용자에의 전속성의 유무와 정도, 사회보장제도에 관한 법령 등 다른 법령에 의하여 근로자로서의 지위를 인정받는지 여부, 양당사자의 경제·사회적 조건 등을 종합적으로 고려하여 판단하여야 하는 것으로 해석되고 있다. 특히 근로자의 범위 속에는 사업주와 근로계약을 체결한 근로자는 당연히 해당되며, 정규직·계약직 모두 해당된다. 그러나 중요한 것은 산업안전보건법이 근로기준법에 따라 적용받으므로 근로자의 범위 속에 근로기준법의 단시간 근로자도 근로자 범위에 해당한다. 단 근로기준법의 상시근로자에 해당하지 아니한 경우는 제외대상 될 수 있다. 최근 고용노동부에서 산업안전보건법 일반 건강검진대상으로 고용형태를 불문하고 일반검진대상을 상시 근로에 해당하면 인정하는 것으로 규정하여 해석하고 있다.

국민건강보험법 제6조(시행령 제10조)에 의하여 "비상근 근로자 또는 1월간의 근로시간이 80시간 미만인 시간제근로자"는 직장건강보험 가입대상에서 제외하고 있어, 계속 사용하는 근로자중 1개월 근로시간이 80시간 미만인 경우 일반건강진단을 실시해야 하는지 또는 비용 등은 누가 지급하는지 등의 판단이 필요한 경우에 해석하기를 산업안전보건법에 의한 정기 일반건강진단 대상은 상시 사용하는 근로자(시행규칙 제99조제1항)인바, 동법에서는 상시 사용하는 근로자 중 제외되는 근로자에 대한 별도의 규정을 두고 있지 아니하므로 현행 규정상 상시 사용하는 근로자에 대해서는, 고용형태를 불문하고 사무직 근로자의 경우 2년에 1회 이상, 그 밖의 근로자의 경우 1년에 1회 이상 정기 일반건강진단을 실시하여야 하는 것이 타당한 것으로 해석하고 있다.

이를 구체적으로 설명하면 따라서 정기 일반건강진단은 근로시간에 무관하게 상시 사용하는 근로자는 모두 대상이 되기 때문에 상시근로자는 사업장 인원수를 말하므로 평상시 상태를 말하는 것이므로 일용직 근로자도 상시 대상이 될 수 있다. 그러므로 국민건강보험법에 가입되어 있지 아니한 월 80시간 미만 시간제근로자도 상시 사용하는 근로자인 경우에 해당 할 때에는 산업안전보건법상 정기 일반건강진단 대상이 되므로, 이런 경우 당해 사업장의 사업주가 부담해야 하는 것이 타당한 것이다. 월 80시간 미만 시간제근로자는 사업장의의 근로자 수의 상태 속에 해당하므로 일용근로자인 단시간 근로자도 상시근로자에 해당될 수 있다.

④ 사업주

"사업주"란 근로자를 사용하여 사업을 하는 자를 말한다. 산업안전보건법의 사업주는 법 제2조제4호에 따라 "근로자를 사용하여 사업을 하는 자" 말하며, 여기서의 근로자는 "근로기준법 제2조제1항제1호 근로자"를 말하며, "근로자를 사용하여 사업을 하는 자"의 의미를 보면 근로기준법에서 규정하고 있는 근로자를 사용하는 자를 말한다. 근로기준법 제2조제1항제2호에 근거의 "사용자"라 함은 사업주 또는 사업 경영 담당자, 그 밖에 근로자에 관한 사항에 대하여 사업주를 위하여 행위하는 자를 포함하여 사업주라 할 수 있다. 이 경우에 산안법의 근거와 법원은 근로기준법이니 당연히 근로기준법의 사용자도 사업주에 해당된다. 이외에 산안법에서 규정하고 있는 사업주의 범위를 보면 사업장이라는 범위 속에 사업의 형태 등을 통하여 사업주로 인정 될 수 있다. 산안법 제5조에는 사업주의 의무규정이 있으며 동조 제1항에는 사업주는 이 법과 이 법에 따른 명령에서 정하는 산업재해 예방을 위한 기준을 지키며, 해당 사업장의 안전·보건에 관한 정보를 근로자에게 제공하고, 근로조건을 개선하여 적절한 작업환경을 조성함으로써 신체적 피로와 정신적 스트레스 등으로 인한 건강장해를 예방함과 동시에 근로자의 생명을 지키고 안전 및 보건을 유지·증진시켜야 하며, 국가의 산업재해 예방시책에 따라야 한다. 이 경우 사업주는 이를 준수하기 위하여 지속적으로 사업장 유해·위험요인에 대한 실태를 파악하고 이를 평가하여 관리·개선하는 등 필요한 조치를 하도록 규정하고 있다. 또한 제2항에는 이러한 의무를 이행해야 하는 자를 규정하여 두고 있으며 이러한 의무를 이행해야하는 자는 사업주로 보아야 한다. 그 대상을 보면 1. 기계·기구와 그 밖의 설비를 설계·제조 또는 수입하는 자, 2. 원재료 등을 제조·수입하는 자, 3. 건설물을 설계·건설하는 자등으로 어느 하나에 해당하는 자는 설계·제조·수입 또는 건설을 할 때 이 법과 이 법에 따른 명령으로 정하는 기준을 지켜야 하고, 그 물건을 사용함으로 인하여 발생하는 산업재해를 방지하도록 노력하여야 한다고 규정하여 사업주의 의무를 부과하므로 산안법상 사업주라 볼 수 있다.

⑤ 근로자대표

"근로자대표"란 근로자의 과반수로 조직된 노동조합이 있는 경우에는 그 노동조합을, 근로자의 과반수로 조직된 노동조합이 없는 경우에는 근로자의 과반수를 대표하는 자를 말한다. 산안법 제2조제5호 규정에 따라 근로자의 과반수로 조직된 노동조합이 있는 경우에는 그 노동조합을, 근로자의 과반수로 조직된 노동조합이 없는 경우에는 근로자의 과반수를 대표하는 자를 말한다.

⑥ 도급

"도급"이란 명칭에 관계없이 물건의 제조·건설·수리 또는 서비스의 제공, 그 밖의 업무를 타인에게 맡기는 계약을 말한다. 구체적으로 설명하면 도급은 당사자일방(수급인)이 어느 일을 완성할 것을 약정하고 상대방이 그 일의 결과에 대하여 보수를 지급할 것을 약정함으로써 성립하는 계약(민법 제664조)이다.

수급인이 완성하여야 하는 일이란 노무에 의하여 생기는 결과를 말하며, 가옥의 건축, 가구의 제작 등 유형적 결과뿐만 아니라 도서의 출판, 질병의 치료, 음악의 연주 등 무형적 결과도 포함되며 도급인이 지급하여야 하는 보수는 금전에 한하지 않으며 그 밖의 물건이나 노무의 제공으로 보수를 지급할 수도 있다.

또한, 도급계약은 대가적인 상호급부가 있다는 점에서 유상계약이며, 대립적 의무를 부담하므로 쌍무계약이고 당사자의 합의로만 성립되며 특별한 방식을 요하지 않는다는 점에서 낙성(諾成) 계약이면서 불요식(不要式) 계약이다.

도급은 고용이나 위임과 같이 노무공급계약의 일종이나 특히 '일의 완성'을 목적으로 하는 점에 특색이 있어서 고용이나 위임과 구별되며, 즉 고용의 경우는 사용자의 지휘·명령에 따라 단순히 노무만을 제공할 뿐 일의 완성에 대한 부담이 없으나, 도급의 경우는 수급인의 자율적 판단에 따라 노무를 제공하되 일의 완성에 대한 부담을 지게 된다. 또한, 도급인이 재료의 전부 또는 주요 부분을 공급하는 경우에는 완성된 물건의 소유권은 도급인에게 속하나, 수급인이 재료의 전부 또는 주요 부분을 제공한 경우에는 완성된 물건의 소유권은

수급인에게 속하며, 인도에 의하여 비로소 도급인에게 이전된다.[1)]

그리고 도급은 일의 완성을 목적으로 하는 것이므로, 일 자체는 반드시 수급인자신의 노무로써 해야 하는 것은 아니며, 일의 성질이나 당사자의 의사에 의하여 금지되지 않는 한 수급인은 다시 그 일을 하도급 또는 하청(下請)을 줄 수 있으며 실제로 규모가 큰일의 도급에서 하청제도를 이용하는 일이 많으며, 이 하도급은 수급인과 하수급인 사이의 도급계약이므로 하수급인의 행위에 관해서까지 모든 책임을 져야 하는 것이다.

⑦ 도급인

"도급인"이란 물건의 제조·건설·수리 또는 서비스의 제공, 그 밖의 업무를 도급하는 사업주를 말한다. 다만, 건설공사발주자는 제외한다.

도급사업의 적용(행정 질의 해석)[2)]

도급사업주 적용에 대한 판단기준 문의에 대하여 [회시]한 내용을 보면 다음과 같다.

- 도급은 민법상 전형계약의 하나로 일의 완성과 대가인 보수의 지급으로 성립하는 계약이고, 발주란 타인에게 주문을 발한다는 의미로 사용하는 개념으로 - 도급과 발주 모두 어떤 일을 타인에게 수행해달라는 요청을 하는 것이므로 일반적으로는 발주와 도급은 같은 의미이나, - 구 산업안전보건법 제29조에서는 도급의 개념을 같은 장소에서 자신의 사업 일부를 분리하여 주는 것으로 규정하고 있으므로 이러한 경우에 충족되는 경우만 동 조항에서 적용하는 도급으로 봄이 타당하다.
- 구 동법 제29조(도급사업시 안전보건조치)를 적용하려면 ① 작업장소 관련성(B사 사업장 내에서 발생한 재해인지 여부), ② 사업목적 관련성(B사의 사업목적 달성에 있어 본질적이고 불가분의 관계에 있는 사업을 분리하여 도급을 주었는지 여부), ③ 사업목적 수행과정 관련성(B사 사업목적 수행과정 중에 있는지 여부) 등 3가지 요건을 충족하는지 여부를 구체적으로 조사하여 판단해야 한다고 해석하고 있다(산업안전과-5259(2015-12-18)).

⑧ 수급인

"수급인"이란 도급인으로부터 물건의 제조·건설·수리 또는 서비스의 제공, 그 밖의 업무를 도급받은 사업주를 말한다.

⑨ 관계수급인

"관계수급인"이란 도급이 여러 단계에 걸쳐 체결된 경우에 각 단계별로 도급받은 사업주

1) 조흠학, 산업안전보건법에서 나타난 도급에 관한 쟁점, 노동법논총 제40집, 비교노동법학회, 2017, 69～121면
2) http//www.moel.go.kr/ 질의 회신; (http://minwon.moel.go.kr/minwon2008/faq/faq_open_view.do

전부를 말한다.

⑩ 건설공사발주자

"건설공사발주자"란 건설공사를 도급하는 자로서 건설공사의 시공을 주도하여 총괄·관리하지 아니하는 자를 말한다. 다만, 도급받은 건설공사를 다시 도급하는 자는 제외한다.

⑪ 건설공사

"건설공사"란 다음 각 목의 어느 하나에 해당하는 공사를 말한다.

가. 「건설산업기본법」 제2조제4호에 따른 건설공사
나. 「전기공사업법」 제2조제1호에 따른 전기공사
다. 「정보통신공사업법」 제2조제2호에 따른 정보통신공사
라. 「소방시설공사업법」에 따른 소방시설공사
마. 「문화재 수리 등에 관한 법률」에 따른 문화재수리공사

⑫ 안전보건진단

"안전보건진단"이란 산업재해를 예방하기 위하여 잠재적 위험성을 발견하고 그 개선대책을 수립할 목적으로 조사·평가하는 것을 말한다. 산업재해를 예방하기 위하여 잠재적 위험성의 발견과 그 개선대책의 수립을 목적으로 고용노동부장관이 지정하는 자가 실시하는 조사·평가를 말하는 데 반드시 고용노동부장관의 명으로만 하는 것은 아니고 필요에 따라 사업장에서 임의로 안전보건개선계획을 수립하기 위해서 진단을 받을 경우에 실시할 수 있다.

⑬ 작업환경측정

"작업환경측정"이란 작업환경 실태를 파악하기 위하여 해당 근로자 또는 작업장에 대하여 사업주가 유해인자에 대한 측정계획을 수립한 후 시료(試料)를 채취하고 분석·평가하는 것을 말한다. 그러므로 작업장의 안전보건에 관한 근로자 보호를 위하여 작업환경이 적절한지를 파악하기 위하여 실시 혹은 유해인자를 파악하기 위하여 실시하는 것이다.

(3) 적용 범위 및 정부 책무

법 제3조(적용 범위) 이 법은 모든 사업에 적용한다. 다만, 유해·위험의 정도, 사업의 종류, 사업장의 상시근로자 수(건설공사의 경우에는 건설공사 금액을 말한다. 이하 같다) 등을 고려하여 대통령령으로 정하는 종류의 사업 또는 사업장에는 이 법의 전부 또는 일부를 적용하지 아니할 수 있다.

산업안전보건법은 모든 사업에 적용하며 다만, 유해·위험의 정도, 사업의 종류·규모·소재지 등을 고려하여 대통령령이 정하는 사업으로 법의 전부 또는 일부를 적용하지 아니할 수 있으며, 법과 명령은 국가·지방자치단체·정부투자기관에도 적용한다. 단 시행령 제2조제1항 별표 1 일부 적용하는 경우는 시행령에 두고 있다. 이번 규정에서 "이 법은 모든 사업에 적용한다"고 규정하면서 유해·위험의 정도, 사업의 종류·규모 및 사업의 소재지 등을 고려하여 법의 전부 또는 일부 규정이 적용제외 될 수 있는 근거를 규정하고 있다. 그러므로 "사업 또는 사업장"을 "사업"으로 약칭하고 국가·지방자치단체 및 공기업에 적용함을 별도로 규정하고 있다. 특히 각 조문에서 사용되는 "사업"이라는 용어가 "사업 또는 사업장"의 약칭과 본래적 의미의 "사업"으로 혼용되어 사용되어 이를 정리 하고자 하는 것으로 "사업"은 "어떤 일을 일정한 목적과 계획을 가지고 짜임새 있게 지속적으로 경영함"으로 경영이나 비즈니스, 즉 「상법」상의 상행위와 유사한 개념이고, 사업장은 "어떤 사업의 활동이 이루어지는 일정한 장소"로 정의되는데, 사업자 또는 사용인이 상시 주재하여 거래의 전부 또는 일부가 이루어지는 곳으로 법 적용을 둘러싸고 상당한 혼란을 초래하고 있고, "사업"과 "사업장"의 개념은 구분되는 것이 마땅하므로, 용어 정리 필요하여 사업으로 정리한 것으로 보인다.

그리고 모든 사업에 대하여 산업안전보건법을 적용하지만 사업의 종류나 규모를 판단하고 산업환경을 고려하여 적용 대상을 시행령으로 규정하였다. 다양한 산업환경이 존재하여 사업의 특성도 달라 사업의 종류를 표준산업분류로 구분하여 산업안전보건법의 적용대상을 시행령에 일부 적용대상으로 정리하여 구분하였다.

따라서 사업이라는 의미로 정리하여 보면, 통상 장소적 개념으로 한 개의 사업이 장소를 나누어 분리하여 2 내지 3개의 공장으로 나누어질 때 1개의 공장 단위로 사업장을 정의하여 1개의 사업장에만 책임을 물었지만, 사업단위로 규정할 경우에는 장소가 나뉘어져도 한 개의 법인 즉, 사업으로 보고 하나의 사업 속에 대표이사가 사업주가 된다고 볼 수 있다.

단, 건설이나, 전력, 철도 등의 분리 되어질 수밖에 없는 사업은 대통령령으로 구분하였다.

동일 사업 또는 사업장의 개념(행정질의 해석)[3]

비영리법인이 각각 운영하는 사회복지 시설들이 동일사업 또는 개별 사업장인지 여부 * 각 시설의 대표는 법인 대표로 되어 있고 정부에서 예산을 지급받아 위탁사업으로 운영(시설장은 각 시설마다 채용 또는 임명) [회시] 1. 비영리법인이 운영하는 각 시설이 독립된 사업 또는 사업장인지 여부에 대한 회신입니다. 2. 사업 또는 사업장의 독립성 여부를 판단함에 있어 원칙적으로 하나의 법인은 동일 사업 또는 사업장으로 판단합니다. - 다만, 법인 소속 기관이더라도 근로자 채용, 임금 결정 및 지급, 승진·징계 등 인사노무관리와 예산·회계 등이 독립적으로 구분하여 운영하고, 사업장에 경영담당자가 정해져 있고 근로조건의 결정권과 경영상 책임이 해당 경영담당자에게 전속되어 있는 경우에는 독립된 사업장으로 볼 수 있습니다. 3. 귀 질의 내용만으로 구체적 사실관계를 확인할 수 없어 명확한 답변은 어려우나 법인이 직접 각 시설의 운영을 위한 사업권한을 정부로부터 위탁받고 시설장의 채용(임명)을 법인이 담당하며 각 시설의 운영비 일부를 지원한다면 시설에 정부예산이 직접 지급되어 운영되더라도 이는 정부 위탁사업의 특성일 뿐 각 시설을 독립된 사업 또는 사업장으로 보기 어렵고 법인과 각 시설을 통틀어서 하나의 사업 또는 사업장으로 판단하여야 할 것입니다(근로기준정책과-6224(2016년 10.10)).

시행령 제2조(적용범위 등) ① 「산업안전보건법」(이하 "법"이라 한다) 제3조 단서에 따라 법의 전부 또는 일부를 적용하지 아니하는 사업 또는 사업장의 범위 및 해당 사업 또는 사업장에 적용되지 아니하는 법 규정은 별표 1과 같다.

② 이 영에서 사업의 분류는 「통계법」에 따라 통계청장이 고시한 한국표준산업분류에 따른다.

법의 일부를 적용하지 않는 사업 또는 사업장 및 적용 제외 법 규정(제2조제1항 관련)

대상 사업 또는 사업장	적용 제외 법 규정
1. 다음 각 목의 어느 하나에 해당하는 사업 가. 「광산안전법」 적용 사업(광업 중 광물의 채광·채굴·선광 또는 제련 등의 공정으로 한정하며, 제조공정은 제외한다) 나. 「원자력안전법」 적용 사업(발전업 중 원자력 발전설비를 이용하여 전기를 생산하는 사업장으로 한정한다) 다. 「항공안전법」 적용 사업(항공기, 우주선 및 부품 제조업과 창고 및 운송관련 서비스업, 여행사 및 기타 여행보조 서비스업 중 항공 관련 사업은 각각 제외한다) 라. 「선박안전법」 적용 사업(선박 및 보트 건조업은 제외한다)	제15조부터 제17조까지, 제20조제1호, 제21조(다른 규정에 따라 준용되는 경우는 제외한다), 제24조(다른 규정에 따라 준용되는 경우는 제외한다), 제2장제2절, 제29조(보건에 관한 사항은 제외한다), 제30조(보건에 관한 사항은 제외한다), 제31조, 제38조, 제51조(보건에 관한 사항은 제외한다), 제52조(보건에 관한 사항은 제외한다), 제53조(보건에 관한 사항은 제외한다), 제54조(보건에 관한 사항은 제외한다), 제55조, 제58조부터 제60조까지, 제62조, 제63조, 제64조(제1항제6호는 제외한다), 제65조, 제66조, 제72조, 제75조, 제88조, 제103조부터 제107조까지 및 제160조(제21조제4항 및 제88조제5항과 관련되는 과징금으로 한정한다)
2. 다음 각 목의 어느 하나에 해당하는 사업 가. 소프트웨어 개발 및 공급업 나. 컴퓨터 프로그래밍, 시스템 통합 및 관리업 다. 영상·오디오물 제공 서비스업 라. 정보서비스업 마. 금융 및 보험업	제29조(제3항에 따른 추가교육은 제외한다) 및 제30조

3) http//www.moel.go.kr/ 질의 회신;(http://minwon.moel.go.kr/minwon2008/faq/faq_open_view.do

대상 사업 또는 사업장	적용 제외 법 규정
바. 기타 전문서비스업 사. 건축기술, 엔지니어링 및 기타 과학기술 서비스업 아. 기타 전문, 과학 및 기술 서비스업(사진 처리업은 제외한다) 자. 사업지원 서비스업 차. 사회복지 서비스업	
3. 다음 각 목의 어느 하나에 해당하는 사업으로서 상시근로자 50명 미만을 사용하는 사업장 가. 농업 나. 어업 다. 환경 정화 및 복원업 라. 소매업; 자동차 제외 마. 영화, 비디오물, 방송프로그램 제작 및 배급업 바. 녹음시설 운영업 사. 라디오 방송업 및 텔레비전 방송업 아. 부동산업(부동산 관리업은 제외한다) 자. 임대업; 부동산 제외 차. 연구개발업 카. 보건업(병원은 제외한다) 타. 예술, 스포츠 및 여가관련 서비스업 파. 협회 및 단체 하. 기타 개인 서비스업(세탁업은 제외한다)	
4. 다음 각 목의 어느 하나에 해당하는 사업 가. 공공행정(청소, 시설관리, 조리 등 현업업무에 종사하는 사람으로서 고용노동부장관이 정하여 고시하는 사람은 제외한다), 국방 및 사회보장 행정 나. 교육 서비스업 중 초등·중등·고등 교육기관, 특수학교·외국인학교 및 대안학교(청소, 시설관리, 조리 등 현업업무에 종사하는 사람으로서 고용노동부장관이 정하여 고시하는 사람은 제외한다)	제2장제1절·제2절 및 제3장(다른 규정에 따라 준용되는 경우는 제외한다)
5. 다음 각 목의 어느 하나에 해당하는 사업 가. 초등·중등·고등 교육기관, 특수학교·외국인학교 및 대안학교 외의 교육서비스업(청소년수련시설 운영업은 제외한다) 나. 국제 및 외국기관 다. 사무직에 종사하는 근로자만을 사용하는 사업장(사업장이 분리된 경우로서 사무직에 종사하는 근로자만을 사용하는 사업장을 포함한다)	제2장제1절·제2절, 제3장 및 제5장제2절(제64조제1항제6호는 제외한다). 다만, 다른 규정에 따라 준용되는 경우는 해당 규정을 적용한다.
6. 상시근로자 5명 미만을 사용하는 사업장	제2장제1절·제2절, 제3장(제29조제3항에 따른 추가교육은 제외한다), 제47조, 제49조, 제50조 및 제159조(다른 규정에 따라 준용되는 경우는 제외한다)

비고: 제1호부터 제6호까지의 규정에 따른 사업에 둘 이상 해당하는 사업의 경우에는 각각의 호에 따라 적용이 제외되는 규정은 모두 적용하지 않는다.

법 제4조(정부의 책무) ① 정부는 이 법의 목적을 달성하기 위하여 다음 각 호의 사항을 성실히 이행할 책무를 진다.

1. 산업 안전 및 보건 정책의 수립 및 집행
2. 산업재해 예방 지원 및 지도
3. 「근로기준법」 제76조의2에 따른 직장 내 괴롭힘 예방을 위한 조치기준 마련, 지도 및 지원
4. 사업주의 자율적인 산업 안전 및 보건 경영체제 확립을 위한 지원
5. 산업 안전 및 보건에 관한 의식을 북돋우기 위한 홍보·교육 등 안전문화 확산 추진
6. 산업 안전 및 보건에 관한 기술의 연구·개발 및 시설의 설치·운영
7. 산업재해에 관한 조사 및 통계의 유지·관리
8. 산업 안전 및 보건 관련 단체 등에 대한 지원 및 지도·감독
9. 그 밖에 노무를 제공하는 자의 안전 및 건강의 보호·증진

② 정부는 제1항 각 호의 사항을 효율적으로 수행하기 위하여 「한국산업안전보건공단법」에 따른 한국산업안전보건공단(이하 "공단"이라 한다), 그 밖의 관련 단체 및 연구기관에 행정적·재정적 지원을 할 수 있다.

이 조문은 사업장의 안전보건의 예방 책임은 사업주가 있지만 이를 관리하고 감독하며 정책을 마련하는 것은 국가가 해야 한다는 전제하여 정부의 책무를 부여 한 것이라 볼 수 있다.

동 **시행령 제3조**에는 산업재해 예방을 위한 시책을 마련하도록 고용노동부장관은 법 제4조제1항제2호에 따라 산업재해 예방을 위하여 산업재해 예방기법의 연구 및 보급, 안전·보건 기술의 지원 및 교육에 관한 시책을 마련하여야 하도록 규정하고 있다.

법 제4조의2(지방자치단체의 책무) 지방자치단체는 제4조제1항에 따른 정부의 정책에 적극 협조하고, 관할 지역의 산업재해를 예방하기 위한 대책을 수립·시행하여야 한다.

법 제4조의3(지방자치단체의 산업재해 예방 활동 등) ① 지방자치단체의 장은 관할 지역 내에서의 산업재해 예방을 위하여 자체 계획의 수립, 교육, 홍보 및 안전한 작업환경 조성을 지원하기 위한 사업장 지도 등 필요한 조치를 할 수 있다.

② 정부는 제1항에 따른 지방자치단체의 산업재해 예방 활동에 필요한 행정적·재정적 지원을 할 수 있다

③ 제1항에 따른 산업재해 예방 활동에 필요한 사항은 지방자치단체가 조례로 정할 수 있다.

산업안전보건의 중요성에도 불구하고 당시에 지방자치단체 차원에서 산업재해 예방을 위한 활동 수행의 근거가 없어 각 지역별 특성에 맞는 산업재해 예방 대책 수립 및 업무 수행이 어려운 문제점이 지적되고 있었다. 이러한 이유로 지방자치단체가 관할 지역의 산업재해 예방을 위한 대책을 수립·시행하도록 하였으며, 관련 교육, 홍보 및 사업장 지도 등 필요한 조치를 할 수 있는 근거를 마련하기 위하여 제정하였다.

이 두 조문은 지방자치단체가 사업장의 안전 및 보건 예방에 관한 관리와 감독을 하도록 하고, 국가 정책에 협조할 지방자치단체의 책무를 명시한 조항이다. 지방자체단체가 각 지역의 산업재해 예방 활동에 적극적으로 활동하고 지원하여 궁극적으로는 국가 차원의 산업재해를 예방하는 것을 목적으로 하여 법을 개정하여(법률 제18180호, 2021. 5. 18., 일부개정) 제4조의2 및 제4조의3을 신설하고 2021. 11. 19.부터 시행하였다.

(4) 사업주 등의 의무

법 제5조(사업주 등의 의무) ① 사업주(제77조에 따른 특수형태근로종사자로부터 노무를 제공받는 자와 제78조에 따른 물건의 수거·배달 등을 중개하는 자를 포함한다. 이하 이 조 및 제6조에서 같다)는 다음 각 호의 사항을 이행함으로써 근로자(제77조에 따른 특수형태근로종사자와 제78조에 따른 물건의 수거·배달 등을 하는 자를 포함한다. 이하 이 조 및 제6조에서 같다)의 안전 및 건강을 유지·증진시키고 국가의 산업재해 예방정책을 따라야 한다.

1. 이 법과 이 법에 따른 명령으로 정하는 산업재해 예방을 위한 기준
2. 근로자의 신체적 피로와 정신적 스트레스 등을 줄일 수 있는 쾌적한 작업환경의 조성 및 근로조건 개선
3. 해당 사업장의 안전 및 보건에 관한 정보를 근로자에게 제공

② 다음 각 호의 어느 하나에 해당하는 자는 발주·설계·제조·수입 또는 건설을 할 때 이 법과 이 법에 따른 명령으로 정하는 기준을 지켜야 하고, 발주·설계·제조·수입 또는 건설에 사용되는 물건으로 인하여 발생하는 산업재해를 방지하기 위하여 필요한 조치를 하여야 한다.

1. 기계·기구와 그 밖의 설비를 설계·제조 또는 수입하는 자
2. 원재료 등을 제조·수입하는 자
3. 건설물을 발주·설계·건설하는 자

사업주 의무는 기존에 산업안전보건법과 같은 의미로 산업장의 안전보건의 예방 조치는 사업주가 해야 한다는 것이다. 그러나 이번 개정되어 시행하는 법률 속에는 목적조항에서 노무제공자라는 포괄적인 넓은 범위로 제정됨에 따라 해당되는 노무제공자는 산업안전보건법의 보호 대상으로 포함되어질 수 있는 것이다. 이런 의미에서 사용사성을 가지고 있는 특수형태근로종사자,

사업장이라는 장소적 범위가 문제가 되는 배달종사자들로 모두 노무제공자라는 범위 안에 넣고 사업주의 의무 속에 포함시킨 것이다.

사업주는 이 법과 이 법에 의한 명령에서 정하는 산업재해 예방을 위한 기준을 준수하며, 당해 사업장의 안전·보건에 관한 정보를 근로자에게 제공하고, 근로조건의 개선을 통하여 적절한 작업환경을 조성함으로써 근로자의 신체적 피로와 정신적 스트레스 등으로 인한 건강장해를 예방하고, 근로자의 생명보전과 안전 및 보건을 유지·증진하도록 하여야 하며, 국가에서 시행하는 산업재해예방시책에 따라야 하도록 규정하고 있다. 또한, 기계·기구 기타 설비를 설계·제조 또는 수입하는 자, 원재료 등을 제조·수입하는 자 또는 건설물을 설계·건설하는 자는 그 설계·제조·수입 또는 건설을 함에 있어서 이 법과 이 법에 의한 명령에서 정하는 기준을 준수하여야 하고, 그 물건의 사용에 의한 산업재해발생의 방지에 노력해야 하도록 규정하고 있다.

(5) 근로자의 의무

법 제6조(근로자의 의무) 근로자는 이 법과 이 법에 따른 명령으로 정하는 산업재해 예방을 위한 기준을 지켜야 하며, 사업주 또는 「근로기준법」 제101조에 따른 근로감독관, 공단 등 관계인이 실시하는 산업재해 예방에 관한 조치에 따라야 한다.

법 제6조 근로자는 이 법과 이 법에 의한 명령에서 정하는 산업재해 예방을 위한 기준을 준수하고 사업주 등이 실시하는 산업재해의 방지에 관한 조치에 따라야 하는 의무규정이 있으며 이 규정은 노무제공자의 일반적인 준수의무규정이다.

(6) 산업재해 예방 기본계획 수립 및 협조 요청

법 제7조(산업재해 예방에 관한 기본계획의 수립·공표) ① 고용노동부장관은 산업재해 예방에 관한 기본계획을 수립하여야 한다.
② 고용노동부장관은 제1항에 따라 수립한 기본계획을 「산업재해보상보험법」 제8조제1항에 따른 산업재해보상보험 및 예방심의위원회의 심의를 거쳐 공표하여야 한다. 이를 변경하려는 경우에도 또한 같다.

법 제8조(협조 요청 등) ① 고용노동부장관은 제7조제1항에 따른 기본계획을 효율적으로 시행하기 위하여 필요하다고 인정할 때에는 관계 행정기관의 장 또는 「공공기관의 운영에 관한 법률」 제4조에 따른 공공기관의 장에게 필요한 협조를 요청할 수 있다.

② 행정기관(고용노동부는 제외한다. 이하 이 조에서 같다)의 장은 사업장의 안전 및 보건에 관하여 규제를 하려면 미리 고용노동부장관과 협의하여야 한다.

③ 행정기관의 장은 고용노동부장관이 제2항에 따른 협의과정에서 해당 규제에 대한 변경을 요구하면 이에 따라야 하며, 고용노동부장관은 필요한 경우 국무총리에게 협의·조정 사항을 보고하여 확정할 수 있다.

④ 고용노동부장관은 산업재해 예방을 위하여 필요하다고 인정할 때에는 사업주, 사업주단체, 그 밖의 관계인에게 필요한 사항을 권고하거나 협조를 요청할 수 있다.

⑤ 고용노동부장관은 산업재해 예방을 위하여 중앙행정기관의 장과 지방자치단체의 장 또는 공단 등 관련 기관·단체의 장에게 다음 각 호의 정보 또는 자료의 제공 및 관계 전산망의 이용을 요청할 수 있다. 이 경우 요청을 받은 중앙행정기관의 장과 지방자치단체의 장 또는 관련 기관·단체의 장은 정당한 사유가 없으면 그 요청에 따라야 한다.

1. 「부가가치세법」 제8조 및 「법인세법」 제111조에 따른 사업자등록에 관한 정보
2. 「고용보험법」 제15조에 따른 근로자의 피보험자격의 취득 및 상실 등에 관한 정보
3. 그 밖에 산업재해 예방사업을 수행하기 위하여 필요한 정보 또는 자료로서 대통령령으로 정하는 정보 또는 자료

고용부장관이 산업재해의 예방을 담당하는 주무장관으로 산업재해 예방의 계획을 수립하고 정책을 시행할 수 있도록 규정한 근거 규정이다. 따라서 산업재해 예방에 필요한 경우에는 중앙행정기관의 장이나 지방자치단체의 장에게 정부 및 자료 등을 요청하여 예방 정책을 수행하도록 하기 위한 규정이다.

필요한 정보요청 규정 내용

시행규칙 제4조(협조 요청)에 관한 규정을 두고 있다. 그 내용을 보면

1. 안전·보건의식 정착을 위한 안전문화운동의 추진,
2. 산업재해 예방을 위한 홍보 지원,
3. 안전·보건과 관련된 중복규제의 정비,
4. 안전·보건과 관련된 시설을 개선하는 사업장에 대한 자금융자 등 금융·세제상의 혜택 부여,
5. 사업장에 대하여 관계 기관이 합동으로 하는 안전·보건점검의 실시,
6. 「건설산업기본법」 제23조에 따른 건설업체의 시공능력 평가 시 별표 1 제1호에서 정한 건설업체의 산업재해발생률에 따른 공사 실적액의 감액(이 경우 산업재해발생

률의 산정기준 및 방법은 별표 1에 따른다),

7. 「국가를 당사자로 하는 계약에 관한 법률 시행령」 제13조에 따른 입찰참가업체의 입찰참가자격 사전심사 시 다음 각 목의 사항

   가. 별표 1 제1호에서 정한 건설업체의 산업재해발생률 및 산업재해 발생 보고의무 위반에 따른 가감점 부여(이 경우 건설업체의 산업재해발생률 및 산업재해 발생 보고의무 위반건수의 산정기준과 방법은 별표 1에 따른다)

   나. 사업주가 안전·보건 교육을 이수하는 등 별표 1 제1호에서 정한 건설업체의 산업재해 예방활동에 대하여 고용노동부장관이 정하여 고시하는 바에 따라 그 실적을 평가한 결과에 따른 가점 부여

8. 산업재해 또는 건강진단 관련 자료
9. 정부포상 수상업체 선정 시 산업재해발생률이 같은 종류 업종에 비하여 높은 업체(소속 임원은 포함한다)에 대한 포상 제한에 관한 사항
10. 「건설기계관리법」 제3조 또는 「자동차관리법」 제5조에 따라 각각 등록한 건설기계 또는 자동차 중 법 제93조에 따라 안전검사를 받아야 하는 유해하거나 위험한 기계·기구·설비가 장착된 건설기계 또는 자동차에 관한 자료
11. 「119구조·구급에 관한 법률」 제22조 및 같은 법 시행규칙 제18조에 따른 구급활동일지와 「응급의료에 관한 법률」 제49조 및 같은 법 시행규칙 제40조에 따른 출동 및 처치기록지
12. 그 밖에 산업재해 예방계획을 효율적으로 시행하기 위하여 필요하다고 인정하는 사항

(7) 산업재해 예방 통합정보시스템 구축

법 제9조(산업재해 예방 통합정보시스템 구축·운영 등) ① 고용노동부장관은 산업재해를 체계적이고 효율적으로 예방하기 위하여 산업재해 예방 통합정보시스템을 구축·운영할 수 있다.

② 고용노동부장관은 제1항에 따른 산업재해 예방 통합정보시스템으로 처리한 산업 안전 및 보건 등에 관한 정보를 고용노동부령으로 정하는 바에 따라 관련 행정기관과 공단에 제공할 수 있다.

③ 제1항에 따른 산업재해 예방 통합정보시스템의 구축·운영, 그 밖에 필요한 사항은 대통령령으로 정한다.

산업재해를 예방하고 정책을 수립하여 시행하려 하면, 재해방지대책을 마련하기 위한 명확한 재해원인의 파악이 있어야 한다고 본다. 이러한 재해원인은 산업재해 예방 통합시스템을 구축하여 효율적인 산업재해를 체계적으로 관리할 필요가 있어 마련한 규정이다.

선진예방 대책을 세우는 나라일수록 전체적인 통합시스템을 갖추고 효과적인 예방 정책을 수행한다고 볼 수 있다.

시행령 제9조를 보면 **통합정보시스템 구축·운영**에 대하여 고용노동부장관은 법 제9조에 따른 산업재해 예방 통합정보시스템에 사업장의 정보, 산업재해율, 위험기계·기구 검사관련 정보 등을 운영할 수 있고, 산업재해 예방 통합정보시스템을 「한국산업안전보건공단법」에 따른 한국산업안전보건공단(이하 "공단"이라 한다)으로 하여금 구축·운영하게 할 수 있도록 하였다. 또한 동 **시행규칙 제5조**에 **통합정보시스템 정보의 제공** 규정을 두어 법 제9조제2항에 따라 관련 행정기관 또는 「한국산업안전보건공단법」에 따른 한국산업안전보건공단(이하 "공단"이라 한다)이 산업재해 발생 시 대응을 위해 신청하는 경우나 고요노동부장관이 대응에 필요하다고 판단하는 경우에는 통합정보시스템으로 처리한 산업안전 및 보건 등에 관한 정보를 관련 행정기관과 공단에 제공할 수 있도록 하였다.

(8) 산업재해 발생건수 등의 공표

법 제10조(산업재해 발생건수 등의 공표) ① 고용노동부장관은 산업재해를 예방하기 위하여 대통령령으로 정하는 사업장의 근로자 산업재해 발생건수, 재해율 또는 그 순위 등(이하 "산업재해발생건수등"이라 한다)을 공표하여야 한다.

② 고용노동부장관은 도급인의 사업장(도급인이 제공하거나 지정한 경우로서 도급인이 지배·관리하는 대통령령으로 정하는 장소를 포함한다. 이하 같다) 중 대통령령으로 정하는 사업장에서 관계수급인 근로자가 작업을 하는 경우에 도급인의 산업재해발생건수등에 관계수급인의 산업재해발생건수등을 포함하여 제1항에 따라 공표하여야 한다.

③ 고용노동부장관은 제2항에 따라 산업재해발생건수등을 공표하기 위하여 도급인에게 관계수급인에 관한 자료의 제출을 요청할 수 있다. 이 경우 요청을 받은 자는 정당한 사유가 없으면 이에 따라야 한다.

④ 제1항 및 제2항에 따른 공표의 절차 및 방법, 그 밖에 필요한 사항은 고용노동부령으로 정한다.

산업재해를 예방하기 위하여 대통령령으로 정하는 사업장의 근로자 산업재해 발생건수, 재해율 또는 그 순위 등(이하 "산업재해발생건수등"이라 한다)을 공표하도록 하고 있다. 이것은 공표를 통하여 산업재해의 예방을 하도록 환기시키는 것이고, 제2항에는 고용노동부장관은 도급인의 사업장에도 공표하도록 하고 있는데, 도급인이 제공하거나 지정한 경우로서 도급인이 지배·관리하는 대통령령으로 정하는 장소를 포함하여 대통령령으로 정하는 사업장에서 관계수급인 근로자가 작업을 하는 경우에 도급인의 산업재해발생건수등에 관계수급인의 산업재해발생건수등을 포함하여 공표하도록 하고 있다. 산업재해로 인한 사망자(이하 "사망재해자"라 한다)가 연간 2명 이상 발생한 사업장, 사망만인율(사망재해자 수를 연간 상시근로자 1만명당 발생하는 사망재해자 수로 환산한 것을 말한다)이 규모별 같은 업종의 평균 사망만인율 이상인 사업장, 산업재해발생 사실을 은폐한 사업장, 산업재해의 발생에 관한 보고를 최근 3년 이내 2회 이상 하지 않은 사업장, 중대산업사고가 발생한 사업장등이 해당된다.

공표의 절차 및 방법, 그 밖에 필요한 사항은 시행령 제10조에 규정되어 있다.

시행령 제10조(공표대상 사업장)

1. 산업재해로 인한 사망자(이하 "사망재해자"라 한다)가 연간 2명 이상 발생한 사업장(단, 공표대상 사업장이 관계수급인의 사업장으로서 법 제63조에 따른 도급인이 같은 조에 따른 관계수급인 근로자의 산업재해 예방을 위한 조치 의무를 위반하여 관계수급인의 근로자가 산업재해를 입은 경우 도급인의 사업장(도급인이 제공하거나 지정한 경우로서 도급인이 지배·관리하는 제11조 각 호에 해당하는 장소를 포함, 이하 같음)에 대한 산업재해 발생건수 등을 함께 공표)
2. 사망만인율(사망재해자 수를 연간 상시근로자 1만명당 발생하는 사망재해자 수로 환산한 것을 말한다)이 규모별 같은 업종의 평균 사망만인율 이상인 사업장(단, 공표대상 사업장이 관계수급인의 사업장으로서 법 제63조에 따른 도급인이 같은 조에 따른 관계수급인 근로자의 산업재해 예방을 위한 조치 의무를 위반하여 관계수급인의 근로자가 산업재해를 입은 경우 도급인의 사업장(도급인이 제공하거나 지정한 경우로서 도급인이 지배·관리하는 제11조 각 호에 해당하는 장소를 포함, 이하 같음)에 대한 산업재해 발생건수 등을 함께 공표)
3. 법 제57조제1항을 위반하여 산업재해 발생 사실을 은폐한 사업장
4. 법 제57조제3항에 따른 산업재해의 발생에 관한 보고를 최근 3년 이내 2회 이상 하지 않은 사업장
5. 법 제44조제1항에 따른 중대산업사고가 발생한 사업장(단, 공표대상 사업장이 관계수급인의 사업장으로서 법 제63조에 따른 도급인이 같은 조에 따른 관계수급인 근로자의 산업재해 예방을 위한 조치 의무를 위반하여 관계수급인의 근로자가 산업재해를 입은 경우 도급인의 사업장(도급인이 제공하거나 지정한 경우로서 도급인이 지배·관리하는 제11조 각 호에 해당하는 장소를 포함, 이하 같음)에 대한 산업재해 발생건수 등을 함께 공표)

도급인의 안전보건조치는 시행령 제11조에 그 해당하는 사업장에 구체적으로 규정하고 있다.

시행령 제11조(도급인이 지배·관리하는 장소)

법 제10조제2항에서 "대통령령으로 정하는 장소"란 다음 각 호의 어느 하나에 해당하는 장소를 말한다.

1. 토사·구축물·인공구조물 등이 붕괴될 우려가 있는 장소
2. 기계·기구 등이 넘어지거나 무너질 우려가 있는 장소
3. 안전난간의 설치가 필요한 장소
4. 비계 또는 거푸집을 설치하거나 해체하는 장소
5. 건설용 리프트를 운행하는 장소
6. 지반을 굴착하거나 발파작업을 하는 장소
7. 엘리베이터홀 등 근로자가 추락할 위험이 있는 장소
8. 석면이 붙어 있는 물질을 파쇄 또는 해체하는 작업을 하는 장소
9. 공중 전선에 가까운 장소로서 시설물의 설치·해체·점검 및 수리 등의 작업을 할 때 감전의 위험이 있는 장소
10. 물체가 떨어지거나 날아올 위험이 있는 장소
11. 프레스 또는 전단기(剪斷機)를 사용하여 작업을 하는 장소
12. 차량계 하역운반기계 또는 차량계 건설기계를 사용하여 작업하는 장소
13. 전기 기계·기구를 사용하여 감전의 위험이 있는 작업을 하는 장소
14. 「철도산업발전기본법」 제3조제4호에 따른 철도차량(「도시철도법」에 따른 도시철도차량을 포함한다)에 의한 충돌 또는 협착의 위험이 있는 작업을 하는 장소
15. 그 밖에 고용노동부령으로 정하는 장소

시행령 제12조(통합공표 대상 사업장 등)

"대통령령으로 정하는 사업장"이란 도급인이 사용하는 상시근로자 수가 500명 이상인 다음 각 호의 어느 하나에 해당하는 사업장으로서 도급인 사업장의 사고사망만인율(질병으로 인한 사망재해자를 제외하고 산출한 사망만인율을 말한다)보다 관계수급인의 근로자를 포함하여 산출한 사고사망만인율이 높은 사업장을 말한다.

1. 제조업 2. 철도운송업 3. 도시철도운송업 4. 전기업

(9) 산업재해 예방시설의 설치·운영 및 재원

법 제11조(산업재해 예방시설의 설치·운영) 고용노동부장관은 산업재해 예방을 위하여 다음 각 호의 시설을 설치·운영할 수 있다.

1. 산업 안전 및 보건에 관한 지도시설, 연구시설 및 교육시설
2. 안전보건진단 및 작업환경측정을 위한 시설
3. 노무를 제공하는 자의 건강을 유지·증진하기 위한 시설
4. 그 밖에 고용노동부령으로 정하는 산업재해 예방을 위한 시설

법 제12조(산업재해 예방의 재원) 다음 각 호의 어느 하나에 해당하는 용도에 사용하기 위한 재원(財源)은 「산업재해보상보험법」 제95조제1항에 따른 산업재해보상보험 및 예방기금에서 지원한다.

1. 제11조 각 호에 따른 시설의 설치와 그 운영에 필요한 비용
2. 산업재해 예방 관련 사업 및 비영리법인에 위탁하는 업무 수행에 필요한 비용
3. 그 밖에 산업재해 예방에 필요한 사업으로서 고용노동부장관이 인정하는 사업의 사업비

법 제13조(기술 또는 작업환경에 관한 표준) ① 고용노동부장관은 산업재해 예방을 위하여 다음 각 호의 조치와 관련된 기술 또는 작업환경에 관한 표준을 정하여 사업주에게 지도·권고할 수 있다.

1. 제5조제2항 각 호의 어느 하나에 해당하는 자가 같은 항에 따라 산업재해를 방지하기 위하여 하여야 할 조치
2. 제38조 및 제39조에 따라 사업주가 하여야 할 조치

② 고용노동부장관은 제1항에 따른 표준을 정할 때 필요하다고 인정하면 해당 분야별로 표준제정위원회를 구성·운영할 수 있다.

③ 제2항에 따른 표준제정위원회의 구성·운영, 그 밖에 필요한 사항은 고용노동부장관이 정한다.

고용노동부장관은 산업재해 예방을 위하여 1. 산업 안전 및 보건에 관한 지도시설, 연구시설 및 교육시설, 2. 안전보건진단 및 작업환경측정을 위한 시설, 3. 노무를 제공하는 자의 건강을 유지·증진하기 위한 시설, 4. 그 밖에 고용노동부령으로 정하는 산업재해 예방을 위한 시설등을 설치·운영할 수 있다. 또한 산업재해예방 재원(財源)은 「산업재해보상보험법」 제95조제1항에 따른 산업재해보상보험 및 예방기금에서 지원하도록 하였으며, 기술 또는 작업환경에 관한 표준기준을 정하여 지도, 권고할 수 있도록 규정하고 있다.

제2장 안전보건관리체제 등

제1절 안전보건관리체제

(1) 이사회 보고 및 승인 등

법 제14조(이사회 보고 및 승인 등) ① 「상법」 제170조에 따른 주식회사 중 대통령령으로 정하는 회사의 대표이사는 대통령령으로 정하는 바에 따라 매년 회사의 안전 및 보건에 관한 계획을 수립하여 이사회에 보고하고 승인을 받아야 한다.
② 제1항에 따른 대표이사는 제1항에 따른 안전 및 보건에 관한 계획을 성실하게 이행하여야 한다.
③ 제1항에 따른 안전 및 보건에 관한 계획에는 안전 및 보건에 관한 비용, 시설, 인원 등의 사항을 포함하여야 한다.

제14조에서는 '대표이사의 안전과 보건에 관한 계획 수립' 의무를 두면서 "상법 제169조에 따른 회사의 대표이사, 업무집행지시자(이하 '대표이사등'이라고 한다)는 대통령령으로 정하는 바에 따라 매년 회사의 안전과 보건에 관한 계획을 수립하여 이사회에 보고하고 승인"을 얻도록 의무규정을 두었다. 이 규정은 현행 「산업안전보건법」에서 법인의 법 위반행위에 대하여 사업주는 안전보건관리책임자를 두어 산업재해 예방을 총괄하도록 하므로 안전보건관리책임자인 현장소장 등이 행위자로서 처벌받게 되고, 대표자는 책임을 묻기 어려운 경우가 대부분에 해당한다는 문제를 개선하기 위한 것이다. 2016년 32개 현장의 재해예방 조치와 본사의 안전보건관리시스템 전반을 점검하여 총 145건의 사법처리, 기업에 5억여원 상당의 과태료를 부과하였으나, 대표이사에 대한 형사적 제재조치는 불가능한 상황이었는데, 이는 기업의 규모가 크고 사업장이 다수일수록, 대표자의 업무가 추상적·포괄적일수록, 안전관리책임자가 여러 명이어서 안전관리 업무가 현장소장에 집중될수록 대표자의 면책 가능성이 높아지기 때문이다.

대표자의 면책에 따라 기업은 대표자가 형사책임에서 회피될 수 있도록 공식적인 안전관리 업무에서 배제하는 등으로 안전에 관한 지휘체계를 설계하게 되며, 이것은 사업장내에서 결과적으로 기업의 산업재해 예방에 부정적 형태로 나타나게 된다.

일반적으로 법인의 대표이사가 사업장에 상주하는 경우에는 대표이사가 사업을 실질적으로 총괄·관리하는 자로서 안전보건관리책임자가 되고, 대표이사가 사업장에 상주하지 못하는 경우로서 대표이사가 공장장 등에게 경영의 실질적인 권한과 책임을 위임한 경우에는 실질적으로 사업을 경영하는 자(부사장, 공장장, 지점장, 사업소장, 현장소장 등)가 안전보건관리책임자로 책임을 부담하게 된다.

따라서, 회사 차원에서 산업재해 예방과 관련된 비용 절감을 통한 이윤추구를 방지하기 위하여 영리 법인의 경우 법인 차원에서 산업재해 예방 계획을 수립·시행하도록 할 필요가 있으며, 특히, 건설업 등 사업장이 여러 곳에 분산되어 있는 경우라도 법인의 대표이사 등 최고경영진이 산업재해 예방을 위한 일정한 의무를 부담하도록 할 필요가 있으므로 이를 반영하여 위와 같이 개정이 되었는데, 이것은 대표이사가 사업장의 안전업무가 무엇이고 근로자의 생명권에 관한 부분을 인지하는데 필요하다고 생각된다.

따라서 **법 제14조 이사회 보고 및 승인** 규정을 두어 사업주의 책임의식을 강화하였다. 이 규정은 이번 개정안에 신설된 조항으로 사업주의 책임의식강화를 위하여 사업주 안전보건계획을 작성하도록 한 것이고 이것을 이사회에 보고하도록 한 것이다.

그 내용에 대하여 구체적인 내용을 보면 **시행령 제13조 이사회 보고·승인 대상 회사 등**을 규정하였다. 대통령령으로 정하는 회사의 규모는 법 제14조제1항에 근거하여 "대통령령으로 정하는 회사"란 다음 각 호의 어느 하나에 해당하는 회사를 말한다. 상시근로자 500명 이상을 사용하는 회사, 건설업인 경우는 「건설산업기본법」 제23조에 따른 전년도 시공능력평가액(토목·건축공사업에 한함) 순위 상위 1,000위 이내의 건설회사를 말한다. 대표이사란 시행령 제13조제2항에 근거하여 법 제14조제1항에 따른 회사의 대표이사(「상법」제408조의2에 따라 대표이사를 두지 못하는 주식회사의 대표집행임원을 포함한다 하도록 하였으며, 회사의 업무와 환경을 고려하여 (회사의 정관에서 정하는 바에 따라) 다음 각 호의 내용을 포함한 회사의 안전 및 보건에 관한 계획을 수립하여야 하였다. 그 내용을 보면 전년도 안전·보건활동 실적, 안전·보건경영방침 및 안전·보건활동 계획, 안전·보건관리 체계·인원 및 역할, 안전 및 보건에 관한 시설 및 비용 등을 말한다.

(2) 안전보건관리책임자

법 제15조(안전보건관리책임자) ① 사업주는 사업장을 실질적으로 총괄하여 관리하는 사람에게 해당 사업장의 다음 각 호의 업무를 총괄하여 관리하도록 하여야 한다.

1. 사업장의 산업재해 예방계획의 수립에 관한 사항
2. 제25조 및 제26조에 따른 안전보건관리규정의 작성 및 변경에 관한 사항
3. 제29조에 따른 안전보건교육에 관한 사항
4. 작업환경측정 등 작업환경의 점검 및 개선에 관한 사항
5. 제129조부터 제132조까지에 따른 근로자의 건강진단 등 건강관리에 관한 사항

6. 산업재해의 원인 조사 및 재발 방지대책 수립에 관한 사항
7. 산업재해에 관한 통계의 기록 및 유지에 관한 사항
8. 안전장치 및 보호구 구입 시 적격품 여부 확인에 관한 사항
9. 그 밖에 근로자의 유해·위험 방지조치에 관한 사항으로서 고용노동부령으로 정하는 사항

② 제1항 각 호의 업무를 총괄하여 관리하는 사람(이하 "안전보건관리책임자"라 한다)은 제17조에 따른 안전관리자와 제18조에 따른 보건관리자를 지휘·감독한다.

③ 안전보건관리책임자를 두어야 하는 사업의 종류와 사업장의 상시근로자 수, 그 밖에 필요한 사항은 대통령령으로 정한다.

안전보건관리책임자의 선임에 관한 규정은 동 **시행령 제14조**에 법 제15조제3항에 따라 안전보건관리책임자(이하 "관리책임자"라 한다)를 두어야 할 사업의 종류 및 사업장의 상시근로자 수(건설공사의 경우에는 건설공사 금액을 말한다. 이하 같다)는 별표 2 두고 있으며, 업무는 법 제15조에 규정되어 있다.

안전보건관리책임자라 하면, 통상적으로 사업장에서 사업주로 명칭되어질 수 있는 자로 볼 수 있다. 따라서 사업주 개념에 들어가는 자, 통상 공장장 등이 해당된다고 볼 수 있다.

안전보건관리책임자의 업무는 1. 사업장의 산업재해 예방계획의 수립에 관한 사항, 2. 제25조 및 제26조에 따른 안전보건관리규정의 작성 및 변경에 관한 사항, 3. 제29조에 따른 안전보건교육에 관한 사항, 4. 작업환경측정 등 작업환경의 점검 및 개선에 관한 사항, 5. 제129조부터 제132조까지에 따른 근로자의 건강진단 등 건강관리에 관한 사항, 6. 산업재해의 원인 조사 및 재발 방지대책 수립에 관한 사항, 7. 산업재해에 관한 통계의 기록 및 유지에 관한 사항, 8. 안전장치 및 보호구 구입 시 적격품 여부 확인에 관한 사항, 9. 그 밖에 근로자의 유해·위험 방지조치에 관한 사항으로서 고용노동부령으로 정하는 사항으로 사업장의 포괄적인 예방 책임을 부과하고 있다.

여기에서 말하는 고용노동부령으로 정하는 사항이란, 법 제15조제1항제9호에 근거하여 법 제36조에 따른 위험성평가의 실시에 관한 사항과 안전보건규칙에서 정하는 근로자의 위험 또는 건강장해의 방지에 관한 사항을 말한다.

(3) 관리감독자

법 제16조(관리감독자) ① 사업주는 사업장의 생산과 관련되는 업무와 그 소속 직원을 직접 지휘·감독하는 직위에 있는 사람(이하 "관리감독자"라 한다)에게 산업 안전 및 보건에 관한

업무로서 대통령령으로 정하는 업무를 수행하도록 하여야 한다.
② 관리감독자가 있는 경우에는 「건설기술 진흥법」 제64조제1항제2호에 따른 안전관리책임자 및 같은 항 제3호에 따른 안전관리담당자를 각각 둔 것으로 본다.

관리감독자 정의는 사업장에서 안전관리책임자를 보좌하고 사업장의 부서별 안전관리 업무를 담당하는 자이다. 그러나 관리감독자가 부서 책임자로서 안전관리자를 두고 지시 감독하여 안전업무를 관리하는 자로 잘못 이해하는 경우도 있으나 산업안전보건법의 안전관리자는 법에서 주어진 안전관리자이고, 관리감독자는 별개의 작업별 부서 장이라고 볼 수 있다. 즉 안전관리자는 스텝 조직으로 참모 역할을 담당하지만 관리감독자는 해당 작업을 직접 수행하고 작업하면서 부서의 안전관리업무를 행하는 사람이다. 회사 규모로 차이가 있지만 대기업일 경우에는 관리감독자가 다수 존재지만 소규모 기업일 경우에는 1～2명이 관리감독자가 될 수 있다.

시행령에 그 업무내용을 보면 **제15조(관리감독자의 업무 등)** ① 법 제16조제1항 본문에서 "산업 안전 및 보건에 관한 업무로서 대통령령으로 정하는 업무"란 다음 각 호의 업무를 말한다.

1. 사업장 내 관리감독자가 지휘·감독하는 작업(이하 이 조에서 "해당 작업"이라 한다)과 관련된 기계·기구 또는 설비의 안전·보건 점검 및 이상 유무의 확인
2. 관리감독자에게 소속된 근로자의 작업복·보호구 및 방호장치의 점검과 그 착용·사용에 관한 교육·지도
3. 해당 작업에서 발생한 산업재해에 관한 보고 및 이에 대한 응급조치
4. 해당 작업의 작업장 정리·정돈 및 통로확보에 대한 확인·감독
5. 해당 사업장의 다음 각 목의 어느 하나에 해당하는 사람의 지도·조언에 대한 협조
   가. 안전관리자[법 제17조제4항에 따라 안전관리자의 업무를 안전관리전문기관(이하 "안전관리전문기관"이라 한다)에 위탁한 사업장은 그 안전관리전문기관의 해당 사업장 담당자]
   나. 보건관리자[법 제18조제4항에 따른 보건관리전문기관(이하 "보건관리전문기관"이라 한다)에 위탁한 사업장은 그 보건관리전문기관의 해당 사업장 담당자]
   다. 안전보건관리담당자(법 제19조제4항에 따라 안전보건관리담당자의 업무를 안전관리전문기관 또는 보건관리전문기관에 위탁한 사업장은 그 안전관리전문기관 또는 보건관리전문기관의 해당 사업장 담당자)
   라. 산업보건의

(4) 안전관리자

법 제17조(안전관리자) ① 사업주는 사업장에 제15조제1항 각 호의 사항 중 안전에 관한 기술적인 사항에 관하여 사업주 또는 안전보건관리책임자를 보좌하고 관리감독자에게 지도·조언하는 업무를 수행하는 사람(이하 "안전관리자"라 한다)을 두어야 한다.
② 안전관리자를 두어야 하는 사업의 종류와 사업장의 상시근로자 수, 안전관리자의 수·자격·업무·권한·선임방법, 그 밖에 필요한 사항은 대통령령으로 정한다.
③ 고용노동부장관은 산업재해 예방을 위하여 필요한 경우로서 고용노동부령으로 정하는 사유에 해당하는 경우에는 사업주에게 안전관리자를 제2항에 따라 대통령령으로 정하는 수 이상으로 늘리거나 교체할 것을 명할 수 있다.
④ 대통령령으로 정하는 사업의 종류 및 사업장의 상시근로자 수에 해당하는 사업장의 사업주는 제21조에 따라 지정받은 안전관리 업무를 전문적으로 수행하는 기관(이하 "안전관리전문기관"이라 한다)에 안전관리자의 업무를 위탁할 수 있다.

안전관리자는 사업장에서 법적 규정사항으로 안전업무를 담당하는 사람을 말한다. 통상적으로 안전관련학과를 나오고 안전기사에 관한 자격증을 가진 자가 사업장에 안전관리업무를 수행하게 된다. 보통 현장에서 안전관리자 선임에 대하여 다양한 의견이 나오고 있다.

안전관리자 선임에 관하여 시행령 제16조에 근거한 선임방법과 내용이 규정되어 있는데, 이러한 선임규정이 사업장의 안전보건의 예방조치를 이행하는데 실질적인 도움이 될 수 있는 것과는 다르다고 볼 수 있다. 다시 말하면 현장의 사업장규모에 따라 안전관리자를 선임하는데, 대기업의 경우 근로자 수에 따른 안전관리자 선임규정으로는 안전보건업무를 수행하기에는 다양한 위험요인을 찾아내는데 어려움이 있다고 본다. 그러므로 선임 규정과 다르게 제한 없이 많은 수의 안전관리자를 두게 되면 안전관리업무를 총괄하는 안전관리자업무의 책임이 불분명하여 책임의 문제가 나타날 수도 있다. 그리고 중요한 기업의 고용문제도 부딪치게 된다. 그러나 사업장의 안전은 중요하고 근로자의 생명은 귀중한 것이므로 재해를 예방하는 것은 당연한 것이므로 현재의 안전관리자의 수 확대는 필요하다고 본다. 그러나 무제한 안전관리자의 수를 확대하는 것은 아니고 안전관리자가 안전과 사고만 예방되는 것이 아니라, 사업장의 특성에 따른 위험요인을 찾아내는데 중요한 역할을 담당하고 있으니 현장의 특성에 해당하는 위험요인별 안전관리자의 선임이 중요하다고 본다. 소규모 사업장이라도 업무가 다양하면, 위험요인이 다양하게 나타날 수 있어, 안전관리자를 여러 명 두어야 하므로 근로자 인원수에 따른 선임방법보다는 사업장의 위험요인에 따라 안전관리자 선임방안을 마련하는 것이 필요하고 본다.

안전관리자 선임 규정

시행령 제16조 (안전관리자의 선임 등) ① 법 제17조제1항에 따라 안전관리자를 두어야 할 사업의 종류 및 사업장의 상시근로자 수, 안전관리자의 수 및 선임방법은 별표 3과 같다.

② 제1항에 따른 사업 중 상시근로자 300명 이상을 사용하는 사업장[건설업의 경우에는 공사금액이 120억원(「건설산업기본법 시행령」 별표 1의 토목공사업에 속하는 공사는 150억원) 이상인 사업장]에는 해당 사업장에서 제18조제1항 각 호에 따른 업무만을 전담하는 안전관리자를 두어야 한다.

③ 제1항 및 제2항을 적용할 경우 도급인의 사업장에서 이루어지는 도급사업의 공사금액 또는 관계수급인이 사용하는 상시근로자는 각각 해당 사업의 공사금액 또는 상시근로자로 본다. 다만, 별표 3의 기준에 해당하는 도급사업의 공사금액 또는 관계수급인의 상시근로자의 경우에는 그러하지 아니하다.

④ 제1항에도 불구하고 같은 사업주가 경영하는 둘 이상의 사업장이 다음 각 호의 어느 하나에 해당하는 경우에는 그 둘 이상의 사업장에 1명의 안전관리자를 공동으로 둘 수 있다. 이 경우 해당 사업장의 상시근로자 수의 합계는 300명 이내인 사업장[건설업의 경우에는 공사금액의 합계가 120억원(「건설산업기본법 시행령」 별표 1의 토목공사업에 속하는 공사는 150억원) 이내인 사업장]이어야 한다.

1. 같은 시·군·구(자치구를 말한다) 지역에 소재하는 경우
2. 사업장 간의 경계를 기준으로 15킬로미터 이내에 소재하는 경우

⑤ 제1항부터 제3항까지의 규정에도 불구하고 도급인의 사업장에서 이루어지는 도급사업에서 도급인이 고용노동부령으로 정하는 바에 따라 그 사업의 관계수급인 근로자에 대한 안전관리를 전담하는 안전관리자를 선임한 경우에는 해당 사업의 관계수급인은 안전관리자를 선임하지 않을 수 있다.

⑥ 사업주는 안전관리자를 선임(제60조제3호에 따른 공사에 대하여 공동으로 안전관리자를 선임한 경우를 포함한다)하거나 법 제17조제4항에 따라 안전관리자의 업무를 안전관리전문기관에 위탁한 경우에는 고용노동부령으로 정하는 바에 따라 선임하거나 위탁한 날부터 14일 이내에 고용노동부장관에게 증명할 수 있는 서류를 제출하여야 한다. 법 제17조제3항에 따라 안전관리자를 늘리거나 교체한 경우에도 또한 같다.

안전관리자 선임 규정을 보면 다음과 같다.

질의 예시) 고용노동부(http://minwon.moel.go.kr/minwon2008/faq/faq_open_view.do)

총 공사 금액이 2,000억원인 건설공사에서 원도급업체 S의 공사금액이 1,030억원, 하

도급업체 A, B, C의 공사금액이 각각 120억원, 800억원, 50억원인 경우 하도급업체간의 안전관리자 선임방법?

⇒ 원하도급업체가 각각 안전관리자를 선임하거나 원도급업체가 일률적으로 안전관리자를 선임할 수 있다.

⇒ 원도급업체 및 하도급 업체가 각각 해당공사 금액에 대한 안전관리자를 선임할 경우 산업안전보건법 시행령 제15조제3항, 제4항에 의거하여 원도급업체 S는 안전관리자선임 비대상인 하도급업체 C의 공사금액을 포함하여 1,080억원(1,030억+50억)에 대한 안전관리자 2명을 선임하고, 하도급업체는 A사가 120억원 공사에 대하여 1명, B사가 800억원 공사에 대하여 2명을 선임하여야 한다.

⇒ 원도급업체에서 일률적으로 안전관리자를 선임 할 경우, 산업안전보건법 시행령 제15조제3항, 제4항의 규정에 의거하여 원도급업체는 안전관리자 선임 비대상인 하도급업체 C의 공사금액을 포함하여 1,080억원(1,030억+50억)에 대한 안전관리자를 2명 선임하고, 시행령 제15조제5항 및 규칙 제10조의 규정에 의거하여 안전관리자 선임대상 하도급업체인 A, B사의 공사금액을 합한 920억원(120억+800억)에 대하여 안전관리자를 2명 추가하여 선임하는 등 총 4명의 안전관리자를 선임하여야 한다.

안전관리자의 업무는 다음과 같다.

시행령 제18조

1. 법 제24조제1항에 따른 산업안전보건위원회(이하 "산업안전보건위원회"라 한다) 또는 법 제75조제1항에 따른 안전·보건에 관한 노사협의체(이하 "노사협의체"라 한다)에서 심의·의결한 업무와 법 제25조제1항에 따른 해당 사업장의 안전보건관리규정(이하 "안전보건관리규정"이라 한다) 및 취업규칙에서 정한 업무
2. 법 제36조에 따른 위험성평가에 관한 보좌 및 지도·조언
3. 법 제84조제1항에 따른 안전인증대상기계등(이하 "안전인증대상기계등"이라 한다)과 법 제89조제1항 각 호 외의 부분 본문에 따른 자율안전확인대상기계등(이하 "자율안전확인대상기계등"이라 한다) 구입 시 적격품의 선정에 관한 보좌 및 지도·조언
4. 해당 사업장 안전교육계획의 수립 및 안전교육 실시에 관한 보좌 및 지도·조언
5. 사업장 순회점검·지도 및 조치의 건의
6. 산업재해 발생의 원인 조사·분석 및 재발 방지를 위한 기술적 보좌 및 지도·조언
7. 산업재해에 관한 통계의 유지·관리·분석을 위한 보좌 및 지도·조언
8. 법 또는 법에 따른 명령으로 정한 안전에 관한 사항의 이행에 관한 보좌 및 지도·조언
9. 업무수행 내용의 기록·유지

10. 그 밖에 안전에 관한 사항으로서 고용노동부장관이 정하는 사항

동 **시행규칙 제12조 안전관리자 등의 증원·교체임명 명령**을 두어 지방고용노동관서의 장은 사업주에게 안전관리자·보건관리자 또는 안전보건관리담당자(이하 이 조에서 "관리자"라 한다)를 정수 이상으로 증원하게 하거나 교체하여 임명할 것을 명할 수 있다.

1. 해당 사업장의 연간재해율이 같은 업종의 평균재해율의 2배 이상인 경우 2. 중대재해가 연간 2건 이상 발생한 경우. 다만, 해당 사업장의 당해연도 사망만인율이 전년도 같은 업종의 평균 사망만인율 이하인 경우는 제외한다. 3. 관리자가 질병이나 그 밖의 사유로 3개월 이상 직무를 수행할 수 없게 된 경우 4. 별표 22 제1호에 따른 화학적 인자로 인한 직업성질병자가 연간 3명 이상 발생한 경우. 이 경우 직업성질병자 발생일은 「산업재해보상보험법 시행규칙」 제21조제1항에 따른 요양급여의 결정일로 한다.

이외에 안전관리업무 위탁 사업주가 법 제17조제4항에 따라 지정받은 안전관리 업무를 전문적으로 수행하는 기관(이하 "안전관리전문기관"이라 한다)에 안전관리자의 업무를 위탁할 수 있다.

사업주가 안전관리자의 업무를 안전관리전문기관에 위탁한 경우에는 그 전문기관을 법 제17조제1항에 따른 안전관리자로 보며, **안전관리 업무의 위탁계약**은 **시행규칙 제13조**에 따라 근거규정을 두고 있다. 법 제17조제4항에 따라 안전관리전문기관이 사업주로부터 안전관리 업무를 위탁받으려는 때에는 별지 제5호서식의 안전관리 업무계약서에 따라 계약을 체결하여야 한다.

(5) 보건관리자

법 제18조(보건관리자) ① 사업주는 사업장에 제15조제1항 각 호의 사항 중 보건에 관한 기술적인 사항에 관하여 사업주 또는 안전보건관리책임자를 보좌하고 관리감독자에게 지도·조언하는 업무를 수행하는 사람(이하 "보건관리자"라 한다)을 두어야 한다.
② 보건관리자를 두어야 하는 사업의 종류와 사업장의 상시근로자 수, 보건관리자의 수·자격·업무·권한·선임방법, 그 밖에 필요한 사항은 대통령령으로 정한다.
③ 고용노동부장관은 산업재해 예방을 위하여 필요한 경우로서 고용노동부령으로 정하는 사유에 해당하는 경우에는 사업주에게 보건관리자를 제2항에 따라 대통령령으로 정하는 수 이상으로 늘리거나 교체할 것을 명할 수 있다.
④ 대통령령으로 정하는 사업의 종류 및 사업장의 상시근로자 수에 해당하는 사업장의 사업

주는 제21조에 따라 지정받은 보건관리 업무를 전문적으로 수행하는 기관(이하 "보건관리전문기관"이라 한다)에 보건관리자의 업무를 위탁할 수 있다.

보건관리자의 업무

1. 산업안전보건위원회에서 심의·의결한 업무와 안전보건관리규정 및 취업규칙에서 정한 업무
2. 안전인증대상기계등과 자율안전확인대상기계등 중 보건과 관련된 보호구(保護具) 구입 시 적격품 선정에 관한 보좌 및 지도·조언
3. 법 제110조에 따라 작성된 물질안전보건자료의 게시 또는 비치에 관한 보좌 및 지도·조언
4. 법 제36조에 따른 위험성평가에 관한 보좌 및 지도·조언
5. 제30조제1항에 따른 산업보건의의 직무(보건관리자가 별표 6 제1호에 해당하는 사람인 경우로 한정한다)
6. 해당 사업장 보건교육계획의 수립 및 보건교육 실시에 관한 보좌 및 지도·조언
7. 해당 사업장의 근로자를 보호하기 위한 다음 각 목의 조치에 해당하는 의료행위(보건관리자가 별표 6 제1호 또는 제2호에 해당하는 경우로 한정한다)
   가. 외상 등 흔히 볼 수 있는 환자의 치료
   나. 응급처치가 필요한 사람에 대한 처치
   다. 부상·질병의 악화를 방지하기 위한 처치
   라. 건강진단 결과 발견된 질병자의 요양 지도 및 관리
   마. 가목부터 라목까지의 의료행위에 따르는 의약품의 투여
8. 작업장 내에서 사용되는 전체 환기장치 및 국소 배기장치 등에 관한 설비의 점검과 작업방법의 공학적 개선에 관한 보좌 및 지도·조언
9. 사업장 순회점검·지도 및 조치의 건의
10. 산업재해 발생의 원인 조사·분석 및 재발 방지를 위한 기술적 보좌 및 지도·조언
11. 산업재해에 관한 통계의 유지·관리·분석을 위한 보좌 및 지도·조언
12. 법 또는 법에 따른 명령으로 정한 보건에 관한 사항의 이행에 관한 보좌 및 지도·조언
13. 업무수행 내용의 기록·유지
14. 그 밖에 작업관리 및 작업환경관리에 관한 사항으로서 고용노동부 장관이 정하는 사항

보건관리자의 선임은 법 제18조제2항에 따라 보건관리자를 두어야 할 사업의 종류 및 사업장의 상시근로자 수와 보건관리자의 수 시행령 별표 6에 두고 있으며, 상시근로자 300명 미만을

사용하는 사업장에서는 보건관리자가 보건관리 업무에 지장이 없는 범위에서 다른 업무를 겸할 수 있다.

질의 예시) 고용노동부(http://minwon.moel.go.kr/minwon2008/faq/faq_open_view.do)

대학교소비자생활협동조합(법인)이 대학교 구내 안에서 학생 등을 대상으로 급식, 판매, 생활복지 및 장학서비스 등의 사업을 하는 경우 산업안전보건법에 따른 안전 및 보건관리자 선임 의무가 있는지 여부

⇒ (구)산업안전보건법 제15조 및 제16조 동법 (구)시행령 제12조 및 제16조에 따라 일정한 사업의 종류 및 규모에 해당하는 사업주는 안전관리자 및 보건관리자를 두어야 하며, 사업의 종류 및 규모에 따라 안전관리자 및 보건관리자의 수와 선임방법은 동법 시행령 별표 3과 별표 5에 각각 규정하고 있다.

⇒ 안전 및 보건관리자를 두어야 하는 사업의 종류는 '한국표준산업분류'의 적용원칙에 따라 하나의 사업체가 일정한 장소에서 별도의 관리조직 없이 여러 가지 산업 활동을 할 경우 부가가치가 가장 큰 주된 산업, 종업원 수 및 노동시간 등으로 사업의 종류를 결정하여야 하고, 각 사업의 상시근로자 수를 합하여 사업의 규모를 판단한다.

⇒ 안전 및 보건관리자 선임대상 업종 및 규모에 해당하는 지 여부는 구체적인 사실관계를 고려하여 판단하여야 할 것으로 사료되고, 질문한 귀 대학교소비자생활협동조합이 대학교 안에서 구내식당, 서점 등 판매점, 커피점을 주된 산업으로 운영할 경우 숙박 및 음식점업 또는 도매 및 소매업에 해당하고 각 사업의 상시근로자수를 합하여 50명 이상일 경우 안전 및 보건관리자를 두어야 할 것으로 사료 된다(산업보건과-3831, 2015-00-00).

보건관리자 업무 위탁은 법 제17조제1항에 근거하여 안전관리자와 같이 위탁한 경우로 보고 보건관리자를 둔 것으로 본다.

(6) 안전보건관리담당자

법 제19조(안전보건관리담당자) ① 사업주는 사업장에 안전 및 보건에 관하여 사업주를 보좌하고 관리감독자에게 지도·조언하는 업무를 수행하는 사람(이하 "안전보건관리담당자"라 한다)을 두어야 한다. 다만, 안전관리자 또는 보건관리자가 있거나 이를 두어야 하는 경우에는 그러하지 아니하다.
② 안전보건관리담당자를 두어야 하는 사업의 종류와 사업장의 상시근로자 수, 안전보건관리

담당자의 수·자격·업무·권한·선임방법, 그 밖에 필요한 사항은 대통령령으로 정한다.
③ 고용노동부장관은 산업재해 예방을 위하여 필요한 경우로서 고용노동부령으로 정하는 사유에 해당하는 경우에는 사업주에게 안전보건관리담당자를 제2항에 따라 대통령령으로 정하는 수 이상으로 늘리거나 교체할 것을 명할 수 있다.
④ 대통령령으로 정하는 사업의 종류 및 사업장의 상시근로자 수에 해당하는 사업장의 사업주는 안전관리전문기관 또는 보건관리전문기관에 안전보건관리담당자의 업무를 위탁할 수 있다.

안전관리담당자 선임 기준

시행령 제24조(안전보건관리담당자의 선임 등) ① 다음 각 호의 어느 하나에 해당하는 사업의 사업주는 법 제19조제1항에 따라 상시근로자 20명 이상 50명 미만인 사업장에 안전보건관리담당자(이하 "안전보건관리담당자"라 한다)를 1명 이상 선임하여야 한다.

1. 제조업
2. 임업
3. 하수, 폐수 및 분뇨 처리업
4. 폐기물 수집, 운반, 처리 및 원료 재생업
5. 환경 정화 및 복원업

우리나라 (구)「산업안보건법」 제15조와 제16조에서 "안전관리자"와 "보건관리자"를 두어야 할 사업의 종류·규모, 안전관리자의 수·자격·업무·권한, 선임 방법 등 그 밖에 필요한 사항을 규정하고 있다. 그러나 50인 미만 소규모 세 사업장의 경우 안전보건관리자의 고용의무가 없으므로 소규모 사업장의 사업주의 경우 안전보건관리자 선임 고용에 한 법 의무가 발생하지 않는다. 특히 안전보건관리자 선임의무가 없는 50인 미만 영세 소규모 사업장에서 전체 산업재해의 약 80%가 집중되어 있다고 볼 수 있다. 그리고 이러한 소규모 사업장의 근로자의 연령이 고령화 됨에 따라 산재의 유해요인 역시 높게 나타나고 있다. 그리고 이러한 50인 미만 사업장에서는 안전보건리자 선임의무가 없어 자율적인 안전보건관리체제의 구축을 운영 할 수가 없어 안보건관리담당자를 지정하여 50인 미만 사업장의 안전보건관리체계 구축할 필요가 있다. 이런 측면에서 50인 미만의 소규모사업장에 안전보건업무를 담당하는 자를 두어 사업장의 재해를 예방할 필요가 있어 이 규정을 2015년에 신설한 것이다.

안전보건관리담당자의 업무는 사업장의 안전보건관리 업무를 담당하고 있다. 업무는 법 제29조에 따른 안전·보건교육 실시에 관한 보좌 및 지도·조언, 법 제36조에 따른 위험성평가에 관한 보좌 및 지도·조언, 법 제125조에 따른 작업환경측정 및 개선에 관한 보좌 및 지도·조언, 법 제

129조부터 제131조에 따른 건강진단에 관한 보좌 및 지도·조언, 산업재해 발생의 원인 조사, 산업재해 통계의 기록 및 유지를 위한 보좌 및 지도·조언, 산업안전·보건과 관련된 안전장치 및 보호구 구입 시 적격품 선정에 관한 보좌 및 지도·조언등 하도록 하고 있다.

안전보건관리담당자의 위탁은 법 제19조에 따라 사업주는 제21조에 따라 지정받은 안전관리전문기관 또는 보건관리전문기관에 안전보건관리담당자의 업무를 위탁할 수 있다.

(7) 지도·조언

법 제20조(안전관리자 등의 지도·조언) 사업주, 안전보건관리책임자 및 관리감독자는 다음 각 호의 어느 하나에 해당하는 자가 제15조제1항 각 호의 사항 중 안전 또는 보건에 관한 기술적인 사항에 관하여 지도·조언하는 경우에는 이에 상응하는 적절한 조치를 하여야 한다.

1. 안전관리자
2. 보건관리자
3. 안전보건관리담당자
4. 안전관리전문기관 또는 보건관리전문기관(해당 업무를 위탁받은 경우에 한정한다)

이 조문은 사업주에게 안전관리사나 보건관리자와 같은 전문가에게 지도조언을 들어 사업장의 안전관리업무에 관하여 인식하고 재해를 사전에 예방한다는 취지에서 권고하도록 만든 조항이다. 물론 위탁업무를 수행하는 기관에서도 사업주에 지도조언을 할 수 있도록 규정해 놓았다.

(8) 안전관리전문기관

법 제21조(안전관리전문기관 등) ① 안전관리전문기관 또는 보건관리전문기관이 되려는 자는 대통령령으로 정하는 인력·시설 및 장비 등의 요건을 갖추어 고용노동부장관의 지정을 받아야 한다.

② 고용노동부장관은 안전관리전문기관 또는 보건관리전문기관에 대하여 평가하고 그 결과를 공개할 수 있다. 이 경우 평가의 기준·방법 및 결과의 공개에 필요한 사항은 고용노동부령으로 정한다.

③ 안전관리전문기관 또는 보건관리전문기관의 지정 절차, 업무 수행에 관한 사항, 위탁받은 업무를 수행할 수 있는 지역, 그 밖에 필요한 사항은 고용노동부령으로 정한다.

④ 고용노동부장관은 안전관리전문기관 또는 보건관리전문기관이 다음 각 호의 어느 하나에 해당할 때에는 그 지정을 취소하거나 6개월 이내의 기간을 정하여 그 업무의 정지를 명할 수

있다. 다만, 제1호 또는 제2호에 해당할 때에는 그 지정을 취소하여야 한다.

1. 거짓이나 그 밖의 부정한 방법으로 지정을 받은 경우
2. 업무정지 기간 중에 업무를 수행한 경우
3. 제1항에 따른 지정 요건을 충족하지 못한 경우
4. 지정받은 사항을 위반하여 업무를 수행한 경우
5. 그 밖에 대통령령으로 정하는 사유에 해당하는 경우

⑤ 제4항에 따라 지정이 취소된 자는 지정이 취소된 날부터 2년 이내에는 각각 해당 안전관리전문기관 또는 보건관리전문기관으로 지정받을 수 없다.

대통령령으로 정하는 취소 사유

1. 안전관리·보건관리 업무를 수행하지 아니하고 위탁 수수료를 받거나 안전관리·보건관리 업무 관련 서류를 거짓으로 작성한 경우
2. 정당한 사유 없이 안전관리·보건관리 업무의 수탁을 거부한 경우
3. 위탁받은 안전관리·보건관리 업무에 차질이 생기게 하거나 업무를 게을리한 경우
4. 그 밖에 법 또는 법에 따른 명령을 위반한 경우

위탁업무 수행할 수 있는 지역 지정을 시행규칙에 규정하고 있고, **업무 수행 지역**은 **시행규칙 제19조**에 안전관리전문기관 또는 보건관리전문기관으로 지정한 지방고용노동청의 관할지역(지방고용노동청 소속 지방고용노동관서의 관할지역을 포함한다)으로 하도록 규정하고 있다.

업무 수행 시 **비치서류**는 **시행규칙 제21조**에 따라 법 제21조제3항에 따라 안전관리전문기관 또는 보건관리전문기관은 1. 안전관리 또는 보건관리 업무 수탁에 관한 서류, 2. 그 밖에 안전관리전문기관 또는 보건관리전문기관의 직무수행과 관련되는 서류를 갖추어 두고 3년간 보존하여야 한다.

최근 개정안 내용 속에는 평가 규정을 두어 **시행규칙 제17조**에 안전관리·보건관리전문기관의 평가 규정을 강화하고 평가하여 사업 만족도들을 조사하도록 되어 있다.

(9) 산업보건의

법 제22조(산업보건의) ① 사업주는 근로자의 건강관리나 그 밖에 보건관리자의 업무를 지도하기 위하여 사업장에 산업보건의를 두어야 한다. 다만, 「의료법」 제2조에 따른 의사를 보건관리자로 둔 경우에는 그러하지 아니하다.

② 제1항에 따른 산업보건의(이하 "산업보건의"라 한다)를 두어야 하는 사업의 종류와 사업장의 상시근로자 수 및 산업보건의의 자격·직무·권한·선임방법, 그 밖에 필요한 사항은 대통령령으로 정한다.

동 **시행령 제29조**에는 산업보건의를 두어야 할 사업의 종류 및 사업장은 상시근로자 수가 50명 이상을 사용하는 사업장으로서 의사가 아닌 보건관리자를 두는 사업장으로 한다. 동 **시행령 제30조**에는 산업보건의의 자격은 「의료법」에 따른 의사로서 직업환경의학과 전문의, 예방의학 전문의 또는 산업보건에 관한 학식과 경험이 있는 의사로 한하며, 직무는 다음과 같다.

시행령 제31조(산업보건의의 직무 등)

1. 법 제134조에 따른 건강진단 결과의 검토 및 그 결과에 따른 작업 배치, 작업 전환 또는 근로시간의 단축 등 근로자의 건강보호 조치
2. 근로자의 건강장해의 원인 조사와 재발 방지를 위한 의학적 조치
3. 그 밖에 근로자의 건강 유지 및 증진을 위하여 필요한 의학적 조치에 관하여 고용노동부장관이 정하는 사항

(10) 명예산업안전감독관

법 제23조(명예산업안전감독관) ① 고용노동부장관은 산업재해 예방활동에 대한 참여와 지원을 촉진하기 위하여 근로자, 근로자단체, 사업주단체 및 산업재해 예방 관련 전문단체에 소속된 사람 중에서 명예산업안전감독관을 위촉할 수 있다.
② 사업주는 제1항에 따른 명예산업안전감독관(이하 "명예산업안전감독관"이라 한다)에 대하여 직무 수행과 관련한 사유로 불리한 처우를 해서는 아니 된다.
③ 명예산업안전감독관의 위촉 방법, 업무, 그 밖에 필요한 사항은 대통령령으로 정한다.

법 제23조에 **명예산업안전감독관**을 두어 사업장의 산업재해를 예방하도록 하고 있다. 동 **시행령 제32조**에 고용노동부장관은 법 제23조제1항에 따른 명예산업안전감독관(이하 명예감독관"이라 한다)을 다음 각 호의 어느 하나에 해당하는 사람 중에서 위촉할 수 있도록 하였다.

명예산업안전감독관 위촉 규정

1. 산업안전보건위원회 또는 노사협의체 설치 대상 사업의 근로자 중에서 근로자대표가 사업주의 의견을 들어 추천하는 사람

2. 「노동조합 및 노동관계조정법」 제10조에 따른 연합단체인 노동조합 또는 그 지역 대표기구에 소속된 임직원 중에서 해당 연합단체인 노동조합 또는 그 지역대표기구가 추천하는 사람
3. 전국 규모의 사업주단체 또는 그 산하조직에 소속된 임직원 중에서 해당 단체 또는 그 산하조직이 추천하는 사람
4. 산업재해 예방 관련 업무를 하는 단체 또는 그 산하조직에 소속된 임직원 중에서 해당 단체 또는 그 산하조직이 추천하는 사람

명예산업안전감독관 업무

1. 사업장에서 하는 자체점검 참여 및 근로감독관이 하는 사업장 감독 참여
2. 사업장 산업재해 예방계획 수립 참여 및 사업장에서 하는 기계·기구 자체검사 입회
3. 법령을 위반한 사실이 있는 경우 사업주에 대한 개선 요청 및 감독기관에의 신고
4. 산업재해 발생의 급박한 위험이 있는 경우 사업주에 대한 작업중지 요청
5. 작업환경측정, 근로자 건강진단 시의 입회 및 그 결과에 대한 설명회 참여
6. 직업성 질환의 증상이 있거나 질병에 걸린 근로자가 여러 명 발생한 경우 사업주에 대한 임시건강진단 실시 요청
7. 근로자에 대한 안전수칙 준수 지도
8. 법령 및 산업재해 예방정책 개선 건의
9. 안전·보건 의식을 북돋우기 위한 활동과 무재해운동 등에 대한 참여와 지원
10. 그 밖에 산업재해 예방에 대한 홍보 등 산업재해 예방업무와 관련하여 고용노동부장관이 정하는 업무

명예감독관의 임기는 2년으로 하되, 연임할 수 있다.

(11) 산업안전보건위원회

법 제24조(산업안전보건위원회) ① 사업주는 사업장의 안전 및 보건에 관한 중요 사항을 심의·의결하기 위하여 사업장에 근로자위원과 사용자위원이 같은 수로 구성되는 산업안전보건위원회를 구성·운영하여야 한다.

② 사업주는 다음 각 호의 사항에 대해서는 제1항에 따른 산업안전보건위원회(이하 "산업안전보건위원회"라 한다)의 심의·의결을 거쳐야 한다.

1. 제15조제1항제1호부터 제5호까지 및 제7호에 관한 사항

2. 제15조제1항제6호에 따른 사항 중 중대재해에 관한 사항
3. 유해하거나 위험한 기계·기구·설비를 도입한 경우 안전 및 보건 관련 조치에 관한 사항
4. 그 밖에 해당 사업장 근로자의 안전 및 보건을 유지·증진시키기 위하여 필요한 사항

③ 산업안전보건위원회는 대통령령으로 정하는 바에 따라 회의를 개최하고 그 결과를 회의록으로 작성하여 보존하여야 한다.

④ 사업주와 근로자는 제2항에 따라 산업안전보건위원회가 심의·의결한 사항을 성실하게 이행하여야 한다.

⑤ 산업안전보건위원회는 이 법, 이 법에 따른 명령, 단체협약, 취업규칙 및 제25조에 따른 안전보건관리규정에 반하는 내용으로 심의·의결해서는 아니 된다.

⑥ 사업주는 산업안전보건위원회의 위원에게 직무 수행과 관련한 사유로 불리한 처우를 해서는 아니 된다.

⑦ 산업안전보건위원회를 구성하여야 할 사업의 종류 및 사업장의 상시근로자 수, 산업안전보건위원회의 구성·운영 및 의결되지 아니한 경우의 처리방법, 그 밖에 필요한 사항은 대통령령으로 정한다.

회의는 근로자위원 및 사용자위원 각 과반수의 출석으로 시작하고 출석위원 과반수의 찬성으로 의결한다. 근로자대표, 명예감독관, 해당 사업의 대표자(같은 사업으로서 다른 지역에 사업장이 있는 경우에는 그 사업장의 안전보건관리책임자를 말한다. 이하 같다), 안전관리자 또는 보건관리자는 회의에 출석하지 못할 경우에는 해당 사업에 종사하는 사람 중에서 1명을 지정하여 위원으로서의 직무를 대리하게 할 수 있으며, 회의 결과 등에 대하여 산업안전보건위원회의 위원장은 산업안전보건위원회에서 심의·의결된 내용 등 회의 결과와 중재 결정된 내용 등을 사내방송이나 사내보, 게시 또는 자체 정례조회, 그 밖의 적절한 방법으로 근로자에게 신속히 알려야 한다. **산업안전보건위원회의 구성**은 **시행령 제35조**에 따라 1. 근로자대표(근로자의 과반수로 조직된 노동조합이 있는 경우에는 그 노동조합의 대표자를 말하고, 근로자의 과반수로 조직된 노동조합이 없는 경우에는 근로자의 과반수를 대표하는 사람을 말하되, 해당 사업장에 단위 노동조합의 산하 노동단체가 그 사업장 근로자의 과반수로 조직되어 있는 경우에는 지부·분회 등 명칭 여하에 관계없이 해당 노동단체의 대표자를 말한다. 이하 같다) 2. 명예산업안전감독관이 위촉되어 있는 사업장의 경우 근로자대표가 지명하는 1명 이상의 명예산업안전감독관 3. 근로자대표가 지명하는 9명 이내의 해당 사업장의 근로자(명예감독관이 근로자위원으로 지명되어 있는 경우에는 그 수를 제외한 수의 근로자를 말한다)두고 있다. 또한 사용자위원은 다음 각 호의 사람으로 구성한다. 다만, 상시근로자 50명 이상 100명 미만을 사용하는 사업장에서는 제5호에 해당하는 사람을 제외하고 구성할 수 있다. 1. 해당 사업의 대표자, 2. 안전관리자(제15조제1항에 따라 안전관리자를 두어야 하는 사업장으로 한정하되, 안전관리자의 업무를 안전관리전문기관에 위탁한

사업장의 경우에는 그 안전관리전문기관의 해당 사업장 담당자를 말한다) 1명, 3. 보건관리자(제19조제1항에 따라 보건관리자를 두어야 하는 사업장으로 한정하되, 보건관리자의 업무를 보건관리전문기관에 위탁한 경우에는 그 보건관리전문기관의 해당 사업장 담당자를 말한다) 1명, 4. 산업보건의(해당 사업장에 선임되어 있는 경우로 한정한다), 5. 해당 사업의 대표자가 지명하는 9명 이내의 해당 사업장 부서의 장으로 구성한다.

제2절 안전보건관리규정

(1) 안전보건관리규정의 작성

법 제25조(안전보건관리규정의 작성) ① 사업주는 사업장의 안전 및 보건을 유지하기 위하여 다음 각 호의 사항이 포함된 안전보건관리규정을 작성하여야 한다.

1. 안전 및 보건에 관한 관리조직과 그 직무에 관한 사항
2. 안전보건교육에 관한 사항
3. 작업장의 안전 및 보건 관리에 관한 사항
4. 사고 조사 및 대책 수립에 관한 사항
5. 그 밖에 안전 및 보건에 관한 사항

② 제1항에 따른 안전보건관리규정(이하 "안전보건관리규정"이라 한다)은 단체협약 또는 취업규칙에 반할 수 없다. 이 경우 안전보건관리규정 중 단체협약 또는 취업규칙에 반하는 부분에 관하여는 그 단체협약 또는 취업규칙으로 정한 기준에 따른다.

③ 안전보건관리규정을 작성하여야 할 사업의 종류, 사업장의 상시근로자 수 및 안전보건관리규정에 포함되어야 할 세부적인 내용, 그 밖에 필요한 사항은 고용노동부령으로 정한다.

시행규칙 제25조에 **안전보건관리규정**을 **작성**하여야 할 사업의 종류와 상시근로자 수는 별표 2(10 이상 사업장)두고 있으며, 사업주는 안전보건관리규정을 작성하여야 할 사유가 발생한 날부터 30일 이내에 별표 3의 내용을 포함한 안전보건관리규정을 작성하여야 한다. 이를 변경할 사유가 발생한 경우에도 같으며, 사업주가 제2항에 따른 안전보건관리규정을 작성하는 경우에는 소방·가스·전기·교통 분야 등의 다른 법령에서 정하는 안전관리에 관한 규정과 통합하여 작성할 수 있다.

(2) 안전보건관리규정의 작성·변경 절차

법 제26조(안전보건관리규정의 작성·변경 절차) 사업주는 안전보건관리규정을 작성하거나 변경할 때에는 산업안전보건위원회의 심의·의결을 거쳐야 한다. 다만, 산업안전보건위원회가 설치되어 있지 아니한 사업장의 경우에는 근로자대표의 동의를 받아야 한다.

법 제27조(안전보건관리규정의 준수) 사업주와 근로자는 안전보건관리규정을 지켜야 한다.

법 제28조(다른 법률의 준용) 안전보건관리규정에 관하여 이 법에서 규정한 것을 제외하고는 그 성질에 반하지 아니하는 범위에서 「근로기준법」 중 취업규칙에 관한 규정을 준용한다.

안전관리규정은 사업장에서 일하는 작업과 사업장의 가장 중요한 안전에 관한 내용을 담은 사내 규정으로 사업주가 작성하고 사업장의 구성원이 준수하고 이행해야 하는 것이다. 따라서 안전관리규정은 시행령 제24조에 근거하여 작성해야 할 사업의 종류와 상시 근로자 수는 별표 2에 두고 있다. 그리고 안전관리규정은 법 제26조에 따라 사업주는 안전보건관리규정을 작성하거나 변경할 때에는 산업안전보건위원회의 심의·의결을 거치도록 되어 있다. 단, 산업안전보건위원회가 설치되어 있지 아니한 사업장의 경우에는 근로자대표의 동의를 받도록 되어있으며, 법 제28조에 따라 근로기준법의 취업규칙의 규정을 준용하도록 하고 있다.

제3장 안전보건교육

(1) 근로자에 대한 안전보건교육

법 제29조(근로자에 대한 안전보건교육) ① 사업주는 소속 근로자에게 고용노동부령으로 정하는 바에 따라 정기적으로 안전보건교육을 하여야 한다.
② 사업주는 근로자(건설 일용근로자는 제외한다. 이하 이 조에서 같다)를 채용할 때와 작업내용을 변경할 때에는 그 근로자에게 고용노동부령으로 정하는 바에 따라 해당 작업에 필요한 안전보건교육을 하여야 한다.
③ 사업주는 근로자를 유해하거나 위험한 작업에 채용하거나 그 작업으로 작업내용을 변경할

때에는 제2항에 따른 안전보건교육 외에 고용노동부령으로 정하는 바에 따라 유해하거나 위험한 작업에 필요한 안전보건교육을 추가로 하여야 한다.
④ 사업주는 제1항부터 제3항까지의 규정에 따른 안전보건교육을 제33조에 따라 고용노동부장관에게 등록한 안전보건교육기관에 위탁할 수 있다.

동 **시행규칙 제26조**에 **교육시간 및 교육내용** 등을 규정하고 있는데, 사업주가 근로자에게 실시하여야 하는 안전보건교육의 교육시간은 별표 4와 같고, 교육내용은 별표 5와 같다.[4)]

교육대상		교육시간
사무직종사 근로자		매분기 3시간 이상
사무직 종사 근로자 외의 근로자	판매업무에 직접 종사하는 근로자	매분기 3시간 이상
	시행규칙 별표 8의2 제1호 라목 각 호의 어느 하나에 해당하는 작업에 종사하는 근로자	매월 2시간 이상
	판매업무 및 별표 8의2 제1호 라목 각 호 작업 외에 종사하는 근로자	매분기 6시간 이상
관리감독자의 지위에 있는 자		연간 16시간 이상

신규채용시 교육

교육대상	교육시간
일용근로자	1시간 이상
일용근로자를 제외한 근로자	8시간 이상

작업변경시 교육

교육대상	교육시간
일용근로자	1시간 이상
일용근로자를 제외한 근로자	2시간 이상

관리자 교육

구 분	안전보건관리책임자	안전관리자	보건관리자
교육시간	6시간 이상	34시간 이상	34시간 이상

4) 고용노동부 홈페이지(http://minwon.moel.go.kr/minwon2008/faq/faq_open_view.do)

교육내용

교육대상	교육내용
안전보건관리책임자	• 관리책임자의 책임과 직무에 관한 사항 • 산업안전보건법령 및 안전·보건조치에 관한 사항
안전관리자	• 산업안전보건법령에 관한 사항 • 산업안전개론에 관한 사항 • 인간공학 및 산업심리에 관한 사항 • 안전교육방법에 관한 사항 • 재해발생시 응급처치에 관한 사항 • 안전점검·평가 및 재해분석기법에 관한 사항 • 안전기준 및 개인보호구 등 각 분야별 재해예방실무에 관한 사항 • 산업안전보건관리비 계상 및 사용기준에 관한 사항 • 작업환경개선 등 산업위생분야에 관한 사항(위생보호구 포함) • 무재해운동 추진기법 및 실무에 관한 사항 • 위험성평가에 관한 사항 • 그 밖에 안전관리자의 직무향상을 위하여 필요한 사항
보건관리자	• 산업안전보건법령 및 작업환경측정에 관한 사항 • 산업안전·보건개론에 관한 사항 • 산업보건관리계획 수립·평가 및 산업역학에 관한 사항 • 작업환경 및 직업병예방에 관한 사항 • 작업환경개선에 관한 사항(소음분진·관리대상 유해물질 및 유해광선 등) • 산업역학 및 통계에 관한 사항 • 산업환기에 관한 사항 • 안전·보건관리체제·규정 및 보건관리자 역할에 관한 사항 • 보건관리계획 및 운용에 관한 사항 • 근로자 건강관리 및 응급처치에 관한 사항 • 위험성평가에 관한 사항 • 그 밖에 보건관리자의 직무향상을 위하여 필요한 사항

특별안전보건교육

교육대상	교육시간
별표 8의2 제1호 라목 각 호의 어느 하나에 해당하는 작업에 종사하는 일용근로자	2시간 이상
별표8의2 제1호 라목 각 호의 어느 하나에 해당하는 작업에 종사하는 일용근로자를 제 외한 근로자	• 16시간 이상(최초작업에 종사하기 전 4시간 이상 실시하고 12시간은 3월 이내 분할하여 실시가능) • 단기간 또는 임시작업인 경우에는 2 시간 이상

특별안전교육내용

작업명	교육내용
<공통내용>	• 신규채용시 및 작업내용변경시의 교육내용
<개별내용>	
1. 고압실내작업 (잠함공법 기타 압기공법에 의하여 대기압을 넘는 기압하의 작업실 또는 수갱내부에 있어서 행하는 작업에 한함)	• 고기압 장해의 인체에 미치는 영향에 관한 사항 • 작업시간·작업방법 및 절차에 관한 사항 • 압기공법에 관한 기초지식 및 보호구착용에 관한 사항 • 이상시 응급조치에 관한 사항 • 기타 안전보건관리에 필요한 사항
2. 아세틸렌용접장치 또는 가스 집합용접장치를 사용하여 행하는 금속의 용접·용단 또는 가열작업 (발생기·도관 등에 의하여 구성 되는 용접장치에 한함)	• 용접흄·분진 및 유해광선 등의 유해성에 관한 사항 • 가스용접·압력조정기·호스 및 취관두 등의 기기 점검에 관한 사항 • 작업방법·작업순서 및 응급처치에 관한 사항 • 안전기 및 보호구 취급에 관한 사항 • 화재예방 및 초기대응에 관한 사항 • 기타 안전보건관리에 필요한 사항
3. 밀폐된 장소(탱크 내 또는 환기가 극히 불량한 좁은 장소를 말한다)에서 행하는 용접 작업 또는 습한 장소에서 행하는 전기용접장치	• 작업순서·안전작업방법 및 수칙에 관한 사항 • 환기설비에 관한 사항 • 전격방지 및 보호구 착용에 관한 사항 • 질식시 응급조치에 관한 사항 • 작업환경점검에 관한 사항 • 기타 안전보건관리에 필요한 사항
4. 폭발성·물반응성·자기반응성·자기발열성물질, 자연발화성 액체·고체 및 인화성 액체의 제조 또는 취급작업 (시험연구를 위한 취급작업을 제외)	• 폭발성·물반응성·자기반응성·자기발열성 물질, 자연발화성 액체·고체 및 인화성 액체의 성상이나 성질에 관한 사항 • 폭발한계·발화점 및 인화점등에 관한 사항 • 취급방법 및 안전수칙에 관한 사항 • 이상발견시의 응급처치 및 대피요령에 관한 사항 • 화기·정전기·충격 및 자연발화 등의 위험방지에 관한 사항 • 작업순서, 취급주의사항 및 방호거리 등에 관한 사항 • 기타 안전보건관리에 필요한 사항
5. 액화석유가스, 수소가스 등 인화성 가스, 폭발성 물질 중 가스의 발생장치 취급작업	• 취급가스의 성상 및 성질에 관한 사항 • 발생장치 등의 위험방지에 관한 사항 • 고압가스 저장설비 및 안전취급방법에 관한 사항 • 설비 및 기구의 점검요령 • 기타 안전보건관리에 필요한 사항
6. 화학설비 중 반응기, 교반기, 추출기의 사용 및 세척작업	• 각 계측장치의 취급 및 주의에 관한 사항 • 투시창·수위 및 유량계 등의 점검 및 밸브의 조작주의에 관한 사항 • 세척액의 유해 및 인체에 미치는 영향에 관한 사항 • 작업절차에 관한 사항 • 기타 안전보건관리에 필요한 사항

작업명	교육내용
7. 화학설비의 탱크 내 작업	• 차단장치·정지장치 및 밸브개폐장치의 점검에 관한 사항 • 탱크내의 산소농도측정 및 작업환경에 관한 사항 • 안전보호구 및 이상시 응급조치에 관한 사항 • 작업절차·방법 및 유해위험에 관한 사항 • 기타 안전보건관리에 필요한 사항
8. 분말·원재료 등을 담은 호퍼, 사이로 등 저장탱크의 내부 작업	• 분말 원재료의 인체에 미치는 영향에 관한 사항 • 저장탱크 내부작업 및 복장보호구 착용에 관한 사항 • 작업의 지정·방법·순서 및 작업환경점검에 관한사항 • 팬·풍기 조작 및 취급에 관한 사항 • 분진폭발에 관한 사항 • 기타 안전보건관리에 필요한 사항
9. 다음의 설비에 의한 물건의 가열, 건조 작업 • 건조작업 중 위험물 등에 관계되는 설비로 내용적이 1미터 이상인 것 • 기타 설비로서 연료를 열원으로 사용하는 것(그 최대연소 소비량이 매 시간당 10킬로그램 이상인 것에 한한다) 또는 전력을 열원으로 사용하는 것(정격 소비전력이 10킬로와트 이상인 것에 한함	• 건조설비 내외면 및 기기 기능의 점검에 관한 사항 • 복장보호구 착용에 관한 사항 • 건조시의 유해가스 및 고열 등이 인체에 미치는 영향에 관한 사항 • 건조설비에 의한 화재·폭발예방에 관한 사항
10. 다음의 집재장치(집재기, 가 선, 운반기구, 지주 및 이들에 부속하는 물건으로 구성되고 동력을 사용하여 원목 또는 장작과 숯을 달아 올리거나 또한 공중에서 운반하는 설비를 말함)의 조립, 해체, 변경 또는 수리작업 및 이들 설비에 의한 집재 또는 운반 작업 • 원동기의 정격출력이 7.5킬로와트를 넘는 것 • 지간의 경사거리 합계가 35미터 이상인 것 • 최대사용하중이 200킬로그램 이상인 것	• 기계의 브레이크 비상정지장치 및 운반경로 및 각 종 기능 점검에 관한 사항 • 작업시작 전 준비사항 및 작업방법에 관한 사항 • 취급물의 유해·위험에 관한 사항 • 구조상의 이상시 응급처치에 관한 사항 • 기타 안전보건관리에 필요한 사항
11. 동력에 의하여 작동되는 프레스기계를 5대 이상 보유한 사업장에서의 당해 기계에 의한 작업	• 프레스의 특성과 위험성에 관한 사항 • 방호장치 종류와 취급에 관한 사항 • 안전작업 방법에 관한 사항 • 프레스 안전기준에 관한 사항 • 기타 안전보건관리에 필요한 사항
12. 목재가공용기계(둥근톱기계, 띠톱기계, 대패기계, 모떼기기계 및 루타에 한하며 휴대용을 제외)를 5대 이상 보유한 사업장에서의 당해 기계에 의한 작업	• 목재가공용 기계의 특성과 위험성에 관한 사항 • 방호장치 종류와 구조 및 취급에 관한 사항 • 안전기준에 관한 사항 • 안전 작업방법 및 목재취급에 관한 사항 • 기타 안전보건관리에 필요한 사항

작업명	교육내용
13. 운반 등 하역기계를 5대 이상 보유한 사업장에서의 당해 기계에 의한 작업	• 운반하역기계 및 부속설비의 점검에 관한 사항 • 작업순서와 방법에 관한 사항 • 안전운전방법에 관한 사항 • 작업신호 화물의 취급에 관한 사항 • 기타 안전보건관리에 필요한 사항
14. 1톤 이상의 크레인을 사용 하는 작업 또는 1톤 이하의 크레인 또는 호이스트를 5대 이상 보유한 사업장에서의 당해 기계에 의한 작업	• 방호장치의 종류, 기능 및 취급에 관한 사항 • 걸고리·와이어로프 및 비상정지장치 등의 기계·기 구 점검에 관한 사항 • 화물의 취급 및 작업방법에 관한 사항 • 신호방법 및 공동작업에 관한 사항 • 기타 안전보건관리에 필요한 사항
15. 건설용 리프트, 곤돌라를 이용한 작업	• 방호장치 기능 및 사용에 관한 사항 • 기계·기구·달기체인 및 와이어 등의 점검에 관한 사항 • 화물의 권상·권하 작업방법 및 안전작업지도에 관 한 사항 • 기계·기구에 특성 및 동작원리에 관한 사항 • 신호방법 및 공동작업에 관한 사항 • 기타 안전보건관리에 필요한 사항
16. 주물 및 단조작업	• 고열물의 재료 및 작업환경에 관한 사항 • 출탕·주조 및 고열물의 취급과 안전작업방법에 관한 사항 • 고열작업의 유해·위험 및 보호구 착용에 관한 사항 • 안전기준 및 중량물 취급에 관한 사항 • 기타 안전보건관리에 필요한 사항
17. 전압기 75볼트 이상의 정전 및 활선작업	• 전기의 위험성 및 전격방지에 관한 사항 • 당해 설비의 보수 및 점검에 관한 사항 • 정전작업·활선작업시의 안전작업방법 및 순서에 관한 사항 • 절연용 보호구 및 활선작업용 기구 등의 사용에 관한 사항 • 기타 안전보건관리에 필요한 사항
18. 콘크리트 파쇄기를 사용하여 행하는 파쇄작업(2미터 이상인 구축물의 파쇄작업에 한함)	• 콘크리트 해체요령과 방호거리에 관한 사항 • 작업안전조치 및 안전기준에 관한 사항 • 파쇄기의 조작 및 공통작업 신호에 관한 사항 • 보호구 및 방호가드 등에 관한 사항 • 기타 안전보건관리에 필요한 사항
19. 굴착면의 높이가 2미터 이상이 되는 지반굴착작업 (터널 및 수직갱 외의 갱굴착을 제외)	• 지반의 형태구조 및 굴착요령에 관한 사항 • 지반의 붕괴재해 예방에 관한 사항 • 붕괴방지용 구조물 설치 및 작업방법에 관한 사항 • 보호구 종류 및 사용에 관한 사항 • 기타 안전보건관리에 필요한 사항
20. 흙막이 지보공의 보강 또는 동바리의 설치 또는 해체작업	• 작업안전점검 요령과 방법에 관한 사항 • 동바리의 운반·취급 및 설치시 안전작업에 관한 사항 • 해체작업순서와 안전기준에 관한 사항 • 보호구 취급 및 사용에 관한 사항 • 기타 안전보건관리에 필요한 사항

작업명	교육내용
21. 터널 안에서의 굴착작업(굴착용 기계를 굴착작업 중 근로자가 칼날 밑에 접근하지 아니하고 행하는 작업을 제외) 또는 동작업에 있어서의 터널 거푸집 지보공의 조립 또는 콘크리트 작업	• 작업환경의 점검요령과 방법에 관한 사항 • 붕괴방지용 구조물설치 및 안전작업방법에 관한 사항 • 재료의 운반 및 취급설치의 안전기준에 관한 사항 • 보호구의 종류 및 사용에 관한 사항 • 소화설비의 설치장소 및 사용방법에 관한 사항 • 기타 안전보건관리에 필요한 사항
22. 굴착면의 높이가 2미터 이상이 되는 암석의 굴착작업	• 폭발물 취급요령과 대피요령에 관한 사항 • 안전거리 및 안전기준에 관한 사항 • 방호물의 설치 및 기준에 관한 사항 • 보호구 작업신호 등에 관한 사항 • 기타 안전보건관리에 필요한 사항
23. 높이가 2미터 이상인 물건을 쌓거나 무너뜨리는 작업(하역기계에 의하여서만 행하는 작업을 제외)	• 원부재료의 취급방법 및 요령에 관한 사항 • 물건의 위험성·낙하 및 붕괴재해 예방에 관한 사항 • 적재방법 및 전도방지에 관한 사항 • 보호구 착용에 관한 사항 • 기타 안전보건관리에 필요한 사항
24. 선박에 짐을 쌓거나 부리거나 이동시키는 작업	• 하역기계·기구의 운전조작방법에 관한 사항 • 운반·이송경로의 안전작업방법 및 기준에 관한 사항 • 중량물 취급요령과 신호요령에 관한 사항 • 작업안전점검과 보호구 취급에 관한 사항 • 기타 안전보건관리에 필요한 사항
25. 거푸집 동바리의 조립 또는 해체작업	• 동비리외 조립방법 및 작업절차에 관한 사항 • 조립재료의 취급방법 및 설치기준에 관한 사항 • 조립해체시의 사고예방에 관한 사항 • 보호구 착용 및 점검에 관한 사항 • 기타 안전보건관리에 필요한 사항
26. 비계의 조립, 해체 또는 변경 작업	• 비계의 조립순서 방법에 관한 사항 • 비계작업의 재료취급 및 설치에 관한 사항 • 추락재해방지에 관한 사항 • 보호구 착용에 관한 사항 • 비계상부 작업시 최대적재하중에 관한 사항 • 기타 안전보건관리에 필요한 사항
27. 건축물의 골조, 교량의 상부 구조 또는 탑의 금속제의 부재에 의하여 구성되는 것(5미터 이상인 것에 한함)의 조립, 해체 또는 변경작업	• 건립 및 버팀대의 설치순서에 관한 사항 • 조립해체시의 추락재해 및 위험요인에 관한 사항 • 건립용 기계의 조작 및 작업신호에 관한 사항 • 안전장구 착용 및 해체순서에 관한 사항 • 기타 안전보건관리에 필요한 사항
28. 처마높이가 5미터 이상인 목조건축물의 구조부재의 조립이나 건축물의 지붕 또는 외벽 밑에서의 설치작업	• 붕괴·추락 및 재해방지에 관한 사항 • 부재의 강도·재질 및 특성에 관한 사항 • 조립설치 순서 및 안전작업방법에 관한 사항 • 보호구 착용 및 작업점검에 관한 사항 • 기타 안전보건관리에 필요한 사항

작업명	교육내용
29. 콘크리트공작물(그 높이가 2미터 이상인 것에 한함)의 해체 또는 파괴작업	• 콘크리트 해체기계의 점검에 관한 사항 • 파괴시의 안전거리 및 대피요령에 관한 사항 • 작업방법·순서 및 신호요령에 관한 사항 • 해체·파괴시의 작업안전기준 및 보호구에 관한 사항 • 기타 안전보건관리에 필요한 사항
30. 타워크레인을 설치(상승작업을 포함)·해체하는 작업	• 붕괴·추락 및 재해방지에 관한 사항 • 설치·해체순서 및 안전작업방법에 관한 사항 • 부재의 구조·재질 및 특성에 관한 사항 • 신호방법 및 요령에 관한 사항 • 이상시 응급조치에 관한 사항 • 그 밖에 안전보건관리에 필요한 사항
31. 보일러(소형보일러 및 다음에 정하는 보일러는 제외)의 설치 및 취급작업 • 몸통 반지름이 750밀리미터 이하이고 그 길이가 1,300밀리미터 이하인 증기보일러 • 전열면적이 3제곱미터 이하인 증기보일러 • 열면적이 4제곱미터 이하인 증기보일러 • 전열면적이 30제곱미터 이하인 관류보일러	• 기계 및 기기 점화장치 계측기의 점검에 관한 사항 • 열관리 및 방호장치에 관한 사항 • 작업순서 및 방법에 관한 사항 • 기타 안전보건관리에 필요한 사항
32. 게이지압력이 매 제곱센티미터당 1킬로그램 이상으로 사용하는 압력용기의 설치 및 취급작업	• 안전시설 및 안전기준에 관한 사항 • 압력용기의 위험성에 관한 사항 • 용기취급 및 설치기준에 관한 사항 • 작업안전점검방법 및 요령에 관한 사항 • 기타 안전보건관리에 필요한 사항
33. 방사선업무에 관계되는 작업(의료 및 실험용을 제외)	• 방사선의 유해·위험 및 인체에 미치는 영향 • 방사선의 측정기기 기능의 점검에 관한 사항 • 방호거리·방호벽 및 방사선물질의 취급요령에 관한 사항 • 비상시 응급처치 및 보호구 착용에 관한 사항 • 기타 안전보건관리에 필요한 사항
34. 맨홀작업	• 장비·설비 및 시설 등의 안전점검에 관한 사항 • 산소농도측정 및 작업환경에 관한 사항 • 작업내용별·안전작업방법 및 절차에 관한 사항 • 보호구 착용 및 보호장비 및 사용에 관한 사항 • 기타 안전보건관리에 필요한 사항
35. 밀폐공간작업	• 산소농도측정 및 작업환경에 관한 사항 • 사고시의 응급처치 및 비상시 구출에 관한 사항 • 보호구 착용 및 사용방법에 관한 사항 • 밀폐공간작업의 안전작업방법에 관한 사항 • 그 밖에 안전보건관리에 필요한 사항

작업명	교육내용
36. 허가 및 관리대상 유해물질의 제조 또는 취급작업	• 취급물질의 성상 및 성질에 관한 사항 • 유해물질의 인체에 미치는 영향 • 국소배기장치 및 안전설비에 관한 사항 • 안전작업방법 및 보호구 사용에 관한 사항 • 기타 안전보건관리에 필요한 사항
37. 로봇작업	• 로봇의 기본원리·구조 및 작업방법에 관한 사항 • 이상시 응급조치에 관한 사항 • 안전시설 및 안전기준에 관한 사항 • 조작방법 및 작업순서에 관한 사항
38. 석면해체·제거작업	• 석면의 특성과 위험성 • 석면해체·제거 작업방법에 관한 사항 • 장비 및 보호구 사용에 관한 사항 • 그 밖에 안전·보건관리에 필요한 사항

법 제30조(근로자에 대한 안전보건교육의 면제 등) ① 사업주는 제29조제1항에도 불구하고 다음 각 호의 어느 하나에 해당하는 경우에는 같은 항에 따른 안전보건교육의 전부 또는 일부를 하지 아니할 수 있다.

1. 사업장의 산업재해 발생 정도가 고용노동부령으로 정하는 기준에 해당하는 경우
2. 근로자가 제11조제3호에 따른 시설에서 건강관리에 관한 교육 등 고용노동부령으로 정하는 교육을 이수한 경우
3. 관리감독자가 산업 안전 및 보건 업무의 전문성 제고를 위한 교육 등 고용노동부령으로 정하는 교육을 이수한 경우

② 사업주는 제29조제2항 또는 제3항에도 불구하고 해당 근로자가 채용 또는 변경된 직업에 경험이 있는 등 고용노동부령으로 정하는 경우에는 같은 조 제2항 또는 제3항에 따른 안전보건교육의 전부 또는 일부를 하지 아니할 수 있다.

(2) 건설업 기초안전보건교육

법 제31조(건설업 기초안전보건교육) ① 건설업의 사업주는 건설 일용근로자를 채용할 때에는 그 근로자로 하여금 제33조에 따른 안전보건교육기관이 실시하는 안전보건교육을 이수하도록 하여야 한다. 다만, 건설 일용근로자가 그 사업주에게 채용되기 전에 안전보건교육을 이수한 경우에는 그러하지 아니하다.

② 제1항 본문에 따른 안전보건교육의 시간·내용 및 방법, 그 밖에 필요한 사항은 고용노동부령으로 정한다.

동 **시행규칙 제28조**에는 법 제31조제1항에 따라 건설 일용근로자를 채용할 때 실시하는 안전보건교육(이하 "건설업 기초안전보건교육"이라 한다)의 교육시간은 별표 4에 따르고, 교육내용은 별표 5에 따르며, 건설업 기초안전보건교육을 하기 위하여 등록한 기관(이하 "건설업 기초안전·보건교육기관"이라 한다)이 건설업 기초안전보건교육을 할 때에는 별표 5의 교육내용에 적합한 교육교재를 사용하여야 하고, 영 별표 11의 인력기준에 적합한 사람을 배치하여야 하도록 하고 있다.

동 **시행규칙 제33조** 법 제31조 **건설업 기초안전·보건교육기관의 등록신청**은 다음과 같다.

1. 영 제40조제2항의 자격에 해당함을 증명하는 서류
2. 영 별표 11에 따른 인력기준을 갖추었음을 증명할 수 있는 자격증(국가기술자격증은 제외한다), 졸업증명서, 경력증명서 및 재직증명서 등 서류
3. 영 별표 11에 따른 시설·장비기준을 갖추었음을 증명할 수 있는 서류와 시설·장비 명세서

(3) 안전보건관리책임자 등에 대한 직무교육

법 제32조(안전보건관리책임자 등에 대한 직무교육) ① 사업주(제5호의 경우는 같은 호 각 목에 따른 기관의 장을 말한다)는 다음 각 호에 해당하는 사람에게 제33조에 따른 안전보건교육기관에서 직무와 관련한 안전보건교육을 이수하도록 하여야 한다. 다만, 다음 각 호에 해당하는 사람이 다른 법령에 따라 안전 및 보건에 관한 교육을 받는 등 고용노동부령으로 정하는 경우에는 안전보건교육의 전부 또는 일부를 하지 아니할 수 있다.

1. 안전보건관리책임자
2. 안전관리자
3. 보건관리자
4. 안전보건관리담당자
5. 다음 각 목의 기관에서 안전과 보건에 관련된 업무에 종사하는 사람
   가. 안전관리전문기관
   나. 보건관리전문기관
   다. 제74조에 따라 지정받은 건설재해예방전문지도기관
   라. 제96조에 따라 지정받은 안전검사기관
   마. 제100조에 따라 지정받은 자율안전검사기관
   바. 제120조에 따라 지정받은 석면조사기관

② 제1항 각 호 외의 부분 본문에 따른 안전보건교육의 시간·내용 및 방법, 그 밖에 필요한 사항은 고용노동부령으로 정한다.

안전보관관리책임자등에 대한 교육은 사업장에서 직무와 관련한 내용을 교육함으로써 재해의 사전예방에 중요한 역할 을 담당하는 것이다. 일반적으로 사업주가 안전보건교육기관에서 교육받도록 해야 함에 따라 교육비용과 교육에 관한 제방 경비는 사업주가 부담하도록 되어 있다.

시행규칙 제29조(안전보건관리책임자 등에 대한 직무교육) 직위에 선임(위촉의 경우를 포함한다. 이하 같다)되거나 채용된 후 3개월(보건관리자가 의사인 경우는 1년) 이내에 직무를 수행하는 데 필요한 신규교육을 받아야 하며, 신규교육을 이수한 후 매 2년이 되는 날을 기준으로 전후 3개월 사이에 고용노동부장관이 실시하는 안전보건에 관한 보수교육을 받아야 한다.

1. 법 제15조제1항에 따른 안전보건관리책임자
2. 법 제17조제1항에 따른 안전관리자(「기업활동 규제완화에 관한 특별조치법」 제30조제3항에 따라 안전관리자로 채용된 것으로 보는 사람을 포함한다)
3. 법 제18조제1항에 따른 보건관리자
4. 법 제19조제1항에 따른 안전보건관리담당자
5. 법 제21조제1항에 따른 안전관리전문기관 또는 보건관리전문기관에서 안전관리자 또는 보건관리자의 위탁 업무를 수행하는 사람
6. 법 제74조제1항에 따른 건설재해예방전문지도기관에서 지도업무를 수행하는 사람
7. 법 제96조제1항에 따라 지정받은 안전검사기관에서 검사업무를 수행하는 사람
8. 법 제100조제1항에 따라 지정받은 자율안전검사기관에서 검사업무를 수행하는 사람
9. 법 제120조제1항에 따른 석면조사기관에서 석면조사 업무를 수행하는 사람

시행규칙 제30조(직무교육의 면제) ① 법 제32조제1항 단서에 따라 다음 각 호의 어느 하나에 해당하는 사람에 대해서는 직무교육 중 신규교육을 면제한다.

1. 법 제19조제1항에 따른 안전보건관리담당자
2. 영 별표 4 제6호에 해당하는 사람
3. 영 별표 4 제7호에 해당하는 사람

(4) 안전보건교육기관

법 제33조(안전보건교육기관) ① 제29조제1항부터 제3항까지의 규정에 따른 안전보건교육, 제31조제1항 본문에 따른 안전보건교육 또는 제32조제1항 각 호 외의 부분 본문에 따른 안전보건교육을 하려는 자는 대통령령으로 정하는 인력·시설 및 장비 등의 요건을 갖추어 고용노동부장관에게 등록하여야 한다. 등록한 사항 중 대통령령으로 정하는 중요한 사항을 변경할 때에도 또한 같다.
② 고용노동부장관은 제1항에 따라 등록한 자(이하 "안전보건교육기관"이라 한다)에 대하여 평가하고 그 결과를 공개할 수 있다. 이 경우 평가의 기준·방법 및 결과의 공개에 필요한 사항은 고용노동부령으로 정한다.
③ 제1항에 따른 등록 절차 및 업무 수행에 관한 사항, 그 밖에 필요한 사항은 고용노동부령으로 정한다.
④ 안전보건교육기관에 대해서는 제21조제4항 및 제5항을 준용한다. 이 경우 "안전관리전문기관 또는 보건관리전문기관"은 "안전보건교육기관"으로, "지정"은 "등록"으로 본다.

동 **시행령 제40조**에 **안전보건교육기관의 등록 및 취소** 규정을 두어 등록하려는 자는 법인 또는 산업안전보건관련 학과가 있는 「고등교육법」 제2조에 따른 학교로서 별표 10에 따른 인력·시설 및 장비 기준을 갖추어 고용노동부장관에게 등록하여야 하며, 안전보건교육을 하려는 기관으로 등록하려는 자는 법인 또는 산업안전·보건 관련 학과가 있는 「고등교육법」 제2조에 따른 학교로서 별표 11에 따른 인력·시설 및 장비를 갖추어 고용노동부장관에게 등록하여야 한다. 법 제33조제1항에 따라 법 제32조제1항 각 호 외의 부분 본문에 따른 안전보건교육을 하려는 기관(이하 "직무교육기관"이라 한다)으로 등록하려는 자는 비영리법인 또는 산업안전·보건 관련 학과가 있는 「고등교육법」 제2조에 따른 학교로서 별표 12에 따른 인력·시설 및 장비를 갖추어 고용노동부장관에게 등록하여야 한다.

법 제33조제2항 교육기관 평가 규정을 두어 동 **시행규칙 제32조**에 따라 안전보건공단이 법 제33조제2항에 따라 안전보건교육기관을 평가하며 기준은 1. 인력·시설 및 장비의 보유수준과 활용도, 2. 교육과정의 운영체계 및 업무성과, 3. 교육서비스의 적정성 및 만족도 등을 평가한다.

사례 1 : 특별안전보건교육의 실시대상 여부[5)]

■ 질의

사업장내에 단기간의 지원업무 및 생산품의 수시 변동이 발생한 경우

1. 특별안전보건교육대상 작업장의 근로자가 생산제품 및 생산공정은 다르나 유사장비나 유사물질을 취급하는 다른 특별안전보건교육대상 작업장으로 이동하 여 지원작업이 이루어지는 경우의 교육실시여부 및 교육의 종류
2. 질의 1.의 경우 지원업무가 종료된 후 원소 속으로 복귀시의 교육실시여부 및 교육종류
3. 근로자가 과거 업무를 행한 특별안전보건교육대상 작업장에 재지원해서 갈 경우의 교육실시여부 및 교육종류
4. 근로자가 동일장비로 생산제품을 달리하였을 경우의 교육실시 의무 및 교육종류

■ 회시

질의 1., 2., 3. 관련
산업안전보건법 제31조제3항의 특별안전보건교육의 실시대상 여부는 작업부서의 이동에 의해서가 아니라, 동법 시행규칙 [별표 8의2] 제1호 라목이 규정하는 유해·위험 한 작업에 해당하는지 여부에 따라 결정되어야 할 것임. 본 사안에서 새로운 B 작업장의 작업이 상기 [별표 8의2]에 비추어 볼 때 A 작업장의 작업과 다르지 않다면 사업주는 A 작업장의 작업에 대하여 기 실시한 특별안전보건교육 사항을 재교육할 의무가 없음. 참고로 특별안전보건교육 실시대상에 해당하는 작업에 종사하는 근로자에게 해당 특별안전보건교육을 실시한 사업주에 대하여는 산업안전보건법 제31조제2항의 작업 내용 변경시의 교육의무가 면제될 수 있음(동법 시행규칙 제33조의2 참조).
질의 4. 관련
산업안전보건법 제31조제2항의 작업내용 변경시 교육의 실시여부와 동조 제3항의 특별안전보건교육의 실시대상의 변경여부는 위와 같이 구체적인 작업내용에 의해서 결정되어지므로 생산제품의 변경만으로는 교육실시나 교육의 종류가 달라지는 것은 아니라고 판단됨. (안정 68301-1045, 2000.10.5)

사례 2 : 유사한 작업내용 변경시 교육실시 여부 및 교육시기[6)]

■ 질의

1. 동일기계는 아니지만 유사한 기계설비로 동일작업을 수행하는 경우 작업내용 변경시의 교육을 해야 하는지 여부
2. “A”라는 구역에서 운반작업을 하던 자가 “B”라는 구역으로 이동하여 운반작업을 수행하는 경우 작업내용변경시의 교육을 해야 하는지 여부

5) http://minwon.moel.go.kr/minwon2008/faq/faq_open_view.do
6) http://minwon.moel.go.kr/minwon2008/faq/faq_open_view.do

3. 작업내용변경시의 교육은 작업내용을 변경할 때에 해야 하는지 아니면 일괄적으로 할 수 있는지 여부
4. 작업내용의 변경시 안전교육의 유효기간
5. 근무 중 타 유사업무를 수행하는 자를 지원하는 경우 작업내용변경시의 안전교육을 실시하여야 하는지 여부

■ **회시**

질의 1., 2. 관련
산업안전보건법 제31조제2항의 “작업내용을 변경할 때”의 교육에 해당하는지 여부는 기계·설비의 변경이나 작업장소의 이동 등에 의해서 판단될 수 있는 것이 아니라 “다른 작업으로 전환할 때”와 “작업설비나 작업방법 등의 대폭적인 변경이 있을 때” 등 실질적으로 근로자의 안전·보건을 확보하기 위한 안전교육이 필요한 경우에 해당하는지 여부에 따라 결정되는 것이므로 기계설비나 작업장소가 변경되었다 하더라도 상술한 작업내용의 변경이 없다면 작업내용변경시의 교육실시 의무는 없음.
질의 3., 4. 관련
“작업내용을 변경할 때”의 교육은 작업내용의 변경이 있는 경우 변경된 작업을 하기 전에 실시하면 됨.
질의 5. 관련
유사직무를 수행하는 동료를 지원함에 있어 사전 작업내용변경 교육이 필요한 지는 당해 지원작업이 “작업내용을 변경할 때”의 작업에 해당하는지 여부에 따라 판단하여야 함. (안정 68307-50, 2001. 2. 14)

사례 3 : 근로자가 교육에 불참한 경우 사업주의 정기교육 실시의무 위반 여부[7)]

■ **질의**

1. 사업장내 근로자에 대한 안전보건교육을 매월 둘째주와 넷째주 목요일에 정기 적으로 실시하고 있으나 근로자의 일부가 노동조합의 불법 단체행동으로 인해 위 교육을 참여하지 못하고 별도로 교육을 요청하였으나 회사의 생산손실 등을 사유로 당해 근로자에 대한 교육을 실시하지 아니하였다면 산업안전보건법 위반으로 사업주가 처벌을 받는지 여부
2. 근로자가 500명 이상인 사업장에서 연·월차 등 개인사유로 휴가를 실시한 근로자가 출근 후 교육을 요청하였으나 본인 사유라는 이유로 사업주가 교육을 미실시 한 경우가 산업안전보건법 위반에 해당하는지 여부

■ **회시**

질의 1., 2. 관련
산업안전보건법 제31조제1항, 동법 시행규칙 제33조제1항, 별표 8의 규정에 의하여 사업주는 당해 사업장의 근로자에 대하여 정기적으로 안전보건에 관한 교육을 실시해야 할 의무가 있음.

7) http://minwon.moel.go.kr/minwon2008/faq/faq_open_view.do

- 따라서 사업주가 실시하는 정기 안전보건교육에 근로자가 참가하지 않더라도 사업주의 정기교육 실시의무가 소멸되는 것은 아님. 사업주는 안전보건교육 실시의 편의를 도모하기 위하여 특정 일시를 정하여 정기적으로 안전보건교육을 실시할 수 있지만, 동 일시에 불참한 근로자에 대한 정기 안전보건교육 실시의무가 없어지는 것은 아님. - 사업주는 귀문 노동조합의 단체행동 참여, 연·월차의 사용, 기타의 사유로 사 업장에서 정한 일시에 안전보건교육에 참석하지 못한 근로자를 대상으로 추 가로 산업안전보건법상의 정기 안전보건교육을 실시하여야 할 것이며, - 만일 당해 교육을 실시하지 않았다면 산업안전보건법 위반으로 처벌받을 수 있음. (안정 68307-195, 2001. 3. 22)

사례 4 : 매일 10분씩 실시하는 정기교육의 적정성 및 정기교육 실시 시간[8)]

■ 질의

1. 산업안전보건법 시행규칙 제33조제1항의 규정에 의하면 생산직근로자에 대한 정기 교육은 매월 2시간 이상을 실시하도록 규정되어 있는 바, 동 교육을 작업 시작 전 매일 10분씩 실시하는 경우 당해 조항의 위반여부
2. 정기교육은 작업 중에만 해야 하는지 아니면 작업 전 또는 작업 후 근무 외 시간에 실시해도 무방한지 여부

■ 회시

질의 1. 관련
산업안전보건교육규정(고용노동부 고시) 제3조제2항은 산업안전보건법 제31조 및 동법 시행규칙 제33조의 교육 중 "정기교육에 대하여는 사업장의 실정에 따라 그 시간을 적절히 분할하여 실시할 수 있다"라고 규정하고 있으므로 분할하여 실시한 교육시간의 총합이 시행규칙 제33조제1항에서 정한 교육시간 이상이라 면 당해 조항위반으로 볼 수 없음.
질의 2. 관련
- 산업안전보건법 제31조제1항의 규정에 의한 정기교육은 사업주가 산업재해방지를 위해 사업주의 책임으로 실시해야 하는 교육이므로, 근로자가 이러한 교육에 참가한 경우에는 근로한 것으로 보아야 함. - 따라서 작업시작전이나 작업종료 후 기타 근무시간 이외에 정기교육을 실시한 경우가 근로기준법 제55조(연장, 야간 및 휴일근로)의 규정에 해당하면 동규 정에 따라 소정의 임금을 가산하여 지급하여야 할 것임. (안정 68307-666, 2001. 7. 30)

구 분	안전보건관리책임자	안전관리자	보건관리자
교육시간	6시간 이상	34시간 이상	34시간 이상

8) http://minwon.moel.go.kr/minwon2008/faq/faq_open_view.do

제4장 유해·위험 방지 조치

(1) 법령 요지 등의 게시

법 제34조(법령 요지 등의 게시 등) 사업주는 이 법과 이 법에 따른 명령의 요지 및 안전보건관리규정을 각 사업장의 근로자가 쉽게 볼 수 있는 장소에 게시하거나 갖추어 두어 근로자에게 널리 알려야 한다.

법 제34조에는 법령 게시에 관한 규정을 두고 있다. 이 법령 게시에 관한 규정을 두는 이유는 사업장에서 근로자는 사업주가 제정한 사업장의 안전에 관한 규정을 알고 준수할 수 있도록 해야 한다는 취지이다. 따라서 이 법에 따른 명령의 요지 및 안전보건관리 규정을 각 사업장의 근로자가 쉽게 볼 수 있는 장소에 게시하거나 갖추어 작업하는 근로자에게 널리 알려 주도록 해야 한다.

또한 동 법 제35조에 근로자대표는 사업주에게 주요한 사항에 대하여 통지하여 줄 것을 요청할 수 있고, 사업주는 이에 성실히 따르도록 하고 있다.

법 제35조(근로자대표의 통지 요청) 근로자대표는 사업주에게 다음 각 호의 사항을 통지하여 줄 것을 요청할 수 있고, 사업주는 이에 성실히 따라야 한다.

1. 산업안전보건위원회(제75조에 따라 노사협의체를 구성·운영하는 경우에는 노사협의체를 말한다)가 의결한 사항
2. 제47조에 따른 안전보건진단 결과에 관한 사항
3. 제49조에 따른 안전보건개선계획의 수립·시행에 관한 사항
4. 제64조제1항 각 호에 따른 도급인의 이행 사항
5. 제110조제1항에 따른 물질안전보건자료에 관한 사항
6. 제125조제1항에 따른 작업환경측정에 관한 사항
7. 그 밖에 고용노동부령으로 정하는 안전 및 보건에 관한 사항

법령 게시 규정은 산업안전보건법 외에도 안전관리규정과 유해 위험표지등을 사업장내에서 노동자의 안전과 건강에 관한 내용을 알리도록 의무화한 규정이라 생각할 수 있다.

그 내용을 보면 노동자가 작업장에서 반드시 작업 전이나 실시 중에 알아야 하는 내용으로 산업안전보건위원회(제75조에 따라 노사협의체를 구성·운영에 관한 의결한 사항, 제47조에 따른 안전보건진단 결과에 관한 사항, 제49조에 따른 안전보건개선계획의 수립·시행에 관한 사항, 제

64조제1항 각 호에 따른 도급인의 이행 사항, 제110조제1항에 따른 물질안전보건자료에 관한 사항, 제125조제1항에 따른 작업환경측정에 관한 사항 등으로 되어 있다.

(2) 위험성평가의 실시

법 제36조(위험성평가의 실시) ① 사업주는 건설물, 기계·기구·설비, 원재료, 가스, 증기, 분진, 근로자의 작업행동 또는 그 밖의 업무로 인한 유해·위험 요인을 찾아내어 부상 및 질병으로 이어질 수 있는 위험성의 크기가 허용 가능한 범위인지를 평가하여야 하고, 그 결과에 따라 이 법과 이 법에 따른 명령에 따른 조치를 하여야 하며, 근로자에 대한 위험 또는 건강장해를 방지하기 위하여 필요한 경우에는 추가적인 조치를 하여야 한다.
② 사업주는 제1항에 따른 평가 시 고용노동부장관이 정하여 고시하는 바에 따라 해당 작업장의 근로자를 참여시켜야 한다.
③ 사업주는 제1항에 따른 평가의 결과와 조치사항을 고용노동부령으로 정하는 바에 따라 기록하여 보존하여야 한다.
④ 제1항에 따른 평가의 방법, 절차 및 시기, 그 밖에 필요한 사항은 고용노동부장관이 정하여 고시한다.

법 제9조에 따라 안전보건관리책임자의 업무에서 법 제15조제1항제9호에서 "고용노동부령으로 정하는 사항"이란 법 제36조에 따른 위험성평가의 실시에 관한 사항과 안전보건규칙에서 정하는 근로자의 위험 또는 건강장해의 방지에 관한 사항을 말하는 것으로 볼 수 있다.

그래서 사업주는 건설물, 기계·기구·설비, 원재료, 가스, 증기, 분진, 근로자의 작업행동 또는 그 밖의 업무로 인한 유해·위험 요인을 찾아내어 부상 및 질병으로 이어질 수 있는 위험성의 크기가 허용 가능한 범위인지를 평가하여야 하고, 그 결과에 따라 이 법과 이 법에 따른 명령에 따른 조치를 하여야 하며, 근로자에 대한 위험 또는 건강장해를 방지하기 위하여 필요한 경우에는 추가적인 조치를 하여야 한다. 또한 사업주는 제1항에 따른 평가 시 고용노동부장관이 정하여 고시하는 바에 따라 해당 작업장의 근로자를 참여시켜야 하며, 사업주는 제1항에 따른 평가의 결과와 조치사항을 고용노동부령으로 정하는 바에 따라 기록하여 보존하여야 한다. 또한, 위험성평가는 평가의 내용을 정기적으로 반영하여 사업장 안전보건관리를 유지하도록 규정하고 있다.

시행규칙 제37조(위험성평가 실시내용 및 결과의 기록·보존) ① 사업주가 법 제36조제3항에 따라 위험성평가의 결과와 조치사항을 기록·보존할 때에는 다음 각 호의 사항이 포함되어야 한다.

1. 위험성평가 대상의 유해·위험요인
2. 위험성 결정의 내용
3. 위험성 결정에 따른 조치의 내용
4. 그 밖에 위험성평가의 실시내용을 확인하기 위하여 필요한 사항으로서 고용노동부 장관이 정하여 고시하는 사항

② 사업주는 제1항에 따른 자료를 3년간 보존하여야 한다.

위험성평가는 사업장의 자율안전을 하기 위한 방안으로 사업주가 스스로 사업장의 유해·위험요인에 대한 실태를 파악하고 이를 평가하여 관리·개선하는 등 필요한 조치를 할 수 있도록 지원하기 위하여 제정된 규정이다. 따라서 이러한 규정을 좀 더 사업장에서 효율적으로 실시하기 위하여 『사업장 위험성평가에 관한 지침』을 두어 위험성의 개념, 위험성평가 방법, 절차, 시기 등에 대한 기준을 제시하고, 위험성평가 활성화를 위한 시책의 운영을 활성화하고 있다.

위험성평가의 고시는 원칙적으로 위험성 평가를 실시하는 모든 사업장에 적용하도록 한다. 그리고 위험성평가에 관한 정의를 보면 고시 제3조에 따라 "위험성평가"란 유해·위험요인을 파악하고 해당 유해·위험요인에 의한 부상 또는 질병의 발생 가능성(빈도)과 중대성(강도)을 추정·결정하고 감소대책을 수립하여 실행하는 일련의 과정을 말하며, "유해·위험요인"이란 유해·위험을 일으킬 잠재적 가능성이 있는 것의 고유한 특징이나 속성을 말한다. 그리고 "유해·위험요인 파악"이란 유해요인과 위험요인을 찾아내는 과정을 말하며, "위험성"이란 유해·위험요인이 부상 또는 질병으로 이어질 수 있는 가능성(빈도)과 중대성(강도)을 조합한 것을 의미한다. 또한 "위험성 추정"이란 유해·위험요인별로 부상 또는 질병으로 이어질 수 있는 가능성과 중대성의 크기를 각각 추정하여 위험성의 크기를 산출하는 것을 말하고, "위험성 결정"이란 유해·위험요인별로 추정한 위험성의 크기가 허용 가능한 범위인지 여부를 판단하는 것을 말한다. 그리고 "위험성 감소대책 수립 및 실행"이란 위험성 결정 결과 허용 불가능한 위험성을 합리적으로 실천 가능한 범위에서 가능한 한 낮은 수준으로 감소시키기 위한 대책을 수립하고 실행하는 것을 말하며, "기록"이란 사업장에서 위험성평가 활동을 수행한 근거와 그 결과를 문서로 작성하여 보존하는 것으로 설명되고 있다.

(3) 안전보건표지의 설치·부착

법 제37조(안전보건표지의 설치·부착) ① 사업주는 유해하거나 위험한 장소·시설·물질에 대한 경고, 비상시에 대처하기 위한 지시·안내 또는 그 밖에 근로자의 안전 및 보건 의식을 고취하기 위한 사항 등을 그림, 기호 및 글자 등으로 나타낸 표지(이하 이 조에서 "안전보건

표지"라 한다)를 근로자가 쉽게 알아 볼 수 있도록 설치하거나 부착하여야 한다. 이 경우 「외국인근로자의 고용 등에 관한 법률」 제2조에 따른 외국인근로자(같은 조 단서에 따른 사람을 포함한다)를 사용하는 사업주는 안전보건표지를 고용노동부장관이 정하는 바에 따라 해당 외국인근로자의 모국어로 작성하여야 한다.

② 안전보건표지의 종류, 형태, 색채, 용도 및 설치·부착 장소, 그 밖에 필요한 사항은 고용노동부령으로 정한다.

동 **시행규칙 제38조**에는 법 제37조제2항에 따른 안전보건표지의 종류와 형태는 별표 6과 같고, 그 용도 및 설치·부착 장소는 별표 7과 같다. 동 **시행규칙 제39조**에는 사업주는 법 제37조에 따라 안전보건표지를 설치하거나 부착할 때에는 별표 7의 구분에 따라 근로자가 쉽게 알아볼 수 있는 장소·시설 또는 물체에 설치하거나 부착하여야 한다.

또한 동 **시행규칙 제40조**에 안전보건표지는 그 종류별로 별표 9에 따른 기본모형에 의하여 별표 7의 구분에 따라 제작하여야 하며, 안전보건표지는 그 표시내용을 근로자가 빠르고 쉽게 알아볼 수 있는 크기로 제작하여야 하며, 안전보건표지 속의 그림 또는 부호의 크기는 안전보건표지의 크기와 비례하여야 하며, 안전보건표지 전체 규격의 30퍼센트 이상이 되어야 하며, 안전보건표지는 쉽게 파손되거나 변형되지 아니하는 재료로 제작하여야 한다. 그리고 야간에 필요한 안전보건표지는 야광물질을 사용하는 등 쉽게 알아볼 수 있도록 제작하여야 한다.

이 내용을 다시 자세히 정리하며 산업안전보건법 제37조의 안전·보건표지의 부착·설치에 관한 규정을 보면, 사업주는 사업장의 유해·위험한 시설·장소에 대한 경고, 비상시 조치의 안내, 기디 안전의식의 고취를 위하여 안전·보건표지를 근로자가 쉽게 식별할 수 있는 장소·시설·물체에 설치·부착하도록 되어 있으며, 위반할 경우에는 500만원 이하의 과태료를 부과하도록 되어 있다. 그러나 동 조문에 외국인 근로자를 채용하는 사업주에 관해서는 '「외국인고용법」 제2조, 외국인 근로자를 채용한 사업주는 외국어로 된 안전·보건표지와 작업안전수칙을 부착하도록 노력하여야 한다.'라고 하는 노력규정으로만 되어있어 처벌대상이 아니므로 사업주가 외국인 근로자에 대해서는 정보제공과 안전보건교육에는 소극적일 수밖에 없는 실정이다.

[별표 6] **안전보건표지의 종류와 형태(시행규칙 제38조제1항 관련)**

1. 금지표지	101 출입금지 	102 보행금지 	103 차량통행금지 	104 사용금지 	105 탑승금지 	106 금연 
107 화기 금지 	108 물체이동 금지 	**2. 경고표지**	201 인화성물질 경고 	202 산화성물질 경고 	203 폭발성물질 경고 	204 급성독성물질 경고 
205 부식성물질 경고 	206 방사성물질 경고 	207 고압전기 경고 	208 매달린 물체 경고 	209 낙하물 경고 	210 고온 경고 	211 저온 경고 
212 몸균형 상실 경고 	213 레이저광선 경고 	214 발암성·변이원성·생식독성·전신독성·호흡기 과민성 물질 경고 	215 위험장소 경고 	**3. 지시표지**	301 보안경 착용 	302 방독마스크 착용 
303 방진마스크 착용 	304 보안면 착용 	305 안전모 착용 	306 귀마개 착용 	307 안전화 착용 	308 안전장갑 착용 	309 안전복 착용 

4. 안내표지	401 녹십자표지	402 응급구호표지	403 들것	404 세안장치	405 비상용 기구	406 비상구
				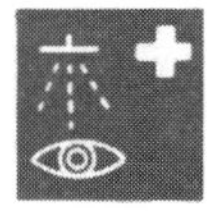		

407 좌측 비상구	408 우측 비상구	5. 관계자 외 출입금지	501 허가대상물질 작업장	502 석면 취급/해체 작업장	503 금지대상물질의 취급 실험실 등
			관계자 외 출입금지 (허가물질 명칭) 제조/사용/보관 중 보호구/보호복 착용 흡연 및 음식물 섭취 금지	관계자 외 출입금지 석면 취급/해체 중 보호구/보호복 착용 흡연 및 음식물 섭취 금지	관계자 외 출입금지 발암물질 취급 중 보호구/보호복 착용 흡연 및 음식물 섭취 금지

6. 문자추가 시 예시문		
		▶ 내 자신의 건강과 복지를 위하여 안전을 늘 생각한다. ▶ 내 가정의 행복과 화목을 위하여 안전을 늘 생각한다. ▶ 내 자신의 실수로써 동료를 해치지 않도록 안전을 늘 생각한다. ▶ 내 자신이 일으킨 사고로 인한 회사의 재산과 손실을 방지하기 위하여 안전을 늘 생각한다. ▶ 내 자신의 방심과 불안전한 행동이 조국의 번영에 장애가 되지 않도록 하기 위하여 안전을 늘 생각한다.

※ 비고 : 아래 표의 각각의 안전·보건표지(28종)는 다음과 같이 「산업표준화법」에 따른 한국산업표준(KS S ISO 7010)의 안전표지로 대체할 수 있다.

안전보건표지	한국산업표준	안전보건표지	한국산업표준
102	P004	302	M017
103	P006	303	M016
106	P002	304	M019
107	P003	305	M014
206	W003, W005, W027	306	M003
207	W012	307	M008
208	W015	308	M009
209	W035	309	M010
210	W017	402	E003
211	W010	403	E013
212	W011	404	E011
213	W004	406	E001, E002
215	W001	407	E001
301	M004	408	E002

(4) 안전조치

법 제38조(안전조치) ① 사업주는 다음 각 호의 어느 하나에 해당하는 위험으로 인한 산업재해를 예방하기 위하여 필요한 조치를 하여야 한다.

1. 기계·기구, 그 밖의 설비에 의한 위험
2. 폭발성, 발화성 및 인화성 물질 등에 의한 위험
3. 전기, 열, 그 밖의 에너지에 의한 위험

② 사업주는 굴착, 채석, 하역, 벌목, 운송, 조작, 운반, 해체, 중량물 취급, 그 밖의 작업을 할 때 불량한 작업방법 등에 의한 위험으로 인한 산업재해를 예방하기 위하여 필요한 조치를 하여야 한다.

③ 사업주는 근로자가 다음 각 호의 어느 하나에 해당하는 장소에서 작업을 할 때 발생할 수 있는 산업재해를 예방하기 위하여 필요한 조치를 하여야 한다.

1. 근로자가 추락할 위험이 있는 장소
2. 토사·구축물 등이 붕괴할 우려가 있는 장소
3. 물체가 떨어지거나 날아올 위험이 있는 장소
4. 천재지변으로 인한 위험이 발생할 우려가 있는 장소

④ 사업주가 제1항부터 제3항까지의 규정에 따라 하여야 하는 조치(이하 "안전조치"라 한다)에 관한 구체적인 사항은 고용노동부령으로 정한다.

산업안전보건법에서 사업주가 지켜야 할 가장 중요한 규정이 법 제39조의 보건조치와 함께 안전조치라 할 수 있다.

이 규정은 모든 사업장의 안전보건에 관한 예방조치의 기준이 되면 사업장의 사고가 발생하여 처벌이 이루어질 때 가장 기준이 되는 규정이라 할 수 있다. 그래서 이 규정에 따라 "산업안전보건기준에 관한 규칙" 675개의 기술적인 규정을 두어 예방 조치의 기준으로 삼고 있다.

이 규정은 산업안전보건법에서 가장 중요한 예방 조치 중의 하나를 사업주가 준수하도록 하고 있다는 면에서 사업주는 위험으로 인한 산업재해를 예방하기 위하여 1. 기계·기구, 그 밖의 설비에 의한 위험, 2. 폭발성, 발화성 및 인화성 물질 등에 의한 위험, 3. 전기, 열, 그 밖의 에너지에 의한 위험에 대하여 필요한 조치를 하여야 한다. 이외에도 사업주는 굴착, 채석, 하역, 벌목, 운송, 조작, 운반, 해체, 중량물 취급, 그 밖의 작업을 할 때 불량한 작업방법 등에 의한 위험으로 인한 산업재해를 예방하기 위하여 필요한 조치를 하도록 하고 있다. 또한 사업주는 장소에 관한 안전조치로 근로자가 해당하는 장소 즉, 1. 근로자가 추락할 위험이 있는 장소, 2. 토사·구축물 등이 붕괴할 우려가 있는 장소, 3. 물체가 떨어지거나 날아올 위험이 있는 장소, 4. 천재지변으로 인한 위험이 발생할 우려가 있는 장소에서 작업을 할 때 발생할 수 있는 산업재해를 예방하기

위하여 필요한 조치를 하도록 규정하고 있다.

또한 이 규정은 <산업안전보건기준에 관한 규칙>을 준수하도록 하며 산업안전보건법상 해당되는 모든 사업장에 적용이 되며, 기계적, 화학적 및 에너지 등 물적 위험에 대한 안전조치, 작업방법에서 생기는 위험에 대한 안전조치, 작업장소가 특수한 위험요소를 가지고 있는 경우에 대한 안전조치로 작업 중 근로자가 추락할 위험이 있는 장소, 토사, 구축물 등이 붕괴할 우려가 있는 장소, 물체가 떨어지거나 낙하할 위험이 있는 장소, 그 밖에 작업 시 천재지변으로 인한 위험이 발생이 예상되는 장소 등에서 발생하는 위험에 적용되며, 위반할 경우 형사처벌대상이 된다.

※ 위반 시 5년 이하의 징역 또는 5,000만원 이하 벌금
※ 위반하여 근로자를 사망에 이르게 한 자는 7년 이하의 징역 또는 1억원 이하의 벌금
※ 근로자를 사망에 이르게 한 자가 그 죄로 선고받고 그 형이 확정된 후 5년 이내에 다시 죄를 범하는 자는 그 형의 2분의 1까지 가중하도록 하고 있다.

(5) 보건조치

법 제39조(보건조치) ① 사업주는 다음 각 호의 어느 하나에 해당하는 건강장해를 예방하기 위하여 필요한 조치(이하 "보건조치"라 한다)를 하여야 한다.

1. 원재료·가스·증기·분진·흄(fume, 열이나 화학반응에 의하여 형성된 고체증기가 응축되어 생긴 미세입자를 말한다)·미스트(mist, 공기 중에 떠다니는 작은 액체방울을 말한다)·산소결핍·병원체 등에 의한 건강장해
2. 방사선·유해광선·고온·저온·초음파·소음·진동·이상기압 등에 의한 건강장해
3. 사업장에서 배출되는 기체·액체 또는 찌꺼기 등에 의한 건강장해
4. 계측감시(計測監視), 컴퓨터 단말기 조작, 정밀공작(精密工作) 등의 작업에 의한 건강장해
5. 단순반복작업 또는 인체에 과도한 부담을 주는 작업에 의한 건강장해
6. 환기·채광·조명·보온·방습·청결 등의 적정기준을 유지하지 아니하여 발생하는 건강장해

② 제1항에 따라 사업주가 하여야 하는 보건조치에 관한 구체적인 사항은 고용노동부령으로 정한다.

보건조치 규정은 안전조치 규정과 함께 산업안전보건법에서 가장 중요한 규정이라 할 수 있고 이 규정은 근로자의 건강에 대한 사업주 예방 조치에 해당한다. 사업주는 1. 원재료·가스·증기

·분진·흄(fume, 열이나 화학반응에 의하여 형성된 고체증기가 응축되어 생긴 미세입자를 말한다)·미스트(mist, 공기 중에 떠다니는 작은 액체방울을 말한다)·산소결핍·병원체 등에 의한 건강장해, 2. 방사선·유해광선·고온·저온·초음파·소음·진동·이상기압 등에 의한 건강장해, 3. 사업장에서 배출되는 기체·액체 또는 찌꺼기 등에 의한 건강장해, 4. 계측감시(計測監視), 컴퓨터 단말기 조작, 정밀공작(精密工作) 등의 작업에 의한 건강장해, 5. 단순반복작업 또는 인체에 과도한 부담을 주는 작업에 의한 건강장해, 6. 환기·채광·조명·보온·방습·청결 등의 적정기준을 유지하지 아니하여 발생하는 건강장해 등에 관한 근로자 건강에 관한 예방 조치이고, 시행규칙 규정인 <산업안전보건기준에 관한 규칙>을 준수하도록 하였으며 산업안전보건법상 해당되는 모든 사업장에 적용되고 위반하는 경우 형사처벌대상이 된다.

※ 위반 시 5년 이하의 징역 또는 5,000만원 이하 벌금
※ 위반하여 근로자를 사망에 이르게 한 자는 7년 이하의 징역 또는 1억원 이하의 벌금
※ 근로자를 사망에 이르게 한 자가 그 죄로 선고받고 그 형이 확정된 후 5년 이내에 다시 죄를 범하는 자는 그 형의 2분의 1까지 가중하도록 하고 있다.

(6) 근로자의 안전조치 및 보건조치 준수

법 제40조(근로자의 안전조치 및 보건조치 준수) 근로자는 제38조 및 제39조에 따라 사업주가 한 조치로서 고용노동부령으로 정하는 조치 사항을 지켜야 한다.

법 제40조에 근로자에 대한 안전조치 및 보건조치 기준 준수규정을 두고 있는데 이 규정은 근로자가 법 제38조 및 제39조에 따라 사업주가 한 조치를 준수하도록 규정한 것이다. 사업장에 안전조치나 보건조치가 완벽해도 근로자가 이러한 조치를 무시하면 재해 발생의 원인이 될 수 있어 고용노동부령으로 과태료 규정을 두어 정하는 조치 사항을 지키도록 한 것이다.

이 규정은 근로자에게 산재에 관한 예방책임을 묻기 위한 것이 아니고 안전보건에 관한 준수의무 규정을 준수하라는 의미에서 규정한 것이다.

※ 위반 시 300만원 이하의 과태료

사 례[9]
근로자가 안전수칙을 미준수할 경우 법적 조치
질 의
안전수칙 미준수 근로자에 대하여 당사에서 직접 근로자를 상대로 할 수 있는 법적 조치

회 시
산업안전보건업무 담당 근로감독관이 사업장에 대한 법 집행과정에서 근로자가 산업안전보건법에서 정하는 의무를 위반한 사안을 적발한 경우에는 산업안전보건법 제25조의 규정에 의하여 소정의 과태료를 부과하고 있음. (산안 68300-308, 2001.7.23)

(7) 고객의 폭언 등으로 인한 건강장해 예방조치

법 제41조(고객의 폭언 등으로 인한 건강장해 예방조치) ① 사업주는 주로 고객을 직접 대면하거나 「정보통신망 이용촉진 및 정보보호 등에 관한 법률」 제2조제1항제1호에 따른 정보통신망을 통하여 상대하면서 상품을 판매하거나 서비스를 제공하는 업무에 종사하는 근로자(이하 "고객응대근로자"라 한다)에 대하여 고객의 폭언, 폭행, 그 밖에 적정 범위를 벗어난 신체적·정신적 고통을 유발하는 행위(이하 "폭언등"이라 한다)로 인한 건강장해를 예방하기 위하여 고용노동부령으로 정하는 바에 따라 필요한 조치를 하여야 한다.
② 사업주는 고객의 폭언등으로 인하여 고객응대근로자에게 건강장해가 발생하거나 발생할 현저한 우려가 있는 경우에는 업무의 일시적 중단 또는 전환 등 대통령령으로 정하는 필요한 조치를 하여야 한다.
③ 고객응대근로자는 사업주에게 제2항에 따른 조치를 요구할 수 있고, 사업주는 고객응대근로자의 요구를 이유로 해고 또는 그 밖의 불리한 처우를 해서는 아니 된다.

법 제41조에서는 근로자의 감정노동에 관한 보호 규정을 두어 고객의 폭언 등으로 인한 건강장해 예방조치를 하도록 하고 있다. 감정노동에 관한 규정은 (구)「산업안전보건법」[시행 2018. 10. 18., 법률 제15588호, 2018. 4. 17., 일부개정]에서 감정노동자 보호와 관련하여, '고객응대근로자'의 개념을 정리하면서 고객의 폭언행위로 인한 사업주의 예방조치를 규정한 것이었다. 여기에는 사전적 예방조치로서 고객에게 폭언등을 하지 아니하도록 요청하는 문구 게시 또는 음성 안내, 고객과의 문제상황 발생 시 대처방법 등을 포함하는 고객응대업무 매뉴얼 마련, 고객응대업무 매뉴얼의 내용 및 건강장해 예방 관련 교육 실시, 그 밖에 고객응대근로자의 건강장해 예방을 위하여 필요한 조치가 규정하고 있으며, 사후적 조치로서 고객응대 근로자에게 건강장해가 발생하거나 발생할 현저한 우려 있는 경우에는 업무의 일시적 중단 또는 전환 등 대통령령으로 필요한 조치를 할 의무를 부과하면서(구 산안법 제26조의제2항 및 구 시행령 제25조의7), 고객응대근로자에게 이러한 법적 조치를 요구할 '권리'를 가지고 있는 것으로 규정하였다.

9) http://minwon.moel.go.kr/minwon2008/faq/faq_open_view.do

폭언으로 인한 건강 예방 조치

시행령 제41조(고객의 폭언등으로 인한 건강장해 발생 등에 대한 조치) 법 제41조제2항에서 "업무의 일시적 중단 또는 전환 등 대통령령으로 정하는 필요한 조치"란 다음 각 호의 조치 중 필요한 조치를 말한다.

1. 업무의 일시적 중단 또는 전환
2. 「근로기준법」 제54조제1항에 따른 휴게시간의 연장
3. 법 제41조제2항에 따른 폭언등으로 인한 건강장해 관련 치료 및 상담 지원
4. 관할 수사기관 또는 법원에 증거물·증거서류를 제출하는 등 법 제41조제1항에 따른 고객응대근로자 등이 같은 항에 따른 폭언등으로 인하여 고소, 고발 또는 손해배상 청구 등을 하는 데 필요한 지원

시행규칙 제41조(고객의 폭언등으로 인한 건강장해 예방조치) 사업주는 법 제41조제1항에 따라 건강장해를 예방하기 위하여 다음 각 호의 조치를 하여야 한다.

1. 법 제41조제1항에 따른 폭언등을 하지 아니하도록 요청하는 문구 게시 또는 음성 안내
2. 고객과의 문제 상황 발생 시 대처방법 등을 포함하는 고객응대업무 매뉴얼 마련
3. 제2호에 따른 고객응대업무 매뉴얼의 내용 및 건강장해 예방 관련 교육 실시
4. 그 밖에 법 제41조제1항에 따른 고객응대근로자의 건강장해 예방을 위하여 필요한 조치

(8) 유해위험방지계획서의 작성·제출 등

법 제42조(유해위험방지계획서의 작성·제출 등) ① 사업주는 다음 각 호의 어느 하나에 해당하는 경우에는 이 법 또는 이 법에 따른 명령에서 정하는 유해·위험 방지에 관한 사항을 적은 계획서(이하 "유해위험방지계획서"라 한다)를 작성하여 고용노동부령으로 정하는 바에 따라 고용노동부장관에게 제출하고 심사를 받아야 한다. 다만, 제3호에 해당하는 사업주 중 산업재해발생률 등을 고려하여 고용노동부령으로 정하는 기준에 해당하는 사업주는 유해위험방지계획서를 스스로 심사하고, 그 심사결과서를 작성하여 고용노동부장관에게 제출하여야 한다.

1. 대통령령으로 정하는 사업의 종류 및 규모에 해당하는 사업으로서 해당 제품의 생산 공정과 직접적으로 관련된 건설물·기계·기구 및 설비 등 일체를 설치·이전하거나 그

주요 구조부분을 변경하려는 경우

2. 유해하거나 위험한 작업 또는 장소에서 사용하거나 건강장해를 방지하기 위하여 사용하는 기계·기구 및 설비로서 대통령령으로 정하는 기계·기구 및 설비를 설치·이전하거나 그 주요 구조부분을 변경하려는 경우
3. 대통령령으로 정하는 크기, 높이 등에 해당하는 건설공사를 착공하려는 경우

② 제1항제3호에 따른 건설공사를 착공하려는 사업주(제1항 각 호 외의 부분 단서에 따른 사업주는 제외한다)는 유해위험방지계획서를 작성할 때 건설안전 분야의 자격 등 고용노동부령으로 정하는 자격을 갖춘 자의 의견을 들어야 한다.

③ 제1항에도 불구하고 사업주가 제44조제1항에 따라 공정안전보고서를 고용노동부장관에게 제출한 경우에는 해당 유해·위험설비에 대해서는 유해위험방지계획서를 제출한 것으로 본다.

④ 고용노동부장관은 제1항 각 호 외의 부분 본문에 따라 제출된 유해위험방지계획서를 고용노동부령으로 정하는 바에 따라 심사하여 그 결과를 사업주에게 서면으로 알려 주어야 한다. 이 경우 근로자의 안전 및 보건의 유지·증진을 위하여 필요하다고 인정하는 경우에는 해당 작업 또는 건설공사를 중지하거나 유해위험방지계획서를 변경할 것을 명할 수 있다.

⑤ 제1항에 따른 사업주는 같은 항 각 호 외의 부분 단서에 따라 스스로 심사하거나 제4항에 따라 고용노동부장관이 심사한 유해위험방지계획서와 그 심사결과서를 사업장에 갖추어 두어야 한다.

⑥ 제1항제3호에 따른 건설공사를 착공하려는 사업주로서 제5항에 따라 유해위험방지계획서 및 그 심사결과서를 사업장에 갖추어 둔 사업주는 해당 건설공사의 공법의 변경 등으로 인하여 그 유해위험방지계획서를 변경할 필요가 있는 경우에는 이를 변경하여 갖추어 두어야 한다.

유해위험방지계획서는 건설, 화학공장 등 유해하고 위험한 사업장에서 산업재해를 예방 하고자 사전에 위험과 유해한 것이 무엇인지 예방하기 위한 계획서를 제출하는 것이다. 따라서 사업주는 이 법에 따른 명령에서 정하는 유해·위험 방지 사항에 관한 계획서(이하 "유해·위험방지계획서"라 한다)를 작성하여 고용노동부령으로 정하는 바에 따라 고용노동부장관에게 제출하고 심사를 받아야 한다. 다만, 제3호에 해당하는 사업주 중 산업재해발생률 등을 고려하여 고용노동부령으로 정하는 기준에 해당하는 사업주는 유해위험방지계획서를 스스로 심사하고, 그 심사결과서를 작성하여 고용노동부장관에게 제출하여야 한다.

제출서류는 **시행규칙 제42조**에 1. 건축물 각 층의 평면도, 2. 기계·설비의 개요를 나타내는 서류, 3. 기계·설비의 배치도면, 4. 원재료 및 제품의 취급, 제조 등의 작업방법의 개요, 5. 그 밖에 고용노동부장관이 정하는 도면 및 서류 등이다.

법 제43조(유해위험방지계획서 이행의 확인 등) ① 제42조제4항에 따라 유해위험방지계획서에 대한 심사를 받은 사업주는 고용노동부령으로 정하는 바에 따라 유해위험방지계획서의 이행에 관하여 고용노동부장관의 확인을 받아야 한다.
② 제42조제1항 각 호 외의 부분 단서에 따른 사업주는 고용노동부령으로 정하는 바에 따라 유해위험방지계획서의 이행에 관하여 스스로 확인하여야 한다. 다만, 해당 건설공사 중에 근로자가 사망(교통사고 등 고용노동부령으로 정하는 경우는 제외한다)한 경우에는 고용노동부령으로 정하는 바에 따라 유해위험방지계획서의 이행에 관하여 고용노동부장관의 확인을 받아야 한다.
③ 고용노동부장관은 제1항 및 제2항 단서에 따른 확인 결과 유해위험방지계획서대로 유해·위험방지를 위한 조치가 되지 아니하는 경우에는 고용노동부령으로 정하는 바에 따라 시설 등의 개선, 사용중지 또는 작업중지 등 필요한 조치를 명할 수 있다.
④ 제3항에 따른 시설 등의 개선, 사용중지 또는 작업중지 등의 절차 및 방법, 그 밖에 필요한 사항은 고용노동부령으로 정한다.

시행규칙 제46조(확인) ① 법 제42조제1항제1호 및 제2호에 따라 유해·위험방지계획서를 제출한 사업주는 해당 건설물·기계·기구 및 설비의 시운전단계에서, 법 제42조제1항제3호에 따른 사업주는 건설공사 중 6개월 이내마다 법 제43조제1항에 따라 다음 각 호의 사항에 관하여 공단의 확인을 받아야 한다.

1. 유해·위험방지계획서의 내용과 실제공사 내용이 부합하는지 여부
2. 법 제42조제6항에 따른 유해·위험방지계획서 변경내용의 적정성
3. 추가적인 유해·위험요인의 존재 여부

유해위험방지계획서 제출 대상 사업장

시행령 제42조(유해위험방지계획서 제출 대상) ① 법 제42조제1항제1호에서 "대통령령으로 정하는 사업의 종류 및 규모에 해당하는 사업"이란 다음 각 호의 어느 하나에 해당하는 사업으로서 전기 계약용량이 300킬로와트 이상인 사업을 말한다.

1. 금속가공제품(기계 및 가구는 제외한다) 제조업
2. 비금속 광물제품 제조업
3. 기타 기계 및 장비 제조업
4. 자동차 및 트레일러 제조업
5. 식료품 제조업
6. 고무제품 및 플라스틱제품 제조업
7. 목재 및 나무제품 제조업
8. 기타 제품 제조업
9. 1차 금속 제조업
10. 가구 제조업
11. 화학물질 및 화학제품 제조업

12. 반도체 제조업 13. 전자부품 제조업

② "대통령령으로 정하는 기계·기구 및 설비"란 다음 각 호의 어느 하나에 해당하는 기계·기구 및 설비를 말한다.

1. 금속이나 그 밖의 광물의 용해로
2. 화학설비
3. 건조설비
4. 가스집합 용접장치
5. 허가대상·관리대상 유해물질 및 분진작업 관련 설비

③ "대통령령으로 정하는 크기 높이 등에 해당하는 건설공사"란 다음 각 호의 어느 하나에 해당하는 공사를 말한다.

1. 지상높이가 31미터 이상인 건축물 또는 인공구조물, 연면적 3만제곱미터 이상인 건축물 또는 연면적 5천제곱미터 이상의 문화 및 집회시설(전시장 및 동물원·식물원은 제외한다), 판매시설, 운수시설(고속철도의 역사 및 집배송시설은 제외한다), 종교시설, 의료시설 중 종합병원, 숙박시설 중 관광숙박시설, 지하도상가 또는 냉동·냉장창고시설의 건설·개조 또는 해체(이하 "건설등"이라 한다)
2. 연면적 5천제곱미터 이상의 냉동·냉장 창고시설의 설비공사 및 단열공사
3. 최대 지간길이가 50미터 이상인 교량 건설등 공사
4. 터널 건설등의 공사
5. 다목적댐, 발전용댐 및 저수용량 2천만톤 이상의 용수 전용 댐, 지방상수도 전용 댐 건설 등의 공사
6. 깊이 10미터 이상인 굴착공사

계획서 작성자 **시행규칙 제43조(유해위험방지계획서의 건설안전분야 자격 등)** 법 제42조제2항에서 "고용노동부령으로 정하는 자격을 갖춘 자"란 다음 각 호의 어느 하나에 해당하는 사람을 말한다.

1. 건설안전 분야 산업안전지도사
2. 건설안전기술사 또는 토목·건축 분야 기술사
3. 건설안전산업기사 이상으로서 건설안전 관련 실무경력이 7년(기사는 5년) 이상인 사람

(9) 공정안전보고서의 작성·제출

법 제44조(공정안전보고서의 작성·제출) ① 사업주는 사업장에 대통령령으로 정하는 유해하거나 위험한 설비가 있는 경우 그 설비로부터의 위험물질 누출, 화재 및 폭발 등으로 인하여

사업장 내의 근로자에게 즉시 피해를 주거나 사업장 인근 지역에 피해를 줄 수 있는 사고로서 대통령령으로 정하는 사고(이하 "중대산업사고"라 한다)를 예방하기 위하여 대통령령으로 정하는 바에 따라 공정안전보고서를 작성하고 고용노동부장관에게 제출하여 심사를 받아야 한다. 이 경우 공정안전보고서의 내용이 중대산업사고를 예방하기 위하여 적합하다고 통보받기 전에는 관련된 유해하거나 위험한 설비를 가동해서는 아니 된다.
② 사업주는 제1항에 따라 공정안전보고서를 작성할 때 산업안전보건위원회의 심의를 거쳐야 한다. 다만, 산업안전보건위원회가 설치되어 있지 아니한 사업장의 경우에는 근로자대표의 의견을 들어야 한다.

공정안정보고서는 법 제44조에 규정을 두고, 사업주는 사업장에 대통령령으로 정하는 유해하거나 위험한 설비가 있는 경우 그 설비로부터의 위험물질 누출, 화재 및 폭발 등으로 인하여 사업장 내의 근로자에게 즉시 피해를 주거나 사업장 인근 지역에 피해를 줄 수 있는 사고로서 대통령령으로 정하는 사고(이하 "중대산업사고"라 한다)를 예방하기 위하여 대통령령으로 정하는 바에 따라 공정안전보고서를 작성하고 고용노동부장관에게 제출하여 심사를 받도록 하고 있다. 이 경우 공정안전보고서의 내용이 중대산업사고를 예방하기 위하여 적합하다고 통보받기 전에는 관련된 유해하거나 위험한 설비를 가동해서는 아니 되며, 사업주가 공정안전보고서를 작성할 때 산업안전보건위원회의 심의를 거쳐야 한다. 다만, 산업안전보건위원회가 설치되어 있지 아니한 사업장의 경우에는 근로자대표의 의견을 듣도록 규정하고 있다.

중대산업사고 : 유해위험설비로부터 위험물질의 누출, 화재, 폭발 등으로 인하여 사업장내의 근로자에게 즉시 피해를 주거나 사업장 인근지역에 피해를 줄 수 있는 사고를 말한다.

시행령 제43조(공정안전보고서의 제출 대상) ① 법 제44조제1항 전단에서 "대통령령으로 정하는 유해하거나 위험한 설비"란 다음 각 호의 어느 하나에 해당하는 사업을 하는 사업장의 경우에는 그 보유설비를 말하고, 그 외의 사업을 하는 사업장의 경우에는 별표 13에 따른 유해·위험물질 중 하나 이상을 같은 표에 따른 규정량 이상 제조·취급·저장하는 설비 및 그 설비의 운영과 관련된 모든 공정설비를 말한다.

1. 원유 정제처리업
2. 기타 석유정제물 재처리업
3. 석유화학계 기초화학물질 제조업 또는 합성수지 및 기타 플라스틱물질 제조업. 다만, 합성수지 및 기타 플라스틱물질 제조업은 별표 11의 제1호 또는 제2호에 해당하는 경우로 한정한다.

4. 질소 화합물, 질소·인산 및 칼리질 화학비료 제조업 중 질소질 화학비료 제조업
5. 복합비료 및 기타 화학비료 제조업 중 복합비료 제조업(단순혼합 또는 배합에 의한 경우는 제외한다)
6. 화학 살균·살충제 및 농업용 약제 제조업(농약 원제 제조만 해당한다)
7. 화약 및 불꽃제품 제조업

② 제1항에도 불구하고 다음 각 호의 설비는 유해하거나 위험한 설비로 보지 아니한다.

1. 원자력 설비
2. 군사시설
3. 사업주가 해당 사업장 내에서 직접 사용하기 위한 난방용 연료의 저장설비 및 사용설비
4. 도매·소매시설
5. 차량 등의 운송설비
6. 「액화석유가스의 안전관리 및 사업법」에 따른 액화석유가스의 충전·저장시설
7. 「도시가스사업법」에 따른 가스공급시설
8. 그 밖에 고용노동부장관이 누출·화재·폭발 등으로 인한 피해의 정도가 크지 않다고 인정하여 고시하는 설비

③ "대통령령으로 정하는 사고"란 다음 각 호의 어느 하나에 해당하는 사고

1. 근로자가 사망하거나 부상을 입을 수 있는 제1항에 따른 설비(제2항에 따른 설비는 제외한다. 이하 제2호에서 같다)에서의 누출·화재·폭발 사고
2. 인근 지역의 주민이 인적 피해를 입을 수 있는 제1항에 따른 설비에서의 누출·화재·폭발 사고

공정안전보고서의 내용은 다음과 같다.

시행령 제44조(공정안전보고서의 내용) 법 제44조제1항 전단에 따른 공정안전보고서에는 다음 각 호의 사항이 포함되어야 하며, 그 세부내용은 고용노동부령으로 정한다.

1. 공정안전자료
2. 공정위험성 평가서
3. 안전운전계획
4. 비상조치계획
5. 그 밖에 공정상의 안전과 관련하여 고용노동부장관이 필요하다고 인정하여 고시하는 사항

시행규칙 제50조(공정안전보고서의 세부 내용 등)

1. 공정안전자료

가. 취급·저장하고 있거나 취급·저장하려는 유해·위험물질의 종류 및 수량
나. 유해·위험물질에 대한 물질안전보건자료
다. 유해하거나 위험한 설비의 목록 및 사양
라. 유해하거나 위험한 설비의 운전방법을 알 수 있는 공정도면
마. 각종 건물·설비의 배치도
바. 폭발위험장소 구분도 및 전기단선도
사. 위험설비의 안전설계·제작 및 설치 관련 지침서

2. 공정위험성평가서 및 잠재위험에 대한 사고예방·피해 최소화 대책
(공정위험성평가서는 공정의 특성 등을 고려하여 다음 각 목의 위험성평가 기법 중 한 가지 이상을 선정하여 위험성평가를 한 후 그 결과에 따라 작성해야 하며, 사고예방·피해최소화 대책은 위험성평가 결과 잠재위험이 있다고 인정되는 경우에만 작성한다.)
가. 체크리스트(Check List)
나. 상대위험순위 결정(Dow and Mond Indices)
다. 작업자 실수 분석(HEA)
라. 사고 예상 질문 분석(What-if)
마. 위험과 운전 분석(HAZOP)
바. 이상위험도 분석(FMECA)
사. 결함 수 분석(FTA)
아. 사건 수 분석(ETA)
자. 원인결과 분석(CCA)
차. 가목부터 자목까지의 규정과 같은 수준 이상의 기술적 평가기법

3. 안전운전계획
가. 안전운전지침서
나. 설비점검·검사 및 보수계획, 유지계획 및 지침서
다. 안전작업허가
라. 도급업체 안전관리계획
마. 근로자 등 교육계획
바. 가동 전 점검지침
사. 변경요소 관리계획
아. 자체감사 및 사고조사계획
자. 그 밖에 안전운전에 필요한 사항

4. 비상조치계획
   가. 비상조치를 위한 장비·인력보유현황
   나. 사고발생 시 각 부서·관련 기관과의 비상연락체계
   다. 사고발생 시 비상조치를 위한 조직의 임무 및 수행 절차
   라. 비상조치계획에 따른 교육계획
   마. 주민홍보계획
   바. 그 밖에 비상조치 관련 사항

법 제44조제1항에 따른 공정안전보고서 제출은 시행령 제45조에 근거하여 제출하도록 되어 있다.

시행령 제45조(공정안전보고서의 제출) ① 사업주는 제43조에 따른 유해하거나 위험한 설비를 설치(기존 설비의 제조·취급·저장 물질이 변경되거나 제조량·취급량·저장량이 증가하여 별표 13에 따른 유해·위험물질 규정량에 해당하게 된 경우를 포함한다)·이전하거나 고용노동부장관이 정하는 주요 구조부분을 변경할 때에는 고용노동부령으로 정하는 바에 따라 법 제44조제1항에 따른 공정안전보고서를 작성하여 고용노동부장관에게 제출하여야 한다. 이 경우 「화학물질관리법」에 따라 사업주가 제출하여야 하는 같은 법 제23조에 따른 유해화학물질 화학사고 장외영향평가서(이하 이 항에서 "장외영향평가서"라 한다) 또는 같은 법 제41조에 따른 위해관리계획서(이하 이 항에서 "위해관리계획서"라 한다)의 내용이 제44조에 따라 공정안전보고서에 포함시켜야 할 사항에 해당하는 경우에는 그 해당 부분에 대해서 장외영향평가서 또는 위해관리계획서 사본의 제출로 갈음할 수 있다.
② 제1항에도 불구하고 사업주가 제출하여야 할 공정안전보고서가 「고압가스 안전관리법」 제2조에 따른 고압가스를 사용하는 단위공정 설비에 관한 것인 경우로서 해당 사업주가 같은 법 제11조에 따른 안전관리규정과 같은 법 제13조의2에 따른 안전성향상계획을 작성하여 공단 및 같은 법 제28조에 따른 한국가스안전공사가 공동으로 검토·작성한 의견서를 첨부하여 허가 관청에 제출한 경우에는 해당 단위공정 설비에 관한 공정안전보고서를 제출한 것으로 본다.

시행규칙 제51조(공정안전보고서의 제출 시기) 사업주는 영 제45조제1항에 따라 유해하거나 위험한 설비의 설치·이전 또는 주요 구조부분의 변경공사의 착공일(기존 설비의 제조·취급·저장 물질이 변경되거나 제조량·취급량·저장량이 증가하여 영 별표 13에 따른 유해·위험물질 규정량에 해당하게 된 경우에는 그 해당일을 말한다) 30일 전까지 공정안전보고서를 2부 작성하여 공단에 제출해야 한다.

시행규칙 제50조(공정안전보고서의 세부 내용 등) ② 공정안전보고서의 세부내용별 작성기준, 작성자 및 심사기준, 그 밖에 심사에 필요한 사항은 고용노동부장관이 정하여 고시한다.

법 제45조(공정안전보고서의 심사 등) ① 고용노동부장관은 공정안전보고서를 고용노동부령으로 정하는 바에 따라 심사하여 그 결과를 사업주에게 서면으로 알려 주어야 한다. 이 경우 근로자의 안전 및 보건의 유지·증진을 위하여 필요하다고 인정하는 경우에는 그 공정안전보고서의 변경을 명할 수 있다.
② 사업주는 제1항에 따라 심사를 받은 공정안전보고서를 사업장에 갖추어 두어야 한다.

법 제46조(공정안전보고서의 이행 등) ① 사업주와 근로자는 제45조제1항에 따라 심사를 받은 공정안전보고서(이 조 제3항에 따라 보완한 공정안전보고서를 포함한다)의 내용을 지켜야 한다.
② 사업주는 제45조제1항에 따라 심사를 받은 공정안전보고서의 내용을 실제로 이행하고 있는지 여부에 대하여 고용노동부령으로 정하는 바에 따라 고용노동부장관의 확인을 받아야 한다.
③ 사업주는 제45조제1항에 따라 심사를 받은 공정안전보고서의 내용을 변경하여야 할 사유가 발생한 경우에는 지체 없이 그 내용을 보완하여야 한다.
④ 고용노동부장관은 고용노동부령으로 정하는 바에 따라 공정안전보고서의 이행 상태를 정기적으로 평가할 수 있다.
⑤ 고용노동부장관은 제4항에 따른 평가 결과 제3항에 따른 보완 상태가 불량한 사업장의 사업주에게는 공정안전보고서의 변경을 명할 수 있으며, 이에 따르지 아니하는 경우 공정안전보고서를 다시 제출하도록 명할 수 있다.

시행규칙 제54조(공정안전보고서 이행 상태의 평가) ② 고용노동부장관은 제1항에 따른 이행상태평가 후 4년마다 이행상태평가를 해야 한다. 다만, 다음 각 호의 어느 하나에 해당하는 경우에는 1년 또는 2년마다 이행상태평가를 할 수 있다.

1. 이행상태평가 후 사업주가 이행상태평가를 요청하는 경우
2. 법 제155조에 따라 사업장에 출입하여 검사 및 안전·보건점검 등을 실시한 결과 제50조제1항제3호사목에 따른 변경요소 관리계획 미준수로 공정안전보고서 이행상태가 불량한 것으로 인정되는 경우 등 고용노동부장관이 정하여 고시하는 경우

(10) 안전보건진단

법 제47조(안전보건진단) ① 고용노동부장관은 추락·붕괴, 화재·폭발, 유해하거나 위험한 물질의 누출 등 산업재해 발생의 위험이 현저히 높은 사업장의 사업주에게 제48조에 따라 지정받은 기관(이하 "안전보건진단기관"이라 한다)이 실시하는 안전보건진단을 받을 것을 명할 수 있다.
② 사업주는 제1항에 따라 안전보건진단 명령을 받은 경우 고용노동부령으로 정하는 바에 따라 안전보건진단기관에 안전보건진단을 의뢰하여야 한다.
③ 사업주는 안전보건진단기관이 제2항에 따라 실시하는 안전보건진단에 적극 협조하여야 하며, 정당한 사유 없이 이를 거부하거나 방해 또는 기피해서는 아니 된다. 이 경우 근로자대표가 요구할 때에는 해당 안전보건진단에 근로자대표를 참여시켜야 한다.
④ 안전보건진단기관은 제2항에 따라 안전보건진단을 실시한 경우에는 안전보건진단 결과보고서를 고용노동부령으로 정하는 바에 따라 해당 사업장의 사업주 및 고용노동부장관에게 제출하여야 한다.
⑤ 안전보건진단의 종류 및 내용, 안전보건진단 결과보고서에 포함될 사항, 그 밖에 필요한 사항은 대통령령으로 정한다.

법 제47조에 사업장에 대하여 위험이 높은 경우에는 안전보건진단 하도록 하는 규정이 되어 있다. 안전보건진단은 사업장에서 사전에 위험을 파악하기 위하여 중요한 제도라고 볼 수 있다. 진단의 종류로는 중대재해가 발생하였을 때 고용노동부장관명령으로 추락·붕괴, 화재·폭발, 유해하거나 위험한 물질의 누출 등 산업재해 발생의 위험이 현저히 높은 사업장의 사업주에게 제48조에 따라 지정받은 기관(이하 "안전보건진단기관"이라 한다)이 실시하는 안전보건진단을 받을 것을 명할 수 있다. 이 경우에 사업주는 안전보건진단 명령을 받은 경우 고용노동부령으로 정하는 바에 따라 안전보건진단기관에 안전보건진단을 의뢰하며, 사업주는 안전보건진단에 적극 협조하여야 하며, 정당한 사유 없이 이를 거부하거나 방해 또는 기피해서는 아니 된다. 이 경우 근로자대표가 요구할 때에는 근로자대표를 참여시켜야 하며, 안전보건진단기관은 안전보건진단을 실시한 경우에는 안전보건진단 결과보고서를 고용노동부령으로 정하는 바에 따라 해당 사업장의 사업주 및 고용노동부장관에게 제출하여야 한다. 진단의 종류로는 안전보건종합진단, 안전진단, 보건진단 그 외 필요한 경우에 따라 진단의 내용을 구별할 수 있다.

시행령 제46조(안전보건진단의 종류 및 내용) ① 법 제47조제1항에 따른 안전보건진단의 종류 및 내용은 별표 14와 같다.
② 고용노동부장관은 법 제47조제1항에 따라 안전보건진단 명령을 할 경우 기계·화공·전

기·건설 등 분야별로 한정하여 진단을 받을 것을 명할 수 있다.
③ 안전보건진단 결과보고서에는 산업재해 또는 사고의 발생원인, 작업조건·작업방법에 대한 평가 등의 사항이 포함되어야 한다.

시행규칙 제56조(안전보건진단 의뢰) 법 제47조제2항에 따라 안전보건진단 명령을 받은 사업주는 15일 이내에 안전보건진단기관에 안전보건진단을 의뢰해야 한다.

법 제48조(안전보건진단기관) ① 안전보건진단기관이 되려는 자는 대통령령으로 정하는 인력·시설 및 장비 등의 요건을 갖추어 고용노동부장관의 지정을 받아야 한다.
② 고용노동부장관은 안전보건진단기관에 대하여 평가하고 그 결과를 공개할 수 있다. 이 경우 평가의 기준·방법 및 결과의 공개에 필요한 사항은 고용노동부령으로 정한다.
③ 안전보건진단기관의 지정 절차, 그 밖에 필요한 사항은 고용노동부령으로 정한다.
④ 안전보건진단기관에 관하여는 제21조제4항 및 제5항을 준용한다. 이 경우 "안전관리전문기관 또는 보건관리전문기관"은 "안전보건진단기관"으로 본다.

동 **시행령 제47조** 안전보건진단을 하는 자는 법인으로서 진단분야별로 별표 15, 별표 16, 별표 17에 따른 인력·시설 및 장비 등의 요건을 갖춘 자로 한정하고 동 **시행규칙 제58조**에 안전보건진단기관의 평가기준을 두고 있다.

(11) 안전보건개선계획의 수립·시행 명령

법 제49조(안전보건개선계획의 수립·시행 명령) ① 고용노동부장관은 다음 각 호의 어느 하나에 해당하는 사업장으로서 산업재해 예방을 위하여 종합적인 개선조치를 할 필요가 있다고 인정되는 사업장의 사업주에게 고용노동부령으로 정하는 바에 따라 그 사업장, 시설, 그 밖의 사항에 관한 안전 및 보건에 관한 개선계획(이하 "안전보건개선계획"이라 한다)을 수립하여 시행할 것을 명할 수 있다. 이 경우 대통령령으로 정하는 사업장의 사업주에게는 제47조에 따라 안전보건진단을 받아 안전보건개선계획을 수립하여 시행할 것을 명할 수 있다.
1. 산업재해율이 같은 업종의 규모별 평균 산업재해율보다 높은 사업장
2. 사업주가 필요한 안전조치 또는 보건조치를 이행하지 아니하여 중대재해가 발생한 사업장
3. 대통령령으로 정하는 수 이상의 직업성 질병자가 발생한 사업장
4. 제106조에 따른 유해인자의 노출기준을 초과한 사업장

② 사업주는 안전보건개선계획을 수립할 때에는 산업안전보건위원회의 심의를 거쳐야 한다. 다만, 산업안전보건위원회가 설치되어 있지 아니한 사업장의 경우에는 근로자대표의 의견을 들어야 한다.

고용노동부장관은 산업재해 예방을 위하여 종합적인 개선조치를 할 필요가 있다고 인정되는 사업장의 사업주에게 고용노동부령으로 정하는 바에 따라 그 사업장, 시설, 그 밖의 사항에 관한 안전 및 보건에 관한 개선계획을 수립하여 시행할 것을 명할 수 있다. 안전보건개선계획의 수립·시행 명령을 받은 사업주는 고용노동부령으로 정하는 바에 따라 안전보건개선계획서를 작성하여 고용노동부장관에게 제출하여야 한다. 고용노동부장관은 제출받은 안전보건개선계획서를 고용노동부령으로 정하는 바에 따라 심사하여 그 결과를 사업주에게 서면으로 알려 주어야 한다. 이 경우 고용노동부장관은 근로자의 안전 및 보건의 유지·증진을 위하여 필요하다고 인정하는 경우 해당 안전보건개선계획서의 보완을 명할 수도 있다.

시행령 제49조(안전보건진단을 받아 안전보건개선계획을 수립할 대상) 법 제49조제1항 각 호 외의 부분 후단에 따라 안전보건진단을 받아 안전보건개선계획을 수립하여 시행할 것을 명할 수 있는 사업장은 다음 각 호의 어느 하나에 해당하는 사업장으로 한다.

1. 산업재해율이 같은 업종 평균 산업재해율의 2배 이상인 사업장
2. 법 제49조제1항제2호에 해당하는 사업장
3. 직업성 질병자가 연간 2명 이상(상시근로자 1천명 이상 사업장의 경우 3명 이상) 발생한 사업장
4. 작업환경 불량, 화재·폭발 또는 누출 사고 등으로 사회적 물의를 일으킨 사업장

시행령 제50조(안전보건개선계획 수립 대상) 법 제49조제1항제3호에서 대통령령으로 정하는 사업장은 직업성 질병자가 연간 2명 이상 발생한 사업장을 말한다.

법 제50조(안전보건개선계획서의 제출 등) ① 제49조제1항에 따라 안전보건개선계획의 수립·시행 명령을 받은 사업주는 고용노동부령으로 정하는 바에 따라 안전보건개선계획서를 작성하여 고용노동부장관에게 제출하여야 한다.

② 고용노동부장관은 제1항에 따라 제출받은 안전보건개선계획서를 고용노동부령으로 정하는 바에 따라 심사하여 그 결과를 사업주에게 서면으로 알려 주어야 한다. 이 경우 고용노동부장관은 근로자의 안전 및 보건의 유지·증진을 위하여 필요하다고 인정하는 경우 해당 안전보건개선계획서의 보완을 명할 수 있다.

③ 사업주와 근로자는 제2항 전단에 따라 심사를 받은 안전보건개선계획서(같은 항 후단에

따라 보완한 안전보건개선계획서를 포함한다)를 준수하여야 한다.

(12) 작업중지

1) 사업주의 작업중지

법 제51조에는 사업주는 산업재해가 발생할 급박한 위험이 있을 때에는 즉시 작업을 중지시키고 근로자를 작업장소에서 대피시키는 등 안전 및 보건에 관하여 필요한 조치를 하여야 한다.

법 제51조(사업주의 작업중지) 사업주는 산업재해가 발생할 급박한 위험이 있을 때에는 즉시 작업을 중지시키고 근로자를 작업장소에서 대피시키는 등 안전 및 보건에 관하여 필요한 조치를 하여야 한다.

최근 사업주의 작업중지 위반관련 판례를 보면 구 산업안전보건법 제26조의 작업중지 위반으로 판결한 결과도 있다. 그 내용을 보면 울산지방법원 2013. 4. 25. 선고 2013고단192 판결에 사업주의 작업중지 위반으로 책임을 물은 내용이 있다.[10)]

구체적으로 사건을 보면, F 주식회사는 2012. 2. 8.경 H 주식회사 컨소시엄으로부터 울산 *******공구 축조공사 중 기초처리공사를 하도급 받아 공사를 진행하였다. 피고인 A는 그 즈음부터 F 주식회사의 현장소장으로 근무하였으며, 2012. 6. 28.경부터는 2,601톤 규모의 'I'를 투입하여 해저연약지반에 구멍을 뚫은 후 시멘트를 주입·혼합하여 연약지반을 강화하는 심층혼합처리공사를 진행하여 왔다.

그에 따른 위반사실로 가. 붕괴 위험이 있는 시설물의 안전성 평가 의무 위반, 나. 적시에 기후를 확인하여 안전한 곳으로 대피하여야 하는 의무 위반, 다. 선박의 균형을 유지하여 안전, 신속하게 작업, 운행하여야 하는 의무 위반을 이유로 피고인 H 주식회사 현장소장 A에게 작업중지 위반의 판결을 내렸다. 이 사건에서 A는 공구 축조공사의 안전보건총괄책임자로서 산업안전보건법 제18조제3항, 같은 법 시행령 제24조제1항제1호에 의하여 재해 위험이 있을 경우 작업의 중지 및 재개 여부를 결정할 법적인 권한과 의무가 있으며, 이는 수급인과의 민사적인 하도급계약에 의하여 전가되거나 면제될 수 없다. H는 컨소시엄을 주도하는 책임기업으로서 항만청으로부터 도급금액 1,000억 원이 넘는 이 사건 공사를 도급 받으면서 이중·삼중의 관리체계를 통하여 안전 확보에 만전을 기하겠다는 취지의 시공계획서와 현장안전보건조직도를 작성·제출한 바 있으나, 정작 총괄책임자인 위 피고인은 그 실질적인 판단권한을 피고인 A에게 일임하고 이 사건

10) 조흠학, 산업재해 보고 위반 처벌제도 도입에 관한 소고, 노동법논총 제37집, 비교노동법학회, 2016, 35~75면.

사고 당일에는 육상 사무실에서 근무하면서 주변 직원들을 통하여 휴대폰 등으로 이따금씩 현장 상황을 확인하는데 그쳤을 뿐 선원부터 우선 대피시키라는 등의 실질적인 지시·조언 역할을 하지 못하였다.

이에 판시결과를 보면 H 주식회사의 총괄책임자인 피고인 A는 형법 제189조제2항, 제187조(업무상과실 선박매몰의 점), 각 형법 제268조(업무상 과실 치사상의 점), 각 산업안전보건법 제66조의2, 제23조제3항(위험방지조치 미이행 치사의 점), 같은 법 제67조제1호, 제26조제1항(작업중지조치 미이행의 점), 해양환경관리법 제128조제1항, 제22조제1항(과실 유해물질 배출의 점)을 들어 피고인 A를 징역 2년에, 그 외 다른 피고인들은 피고인 B를 징역 1년 4월에, 피고인 C, D를 각 징역 10월에, 피고인 E를 벌금 7,000,000원에, 피고인 F 주식회사를 벌금 10,000,000원에, 피고인 G를 징역 1년 4월에, 피고인 H 주식회사를 벌금 5,000,000원에 각 처하는 것으로 판결하였다.[11]

이것은 급박한 위험이 있음에도 사업주의 입장에서 직접적인 예방 조치를 통하여 신속한 피난과 함께 작업중지를 못한 것에 대한 판결이라 볼 수 있다.

2) 근로자의 작업중지

법 제52조 사업장에서는 근로자는 산업재해가 발생할 급박한 위험이 있는 경우에는 작업을 중지하고 대피할 수 있으며, 작업을 중지하고 대피한 근로자는 지체 없이 그 사실을 관리감독자 또는 그 밖에 부서의 장(이하 "관리감독자등"이라 한다)에게 보고하여야 한다.[12]

또한 관리감독자등은 제2항에 따른 보고를 받으면 안전 및 보건에 관하여 필요한 조치를 하여야 한다. 사업주는 산업재해가 발생할 급박한 위험이 있다고 근로자가 믿을 만한 합리적인 이유가 있을 때에는 제1항에 따라 작업을 중지하고 대피한 근로자에 대하여 해고나 그 밖의 불리한 처우를 해서는 아니 된다.

법 제52조(근로자의 작업중지) ① 근로자는 산업재해가 발생할 급박한 위험이 있는 경우에는 작업을 중지하고 대피할 수 있다.

② 제1항에 따라 작업을 중지하고 대피한 근로자는 지체 없이 그 사실을 관리감독자 또는 그 밖에 부서의 장(이하 "관리감독자등"이라 한다)에게 보고하여야 한다.

③ 관리감독자등은 제2항에 따른 보고를 받으면 안전 및 보건에 관하여 필요한 조치를 하여야 한다.

11) 조흠학, 산업재해 보고 위반 처벌제도 도입에 관한 소고, 노동법논총 제37집, 비교노동법학회, 2016, 35~75면.
12) 조흠학, 산업안전보건법상 근로자의 권리 - 작업중지권 실태조사를 중심으로, 노동법논총 제31집, 비교노동법학회, 2014.8, 293~344.

④ 사업주는 산업재해가 발생할 급박한 위험이 있다고 근로자가 믿을 만한 합리적인 이유가 있을 때에는 제1항에 따라 작업을 중지하고 대피한 근로자에 대하여 해고나 그 밖의 불리한 처우를 해서는 아니 된다.

근로자의 작업중지권에 대하여 논란이 발생하고 있으나 사업장에서 급박한 위험의 존재가 무엇인지 명확치 않고 있다. 이런 면에서 근로자의 급박한 위험인 경우 작업중지권을 인정한 판례를 보기로 한다.

사실관계를 보면(수원지방법원 2009고단5228, 2010.05.19. 업무방해) 피고인은 C주식회사 D공장 조립1부 소속 생산직 사원으로서 2009. 5. 15.경부터 E노조 C지부 D지회 조립1부 대의원으로 활동하고 있었다. 당시 2009. 6. 10. 18:04경 화성시 F소재 C주식회사 D 1공장 조립1부 하체3반 연료탱크장착장 내에서 연료탱크가 컨베이어에서 장착 작업 리프트 내로 약 30도 기울어진 상태로 불안전 이재된 상태가 발생하자 회사 관리자들이 생산 라인을 중단하고 원인을 파악한바 특별한 설비 이상 유무를 발견하지 못해 같은 날 18:34경 생산라인을 재가동 하였다.[13]

피고인은 같은 날 18:34경 위 C주식회사 D 1공장 조립1부 하체3반 연료탱크 장책장내에서 "원인을 정확하게 알 수 없는 상황이니 라인을 재가동할 수 없다"면서 위 하체3반 작업자 40명에게 작업을 하지 말고, 분임 토의장으로 가도록 지시해 같은 날 19:30경까지 위 작업자들로 하여금 작업을 일시에 중단하게 하는 등 위력으로 쏘렌토R 차량 28대 시가 7억 2,700만원 상당의 생산이 이루어지지 못하게 하여 피해자 C주식회사의 자동차 생산업무를 방해하였다.

이에 대한 구체적인 공소사실을 살펴보면, 제1회 공판조서 중 피고인의 진술 기재와 증인 G의 법정 진술 및 피고인에 대한 경찰 및 검찰 피의자신문조서, G에 대한 경찰 진술조서, 고소장의 각 진술 기재에 의하면, 피고인이 위 공소사실 기재 일시, 장소에서 하체3반 작업자 40명에게 작업을 하지 말고, 분임 토의장으로 가도록 지시해 같은 날 19:30경까지 위 작업자들로 하여금 작업을 일시 중단하게 한 사실은 인정된다고 보았다. 그러나 한편 앞서 채택한 위 각 증거와 증인 H, I, J, K의 각 법정 진술 및 수사보고(수사기록 제68쪽 이하)의 기재에 의하면, I가 2009. 6. 10. 18:04경 위 연료탱크 장착장 내에서 작업을 하던 중 컨베이어에 실려 온 연료탱크가 리프트에 실리는 과정에서 약 30도 정도 기울어진 상태로 이재되었고, 리프트에 실린 연료탱크가 차체 하부 쪽으로 'ㄷ'자 형태로 상승함에 있어 위 차체 하부에 매달린 금속밴드와 연료탱크 윗부분에 있는 캡이 맞물린 채로 자동 상승하다가 위 금속밴드가 휘어진 사고가 발생한 사실, 이를 발견한 I가 비상스위치를 누르고 라인을 중단시킨 사실, 이에 피고인과 생산 주임 J 등 회사 관리자 및 노조 측 산안위원 등이 사고 현장에 도착하여 위와 같은 사고의 원인을 파악하고 그 대책을 마련

13) 조흠학, 산업안전보건법상 근로자의 권리 - 작업중지권 실태조사를 중심으로, 노동법논총 제31집, 비교노동법학회, 2014.8, 293~344.

하기 위한 논의를 하였는데, 그 정확한 원인이 밝혀지지 아니한 상황에서 위 J가 라인 재가동을 지시한 사실, 이에 피고인이 정확한 원인이 밝혀지지 아니한 상태에서는 작업을 할 수 없다고 하면서 작업자들로 하여금 분임 토의장으로 가라고 지시한 사실들을 들어 작업을 중지 하였다. 따라서 위와 같은 사고가 그 전날에도 발생하여 그 원인을 파악하고자 하였으나, 그 정확한 원인을 밝히지 못한 사실, 한편 위와 같은 사고가 발생한 상태에서 작업자가 부주의하게 작업을 계속할 경우 금속밴드가 부러지거나, 튕겨져 자칫 작업자가 다칠 수도 있는 상황이 발생할 가능성이 있는 점, 또한 기존에 설비 이상 등으로 라인이 중단되었을 경우 노사가 그 원인 파악과 대책 마련을 위한 협의를 하고, 위 협의를 통하여 작업자가 이해하거나 동의할 경우 라인을 재가동해 왔던 관행이 존재한 점 등이 인정됨에 따라 정당한 작업중지라고 보았다.

피고인 입장에서 본다면, 위와 같은 사고가 그 전날에 이어 반복하여 발생하였고, 그 원인이 정확하게 규명되지 아니한 상황에서 작업을 계속 할 경우 작업자가 다칠 수도 있다고 판단하여 기존 관행에 어긋나게 라인 재가동을 지시한 생산 주임의 지시에 따르지 아니하고 작업자들로 하여금 작업을 중단하게 한 것으로서 위와 같은 목적과 동기 및 그 경위 등에 비추어 보면, 피고인의 위와 같은 행위는 사회상규에 위배되지 아니하는 행위라고 봄이 상당하다하여 피고인의 위 행위는 형법 제20조의 정당행위에 해당하여 범죄로 되지 아니하므로, 형사소송법 제325조 전단에 따라 무죄를 선고하였다.[14)]

그러므로 근로자의 급박한 위험이 존재할 때에는 작업중지가 가능함을 보여준 판례이다.

3) 고용노동부의 시정조치와 작업중지

법 제53조에서 고용노동부장관은 사업주가 사업장의 건설물 또는 그 부속건설물 및 기계·기구·설비·원재료(이하 "기계·설비등"이라 한다)에 대하여 안전 및 보건에 관하여 고용노동부령으로 정하는 필요한 조치를 하지 아니하여 근로자에게 현저한 유해·위험이 초래될 우려가 있다고 판단될 때에는 해당 기계·설비등에 대하여 사용중지·대체·제거 또는 시설의 개선, 그 밖에 안전 및 보건에 관하여 고용노동부령으로 정하는 필요한 조치(이하 "시정조치"라 한다)를 명할 수 있다. 또한 시정조치 명령을 받은 사업주는 해당 기계·설비등에 대하여 시정조치를 완료할 때까지 시정조치 명령 사항을 사업장 내에 근로자가 쉽게 볼 수 있는 장소에 게시하여야 한다. 고용노동부장관은 사업주가 해당 기계·설비등에 대한 시정조치 명령을 이행하지 아니하여 유해·위험 상태가 해소 또는 개선되지 아니하거나 근로자에 대한 유해·위험이 현저히 높아질 우려가 있는 경우에는 해당 기계·설비등과 관련된 작업의 전부 또는 일부의 중지를 명할 수 있다. 사용중지 명령 또는 제3항에 따른 작업중지 명령을 받은 사업주는 그 시정조치를 완료한 경우에는 고용노동부장관에게 제1항에 따른 사용중지 또는 제3항에 따른 작업중지의 해제를 요청할 수

14) 조흠학, 산업안전보건법상 근로자의 권리 - 작업중지권 실태조사를 중심으로, 노동법논총 제31집, 비교노동법학회, 2014.8, 293～344.

있다. 해제 요청에 대하여 시정조치가 완료되었다고 판단될 때에는 제1항에 따른 사용중지 또는 제3항에 따른 작업중지를 해제하여야 한다.

법 제53조(고용노동부장관의 시정조치 등) ① 고용노동부장관은 사업주가 사업장의 건설물 또는 그 부속건설물 및 기계·기구·설비·원재료(이하 "기계·설비등"이라 한다)에 대하여 안전 및 보건에 관하여 고용노동부령으로 정하는 필요한 조치를 하지 아니하여 근로자에게 현저한 유해·위험이 초래될 우려가 있다고 판단될 때에는 해당 기계·설비등에 대하여 사용중지·대체·제거 또는 시설의 개선, 그 밖에 안전 및 보건에 관하여 고용노동부령으로 정하는 필요한 조치(이하 "시정조치"라 한다)를 명할 수 있다.

② 제1항에 따라 시정조치 명령을 받은 사업주는 해당 기계·설비등에 대하여 시정조치를 완료할 때까지 시정조치 명령 사항을 사업장 내에 근로자가 쉽게 볼 수 있는 장소에 게시하여야 한다.

③ 고용노동부장관은 사업주가 해당 기계·설비등에 대한 시정조치 명령을 이행하지 아니하여 유해·위험 상태가 해소 또는 개선되지 아니하거나 근로자에 대한 유해·위험이 현저히 높아질 우려가 있는 경우에는 해당 기계·설비등과 관련된 작업의 전부 또는 일부의 중지를 명할 수 있다.

④ 제1항에 따른 사용중지 명령 또는 제3항에 따른 작업중지 명령을 받은 사업주는 그 시정조치를 완료한 경우에는 고용노동부장관에게 제1항에 따른 사용중지 또는 제3항에 따른 작업중지의 해제를 요청할 수 있다.

⑤ 고용노동부장관은 제4항에 따른 해제 요청에 대하여 시정조치가 완료되었다고 판단될 때에는 제1항에 따른 사용중지 또는 제3항에 따른 작업중지를 해제하여야 한다.

시행규칙 제63조(기계·설비 등에 대한 안전 및 보건조치) 법 제53조제1항에서 고용노동부령으로 정하는 필요한 조치란 다음 각 호의 어느 하나에 해당하는 조치를 말한다.

1. 안전보건규칙에서 건설물 또는 그 부속건설물·기계·기구·설비·원재료에 대하여 정하는 안전조치 또는 보건조치
2. 법 제87조에 따른 안전인증대상기계등의 사용금지
3. 법 제92조에 따른 자율안전확인대상기계등의 사용금지
4. 법 제95조에 따른 안전검사대상기계등의 사용금지
5. 법 제99조제2항에 따른 안전검사대상기계등의 사용금지
6. 법 제117조제1항에 따른 제조등금지물질의 사용금지
7. 법 제118조제1항에 따른 허가대상물질에 대한 허가

시행규칙 제64조(사용의 중지) ① 고용노동부장관이 법 제53조제1항에 따른 사용중지를 명하려는 경우에는 별지 제27호서식에 따른 사용중지명령서 또는 고용노동부장관이 정하는 표지(이하 "사용중지명령서등"이라 한다)를 발부하거나 부착할 수 있다.

② 사업주는 제1항에 따라 사용중지명령서등을 받은 경우에는 관계 근로자에게 해당 사항을 알려야 한다.

③ 제1항에 따라 사용중지명령서를 받은 사업주는 발부받은 때부터 그 개선이 완료되어 고용노동부장관이 사용중지명령을 해제할 때까지 해당 건설물등을 사용하여서는 아니 된다.

④ 사업주는 제1항에 따라 발부되거나 부착된 사용중지명령서등을 해당 건설물등으로부터 임의로 제거하거나 훼손시켜서는 아니 된다.

⑤ 지방고용노동관서의 장은 법 제53조제5항에 따라 사용중지를 해제하는 경우 그 내용을 사업주에게 알려주어야 한다.

시행규칙 제65조(작업의 중지) ① 고용노동부장관은 법 제53조제3항에 따라 작업의 전부 또는 일부 중지를 명령할 때에는 별지 제27호서식에 따른 작업중지명령서 또는 고용노동부장관이 정하는 표지를 발부하거나 부착할 수 있다.

② 작업중지명령 고지 등에 관하여는 제66조제2항부터 제5항까지를 준용한다. 이 경우 "사용중지명령서"는 "작업중지명령서"로, "사용중지"는 "작업중지"로 본다.

시행규칙 제66조(시정조치 명령서의 게시) 법 제53조제1항에 따라 이 법 위반으로 고용노동부장관의 시정조치 명령을 받은 사업주는 해당 내용을 시정할 때까지 위반 장소 또는 사내 게시판 등에 게시하여야 한다.

4) 중대재해 발생 시 사업주의 조치

법 제54조에는 사업주는 중대재해가 발생하였을 때에는 즉시 해당 작업을 중지시키고 근로자를 작업장소에서 대피시키는 등 안전 및 보건에 관하여 필요한 조치를 하여야 한다. 또한 사업주는 중대재해가 발생한 사실을 알게 된 경우에는 고용노동부령으로 정하는 바에 따라 지체 없이 고용노동부장관에게 보고하여야 한다. 다만, 천재지변 등 부득이한 사유가 발생한 경우에는 그 사유가 소멸되면 지체 없이 보고하여야 한다.

법 제54조(중대재해 발생 시 사업주의 조치) ① 사업주는 중대재해가 발생하였을 때에는 즉시 해당 작업을 중지시키고 근로자를 작업장소에서 대피시키는 등 안전 및 보건에 관하여 필요한 조치를 하여야 한다.
② 사업주는 중대재해가 발생한 사실을 알게 된 경우에는 고용노동부령으로 정하는 바에 따라 지체 없이 고용노동부장관에게 보고하여야 한다. 다만, 천재지변 등 부득이한 사유가 발생한 경우에는 그 사유가 소멸되면 지체 없이 보고하여야 한다.

시행규칙 제67조(중대재해 발생 시 보고) 사업주는 중대재해가 발생한 사실을 알게 된 경우에는 법 제54조제2항에 따라 지체 없이 다음 각 호의 사항을 사업장 소재지를 관할하는 지방고용노동관서의 장에게 전화·팩스 또는 그 밖에 적절한 방법으로 보고해야 한다.
1. 발생 개요 및 피해 상황
2. 조치 및 전망
3. 그 밖의 중요한 사항

5) 중대재해 발생 시 고용노동부장관의 작업중지 조치

법 제55조에 따라 고용노동부장관은 중대재해가 발생하였을 때, 1. 중대재해가 발생한 해당 작업, 2. 중대재해가 발생한 작업과 동일한 작업등의 어느 하나에 해당하는 작업으로 인하여 해당 사업장에 산업재해가 다시 발생할 급박한 위험이 있다고 판단되는 경우에는 그 작업의 중지를 명할 수 있다. 그리고 고용노동부장관은 토사·구축물의 붕괴, 화재·폭발, 유해하거나 위험한 물질의 누출 등으로 인하여 중대재해가 발생하여 그 재해가 발생한 장소 주변으로 산업재해가 확산될 수 있다고 판단되는 등 불가피한 경우에는 해당 사업장의 작업을 중지할 수 있다. 고용노동부장관은 사업주가 작업중지의 해제를 요청한 경우에는 작업중지 해제에 관한 전문가 등으로 구성된 심의위원회의 심의를 거쳐 고용노동부령으로 정하는 바에 따라 작업중지를 해제하여야 한다.

법 제55조(중대재해 발생 시 고용노동부장관의 작업중지 조치) ① 고용노동부장관은 중대재해가 발생하였을 때 다음 각 호의 어느 하나에 해당하는 작업으로 인하여 해당 사업장에 산업재해가 다시 발생할 급박한 위험이 있다고 판단되는 경우에는 그 작업의 중지를 명할 수 있다.
1. 중대재해가 발생한 해당 작업
2. 중대재해가 발생한 작업과 동일한 작업
② 고용노동부장관은 토사·구축물의 붕괴, 화재·폭발, 유해하거나 위험한 물질의 누출 등으

로 인하여 중대재해가 발생하여 그 재해가 발생한 장소 주변으로 산업재해가 확산될 수 있다고 판단되는 등 불가피한 경우에는 해당 사업장의 작업을 중지할 수 있다.
③ 고용노동부장관은 사업주가 제1항 또는 제2항에 따른 작업중지의 해제를 요청한 경우에는 작업중지 해제에 관한 전문가 등으로 구성된 심의위원회의 심의를 거쳐 고용노동부령으로 정하는 바에 따라 제1항 또는 제2항에 따른 작업중지를 해제하여야 한다.
④ 제3항에 따른 작업중지 해제의 요청 절차 및 방법, 심의위원회의 구성·운영, 그 밖에 필요한 사항은 고용노동부령으로 정한다.

법 제55조의 중대재해 발생 시 고용노동부장관의 작업중지 조치는 중대재해 발생한 경우에 대한 작업중지는 구 산업안전보건법 제26조제3항의 규정인 "고용노동부장관은 중대재해가 발생하였을 때에는 그 원인 규명 또는 예방대책 수립을 위하여 중대재해 발생원인을 조사하고, 근로감독관과 관계 전문가로 하여금 고용노동부령으로 정하는 바에 따라 안전·보건진단이나 그 밖에 필요한 조치를 하도록 할 수 있다"라는 규정을 구체화하여 좀 더 명확한 책임을 부과하고 재해원인을 구체적으로 찾아 차후 재해를 발생하지 않도록 한다는 규정이다. 구 산업안전보건법에서는 중대재해 발생 시에 작업중지를 하고 원인조사 및 조치를 구체적으로 어떤 방법으로 하는지에 대하여 구체적으로 제시된 것이 없어 근로감독관의 판단에 따라 작업중지 해제나 원인조사의 종류가 이루어질 수 있었다.

이를 보완하기 위하여 현행 제55조에 제1항에 고용노동부장관은 중대재해가 발생하였을 때, 중대재해가 발생한 해당 작업, 중대재해가 발생한 작업과 동일한 작업등에 하나에 해당하는 작업으로 인하여 해당 사업장에 산업재해가 다시 발생할 급박한 위험이 있다고 판단되는 경우에는 그 작업의 중지를 명할 수 있도록 하였다. 이 의미는 중대재해 발생 사업장내에서 중대재해가 발생한 해당 작업이나 중대재해가 발생하지 않았지만 동일한 작업이 사업장에 있을 때를 구체적으로 정리한 것이다. 따라서 이를 위반하면 5년 이하의 징역 또는 5천만원 이하의 벌금이라는 형사처벌이 부과되도록 하였다. 또한 여기서 말하는 "중대재해가 발생한 작업과 동일한 작업"의 의미는 재해가 발생한 사업장내에서 재해가 발생하지 않았지만 같은 작업이 존재할 때를 동일한 사업장내에 작업이라 볼 수 있다. 이 규정은 현재 재해가 발생하는 장소만 작업 중지시킬 것이 아니라 중대재해가 발생했던 작업은 또 재해가 발생할 수 있다는 개연성을 가지고 사전예방한다는 취지이다. 따라서 위반 시 벌칙규정 둠으로써 사전예방의 의미와 사업주의 작업개선을 위하여 노력하여야 한다는 취지이다.

그리고 문제가 되는 것은 제55조제2항의 문제인데 제2항을 보면, "고용노동부장관은 토사·구축물의 붕괴, 화재·폭발, 유해하거나 위험한 물질의 누출 등으로 인하여 중대재해가 발생하여 그 재해가 발생한 장소 주변으로 산업재해가 확산될 수 있다고 판단되는 등 불가피한 경우에는 해당 사업장의 작업을 중지할 수 있다."라고 규정하고 있다.

여기서 문제가 되는 것은 "~ 중대재해가 발생하여 그 재해가 발생한 장소 주변으로 산업재해가 확산될 수 있다고 판단되는 등 불가피한 경우에는 사업장의 작업을 ~" 중지한다는 규정이 논란이 된다고 본다.

일단 사업장의 중대재해가 발생한 장소의 주변에 재해가 확산될 소지가 있는 경우는 매우 중요하고 위험하고 유해한 상태라고 할 수 있을 것이다. 폭발로 인하여 주변사고사 발생하거나 유해 물질 노출로 주변환경에 다양한 유해물질 노출이 발생할 수 있는 것이다. 이 경우를 예방하기 위하여 고용노동부장관의 명으로 작업을 중지하는 것은 매우 타당성이 있는 것이다.

그런데 사업주가 이를 위반하고 작업중지를 하지 않았을 경우에는 제재수단이 없다는 것이고 이것은 단순한 권고사항이라고 볼 수 있다. 과연 이 경우에 불산 등의 CMR 독성물질이 누출되었을 때 사업주가 작업중지 하지 않는다면 더 많은 재해가 발생할 수 있어 이를 제재하는 수단이 필요할 것이라고 본다. 그리고 또 하나 중요한 것은 시행규칙에 작업중지 해제에 관하여 사업주가 요청한 경우에는 전문가로 구성된 심의위원회를 거치도록 되어 있는데 법 제55조제1항의 내용은 중대재해 발생 상태이므로 심의위원회의 의견을 들어 해제하는 것은 당해 근로자의 보호를 위하여 필요하다고 볼 수 있다. 그러나 법 제55조제2항의 경우는 작업중지규정이 제재수단도 없는데, 심의위원회를 거쳐야 하는가의 문제이다. 작업중지명령을 받고 사업주가 필요하다고 판단하여 작업중지를 하였다면, 해제한다고 할 때에도 특별한 문제가 없다면 사업주가 판단하여 해제할 수 있도록 해야 한 것이 타당하다고 본다.

그리고 마지막으로 작업중지 해제에 관련에 관한 문제이다. 작업중지 해제를 할 경우에 심의위원회 심의를 거쳐 작업중지 해제를 하도록 되어 있는데 심의위원회를 구성하지 아니하고 해제하는 경우에는 처벌 규정이 없어 사업장에서 반드시 심의위원회를 구성해야 하는가의 문제가 나타날 수 있다고 본다. 이 경우에는 과태료 규정이라도 부과하여 해제 심의위원회 의무이행에 관한 부분을 추가하는 것이 법의 실효성을 높이는 방안이라고 본다. 그리고 해제 심의위원회에 구성에 관한 내용 중에서 제55조제2항을 보면 이 경우도 심의위원회 심의를 통하여 해제하도록 규정되어 있다. 이 부분은 정리할 필요가 있는데, 확산에 관한 작업중지는 제재 수단이 없고, 그럼에도 작업 중지를 했을 때 제재 수단을 둔다면 사업장에서 제55조제2항을 준수하여 사전에 작업중지를 할 것인가를 생각해 볼 필요가 있다. 법의 입법취지는 굉장히 중요한 의미를 담고 있어 실행되어 진다면 법률적 예방 효과는 크다고 볼 수 있다. 그러나 현재의 규정이 법률적 실효성이 있느냐의 문제에서 명확하지 못하여 재검토하여 하위규정에서 재정비하는 것이 필요하다고 본다.

시행규칙 제69조(작업중지의 해제) ① 법 제55조제3항에 따라 사업주가 작업중지의 해제를 요청할 경우에는 별지 제29호서식에 따른 작업중지명령 해제신청서를 작성하여 사업장의 소재지를 관할하는 지방고용노동관서의 장에게 제출하여야 한다.
② 제1항에 따라 사업주가 작업중지명령 해제신청서를 제출하는 경우에는 미리 유해·위

험요인 개선내용에 대하여 중대재해 발생 해당작업 근로자의 의견을 들어야 한다.

③ 지방고용노동관서의 장은 제1항에 따라 작업중지명령 해제를 요청받은 경우에는 근로감독관으로 하여금 안전·보건을 위하여 필요한 조치를 확인하도록 하고, 천재지변 등 불가피한 경우를 제외하고는 해제요청일 다음날부터 4일 이내(토요일과 공휴일 포함)에 법 제55조제3항에 따른 작업중지해제 심의위원회를 개최하여 심의한 후 해당조치가 완료되었다고 판단될 경우에는 즉시 작업중지명령을 해제해야 한다.

시행규칙 제70조(작업중지해제 심의위원회) ① 법 제55조제4항에 따른 작업중지 해제 심의위원회(이하 "심의위원회"라 한다.)는 지방고용노동관서의 장, 공단 소속 전문가 및 해당 사업장과 이해관계가 없는 외부전문가 등을 포함하여 4명 이상으로 구성하여야 한다.

② 지방고용노동관서의 장은 심의위원회가 작업중지명령 대상 유해·위험업무에 대한 안전·보건조치가 충분히 개선되었다고 심의·의결하는 경우에는 즉시 작업중지명령의 해제를 결정해야 한다.

6) 중대재해 원인조사

법 제56조 고용노동부장관은 중대재해가 발생하였을 때에는 그 원인 규명 또는 산업재해 예방대책 수립을 위하여 그 발생 원인을 조사할 수 있다. 또한 고용노동부장관은 중대재해가 발생한 사업장의 사업주에게 안전보건개선계획의 수립·시행, 그 밖에 필요한 조치를 명할 수 있으며, 누구든지 중대재해 발생 현장을 훼손하거나 제1항에 따른 고용노동부장관의 원인조사를 방해해서는 아니 된다. 중대재해가 발생한 사업장에 대한 원인조사의 내용 및 절차, 그 밖에 필요한 사항은 시행규칙 제71조에 따라 중대재해 원인조사를 하는 때에는 현장을 방문하여 조사를 하여야 하며 재해조사에 필요한 안전보건 관련 서류 및 목격자의 진술 등을 확보하도록 노력하여야 한다. 이 경우 중대재해 발생의 원인이 사업주의 법 위반에 기인한 것인지 여부 등을 조사하여야 한다.

법 제56조(중대재해 원인조사 등) ① 고용노동부장관은 중대재해가 발생하였을 때에는 그 원인 규명 또는 산업재해 예방대책 수립을 위하여 그 발생 원인을 조사할 수 있다.

② 고용노동부장관은 중대재해가 발생한 사업장의 사업주에게 안전보건개선계획의 수립·시행, 그 밖에 필요한 조치를 명할 수 있다.

③ 누구든지 중대재해 발생 현장을 훼손하거나 제1항에 따른 고용노동부장관의 원인조사를 방해해서는 아니 된다.

④ 중대재해가 발생한 사업장에 대한 원인조사의 내용 및 절차, 그 밖에 필요한 사항은 고용노동부령으로 정한다.

중대재해가 발생하였을 때에는 원인 규명이 중요하며, 산업재해 예방대책 수립을 위하여 반드시 발생 원인을 조사할 필요가 있다. 따라서 중대재해 조사 시에 적절하고 타당성 있게 조사하기 위해서 산업재해 조사규정을 명시하였다. 사업주는 중대재해 발생에 대하여 개선계획을 내고 필요한 조치를 이행하도록 하였다. 그리고 중대재해조사가 이루어지면 중대재해 장소를 훼손할 수 없도록 하였고, 원인조사도 방해해서는 아니 된다. 만약 이를 이행하지 않으면 1년 이하의 징역 또는 1천만원 이하의 벌금에 처하도록 규정하고 있다. 이외에 중대재해가 발생한 사업장에 대한 원인조사의 내용 및 절차, 그 밖에 필요한 사항은 시행규칙 제71조에 따라 중대재해 원인조사를 하는 때에는 현장을 방문하여 조사를 하여야 하며 재해조사에 필요한 안전보건 관련 서류 및 목격자의 진술 등을 확보하도록 노력하여야 한다. 이 경우 중대재해 발생의 원인이 사업주의 법 위반에 기인한 것인지 여부 등을 조사하도록 규정하고 있다.

(13) 산업재해 발생 은폐 금지 및 보고

법 제57조(산업재해 발생 은폐 금지 및 보고 등) ① 사업주는 산업재해가 발생하였을 때에는 그 발생 사실을 은폐해서는 아니 된다.

② 사업주는 고용노동부령으로 정하는 바에 따라 산업재해의 발생 원인 등을 기록하여 보존하여야 한다.

③ 사업주는 고용노동부령으로 정하는 산업재해에 대해서는 그 발생 개요·원인 및 보고 시기, 재발방지 계획 등을 고용노동부령으로 정하는 바에 따라 고용노동부장관에게 보고하여야 한다.

'은폐(隱蔽)'란 "덮어 감추거나 가리어 숨기다"라는 뜻을 지니고 있다. 예를 들면 "사건을 '은폐'하다", "잘못을 '은폐'하다", "몸을 '은폐'하다"라고 표현할 때 '은폐'라는 용어에는 그 대상을 감추거나 숨긴다는 의미가 포함되어 있다.

한편, 은폐와 유사한 용어로 '은닉'이라는 용어가 사용되고 있다. 여기서 '은닉'이란 "남의 물건이나 범죄인을 감추다" 또는 "물건의 효용을 잃게 하다"는 뜻을 지니고 있다. '은닉'은 구체적인 실체가 있는 것을 감추는 행위를 뜻하는 것인데 반하여, '은폐'는 구체적인 실체가 있는 것을 감추는 행위뿐만 아니라 넓은 의미로 덮어서 감추거나 가리어 숨긴다는 뜻을 지니고 있다. 예컨대 "신분을 숨기다"는 술어의 의미는 신분이 구체적인 형상을 지닌 것이 아니라는 점을 고려해

보면 '신분은닉'이라는 용어보다는 '신분은폐'라는 용어가 더 적합한 것이다.[15)]

> **시행규칙 제72조(산업재해 기록 등)** 사업주는 산업재해가 발생한 때에는 법 제57조제2항에 따라 다음 각 호의 사항을 기록·보존하여야 한다. 다만, 제73조제1항에 따른 산업재해조사표 사본을 보존하거나 제73조제5항에 따른 요양신청서의 사본에 재해 재발방지 계획을 첨부하여 보존한 경우에는 그러하지 아니하다.
>
> 1. 사업장의 개요 및 근로자의 인적사항
> 2. 재해 발생의 일시 및 장소
> 3. 재해 발생의 원인 및 과정
> 4. 재해 재발방지 계획

우리나라의 '은폐' 개념의 구성요소로 '숨김', '위장', '형태 바꾸기' 등이 거론되고 있다. 일본의 학설과 판례에 의하면, '은폐'의 개념내용에는 사실의 전부 또는 일부의 '숨김', '은닉' 또는 '탈루' 등이 포함된다. 은폐에 대한 이러한 이해에 기초해보면, 결국 법령에서 사용하고 있는 '은폐'란 '특정한 사실의 숨김, 은닉, 위장, 탈루하는 행위'로 이해할 수 있을 것이다. 은폐에 대한 이러한 이해가 '은폐'의 일상용어적 정의인 "감추다" 또는 "숨기다"와 동일한 뜻으로 이해된다.

'은폐'의 개념 속에는 고의성이 함입되어 있거나 악질적인 행위태양이라는 점이 내포되어 있는 것으로 보인다. 즉, 단순한 미보고 등에 비하여 은폐보고는 그 동기면에서 볼 때 비난가능성이 짙은 행위라는 점이 포함되어 있는 것으로 평가할 수 있다.[16)]

특히 특정한 사실의 보고와 관련한 '은폐'인 경우에는 결국 특정한 사실을 숨기거나 위장, 가장 또는 탈루하여 보고하는 것을 '은폐'로 볼 수 있기 때문에 적어도 보고가 이루어진 경우에는 당해 보고는 '허위보고'가 된다. 여기서 '허위보고'란 보고할 내용 그 자체가 거짓인 경우, 즉 내용의 진실성을 침해하는 경우를 말한다.[17)]

그러므로 은폐보고의 유형에는, ① 보고해야 할 사실을 처음부터 숨기고 보고하지 아니한 경우, ② 진실하지 아니한 사실을 보고한 경우, ③ 진실한 사실이지만 보고할 사실의 일부를 빠트리고 보고한 경우 등 세 가지로 정리할 필요가 있다.

15) 조흠학외 4, 산재발생보고제도 개편방안에 관한 연구, 산업안전보건연구원 2016, 108～110면 재정리.

16) 조흠학외 4, 산재발생보고제도 개편방안에 관한 연구, 산업안전보건연구원 2016, 108～110면 재정리.

17) 현행 변호사법 제24조(품위유지의무 등) 제2항도, "변호사는 그 직무를 수행할 때에 진실을 은폐하거나 거짓 진술을 하여서는 아니 된다."고 명시하여 '은폐'만 규정하고 있을 뿐 그 구체적인 개념내용은 밝히지 않고 있다. 다만, 이 조항의 해석에 관한 대법원 판례는, "…형사변호인의 기본적인 임무가 피고인 또는 피의자를 보호하고 그의 이익을 대변하는 것이라고 하더라도, 그러한 이익은 법적으로 보호받을 가치가 있는 정당한 이익으로 제한되고, 변호인이 의뢰인의 요청에 따른 변론행위라는 명목으로 수사기관이나 법원에 대하여 적극적으로 허위의 진술을 하거나 피고인 또는 피의자로 하여금 허위진술을 하도록 하는 것은 허용되지 않는다."고 판시하여 변호인의 수사기관 또는 법원에서의 적극적인 허위진술 또는 그러한 허위진술을 하도록 교사하는 행위를 '진실의 은폐'로 이해하고 있다. 송강직/이진국, 산업재해 은폐에 대한 처벌방안, 산업안전보건연구원, 2015, 89면; 조흠학외 4, 산재발생보고제도 개편방안에 관한 연구, 산업안전보건연구원 2016, 108～110면 재정리.

우리사회에 발생한 산업재해 발생 사실의 은폐행위는 국가의 산업재해 예방업무를 현저히 어렵게 하고 있으며, 산업현장에서 산업재해 발생 사실을 은폐하고 있다는 점은 산업재해예방을 위한 산재원인 파악에 악영향을 끼치고 있는 것이다. 따라서 은폐행위를 줄이기 위해서는 기존의 과태료 부과대상 행위에서 은폐행위를 분리하여 형사처벌의 대상으로 삼아야 한다고 주장하여 이번 개정안에서는 형사처벌 대상과 과태료 부과대상으로 구분하였다. 형사처벌의 대상이 되는 은폐미보고와 은폐허위보고 행위와 단순한 미보고 및 허위보고 행위를 구별하기 위해서는 은폐미보고와 은폐허위보고는 목적범으로 구성해야 처벌이 가능한 것으로 볼 수 있다고 할 것이다.[18)]

따라서 산업재해발생사실을 숨기거나 거짓으로 보고한 자와 부정한 목적으로 산업재해발생을 은폐하도록 교사하거나 공모한 자와 은폐하도록 교사 또는 공모한 자도 같이 처벌할 수 있도록 해야 할 것이다. 이번 개정안에서는 사업주가 산업재해가 발생하였을 때 그 발생사실을 은폐한 경우에는 1년 이하의 징역 또는 1천만원 이하의 벌금형에 처하도록 형사처벌규정을 두었다. 그리고 사업주는 고용노동부령으로 정하는 산업재해에 대해서는 그 발생 개요·원인 및 보고 시기, 재발방지 계획 등을 고용노동부령으로 정하는 바에 따라 고용노동부장관에게 보고하여야 하였으며, 이를 위반하여 보고하지 아니하거나 거짓으로 보고 한 자에 대하여 5천만원 이하의 과태료를 부과하였다.

산재은폐의 유형[19)]

	(미)보고유형	개념내용	사례	현행법 적용
보고	진실보고	발생한 사실을 온전하게 보고하는 경우	-	적법
	허위보고	존재하지 않는 사실을 존재한다고 허위로 작출(만들어내어)하여 보고하는 경우	발생가능성 전무	과태료 처분 (법 제72조제3항)
	은폐보고 (=허위보고)	존재하는 사실을 보고하되 그 전부 또는 일부사항을 숨겨 보고내용을 허위로 보고하는 경우	▪ 사망사실을 상해사실로 보고하는 경우 ▪ 장기요양이 필요한 재해자를 3일 이내의 단기요양자로 보고한 경우(고의 허위보고)	형사처벌 (개정안 법 제68조제4호)
			사망자 또는 상해피해자가 아닌 자를 피해자로 잘못 기재한 경우	과태료 처분 (법 제72조제3항)
	은폐보고 (=허위보고 =누락보고 =축소보고)	존재하는 사실을 보고하되 일부사항을 숨겨 누락(탈루)시킨 채 나머지만 보고하는 경우	사망자 또는 부상자의 수를 축소하여 보고하는 경우	형사처벌 (개정안 법 제68조제4호)
			산재보고 시 행정기재 실수로 잘못기재 한 경우	과태료 처분 (법 제72조제3항)

18) 송강직/이진국, 산업재해 은폐에 대한 처벌방안, 산업안전보건연구원, 2015, 89면.
19) 조흠학 외 4명, 산재발생보고제도 개편방안에 관한 연구, 산업안전보건연구원, 2016, 125쪽 발췌

	(미)보고유형	개념내용	사례	현행법 적용
미보고	과실 미보고	부주의하게 보고사실을 모른 채 보고하지 않은 경우	주의를 태만히 하여 법정기간 내 보고하지 못한 경우(1회에 한하여)	과태료 처분 (법 제72조제3항)
	은폐 미보고 (고의 미보고)	▪ 보고해야 한다는 사실을 알면서도 일부러 보고하지 않은 경우(의도적 고의) ▪ 보고해야 한다는 사실을 알면서도 나중에 그것이 발각되어도 어쩔 수 없다고 생각하고 보고하지 않은 경우(미필적 고의)	▪ 일부러 보고하지 않은 경우(의도적 고의) ▪ 1차 미보고의 시정지시 후에도 계속적인 미보고	형사처벌 (개정안 법 제68조제4호)
	은폐 미보고 (고의적인 공모 미보고)	보고해야 한다는 사실을 알면서도 하도급 사업주나 근로자에게 은폐행위를 교사 또는 공모한 경우	부정한 목적으로 산업재해 발생을 은폐하도록 교사하거나 공모한 자, 또는 이러한 행위를 조직적으로 행하거나 하도급등의 사업주에게 요구하거나 실제로 은폐행위를 행한 자	형사처벌 (추가 보완 필요한 경우) (법 제68조제4호) "제10조～은폐하도록 교사하거나 공모한 자"* (추가 개정)

산재 발생 보고제도에 관한 절차나 내용은 **시행규칙 제73조**에 따라 사업주는 산업재해로 사망자가 발생하거나 3일 이상의 휴업이 필요한 부상을 입거나 질병에 걸린 사람이 발생한 경우에는 법 제57조제3항에 따라 해당 산업재해가 발생한 날부터 1개월 이내에 별지 제30호서식의 산업재해조사표를 작성하여 관할 지방고용노동관서의 장에게 제출(전자문서에 의한 제출을 포함한다)하여야 한다.

그러나 이외에도 부정한 목적으로 산업재해 발생을 은폐하도록 교사하거나 공모한 자 속에는 조직적으로 행해지거나 하도급등의 계약 관계에서 하도급 사업주에게 요구하거나 하도급 사업주가 하도급 근로자에게 실제로 은폐행위를 하도록 유도한 자도 넓게 포함되어 처벌이 되어야 하지 않을까 생각이 된다.[20]

사업주는 법률 제11882호 산업안전보건법 일부개정 법률 제10조제2항의 개정규정의 시행일인 2014년 7월 1일 이후 처음 발생한 산업재해에 대하여 지방고용노동관서의 장으로부터 별지 제30호서식의 산업재해조사표를 작성하여 제출하도록 명령을 받은 경우 그 명령을 받은 날부터 15일 이내에 이를 이행한 때에는 제1항에 따른 보고를 한 것으로 본다. 제1항에 따른 보고기한이 지난 후에 자진하여 별지 제30호서식의 산업재해조사표를 작성·제출한 경우에도 또한 같다.

20) 조흠학외 4명, 산재발생보고제도 개편방안에 관한 연구, 산업안전보건연구원, 2016, 110쪽 발췌

1. 안전관리자 또는 보건관리자를 두어야 하는 사업주
2. 법 제62조제1항에 따라 안전보건총괄책임자를 지정하여야 하는 도급인
3. 법 제73조제1항에 따라 건설재해예방전문지도기관의 지도를 받아야 하는 사업주
4. 산업재해 발생사실을 은폐하려고 한 사업주

사업주는 산업재해조사표에 근로자대표의 확인을 받아야 하며, 그 기재 내용에 대하여 근로자대표의 이견이 있는 경우에는 그 내용을 첨부하여야 한다. 다만, 근로자대표가 없는 경우에는 재해자 본인의 확인을 받아 산업재해조사표를 제출할 수 있다.

그리고 「산업재해보상보험법」 제41조에 따라 요양급여의 신청을 받은 근로복지공단은 지방고용노동관서의 장 또는 공단으로부터 요양신청서 사본, 요양업무 관련 전산입력자료, 그 밖에 산업재해예방업무 수행을 위하여 필요한 자료의 송부를 요청받은 경우에는 이에 협조하여야 한다.

또한 사업주는 중대재해가 발생한 때에는 지체 없이 "1. 발생 개요 및 피해 상황, 2. 조치 및 전망, 3. 그 밖의 중요한 사항"을 사업장 소재지를 관할하는 지방고용노동관서의 장에게 전화·팩스 또는 그 밖의 적절한 방법으로 보고해야 한다. 다만, 천재지변 등 부득이한 사유가 발생한 경우에는 그 사유가 소멸된 때부터 지체 없이 이를 보고해야 한다(시행규칙 제67조, 법 제54조제2항).

● 발생기록 보고 위반 시 (법 제10조, 1,000만원 이하의 과태료)

사례 : 산업재해 발생 시 요양일수 산정 방법[21]

1월 2일 손가락 베임사고로 3바늘을 꿰매고 1월 3일 병원에 가서 소독약을 바르고 (약 조제는 없음) 1월 10일 손가락 꿰맨 부분의 실밥을 제거하였을 경우 요양일수를 3일로 계산하는지 아니면 9일로 계산해야 하는지?

1월 2일, 3일, 4일 병원에서 근골격계질환으로 물리치료를 받고 2월 2일, 3일인 같은 병명으로 물리치료를 받았으면 요양일수가 33일인지 아니면 5일인지 그렇다면 보고 기한 의무사항을 위반한 경우가 되는지?

⇒ 3일 이상의 요양을 요하는 경우라 함은 일반적으로 입원·통원을 불문하고 처치·수술 기타의 치료, 약제 또는 진료 재료와 의지 기타 보철구의 사용, 의료시설에의 수용, 개호, 이송, 치료를 위한 투약 등 부상이나 질병을 치유하는데 걸리는 기간이 3일 이상인 경우를 말함. 다만, 3일 이상의 요양을 요하는 경우인지 여부에 대해 의문이 있는 경우 최종적으로 의사의 진단서나 소견서를 기준으로 판단할 수밖에 없을 것으로 사료됨.

질병 또는 질환의 경우 장기간에 걸쳐 이환되는 경우가 많고 업무수행성과 기인성에 대한 정확한 판단이 어려워 산업재해 발생시점을 확정하기 곤란하므로 산업재해여부에 대한 판정 권한이 있는 기관(근로복지공단)이 당해 질병에 대해 요양승인을 한 때에 비로소 산업재해로 확인되고 보고의무도 이때부터 발생한다고 봄이 타당함. (안전정책과-4229, 2004.7.29)

제5장 도급 시 산업재해 예방

제1절 도급의 제한

(1) 유해한 작업의 도급금지

법 제58조(유해한 작업의 도급금지) ① 사업주는 근로자의 안전 및 보건에 유해하거나 위험한 작업으로서 다음 각 호의 어느 하나에 해당하는 작업을 도급하여 자신의 사업장에서 수급인의 근로자가 그 작업을 하도록 해서는 아니 된다.

1. 도금작업
2. 수은, 납 또는 카드뮴을 제련, 주입, 가공 및 가열하는 작업
3. 제118조제1항에 따른 허가대상물질을 제조하거나 사용하는 작업

② 사업주는 제1항에도 불구하고 다음 각 호의 어느 하나에 해당하는 경우에는 제1항 각 호에 따른 작업을 도급하여 자신의 사업장에서 수급인의 근로자가 그 작업을 하도록 할 수 있다.

1. 일시·간헐적으로 하는 작업을 도급하는 경우
2. 수급인이 보유한 기술이 전문적이고 사업주(수급인에게 도급을 한 도급인으로서의 사업주를 말한다)의 사업 운영에 필수 불가결한 경우로서 고용노동부장관의 승인을 받은 경우

③ 사업주는 제2항제2호에 따라 고용노동부장관의 승인을 받으려는 경우에는 고용노동부령으로 정하는 바에 따라 고용노동부장관이 실시하는 안전 및 보건에 관한 평가를 받아야 한다.

④ 제2항제2호에 따른 승인의 유효기간은 3년의 범위에서 정한다.

⑤ 고용노동부장관은 제4항에 따른 유효기간이 만료되는 경우에 사업주가 유효기간의 연장을 신청하면 승인의 유효기간이 만료되는 날의 다음 날부터 3년의 범위에서 고용노동부령으로 정하는 바에 따라 그 기간의 연장을 승인할 수 있다. 이 경우 사업주는 제3항에 따른 안전 및 보건에 관한 평가를 받아야 한다.

⑥ 사업주는 제2항제2호 또는 제5항에 따라 승인을 받은 사항 중 고용노동부령으로 정하는 사항을 변경하려는 경우에는 고용노동부령으로 정하는 바에 따라 변경에 대한 승인을 받아야 한다.

21) 고용노동부 홈페이지(http://minwon.moel.go.kr/minwon2008/faq/faq_open_view.do)

⑦ 고용노동부장관은 제2항제2호, 제5항 또는 제6항에 따라 승인, 연장승인 또는 변경승인을 받은 자가 제8항에 따른 기준에 미달하게 된 경우에는 승인, 연장승인 또는 변경승인을 취소하여야 한다.
⑧ 제2항제2호, 제5항 또는 제6항에 따른 승인, 연장승인 또는 변경승인의 기준·절차 및 방법, 그 밖에 필요한 사항은 고용노동부령으로 정한다.

도급의 역사적 개념을 찾아보면 다음과 같다. 도급은 당사자 일방이 어느 일을 완성할 것을 약정하고 그 상대방이 그 일의 결과에 대하여 보수를 지급할 것을 약정하는 것에 의해 그 효력이 생기는 계약을 말한다(민법 제661조). 도급계약은 따라서 도급인에게는 일의 완성에 따른 노무제공의 완성을 받을 권리가 있고. 수급인은 노무제공에 따른 보수를 받을 권리를 가지는 쌍무계약이다.[22] 사실 민법상의 전형계약으로서 도급계약은 창시는 원래 수공업에 의한 주문제 생산이 지배하였던 중세사회를 배경으로 싹튼 것이다. 당시의 수공업자는 일정한 일터와 간단한 도구만을 가지고 주문자가 공급하는 재료에 자기의 수공업 기술을 발휘하여 주문받은 물건을 만들거나 또는 수선하는 일을 하였는데, 이러한 계약을 정형화하여 제도화 시킨 것이 도급계약이었다. 중세에는 특정 주문자의 수요를 만족시키기 위한 요구물의 제작이 수공업형태로 이루어졌고 중세에서는 도급계약은 제품 거래 생산의 중요한 역할을 하였다. 그런데 근대 이후의 자본주의 경제에서는 불특정다수인의 수요를 충족하기 위한 상품이 대량생산 되어졌으며, 기존의 도급형식 보다는 공장제 기계공업형태의 대량 생산을 위한 직영근로자의 채용방식에 따른 산업방식으로 변화하였다.[23]

그러나 산업사회 초기 이후 근로관계로 인한 산업생산방식의 영역에서 침체되어 가던 도급계약이 현대에 이르러서 분업화라는 새로운 의미와 기능을 획득하면서 산업생산영역에서 커다란 비중을 담당하게 되었다. 기존의 기업은 생산의 전과정을 모두 책임지고 만드는 제조자이지만, 지금은 그러한 전 과정을 직접 참여하여 생산하기보다는 그 과정의 일부를 기술적 전문화가 되어 진 다수의 타 회사에 맡기는 분업적 생산방식으로 변모하였다. 이때 기업 간 분업적 생산 방식의 기반이 되는 계약 형식이 바로 도급계약이고, 오늘날 현대 산업사회에서 도급계약은 생산과 작업에 있어서 기술적 전문분야를 나타내는 상당히 중요역할을 담당하면서 각 기업에서 활용되게 되었다.[24]

다시 말하면 과거 개인 간 수공업적 물자 공급 형태를 띠었던 도급계약은 공장제 산업구조의 도입으로 축소되었다가, 현대에 이르러 자동화시스템을 도입한 생산체계에서 기술적 전문분야의 참여를 통한 도급의 형식의 분업화된 모습으로 나타나게 된 것이다. 따라서 직접고용을 통해 생

22) 한돈희외 3명, 유해·위험작업에 대한 하도급업체 근로자 보호강화 방안, 산업안전보건연구원, 2016, 21면 재정리
23) 조흠학, 산업안전보건법에서 나타난 도급에 관한 쟁점, 노동법논총 제40집, 비교노동법학회, 2017.6, 69~121면
24) 조흠학, 산업안전보건법에서 나타난 도급에 관한 쟁점, 노동법논총 제40집, 비교노동법학회, 2017.6, 69~121면 재정리.

산을 하던 기업이 기업 간 기술적 전문화를 통한 분업생산방식을 채택하게 되면서, 새로운 기업 구조의 변경과 함께 생산 현장에서의 새로운 법적 문제를 초래하게 되었고, 이러한 형식의 그 중 하나가 원하도급관계의 분쟁이라 할 수 있다.[25)]

이러한 측면에서 사업장의 재해를 예방하기 위한 법률로 제정되어진 산업안전보건법 측면에서 보면 최근 중대산업사고가 잇달아 발생하면서 화학물질 누출이나 폭발과 같은 대형 산재사고가 발생하였고, 그 중대산업사고의 공통적인 특징으로 사고의 직접적인 원인이 되는 작업을 수행하던 근로자는 하도급 사업주가 고용한 하도급 근로자이며, 특히 사내 하도급에 해당하는 근로자이다.

이러한 사내 하도급 근로자의 산업재해 문제가 주로 건설업과 조선업에 국한된 문제였지만, 최근에는 사내 하도급의 유형이 거의 모든 제조업은 물론 서비스업종에도 일반화되어 가는 형태이다. 이러한 의미에서 산업안전보건법에서 도급 시의 법적 예방조치가 필요하다는 의견이 폭넓게 제시되어 이번 개정안에 전면적인 도급 시 재해예방 규정이 개정된 것이라 볼 수 있다. 그 중에서 논란이 되어 왔던 것이 특정한 유해위험작업에 대해서는 아예 사내도급을 전면 금지하자는 주장이었고, 전면 금지하는 경우에는 기업생산 방식의 문제와 생산에 차질 문제가 발생할 수 있었다. 그래서 특정한 유해위험작업에 대해서는 고용노동부장관의 인가를 받지 않고서는 그 작업만을 분리하여 도급을 줄 수 없도록 하는 방안이고, 만약 도급을 줄 수밖에 없는 경우에는 특정 유해위험작업에 대해서는 승인을 받도록 하는 방안이라고 할 수 있다.

이번 개정법 제58조에 사업주는 근로자의 안선 및 보선에 유해하거나 위험한 작업으로서 "1. 도금작업, 2. 수은, 납 또는 카드뮴의 제련, 주입, 가공 및 가열하는 작업, 3. 제118조제1항에 따른 허가대상물질을 제조하거나 사용하는 작업의 어느 하나에 해당하는 작업"을 도급하여 자신의 사업장에서 수급인의 근로자가 그 작업을 하도록 해서는 아니 되도록 하였다.

사업주는 그럼에도 불구하고 "1. 일시·간헐적으로 하는 작업을 도급하는 경우, 2. 수급인이 보유한 기술이 전문적이고 사업주(수급인에게 도급을 한 도급인으로서의 사업주를 말한다)의 사업 운영에 필수 불가결한 경우로서 고용노동부장관의 승인을 받은 경우"에 해당하는 경우에는 도급하여 자신의 사업장에서 수급인의 근로자가 그 작업을 할 수 있도록 규정하였다.

사업주는 고용노동부장관의 승인을 받으려는 경우에는 고용노동부령으로 정하는 바에 따라 고용노동부장관이 실시하는 안전 및 보건에 관한 평가를 받아야 하며, 승인의 유효기간은 3년의 범위에서 정하도록 하였다. 유효기간이 만료되는 경우에 사업주가 유효기간의 연장을 신청하면 승인의 유효기간이 만료되는 날의 다음 날부터 3년의 범위에서 고용노동부령으로 정하는 바에 따라 그 기간의 연장을 승인할 수 있도록 하였다. 이 경우 사업주는 제3항에 따른 안전 및 보건에 관한 평가를 받아야 한다. 사업주는 승인을 받은 사항 중 고용노동부령으로 정하는 사항을

25) 조흠학, 산업안전보건법에서 나타난 도급에 관한 쟁점, 노동법논총 제40집, 비교노동법학회, 2017.6, 69~121면

변경하려는 경우에는 고용노동부령으로 정하는 바에 따라 변경에 대한 승인을 받아야 하며, 승인, 연장승인 또는 변경승인을 받은 자가 제8항에 따른 기준에 미달하게 된 경우에는 승인, 연장승인 또는 변경승인을 취소하여야 하였음, 승인, 연장승인 또는 변경승인의 기준·절차 및 방법, 그 밖에 필요한 사항은 고용노동부령으로 정하였다.

따라서 이번 개정안은 최근 탄력적 인력운영, 비용절감 등을 위해 제조, 서비스 등 산업전반에서 사내도급 등 외주화가 일반화되어 발생하는 문제를 개선하기 위한 것이다.

산업재해는 수급인의 근로자에게서 대부분 발생하고 특히, 사망 등 중대재해는 수급인 근로자에게 집중되는 양상으로 기업 규모로 보면 최근 5년간('11년~'15년) 주요 업종별 30개 기업에서 총 209건의 중대재해가 발생하였는데 산재통계자료 5년간('11년~'15년) 특히, 사망자 245명 중 수급인 근로자가 212명으로 86.5%를 차지하는 현상을 보면 최근 문제의 심각성을 충분히 파악할 수 있다. 물론 도급 금지 작업이 다른 작업과 비교하여 위험도가 높은지는 정리할 필요가 있으나 최근 발생한 위험물질에 관한 재해를 보면 삼성전자 불산누출('14, 사망 1명, 부상 4명), 대림산업 분진폭발('13, 사망 6명, 부상 11명), 현대제철 가스누출('13, 사망 1명, 부상 9명), 남영전구 수은중독 사건('15, 근로자 다수 산재), 메탄올 중독(실명) 사건('16) 등이 발생하였다.[26]

따라서 전부개정안은 도급금지 규정과 도급 승인의 대상작업 확대를 함께 추진하여 이와 같은 문제를 개선하고자 한 것이다.

(2) 도급의 승인

법 제59조(도급의 승인) ① 사업주는 자신의 사업장에서 안전 및 보건에 유해하거나 위험한 작업 중 급성 독성, 피부 부식성 등이 있는 물질의 취급 등 대통령령으로 정하는 작업을 도급하려는 경우에는 고용노동부장관의 승인을 받아야 한다. 이 경우 사업주는 고용노동부령으로 정하는 바에 따라 안전 및 보건에 관한 평가를 받아야 한다.
② 제1항에 따른 승인에 관하여는 제58조제4항부터 제8항까지의 규정을 준용한다.

기존의 산업안전보건법에서는 허가, 인가 규정으로 다양하여 상당히 해석에 어려움이 있었다. 이번 개정에서는 법률 효력을 인정하는 승인 규정으로 정리하였다. 추가적으로 법률 용어를 정리하여 보면, 허가는 사실로서의 행위가 적법하게 행해지기 위한 적법요건이며, 허가 없이 행한 행위는 처벌대상은 되지만 행위 자체는 무효가 되는 것이 아니다. 이에 대하여 인가는 법률적 행위의 효력요건이기 때문에 무인가행위는 무효가 되지만, 처벌의 대상은 되지 아니한다. 인가는 타인의 법률행위를 완성시키는 보충행위에 불과하므로, 타인의 법률행위가 불성립 또는 무효일 때

26) 고용노동부 홈페이지(http://minwon.moel.go.kr/minwon2008/faq/faq_open_view.do)

에는 인가가 있어도 유효가 되지 않는다.

비슷한 법률 용어를 정리하여 보면 실정법상으로는 허가·승인·동의 등의 용어가 혼용되고 있으므로 성질상으로 판단하여 구별하여야 한다고 본다.

이번 산업안전보건법에서는 유해한 작업에 대하여 승인제도를 두었다.

승인(承認)이란 "어떤 사실을 인정함"이라는 뜻이며, 꼭 어떤 일이 일어나기 전에만 그 사실에 대해 동의할 수 있는 것은 아닙니다. 그 일이 일어난 후에도 그 사실을 사후적으로 추인할 수도 있는 것이다. 따라서 사전적 승인과 사후적 승인 모두 가능한 개념이지만 산업안전보건법의 목적은 사전에 재해를 예방하기 위하여 예방 조치를 하도록 규정한 법이므로 반드시 재해 예방은 사전승인을 받아야 한다.[27]

인가란 당사자의 법률행위를 보충하여 그 법률상의 효력을 완성시키는 행정관청의 행정행위를 말한다. 제3자의 법률행위를 보충하여 그 법률상 효력을 완성시켜 주는 행정행위. 즉 어떤 당사자의 법률행위가 행정주체의 인가를 받아야 하도록 법률에 특히 규정하고 있는 경우에 그 법률행위에 동의하여 그 행위를 완전히 유효하게 만드는 행정주체의 동의행위이다.[28]

이번 개정법 제58조에서는 '근로자에게 유해한 작업의 도급금지'를 규정하면서 사업주는 근로자의 안전과 보건에 유해하거나 위험한 작업으로서 ① 도금작업, ② 수은, 납 또는 카드뮴의 제련, 주입, 가공 및 가열하는 작업, ③ 허가를 받아야 하는 물질을 제조하거나 사용하는 작업에 해당하는 작업을 도급하여 같은 사업장에서 수급인의 근로자가 그 작업을 하도록 하는 것을 금지하고 있다.[29]

또한, 구 「산업안전보건법」에서 인가대상 도급작업(현행은 고용노동부장관의 인가를 받으면 도급할 수 있도록 함으로써 사실상 도급 자체를 금지하는 규정은 없음)에 대해서는 전부개정안 제59조에서 "사업주는 안전과 보건에 유해하거나 위험한 작업 중 대통령령으로 정하는 작업은 고용노동부장관의 승인을 받지 아니하면 같은 사업장 내에서 도급할 수 없다"고 규정하여 도급을 허용하지 않는 것으로 명시하고 있다.

시행령 제51조(도급승인 대상 작업) 법 제59조제1항에서 "대통령령으로 정하는 작업"이란 다음 각 호의 어느 하나에 해당하는 작업을 말한다.

1. 중량비율 1% 이상의 황산, 불화수소, 질산, 염화수소를 취급하는 설비를 개조·분해·해체·철거하는 작업 또는 해당 설비의 내부에서 이루어지는 작업. 다만, 도급인이 해당 화학물질을 모두 제거한 후 증빙자료를 첨부하여 고용노동부장관에게 신고한

27) 조흠학, 산업안전보건법에서 나타난 도급에 관한 쟁점, 노동법논총 제40집, 비교노동법학회, 2017.6, 69~121면; 한돈희외 3인, 유해 위험작업에 대한 재하도급제한방안에 관한 연구, 산업안전보건연구원, 2016, 94면 재정리.
28) 조흠학, 산업안전보건법에서 나타난 도급에 관한 쟁점, 노동법논총 제40집, 비교노동법학회, 2017.6, 69~121면; 한돈희외 3인, 유해 위험작업에 대한 재하도급제한방안에 관한 연구, 산업안전보건연구원, 2016, 94면 재정리.
29) 한돈희외 3인, 유해 위험작업에 대한 재하도급제한방안에 관한 연구, 산업안전보건연구원, 2016, 94면 재정리.

경우는 제외한다.

2. 그 밖에 유해하거나 위험한 작업으로서 「산업재해보상보험법」 제8조제1항에 따른 산업재해보상보험 및 예방심의위원회의 심의를 거쳐 고용노동부장관이 정하는 작업

시행규칙 제78조(도급승인 등의 신청) ① 법 제59조에 따른 유해하거나 위험한 작업의 도급에 대한 승인, 연장승인 또는 변경승인을 받으려는 자는 별지 제31호서식의 도급승인 신청서, 별지 제32호서식의 연장신청서 및 별지 제33호서식의 변경신청서에 다음 각 호의 서류를 첨부하여 관할 지방고용노동관서의 장에게 제출하여야 한다.

1. 도급대상 작업의 공정 관련 서류 일체(기계·설비의 종류 및 운전조건, 유해·위험물질의 종류·사용량, 유해·위험요인의 발생 실태 및 종사 근로자 수 등에 관한 사항을 포함하여야 한다)
2. 도급작업 안전보건관리계획서(안전작업절차, 도급 시 안전·보건관리 및 도급작업에 대한 안전·보건시설 등에 관한 사항을 포함하여야 한다)
3. 안전 및 보건에 관한 평가 결과(다만, 변경승인은 해당되지 아니한다)

법 제60조(도급의 승인 시 하도급 금지) 제58조제2항제2호에 따른 승인, 같은 조 제5항 또는 제6항(제59조제2항에 따라 준용되는 경우를 포함한다)에 따른 연장승인 또는 변경승인 및 제59조제1항에 따른 승인을 받은 작업을 도급받은 수급인은 그 작업을 하도급할 수 없다.

법 제61조(적격 수급인 선정 의무) 사업주는 산업재해 예방을 위한 조치를 할 수 있는 능력을 갖춘 사업주에게 도급하여야 한다.

따라서 이번 법 제59조에 사업주는 자신의 사업장에서 안전 및 보건에 유해하거나 위험한 작업 중 급성 독성, 피부 부식성 등이 있는 물질의 취급 등 대통령령으로 정하는 작업을 도급하려는 경우에는 고용노동부장관의 승인을 받도록 하였고, 이 경우 사업주는 고용노동부령으로 정하는 바에 따라 안전 및 보건에 관한 평가를 받도록 하였다.

법 제60조 도급의 승인 시 하도급 금지규정을 두고 승인, 연장승인 또는 변경승인 및 제59조제1항에 따른 승인을 받은 작업을 도급받은 수급인은 그 작업을 하도급할 수 없다.

도급승인 시에는 수급인을 선정할 때 법 제61조에 따라 적격 수급인 선정 의무규정을 두고 사업주는 산업재해 예방을 위한 조치를 할 수 있는 능력을 갖춘 사업주에게 도급하도록 규정하고 있다.

도급 시 안전보건평가

시행규칙 제74조(안전 및 보건에 관한 평가의 내용 등) ① 법 제58조제2항제2호에 따른 승인 및 같은 조 제5항에 따른 연장승인을 받으려는 경우에는 법 제165조제2항, 영 제116조제2항에 따라 고용노동부장관이 고시하는 기관을 통하여 "안전 및 보건에 관한 평가"를 받아야 한다.

② 제1항의 "안전 및 보건에 관한 평가"에 대한 내용은 별표 12에 따른다.

시행규칙 제75조(도급승인 등의 절차·방법 및 기준 등) ① 법 제58조제2항제2호에 따른 승인, 같은 조 제5항 또는 제6항에 따른 연장승인 또는 변경승인을 받으려는 자는 별지 제31호서식의 도급승인 신청서, 별지 제32호서식의 연장신청서 및 별지 제33호서식의 변경신청서에 다음 각 호의 서류를 첨부하여 관할 지방고용노동관서의 장에게 제출하여야 한다.

1. 도급대상 작업의 공정 관련 서류 일체(기계·설비의 종류 및 운전조건, 유해·위험물질의 종류·사용량, 유해·위험요인의 발생 실태 및 종사 근로자 수 등에 관한 사항을 포함하여야 한다)
2. 도급작업 안전보건관리계획서(안전작업절차, 도급 시 안전·보건관리 및 도급작업에 대한 안전·보건시설 등에 관한 사항을 포함하여야 한다)
3. 제74조에 따른 안전 및 보건에 관한 평가 결과(다만, 법 제58조제6항의 도급승인 변경은 해당되지 아니한다)

② 법 제58조제2항제2호에 따른 승인, 같은 조 제5항 또는 제6항에 따른 연장승인 또는 변경승인의 작업별 도급승인 기준은 다음 각 호와 같다.

1. 공통 : 작업공정의 안전성, 안전보건관리계획 및 안전 및 보건에 관한 평가 결과의 적정성
2. 법 제58조제1항제1호 및 제2호에 따른 작업 : 안전보건규칙 제5조, 제7조, 제8조, 제10조, 제11조, 제17조, 제19조, 제21조, 제22조, 제33조, 제72조부터 제79조까지, 제81조, 제83조부터 제85조까지, 제225조, 제232조, 제299조, 제301조부터 제305조까지, 제422조, 제429조부터 제435조까지, 제442조부터 제444조까지, 제448조, 제450조, 제451조, 제513조에서 정한 기준
3. 법 제58조제1항제3호에 따른 작업 : 안전보건규칙 제5조, 제7조, 제8조, 제10조, 제11조, 제17조, 제19조, 제21조, 제22조까지, 제33조, 제72조부터 제79조까지, 제81조, 제83조부터 제85조까지, 제225조, 제232조, 제299조, 제301조부터 제305조까지, 제453조부터 제455조까지, 제459조, 제461조, 제463조부터 제466조까지, 제469조부터 제474조까지, 제513조에서 정한 기준

③ 지방고용노동관서의 장은 필요할 경우 법 제58조제2항제2호에 따른 승인, 같은 조 제5항 또는 제6항에 따른 연장승인 또는 변경승인을 신청한 사업장에 대해서 제2항에 따른 도급승인 기준을 준수하고 있는지 공단으로 하여금 확인하게 할 수 있다.
④ 도급승인 신청을 받은 지방고용노동관서의 장은 제2항에 따른 도급승인 기준을 충족한 경우 신청서가 접수된 날로부터 14일 이내에 별지 제34호서식에 의한 승인서를 신청자에게 발급하여야 한다.

시행규칙 제76조(도급승인 변경 사항) 법 제58조제6항에서 "고용노동부령으로 정하는 사항"이란 다음 각 호의 어느 하나에 해당하는 사항을 말한다.
1. 도급공정
2. 도급공정 사용 최대 유해화학 물질량
3. 도급기간(3년 미만으로 승인 받은 자가 승인일로부터 3년 내에서 연장하는 경우에만 해당한다)

시행규칙 제77조(도급승인의 취소) 고용노동부장관은 법 제58조제2항제2호에 따른 승인, 같은 조 제5항 또는 제6항에 따른 연장승인 또는 변경승인을 받은 자가 다음 각 호의 어느 하나에 해당하는 경우에는 승인을 취소하여야 한다.
1. 제75조제2항의 도급승인 기준에 미달하게 된 때
2. 거짓 또는 그 밖의 부정한 방법으로 승인, 연장승인, 변경승인을 받은 경우
3. 법 제58조제5항 및 제6항에 따른 연장승인 및 변경 승인을 받지 아니하고 사업을 계속한 경우

제2절 도급인의 안전조치 및 보건조치

(1) 안전보건총괄책임자

법 제62조(안전보건총괄책임자) ① 도급인은 관계수급인 근로자가 도급인의 사업장에서 작업을 하는 경우에는 그 사업장의 안전보건관리책임자를 도급인의 근로자와 관계수급인 근로자의 산업재해를 예방하기 위한 업무를 총괄하여 관리하는 안전보건총괄책임자로 지정하여야 한다. 이 경우 안전보건관리책임자를 두지 아니하여도 되는 사업장에서는 그 사업장에서 사

업을 총괄하여 관리하는 사람을 안전보건총괄책임자로 지정하여야 한다.
② 제1항에 따라 안전보건총괄책임자를 지정한 경우에는 「건설기술 진흥법」 제64조제1항제1호에 따른 안전총괄책임자를 둔 것으로 본다.
③ 제1항에 따라 안전보건총괄책임자를 지정하여야 하는 사업의 종류와 사업장의 상시근로자 수, 안전보건총괄책임자의 직무·권한, 그 밖에 필요한 사항은 대통령령으로 정한다.

현행 산안법 제62조에서는 안전보건총괄책임자에 관하여 규정하고 있다.

도급인은 관계수급인 근로자가 도급인의 사업장에서 작업을 하는 경우에는 그 사업장의 안전보건관리책임자를 도급인의 근로자와 관계수급인 근로자의 산업재해를 예방하기 위한 업무를 총괄하여 관리하는 안전보건총괄책임자로 지정하여야 한다. 이 경우 안전보건관리책임자를 두지 아니하여도 되는 사업장에서는 그 사업장에서 사업을 총괄하여 관리하는 사람을 안전보건총괄책임자로 지정하여야 한다. 안전보건총괄책임자를 지정한 경우에는 「건설기술 진흥법」 제64조제1항제1호에 따른 안전총괄책임자를 둔 것으로 본다. 안전보건총괄책임자를 지정하여야 할 사업의 종류와 사업장의 상시근로자 수, 안전보건총괄책임자의 직무·권한, 그 밖에 필요한 사항은 대통령령으로 정하며, 동 시행령 제52조의 안전보건총괄책임자 지정 대상사업은 법 제62조제3항 근거에 따라 "안전보건총괄책임자를 지정하여야 할 사업의 종류와 상시 근로자 수"는 수급인에게 고용된 근로자를 포함한 상시근로자가 100명(선박 및 보트 건조업, 1차 금속 제조업 및 토사석 광업의 경우에는 50명) 이상인 사업 및 수급인의 공사금액을 포함한 해당 공사의 총공사금액이 20억원 이상인 건설업을 말한다.

같은 장소에서 행하여지는 사업으로서 그 사업의 관리책임자를 안전보건총괄책임자로 지정하여 자신이 사용하는 근로자와 수급인[하수급인(下受給人)을 포함]이 사용하는 근로자가 같은 장소에서 작업을 할 때에 생기는 산업재해를 예방하기 위한 업무를 총괄 관리하도록 해야 한다. 이 경우 관리책임자를 두지 아니하여도 되는 사업에서는 그 사업장에서 사업을 총괄 관리하는 자를 안전보건총괄책임자로 지정하도록 규정하고 있다. 이것은 사업장의 재해예방을 위한 책임의 소재를 명확히 하고 안전보건조직의 체계를 통하여 예방 조치를 해야 하므로 규정한 것이다. 따라서 일부에서는 관리감독자와 안전보건총괄책임자가 업무가 유사하여 겸임할 수 있다고 생각할 수 있으나 제조생산라인의 각 부서 팀장님들이 관리감독자가 되는 것이고, 총괄책임자는 도급사업이 있는 경우 관리책임자를 대신할 수 있는 산업안전보건 체계상의 직무를 담당하는 것이다. 따라서 겸임으로 운영을 할 수 없는 것이다.

동 **시행령 제52조**의 **안전보건총괄책임자 지정 대상사업**은 법 제62조제1항에 따른 "안전보건총괄책임자를 지정하여야 할 사업의 종류 및 사업장의 상시근로자 수"는 관계수급인에게 고용된 근로자를 포함한 상시근로자가 100명(선박 및 보트 건조업, 1차 금속 제조업 및 토사석 광업의 경우에는 50명) 이상인 사업이나 관계수급인의 공사금액을 포함한 해당 공사의 총공사금액이 20

억원 이상인 건설업을 말한다.

시행령 제53조(안전보건총괄책임자의 직무 등) ① 법 제62조제3항에 따른 안전보건총괄책임자의 직무는 다음 각 호와 같다.

1. 법 제35조에 따른 위험성평가의 실시에 관한 사항
2. 법 제51조 및 제54조에 따른 작업의 중지
3. 법 제64조에 따른 도급 시 산업재해 예방조치
4. 법 제72조제1항에 따른 산업안전보건관리비의 관계수급인 간의 상용에 관한 협의·조정 및 그 집행의 감독
5. 안전인증대상기계등과 자율안전확인대상기계등의 사용 여부 확인

② 사업주는 안전보건총괄책임자에게 법 제15조제1항에 따른 직무를 수행하는데 필요한 권한을 주어야 한다.

③ 사업주는 안전보건총괄책임자를 선임했을 때에는 그 선임 사실 및 제1항 각 호의 직무의 수행내용을 증명할 수 있는 서류를 갖추어 두어야 한다.

(2) 도급인의 안전조치 및 보건조치

1) 도급인의 안전조치 및 보건조치

법 제63조(도급인의 안전조치 및 보건조치) 도급인은 관계수급인 근로자가 도급인의 사업장에서 작업을 하는 경우에 자신의 근로자와 관계수급인 근로자의 산업재해를 예방하기 위하여 안전 및 보건 시설의 설치 등 필요한 안전조치 및 보건조치를 하여야 한다. 다만, 보호구 착용의 지시 등 관계수급인 근로자의 작업행동에 관한 직접적인 조치는 제외한다.

도급은 당사자 일방이 어느 일을 완성할 것을 약정하고, 그 상대방이 그 일의 결과에 대하여 보수를 지급할 것을 약정하는 것에 의해 그 효력이 생기는 계약을 말한다(민법 제661조). 도급계약은 따라서 도급인에게는 일의 완성을 받을 권리가 있고, 수급인은 보수를 받을 권리를 가지는 쌍무계약적 성질을 가지고 있다.

원하도급관계의 경우에 원도급 사용자와 하도급 근로자 간에 별도의 직접적 계약관계가 존재하는 것은 아니지만, 도급의 목적상 노무의 제공이 이루어지고 있고, 그러한 노무제공관계가 상당한 기간 동안 지속된다고 하면, 이들 사이에는 당연히 배려의무관계가 인정될 수 있으며, 수급인 근로자에게 안전보건의 예방조치 의무규정이 있다고 할 것이다.

그러므로 법 제63조에 도급인은 관계수급인 근로자가 도급인의 사업장에서 작업을 하는 경우

에 자신의 근로자와 관계수급인 근로자의 산업재해를 예방하기 위하여 안전 및 보건 시설의 설치 등 필요한 안전조치 및 보건조치를 하도록 규정하였다. 다만, 보호구 착용의 지시 등은 보호구를 지급하는 직접 계약을 체결한 관계수급인 근로자의 사업주가 할 수 있으며, 작업행동에 관한 직접적인 조치에 관하여 도급인 제외한다.

2) 도급에 따른 산업재해 예방조치

법 제64조(도급에 따른 산업재해 예방조치) ① 도급인은 관계수급인 근로자가 도급인의 사업장에서 작업을 하는 경우 다음 각 호의 사항을 이행하여야 한다.

1. 도급인과 수급인을 구성원으로 하는 안전 및 보건에 관한 협의체의 구성 및 운영
2. 작업장 순회점검
3. 관계수급인이 근로자에게 하는 제29조제1항부터 제3항까지의 규정에 따른 안전보건교육을 위한 장소 및 자료의 제공 등 지원
4. 관계수급인이 근로자에게 하는 제29조제3항에 따른 안전보건교육의 실시 확인
5. 다음 각 목의 어느 하나의 경우에 대비한 경보체계 운영과 대피방법 등 훈련
   가. 작업 장소에서 발파작업을 하는 경우
   나. 작업 장소에서 화재·폭발, 토사·구축물 등의 붕괴 또는 지진 등이 발생한 경우
6. 위생시설 등 고용노동부령으로 정하는 시설의 설치 등을 위하여 필요한 장소의 제공 또는 도급인이 설치한 위생시설 이용의 협조

② 제1항에 따른 도급인은 고용노동부령으로 정하는 바에 따라 자신의 근로자 및 관계수급인 근로자와 함께 정기적으로 또는 수시로 작업장의 안전 및 보건에 관한 점검을 하여야 한다.
③ 제1항에 따른 안전 및 보건에 관한 협의체 구성 및 운영, 작업장 순회점검, 안전보건교육 지원, 그 밖에 필요한 사항은 고용노동부령으로 정한다.

원하도급 근로자가 같은 장소에서 유사한 업무를 수행하는 경우는 도급이든 파견근로이든 위험요인이 같이 발생할 수 있기 때문이다. 따라서 원도급 사업장에 투입되었다는 장소적 의미는 원도급관계에서 위험요인에 관한 예방책임은 존재하기 때문에 장소적 특징이 하도급 근로자에 대한 사회적 보호의 필요성이 나타날 수 있다.

그 이유는 원도급업체에 투입되어, 업무를 수행하는 것이 하도급 근로자의 근로조건에 직접적 관련성을 가지고 있고, 원도급사업장 내에 투입된 외부 인력도 장소적 차원의 다양한 의무를 부담하게 된다.

그러므로 이번 개정법 제64조에서 도급인은 관계수급인 근로자가 도급인의 사업장에서 작업을 하는 경우 1. 도급인과 수급인을 구성원으로 하는 안전 및 보건에 관한 협의체의 구성 및 운영, 2. 작업장 순회점검, 3. 관계수급인이 근로자에게 하는 제29조제1항부터 제3항까지의 규정에

따른 안전보건교육을 위한 장소 및 자료의 제공 등 지원, 4. 관계수급인이 근로자에게 하는 제29조제3항에 따른 안전보건교육의 실시 확인, 5. 다음 각 목의 어느 하나의 경우에 대비한 경보체계 운영과 대피방법 등 훈련(가. 작업 장소에서 발파작업을 하는 경우, 나. 작업 장소에서 화재·폭발, 토사·구축물 등의 붕괴 또는 지진 등이 발생한 경우), 6. 위생시설 등 고용노동부령으로 정하는 시설의 설치 등을 위하여 필요한 장소의 제공 또는 도급인이 설치한 위생시설 이용의 협조 등의 사항을 이행하여야 한다. 그리고 자신의 근로자 및 관계수급인 근로자와 함께 정기적으로 또는 수시로 작업장의 안전 및 보건에 관한 점검을 하여야 하며, 안전 및 보건에 관한 협의체 구성 및 운영, 작업장 순회점검, 안전보건교육 지원, 그 밖에 필요한 사항은 고용노동부령으로 정하도록 하였다.

또한 수급인 근로자에 대하여 도급인의 책임을 인정한 판례도 있다. 산업재해에 관한 책임부담 판례에서 도급인의 책임을 인정한 판례[30]로 노무도급의 경우 수급인의 피용자가 근로 중 산업재해사고를 당한 경우 도급인의 그 손해배상책임을 지는지 여부 및 안전장비가 제공되었음에도 피해자가 이를 착용하지 않고 작업하다가 추락한 사고에서 과실비율에 대한 책임을 도급인이 수급인에 대하여 특정한 행위를 지휘하거나 특정한 사업을 도급시키는 경우와 같은 이른바 노무도급의 경우에 있어서는 도급인이라고 하더라도 민법 제756조가 규정하고 있는 사용자책임의 요건으로서의 사용관계가 인정된다[31]고 판결한 판례가 있다.

시행규칙 제81조(위생시설의 설치 등 협조) ① 법 제64조제1항제6호에서 "고용노동부령으로 정하는 시설"이란 다음 각 호의 시설을 말한다.

1. 휴게시설, 2. 세면·목욕시설, 3. 세탁시설, 4. 탈의시설, 5. 수면시설

② 도급인이 제1항에 따른 시설을 설치하는 때에는 해당 시설에 대해 안전보건규칙에서 정하고 있는 기준을 준수하여야 한다.

시행규칙 제82조(도급사업의 합동 안전·보건점검) ① 법 제64조제2항에 따라 도급인이 작업장의 안전 및 보건에 관한 점검을 할 때에는 다음 각 호의 사람으로 점검반을 구성하여야 한다.

1. 도급인(같은 사업 내에 지역을 달리하는 사업장이 있는 경우에는 그 사업장의 안전보건관리책임자)
2. 관계수급인(같은 사업 내에 지역을 달리하는 사업장이 있는 경우에는 그 사업장의 안전보건관리책임자)
3. 도급인 및 관계수급인의 근로자 각 1명(관계수급인의 근로자의 경우에는 해당 공정

30) 대법원 판례(2005가단7278, 2005. 3. 18.)
31) 대법원 1998. 6. 26. 선고 97다58170 판결 참조.

에만 해당한다)
② 법 제64조제2항에 따른 정기 안전·보건점검의 실시 횟수는 다음 각 호의 구분과 같다.
1. 다음 각 목의 사업 : 2개월에 1회 이상
가. 건설업, 나. 선박 및 보트 건조업
2. 제1호의 사업을 제외한 사업 : 분기에 1회 이상

3) 협의체 구성, 운영

법 제64조제3항 협의체 구성, 운영에 근거하여 동 **시행규칙 제79조**에 **협의체의 구성 및 운영**을 두고 안전 및 보건에 관한 협의체를 구성하도록 하였으며, 도급인 및 그의 수급인 전원으로 구성하여야 한다.

협의체에서 협의내용은 1. 작업의 시작 시간, 2. 작업 또는 작업장 간의 연락방법, 3. 재해발생 위험이 있는 경우 대피방법, 4. 작업장에서의 법 제36조에 따른 위험성평가의 실시에 관한 사항, 5. 사업주와 수급인 또는 수급인 상호 간의 연락 방법 및 작업공정의 조정 등이며, 협의체는 매월 1회 이상 정기적으로 회의를 개최하고 그 결과를 기록·보존하여야 한다.

4) 순회점검, 안전보건교육 지원

법 제64조제3항에 근거한 순회점검, 안전보건교육 지원 규정은 동 **시행규칙 제80조**에 따라 **도급사업 시의 안전·보건조치 등**의 규정을 두고 도급인은 작업장을 다음 각 호의 구분에 따라 순회점검하도록 하고 있다.

시행규칙 제80조 ① 작업장 순회점검
1. 다음 각 목의 사업 : 2일에 1회 이상
가. 건설업
나. 제조업
다. 토사석 광업
라. 서적, 잡지 및 기타 인쇄물 출판업
마. 음악 및 기타 오디오물 출판업
바. 금속 및 비금속 원료 재생업
2. 제1호 각 목의 사업을 제외한 사업 : 1주일에 1회 이상

(3) 도급인의 안전 및 보건에 관한 정보 제공

법 제65조(도급인의 안전 및 보건에 관한 정보 제공 등) ① 다음 각 호의 작업을 도급하는 자는 그 작업을 수행하는 수급인 근로자의 산업재해를 예방하기 위하여 고용노동부령으로 정하는 바에 따라 해당 작업 시작 전에 수급인에게 안전 및 보건에 관한 정보를 문서로 제공하여야 한다.

1. 폭발성·발화성·인화성·독성 등의 유해성·위험성이 있는 화학물질 중 고용노동부령으로 정하는 화학물질 또는 그 화학물질을 함유한 혼합물을 제조·사용·운반 또는 저장하는 반응기·증류탑·배관 또는 저장탱크로서 고용노동부령으로 정하는 설비를 개조·분해·해체 또는 철거하는 작업
2. 제1호에 따른 설비의 내부에서 이루어지는 작업
3. 질식 또는 붕괴의 위험이 있는 작업으로서 대통령령으로 정하는 작업

② 도급인이 제1항에 따라 안전 및 보건에 관한 정보를 해당 작업 시작 전까지 제공하지 아니한 경우에는 수급인이 정보 제공을 요청할 수 있다.

③ 도급인은 수급인이 제1항에 따라 제공받은 안전 및 보건에 관한 정보에 따라 필요한 안전조치 및 보건조치를 하였는지를 확인하여야 한다.

④ 수급인은 제2항에 따른 요청에도 불구하고 도급인이 정보를 제공하지 아니하는 경우에는 해당 도급 작업을 하지 아니할 수 있다. 이 경우 수급인은 계약의 이행 지체에 따른 책임을 지지 아니한다.

원도급사업주의 지시에 따라 원도급인 사업장내의 일정한 장소에서 일을 하게 된 경우 작업내용, 근로장소에 다양한 정보를 하도급 근로자에게 제공하여야 한다. 이 규정은 작업장의 특성을 가장 잘 알고 있는 도급인이 작업 전 사전에 위험요인을 알려주어야 하도급 근로자가 재해에서 예방될 수 있어 중요한 규정이라 볼 수 있다.

사외도급의 경우에 책임체계 확대에 대한 마땅한 법 이론적 근거를 찾기는 어렵지만, 예외적으로 산업재해의 위험원인에 대한 다양한 정보는 원도급인이 제공할 필요가 있다. 사외도급계약이라 하더라도 그 도급업무의 내용에 따라 산업재해 위험요인에 위험물질등의 정보나 인식등의 정보가 원도급회사에게 있다고 판단될 경우에는 원도급회사에 대하여 위험원인에 관한 관련 정보제공의무를 부담시킬 필요가 있다.

시행령 제54조(질식 또는 붕괴의 위험이 있는 작업) 법 제65조제1항제3호에서 "대통령령으로 정하는 작업"이란 다음 각 호의 작업을 말한다.

1. 산소결핍, 유해가스 등으로 인한 질식의 위험이 있는 장소로서 고용노동부령으로 정

하는 장소에서 이루어지는 작업
2. 토사·구축물·인공구조물 등의 붕괴 우려가 있는 장소에서 이루어지는 작업

시행규칙 제83조(안전·보건 정보제공 등) ① 법 제65조제1항 각 호의 어느 하나에 해당하는 작업을 도급하는 자는 다음 각 호의 사항을 적은 문서(전자문서를 포함한다. 이하 이 조에서 같다)를 해당 도급작업이 시작되기 전까지 수급인에게 제공하여야 한다.

1. 안전보건규칙 별표 7에 따른 화학설비 및 그 부속설비에서 제조·사용·운반 또는 저장하는 위험물질 및 관리대상 유해물질의 명칭과 그 유해성·위험성
2. 안전·보건상 유해하거나 위험한 작업에 대한 안전·보건상의 주의사항
3. 안전·보건상 유해하거나 위험한 물질의 유출 등 사고가 발생한 경우에 필요한 조치의 내용

시행규칙 제84조(화학물질) ① 법 제65조제1항제1호에서 "고용노동부령으로 정하는 화학물질 또는 그 화학물질을 함유한 혼합물"이란 안전보건규칙 별표 1 및 별표 12에 따른 위험물질 및 관리대상 유해물질을 말한다.
② 법 제65조제1항제1호에서 "고용노동부령으로 정하는 설비"란 안전보건규칙 별표 7에 따른 화학설비 및 그 부속설비를 말한다.

시행규칙 제85조(질식의 위험이 있는 장소) 영 제54조제1호에서 "고용노동부령으로 정하는 장소에서 이루어지는 작업"이란 안전보건규칙 별표 18에 따른 밀폐공간에서 하는 작업을 말한다.

법 제66조(도급인의 관계수급인에 대한 시정조치) ① 도급인은 관계수급인 근로자가 도급인의 사업장에서 작업을 하는 경우에 관계수급인 또는 관계수급인 근로자가 도급받은 작업과 관련하여 이 법 또는 이 법에 따른 명령을 위반하면 관계수급인에게 그 위반행위를 시정하도록 필요한 조치를 할 수 있다. 이 경우 관계수급인은 정당한 사유가 없으면 그 조치에 따라야 한다.
② 도급인은 제65조제1항 각 호의 작업을 도급하는 경우에 수급인 또는 수급인 근로자가 도급받은 작업과 관련하여 이 법 또는 이 법에 따른 명령을 위반하면 수급인에게 그 위반행위를 시정하도록 필요한 조치를 할 수 있다. 이 경우 수급인은 정당한 사유가 없으면 그 조치에 따라야 한다.

이외에도 도급인이 관계 수급인에게 시정조치 규정을 두어 안전보건예방을 하도록 하고 있다. 법 제66조를 보면 도급인의 관계수급인에 대한 시정조치규정 속에 도급인은 관계수급인 근로자가 도급인의 사업장에서 작업을 하는 경우에 관계수급인 또는 관계수급인 근로자가 도급받은 작업과 관련하여 이 법 또는 이 법에 따른 명령을 위반하면 관계수급인에게 그 위반행위를 시정하도록 필요한 조치를 할 수 있다. 이 경우 관계수급인은 정당한 사유가 없으면 그 조치에 따라야 한다.

또한 도급인은 제65조제1항 각 호의 작업을 도급하는 경우에 수급인 또는 수급인 근로자가 도급받은 작업과 관련하여 이 법 또는 이 법에 따른 명령을 위반하면 수급인에게 그 위반행위를 시정하도록 필요한 조치를 할 수 있다. 이 경우 수급인은 정당한 사유가 없으면 그 조치에 따르도록 규정하고 있다.

제3절 건설업 등의 산업재해 예방

(1) 건설공사발주자의 산업재해 예방 조치

법 제67조(건설공사발주자의 산업재해 예방 조치) ① 대통령령으로 정하는 건설공사의 건설공사발주자는 산업재해 예방을 위하여 건설공사의 계획, 설계 및 시공 단계에서 다음 각 호의 구분에 따른 조치를 하여야 한다.

1. 건설공사 계획단계 : 해당 건설공사에서 중점적으로 관리하여야 할 유해·위험요인과 이의 감소방안을 포함한 기본안전보건대장을 작성할 것
2. 건설공사 설계단계 : 제1호에 따른 기본안전보건대장을 설계자에게 제공하고, 설계자로 하여금 유해·위험요인의 감소방안을 포함한 설계안전보건대장을 작성하게 하고 이를 확인할 것
3. 건설공사 시공단계 : 건설공사발주자로부터 건설공사를 최초로 도급받은 수급인에게 제2호에 따른 설계안전보건대장을 제공하고, 그 수급인에게 이를 반영하여 안전한 작업을 위한 공사안전보건대장을 작성하게 하고 그 이행 여부를 확인할 것

② 제1항 각 호에 따른 대장에 포함되어야 할 구체적인 내용은 고용노동부령으로 정한다.

우리나라 사고사망 및 산재사고는 건설공사에 대한 사고가 가장 높게 나타나고 있다. 따라서 이번 산업안전보건법 개정에는 건설공사 사업주 또는 도급인에 대한 책임을 명확하게 할 필요가 있어 건설업등에 관한 발주자 재해예방 규정을 추가하였다.

일반적으로 건설공사란 「건설산업기본법」 제2조제4호에 따른 건설공사, 「전기공사업법」 제2

조제1호에 따른 전기공사, 「정보통신공사업법」 제2조제2호에 따른 정보통신공사, 「소방시설공사업법」에 따른 소방시설공사, 「문화재수리 등에 관한 법률」에 따른 문화재수리공사 중 어느 하나에 해당하는 공사를 말한다(법 제2조제11호). 「건설산업기본법」 제2조제4호에 따른 건설공사란 토목공사, 건축공사, 산업설비공사, 조경공사, 환경시설공사, 그 밖에 명칭에 관계없이 시설물을 설치·유지·보수하는 공사(시설물을 설치하기 위한 부지조성공사를 포함한다) 및 기계설비나 그 밖의 구조물의 설치 및 해체공사 등을 말한다. 건설공사에는 건축물 등의 건설공사, 도로신설공사, 기타 건설공사, 각종의 기계·기구장치 등을 설치·해체하는 공사 등이 포함되고, 특히 기타 건설공사에는 유지·보수공사뿐만 아니라 넓은 개념이라 할 수 있다.

이번 개정안에 도급인, 발주자 정의규정의 신설되어 건설업에서 발주자 등의 책임 강화 등을 위하여 "건설공사에 관한 특례"에 관한 "절"을 신설하면서 전부개정안 제2조제7호, 제9호, 제10호에서는 각각 '도급인', '관계수급인', '발주자'의 정의규정을 신설하고 있다.

여기에서 '도급인'이란 "물건의 제조·건설·수리 또는 서비스의 제공 등 그 밖의 업무를 타인에게 도급하는 사업주를 말한다. 다만, 제10호의 발주자는 제외한다"고 규정하고 있다.

또한 '발주자'란 "건설공사를 타인에게 도급한 사업주로서 자신의 주도하에 건설공사를 하지 않는 자를 말한다. 다만, 도급받은 건설공사를 타인에게 도급하는 사업주는 제외한다"고 규정하고 있다. 이와 유사한 입법례를 보면 「건설산업기본법」 제2조제10호에서 발주자의 정의규정을 두고 있으며, 여기에서는 "건설공사를 건설업자에게 도급하는 자를 말한다. 다만, 수급인으로서 도급받은 건설공사를 하도급하는 자는 제외한다"고 규정하고 있다.

건설공사는 통상적으로 계획·설계·시공 등 건설공사 전 단계에서 발주자, 건설공사 도급인(시공자), 설계자 및 건설사업관리기술자(감리자)가 참여하게 되며, 그 중 발주자는 공사계획·설계·시공 등 건설사업 전 과정에서 공사기간, 공사금액 등을 결정하는데 매우 큰 영향을 미치게 된다.[32)]

이번 개정안 제67조에서는 '발주자의 안전·보건조치'를 규정하면서 발주자는 자신이 발주하는 건설공사의 산업재해 예방을 위하여 건설공사의 계획, 설계 및 공사단계에서 구체적인 조치를 모두 이행하도록 하였다.

구체적으로 보면 ① 건설공사 계획단계 : 해당 건설공사에서 중점적으로 관리해야할 유해·위험요인과 이에 대한 감소대책을 포함한 기본안전보건대장 작성, ② 설계단계 : 제1호에 따른 기본안전보건대장을 설계자에게 제공하여 설계자로 하여금 유해·위험요인에 대한 감소대책을 담은 설계도면을 작성하게 하고 이를 확인, ③ 건설공사 단계 : 건설공사 도급인에게 제2호에 따른 설계안전보건대장을 제공하고 이를 반영하여 안전한 작업을 위한 공사안전보건대장을 작성하도록 하고 그 이행여부를 확인하는 것이다.

32) 원정훈외 4인, 발주자의 안전관리 의무마련 및 책임강화에 관한 연구, 산업안전보건연구원, 2015, 14~18면 재정리.

이 규정은 공사 계획·설계·시공 단계별로 발주자의 의무를 신설한 것으로 공사 시 유해·위험과 감소대책을 위한 기본안전점검대장 작성 → 설계자에게 제공 → 유해·위험 감소대책을 담은 설계안전보건대장 작성 → 도급인에게 제공 → 안전작업 계획을 담은 시공안전보건대장 작성 → 이행여부 확인으로 정리되며, 기존 건설에 대한 도급인과 발주자의 개념 정리가 모호한 것을 구분하여 책임소재를 명확히 한 것이라 볼 수 있다.[33)]

그러므로 여기서 말하는 건설공사발주자란 건설공사를 타인에게 도급한 자로서 건설공사의 시공을 주도하여 총괄·관리하지 않는 자를 말하며, 다만, 도급받은 건설공사를 타인에게 도급하는 사업주는 제외로 정의하고 건설공사발주자의 의무를 두어 대통령령으로 정하는 건설공사발주자로 하여금 건설공사의 계획단계에서는 안전보건대장을 작성토록하고, 설계·시공 단계에는 안전보건대장의 이행 등을 확인토록 하여 사전에 재해를 예방하고자 하였다.

법 제67조의 건설공사발주자의 산업재해 예방 조치규정을 보면 대통령령으로 정하는 건설공사의 건설공사발주자는 산업재해 예방을 위하여 건설공사의 계획, 설계 및 시공 단계에서 다음 각 호의 구분에 따른 조치를 하여야 한다.

특히 1. 건설공사 계획단계에서 해당 건설공사에서 중점적으로 관리하여야 할 유해·위험요인과 이의 감소방안을 포함한 기본안전보건대장을 작성해야 하며, 2. 건설공사 설계단계에서 제1호에 따른 기본안전보건대장을 설계자에게 제공하고, 설계자로 하여금 유해·위험요인의 감소방안을 포함한 설계안전보건대장을 작성하게 하고 이를 확인해야 하며, 3. 건설공사 시공단계에서는 건설공사발주자로부터 건설공사를 최초로 도급받은 수급인에게 제2호에 따른 설계안전보건대장을 제공하고, 그 수급인에게 이를 반영하여 안전한 작업을 위한 공사안전보건대장을 작성하게 하고 그 이행 여부를 확인하도록 규정하고 있다.

그 해당되는 규모는 **시행령 제55조**에 따라 총 공사금액이 50억원 이상인 공사를 말한다.

시행규칙 제86조(기본안전보건대장 등) ① 기본안전보건대장에는 다음 각 호의 사항이 포함되어야 한다.
1. 공사규모, 공사예산 및 공사기간 등 사업개요
2. 공사현장 제반 정보
3. 공사 시 유해·위험요인과 감소대책 수립을 위한 설계조건

② 설계안전보건대장 포함 사항
1. 안전한 작업을 위한 적정 공사기간 및 공사금액 산출서
2. 제1항제3호의 설계조건을 반영하여 공사중 발생할 수 있는 주요 유해·위험요인 및 감소대책에 대한 위험성평가 내용

33) 조흠학, 산업안전보건법에서 나타난 도급에 관한 쟁점, 노동법논총 제40집, 비교노동법학회, 2017.06, 69～121면 재정리.

3. 법 제42조제1항에 따른 유해위험방지계획서 작성계획
4. 법 제68조제1항에 따른 안전보건조정자의 배치계획
5. 법 제72조제1항에 따른 산업안전보건관리비의 산출내역서
6. 법 제73조제1항에 따른 건설공사의 산업재해 예방 지도의 실시계획

③ 공사안전보건대장에 포함사항

1. 설계안전보건대장의 위험성평가 내용이 반영된 공사 중 안전보건 조치 이행계획
2. 법 제42조제1항에 따른 유해위험방지계획서의 심사 및 확인결과에 대한 조치내용
3. 법 제72조제1항에 따라 계상된 산업안전보건관리비의 사용계획 및 사용내역
4. 법 제73조제1항에 따른 건설공사의 산업재해 예방 지도를 위한 계약 여부, 지도결과 및 조치내용

(2) 안전보건조정자

법 제68조(안전보건조정자) ① 2개 이상의 건설공사를 도급한 건설공사발주자는 그 2개 이상의 건설공사가 같은 장소에서 행해지는 경우에 작업의 혼재로 인하여 발생할 수 있는 산업재해를 예방하기 위하여 건설공사 현장에 안전보건조정자를 두어야 한다.

② 제1항에 따라 안전보건조정자를 두어야 하는 건설공사의 금액, 안전보건조정자의 자격·업무, 선임방법, 그 밖에 필요한 사항은 대통령령으로 정한다.

안전보건조정자를 둔 이유는 예전에 건설공사가 2개 이상 같은 장소에서 행하여질 때 재해예방의 책임은 누구에게 부과할지 누구의 예방 책임은 누가 하는지에 혼란이 발생하였다. 따라서 건설사업인 경우는 같은 장소에서 동시에 2개 이상의 작업이 혼재되어지는 경우가 많아 예방의 책임 및 예방 조치를 하기 위하여 조정할 수 있는 자가 필요하였다. 그래서 법 제68조에 2개 이상의 건설공사를 도급한 건설공사발주자는 그 2개 이상의 건설공사가 같은 장소에서 행해지는 경우에 작업의 혼재로 인하여 발생할 수 있는 산업재해를 예방하기 위하여 건설공사 현장에 안전보건조정자를 두도록 하였다.

시행령 제56조(안전보건조정자의 선임 등) ① 법 제68조제2항에 따라 안전보건조정자를 두어야 하는 건설공사의 금액은 각 건설공사 금액의 합이 50억원 이상인 경우를 말한다.

② 제1항에 따라 안전보건조정자를 두어야 하는 건설공사발주자는 제1호나 제2호에 해당하는 사람 중에서 안전보건조정자를 지정하거나 제3호부터 제7호까지의 규정에 따른 자격을 가진 사람 중에서 안전보건조정자를 선임하여야 한다.

1. 「건설기술 진흥법」 제2조제6호에 따른 발주청이 발주하는 건설공사인 경우 발주청이 같은 법 제49조제1항에 따라 선임한 공사감독자
2. 다음 각 목의 어느 하나에 해당하는 사람으로서 해당 건설공사 중 주된 공사의 책임감리자
   가. 「건축법」 제25조에 따라 지정된 공사감리자
   나. 「건설기술 진흥법」 제2조제5호에 따른 감리 업무를 수행하는 자
   다. 「주택법」 제43조에 따라 지정된 감리자
   라. 「전력기술관리법」 제12조에 따라 배치된 감리원
   마. 「정보통신공사업법」 제8조제2항에 따라 해당 건설공사에 대하여 감리업무를 수행하는 자
3. 「건설산업기본법」 제8조에 따른 종합공사에 해당하는 건설현장에서 관리책임자로서 3년 이상 재직한 사람
4. 법 제142조제1항에 따른 산업안전지도사
5. 「국가기술자격법」에 따른 건설안전기술사
6. 「국가기술자격법」에 따른 건설안전기사를 취득한 후 건설안전 분야에서 5년 이상의 실무경력이 있는 사람
7. 「국가기술자격법」에 따른 건설안전산업기사를 취득한 후 건설안전 분야에서 7년 이상의 실무경력이 있는 사람

안전보건조정자의 업무는 **시행령 제57조**에 따라 "1. 법 제68조제1항에 따라 같은 장소에서 행하여지는 각각의 공사 간에 혼재된 작업의 파악, 2. 제1호에 따른 혼재된 작업으로 인한 산업재해 발생의 위험성 파악, 3. 제1호에 따른 혼재된 작업으로 인한 산업재해를 예방하기 위한 작업의 시기·내용 및 안전보건 조치 등의 조정, 4. 각각의 공사 도급인의 관리책임자 간 작업 내용에 관한 정보 공유 여부의 확인" 등의 업무이다.

(3) 공사기간 단축 및 공법변경 금지

법 제69조(공사기간 단축 및 공법변경 금지) ① 건설공사발주자 또는 건설공사도급인(건설공사발주자로부터 해당 건설공사를 최초로 도급받은 수급인 또는 건설공사의 시공을 주도하여 총괄·관리하는 자를 말한다. 이하 이 절에서 같다)은 설계도서 등에 따라 산정된 공사기간을 단축해서는 아니 된다.

② 건설공사발주자 또는 건설공사도급인은 공사비를 줄이기 위하여 위험성이 있는 공법을 사

용하거나 정당한 사유 없이 정해진 공법을 변경해서는 아니 된다.

법 제69조에는 건설공사발주자 또는 건설공사도급인은 재해 발생의 주된 원인이 공기 단축에 있어 이를 제한하고 적정한 공사기간을 두고 작업공법변경을 금지하여 무리한 공사에서 재해를 예방하도록 하였다. 건설공사발주자로부터 해당 건설공사를 최초로 도급받은 수급인 또는 건설공사의 시공을 주도하여 총괄·관리하는 자는 설계도서 등에 따라 산정된 공사기간을 단축해서는 아니 되고, 또한 건설공사발주자 또는 건설공사도급인은 공사비를 줄이기 위하여 위험성이 있는 공법을 사용하거나 정당한 사유 없이 정해진 공법을 변경해서는 아니 되도록 규정하였다.

법 제70조(건설공사 기간의 연장) ① 건설공사발주자는 다음 각 호의 어느 하나에 해당하는 사유로 건설공사가 지연되어 해당 건설공사도급인이 산업재해 예방을 위하여 공사기간의 연장을 요청하는 경우에는 특별한 사유가 없으면 공사기간을 연장하여야 한다.

1. 태풍·홍수 등 악천후, 전쟁·사변, 지진, 화재, 전염병, 폭동, 그 밖에 계약 당사자가 통제할 수 없는 사태의 발생 등 불가항력의 사유가 있는 경우
2. 건설공사발주자에게 책임이 있는 사유로 착공이 지연되거나 시공이 중단된 경우

② 건설공사의 관계수급인은 제1항제1호에 해당하는 사유 또는 건설공사도급인에게 책임이 있는 사유로 착공이 지연되거나 시공이 중단되어 해당 건설공사가 지연된 경우에 산업재해 예방을 위하여 건설공사도급인에게 공사기간의 연장을 요청할 수 있다. 이 경우 건설공사도급인은 특별한 사유가 없으면 공사기간을 연장하거나 건설공사발주자에게 그 기간의 연장을 요청하여야 한다.

③ 제1항 및 제2항에 따른 건설공사 기간의 연장 요청 절차, 그 밖에 필요한 사항은 고용노동부령으로 정한다.

건설공사가 시행하고 건설공사에서는 공사기간의 단축 및 공사기간 내에 공사가 완료되어야 하도록 내부적으로 정하고 있다. 이것은 공사기간 준수라는 전제하에 공사기간으로 인한 무리한 건설공사로 재해 발생의 여지가 있어 이를 제한하도록 하자는 데 의의가 있다. 따라서 법 제70조에 건설공사 기간의 연장규정을 두어 연장하도록 하고 있다. 그 내용을 살펴보면, 건설공사발주자는 "1. 태풍·홍수 등 악천후, 전쟁·사변, 지진, 화재, 전염병, 폭동, 그 밖에 계약 당사자가 통제할 수 없는 사태의 발생 등 불가항력의 사유가 있는 경우, 2. 건설공사발주자에게 책임이 있는 사유로 착공이 지연되거나 시공이 중단된 경우" 건설공사가 지연되어 해당 건설공사도급인이 산업재해 예방을 위하여 공사기간의 연장을 요청하는 경우에는 특별한 사유가 없으면 공사기간을 연장하도록 규정하고 있다.

시행규칙 제87조(공사기간 연장 요청 등) ① 건설공사도급인이 법 제70조제1항에 따라 공사기간 연장을 요청하려면 같은 항 각 호의 사유가 종료된 날부터 10일이 되는 날까지 별지 제35호서식의 공사기간 연장 요청서에 다음 각 호의 서류를 첨부하여 건설공사발주자에게 제출하여야 한다. 다만, 해당 공사기간의 연장 사유가 그 건설공사의 계약기간 만료 후에도 지속될 것으로 예상되는 경우에는 그 계약기간 만료 전에 건설공사발주자에게 공사기간 연장을 요청할 예정임을 통지하고 그 사유가 종료된 날부터 10일이 되는 날까지 공사기간 연장을 요청할 수 있다.

1. 공사기간 연장 요청 사유 및 그에 따른 공사 지연사실을 증명할 수 있는 서류
2. 공사기간 연장 요청 기간 산정 근거 및 공사 지연에 따른 공정 관리 변경에 관한 서류

법 제71조(설계변경의 요청) ① 건설공사도급인은 해당 건설공사 중에 대통령령으로 정하는 가설구조물의 붕괴 등으로 산업재해가 발생할 위험이 있다고 판단되면 건축·토목 분야의 전문가 등 대통령령으로 정하는 전문가의 의견을 들어 건설공사발주자에게 해당 건설공사의 설계변경을 요청할 수 있다. 다만, 건설공사발주자가 설계를 포함하여 발주한 경우는 그러하지 아니하다.

② 제42조제4항 후단에 따라 고용노동부장관으로부터 공사중지 또는 유해위험방지계획서의 변경 명령을 받은 건설공사도급인은 설계변경이 필요한 경우 건설공사발주자에게 설계변경을 요청할 수 있다.

③ 건설공사의 관계수급인은 건설공사 중에 제1항에 따른 가설구조물의 붕괴 등으로 산업재해가 발생할 위험이 있다고 판단되면 제1항에 따른 전문가의 의견을 들어 건설공사도급인에게 해당 건설공사의 설계변경을 요청할 수 있다. 이 경우 건설공사도급인은 그 요청받은 내용이 기술적으로 적용이 불가능한 명백한 경우가 아니면 이를 반영하여 해당 건설공사의 설계를 변경하거나 건설공사발주자에게 설계변경을 요청하여야 한다.

④ 제1항부터 제3항까지의 규정에 따라 설계변경 요청을 받은 건설공사발주자는 그 요청받은 내용이 기술적으로 적용이 불가능한 명백한 경우가 아니면 이를 반영하여 설계를 변경하여야 한다.

⑤ 제1항부터 제3항까지의 규정에 따른 설계변경의 요청 절차·방법, 그 밖에 필요한 사항은 고용노동부령으로 정한다. 이 경우 미리 국토교통부장관과 협의하여야 한다.

건설공사 시에 건설공사가 공사도중 다른 사항으로 인하여 재해 발생 위험이 나타날 때 이를 예방하기 위한 규정으로 건설공사의 설계변경규정을 두었다. 특히 도급인은 해당 건설공사 중에

가설구조물의 붕괴 등으로 산업재해가 발생할 위험이 있다고 판단되면 건축·토목 분야의 전문가 등의 의견을 들어 건설공사발주자에게 해당 건설공사의 설계변경을 요청할 수 있도록 하였다. 단, 건설공사발주자가 설계를 포함하여 발주한 경우는 건설공사 도급인이 고용노동부장관으로부터 공사중지 또는 유해위험방지계획서의 변경 명령을 받도록 하였으며, 건설공사도급인은 설계변경이 필요한 경우 건설공사발주자에게 설계변경을 요청할 수 있도록 하였다.

시행령 제58조(설계변경 요청 대상 및 전문가의 범위) ① 법 제71조제1항에 따른 "대통령령으로 정하는 가설구조물"이란 다음 각 호의 어느 하나를 말한다.

1. 높이 31미터 이상인 비계(飛階)
2. 작업발판 일체형 거푸집 또는 높이 6미터 이상인 거푸집 동바리
3. 터널의 지보공(支保工) 또는 높이 2미터 이상인 흙막이 지보공
4. 동력을 이용하여 움직이는 가설구조물

② 법 제71조제1항에 따른 "대통령령으로 정하는 전문가"는 공단 또는 다음 각 호의 어느 하나에 해당하는 사람으로서 해당 건설공사 도급인 및 관계수급인에게 고용되지 아니한 사람으로 한다.

1. 「국가기술자격법」에 따른 건축구조기술사(토목공사 및 제1항제3호의 구조물은 제외한다)
2. 「국가기술자격법」에 따른 토목구조기술사(토목공사로 한정한다)
3. 「국가기술자격법」에 따른 토질 및 기초기술사(제1항제3호의 구조물로 한정한다)
4. 「국가기술자격법」에 따른 건설기계기술사(제1항제4호의 구조물로 한정한다.

(4) 건설공사 등의 산업안전보건관리비 계상

법 제72조(건설공사 등의 산업안전보건관리비 계상 등) ① 건설공사발주자가 도급계약을 체결하거나 건설공사도급인(건설공사발주자로부터 건설공사를 최초로 도급받은 수급인은 제외한다)이 건설공사 사업 계획을 수립할 때에는 고용노동부장관이 정하여 고시하는 바에 따라 산업재해 예방을 위하여 사용하는 비용(이하 "산업안전보건관리비"라 한다)을 도급금액 또는 사업비에 계상(計上)하여야 한다.

② 고용노동부장관은 산업안전보건관리비의 효율적인 사용을 위하여 다음 각 호의 사항을 정할 수 있다.

1. 사업의 규모별·종류별 계상 기준
2. 건설공사의 진척 정도에 따른 사용비율 등 기준

3. 그 밖에 산업안전보건관리비의 사용에 필요한 사항

③ 제1항에 따른 건설공사도급인은 산업안전보건관리비를 제2항에서 정하는 바에 따라 사용하고 고용노동부령으로 정하는 바에 따라 그 사용명세서를 작성하여 보존하여야 한다.

④ 선박의 건조 또는 수리를 최초로 도급받은 수급인은 사업 계획을 수립할 때에는 고용노동부장관이 정하여 고시하는 바에 따라 산업안전보건관리비를 사업비에 계상하여야 한다.

⑤ 제1항에 따른 건설공사도급인 또는 제4항에 따른 선박의 건조 또는 수리를 최초로 도급받은 수급인은 산업안전보건관리비를 산업재해 예방 외의 목적으로 사용해서는 아니 된다.

건설공사발주자가 도급계약을 체결하거나 건설공사도급인이 건설공사 사업 계획을 수립할 때에는 산업재해 예방을 위하여 사용하는 비용을 도급금액 또는 사업비에 계상(計上)하여야 한다.

그리고 사용명세서를 작성하여 보존하여야 하며, 선박의 건조 또는 수리를 최초로 도급받은 수급인은 사업 계획을 수립할 때에는 고용노동부장관이 정하여 고시하는 바에 따라 산업안전보건관리비를 사업비에 계상하여야 한다. 건설공사도급인 또는 선박의 건조 또는 수리를 최초로 도급받은 수급인은 산업안전보건관리비를 산업재해 예방 외의 목적으로 사용해서는 아니 된다.

동 **시행규칙 제89조**에는 도급금액 또는 사업비에 계상된 산업안전보건관리비의 범위에서 그의 관계수급인에게 해당 사업의 위험도를 고려하여 적정하게 산업안전보건관리비를 지급하여 사용하게 할 수 있으며, 건설공사도급인은 고용노동부장관이 정하는 바에 따라 해당 건설공사를 위하여 계상된 산업안전보건관리비를 그가 사용하는 근로자와 그의 관계수급인이 사용하는 근로자의 산업재해 및 건강장해 예방에 사용하고 그 사용명세서를 매월(공사가 1개월 이내에 종료되는 사업의 경우에는 해당 공사 종료 시) 작성하고 건설공사 종료 후 1년간 보존하여야 한다.

(5) 건설공사의 산업재해 예방 지도

법 제73조(건설공사의 산업재해 예방 지도) ① 대통령령으로 정하는 건설공사도급인은 해당 건설공사를 하는 동안에 제74조에 따라 지정받은 전문기관(이하 "건설재해예방전문지도기관"이라 한다)에서 건설 산업재해 예방을 위한 지도를 받아야 한다.

② 건설재해예방전문지도기관의 지도업무의 내용, 지도대상 분야, 지도의 수행방법, 그 밖에 필요한 사항은 대통령령으로 정한다.

건설공사도급인은 해당 건설공사를 하는 동안에 지정받은 전문기관인 "건설재해예방전문지도기관"에서 건설 산업재해 예방을 위한 지도를 받도록 규정하고 있다.

시행령 제59조(건설재해예방 지도 대상 건설공사도급인) 법 제73조제1항에서 "대통령령으로 정하는 건설공사도급인"이란 공사금액 1억원 이상 120억원(「건설산업기본법 시행령」 별표 1의 토목공사업에 속하는 공사는 150억원) 미만인 공사를 하는 자와 「건축법」제11조에 따른 건축허가의 대상이 되는 공사를 하는 자를 말한다. 다만, 다음 각 호의 어느 하나에 해당하는 공사를 하는 자는 제외한다.

1. 공사기간이 1개월 미만인 공사
2. 육지와 연결되지 아니한 섬지역(제주특별자치도는 제외한다)에서 이루어지는 공사
3. 사업주가 별표 4에 따른 안전관리자의 자격을 가진 사람을 선임(같은 광역 자치단체의 지역 내에서 같은 사업주가 경영하는 셋 이하의 공사에 대하여 공동으로 안전관리자 자격을 가진 사람 1명을 선임한 경우를 포함한다)하여 제16조제1항 각 호에 따른 안전관리자의 업무만을 전담하도록 하는 공사
4. 법 제42조제1항에 따라 유해·위험방지계획서를 제출하여야 하는 공사

(6) 건설재해예방전문지도기관

법 제74조(건설재해예방전문지도기관) ① 건설재해예방전문지도기관이 되려는 자는 대통령령으로 정하는 인력·시설 및 장비 등의 요건을 갖추어 고용노동부장관의 지정을 받아야 한다.

② 제1항에 따른 건설재해예방전문지도기관의 지정 절차, 그 밖에 필요한 사항은 대통령령으로 정한다.

③ 고용노동부장관은 건설재해예방전문지도기관에 대하여 평가하고 그 결과를 공개할 수 있다. 이 경우 평가의 기준·방법, 결과의 공개에 필요한 사항은 고용노동부령으로 정한다.

④ 건설재해예방전문지도기관에 관하여는 제21조제4항 및 제5항을 준용한다. 이 경우 "안전관리전문기관 또는 보건관리전문기관"은 "건설재해예방전문지도기관"으로 본다.

건설재해예방전문지도기관이 되려는 자는 대통령령으로 정하는 인력·시설 및 장비 등의 요건을 갖추어 고용노동부장관의 지정을 받아야 한다.

시행령 제61조(건설재해예방전문지도기관의 지정 요건) 법 제74조제1항에서 "대통령령으로 정하는 인력·시설 및 장비 등의 요건"이란 다음 하나에 해당하는 자로서 별표 19에 따른 인력·시설 및 장비를 갖춘 것을 말한다.

1. 법 제145조에 따라 등록한 산업안전지도사(전기안전 또는 건설안전 분야의 산업안전지도사만 해당한다)
2. 건설 산업재해 예방 업무를 하려는 법인

(7) 안전 및 보건에 관한 협의체 등의 구성·운영에 관한 특례

법 제75조(안전 및 보건에 관한 협의체 등의 구성·운영에 관한 특례) ① 대통령령으로 정하는 규모의 건설공사의 건설공사도급인은 해당 건설공사 현장에 근로자위원과 사용자위원이 같은 수로 구성되는 안전 및 보건에 관한 협의체(이하 "노사협의체"라 한다)를 대통령령으로 정하는 바에 따라 구성·운영할 수 있다.

② 건설공사도급인이 제1항에 따라 노사협의체를 구성·운영하는 경우에는 산업안전보건위원회 및 제64조제1항제1호에 따른 안전 및 보건에 관한 협의체를 각각 구성·운영하는 것으로 본다.

③ 제1항에 따라 노사협의체를 구성·운영하는 건설공사도급인은 제24조제2항 각 호의 사항에 대하여 노사협의체의 심의·의결을 거쳐야 한다. 이 경우 노사협의체에서 의결되지 아니한 사항의 처리방법은 대통령령으로 정한다.

④ 노사협의체는 대통령령으로 정하는 바에 따라 회의를 개최하고 그 결과를 회의록으로 작성하여 보존하여야 한다.

⑤ 노사협의체는 산업재해 예방 및 산업재해가 발생한 경우의 대피방법 등 고용노동부령으로 정하는 사항에 대하여 협의하여야 한다.

⑥ 노사협의체를 구성·운영하는 건설공사도급인·근로자 및 관계수급인·근로자는 제3항에 따라 노사협의체가 심의·의결한 사항을 성실하게 이행하여야 한다.

⑦ 노사협의체에 관하여는 제24조제5항 및 제6항을 준용한다. 이 경우 "산업안전보건위원회"는 "노사협의체"로 본다.

일정 규모 즉 대통령령으로 정하는 규모에 대한 건설공사의 건설공사도급인은 해당 건설공사 현장에 근로자위원과 사용자위원이 같은 수로 구성되는 안전 및 보건에 관한 협의체를 구성·운영할 수 있도록 특례 규정을 두었다.

동 **시행령 제63조**에 따라 **노사협의체 설치 대상**인 "대통령령으로 정하는 규모"는 공사금액이 120억원(「건설산업기본법 시행령」 별표 1에 따른 토목공사업은 150억원) 이상인 건설업을 말한다. 동 **시행규칙 제93조**의 **노사협의체 협의사항**은 "1. 산업재해 예방방법 및 산업재해가 발생한 경우의 대피방법, 2. 작업의 시작시간 및 작업 및 작업장 간의 연락방법, 3. 그 밖의 산업재해

예방과 관련된 사항" 등을 하도록 규정되어 있다.

(8) 기계·기구 등에 대한 건설공사도급인의 안전조치

법 제76조(기계·기구 등에 대한 건설공사도급인의 안전조치) 건설공사도급인은 자신의 사업장에서 타워크레인 등 대통령령으로 정하는 기계·기구 또는 설비 등이 설치되어 있거나 작동하고 있는 경우 또는 이를 설치·해체·조립하는 등의 작업이 이루어지고 있는 경우에는 필요한 안전조치 및 보건조치를 하여야 한다.

위험기계에 대한 법률 제정 연혁을 살펴보면 다음과 같다.

산안법 제정(법률 제3532호, 1981.12.31.제정) 당시에 유해·위험작업의 취업제한에 관하여서는 산안법 제34조에 규정되어 있었다. 제1항에서 "사업주는 유해 또는 위험한 작업으로부터 노동부령이 정하는 작업에 있어서는 그 작업에 필요한 자격·면허·경험 또는 기능을 가진 근로자외의 자를 취업하게 하여서는 안 된다"고 하였으며, 제2항에서 "제1항의 자격·면허·경험 또는 기능에 관하여 필요한 사항은 노동부령으로 정한다"고 명시하였다.

이후 1990.1.13. 전부개정으로 자격 등에 의한 취업제한 규정이 제47조로 바뀌었으며, 동조 제2항에서 노동부장관은 제1항의 규정에 의한 자격·면허 취득자의 양성 또는 근로자의 기능습득을 위하여 교육기관을 지정할 수 있다고 규정하였다. 또한 제3항에서 제1항 및 제2항의 규정에 의한 자격·면허·경험 또는 기능 및 교육기관의 지정 등에 관하여 필요한 사항은 노동부령으로 정하도록 하였다.

1982.10.29. 제정된 산안법 시행규칙은 무경험자의 취업제한에 대하여 제51조에서 "관련 업무에 3월 이상의 경험을 가진 자가 아니면 운전 중의 원동기로부터 중간축까지의 동력전동장치의 청소·주유·검사·수선 또는 조대를 옮겨 끼우는 업무, 롤러기를 사용하여 고무 또는 에보나이트 등 점성질을 취급하는 업무에 종사하게 하여서는 아니 된다"고 규정하였다.

이후 개정된 산안법 시행규칙(노동부령 제63호, 1990.8.11 전부개정) 제118조에서 산안법 제47조제1항의 '노동부령이 정하는 작업'에 대하여 규정하였다. 해당 작업은 14개의 '자격 또는 면허를 갖지 아니한 자를 취업하도록 하여서는 아니 되는 작업'과 4개의 '노동부장관이 정하는 기능습득을 받지 아니한 자를 취업하도록 하여서는 아니 되는 작업', 2개의 '관련 업무에 3월 이상의 경험을 갖지 아니한 자를 취업하도록 하여서는 아니 되는 작업'으로 총 20개의 작업 산안법 시행규칙 제118조에 따라, 1. 자격 또는 면허를 갖지 아니한 자를 취업하도록 하여서는 아니 되는 작업, 고압가스안전관리법에 의한 압력용기등을 취급하는 업무, 전기사업법에 의한 전기사용설비등을 취급하는 업무, 에너지이용합리화법에 의한 보일러를 취급하는 업무, 중기관리법에 의한 중기를 사용하여 행하는 업무, 발파의 경우에 천공·장전·결선·점화 및 불발의 장약 또는 잔약의 점검 및 처리업무, 가연성가스 및 산소를 사용하여 금속의 용접·용단 또는 가열하는 업무, 폭발성·발화성 및 인화성물질의 제조 또는 취급업무, 방사선 취급업무, 정전 및 활선업무, 철골 구조물 및 배관 등을 설치하거나 해체하는 업무, 크레인 작업, 리프트 작업, 항타기 또는 항발기 작업, 승강기 점검 및 보수작업, 2. 노동부장관이 정하는 기능습득을 받지 아니한 자를 취업하도록 하여서는 아니 되는 작업, 흙막이 지보공의 조립 또는 해체작업, 거푸집의 조립 또는 해체작업, 비계의 조립 또는 해체작업, 잠수기를 사용하거나 공기압축기 또는 손누름 펌프에 의한 송기 또는 봄베로부터 공기를 받아 수중에서 행하는 업무이다.

1992.3.21 산안법 일부개정 시 시행규칙 제118조와 제119조의 자격 등에 대한 취업제한 관련 규정이 삭제되고 유해위험작업의 취업제한에 관한 규칙(노동부령 제77호)이 제정되었다. 본 규칙은 산안법 제47조의 규정에서 위임된 유해·위험작업에 대한 취업제한에 관하여 필요한 사항을 규정하기 위하여 제정된 것이다.

이외에도 산업안전보건법의 시행규칙에 해당하는 안전보건기준에 관한 규칙도 작업장안전에 관하여 규정하고 있다. 산업안전보건기준에 관한 규칙 제20조는 사업주로 하여금 제5호의 인양전자석 부착 이동식 크레인을 사용하여 작업을 하는 경우에는 달아 올려진 화물의 아래쪽 장소와 동조 제15호의 양화장치, 데릭(derrick), 크레인, 이동식 크레인에 매달린 화물이 떨어져 근로자에게 위험을 미칠 우려가 있는 장소에 대한 출입을 금지하도록 규정하고 있다.[34)]

동 규칙 제35조는 제2항 [별표 3]에서 정하는 바에 따라 사업주는 작업을 시작하기 전에 관리감독자로 하여금 필요한 사항을 점검하도록 하여 유해·위험 방지 업무에 대한 관리감독자의 의무를 규정하고 있다. 이동식 크레인 등에 관한 사항은 4. 크레인을 사용하여 작업을 하는 때, 5. 이동식 크레인을 사용하여 작업을 할 때, 11. 고소작업대를 사용하여 작업을 할 때, 12. 화물자동차를 사용하는 작업을 하게 할 때, 17. 양화장치를 사용하여 화물을 싣고 내리는 작업을 할 때를 참고할 수 있다.[35)]

산업구조의 변화와 함께 사업장의 업종 변화 또는 작업의 변화 등으로 인한 유해·위험작업의 내용과 유형이 상당히 달라지고 있다. 현행 「유해·위험작업의 취업제한에 관한 규칙」의 21개 작업과 위험성이 높은 작업 중 최근 빈발하는 사망재해의 원인으로 지적되고 있는 줄걸이 작업에 대해 검토하고 사망재해 감소를 위한 방안을 제시할 필요가 있다.[36)]

특히 이번 위험작업에 중 타워크레인, 건설용 리프트, 항타기 항발기등에 안전보건조치에는 가장 많은 사고가 나는 설치 및 해체작업 시에 안전보건조치를 하도록 규정하였다. 그러나 위험기

34) 조흠학, 산안법에서 위험작업의 근로자 보호방안 -산안법의 이동식 크레인 작업을 중심으로-, 노동법논총 제42집, 비교노동법학회, 2018.04, 69~121면 재정리.
35) 조흠학, 산안법에서 위험작업의 근로자 보호방안 -산안법의 이동식 크레인 작업을 중심으로-, 노동법논총 제42집, 비교노동법학회, 2018.04, 69~121면 재정리.
36) 조흠학, 산안법에서 위험작업의 근로자 보호방안 -산안법의 이동식 크레인 작업을 중심으로-, 노동법논총 제42집, 비교노동법학회, 2018.04, 69~121면 재정리.

계등은 산업안전보건법에서 특별안전보건규정으로 1990년에 제정되어 현재까지 44회에 걸쳐 개정이 되었으나, 25년 동안 38개의 대상작업, 교육시간, 교육방법 등에 대한 개정은 거의 없어서 38개 대상 작업에 대한 면밀한 검토 및 교육시간과 교육방법의 개선이 필요한 상황이 할 수 있다.[37)]

단순한 설치 해체 작업 외에도 이동식크레인의 작업자 역시 자격·면허·기능 또는 경험을 통하여 자격을 갖춘 자가 작업해야 함에도 현재는 '관계 법령에 따라 해당 작업을 할 수 있도록 허용된 사람'으로만 규정되어 있고 구체적인 법률 기준이나 근거를 찾을 수 없어 모호한 상태이기 때문에 이를 재정비해야 할 것이다. 또한 자격취득을 위한 지정교육기관 운영현황 및 교육실태를 파악하고 교육시설 및 장비, 교육시간, 교육내용 등을 충분히 보완할 필요도 있다고 본다.

이번 법률 제82조에서는 타워크레인 설치·해체업을 하려는 자는 고용노동부장관에게 등록하도록 하고, 사업주는 등록한 자가 아닌 자에게는 타워크레인 설치·해체 작업의 도급을 금지하였다.

최근 고층 건설공사 시 건설자재를 인양하는데 사용되는 타워크레인 사고가 급증하고 대형 인명피해 사고가 자주 발생하고 있으며 특히, 건설공사 또는 조선업에서는 타워크레인이 필수 요소인데 최근 5년간 타워크레인 사망사고(23) 중 65.2%(15)가 설치·해체과정에서 발생하고 있어 이를 개선할 필요성이 제기되었다.

건설공사에서 타워크레인 임대업체, 설치·해체 업체는 영세소규모 사업주가 대부분으로 안전관리 체계가 취약하므로 계약에 관계없이 건설현장 등 사업장에서 안전을 총괄·관리하는 건설공사 도급인(원청)이 사업장에서 사용되는 타워크레인의 설치부터 해체에 이르기까지 全 과정에 대하여 안전·보건 조치에 대한 책임을 부담하도록 할 필요성을 고려하여 개정된 것이라 볼 수 있다.

동 시행령 제66조에서 "대통령령으로 정하는 기계·기구 또는 설비 등"은 1. 타워크레인, 2. 건설용 리프트, 3. 항타기 및 항발기 등을 말한다.

제4절 그 밖의 고용형태에서의 산업재해 예방

(1) 특수형태근로종사자에 대한 안전조치 및 보건조치

법 제77조(특수형태근로종사자에 대한 안전조치 및 보건조치 등) ① 계약의 형식에 관계없이 근로자와 유사하게 노무를 제공하여 업무상의 재해로부터 보호할 필요가 있음에도 「근로기준

37) 조흠학, 산안법에서 위험작업의 근로자 보호방안 -산안법의 이동식 크레인 작업을 중심으로-, 노동법논총 제42집, 비교노동법학회, 2018.04, 69~121면 재정리.

법」 등이 적용되지 아니하는 자로서 다음 각 호의 요건을 모두 충족하는 사람(이하 "특수형태근로종사자"라 한다)의 노무를 제공받는 자는 특수형태근로종사자의 산업재해 예방을 위하여 필요한 안전조치 및 보건조치를 하여야 한다.

1. 대통령령으로 정하는 직종에 종사할 것
2. 주로 하나의 사업에 노무를 상시적으로 제공하고 보수를 받아 생활할 것
3. 노무를 제공할 때 타인을 사용하지 아니할 것

② 대통령령으로 정하는 특수형태근로종사자로부터 노무를 제공받는 자는 고용노동부령으로 정하는 바에 따라 안전 및 보건에 관한 교육을 실시하여야 한다.

③ 정부는 특수형태근로종사자의 안전 및 보건의 유지·증진에 사용하는 비용의 일부 또는 전부를 지원할 수 있다.

특수형태근로종사자라는 의미의 이야기는 1990년대 초에 등장하였다. 사회적인 이슈가 되고 특수형태근로종사자[38]의 사회적 특면에서 근로자임에도 사용자 성격이라는 측면에서 사회적 판단과 법원의 상반된 판례 대법원 1991.10.25. 선고91도1685 판결, 대법원 1979.7.10. 78다1530 "도급계약의 형식을 띠고 있다 하더라고 근로자가 사용자와의 종속관계아래 특정한 노무제공을 하는 것이라면 근로기준법상의 근로자에 해당한다." 이후 대법원 1996.7.30. 선고95누13432 판결에서는 근로자성을 부인하였으나 노동조합 및 노동관계조정법상 근로상은 인정(1993.5.26. 선고90누1731 판결)하였다.[39]

이러한 특수형태 근로종사자의 개념은 산업환경의 변화와 함께 변화되면서 계속적인 논란이 되어 왔다. 당시에는 15개 정도의 특고가 있었으나 최근 비공식적 노사관계의 설명으로는 70여개 정도가 나타난다고 한다. 그런 의미에서 최근 산업재해보상보험법 제125조에서는 9개의 특수형태근로종사자에 대하여 임의가입사업자로 분류하여 산재보험에 가입하도록 하였다. 이렇게 사회적 변화에 따른 다양한 형태의 근로자 범위가 늘어남에 따라 목적 조항의 일하는 사람의 개념은 적절하게 개정된 것이라 볼 수 있다. 그런데 적용 범위 속에 특고의 범위를 정해 놓으면 차후 산업환경이 바뀌면서 나타나는 다양한 직업의 종류를 포함시킬 수 없어 도리어 법률 공백 상태가 나타나게 되고 일하는 사람의 범위로 소모적인 논쟁이 나타날 수 있어 법의 내용 속에 포함시키는 것이 타당하다고 볼 수 있다. 특히 개정안 특수형태근로종사자, 프랜차이즈. 배달 종사자의 의미를 포함시켜 현실적이고 논란이 되는 일하는 사람을 우선 반영한 조문이라 볼 수 있다.[40]

38) 독일산업안전보건법 제1조 목적과 적용범위에서 "이 법률은, 보호조치를 통해 근로제공시 취업자의 안전 및 건강을 확보하고 개선하는데 그 목적이 있다라고 규정하면서 제2조 정의규정을 보면 제2항에 이 법에서 말하는 취업자라 함은, 다음 각 호에 해당하는 자를 말한다라고 정의하여 폭넓은 취업자의 개념을 두고 있다. 그 내용을 보면 1. 근로자, 2. 직업교육을 받고 있는 자, 3. 가내근로에 종사하는 자 및 그와 동등한 자를 제외한,「노동법원법」 제5조제2항의 근로자와 유사한 자, 4. 공무원, 5. 법관, 6. 군인, 7. 장애인을 위한 공장에 취업중인 자"로 설명되고 있다.

39) 조흠학, 산업안전보건법 개정안에 관한 소고, 사회법연구 제36호, 사회법학회, 2018.12, 85~127면 재정리.

그러므로 이번 「산업안전보건법」의 개정안은 목적에서 큰 의의를 갖는다고 본다.

물론 법을 개정하고자 할 때 명확한 논리와 학술적 가치가 뒷받침이 되면 더할 나위 없이 훌륭한 법률안이고 개정안이라 할 수 있다. 그러나 일부 논리적인 부분은 부족하지만 산업현장의 변화와 사회적 요구를 감안했다는 입장에서 본다면 사회적인 요구가 충분히 반영된 법안이라 볼 수 있다. 특히 「산업안전보건법」의 목적 조항의 보호대상이 근로자라는 개념에서 일하는 사람으로 폭을 넓혀 노무제공자로 보호대상을 확대한 것은 매우 고무적인 것이라 볼 수 있으며, 노무제공자로 바뀐 부분은 「산업안전보건법」의 새로운 개념의 정리라 할 수 있다.

그러므로 「산업안전보건법」의 보호대상자의 확대를 통하여 전부개정안에서는 "이 법은 산업안전과 보건에 관한 기준을 확립하고 그 책임의 소재를 명확하게 하여 산업재해를 예방하고 쾌적한 작업환경을 조성함으로써 노무를 제공하는 자의 안전과 보건을 유지·증진함"을 목적으로 제시하였다.

이와 같이 목적규정을 개정한 것은 최근 변화된 노동력 사용 실태에 맞게 다양한 고용형태의 노무제공자를 「산업안전보건법」의 보호대상으로 할 필요를 반영한 것이다.

기존 「산업안전보건법」은 "근로자"의 안전과 보건을 유지·증진함을 목적으로 하므로 「근로기준법」에 따른 근로자가 아닌 자는 원칙적으로 「산업안전보건법」의 보호대상에서 제외된다는 문제가 있었으며, 고용관계가 불확실한 골프장 캐디, 학습지교사, 화물트럭기사 등의 특수형태근로종사자와 산업환경이 변화하여 생긴 음식점 배달대행원 등 플랫폼 종사자에 대하여 「산업안전보건법」 보호의 사각지대에 놓이게 된다는 지적이 있었다.[41)]

따라서 위험을 창출하고 이를 통해 수익을 얻은 자[42)]가 위험에 노출되어 일하는 모든 자에게 안전보건 조치 의무를 부담하도록 입법체계를 갖추기 위해 우선적으로 법의 목적을 확대하고 특수형태근로종사자, 배달종사사 등을 보호대상으로 하면서, 이들의 업무 수행을 통해 수익을 얻는 자에게 조치의무를 규정할 수 있도록 위와 같은 내용으로 목적규정을 개정하도록 한 것이라 볼 수 있다.

40) 조흠학, 산업안전보건법 개정안에 관한 소고, 사회법연구 제36호, 사회법학회, 2018.12, 85~127면 재정리.

41) 조흠학, 산업안전보건법 개정안에 관한 소고, 사회법연구 제36호, 사회법학회, 2018.12, 85~127면 재정리.

42) 위험을 종사하는 자나 사업주의 개념에 나타나는 사업주의 책임을 명확히 한다는 입장에서, 현행 「산업안전보건법」은 유해·유험기계 등을 제조·수입하는 자, 유해화학물질 양도·제공자 등 근로자를 사용하는 사업주 산안법 제5조에 사업주 등의 의무등을 규정하였다, 그 내용을 보면 제①항에는 사업주는 다음 각 호의 사항을 이행함으로써 근로자의 안전과 건강을 유지·증진시키는 한편, 국가의 산업재해 예방시책에 따라야 하도록 하였으며, 1. 이 법과 이 법에 따른 명령으로 정하는 산업재해 예방을 위한 기준을 지킬 것, 2. 근로자의 신체적 피로와 정신적 스트레스 등을 줄일 수 있는 쾌적한 작업환경을 조성하고 근로조건을 개선할 것, 3. 해당 사업장의 안전·보건에 관한 정보를 근로자에게 제공할 것을 규정하였다. 제②항에는 다음 각 호의 어느 하나에 해당하는 자는 설계·제조·수입 또는 건설을 할 때 이 법과 이 법에 따른 명령으로 정하는 기준을 지켜야 하고, 그 물건을 사용함으로 인하여 발생하는 산업재해를 방지하기 위하여 필요한 조치를 하여야 하도록 하였고, 그 대상은 1. 기계·기구와 그 밖의 설비를 설계·제조 또는 수입하는 자, 2. 원재료 등을 제조·수입하는 자, 3. 건설물을 설계·건설하는 자 외의 자도 수규자로 규정하고 있다. 그럼에도 불구하고 법의 목적 및 개별 규정에서 근로자만을 보호대상으로 한정하고 있어 근로자 아닌 자가 업무상 부상 또는 질병에 걸린 경우에는 「산업안전보건법」 위반으로 판단하지 않는 한계가 존재하였다.

구체적인 표현으로는 "근로자의 안전과 건강"에서 "노무를 제공하는 자 안전과 건강"으로 수정하여 근로자, 특수형태근로종사자뿐만 아니라 향후 다양한 계약관계 등에서 일하는 사람까지 이 법의 보호대상으로 포함될 수 있도록 하였다.

이에 따라 이번 산업안전보건법에서는 법 제78조에서 "배달종사자에 대한 안전보건조치"나 제39조에서 "고객 등의 폭언 등으로 인한 건강장해 예방조치" 규정을 신설하여 일하는 사람의 건강안전을 보호할 수 있도록 한 것이다.

물론 정의규정이나 「산업안전보건법」 내용 속에 노무제공자 근거와 개념이 명확하지 않는 부분도 있지만, 「산업안전보건법」의 목적에 나타난 노무제공자 개념이 포함된 것은 차후 「산업안전보건법」 범위를 넓혀 나갈 때 그 기초가 되는 것이라 할 수 있다.

특수형태근로종사자 중 종속성, 위험성 등을 고려하여 일부 직종에 대하여 노무를 제공받는 자에게 안전보건교육의 의무를 부여하되, 그 교육내용 등은 하위법령에서 구체화하고 특수형태근로종사자의 업무내용이 통상의 근로자와는 차이가 있어 근무형태 및 업무특성을 고려하여 직종별 별도의 교육시간(또는 주지의무) 및 교육내용을 하위규정에서 규정할 필요가 있다. 사업주의 비용부담에 따른 제도 정착의 애로를 해소하고, 정부지원을 통해 특수형태근로종사자 보호의 실효성을 높이기 위하여 정부 지원 근거를 마련하였고, 노무를 제공받는 자가 안전보건교육 의무 위반 시 500만원 이하의 과태료를 부과하도록 하였다.[43]

그래서 이번 개정 시에 **법 제77조**에는 **특수형태근로종사자에 대한 안전조치 및 보건조치**에 관한 규정을 신설하여 포함시켰다.

현행 규정은 산업재해보상보험법 제125조에 규정되어 있는 9개의 특수형태근로종사자의 임의가입자 중 5개 업종만 우선 적용하기로 하였다. 그 대상은「건설기계관리법」 제3조제1항에 따라 등록된 건설기계를 직접 운전하는 사람,「체육시설의 설치·이용에 관한 법률」 제7조에 따라 직장체육시설로 설치된 골프장 또는 같은 법 제19조에 따라 체육시설업의 등록을 한 골프장에서 골프경기를 보조하는 골프장 캐디, 한국표준직업분류표의 세분류에 따른 택배원인 사람으로서 택배사업(소화물을 집화·수송 과정을 거쳐 배송하는 사업을 말한다)에서 집화 또는 배송 업무를 하는 사람, 한국표준직업분류표의 세분류에 따른 택배원인 사람으로서 고용노동부장관이 정하는 기준에 따라 업무를 의뢰받아 배송 업무를 하는 사람, 고용노동부장관이 정하는 기준에 따라 대리운전 업무를 하는 사람등의 5개 직종에만 해당된다.[44]

특수형태근로종사자의 안전보건교육은 **시행규칙 제95조(교육시간 및 교육내용 등)** ① 특수형태근로종사자로부터 노무를 제공받는 자가 법 제77조제2항에 따라 특수형태근로종사자에 대하여 실시하여야 하는 안전과 보건에 관한 교육시간은 별도로 정해져 있다.

43) 조흠학, 산업안전보건법 개정안에 관한 소고, 사회법연구 제36호, 사회법학회, 2018.12, 85~127면 재정리.
44) 조흠학, 산업안전보건법 개정안에 관한 소고, 사회법연구 제36호, 사회법학회, 2018.12, 85~127면 재정리.

시행령 제67조(특수형태근로종사자의 범위 등) 법 제77조제1항제1호에 따른 대통령령으로 정하는 직종에 종사하는 사람은 다음 각 호의 어느 하나에 해당하는 사람을 말한다.

1. 보험을 모집하는 사람으로서 다음 각 목의 어느 하나에 해당하는 자
   가. 「보험업법」 제83조제1항제1호에 따른 보험설계사
   나. 「우체국 예금·보험에 관한 법률」에 따른 우체국보험의 모집을 전업으로 하는 사람
2. 「건설기계관리법」 제3조제1항에 따라 등록된 건설기계를 직접 운전하는 사람
3. 「통계법」 제22조에 따라 통계청장이 고시하는 직업에 관한 표준분류(이하 "한국표준직업분류표"라 한다)의 세세분류에 따른 학습지 교사
4. 「체육시설의 설치·이용에 관한 법률」 제7조에 따라 직장체육시설로 설치된 골프장 또는 같은 법 제19조에 따라 체육시설업의 등록을 한 골프장에서 골프경기를 보조하는 골프장 캐디
5. 한국표준직업분류표의 세분류에 따른 택배원인 사람으로서 택배사업(소화물을 집화·수송 과정을 거쳐 배송하는 사업을 말한다)에서 집화 또는 배송 업무를 하는 사람
6. 한국표준직업분류표의 세분류에 따른 택배원인 사람으로서 고용노동부장관이 정하는 기준에 따라 업무를 의뢰받아 배송 업무를 하는 사람
7. 「대부업 등의 등록 및 금융이용자 보호에 관한 법률」 제3조제1항 단서에 따른 대출모집인
8. 「여신전문금융업법」 제14조의2제1항제2호에 따른 신용카드회원 모집인
9. 고용노동부장관이 정하는 기준에 따라 대리운전 업무를 하는 사람

(2) 배달종사자에 대한 안전조치

법 제78조(배달종사자에 대한 안전조치) 「이동통신단말장치 유통구조 개선에 관한 법률」 제2조제4호에 따른 이동통신단말장치로 물건의 수거·배달 등을 중개하는 자는 그 중개를 통하여 「자동차관리법」 제3조제1항제5호에 따른 이륜자동차로 물건을 수거·배달 등을 하는 자의 산업재해 예방을 위하여 필요한 안전조치 및 보건조치를 하여야 한다.

최근 플랫폼에 기반한 공유경제의 확산으로 노무 제공 계약 방식에 상당한 변화가 나타나고 있다. 특히, 미국의 우버, 우리나라의 배달의 민족 등 배달앱을 사용하는 음식배달대행업이 빠르게 확산되고 있으며, 배달을 통한 이륜자동차에 대한 「도로교통법」 등 다양한 안전규제에도 불구하고 이륜자동차와 관련한 사고발생 건수가 지속적으로 증가하고 있다.

특히, 서비스업 가운데 5년간 업무상 사고사망자 비율이 가장 높은 업종이 음식 및 숙박업으로 이중 대부분을 차지하고 있는 것이 배달음식업의 이륜자동차 사고이다.

이에 따라, 이륜자동차를 운행하여 배달하는 근로자의 산업재해 재해 예방을 위하여 「산업안전보건규칙」에서 승차용 안전모 지급 등의 규정을 마련하였다 승용차안전모 지급, 안전보조장치 및 브레이크 등의 안전장치 불량 시 근로자 탑승제한 등(산업안전보건규칙 제32조제1항제10호, 제86조제11항) 규정한다.

이유는 이륜자동차를 이용하는 배달종사자임에도 근로자나 주로 한 사업주에게 상시적으로 노무를 제공하는 특수형태근로종사자가 아닌 경우에는 보호대상에서 제외되어 있었고, 최근 법원에서 배달대행 앱을 사용하여 오토바이로 음식 배달을 하던 고등학생이 교통사고를 당해 산업재해보상법에 따라 급여를 신청한 사안에서 배달원의 근로자성을 부인하였다.[45]

그러므로 고용계약 방식에 관계없이 이륜자동차 배달종사자의 사고가 적지 않고, 배달앱 등을 통한 노무제공이 확산되고 있는 상황에서 이륜자동차 사고로 인한 산업재해 보호 대상을 근로자로만 한정하는 것은 이륜자동차를 사용하는 배달종사자의 산업재해 예방을 할 수 없는 문제로 재해가 증가할 소지가 있다고 본다.[46]

그래서 이번 개정배경을 보면 현행규정은 법 제3조제1항은 적용범위를 "이 법은 모든 사업 또는 사업장에 적용한다"고 규정하면서 유해·위험의 정도, 사업의 종류·규모, 및 사업의 소재지 등을 고려하여 법의 전부 또는 일부 규정이 적용제외 될 수 있는 근거를 규정하고 있다.

(3) 가맹본부의 산업재해 예방 조치

법 제79조(가맹본부의 산업재해 예방 조치) ① 「가맹사업거래의 공정화에 관한 법률」 제2조 제2호에 따른 가맹본부 중 대통령령으로 정하는 가맹본부는 같은 조 제3호에 따른 가맹점사업자에게 가맹점의 설비나 기계, 원자재 또는 상품 등을 공급하는 경우에 가맹점사업자와 그 소속 근로자의 산업재해 예방을 위하여 다음 각 호의 조치를 하여야 한다.

1. 가맹점의 안전 및 보건에 관한 프로그램의 마련·시행
2. 가맹본부가 가맹점에 설치하거나 공급하는 설비·기계 및 원자재 또는 상품 등에 대하여 가맹점사업자에게 안전 및 보건에 관한 정보의 제공

② 제1항제1호에 따른 안전 및 보건에 관한 프로그램의 내용·시행방법, 같은 항 제2호에 따른 안전 및 보건에 관한 정보의 제공방법, 그 밖에 필요한 사항은 고용노동부령으로 정한다.

45) 서울고등법원 2016. 8. 12. 선고2015누61216.
46) 이승렬, 박찬임, 조흠학, 강병식, 서비스업산업재해의 실태와 정책과제(1), 음식업 배달종사자, 한국노동연구원, 2012, 100~106면 재정리.

법 제79조에서는 '가맹본부의 산업재해 예방 조치'를 규정하고 있는데, 여기에서는 「가맹사업거래의 공정화에 관한 법률」의 가맹본부는 가맹점사업자에게 가맹점의 설비나 기계, 원자재, 비품 또는 상품 등을 공급하는 경우에 가맹점사업자와 그 소속 근로자의 산업재해 예방을 위하여 ① 가맹점의 안전과 보건에 관한 프로그램 마련·시행, ② 가맹점사업자에게 가맹본부가 설치하거나 공급하는 설비·기계 및 원자재, 비품 또는 상품 등에 대한 안전과 보건에 관한 정보 제공의 조치를 하도록 규정하고 있다.

이 규정은 최근 프랜차이즈 가맹점 및 종사자가 지속 증가하고 있으나, 상당수가 5인 미만 소규모 사업장이기 때문에, 산업재해 예방이 어려워 그 근로자가 재해에 쉽게 노출되는 문제를 개선하기 위한 것이다.

가맹사업 내에서 발생하는 산업재해는 가맹본부가 기계나 설비 등 비품과 원자재, 작업도구 대부분을 지속적으로 제공하고 있으므로, 작업 시 발생하는 위험도 가맹본부에 기인하는 측면이 강한 특징이 있으므로 가맹점 사업자 및 가맹점 근로자의 효과적인 산업재해 예방을 위해서는 가맹본부의 역할이 중요한 것이다.[47]

따라서, 가맹점 사업자와 그 소속 근로자의 산업재해 예방을 위한 직접 일정한 안전·보건 조치 의무를 부담하도록 근거를 마련하도록 개정안에서 제시한 것이라 볼 수 있다.

법 제79조에는 가맹본부에 관한 산업안전보건예방 조치 규정을 두어 이번 개정안에서 신설되어 가맹본부의 산업재해 예방 조치 추가하여 하위규정에 교육제도로 두고 있다.

동 **시행령 제69조**에는 **산업재해 예방 조치 시행 대상**을 두이 법 제79조제1항에 따라 가맹점사업자와 그 소속 근로자의 산업재해예방을 위한 조치를 하여야 하는 가맹본부는 「가맹사업거래의 공정화에 관한 법률」 제6조의2에 따른 가맹사업정보제공시스템의 정보공개서(이하 이 조에서 "정보공개서"라 한다) 항목 중 (1. 대분류가 "외식"인 업종, 2. 대분류가 "도소매"이면서 중분류가 "편의점"인 업종)을 대상으로 가맹점의 수가 200개소 이상의 가맹본부를 말한다. 안전보건에 관한 프로그램은 동 **시행규칙 제96조**에 규정을 두어 **프로그램의 내용 및 시행**에 대하여 다음과 같이 두고 있다.

1. 가맹본부의 안전보건경영방침 및 안전보건활동 계획
2. 가맹본부의 프로그램 운영 조직 구성, 역할 및 가맹점사업자에 대한 안전보건교육 지원 체계
3. 가맹점 내 위험요소 및 예방대책 등을 포함한 가맹점 안전보건매뉴얼
4. 가맹점의 재해 발생에 대비한 가맹본부 및 가맹점사업자의 조치사항

시행규칙 제97조 안전 및 보건에 관한 정보 제공 방법에 대하여 1. 「가맹사업거래의 공정화에

47) 조흠학, 산업안전보건법 개정안에 관한 소고, 사회법연구 제36호, 사회법학회, 2018.12, 85~127면 재정리.

관한 법률」 제2조제9호에 따른 가맹계약서의 관계 서류에 포함하여 제공, 2. 가맹본부가 가맹점에 설비·기계 및 원자재 또는 상품 등을 설치하거나 공급하는 때에 제공, 3. 「가맹사업거래의 공정화에 관한 법률」 제5조제4호의 가맹점사업자와 그 직원에 대한 교육·훈련 시에 제공, 4. 그 밖에 프로그램 운영을 위하여 가맹본부가 가맹점사업자에 대하여 정기·수시 방문지도 시에 제공, 5. 「정보통신망 이용촉진 및 정보보호 등에 관한 법률」 제2조제1항제1호에 따른 정보통신망 등을 이용하여 수시로 제공 등으로 규정하고 있다.

제6장 유해·위험 기계 등에 대한 조치

제1절 유해하거나 위험한 기계 등에 대한 방호조치 등

(1) 유해하거나 위험한 기계·기구에 대한 방호조치

법 제80조(유해하거나 위험한 기계·기구에 대한 방호조치) ① 누구든지 동력(動力)으로 작동하는 기계·기구로서 대통령령으로 정하는 것은 고용노동부령으로 정하는 유해·위험 방지를 위한 방호조치를 하지 아니하고는 양도, 대여, 설치 또는 사용에 제공하거나 양도·대여의 목적으로 진열해서는 아니 된다.

② 누구든지 동력으로 작동하는 기계·기구로서 다음 각 호의 어느 하나에 해당하는 것은 고용노동부령으로 정하는 방호조치를 하지 아니하고는 양도, 대여, 설치 또는 사용에 제공하거나 양도·대여의 목적으로 진열해서는 아니 된다.

1. 작동 부분에 돌기 부분이 있는 것
2. 동력전달 부분 또는 속도조절 부분이 있는 것
3. 회전기계에 물체 등이 말려 들어갈 부분이 있는 것

③ 사업주는 제1항 및 제2항에 따른 방호조치가 정상적인 기능을 발휘할 수 있도록 방호조치와 관련되는 장치를 상시적으로 점검하고 정비하여야 한다.

④ 사업주와 근로자는 제1항 및 제2항에 따른 방호조치를 해체하려는 경우 등 고용노동부령으로 정하는 경우에는 필요한 안전조치 및 보건조치를 하여야 한다.

법 제80조 유해하거나 위험한 기계·기구에 대한 방호조치는 개정안 이전에도 규정되어 있는 것으로 작업 중 위험작업과 유해한 작업에 대하여 방호조치를 하기 위함이다. 따라서 사업주를

포함한 누구든지 동력(動力)으로 작동하는 기계·기구로서 대통령령으로 정하는 것은 고용노동부령으로 정하는 유해·위험 방지를 위한 방호조치를 하지 아니하고는 양도, 대여, 설치 또는 사용에 제공하거나 양도·대여의 목적으로 진열해서는 아니 되도록 규정하였다.

또한 누구든지 동력으로 작동하는 기계·기구로서 다음 각 호의 어느 하나에 해당하는 것은 고용노동부령으로 정하는 방호조치를 하지 아니하고는 양도, 대여, 설치 또는 사용에 제공하거나 양도·대여의 목적으로 진열해서는 아니 된다.

그 대상은 1. 작동 부분에 돌기 부분이 있는 것, 2. 동력전달 부분 또는 속도조절 부분이 있는 것, 3. 회전기계에 물체 등이 말려 들어갈 부분이 있는 것 등이 해당된다.

기계기구	방호장치	기계기구	방호장치
1. 프레스·전단기	방호장치	8. 롤러기	급정지장치
2. 아세틸렌용접장치·가스집합용접장치	안전기	9. 연삭기	덮개
3. 방폭용 전기기계·기구	방폭구조 전기기계·기구	10. 목재가공용 둥근톱	반발예방장치 및 날접촉예방장치
4. 교류아아크용접기	자동전격방지기	11. 수동대패(동력식)	칼날접촉예방장치
5. 보일러	압력방출장치 및 압력제한스위치	12. 산업용로봇	안전매트 또는 방호울
6. 압력용기	압력방출장치	13. 정전 및 활선작업 필요 절연용 기구	절연용방호구 및 활선작업용기구
7. 크레인, 승강기, 곤돌라, 리프트	과부하방지장치 등	14. 가설기자재(추락·붕괴 위험 방호용)	안전인증품

(2) 기계·기구 등의 대여자 등의 조치

법 제81조(기계·기구 등의 대여자 등의 조치) 대통령령으로 정하는 기계·기구·설비 또는 건축물 등을 타인에게 대여하거나 대여받는 자는 필요한 안전조치 및 보건조치를 하여야 한다.

기계·기구 등의 대여자 등에 관해서도 안전 조치를 하도록 규정하고 있다. 대통령령으로 정하는 기계·기구·설비 또는 건축물 등을 타인에게 대여하거나 대여 받는 자는 필요한 안전조치 및 보건조치를 하여야 한다.

시행규칙 제100조(기계등 대여자의 조치)

1. 해당 기계등을 미리 점검하고 이상을 발견한 때에는 즉시 보수하거나 그 밖에 필요한 정비를 할 것

2. 해당 기계등을 대여받은 자에게 다음 각 목의 사항을 적은 서면을 발급할 것
   가. 해당 기계등의 성능 및 방호조치의 내용
   나. 해당 기계등의 특성 및 사용 시의 주의사항
   다. 해당 기계등의 수리·보수 및 점검 내역과 주요 부품의 제조일
   라. 해당 기계등의 정밀진단 및 수리 후 안전점검 내역, 주요 안전부품의 교환이력 및 제조일
3. 사용을 위하여 설치·해체 작업이 필요한 기계등을 대여하는 경우로서 해당 기계등의 설치·해체 작업을 다른 설치·해체업자에게 위탁하는 경우에는 다음 각 목의 사항을 준수할 것
   가. 설치·해체업자가 기계등의 설치·해체에 필요한 법령상 자격을 갖추고 있는지와 설치·해체에 필요한 장비를 갖추고 있는지를 확인할 것
   나. 설치·해체업자에게 제2호 각 목의 사항을 적은 서면을 발급하고, 해당 내용을 주지시킬 것
   다. 설치·해체업자가 설치·해체 작업 시 안전보건규칙에 따른 산업안전보건기준을 준수하고 있는지를 확인할 것
4. 해당 기계등을 대여받은 자에게 제3호가목 및 다목에 따른 확인결과를 알릴 것

시행규칙 제101조(기계등을 대여받는 자의 조치) ① 법 제81조에 따라 기계등을 대여 받는 자는 그가 사용하는 근로자가 아닌 사람에게 해당 기계등을 조작하도록 하는 경우에는 다음 각 호의 조치를 하여야 한다. 다만, 해당 기계등을 구입할 목적으로 기종의 선정 등을 위하여 대여받는 경우에는 그러하지 아니하다.

1. 해당 기계등을 조작하는 사람이 관계 법령에서 정하는 자격이나 기능을 가진 사람인지 확인할 것
2. 해당 기계등을 조작하는 사람에게 다음 각 목의 사항을 주지시킬 것
   가. 작업의 내용
   나. 지휘계통
   다. 연락·신호 등의 방법
   라. 운행경로, 제한속도, 그 밖에 해당 기계등의 운행에 관한 사항
   마. 그 밖에 해당 기계등의 조작에 따른 산업재해를 방지하기 위하여 필요한 사항

② 타워크레인을 대여받은 자는 다음 각 호의 조치를 하여야 한다.

1. 타워크레인을 사용하는 작업 중에 타워크레인 장비 간 또는 타워크레인과 인접 구조물 간 충돌위험이 있으면 충돌방지장치를 설치하는 등 충돌방지를 위하여 필요한

조치를 할 것
2. 타워크레인 설치·해체 작업이 이루어지는 동안 작업과정 전반(全般)을 영상으로 기록하여 대여기간 동안 보관할 것

(3) 타워크레인 설치·해체업의 등록

법 제82조(타워크레인 설치·해체업의 등록 등) ① 타워크레인을 설치하거나 해체를 하려는 자는 대통령령으로 정하는 바에 따라 인력·시설 및 장비 등의 요건을 갖추어 고용노동부장관에게 등록하여야 한다. 등록한 사항 중 대통령령으로 정하는 중요한 사항을 변경할 때에도 또한 같다.
② 사업주는 제1항에 따라 등록한 자로 하여금 타워크레인을 설치하거나 해체하는 작업을 하도록 하여야 한다.
③ 제1항에 따른 등록 절차, 그 밖에 필요한 사항은 고용노동부령으로 정한다.
④ 제1항에 따라 등록한 자에 대해서는 제21조제4항 및 제5항을 준용한다. 이 경우 "안전관리전문기관 또는 보건관리전문기관"은 "제1항에 따라 등록한 자"로, "지정"은 "등록"으로 본다.

이번 개정안 제82조에서는 타워크레인 설치·해체업을 하려는 자는 고용노동부장관에게 등록하도록 하고, 사업주는 등록한 자가 아닌 자에게는 타워크레인 설치·해체 작업의 도급을 금지하였다.

최근 고층 건설공사 시 건설자재를 인양하는데 사용되는 타워크레인 사고가 급증하고 대형 인명피해 사고가 자주 발생하고 있으며 특히, 건설공사 또는 조선업에서는 타워크레인이 필수 요소인데 최근 5년간 타워크레인 사망사고(23) 중 65.2%(15)가 설치·해체과정에서 발생하고 있어 이를 개선할 필요성이 제기되었다.[48)]

건설공사에서 타워크레인 임대업체, 설치·해체 업체는 영세소규모 사업주가 대부분으로 안전관리 체계가 취약하므로 계약에 관계없이 건설현장 등 사업장에서 안전을 총괄·관리하는 건설공사 도급인(원청)이 사업장에서 사용되는 타워크레인의 설치부터 해체에 이르기까지 全 과정에 대하여 안전·보건 조치에 대한 책임을 부담하도록 할 필요성을 고려하여 개정된 것이라 볼 수 있다.[49)]

48) 조흠학, 산안법에서 위험작업의 근로자 보호방안 -산안법의 이동식 크레인 작업을 중심으로-, 노동법논총 제42집, 비교노동법학회, 2018.04, 69~121면 재정리.
49) 조흠학, 산안법에서 위험작업의 근로자 보호방안 -산안법의 이동식 크레인 작업을 중심으로-, 노동법논총 제42집, 비교노동법학회, 2018.04, 69~121면 재정리.

동 **시행령 제72조**에는 설치·해체업 인력·시설 및 장비 기준을 두어 1. 사업장명(상호), 2. 사업장의 소재지, 3. 대표자의 성명 등으로 등록하도록 하였다.

제2절 안전인증

(1) 안전인증기준

법 제83조(안전인증기준) ① 고용노동부장관은 유해하거나 위험한 기계·기구·설비 및 방호장치·보호구(이하 "유해·위험기계등"이라 한다)의 안전성을 평가하기 위하여 그 안전에 관한 성능과 제조자의 기술 능력 및 생산 체계 등에 관한 기준(이하 "안전인증기준"이라 한다)을 정하여 고시하여야 한다.
② 안전인증기준은 유해·위험기계등의 종류별, 규격 및 형식별로 정할 수 있다.

안전인증기준은 유해하거나 위험한 기계·기구·설비 및 방호장치·보호구(이하 "유해·위험기계등"이라 한다)의 안전성을 평가하기 위하여 그 안전에 관한 성능과 제조자의 기술 능력 및 생산 체계 등에 관한 기준(이하 "안전인증기준"이라 한다)을 정하여 고시하여야 한다.

법 제84조(안전인증) ① 유해·위험기계등 중 근로자의 안전 및 보건에 위해(危害)를 미칠 수 있다고 인정되어 대통령령으로 정하는 것(이하 "안전인증대상기계등"이라 한다)을 제조하거나 수입하는 자(고용노동부령으로 정하는 안전인증대상기계등을 설치·이전하거나 주요 구조 부분을 변경하는 자를 포함한다. 이하 이 조 및 제85조부터 제87조까지의 규정에서 같다)는 안전인증대상기계등이 안전인증기준에 맞는지에 대하여 고용노동부장관이 실시하는 안전인증을 받아야 한다.
② 고용노동부장관은 다음 각 호의 어느 하나에 해당하는 경우에는 고용노동부령으로 정하는 바에 따라 제1항에 따른 안전인증의 전부 또는 일부를 면제할 수 있다.

1. 연구·개발을 목적으로 제조·수입하거나 수출을 목적으로 제조하는 경우
2. 고용노동부장관이 정하여 고시하는 외국의 안전인증기관에서 인증을 받은 경우
3. 다른 법령에 따라 안전성에 관한 검사나 인증을 받은 경우로서 고용노동부령으로 정하는 경우

③ 안전인증대상기계등이 아닌 유해·위험기계등을 제조하거나 수입하는 자가 그 유해·위험기계등의 안전에 관한 성능 등을 평가받으려면 고용노동부장관에게 안전인증을 신청할 수 있

다. 이 경우 고용노동부장관은 안전인증기준에 따라 안전인증을 할 수 있다.
④ 고용노동부장관은 제1항 및 제3항에 따른 안전인증(이하 "안전인증"이라 한다)을 받은 자가 안전인증기준을 지키고 있는지를 3년 이하의 범위에서 고용노동부령으로 정하는 주기마다 확인하여야 한다. 다만, 제2항에 따라 안전인증의 일부를 면제받은 경우에는 고용노동부령으로 정하는 바에 따라 확인의 전부 또는 일부를 생략할 수 있다.
⑤ 제1항에 따라 안전인증을 받은 자는 안전인증을 받은 안전인증대상기계등에 대하여 고용노동부령으로 정하는 바에 따라 제품명·모델명·제조수량·판매수량 및 판매처 현황 등의 사항을 기록하여 보존하여야 한다.
⑥ 고용노동부장관은 근로자의 안전 및 보건에 필요하다고 인정하는 경우 안전인증대상기계등을 제조·수입 또는 판매하는 자에게 고용노동부령으로 정하는 바에 따라 해당 안전인증대상기계등의 제조·수입 또는 판매에 관한 자료를 공단에 제출하게 할 수 있다.
⑦ 안전인증의 신청 방법·절차, 제4항에 따른 확인의 방법·절차, 그 밖에 필요한 사항은 고용노동부령으로 정한다.

법 제84조는 안전인증에 관한 내용과 대상등을 규정하였다. 특히 유해·위험기계등 중 근로자의 안전 및 보건에 위해(危害)를 미칠 수 있다고 인정되어 대통령령으로 정하는 것(이하 "안전인증대상기계등"이라 한다)을 제조하거나 수입하는 자(고용노동부령으로 정하는 안전인증대상기계등을 설치·이전하거나 주요 구조 부분을 변경하는 자를 포함한다. 이하 이 조 및 제85조부터 제87조까지의 규정에서 같다)는 안전인증대상기계등이 안전인증기준에 맞는지에 대하여 고용노동부장관이 실시하는 안전인증을 받도록 하였다.

1. 연구·개발을 목적으로 제조·수입하거나 수출을 목적으로 제조하는 경우, 2. 고용노동부장관이 정하여 고시하는 외국의 안전인증기관에서 인증을 받은 경우, 3. 다른 법령에 따라 안전성에 관한 검사나 인증을 받은 경우로서 고용노동부령으로 정하는 경우" 등의 어느 하나에 해당하는 경우에는 안전인증의 전부 또는 일부를 면제할 수 있다.

안전인증대상기계등이 아닌 유해·위험기계등을 제조하거나 수입하는 자가 그 유해·위험기계등의 안전에 관한 성능 등을 평가받으려면 고용노동부장관에게 안전인증을 신청할 수 있다. 이 경우 고용노동부장관은 안전인증기준에 따라 안전인증을 할 수 있다.

고용노동부장관은 제1항 및 제3항에 따른 안전인증(이하 "안전인증"이라 한다)을 받은 자가 안전인증기준을 지키고 있는지를 3년 이하의 범위에서 고용노동부령으로 정하는 주기마다 확인하여야 한다. 다만, 제2항에 따라 안전인증의 일부를 면제받은 경우에는 고용노동부령으로 정하는 바에 따라 확인의 전부 또는 일부를 생략할 수 있다.

동 **시행규칙 제112조**에는 **안전인증제품에 관한 자료의 기록·보존** 규정을 두어 안전인증을 받은 자는 법 제84조제5항에 따라 안전인증제품에 관한 자료를 안전인증을 받은 제품별로 기록·

보존하여야 한다.

동 **시행규칙 제113조**에는 **안전인증 관련 자료의 제출** 규정을 두어 지방고용노동관서의 장은 법 제84조제6항에 따라 안전인증대상기계등을 제조·수입 또는 판매하는 자에게 자료의 제출을 요구할 때에는 10일 이상의 기간을 정하여 문서로 요구하되, 부득이한 사유가 있을 때에는 신청을 받아 30일의 범위에서 그 기간을 연장할 수 있다.

시행령 제74조(안전인증대상기계등)

1. 다음 각 목에 해당하는 기계 및 설비
   가. 프레스, 나. 전단기(剪斷機) 및 절곡기(折曲機), 다. 크레인, 라. 리프트, 마. 압력용기, 바. 롤러기, 사. 사출성형기(射出成形機), 아. 고소(高所) 작업대, 자. 곤돌라
2. 다음 각 목에 해당하는 방호장치
   가. 프레스 및 전단기 방호장치, 나. 양중기용(揚重機用) 과부하방지장치, 다. 보일러 압력방출용 안전밸브, 라. 압력용기 압력방출용 안전밸브, 마. 압력용기 압력방출용 파열판, 바. 절연용 방호구 및 활선작업용(活線作業用) 기구, 사. 방폭구조(防爆構造) 전기기계·기구 및 부품, 아. 추락·낙하 및 붕괴 등의 위험 방지 및 보호에 필요한 가설기자재로서 고용노동부장관이 정하여 고시하는 것, 자. 충돌·협착 등의 위험 방지에 필요한 산업용 로봇 방호장치로서 고용노동부장관이 정하여 고시하는 것
3. 다음 각 목에 해당하는 보호구
   가. 추락 및 감전 위험방지용 안전모, 나. 안전화, 다. 안전장갑, 라. 방진마스크, 마. 방독마스크, 바. 송기마스크, 사. 전동식 호흡보호구, 아. 보호복, 자. 안전대, 차. 차광(遮光) 및 비산물(飛散物) 위험방지용 보안경, 카. 용접용 보안면, 타. 방음용 귀마개 또는 귀덮개

시행규칙 제107조(안전인증대상기계등)

1. 설치·이전하는 경우 안전인증을 받아야 하는 기계
   가. 크레인, 나. 리프트, 다. 곤돌라
2. 주요 구조 부분을 변경하는 경우 안전인증을 받아야 하는 기계
   가. 프레스, 나. 전단기 및 절곡기(折曲機), 다. 크레인, 라. 리프트, 마. 압력용기, 바. 롤러기, 사. 사출성형기(射出成形機), 아. 고소(高所)작업대, 자. 곤돌라

시행규칙 제109조(안전인증의 면제)

1. 연구·개발을 목적으로 제조·수입하거나 수출을 목적으로 제조하는 경우
2. 「고압가스 안전관리법」 제17조제1항에 따른 검사를 받은 경우

3. 「에너지이용 합리화법」 제39조제1항 및 제2항에 따른 검사를 받은 경우
4. 「전기사업법」 제63조에 따른 검사를 받은 경우
5. 「항만법」 제26조제1항제1호·제2호 및 제4호에 따른 검사를 받은 경우
6. 「광산안전법」 제9조에 따른 검사 중 광업시설의 설치공사 또는 변경공사가 완료된 때에 받는 검사를 받은 경우
7. 「건설기계관리법」 제13조제1항제1호·제2호·제3호에 따른 검사를 받은 경우 또는 같은 법 제18조에 따른 형식승인을 받거나 같은 조에 따른 형식신고를 한 경우
8. 「선박안전법」 제7조에 따른 검사를 받은 경우
9. 「원자력안전법」 제16조제1항에 따른 검사를 받은 경우
10. 「화재예방, 소방시설 설치·유지 및 안전관리에 관한 법률」 제36조제1항에 따른 형식승인을 받은 경우
11. 「방위사업법」 제28조제1항에 따른 품질보증을 받은 경우
12. 「위험물안전관리법」 제8조제1항 또는 제20조제2항에 따른 검사를 받은 경우

시행규칙 제110조(안전인증 심사의 종류 및 방법)

1. 예비심사 : 기계 및 방호장치·보호구가 유해·위험기계등 인지를 확인하는 심사(법 제84조제3항에 따라 안전인증을 신청한 경우만 해당한다)
2. 서면심사 : 유해·위험기계등의 종류별 또는 형식별로 설계도면 등 유해·위험기계등의 제품기술과 관련된 문서가 법 제83조에 따른 안전인증기준에 적합한지에 대한 심사
3. 기술능력 및 생산체계 심사 : 유해·위험기계등의 안전성능을 지속적으로 유지·보증하기 위하여 사업장에서 갖추어야 할 기술능력과 생산체계가 안전인증기준에 적합한지에 대한 심사. 다만, 다음 각 목의 어느 하나에 해당하는 경우에는 기술능력 및 생산체계 심사를 생략한다.
   가. 영 제74조제1항제2호 및 제3호에 따른 방호장치 및 보호구를 고용노동부장관이 정하여 고시하는 수량 이하로 수입하는 경우
   나. 제4호가목의 개별 제품심사를 하는 경우
   다. 안전인증(제4호나목의 형식별 제품심사를 하여 안전인증을 받은 경우로 한정한다)을 받은 후 같은 공정에서 제조되는 같은 종류의 안전인증대상기계등에 대하여 안전인증을 하는 경우
4. 제품심사 : 유해·위험기계등이 서면심사 내용과 일치하는지와 유해·위험기계등의 안전에 관한 성능이 안전인증기준에 적합한지에 대한 심사. 다만, 다음 각 목의 심

사는 유해·위험기계등별로 고용노동부장관이 정하여 고시하는 기준에 따라 어느 하나만을 받는다.

가. 개별 제품심사 : 서면심사 결과가 안전인증기준에 적합할 경우에 유해·위험기계등 모두에 대하여 하는 심사(안전인증을 받으려는 자가 서면심사와 개별 제품심사를 동시에 할 것을 요청하는 경우 병행하여 할 수 있다)

나. 형식별 제품심사 : 서면심사와 기술능력 및 생산체계 심사 결과가 안전인증기준에 적합할 경우에 유해·위험기계등의 형식별로 표본을 추출하여 하는 심사(안전인증을 받으려는 자가 서면심사, 기술능력 및 생산체계 심사와 형식별 제품심사를 동시에 할 것을 요청하는 경우 병행하여 할 수 있다)

(2) 안전인증의 표시

법 제85조(안전인증의 표시 등) ① 안전인증을 받은 자는 안전인증을 받은 유해·위험기계등이나 이를 담은 용기 또는 포장에 고용노동부령으로 정하는 바에 따라 안전인증의 표시(이하 "안전인증표시"라 한다)를 하여야 한다.

② 안전인증을 받은 유해·위험기계등이 아닌 것은 안전인증표시 또는 이와 유사한 표시를 하거나 안전인증에 관한 광고를 해서는 아니 된다.

③ 안전인증을 받은 유해·위험기계등을 제조·수입·양도·대여하는 자는 안전인증표시를 임의로 변경하거나 제거해서는 아니 된다.

④ 고용노동부장관은 다음 각 호의 어느 하나에 해당하는 경우에는 안전인증표시나 이와 유사한 표시를 제거할 것을 명하여야 한다.

1. 제2항을 위반하여 안전인증표시나 이와 유사한 표시를 한 경우
2. 제86조제1항에 따라 안전인증이 취소되거나 안전인증표시의 사용 금지 명령을 받은 경우

안전인증의 표시 규정을 두어 안전인증을 받은 자는 안전인증을 받은 유해·위험기계등이나 이를 담은 용기 또는 포장에 고용노동부령으로 정하는 바에 따라 안전인증의 표시(이하 "안전인증표시"라 한다)를 하여야 한다. 안전인증을 받은 유해·위험기계등이 아닌 것은 안전인증표시 또는 이와 유사한 표시를 하거나 안전인증에 관한 광고를 해서는 아니 된다. 안전인증을 받은 유해·위험기계등을 제조·수입·양도·대여하는 자는 안전인증표시를 임의로 변경하거나 제거해서는 아니 된다. 고용노동부장관은 "1. 제2항을 위반하여 안전인증표시나 이와 유사한 표시를 한 경우, 2. 제86조제1항에 따라 안전인증이 취소되거나 안전인증표시의 사용 금지 명령을 받은 경

우” 등의 어느 하나에 해당하는 경우에는 안전인증표시나 이와 유사한 표시를 제거할 것을 명하여야 한다.

(3) 안전인증의 취소

법 제86조(안전인증의 취소 등) ① 고용노동부장관은 안전인증을 받은 자가 다음 각 호의 어느 하나에 해당하면 안전인증을 취소하거나 6개월 이내의 기간을 정하여 안전인증표시의 사용을 금지하거나 안전인증기준에 맞게 시정하도록 명할 수 있다. 다만, 제1호의 경우에는 안전인증을 취소하여야 한다.

1. 거짓이나 그 밖의 부정한 방법으로 안전인증을 받은 경우
2. 안전인증을 받은 유해·위험기계등의 안전에 관한 성능 등이 안전인증기준에 맞지 아니하게 된 경우
3. 정당한 사유 없이 제84조제4항에 따른 확인을 거부, 방해 또는 기피하는 경우

② 고용노동부장관은 제1항에 따라 안전인증을 취소한 경우에는 고용노동부령으로 정하는 바에 따라 그 사실을 관보 등에 공고하여야 한다.

③ 제1항에 따라 안전인증이 취소된 자는 안전인증이 취소된 날부터 1년 이내에는 취소된 유해·위험기계등에 대하여 안전인증을 신청할 수 없다.

안전인증의 취소 규정을 두어 고용노동부장관은 안전인증을 받은 자가 다음 각 호의 어느 하나에 해당하면 안전인증을 취소하거나 6개월 이내의 기간을 정하여 안전인증표시의 사용을 금지하거나 인진인증기준에 맞게 시정하도록 명힐 수 있다.

(4) 안전인증대상기계등의 제조 등의 금지

법 제87조(안전인증대상기계등의 제조 등의 금지 등) ① 누구든지 다음 각 호의 어느 하나에 해당하는 안전인증대상기계등을 제조·수입·양도·대여·사용하거나 양도·대여의 목적으로 진열할 수 없다.

1. 제84조제1항에 따른 안전인증을 받지 아니한 경우(같은 조 제2항에 따라 안전인증이 전부 면제되는 경우는 제외한다)
2. 안전인증기준에 맞지 아니하게 된 경우
3. 제86조제1항에 따라 안전인증이 취소되거나 안전인증표시의 사용 금지 명령을 받은 경우

② 고용노동부장관은 제1항을 위반하여 안전인증대상기계등을 제조·수입·양도·대여하는 자에게 고용노동부령으로 정하는 바에 따라 그 안전인증대상기계등을 수거하거나 파기할 것을 명할 수 있다.

안전인증대상기계등의 제조 등의 금지 규정을 두어 사업주를 포함한 누구든지 안전인증대상기계등을 제조·수입·양도·대여·사용하거나 양도·대여의 목적으로 진열할 수 없다. 동 **시행규칙 제116조**에는 **안전인증대상기계등의 수거·파기명령** 규정을 두어 수거·파기명령을 할 때에는 그 사유와 이행에 필요한 기간을 정하여 제조·수입·양도·대여하는 자에게 알려야 한다.

(5) 안전인증기관

법 제88조(안전인증기관) ① 고용노동부장관은 제84조에 따른 안전인증 업무 및 확인 업무를 위탁받아 수행할 기관을 안전인증기관으로 지정할 수 있다.
② 제1항에 따라 안전인증기관으로 지정받으려는 자는 대통령령으로 정하는 인력·시설 및 장비 등의 요건을 갖추어 고용노동부장관에게 신청하여야 한다.
③ 고용노동부장관은 제1항에 따라 지정받은 안전인증기관(이하 "안전인증기관"이라 한다)에 대하여 평가하고 그 결과를 공개할 수 있다. 이 경우 평가의 기준·방법 및 결과의 공개에 필요한 사항은 고용노동부령으로 정한다.
④ 안전인증기관의 지정 신청 절차, 그 밖에 필요한 사항은 고용노동부령으로 정한다.
⑤ 안전인증기관에 관하여는 제21조제4항 및 제5항을 준용한다. 이 경우 "안전관리전문기관 또는 보건관리전문기관"은 "안전인증기관"으로 본다.

안전인증기관규정을 두어 안전인증 업무를 행하도록 하고 있다. 동 **시행령 제75조**에 **안전인증기관의 지정 요건**을 두고 있으며, 그 대상 기관은 공단과 산업안전·보건 또는 산업재해 예방을 목적으로 설립된 비영리법인, 기계 및 설비 등의 인증·검사, 생산기술의 연구개발·교육·평가 등의 업무를 목적으로 설립된 「공공기관의 운영에 관한 법률」에 따른 공공기관 등이 지정기관으로 규정하고 있다.

동 **시행령 제76조 안전인증기관의 지정 취소 등의 사유**를 다음과 같이 두고 있다.

1. 안전인증 관련 서류를 거짓으로 작성한 경우
2. 정당한 사유 없이 안전인증 업무를 거부한 경우
3. 안전인증 업무를 게을리하거나 차질을 일으킨 경우

4. 안전인증·확인의 방법 및 절차를 위반한 경우
5. 고용노동부장관의 지도·감독을 거부·방해·기피한 경우

제3절 자율안전확인의 신고

(1) 자율안전확인의 신고

법 제89조(자율안전확인의 신고) ① 안전인증대상기계등이 아닌 유해·위험기계등으로서 대통령령으로 정하는 것(이하 "자율안전확인대상기계등"이라 한다)을 제조하거나 수입하는 자는 자율안전확인대상기계등의 안전에 관한 성능이 고용노동부장관이 정하여 고시하는 안전기준(이하 "자율안전기준"이라 한다)에 맞는지 확인(이하 "자율안전확인"이라 한다)하여 고용노동부장관에게 신고(신고한 사항을 변경하는 경우를 포함한다)하여야 한다. 다만, 다음 각 호의 어느 하나에 해당하는 경우에는 신고를 면제할 수 있다.

1. 연구·개발을 목적으로 제조·수입하거나 수출을 목적으로 제조하는 경우
2. 제84조제3항에 따른 안전인증을 받은 경우(제86조제1항에 따라 안전인증이 취소되거나 안전인증표시의 사용 금지 명령을 받은 경우는 제외한다)
3. 다른 법령에 따라 안전성에 관한 검사나 인증을 받은 경우로서 고용노동부령으로 정하는 경우

② 고용노동부장관은 제1항 각 호 외의 부분 본문에 따른 신고를 받은 경우 그 내용을 검토하여 이 법에 적합하면 신고를 수리하여야 한다.

③ 제1항 각 호 외의 부분 본문에 따라 신고를 한 자는 자율안전확인대상기계등이 자율안전기준에 맞는 것임을 증명하는 서류를 보존하여야 한다.

④ 제1항 각 호 외의 부분 본문에 따른 신고의 방법 및 절차, 그 밖에 필요한 사항은 고용노동부령으로 정한다.

자율안전확인의 신고규정을 두어 안전인증대상기계등이 아닌 유해·위험기계등으로서 대통령령으로 정하는 것(이하 "자율안전확인대상기계등"이라 한다)을 제조하거나 수입하는 자는 자율안전확인대상기계등의 안전에 관한 성능이 고용노동부장관이 정하여 고시하는 안전기준(이하 "자율안전기준"이라 한다)에 맞는지 확인(이하 "자율안전확인"이라 한다)하여 고용노동부장관에게 신고(신고한 사항을 변경하는 경우를 포함한다)하도록 하고 있다.

동 **시행규칙 제119조**에 **신고의 면제** 규정을 두고 있다.

1. 「농업기계화촉진법」 제9조에 따른 검정을 받은 경우
2. 「산업표준화법」 제15조에 따른 인증을 받은 경우
3. 「전기용품 및 생활용품 안전관리법」 제5조 및 제8조에 따른 안전인증 및 안전검사를 받은 경우
4. 국제전기기술위원회(IEC)의 국제방폭전기기계·기구 상호인정제도(IECEx Scheme)에 따라 인증을 받은 경우

자율안전확인 기계 대상은 **시행령 제77조**에 규정하고 있다.

1. 다음 각 목의 어느 하나에 해당하는 기계 및 설비
   가. 연삭기 또는 연마기(휴대형은 제외한다), 나. 산업용 로봇, 다. 혼합기, 라. 파쇄기 또는 분쇄기, 마. 식품가공용기계(파쇄·절단·혼합·제면기만 해당한다), 바. 컨베이어, 사. 자동차정비용 리프트, 아. 공작기계(선반, 드릴기, 평삭·형삭기, 밀링만 해당한다), 자. 고정형 목재가공용기계(둥근톱, 대패, 루타기, 띠톱, 모떼기 기계만 해당한다), 차. 인쇄기
2. 다음 각 목의 어느 하나에 해당하는 방호장치
   가. 아세틸렌 용접장치용 또는 가스집합 용접장치용 안전기, 나. 교류 아크용접기용 자동전격방지기, 다. 롤러기 급정지장치, 라. 연삭기(研削機) 덮개, 마. 목재 가공용 둥근톱 반발 예방장치와 날 접촉 예방장치, 바. 동력식 수동대패용 칼날 접촉 방지장치, 사. 추락·낙하 및 붕괴 등의 위험 방지 및 보호에 필요한 가설기자재(제75조제1항제2호아목의 가설기자재는 제외한다)로서 고용노동부장관이 정하여 고시하는 것
3. 다음 각 목의 어느 하나에 해당하는 보호구
   가. 안전모(제75조제1항제3호가목의 안전모는 제외한다), 나. 보안경(제75조제1항제3호차목의 보안경은 제외한다), 다. 보안면(제75조제1항제3호카목의 보안면은 제외한다)

(2) 자율안전확인의 표시

법 제90조(자율안전확인의 표시 등) ① 제89조제1항 각 호 외의 부분 본문에 따라 신고를 한

자는 자율안전확인대상기계등이나 이를 담은 용기 또는 포장에 고용노동부령으로 정하는 바에 따라 자율안전확인의 표시(이하 "자율안전확인표시"라 한다)를 하여야 한다.
② 제89조제1항 각 호 외의 부분 본문에 따라 신고된 자율안전확인대상기계등이 아닌 것은 자율안전확인표시 또는 이와 유사한 표시를 하거나 자율안전확인에 관한 광고를 해서는 아니 된다.
③ 제89조제1항 각 호 외의 부분 본문에 따라 신고된 자율안전확인대상기계등을 제조·수입·양도·대여하는 자는 자율안전확인표시를 임의로 변경하거나 제거해서는 아니 된다.
④ 고용노동부장관은 다음 각 호의 어느 하나에 해당하는 경우에는 자율안전확인표시나 이와 유사한 표시를 제거할 것을 명하여야 한다.

1. 제2항을 위반하여 자율안전확인표시나 이와 유사한 표시를 한 경우
2. 거짓이나 그 밖의 부정한 방법으로 제89조제1항 각 호 외의 부분 본문에 따른 신고를 한 경우
3. 제91조제1항에 따라 자율안전확인표시의 사용 금지 명령을 받은 경우

자율안전을 한 자는 자율안전확인의 표시를 두게 되어 있다. 신고된 자율안전확인대상기계등이 아닌 것은 자율안전확인표시 또는 이와 유사한 표시를 하거나 자율안전확인에 관한 광고를 해서는 아니 된다. 신고된 자율안전확인대상기계등을 제조·수입·양도·대여하는 자는 자율안전확인표시를 임의로 변경하거나 제거해서는 아니 된다.

(3) 자율안전확인표시의 사용 금지

법 제91조(자율안전확인표시의 사용 금지 등) ① 고용노동부장관은 제89조제1항 각 호 외의 부분 본문에 따라 신고된 자율안전확인대상기계등의 안전에 관한 성능이 자율안전기준에 맞지 아니하게 된 경우에는 같은 항 각 호 외의 부분 본문에 따라 신고한 자에게 6개월 이내의 기간을 정하여 자율안전확인표시의 사용을 금지하거나 자율안전기준에 맞게 시정하도록 명할 수 있다.
② 고용노동부장관은 제1항에 따라 자율안전확인표시의 사용을 금지하였을 때에는 그 사실을 관보 등에 공고하여야 한다.
③ 제2항에 따른 공고의 내용, 방법 및 절차, 그 밖에 필요한 사항은 고용노동부령으로 정한다.

고용노동부장관은 신고된 자율안전확인대상기계등의 안전에 관한 성능이 자율안전기준에 맞지 아니하게 된 경우에는 같은 항 각 호 외의 부분 본문에 따라 신고한 자에게 6개월 이내의 기

간을 정하여 자율안전확인표시의 사용을 금지하거나 자율안전기준에 맞게 시정하도록 명할 수 있다. 그리고 고용노동부장관은 제1항에 따라 자율안전확인표시의 사용을 금지하였을 때에는 그 사실을 관보 등에 공고하여야 한다.

시행규칙 제122조(자율안전확인 표시의 사용 금지 공고내용 등) 관보나 인터넷 등에 공고

1. 자율안전확인대상기계등의 명칭 및 형식번호
2. 자율안전확인번호
3. 제조자(수입자)
4. 사업장 소재지
5. 사용금지 기간 및 사용금지 사유

(4) 자율안전확인대상기계등의 제조 등의 금지

법 제92조(자율안전확인대상기계등의 제조 등의 금지 등) ① 누구든지 다음 각 호의 어느 하나에 해당하는 자율안전확인대상기계등을 제조·수입·양도·대여·사용하거나 양도·대여의 목적으로 진열할 수 없다.

1. 제89조제1항 각 호 외의 부분 본문에 따른 신고를 하지 아니한 경우(같은 항 각 호 외의 부분 단서에 따라 신고가 면제되는 경우는 제외한다)
2. 거짓이나 그 밖의 부정한 방법으로 제89조제1항 각 호 외의 부분 본문에 따른 신고를 한 경우
3. 자율안전확인대상기계등의 안전에 관한 성능이 자율안전기준에 맞지 아니하게 된 경우
4. 제91조제1항에 따라 자율안전확인표시의 사용 금지 명령을 받은 경우

② 고용노동부장관은 제1항을 위반하여 자율안전확인대상기계등을 제조·수입·양도·대여하는 자에게 고용노동부령으로 정하는 바에 따라 그 자율안전확인대상기계등을 수거하거나 파기할 것을 명할 수 있다.

사업주나 누구든지 "1. 제89조제1항 각 호 외의 부분 본문에 따른 신고를 하지 아니한 경우, 2. 거짓이나 그 밖의 부정한 방법으로 제89조제1항 각 호 외의 부분 본문에 따른 신고를 한 경우, 3. 자율안전확인대상기계등의 안전에 관한 성능이 자율안전기준에 맞지 아니하게 된 경우, 4. 제91조제1항에 따라 자율안전확인표시의 사용 금지 명령을 받은 경우" 등의 어느 하나에 해당하는 자율안전확인대상기계등을 제조·수입·양도·대여·사용하거나 양도·대여의 목적으로 진열할 수 없다.

동 **시행규칙 제123조**에는 **자율안전확인대상기계등의 수거·파기명령**을 두어 수거·파기명령을 할 때에는 그 사유와 이행에 필요한 기간을 정하여 제조·수입·양도·대여하는 자에게 알려야 한다.

제4절 안전검사

(1) 안전검사

법 제93조(안전검사) ① 유해하거나 위험한 기계·기구·설비로서 대통령령으로 정하는 것(이하 "안전검사대상기계등"이라 한다)을 사용하는 사업주(근로자를 사용하지 아니하고 사업을 하는 자를 포함한다. 이하 이 조, 제94조, 제95조 및 제98조에서 같다)는 안전검사대상기계등의 안전에 관한 성능이 고용노동부장관이 정하여 고시하는 검사기준에 맞는지에 대하여 고용노동부장관이 실시하는 검사(이하 "안전검사"라 한다)를 받아야 한다. 이 경우 안전검사대상기계등을 사용하는 사업주와 소유자가 다른 경우에는 안전검사대상기계등의 소유자가 안전검사를 받아야 한다.
② 제1항에도 불구하고 안전검사대상기계등이 다른 법령에 따라 안전성에 관한 검사나 인증을 받은 경우로서 고용노동부령으로 정하는 경우에는 안전검사를 면제할 수 있다.
③ 안전검사의 신청, 검사 주기 및 검사합격 표시방법, 그 밖에 필요한 사항은 고용노동부령으로 정한다. 이 경우 검사 주기는 안전검사대상기계등의 종류, 사용연한(使用年限) 및 위험성을 고려하여 정한다.

시행령 제78조(안전검사대상기계등)

1. 프레스, 2. 전단기, 3. 크레인(정격 하중이 2톤 미만인 것은 제외한다), 4. 리프트, 5. 압력용기, 6. 곤돌라, 7. 국소 배기장치(이동식은 제외한다), 8. 원심기(산업용만 해당한다), 9. 롤러기(밀폐형 구조는 제외한다), 10. 사출성형기[형 체결력(型 締結力) 294킬로뉴턴(kN) 미만은 제외한다], 11. 고소작업대[「자동차관리법」 제3조제3호 또는 제4호에 따른 화물자동차 또는 특수자동차에 탑재한 고소작업대(高所作業臺)로 한정한다], 12. 컨베이어, 13. 산업용 로봇

안전검사에 관한 규정이 되어 있다. 유해하거나 위험한 기계·기구·설비로서 대통령령으로 정하는 것 즉 "안전검사대상기계등"을 사용하는 사업주(근로자를 사용하지 아니하고 사업을 하는 자를 포함하여, 안전검사대상기계등의 안전에 관한 성능을 고용노동부장관이 정하여 고시하는 검사기준에 맞는지에 대하여 고용노동부장관이 실시하는 검사 즉, "안전검사"를 받아야 한다. 이

경우 안전검사대상기계등을 사용하는 사업주와 소유자가 다른 경우에는 안전검사대상기계등의 소유자가 안전검사를 받아야 한다. 안전검사의 신청, 검사 주기 및 검사합격 표시방법, 그 밖에 필요한 사항은 고용노동부령으로 정한다. 이 경우 검사 주기는 안전검사대상기계등의 종류, 사용연한(使用年限) 및 위험성을 고려하여 정한다.

안전검사기관은 **시행규칙 제124조**에 따라 **안전검사 신청**을 받은 날부터 검사 주기 만료일 전·후 각각 30일 이내에 해당 기계·기구 및 설비별로 안전검사를 하여야 한다. 이 경우 해당 검사기간 이내에 검사에 합격한 경우에는 검사 주기 도래일에 안전검사를 받은 것으로 본다.

안전검사의 주기는 **시행규칙 제126조**에 따라 1. 크레인(이동식 크레인은 제외한다), 리프트(이삿짐운반용 리프트는 제외한다) 및 곤돌라: 사업장에 설치가 끝난 날부터 3년 이내에 최초 안전검사를 실시하되, 그 이후부터 2년마다(건설현장에서 사용하는 것은 최초로 설치한 날부터 6개월마다), 2. 이동식 크레인, 이삿짐운반용 리프트 및 고소작업대: 「자동차관리법」 제8조에 따른 신규등록 이후 3년 이내에 최초 안전검사를 실시하되, 그 이후부터 2년마다, 3. 프레스, 전단기, 압력용기, 국소 배기장치, 원심기, 롤러기, 사출성형기, 컨베이어 및 산업용 로봇: 사업장에 설치가 끝난 날부터 3년 이내에 최초 안전검사를 실시하되, 그 이후부터 2년마다(공정안전보고서를 제출하여 확인을 받은 압력용기는 4년마다) 실시한다.

시행규칙 제125조(안전검사의 면제)

1. 「건설기계관리법」 제13조제1항제1호·제2호 및 제4호에 따른 검사를 받은 경우(안전검사 주기에 해당하는 시기의 검사로 한정한다)
2. 「고압가스 안전관리법」 제17조제2항에 따른 검사를 받은 경우
3. 「광산안전법」 제9조에 따른 검사 중 광업시설의 설치·변경공사 완료 후 일정한 기간이 경과한 경우마다 받는 검사를 받은 경우
4. 「선박안전법」 제8조부터 제12조까지의 규정에 따른 검사를 받은 경우
5. 「에너지이용 합리화법」 제39조제4항에 따른 검사를 받은 경우
6. 「원자력안전법」 제22조제1항에 따른 검사를 받은 경우
7. 「위험물안전관리법」 제18조에 따른 정기점검 또는 정기검사를 받은 경우
8. 「전기사업법」 제65조에 따른 검사를 받은 경우
9. 「항만법」 제26조제1항제3호에 따른 검사를 받은 경우
10. 「화재예방, 소방시설 설치·유지 및 안전관리에 관한 법률」 제25조제1항에 따른 자체점검 등을 받은 경우
11. 「화학물질관리법」 제24조제3항 본문에 따른 정기검사를 받은 경우

법 제94조(안전검사합격증명서 발급 등) ① 고용노동부장관은 제93조제1항에 따라 안전검사

에 합격한 사업주에게 고용노동부령으로 정하는 바에 따라 안전검사합격증명서를 발급하여야 한다.

② 제1항에 따라 안전검사합격증명서를 발급받은 사업주는 그 증명서를 안전검사대상기계등에 부착하여야 한다.

제95조(안전검사대상기계등의 사용 금지) 사업주는 다음 각 호의 어느 하나에 해당하는 안전검사대상기계등을 사용해서는 아니 된다.

1. 안전검사를 받지 아니한 안전검사대상기계등(제93조제2항에 따라 안전검사가 면제되는 경우는 제외한다)
2. 안전검사에 불합격한 안전검사대상기계등

(2) 안전검사기관

법 제96조(안전검사기관) ① 고용노동부장관은 안전검사 업무를 위탁받아 수행하는 기관을 안전검사기관으로 지정할 수 있다.

② 제1항에 따라 안전검사기관으로 지정받으려는 자는 대통령령으로 정하는 인력·시설 및 장비 등의 요건을 갖추어 고용노동부장관에게 신청하여야 한다.

③ 고용노동부장관은 제1항에 따라 지정받은 안전검사기관(이하 "안전검사기관"이라 한다)에 대하여 평가하고 그 결과를 공개할 수 있다. 이 경우 평가의 기준·방법 및 결과의 공개에 필요한 사항은 고용노동부령으로 정한다.

④ 안전검사기관의 지정 신청 절차, 그 밖에 필요한 사항은 고용노동부령으로 정한다.

⑤ 안전검사기관에 관하여는 제21조제4항 및 제5항을 준용한다. 이 경우 "안전관리전문기관 또는 보건관리전문기관"은 "안전검사기관"으로 본다.

시행령 제79조(안전검사기관의 지정 요건)

1. 공단
2. 다음 각 목의 어느 하나에 해당하는 기관으로서 별표 24에 따른 인력·시설 및 장비를 갖춘 기관
   가. 산업안전·보건 또는 산업재해 예방을 목적으로 설립된 비영리법인
   나. 기계 및 설비 등의 인증·검사, 생산기술의 연구개발·교육·평가 등의 업무를 목적으로 설립된 「공공기관의 운영에 관한 법률」에 따른 공공기관

고용노동부장관은 안전검사 업무를 위탁받아 수행하는 기관을 안전검사기관으로 지정할 수 있다. **시행규칙 제129조**에 **안전검사기관의 평가** 기준을 두어 1. 인력·시설 및 장비의 보유 여부와 관리능력, 2. 안전검사 업무 수행능력, 3. 안전검사 업무를 위탁한 사업주의 만족도 등을 평가한다.

법 제97조(안전검사기관의 보고의무) 안전검사기관은 제95조 각 호의 어느 하나에 해당하는 안전검사대상기계등을 발견하였을 때에는 이를 고용노동부장관에게 지체 없이 보고하여야 한다.

(3) 자율검사프로그램에 따른 안전검사

법 제98조(자율검사프로그램에 따른 안전검사) ① 제93조제1항에도 불구하고 같은 항에 따라 안전검사를 받아야 하는 사업주가 근로자대표와 협의(근로자를 사용하지 아니하는 경우는 제외한다)하여 같은 항 전단에 따른 검사기준, 같은 조 제3항에 따른 검사 주기 등을 충족하는 검사프로그램(이하 "자율검사프로그램"이라 한다)을 정하고 고용노동부장관의 인정을 받아 다음 각 호의 어느 하나에 해당하는 사람으로부터 자율검사프로그램에 따라 안전검사대상기계등에 대하여 안전에 관한 성능검사(이하 "자율안전검사"라 한다)를 받으면 안전검사를 받은 것으로 본다.

1. 고용노동부령으로 정하는 안전에 관한 성능검사와 관련된 자격 및 경험을 가진 사람
2. 고용노동부령으로 정하는 바에 따라 안전에 관한 성능검사 교육을 이수하고 해당 분야의 실무 경험이 있는 사람

② 자율검사프로그램의 유효기간은 2년으로 한다.

③ 사업주는 자율안전검사를 받은 경우에는 그 결과를 기록하여 보존하여야 한다.

④ 자율안전검사를 받으려는 사업주는 제100조에 따라 지정받은 검사기관(이하 "자율안전검사기관"이라 한다)에 자율안전검사를 위탁할 수 있다.

⑤ 자율검사프로그램에 포함되어야 할 내용, 자율검사프로그램의 인정 요건, 인정 방법 및 절차, 그 밖에 필요한 사항은 고용노동부령으로 정한다.

안전검사를 받아야 하는 사업주가 근로자대표와 협의(근로자를 사용하지 아니하는 경우는 제외한다)하여 같은 항 전단에 따른 검사기준, 같은 조 제3항에 따른 검사 주기 등을 충족하는 검사프로그램(이하 "자율검사프로그램"이라 한다)을 정하고 고용노동부장관의 인정을 받아 다음 각 호의 어느 하나에 해당하는 사람으로부터 자율검사프로그램에 따라 안전검사대상기계등에 대하여 안전에 관한 성능검사(이하 "자율안전검사"라 한다)를 받으면 안전검사를 받은 것으로 본

다. 자율검사프로그램의 유효기간은 2년으로 하며, 사업주는 자율안전검사를 받은 경우에는 그 결과를 기록하여 보존하여야 하며, 자율안전검사를 받으려는 사업주는 제100조에 따라 지정받은 검사기관(이하 "자율안전검사기관"이라 한다)에 자율안전검사를 위탁할 수 있다.

성능검사가 필요한 경우 검사교육등은 시행규칙 제131조에 고용노동부장관은 법 제98조에 따라 사업장에서 안전검사대상기계등의 안전에 관한 성능검사 업무를 담당하는 사람의 인력 수급(需給) 등을 고려하여 필요하다고 인정하면 공단이나 해당 분야 전문기관으로 하여금 성능검사 교육을 실시하게 할 수 있다. 교육의 실시를 위한 교육 방법, 교육 실시기관의 인력·시설·장비 기준 등에 관하여 필요한 사항은 고용노동부장관이 정한다.

법 제99조에 고용노동부장관은 자율검사프로그램의 인정을 받은 자가 "1. 거짓이나 그 밖의 부정한 방법으로 자율검사프로그램을 인정받은 경우, 2. 자율검사프로그램을 인정받고도 검사를 하지 아니한 경우, 3. 인정받은 자율검사프로그램의 내용에 따라 검사를 하지 아니한 경우, 4. 제98조제1항 각 호의 어느 하나에 해당하는 사람 또는 자율안전검사기관이 검사를 하지 아니한 경우"에 어느 하나에 해당하는 경우에는 자율검사프로그램의 인정을 취소하거나 인정받은 자율검사프로그램의 내용에 따라 검사를 하도록 하는 등 시정을 명할 수 있다.

성능검사가 필요한 경우 검사교육등은 **시행규칙 제131조**에 고용노동부장관은 법 제98조에 따라 사업장에서 안전검사대상기계등의 안전에 관한 성능검사 업무를 담당하는 사람의 인력 수급(需給) 등을 고려하여 필요하다고 인정하면 공단이나 해당 분야 전문기관으로 하여금 성능검사 교육을 실시하게 할 수 있다. 교육의 실시를 위한 교육 방법, 교육 실시기관의 인력·시설·장비 기준 등에 관하여 필요한 사항은 고용노동부장관이 정한다.

법 제99조(자율검사프로그램 인정의 취소 등) ① 고용노동부장관은 자율검사프로그램의 인정을 받은 자가 다음 각 호의 어느 하나에 해당하는 경우에는 자율검사프로그램의 인정을 취소하거나 인정받은 자율검사프로그램의 내용에 따라 검사를 하도록 하는 등 시정을 명할 수 있다. 다만, 제1호의 경우에는 인정을 취소하여야 한다.

1. 거짓이나 그 밖의 부정한 방법으로 자율검사프로그램을 인정받은 경우
2. 자율검사프로그램을 인정받고도 검사를 하지 아니한 경우
3. 인정받은 자율검사프로그램의 내용에 따라 검사를 하지 아니한 경우
4. 제98조제1항 각 호의 어느 하나에 해당하는 사람 또는 자율안전검사기관이 검사를 하지 아니한 경우

② 사업주는 제1항에 따라 자율검사프로그램의 인정이 취소된 안전검사대상기계등을 사용해서는 아니 된다.

---

(4) 자율안전검사기관

법 제100조(자율안전검사기관) ① 자율안전검사기관이 되려는 자는 대통령령으로 정하는 인력·시설 및 장비 등의 요건을 갖추어 고용노동부장관의 지정을 받아야 한다.
② 고용노동부장관은 자율안전검사기관에 대하여 평가하고 그 결과를 공개할 수 있다. 이 경우 평가의 기준·방법 및 결과의 공개에 필요한 사항은 고용노동부령으로 정한다.
③ 자율안전검사기관의 지정 절차, 그 밖에 필요한 사항은 고용노동부령으로 정한다.
④ 자율안전검사기관에 관하여는 제21조제4항 및 제5항을 준용한다. 이 경우 "안전관리전문기관 또는 보건관리전문기관"은 "자율안전검사기관"으로 본다.

자율안전검사기관이 되려는 자는 인력·시설 및 장비 등의 요건을 갖추어 고용노동부장관의 지정을 받아야 하며, 고용노동부장관은 자율안전검사기관에 대하여 평가하고 그 결과를 공개할 수 있다. 이 경우 평가의 기준·방법 및 결과의 공개에 필요한 사항은 고용노동부령으로 정하며, 자율안전검사기관의 지정 절차, 그 밖에 필요한 사항은 고용노동부령으로 정하며, 자율안전검사기관에 관하여는 제21조제4항 및 제5항을 준용한다. 이 경우 "안전관리전문기관 또는 보건관리전문기관"은 "자율안전검사기관"으로 본다.

동 **시행규칙 제134조**에는 **자율안전검사기관의 평가** 규정을 두어, "1. 인력·시설 및 장비의 보유 수준과 그에 대한 관리능력, 2. 자율검사프로그램의 충실성을 포함한 안전검사 업무 수행능력, 3. 안전검사 업무를 위탁한 사업장의 만족도" 등을 평가한다.

제5절 유해·위험 기계 등의 조사 및 지원 등

(1) 성능시험

법 제101조(성능시험 등) 고용노동부장관은 안전인증대상기계등 또는 자율안전확인대상기계등의 안전성능의 저하 등으로 근로자에게 피해를 주거나 줄 우려가 크다고 인정하는 경우에는 대통령령으로 정하는 바에 따라 유해·위험기계등을 제조하는 사업장에서 제품 제조 과정을 조사할 수 있으며, 제조·수입·양도·대여하거나 양도·대여의 목적으로 진열된 유해·위험기계등을 수거하여 안전인증기준 또는 자율안전기준에 적합한지에 대한 성능시험을 할 수 있다.

안전인증대상기계등 또는 자율안전확인대상기계등의 안전성능의 저하 등으로 근로자에게 피해를 주거나 줄 우려가 크다고 인정하는 경우에는 대통령령으로 정하는 바에 따라 유해·위험기계등을 제조하는 사업장에서 제품 제조 과정을 조사할 수 있으며, 제조·수입·양도·대여하거나 양도·대여의 목적으로 진열된 유해·위험기계등을 수거하여 안전인증기준 또는 자율안전기준에 적합한지에 대한 성능시험을 할 수 있다.

(2) 유해·위험기계등 제조사업 등의 지원

법 제102조(유해·위험기계등 제조사업 등의 지원) ① 고용노동부장관은 다음 각 호의 어느 하나에 해당하는 자에게 유해·위험기계등의 품질·안전성 또는 설계·시공 능력 등의 향상을 위하여 예산의 범위에서 필요한 지원을 할 수 있다.

1. 다음 각 목의 어느 하나에 해당하는 것의 안전성 향상을 위하여 지원이 필요하다고 인정되는 것을 제조하는 자
   가. 안전인증대상기계등
   나. 자율안전확인대상기계등
   다. 그 밖에 산업재해가 많이 발생하는 유해·위험기계등
2. 작업환경 개선시설을 설계·시공하는 자

② 제1항에 따른 지원을 받으려는 자는 고용노동부령으로 정하는 인력·시설 및 장비 등의 요건을 갖추어 고용노동부장관에게 등록하여야 한다.

③ 고용노동부장관은 제2항에 따라 등록한 자가 다음 각 호의 어느 하나에 해당하는 경우에는 그 등록을 취소하거나 1년의 범위에서 제1항에 따른 지원을 제한할 수 있다. 다만, 제1호의 경우에는 등록을 취소하여야 한다.

1. 거짓이나 그 밖의 부정한 방법으로 등록한 경우
2. 제2항에 따른 등록 요건에 적합하지 아니하게 된 경우
3. 제86조제1항제1호에 따라 안전인증이 취소된 경우

④ 고용노동부장관은 제1항에 따라 지원받은 자가 다음 각 호의 어느 하나에 해당하는 경우에는 지원한 금액 또는 지원에 상응하는 금액을 환수하여야 한다. 이 경우 제1호에 해당하면 지원한 금액에 상당하는 액수 이하의 금액을 추가로 환수할 수 있다.

1. 거짓이나 그 밖의 부정한 방법으로 지원받은 경우
2. 제1항에 따른 지원 목적과 다른 용도로 지원금을 사용한 경우
3. 제3항제1호에 해당하여 등록이 취소된 경우

⑤ 고용노동부장관은 제3항에 따라 등록을 취소한 자에 대하여 등록을 취소한 날부터 2년 이내의 기간을 정하여 제2항에 따른 등록을 제한할 수 있다.

⑥ 제1항부터 제5항까지의 규정에 따른 지원내용, 등록 및 등록 취소, 환수 절차, 등록 제한

기준, 그 밖에 필요한 사항은 고용노동부령으로 정한다.

유해·위험기계등의 품질·안전성 또는 설계·시공 능력 등의 향상을 위하여 "안전인증대상기계등, 자율안전확인대상기계등, 그 밖에 산업재해가 많이 발생하는 유해·위험기계, 작업환경 개선시설을 설계·시공하는 자 등"에 대하여 예산의 범위에서 필요한 지원을 할 수 있다.

> **시행규칙 제139조(지원내용 등)** ① 공단은 법 제102조제2항에 따라 등록한 자에 대하여 다음 각 호의 지원을 할 수 있다.
> 1. 설계·시공, 연구·개발 및 시험에 관한 기술 지원
> 2. 설계·시공, 연구·개발 및 시험 비용의 일부 또는 전부의 지원
> 3. 연구개발, 품질관리를 위한 시험장비 구매 비용의 일부 또는 전부의 지원
> 4. 국내·외 전시회 개최 비용의 일부 또는 전부의 지원
> 5. 공단이 소유하고 있는 공입소유권의 우선사용 지원
> 6. 그 밖에 고용노동부장관이 등록업체의 제조·설계·시공능력의 향상을 위하여 필요하다고 인정하는 사업의 지원

(3) 유해·위험기계등의 안전 관련 정보의 종합관리

법 제103조(유해·위험기계등의 안전 관련 정보의 종합관리) ① 고용노동부장관은 사업장의 유해·위험기계등의 보유현황 및 안전검사 이력 등 안전에 관한 정보를 종합관리하고, 해당 정보를 안전인증기관 또는 안전검사기관에 제공할 수 있다.
② 고용노동부장관은 제1항에 따른 정보의 종합관리를 위하여 안전인증기관 또는 안전검사기관에 사업장의 유해·위험기계등의 보유현황 및 안전검사 이력 등의 필요한 자료를 제출하도록 요청할 수 있다. 이 경우 요청을 받은 기관은 특별한 사유가 없으면 그 요청에 따라야 한다.
③ 고용노동부장관은 제1항에 따른 정보의 종합관리를 위하여 유해·위험기계등의 보유현황 및 안전검사 이력 등 안전에 관한 종합정보망을 구축·운영하여야 한다.

고용노동부장관은 사업장의 유해·위험기계등의 보유현황 및 안전검사 이력 등 안전에 관한 정보를 종합관리하고, 해당 정보를 안전인증기관 또는 안전검사기관에 제공할 수 있고, 정보의 종합관리를 위하여 안전인증기관 또는 안전검사기관에 사업장의 유해·위험기계등의 보유현황 및 안전검사 이력 등의 필요한 자료를 제출하도록 요청할 수 있으며, 고용노동부장관은 제1항에

따른 정보의 종합관리를 위하여 유해·위험기계등의 보유현황 및 안전검사 이력 등 안전에 관한 종합정보망을 구축·운영하여야 한다.

제7장 유해·위험 물질에 대한 조치

제1절 유해·위험 물질의 분류 및 관리

(1) 유해인자의 분류기준

법 제104조(유해인자의 분류기준) 고용노동부장관은 고용노동부령으로 정하는 바에 따라 근로자에게 건강장해를 일으키는 화학물질 및 물리적 인자 등(이하 "유해인자"라 한다)의 유해성·위험성 분류기준을 마련하여야 한다.

법 제105조(유해인자의 유해성·위험성 평가 및 관리) ① 고용노동부장관은 유해인자가 근로자의 건강에 미치는 유해성·위험성을 평가하고 그 결과를 관보 등에 공표할 수 있다.
② 고용노동부장관은 제1항에 따른 평가 결과 등을 고려하여 고용노동부령으로 정하는 바에 따라 유해성·위험성 수준별로 유해인자를 구분하여 관리하여야 한다.
③ 제1항에 따른 유해성·위험성 평가대상 유해인자의 선정기준, 유해성·위험성 평가의 방법, 그 밖에 필요한 사항은 고용노동부령으로 정한다.

근로자에게 건강장해를 일으키는 화학물질 및 물리적 인자 등의 유해성·위험성 분류기준을 마련하여야 한다.

또한 법 제105조에서는 고용노동부장관은 유해인자가 근로자의 건강에 미치는 유해성·위험성을 평가하고 그 결과를 관보 등에 공표하고, 유해성·위험성 수준별로 유해인자를 구분하여 관리하여야 한다. 또한 유해성·위험성 평가대상 유해인자의 선정기준, 유해성·위험성 평가의 방법, 그 밖에 필요한 사항은 고용노동부령으로 정한다.

동 **시행규칙 제142조**에는 유해성·위험성 평가의 대상이 되는 유해인자의 선정기준을 두고 있다.

따라서 유해성·위험성 평가가 필요한 유해인자, 노출 시 변이원성(變異原性), 흡입독성, 생식독성(生殖毒性), 발암성 등 근로자의 건강장해 발생이 의심되는 유해인자, 그 밖에 사회적 물의를 일으키는 등 유해성·위험성 평가가 필요한 유해인자를 고려하고 선정기준을 마련해야 한다.

법 제106조(유해인자의 노출기준 설정) 고용노동부장관은 제105조제1항에 따른 유해성·위험성 평가 결과 등 고용노동부령으로 정하는 사항을 고려하여 유해인자의 노출기준을 정하여 고시하여야 한다.

유해성·위험성 평가 결과 등을 고려하여 유해인자의 노출기준을 정하여 고시하여야 한다. 동 **시행규칙 제144조**에 "1. 해당 유해인자에 따른 건강장해에 관한 연구·실태조사의 결과, 2. 해당 유해인자의 유해성·위험성의 평가 결과, 3. 해당 유해인자의 노출기준 적용에 관한 기술적 타당성" 등의 노출기준을 정하는 경우를 고려하여야 한다.

(2) 유해인자 허용기준의 준수

법 제107조(유해인자 허용기준의 준수) ① 사업주는 발암성 물질 등 근로자에게 중대한 건강장해를 유발할 우려가 있는 유해인자로서 대통령령으로 정하는 유해인자는 작업장 내의 그 노출 농도를 고용노동부령으로 정하는 허용기준 이하로 유지하여야 한다. 다만, 다음 각 호의 어느 하나에 해당하는 경우에는 그러하지 아니하다.

1. 유해인자를 취급하거나 정화·배출하는 시설 및 설비의 설치나 개선이 현존하는 기술로 가능하지 아니한 경우
2. 천재지변 등으로 시설과 설비에 중대한 결함이 발생한 경우
3. 고용노동부령으로 정하는 임시 작업과 단시간 작업의 경우
4. 그 밖에 대통령령으로 정하는 경우

② 사업주는 제1항 각 호 외의 부분 단서에도 불구하고 유해인자의 노출 농도를 제1항에 따른 허용기준 이하로 유지하도록 노력하여야 한다.

사업주는 발암성 물질 등 근로자에게 중대한 건강장해를 유발할 우려가 있는 유해인자로서 대통령령으로 정하는 유해인자는 작업장 내의 그 노출 농도를 고용노동부령으로 정하는 허용기준 이하로 유지하여야 한다. 다만, 다음 "1. 유해인자를 취급하거나 정화·배출하는 시설 및 설비의 설치나 개선이 현존하는 기술로 가능하지 아니한 경우, 2. 천재지변 등으로 시설과 설비에 중대한 결함이 발생한 경우, 3. 고용노동부령으로 정하는 임시 작업과 단시간 작업의 경우, 4. 그 밖에 대통령령으로 정하는 경우" 제외 대상이다.

(3) 신규화학물질의 유해성·위험성 조사

법 제108조(신규화학물질의 유해성·위험성 조사) ① 대통령령으로 정하는 화학물질 외의 화학물질(이하 "신규화학물질"이라 한다)을 제조하거나 수입하려는 자(이하 "신규화학물질제조자등"이라 한다)는 신규화학물질에 의한 근로자의 건강장해를 예방하기 위하여 고용노동부령으로 정하는 바에 따라 그 신규화학물질의 유해성·위험성을 조사하고 그 조사보고서를 고용노동부장관에게 제출하여야 한다. 다만, 다음 각 호의 어느 하나에 해당하는 경우에는 그러하지 아니하다.

1. 일반 소비자의 생활용으로 제공하기 위하여 신규화학물질을 수입하는 경우로서 고용노동부령으로 정하는 경우
2. 신규화학물질의 수입량이 소량이거나 그 밖에 위해의 정도가 적다고 인정되는 경우로서 고용노동부령으로 정하는 경우

② 신규화학물질제조자등은 제1항 각 호 외의 부분 본문에 따라 유해성·위험성을 조사한 결과 해당 신규화학물질에 의한 근로자의 건강장해를 예방하기 위하여 필요한 조치를 하여야 하는 경우 이를 즉시 시행하여야 한다.
③ 고용노동부장관은 제1항에 따라 신규화학물질의 유해성·위험성 조사보고서가 제출되면 고용노동부령으로 정하는 바에 따라 그 신규화학물질의 명칭, 유해성·위험성, 근로자의 건강장해 예방을 위한 조치 사항 등을 공표하고 관계 부처에 통보하여야 한다.
④ 고용노동부장관은 제1항에 따라 제출된 신규화학물질의 유해성·위험성 조사보고서를 검토한 결과 근로자의 건강장해 예방을 위하여 필요하다고 인정할 때에는 신규화학물질제조자등에게 시설·설비를 설치·정비하고 보호구를 갖추어 두는 등의 조치를 하도록 명할 수 있다.
⑤ 신규화학물질제조자등이 신규화학물질을 양도하거나 제공하는 경우에는 제4항에 따른 근로자의 건강장해 예방을 위하여 조치하여야 할 사항을 기록한 서류를 함께 제공하여야 한다.

대통령령으로 정하는 화학물질 외의 화학물질, "신규화학물질"포함하여, 제조하거나 수입하려는 자는 신규화학물질에 의한 근로자의 건강장해를 예방하기 위하여 고용노동부령으로 정하는 바에 따라 그 신규화학물질의 유해성·위험성을 조사하고 그 조사보고서를 고용노동부장관에게 제출하여야 한다. 다만, 다음 "1. 일반 소비자의 생활용으로 제공하기 위하여 신규화학물질을 수입하는 경우로서 고용노동부령으로 정하는 경우, 2. 신규화학물질의 수입량이 소량이거나 그 밖에 위해의 정도가 적다고 인정되는 경우로서 고용노동부령으로 정하는 경우"의 어느 하나에 해당하는 경우에는 그러하지 아니하다.

동 **시행규칙 제147조**에 **신규화학물질의 유해성·위험성 조사보고서의 제출**을 두어 신규화학물질을 제조하거나 수입하려는 자(이하 "신규화학물질제조자등"이라 한다)는 제조하거나 수입하려

는 날 30일(연간 제조하거나 수입하려는 양이 100킬로그램 이상 1톤 미만인 경우에는 14일) 전까지 별지 제57호서식의 신규화학물질 유해성·위험성 조사보고서(이하 "유해성·위험성조사보고서"라 한다)에 별표 20에 따른 서류를 첨부하여 고용노동부장관에게 제출하여야 한다.

동 **시행규칙 제148조**에도 **일반소비자 생활용 신규화학물질의 유해성·위험성 조사 제외**를 두어 "1. 해당 신규화학물질이 완성된 제품으로서 국내에서 가공하지 아니하는 경우, 2. 해당 신규화학물질의 포장 또는 용기를 국내에서 변경하지 아니하거나 국내에서 포장하거나 용기에 담지 아니하는 경우, 3. 해당 신규화학물질이 직접 소비자에게 제공되고 국내의 사업장에서 사용되지 아니하는 경우" 등은 고용노동부장관의 확인을 받아야 한다.

시행령 제85조(유해성·위험성 조사 제외 화학물질)

1. 원소
2. 천연으로 산출된 화학물질
3. 「건강기능식품에 관한 법률」 제3조제1호에 따른 건강기능식품
4. 「군수품관리법」 제2조 및 「방위사업법」 제3조제2호에 따른 군수품(「군수품관리법」 제3조에 따른 통상품(痛傷品)은 제외한다)
5. 「농약관리법」 제2조제1호·제3호에 따른 농약과 원제
6. 「마약류 관리에 관한 법률」 제2조제1호에 따른 마약류
7. 「비료관리법」 제2조제1호에 따른 비료
8. 「사료관리법」 제2조제1호에 따른 사료
9. 「생활화학제품 및 살생물제의 안전관리에 관한 법률」 제3조제7호 및 제8호에 따른 살생물물질 및 살생물제품
10. 「식품위생법」 제2조제1호·제2호에 따른 식품 및 식품첨가물
11. 「약사법」 제2조제4호·제7호에 따른 의약품 및 의약외품
12. 「원자력안전법」 제2조제5호에 따른 방사성 물질
13. 「위생용품 관리법」 제2조제1호에 따른 위생용품
14. 「의료기기법」 제2조제1항에 따른 의료기기
15. 「총포·도검·화약류 등의 안전관리에 관한 법률」 제2조제3항에 따른 화약류
16. 「화장품법」 제2조제1호에 따른 화장품과 화장품에 사용하는 원료
17. 법 제108조제3항에 따라 고용노동부장관이 명칭, 유해성·위험성, 근로자의 건강장해 예방을 위한 조치 사항 및 연간 제조량·수입량을 공표한 물질로서 공표된 연간 제조량·수입량 이하로 제조하거나 수입한 물질
18. 고용노동부장관이 환경부장관과 협의하여 고시하는 화학물질 목록에 기록되어 있는 물질

(4) 중대한 건강장해 우려 화학물질의 유해성·위험성 조사

법 제109조(중대한 건강장해 우려 화학물질의 유해성·위험성 조사) ① 고용노동부장관은 근로자의 건강장해를 예방하기 위하여 필요하다고 인정할 때에는 고용노동부령으로 정하는 바에 따라 암 또는 그 밖에 중대한 건강장해를 일으킬 우려가 있는 화학물질을 제조·수입하는 자 또는 사용하는 사업주에게 해당 화학물질의 유해성·위험성 조사와 그 결과의 제출 또는 제105조제1항에 따른 유해성·위험성 평가에 필요한 자료의 제출을 명할 수 있다.
② 제1항에 따라 화학물질의 유해성·위험성 조사 명령을 받은 자는 유해성·위험성 조사 결과 해당 화학물질로 인한 근로자의 건강장해가 우려되는 경우 근로자의 건강장해를 예방하기 위하여 시설·설비의 설치 또는 개선 등 필요한 조치를 하여야 한다.
③ 고용노동부장관은 제1항에 따라 제출된 조사 결과 및 자료를 검토하여 근로자의 건강장해를 예방하기 위하여 필요하다고 인정하는 경우에는 해당 화학물질을 제105조제2항에 따라 구분하여 관리하거나 해당 화학물질을 제조·수입한 자 또는 사용하는 사업주에게 근로자의 건강장해 예방을 위한 시설·설비의 설치 또는 개선 등 필요한 조치를 하도록 명할 수 있다.

근로자의 건강장해를 예방하기 위하여 필요하다고 인정할 때에는 고용노동부령으로 정하는 바에 따라 암 또는 그 밖에 중대한 건강장해를 일으킬 우려가 있는 화학물질을 제조·수입하는 자 또는 사용하는 사업주에게 해당 화학물질의 유해성·위험성을 조사하고 그 결과의 제출 또는 제105조제1항에 따른 유해성·위험성 평가에 필요한 자료의 제출을 명할 수 있다.

또한 화학물질의 유해성·위험성 조사 명령을 받은 자는 유해성·위험성 조사 결과 해당 화학물질로 인한 근로자의 건강장해가 우려되는 경우 근로자의 건강장해를 예방하기 위하여 시설·설비의 설치 또는 개선 등 필요한 조치를 하여야 한다.

그리고 제출된 조사결과 및 자료를 검토하여 근로자의 건강장해를 예방하기 위하여 필요하다고 인정하는 경우에는 해당 화학물질을 제105조제2항에 따라 구분하여 관리하거나 해당 화학물질을 제조·수입한 자 또는 사용하는 사업주에게 근로자의 건강장해 예방을 위한 시설·설비의 설치 또는 개선 등 필요한 조치를 하도록 명할 수 있다.

시행규칙 제155조(화학물질의 유해성·위험성 조사결과 등의 제출)

1. 해당 화학물질의 안전·보건에 관한 자료
2. 해당 화학물질의 독성시험 성적서
3. 해당 화학물질의 제조 또는 사용·취급방법을 기록한 서류 및 제조 또는 사용 공정도(工程圖)
4. 그 밖에 해당 화학물질의 유해성·유험성과 관련된 서류 및 자료

(5) 물질안전보건자료의 작성 및 제출

법 제110조(물질안전보건자료의 작성 및 제출) ① 화학물질 또는 이를 함유한 혼합물로서 제104조에 따른 분류기준에 해당하는 것(대통령령으로 정하는 것은 제외한다. 이하 "물질안전보건자료대상물질"이라 한다)을 제조하거나 수입하려는 자는 다음 각 호의 사항을 적은 자료(이하 "물질안전보건자료"라 한다)를 고용노동부령으로 정하는 바에 따라 작성하여 고용노동부장관에게 제출하여야 한다. 이 경우 고용노동부장관은 고용노동부령으로 물질안전보건자료의 기재 사항이나 작성 방법을 정할 때 「화학물질관리법」 및 「화학물질의 등록 및 평가 등에 관한 법률」과 관련된 사항에 대해서는 환경부장관과 협의하여야 한다.

1. 제품명
2. 물질안전보건자료대상물질을 구성하는 화학물질 중 제104조에 따른 분류기준에 해당하는 화학물질의 명칭 및 함유량
3. 안전 및 보건상의 취급 주의 사항
4. 건강 및 환경에 대한 유해성, 물리적 위험성
5. 물리·화학적 특성 등 고용노동부령으로 정하는 사항

② 물질안전보건자료대상물질을 제조하거나 수입하려는 자는 물질안전보건자료대상물질을 구성하는 화학물질 중 제104조에 따른 분류기준에 해당하지 아니하는 화학물질의 명칭 및 함유량을 고용노동부장관에게 별도로 제출하여야 한다. 다만, 다음 각 호의 어느 하나에 해당하는 경우는 그러하지 아니하다.

1. 제1항에 따라 제출된 물질안전보건자료에 이 항 각 호 외의 부분 본문에 따른 화학물질의 명칭 및 함유량이 전부 포함된 경우
2. 물질안전보건자료대상물질을 수입하려는 자가 물질안전보건자료대상물질을 국외에서 제조하여 우리나라로 수출하려는 자(이하 "국외제조자"라 한다)로부터 물질안전보건자료에 적힌 화학물질 외에는 제104조에 따른 분류기준에 해당하는 화학물질이 없음을 확인하는 내용의 서류를 받아 제출한 경우

③ 물질안전보건자료대상물질을 제조하거나 수입한 자는 제1항 각 호에 따른 사항 중 고용노동부령으로 정하는 사항이 변경된 경우 그 변경 사항을 반영한 물질안전보건자료를 고용노동부장관에게 제출하여야 한다.

④ 제1항부터 제3항까지의 규정에 따른 물질안전보건자료 등의 제출 방법·시기, 그 밖에 필요한 사항은 고용노동부령으로 정한다.

구 산업안전보건법 제39조제1항의 유해성·위험성 분류기준에 해당하는 화학물질 및 이를 함유한 제제(이하 "대상화학물질")를 양도·제공하는 자는 물질안전보건자료(이하 "MSDS")를 작

성하고 대상화학물질을 양도·제공받는 자에게 제공하도록 하고 있으며, 화학물질의 명칭, 구성성분의 명칭 및 함유량, 취급 주의사항, 유해성·위험성 등 16가지 항목을 기재한 자료로서 해당 화학물질 취급 사업장에 비치하도록 규정하고 있다.[50)]

문제점을 살펴보면 물질안전보건자료의 작성에 있어서 현행규정은 MSDS 작성자를 '양도·제공자'로 규정함에 따라 대상화학물질을 제조·수입하여 직접 취급하고 양도·제공은 하지 않는 경우 MSDS 작성 의무가 제외되어 사각지대가 발생하고 있고, 또한 MSDS에 기재하는 구성성분은 국제기준과 달리 유해·위험성 물질뿐만 아니라 유해·위험성 미분류 물질까지 포함하고 있다. 외국은 UN GHS(화학물질의 분류 및 표시에 관한 세계조화시스템, The Globally Harmonized System of classification and labelling of chemicals)에 따라 유해·위험한 화학물질만을 MSDS에 기재하고 있고, 이에 따라 수입 화학제품의 경우 국외 제조사가 제공한 MSDS에 유해성·위험성 미분류 물질이 기재되지 않은 경우 관련 정보를 확보하는 데 어려움이 나타나고 있다.[51)]

그래서 MSDS 작성 대상을 '유해·위험한 화학물질 및 이를 함유한 제제'로 정하고 이를 "대상화학물질"로 약칭하고 있으나 '제제(製劑)'라는 용어는 주로 의약품에 사용되므로 의약품에 한정되지 않는 MSDS 작성대상에는 적정하지 않으며, 또한 "대상화학물질"은 그 용어만으로는 규제 대상 및 목적을 유추하기에 어려움이 있고, MSDS 기재 내용 중 "대상화학물질의 명칭"은 MSDS를 작성하는 제품의 명칭을 기재하도록 하려는 것이나 그 의미가 명확히 전달되지 않는 문제점이 나타나고 있다. (예) 에틸알코올을 함유한 제품의 명칭이 "크리네타놀"인 경우 MSDS이 '대상화학물질이 명칭'란에는 제품명인 "크리네타놀"을 기재해야 하나 구성성분의 하나인 '에틸알코올'을 기재하는 것으로 오인할 수 있다.

	개정 전(현행)	개정 후	비고
MSDS 작성 대상	▪ 유해·위험한 화학물질 및 이를 함유한 제제 ▪ 약칭 - 대상화학물질	▪ 유해·위험한 화학물질 또는 혼합물 ▪ 약칭 - 물질안전보건자료 대상물질	▪ 작성 대상은 동일 ▪ 명칭만 변경
MSDS 작성 주체	▪ 대상화학물질 양도·제공자	▪ 물질안전보건자료대상물질 제조·수입자	▪ 양도·제공없이 제조·수입하여 사용하는 자도 포함
MSDS 기재항목	▪ 대상화학물질의 명칭	▪ 제품명	▪ 작성대상은 동일하나, 이를 명확히 함 예시) 구성성분인 "에틸알코올"이 아닌 제품명인 "크리네타놀"을 기재
	▪ 모든 구성성분의 명칭·함유량	▪ 구성성분 중 유해·위험한 화학물질의 명칭·함유량	▪ 유해·위험성 물질만을 기재 예시) "에틸알코올 92%"
MSDS 제출	▪ 미규정	▪ 고용노동부장관에게 제출	▪ 정부는 MSDS를 제출받아 관리

50) 조흠학, 산업안전보건법의 위반과 처벌제도, 동아법학 제69호, 동아대학교 법학연구소, 2015, 126~127면 재정리.
51) 조흠학, 산업안전보건법의 위반과 처벌제도, 동아법학 제69호, 동아대학교 법학연구소, 2015, 126~127면 재정리.

(6) 물질안전보건자료의 제공

법 제111조(물질안전보건자료의 제공) ① 물질안전보건자료대상물질을 양도하거나 제공하는 자는 이를 양도받거나 제공받는 자에게 물질안전보건자료를 제공하여야 한다.
② 물질안전보건자료대상물질을 제조하거나 수입한 자는 이를 양도받거나 제공받은 자에게 제110조제3항에 따라 변경된 물질안전보건자료를 제공하여야 한다.
③ 물질안전보건자료대상물질을 양도하거나 제공한 자(물질안전보건자료대상물질을 제조하거나 수입한 자는 제외한다)는 제110조제3항에 따른 물질안전보건자료를 제공받은 경우 이를 물질안전보건자료대상물질을 양도받거나 제공받은 자에게 제공하여야 한다.
④ 제1항부터 제3항까지의 규정에 따른 물질안전보건자료 또는 변경된 물질안전보건자료의 제공방법 및 내용, 그 밖에 필요한 사항은 고용노동부령으로 정한다.

기존 산업안전보건법에서 대상화학물질을 양도받거나 제공받는 자에게만 MSDS를 제공하므로 정부는 유통되는 화학물질의 현황을 파악하기 어려우며, 이로 인해 메틸알코올 사고 등과 같이 근로자의 건강장해가 발생한 경우 정부의 예측·대응이 어렵고, 근로자가 질병의 업무연관성 규명 등을 위해 MSDS가 필요한 경우에도 사업주가 제공을 거부하거나 휴·폐업으로 제공받지 못한 경우가 나타날 수 있다.

개정내용을 보면 물질안전보건자료의 작성에서는 MSDS 작성자를 화학물질의 '양도하거나 제공하는 자'에서 '제조하거나 수입하려는 자'로 변경하고(안 제110조제1항), MSDS에 기재하는 구성성분을 국제기준과 같이 유해·위험한 화학물질로 하며(제1항제2호), '제제'를 '혼합물'로 변경하고, MSDS 작성대상의 약칭인 '대상화학물질'을 '물질안전보건자료 대상물질'로 변경하여 의미가 명확히 전달되도록 하였고, 시행령 제32조의2(물질안전보건자료의 작성·비치 등 제외)의 '대통령령으로 정하는 제제'의 경우 단일화학물질이 포함될 수 있으므로 '대통령령으로 정하는 것'으로 변경하였다.

MSDS 기재 내용 중 '대상화학물질의 명칭'을 '제품명'으로 변경하여 제품의 구성성분 명칭과 혼동하지 않도록 하였으며(제1항제1호), 물질안전보건자료의 제출 시에는 화학물질을 제조·수입하려는 자는 화학물질을 양도·제공받은 자뿐만 아니라 고용노동부장관에게도 MSDS를 제출하도록 하고, MSDS에 기재하지 않은 구성성분(유해성·위험성 미분류 물질)이 있는 경우 화학물질의 명칭·함유량을 MSDS와 함께 제출하도록 하였고, 다만, ① 현행과 같이 MSDS에 유해성·위험성 미분류 물질을 포함하여 모든 구성성분을 기재하거나, ② 수입자가 국외 제조자로부터 제출대상 물질이 유해성·위험성 미분류 물질임을 확인하는 서류를 받아 제출하는 경우는 별도 제출을 면제하도록 하였다.

책임소재를 명확히 하기 위하여 물질안전보건자료 또는 물질안전보건자료에 기재하지 않은 구성성분자료를 제출하지 않은 사업주에게는 500만원 이하의 과태료를 부과하였으며, 물질안전보건자료(이하 "MSDS")에 대하여 작성 주체를 현행 '화학물질 양도·제공자'에서 전부개정안에서는 '화학물질 제조·수입자'로 변경하는 것이 제안되었다. 이것은 MSDS 작성자를 '양도·제공자'로 규정함에 따라 대상화학물질을 제조·수입하여 직접 취급하고 양도·제공은 하지 않는 경우 MSDS 작성 의무가 제외되어 사각지대가 발생하는 것을 개선하고자 한 것이다. MSDS의 기재항목에 대해서도 현행법에서 MSDS에 기재하는 구성성분은 국제기준과 달리 유해·위험성 물질뿐만 아니라 유해·위험성 미분류 물질까지 포함하고 있으므로 국제기준에 부합하도록 물질안전보건자료 대상화학물질에 함유된 모든 화학물질이 아닌 유해·위험한 화학물질로 한정하였다. 한편, 현행법에 따르면 화학제품 양도·제공자가 영업비밀 여부를 자의적으로 판단하여 MSDS에 적지 않을 수 있다. 영업비밀 기재 남용으로 인해 화학물질 정보에 대한 노동자의 알권리가 심각하게 제약되고 직업병 발생의 위험이 높아지고 있다는 지적에 따라 MSDS상 구성성분의 명칭 및 함유량을 비공개하려는 경우 고용노동부장관의 사전승인을 받도록 하고 비공개 승인을 받더라도 노출 시 유해성·위험성을 유추할 수 있도록 대체명칭 및 대체함유량을 기재하도록 하였다. 그 밖에 MSDS 중 비공개 정보 요구권자 확대를 위하여 비공개 정보의 제공 요구권자에 역학조사 실시 기관 및 업무상질병판정위원회를 추가하였다.[52)]

그래서 이러한 규정이 과잉 규제라고 사업주에서 이야기하고 있다. 따라서 영업 비밀의 노출이고, 과잉 규제이고, 기업활동상 제약이 있을 수도 있다고 볼 수도 있어 기업의 입장을 반영한 제재 규정도 생각해 볼 필요가 있다. 하지만 유해물질에 관한 공개는 근로자의 권리이므로 이를 침해하지 않는 범위에서 시행령 규정이나 시행규칙 규정에 구체적으로 대안을 제시하는 방안이 있다고 본다. 따라서 무조건적인 반대보다는 차후 개정 산업안전보건법을 집행하면서 문제점이 되는 것을 보완하는 것이 효율적인 개선방안이라고 본다.

(7) 물질안전보건자료의 일부 비공개 승인

법 제112조(물질안전보건자료의 일부 비공개 승인 등) ① 제110조제1항에도 불구하고 영업비밀과 관련되어 같은 항 제2호에 따른 화학물질의 명칭 및 함유량을 물질안전보건자료에 적지 아니하려는 자는 고용노동부령으로 정하는 바에 따라 고용노동부장관에게 신청하여 승인을 받아 해당 화학물질의 명칭 및 함유량을 대체할 수 있는 명칭 및 함유량(이하 "대체자료"라 한다)으로 적을 수 있다. 다만, 근로자에게 중대한 건강장해를 초래할 우려가 있는 화학물질로서 「산업재해보상보험법」 제8조제1항에 따른 산업재해보상보험 및 예방심의위원회의 심의를 거쳐 고용노동부장관이 고시하는 것은 그러하지 아니하다.

52) 조흠학, 산업안전보건법의 위반과 처벌제도, 동아법학 제69호, 동아대학교 법학연구소, 2015, 126~127면 재정리.

② 고용노동부장관은 제1항 본문에 따른 승인 신청을 받은 경우 고용노동부령으로 정하는 바에 따라 화학물질의 명칭 및 함유량의 대체 필요성, 대체자료의 적합성 및 물질안전보건자료의 적정성 등을 검토하여 승인 여부를 결정하고 신청인에게 그 결과를 통보하여야 한다.
③ 고용노동부장관은 제2항에 따른 승인에 관한 기준을 「산업재해보상보험법」 제8조제1항에 따른 산업재해보상보험 및 예방심의위원회의 심의를 거쳐 정한다.
④ 제1항에 따른 승인의 유효기간은 승인을 받은 날부터 5년으로 한다.
⑤ 고용노동부장관은 제4항에 따른 유효기간이 만료되는 경우에도 계속하여 대체자료로 적으려는 자가 그 유효기간의 연장승인을 신청하면 유효기간이 만료되는 다음 날부터 5년 단위로 그 기간을 계속하여 연장승인할 수 있다.
⑥ 신청인은 제1항 또는 제5항에 따른 승인 또는 연장승인에 관한 결과에 대하여 고용노동부령으로 정하는 바에 따라 고용노동부장관에게 이의신청을 할 수 있다.
⑦ 고용노동부장관은 제6항에 따른 이의신청에 대하여 고용노동부령으로 정하는 바에 따라 승인 또는 연장승인 여부를 결정하고 그 결과를 신청인에게 통보하여야 한다.
⑧ 고용노동부장관은 다음 각 호의 어느 하나에 해당하는 경우에는 제1항, 제5항 또는 제7항에 따른 승인 또는 연장승인을 취소할 수 있다. 다만, 제1호의 경우에는 그 승인 또는 연장승인을 취소하여야 한다.

1. 거짓이나 그 밖의 부정한 방법으로 제1항, 제5항 또는 제7항에 따른 승인 또는 연장승인을 받은 경우
2. 제1항, 제5항 또는 제7항에 따른 승인 또는 연장승인을 받은 화학물질이 제1항 단서에 따른 화학물질에 해당하게 된 경우

⑨ 제5항에 따른 연장승인과 제8항에 따른 승인 또는 연장승인의 취소 절차 및 방법, 그 밖에 필요한 사항은 고용노동부령으로 정한다.
⑩ 다음 각 호의 어느 하나에 해당하는 자는 근로자의 안전 및 보건을 유지하거나 직업성 질환 발생 원인을 규명하기 위하여 근로자에게 중대한 건강장해가 발생하는 등 고용노동부령으로 정하는 경우에는 물질안전보건자료대상물질을 제조하거나 수입한 자에게 제1항에 따라 대체자료로 적힌 화학물질의 명칭 및 함유량 정보를 제공할 것을 요구할 수 있다. 이 경우 정보제공을 요구받은 자는 고용노동부장관이 정하여 고시하는 바에 따라 정보를 제공하여야 한다.

1. 근로자를 진료하는 「의료법」 제2조에 따른 의사
2. 보건관리자 및 보건관리전문기관
3. 산업보건의
4. 근로자대표
5. 제165조제2항제38호에 따라 제141조제1항에 따른 역학조사(疫學調査) 실시 업무를 위

탁받은 기관
6. 「산업재해보상보험법」 제38조에 따른 업무상질병판정위원회

물질안전보건자료 중 구성성분의 명칭 및 함유량을 비공개하려는 경우 고용부장관의 사전승인을 받도록 하였고, 영업비밀 적용 비율이 45.5%('09년) → 67.4%('14년)로 증가하는 등 영업비밀 기재 남용 문제가 지속 제기됨에도 효과적으로 통제할 수 있는 수단 부재하여, 비공개 승인을 받더라도 노출 시 유해성·위험성을 유추할 수 있도록 대체명칭 및 대체함유량을 기재하도록 하였다. 대체명칭에는 물질의 주된 작용기가 나타나도록 하여 노출 시 인체 유해성 등을 유추할 수 있어 근로자의 안전·보건을 위한 최소한의 정보가 제공하도록 하였다.

(8) 국외제조자가 선임한 자에 의한 정보 제출

법 제113조(국외제조자가 선임한 자에 의한 정보 제출 등) ① 국외제조자는 고용노동부령으로 정하는 요건을 갖춘 자를 선임하여 물질안전보건자료대상물질을 수입하는 자를 갈음하여 다음 각 호에 해당하는 업무를 수행하도록 할 수 있다.

1. 제110조제1항 또는 제3항에 따른 물질안전보건자료의 작성·제출
2. 제110조제2항 각 호 외의 부분 본문에 따른 화학물질의 명칭 및 함유량 또는 같은 항 제2호에 따른 확인서류의 제출
3. 제112조제1항에 따른 대체자료 기재 승인, 같은 조 제5항에 따른 유효기간 연장승인 또는 같은 조 제6항에 따른 이의신청

② 제1항에 따라 선임된 자는 고용노동부장관에게 제110조제1항 또는 제3항에 따른 물질안전보건자료를 제출하는 경우 그 물질안전보건자료를 해당 물질안전보건자료대상물질을 수입하는 자에게 제공하여야 한다.
③ 제1항에 따라 선임된 자는 고용노동부령으로 정하는 바에 따라 국외제조자에 의하여 선임되거나 해임된 사실을 고용노동부장관에게 신고하여야 한다.
④ 제2항에 따른 물질안전보건자료의 제출 및 제공 방법·내용, 제3항에 따른 신고 절차·방법, 그 밖에 필요한 사항은 고용노동부령으로 정한다.

국외제조자는 고용노동부령으로 정하는 요건을 갖춘 자를 선임하여 물질안전보건자료대상물질을 수입하는 자를 갈음하여 다음 "물질안전보건자료의 작성·제출, 화학물질의 명칭 및 함유량 또는 같은 항 제2호에 따른 확인서류의 제출, 대체자료 기재 승인, 같은 조 제5항에 따른 유효기간 연장승인 또는 같은 조 제6항에 따른 이의신청" 등의 각 호에 해당하는 업무를 수행하도록

할 수 있다.

(9) 물질안전보건자료의 게시 및 교육

법 제114조(물질안전보건자료의 게시 및 교육) ① 물질안전보건자료대상물질을 취급하려는 사업주는 제110조제1항 또는 제3항에 따라 작성하였거나 제111조제1항부터 제3항까지의 규정에 따라 제공받은 물질안전보건자료를 고용노동부령으로 정하는 방법에 따라 물질안전보건자료대상물질을 취급하는 작업장 내에 이를 취급하는 근로자가 쉽게 볼 수 있는 장소에 게시하거나 갖추어 두어야 한다.
② 제1항에 따른 사업주는 물질안전보건자료대상물질을 취급하는 작업공정별로 고용노동부령으로 정하는 바에 따라 물질안전보건자료대상물질의 관리 요령을 게시하여야 한다.
③ 제1항에 따른 사업주는 물질안전보건자료대상물질을 취급하는 근로자의 안전 및 보건을 위하여 고용노동부령으로 정하는 바에 따라 해당 근로자를 교육하는 등 적절한 조치를 하여야 한다.

물질안전보건자료대상물질을 취급하려는 사업주는 제110조제1항 또는 제3항에 따라 작성하였거나 제111조제1항부터 제3항까지의 규정에 따라 제공받은 물질안전보건자료를 고용노동부령으로 정하는 방법에 따라 물질안전보건자료대상물질을 취급하는 작업장 내에 이를 취급하는 근로자가 쉽게 볼 수 있는 장소에 게시하거나 갖추어 두어야 한다.

사업주는 물질안전보건자료대상물질을 취급하는 작업공정별로 고용노동부령으로 정하는 바에 따라 물질안전보건자료대상물질의 관리 요령을 게시하여야 한다. 또한 사업주는 물질안전보건자료대상물질을 취급하는 근로자의 안전 및 보건을 위하여 고용노동부령으로 정하는 바에 따라 해당 근로자를 교육하는 등 적절한 조치를 하여야 한다.

시행규칙 제167조(물질안전보건자료를 게시하거나 갖추어 두는 방법) ① 법 제114조제1항에서 "고용노동부령으로 정하는 방법"이란 다음 각 호의 어느 하나에 해당하는 장소 또는 전산장비에 항상 게시하거나 갖추어 두는 것을 말한다. 다만, 제3호에 따른 장비에 게시하거나 갖추어 두는 경우는 고용노동부장관이 정하는 조치를 하여야 한다.

1. 물질안전보건자료대상물질을 취급하는 작업공정이 있는 장소
2. 작업장 내 근로자가 가장 보기 쉬운 장소
3. 근로자가 작업 중 쉽게 접근할 수 있는 장소에 설치된 전산장비

시행규칙 제168조(물질안전보건자료대상물질의 관리 요령 게시)
1. 제품명
2. 건강 및 환경에 대한 유해성, 물리적 위험성
3. 안전 및 보건상의 취급주의 사항
4. 적절한 보호구
5. 응급조치 요령 및 사고 시 대처방법

시행규칙 제169조(물질안전보건자료에 관한 교육의 시기·내용·방법 등) ① 법 제114조제3항에 따라 사업주는 다음 각 호의 어느 하나에 해당하는 경우에는 작업장에서 취급하는 물질안전보건자료대상물질의 물질안전보건자료에서 별표 5에 해당되는 내용을 근로자에게 교육하여야 한다. 이 경우 교육받은 근로자에 대해서는 해당 교육 시간만큼 법 제29조에 따른 안전·보건교육을 실시한 것으로 본다.
1. 물질안전보건자료대상물질을 제조·사용·운반 또는 저장하는 작업에 근로자를 배치하게 된 경우
2. 새로운 물질안전보건자료대상물질이 도입된 경우
3. 유해성·위험성 정보가 변경된 경우

(10) 물질안전보건자료대상물질 용기 등의 경고표시

법 제115조(물질안전보건자료대상물질 용기 등의 경고표시) ① 물질안전보건자료대상물질을 양도하거나 제공하는 자는 고용노동부령으로 정하는 방법에 따라 이를 담은 용기 및 포장에 경고표시를 하여야 한다. 다만, 용기 및 포장에 담는 방법 외의 방법으로 물질안전보건자료대상물질을 양도하거나 제공하는 경우에는 고용노동부장관이 정하여 고시한 바에 따라 경고표시 기재 항목을 적은 자료를 제공하여야 한다.
② 사업주는 사업장에서 사용하는 물질안전보건자료대상물질을 담은 용기에 고용노동부령으로 정하는 방법에 따라 경고표시를 하여야 한다. 다만, 용기에 이미 경고표시가 되어 있는 등 고용노동부령으로 정하는 경우에는 그러하지 아니하다.

물질안전보건자료대상물질을 양도하거나 제공하는 자에 대한 규정으로 고용노동부령으로 정하는 방법에 따라 이를 담은 용기 및 포장에 경고표시를 하여야 한다. 다만, 용기 및 포장에 담는 방법 외의 방법으로 물질안전보건자료대상물질을 양도하거나 제공하는 경우에는 고용노동부장관이 정하여 고시한 바에 따라 경고표시 기재 항목을 적은 자료를 제공하여야 한다.

또한 사업주는 사업장에서 사용하는 물질안전보건자료대상물질을 담은 용기에 고용노동부령으로 정하는 방법에 따라 경고표시를 하여야 한다. 다만, 용기에 이미 경고표시가 되어 있는 등 고용노동부령으로 정하는 경우에는 그러하지 아니하다.

시행규칙 제170조의 **경고표시 방법 및 기재항목**은 1. 명칭 : 제품명, 2. 그림문자 : 화학물질의 분류에 따라 유해·위험의 내용을 나타내는 그림, 3. 신호어 : 유해·위험의 심각성 정도에 따라 표시하는 "위험" 또는 "경고" 문구, 4. 유해·위험 문구 : 화학물질의 분류에 따라 유해·위험을 알리는 문구, 5. 예방조치 문구 : 화학물질에 노출되거나 부적절한 저장·취급 등으로 발생하는 유해·위험을 방지하기 위하여 알리는 주요 유의사항, 6. 공급자 정보 : 물질안전보건자료대상물질의 제조자 또는 공급자의 이름 및 전화번호 등의 내용을 기재한다.

(11) 물질안전보건자료와 관련된 자료의 제공

법 제116조(물질안전보건자료와 관련된 자료의 제공) 고용노동부장관은 근로자의 안전 및 보건 유지를 위하여 필요하면 물질안전보건자료와 관련된 자료를 근로자 및 사업주에게 제공할 수 있다.

고용노동부장관은 근로자의 안전 및 보건 유지를 위하여 필요하면 물질안전보건자료와 관련된 자료를 근로자 및 사업주에게 제공할 수 있도록 규정하고 있다.

동 **시행규칙 제171조**에는 고용노동부장관은 공단으로 하여금 물질안전보건자료와 관련된 자료를 근로자와 사업주에게 제공하도록 할 수 있다. 또한 고용노동부장관 및 공단은 근로자나 사업주에게 물질안전보건자료와 관련된 자료를 제공하기 위하여 필요하다고 인정하는 경우에는 물질안전보건자료대상물질을 제조하거나 수입하는 자에게 물질안전보건자료와 관련된 자료를 요청할 수 있다.

(12) 유해·위험물질의 제조 등 금지

법 제117조(유해·위험물질의 제조 등 금지) ① 누구든지 다음 각 호의 어느 하나에 해당하는 물질로서 대통령령으로 정하는 물질(이하 "제조등금지물질"이라 한다)을 제조·수입·양도·제공 또는 사용해서는 아니 된다.

1. 직업성 암을 유발하는 것으로 확인되어 근로자의 건강에 특히 해롭다고 인정되는 물질
2. 제105조제1항에 따라 유해성·위험성이 평가된 유해인자나 제109조에 따라 유해성·위험성이 조사된 화학물질 중 근로자에게 중대한 건강장해를 일으킬 우려가 있는 물질

② 제1항에도 불구하고 시험·연구 또는 검사 목적의 경우로서 다음 각 호의 어느 하나에 해당하는 경우에는 제조등금지물질을 제조·수입·양도·제공 또는 사용할 수 있다.

1. 제조·수입 또는 사용을 위하여 고용노동부령으로 정하는 요건을 갖추어 고용노동부장관의 승인을 받은 경우
2. 「화학물질관리법」 제18조제1항 단서에 따른 금지물질의 판매 허가를 받은 자가 같은 항 단서에 따라 판매 허가를 받은 자나 제1호에 따라 사용 승인을 받은 자에게 제조등금지물질을 양도 또는 제공하는 경우

③ 고용노동부장관은 제2항제1호에 따른 승인을 받은 자가 같은 호에 따른 승인요건에 적합하지 아니하게 된 경우에는 승인을 취소하여야 한다.

④ 제2항제1호에 따른 승인 절차, 승인 취소 절차, 그 밖에 필요한 사항은 고용노동부령으로 정한다.

누구든지 "1. 직업성 암을 유발하는 것으로 확인되어 근로자의 건강에 특히 해롭다고 인정되는 물질, 2. 제105조제1항 따라 유해성·위험성이 평가된 유해인자나 제109조에 따라 유해성·위험성이 조사된 화학물질 중 근로자에게 중대한 건강장해를 일으킬 우려가 있는 물질" 등의 어느 하나에 해당하는 물질로서 대통령령으로 정하는 물질(이하 "제조등금지물질"이라 한다)을 제조·수입·양도·제공 또는 사용해서는 아니 되도록 규정하고 있다.

제조 등이 금지되는 물질의 사용승인 신청등은 "1. 시험·연구계획서(제조·수입·사용의 목적·양 등에 관한 사항을 포함하여야 한다), 2. 산업보건 관련 조치를 위한 시설·장치의 명칭·구조·성능 등에 관한 서류, 3. 해당 시험·연구실(작업장)의 전체 작업공정도, 각 공정별로 취급하는 물질의 종류·취급량 및 공정별 종사 근로자 수에 관한 서류"이다.

시행령 제87조(제조 등이 금지되는 유해물질)

1. β-나프틸아민[91-59-8]과 그 염(β-Naphthylamine and its salts)
2. 4-니트로디페닐[92-93-3]과 그 염(4-Nitrodiphenyl and its salts)
3. 백연[1319-46-6]을 함유한 페인트(함유된 중량의 비율이 2퍼센트 이하인 것은 제외한다)(Paint containing more than 2 % white lead by weight)
4. 벤젠[71-43-2]을 함유하는 고무풀(함유된 중량의 비율이 5퍼센트 이하인 것은 제외한다)(Mucilage(gum) containing more than 5% benzene by weight)
5. 석면(Asbestos; 1332-21-4 등)
6. 폴리클로리네이티드 터페닐(Polychlorinated terphenyls; 61788-33-8 등)
7. 황린(黃燐)[12185-10-3] 성냥(Yellow phosphorus match)
8. 제1호 및 제2호, 제5호 및 제6호의 어느 하나에 해당하는 물질을 함유한 혼합물(함

유된 중량의 비율이 1퍼센트 이하인 것은 제외한다)
9. 「화학물질관리법」 제2조제5호에 따른 금지물질(「화학물질관리법」 제3조제1항제1호부터 제12호의 어느 하나에 해당하는 화학물질은 제외한다)
10. 그 밖에 보건상 해로운 물질로서 산업재해보상보험 및 예방심의위원회의 심의를 거쳐 고용노동부장관이 정하는 유해물질

(13) 유해·위험물질의 제조 등 허가

법 제118조(유해·위험물질의 제조 등 허가) ① 제117조제1항 각 호의 어느 하나에 해당하는 물질로서 대체물질이 개발되지 아니한 물질 등 대통령령으로 정하는 물질(이하 "허가대상물질"이라 한다)을 제조하거나 사용하려는 자는 고용노동부장관의 허가를 받아야 한다. 허가받은 사항을 변경할 때에도 또한 같다.
② 허가대상물질의 제조·사용설비, 작업방법, 그 밖의 허가기준은 고용노동부령으로 정한다.
③ 제1항에 따라 허가를 받은 자(이하 "허가대상물질제조·사용자"라 한다)는 그 제조·사용설비를 제2항에 따른 허가기준에 적합하도록 유지하여야 하며, 그 기준에 적합한 작업방법으로 허가대상물질을 제조·사용하여야 한다.
④ 고용노동부장관은 허가대상물질제조·사용자의 제조·사용설비 또는 작업방법이 제2항에 따른 허가기준에 적합하지 아니하다고 인정될 때에는 그 기준에 적합하도록 제조·사용설비를 수리·개조 또는 이전하도록 하거나 그 기준에 적합한 작업방법으로 그 물질을 제조·사용하도록 명할 수 있다.
⑤ 고용노동부장관은 허가대상물질제조·사용자가 다음 각 호의 어느 하나에 해당하면 그 허가를 취소하거나 6개월 이내의 기간을 정하여 영업을 정지하게 할 수 있다. 다만, 제1호에 해당할 때에는 그 허가를 취소하여야 한다.
1. 거짓이나 그 밖의 부정한 방법으로 허가를 받은 경우
2. 제2항에 따른 허가기준에 맞지 아니하게 된 경우
3. 제3항을 위반한 경우
4. 제4항에 따른 명령을 위반한 경우
5. 자체검사 결과 이상을 발견하고도 즉시 보수 및 필요한 조치를 하지 아니한 경우

⑥ 제1항에 따른 허가의 신청절차, 그 밖에 필요한 사항은 고용노동부령으로 정한다.

유해·위험물질의 제조허가 규정은 대체물질이 개발되지 아니한 물질 등을 제조하거나 사용하려는 자는 고용노동부장관의 허가를 받아야 한다. 허가받은 사항을 변경할 때에도 같다.

시행령 제88조(허가 대상 유해물질)

1. α-나프틸아민[134-32-7] 및 그 염(α-naphthylamine and its salts)
2. 디아니시딘[119-90-4] 및 그 염(Dianisidine and its salts)
3. 디클로로벤지딘[91-94-1] 및 그 염(Dichlorobenzidine and its salts)
4. 베릴륨(Beryllium; 7440-41-7)
5. 벤조트리클로라이드(Benzotrichloride; 98-07-7)
6. 비소[7440-38-2] 및 그 무기화합물(Arsenic and its inorganic compounds)
7. 염화비닐(Vinyl chloride; 75-01-4)
8. 콜타르피치[65996-93-2] 휘발물(Coal tar pitch volatiles)
9. 크롬광 가공(열을 가하여 소성 처리하는 경우만 해당한다)(Chromite ore processing)
10. 크롬산 아연(Zinc chromates; 13530-65-9 등)
11. o-톨리딘[119-93-7] 및 그 염(o-Tolidine and its salts)
12. 황화니켈류(Nickel sulfides; 12035-72-2, 16812-54-7)
13. 제1호부터 제12호까지의 어느 하나에 해당하는 물질(제5호는 제외한다)을 함유한 혼합물(함유된 중량의 비율이 1퍼센트 이하인 것은 제외한다)
14. 제5호의 물질을 함유한 혼합물(함유된 중량의 비율이 0.5퍼센트 이하인 것은 제외한다)
15. 그 밖에 보건상 해로운 물질로서 고용노동부장관이 산업재해보상보험 및 예방심의위원회의 심의를 거쳐 정하는 유해물질

제2절 석면에 대한 조치

(1) 석면조사

법 제119조(석면조사) ① 건축물이나 설비를 철거하거나 해체하려는 경우에 해당 건축물이나 설비의 소유주 또는 임차인 등(이하 "건축물·설비소유주등"이라 한다)은 다음 각 호의 사항을 고용노동부령으로 정하는 바에 따라 조사(이하 "일반석면조사"라 한다)한 후 그 결과를 기록하여 보존하여야 한다.

1. 해당 건축물이나 설비에 석면이 함유되어 있는지 여부
2. 해당 건축물이나 설비 중 석면이 함유된 자재의 종류, 위치 및 면적

② 제1항에 따른 건축물이나 설비 중 대통령령으로 정하는 규모 이상의 건축물·설비소유주등은 제120조에 따라 지정받은 기관(이하 "석면조사기관"이라 한다)에 다음 각 호의 사항을 조사(이하 "기관석면조사"라 한다)하도록 한 후 그 결과를 기록하여 보존하여야 한다. 다만, 석면함유 여부가 명백한 경우 등 대통령령으로 정하는 사유에 해당하여 고용노동부령으로 정하는 절차에 따라 확인을 받은 경우에는 기관석면조사를 생략할 수 있다.

1. 제1항 각 호의 사항
2. 해당 건축물이나 설비에 함유된 석면의 종류 및 함유량

③ 건축물·설비소유주등이 「석면안전관리법」 등 다른 법률에 따라 건축물이나 설비에 대하여 석면조사를 실시한 경우에는 고용노동부령으로 정하는 바에 따라 일반석면조사 또는 기관석면조사를 실시한 것으로 본다.

④ 고용노동부장관은 건축물·설비소유주등이 일반석면조사 또는 기관석면조사를 하지 아니하고 건축물이나 설비를 철거하거나 해체하는 경우에는 다음 각 호의 조치를 명할 수 있다.

1. 해당 건축물·설비소유주등에 대한 일반석면조사 또는 기관석면조사의 이행 명령
2. 해당 건축물이나 설비를 철거하거나 해체하는 자에 대하여 제1호에 따른 이행 명령의 결과를 보고받을 때까지의 작업중지 명령

⑤ 기관석면조사의 방법, 그 밖에 필요한 사항은 고용노동부령으로 정한다.

석면조사에 관한 규정으로 건축물이나 설비를 철거하거나 해체하려는 경우에 해당 건축물이나 설비의 소유주 또는 임차인 등(이하 "건축물·설비소유주등"이라 한다)은 다음 1. 해당 건축물이나 설비에 석면이 함유되어 있는지 여부, 2. 해당 건축물이나 설비 중 석면이 함유된 자재의 종류, 위치 및 면적사항등의 사항을 고용노동부령으로 정하는 바에 따라 조사(이하 "일반석면조사"라 한다)한 후 그 결과를 기록하여 보존하여야 한다.

시행령 제89조(기관석면조사 대상) ① "대통령령으로 정하는 규모 이상"이란 다음 각 호의 어느 하나와 같다.

1. 건축물(제2호에 따른 주택은 제외한다. 이하 이 호에서 같다)의 연면적 합계가 50제곱미터 이상이면서, 그 건축물의 철거·해체하려는 부분의 면적 합계가 50제곱미터 이상인 경우
2. 주택(「건축법 시행령」 제2조제12호에 따른 부속건축물을 포함한다. 이하 이 조에서 같다)의 연면적 합계가 200제곱미터 이상이면서, 그 주택의 철거·해체하려는 부분의 면적 합계가 200제곱미터 이상인 경우
3. 설비의 철거·해체하려는 부분에 다음 각 목의 어느 하나에 해당하는 자재(물질을 포함한다. 이하 같다)를 사용한 면적의 합이 15제곱미터 이상 또는 그 부피의 합이

1세제곱미터 이상인 경우
가. 단열재, 나. 보온재, 다. 분무재, 라. 내화피복재, 마. 개스킷(Gasket), 바. 패킹(Packing)재, 사. 실링(Sealing)재, 아. 그 밖에 가목부터 사목까지의 자재와 유사한 용도로 사용되는 자재로서 고용노동부장관이 정하여 고시한 자재
4. 파이프 길이의 합이 80미터 이상이면서, 그 파이프의 철거·해체하려는 부분의 보온재로 사용된 길이의 합이 80미터 이상인 경우

② "석면함유 여부가 명백한 경우 등 대통령령으로 정하는 사유"란 다음 각 호의 어느 하나와 같다.
1. 건축물이나 설비의 철거·해체 부분에 사용된 자재가 설계도서, 자재 이력 등 관련 자료를 통해 석면을 함유하고 있지 않음이 명백하다고 인정되는 경우
2. 건축물이나 설비의 철거·해체 부분에 석면이 1퍼센트(무게 퍼센트) 초과하여 함유된 자재를 사용하였음이 명백하다고 인정되는 경우

(2) 석면조사기관

법 제120조(석면조사기관) ① 석면조사기관이 되려는 자는 대통령령으로 정하는 인력·시설 및 장비 등의 요건을 갖추어 고용노동부장관의 지정을 받아야 한다.
② 고용노동부장관은 기관석면조사의 결과에 대한 정확성과 정밀도를 확보하기 위하여 석면조사기관의 석면조사 능력을 확인하고, 석면조사기관을 지도하거나 교육할 수 있다. 이 경우 석면조사 능력의 확인, 석면조사기관에 대한 지도 및 교육의 방법, 절차, 그 밖에 필요한 사항은 고용노동부장관이 정하여 고시한다.
③ 고용노동부장관은 석면조사기관에 대하여 평가하고 그 결과를 공개(제2항에 따른 석면조사 능력의 확인 결과를 포함한다)할 수 있다. 이 경우 평가의 기준·방법 및 결과의 공개에 필요한 사항은 고용노동부령으로 정한다.
④ 석면조사기관의 지정 절차, 그 밖에 필요한 사항은 고용노동부령으로 정한다.
⑤ 석면조사기관에 관하여는 제21조제4항 및 제5항을 준용한다. 이 경우 "안전관리전문기관 또는 보건관리전문기관"은 "석면조사기관"으로 본다.

석면조사기관이 되려는 자는 인력·시설 및 장비 등의 요건을 갖추어 고용노동부장관의 지정을 받아야 하고 고용노동부장관은 기관석면조사의 결과에 대한 정확성과 정밀도를 확보하기 위하여 석면조사기관의 석면조사 능력을 확인하고, 석면조사기관을 지도하거나 교육할 수 있다. 석면조사 능력의 확인, 석면조사기관에 대한 지도 및 교육의 방법, 절차, 그 밖에 필요한 사항은

고용노동부장관이 정하여 고시하며, 고용노동부장관은 석면조사기관에 대하여 평가하고 그 결과를 공개할 수 있다. 또한 평가의 기준·방법 및 결과의 공개에 필요한 사항은 고용노동부령으로 정하며, 석면조사기관의 지정 절차, 그 밖에 필요한 사항은 고용노동부령으로 정하였으며, 안전관리전문기관 또는 보건관리전문기관"은 "석면조사기관"으로 보도록 하였다.

(3) 석면해체·제거업의 등록

법 제121조(석면해체·제거업의 등록 등) ① 석면해체·제거를 업으로 하려는 자는 대통령령으로 정하는 인력·시설 및 장비를 갖추어 고용노동부장관에게 등록하여야 한다.
② 고용노동부장관은 제1항에 따라 등록한 자(이하 "석면해체·제거업자"라 한다)의 석면해체·제거작업의 안전성을 고용노동부령으로 정하는 바에 따라 평가하고 그 결과를 공개할 수 있다. 이 경우 평가의 기준·방법 및 결과의 공개에 필요한 사항은 고용노동부령으로 정한다.
③ 제1항에 따른 등록 절차, 그 밖에 필요한 사항은 고용노동부령으로 정한다.
④ 석면해체·제거업자에 관하여는 제21조제4항 및 제5항을 준용한다. 이 경우 "안전관리전문기관 또는 보건관리전문기관"은 "석면해체·제거업자"로, "지정"은 "등록"으로 본다.

석면해체·제거를 업으로 하려는 자는 대통령령으로 정하는 인력·시설 및 장비를 갖추어 고용노동부장관에게 등록하여야 하고, 등록한 자의 석면해체·제거작업의 안전성을 평가하고 그 결과를 공개할 수 있다. 이 경우 평가의 기준·방법 및 결과의 공개에 필요한 사항은 고용노동부령으로 정하고, 이 경우 "안전관리전문기관 또는 보건관리전문기관"은 "석면해체·제거업자"로, "지정"은 "등록"으로 본다.

시행령 제93조(석면해체·제거업자의 등록 취소 등의 사유) 법 제121조제4항에 따라 준용되는 법 제21조제4항제5호에서 "대통령령으로 정하는 사유에 해당하는 경우"란 다음 각 호의 어느 하나에 해당하는 경우를 말한다.

1. 법 제123조제1항에 따라 고용노동부령으로 정하는 석면해체·제거의 작업기준을 준수하지 아니하여 벌금형의 선고 또는 금고 이상의 형의 선고를 받은 경우
2. 법 제122조제3항에 따른 서류를 거짓이나 그 밖의 부정한 방법으로 작성한 경우
3. 법 제122조제3항에 따른 신고(변경신고는 제외한다) 또는 서류 보존 의무를 이행하지 아니한 경우
4. 관계 공무원의 지도·감독 업무를 거부·방해·기피한 경우

(4) 석면의 해체·제거

법 제122조(석면의 해체·제거) ① 기관석면조사 대상인 건축물이나 설비에 대통령령으로 정하는 함유량과 면적 이상의 석면이 함유되어 있는 경우 해당 건축물·설비소유주등은 석면해체·제거업자로 하여금 그 석면을 해체·제거하도록 하여야 한다. 다만, 건축물·설비소유주등이 인력·장비 등에서 석면해체·제거업자와 동등한 능력을 갖추고 있는 경우 등 대통령령으로 정하는 사유에 해당할 경우에는 스스로 석면을 해체·제거할 수 있다.
② 제1항에 따른 석면해체·제거는 해당 건축물이나 설비에 대하여 기관석면조사를 실시한 기관이 해서는 아니 된다.
③ 석면해체·제거업자(제1항 단서의 경우에는 건축물·설비소유주등을 말한다. 이하 제124조에서 같다)는 제1항에 따른 석면해체·제거작업을 하기 전에 고용노동부령으로 정하는 바에 따라 고용노동부장관에게 신고하고, 제1항에 따른 석면해체·제거작업에 관한 서류를 보존하여야 한다.
④ 고용노동부장관은 제3항에 따른 신고를 받은 경우 그 내용을 검토하여 이 법에 적합하면 신고를 수리하여야 한다.
⑤ 제3항에 따른 신고 절차, 그 밖에 필요한 사항은 고용노동부령으로 정한다.

석면의 해체·제거규정이 되어 있는데, 기관석면조사 대상인 건축물이나 설비에 정하는 함유량과 면적 이상의 석면이 함유되어 있는 경우 해당 건축물·설비소유주 등은 석면해체·제거업자로 하여금 그 석면을 해체·제거하도록 하여야 한다. 다만, 건축물·설비소유주등이 인력·장비 등에서 석면해체·제거업자와 동등한 능력을 갖추고 있는 경우 등 스스로 석면을 해체·제거할 수 있다.

시행령 제94조(석면해체·제거업자를 통한 석면해체·제거 대상)

1. 철거·해체하려는 벽체재료, 바닥재, 천장재 및 지붕재 등의 자재에 석면이 1퍼센트(무게 퍼센트)를 초과하여 함유되어 있고 그 자재의 면적의 합이 50제곱미터 이상인 경우
2. 석면이 1퍼센트(무게 퍼센트)를 초과하여 함유된 분무재 또는 내화피복재를 사용한 경우
3. 석면이 1퍼센트(무게 퍼센트)를 초과하여 함유된 제30조의3제1항제3호 각 목의 어느 하나(분무재 및 내화피복재는 제외한다)에 해당하는 자재의 면적의 합이 15제곱미터 이상 또는 그 부피의 합이 1세제곱미터 이상인 경우
4. 파이프에 사용된 보온재에서 석면이 1퍼센트(무게 퍼센트)를 초과하여 함유되어 있

고, 그 보온재 길이의 합이 80미터 이상인 경우

(5) 석면해체·제거 작업기준의 준수

법 제123조(석면해체·제거 작업기준의 준수) ① 석면이 함유된 건축물이나 설비를 철거하거나 해체하는 자는 고용노동부령으로 정하는 석면해체·제거의 작업기준을 준수하여야 한다.
② 근로자는 석면이 함유된 건축물이나 설비를 철거하거나 해체하는 자가 제1항의 작업기준에 따라 근로자에게 한 조치로서 고용노동부령으로 정하는 조치 사항을 준수하여야 한다.

석면이 함유된 건축물이나 설비를 철거하거나 해체하는 자는 석면해체·제거의 작업기준을 준수하여야 한다. 또한 근로자는 석면이 함유된 건축물이나 설비를 철거하거나 해체하는 자가 작업기준에 따라 근로자에게 정하는 조치 사항을 준수하여야 한다.

(6) 석면농도기준의 준수

법 제124조(석면농도기준의 준수) ① 석면해체·제거업자는 제122조제1항에 따른 석면해체·제거작업이 완료된 후 해당 작업장의 공기 중 석면농도가 고용노동부령으로 정하는 기준 이하가 되도록 하고, 그 증명자료를 고용노동부장관에게 제출하여야 한다.
② 제1항에 따른 공기 중 석면농도를 측정할 수 있는 자의 자격 및 측정방법에 관한 사항은 고용노동부령으로 정한다.
③ 건축물·설비소유주등은 석면해체·제거작업 완료 후에도 작업장의 공기 중 석면농도가 제1항의 기준을 초과한 경우 해당 건축물이나 설비를 철거하거나 해체해서는 아니 된다.

석면해체·제거업자는 석면해체·제거작업이 완료된 후 해당 작업장의 공기 중 석면농도가 고용노동부령으로 정하는 기준 이하가 되도록 하고, 그 증명자료를 고용노동부장관에게 제출하여야 한다. 자세한 규정은 시행규칙에 정해 놓았다.

시행규칙 제182조(석면해체·제거작업 완료 후의 석면농도기준) 법 제124조제1항에서 “고용노동부령으로 정하는 기준”이란 1세제곱센티미터당 0.01개를 말한다.

시행규칙 제183조(석면농도측정 결과의 제출) 석면해체·제거업자는 법 제124조제1항에 따라 석면해체·제거작업이 완료된 후에는 별지 제80호서식의 석면농도측정 결과보고서에 해당 기관이 작성한 별지 제81호서식의 석면농도측정 결과표를 첨부하여 지체 없이 석면농도기준의 준수 여부에 대한 증명자료를 관할 지방고용노동관서의 장에게 제출(전자문서를 통한 제출을 포함한다)하여야 한다.

시행규칙 제184조(석면농도를 측정할 수 있는 자의 자격) 법 제124조제2항에 따른 "공기 중 석면농도를 측정할 수 있는 자"는 다음 각 호의 어느 하나에 해당하는 자격을 가진 사람으로 한다.

1. 법 제120조제1항에 따른 석면조사기관에 소속된 산업위생관리산업기사 또는 대기환경산업기사 이상의 자격을 가진 사람
2. 법 제126조제1항에 따른 작업환경측정기관에 소속된 산업위생관리산업기사 이상의 자격을 가진 사람

시행규칙 제185조(석면농도의 측정방법)

1. 석면해체·제거작업장 내의 작업이 완료된 상태를 확인한 후 공기가 건조한 상태에서 측정할 것
2. 작업장 내에 침전된 분진을 비산(飛散)시킨 후 측정할 것
3. 시료채취기를 작업이 이루어진 장소에 고정하여 공기 중 입자상 물질을 채취하는 지역시료채취방법으로 측정할 것

제8장 근로자 보건관리

제1절 근로환경의 개선

(1) 작업환경측정

법 제125조(작업환경측정) ① 사업주는 유해인자로부터 근로자의 건강을 보호하고 쾌적한 작업환경을 조성하기 위하여 인체에 해로운 작업을 하는 작업장으로서 고용노동부령으로 정하

는 작업장에 대하여 고용노동부령으로 정하는 자격을 가진 자로 하여금 작업환경측정을 하도록 하여야 한다.

② 제1항에도 불구하고 도급인의 사업장에서 관계수급인 또는 관계수급인의 근로자가 작업을 하는 경우에는 도급인이 제1항에 따른 자격을 가진 자로 하여금 작업환경측정을 하도록 하여야 한다.

③ 사업주(제2항에 따른 도급인을 포함한다. 이하 이 조 및 제127조에서 같다)는 제1항에 따른 작업환경측정을 제126조에 따라 지정받은 기관(이하 "작업환경측정기관"이라 한다)에 위탁할 수 있다. 이 경우 필요한 때에는 작업환경측정 중 시료의 분석만을 위탁할 수 있다.

④ 사업주는 근로자대표(관계수급인의 근로자대표를 포함한다. 이하 이 조에서 같다)가 요구하면 작업환경측정 시 근로자대표를 참석시켜야 한다.

⑤ 사업주는 작업환경측정 결과를 기록하여 보존하고 고용노동부령으로 정하는 바에 따라 고용노동부장관에게 보고하여야 한다. 다만, 제3항에 따라 사업주로부터 작업환경측정을 위탁받은 작업환경측정기관이 작업환경측정을 한 후 그 결과를 고용노동부령으로 정하는 바에 따라 고용노동부장관에게 제출한 경우에는 작업환경측정 결과를 보고한 것으로 본다.

⑥ 사업주는 작업환경측정 결과를 해당 작업장의 근로자(관계수급인 및 관계수급인 근로자를 포함한다. 이하 이 항, 제127조 및 제175조제5항제15호에서 같다)에게 알려야 하며, 그 결과에 따라 근로자의 건강을 보호하기 위하여 해당 시설·설비의 설치·개선 또는 건강진단의 실시 등의 조치를 하여야 한다.

⑦ 사업주는 산업안전보건위원회 또는 근로자대표가 요구하면 작업환경측정 결과에 대한 설명회 등을 개최하여야 한다. 이 경우 제3항에 따라 작업환경측정을 위탁하여 실시한 경우에는 작업환경측정기관에 작업환경측정 결과에 대하여 설명하도록 할 수 있다.

⑧ 제1항 및 제2항에 따른 작업환경측정의 방법·횟수, 그 밖에 필요한 사항은 고용노동부령으로 정한다.

사업주는 유해인자로부터 근로자의 건강을 보호하고 쾌적한 작업환경을 조성하기 위하여 인체에 해로운 작업을 하는 작업장으로서 고용노동부령으로 정하는 작업장에 대하여 고용노동부령으로 정하는 자격을 가진 자로 하여금 작업환경측정을 하도록 하여야 한다. 또한 도급인의 사업장에서 관계수급인 또는 관계수급인의 근로자가 작업을 하는 경우에는 도급인이 제1항에 따른 자격을 가진 자로 하여금 작업환경측정을 하도록 하여야 한다. 사업주는 도급인을 포함하며 작업환경측정을 제126조에 따라 지정받은 기관(이하 "작업환경측정기관"이라 한다)에 위탁할 수 있다. 필요한 때에는 작업환경측정 중 시료의 분석만을 위탁할 수 있다.

작업환경측정 시에 사업주는 근로자대표(관계수급인의 근로자대표를 포함한다.)가 요구하면 작업환경측정 시 근로자대표를 참석시켜야 한다. 사업주는 작업환경측정 결과를 기록하여 보존하고 고용노동부령으로 정하는 바에 따라 고용노동부장관에게 보고하여야 한다. 다만, 사업주로부터 작업환경측정을 위탁받은 작업환경측정기관이 작업환경측정을 한 후 그 결과를 고용노동부령으로 정하는 바에 따라 고용노동부장관에게 제출한 경우에는 작업환경측정 결과를 보고한 것으로 본다.

사업주는 작업환경측정 결과를 해당 작업장의 근로자(관계수급인 및 관계수급인 근로자를 포함한다.)를 보호하기 위하여 결과에 따라 해당 시설·설비의 설치·개선 또는 건강진단의 실시 등의 조치를 하여야 한다.

사업주는 산업안전보건위원회 또는 근로자대표가 요구하면 작업환경측정 결과에 대한 설명회 등을 개최하여야 하며, 작업환경측정을 위탁하여 실시한 경우에는 작업환경측정을 한 기관에게 작업환경측정 결과에 대하여 설명하도록 할 수 있도록 하며, 작업환경측정의 방법·횟수, 그 밖에 필요한 사항은 고용노동부령으로 정한다.

시행규칙 제186조(작업환경측정 대상 작업장 등) ① 법 제125조제1항에서 "고용노동부령으로 정하는 작업장"이란 별표 21의 작업환경측정 대상 유해인자에 노출되는 근로자가 있는 작업장을 말한다. 다만, 다음 각 호의 어느 하나에 해당하는 경우에는 작업환경측정을 하지 아니할 수 있다.

1. 안전보건규칙 제420조제1호에 따른 관리대상 유해물질의 허용소비량을 초과하지 아니하는 작업장(그 관리대상 유해물질에 관한 작업환경측정만 해당한다)
2. 안전보건규칙 제420조제8호에 따른 임시작업 및 같은 조 제9호에 따른 단시간 작업을 하는 작업장(고용노동부 장관이 정하여 고시하는 물질을 취급하는 작업은 제외한다)
3. 안전보건규칙 제605조제2호에 따른 분진작업의 적용 제외 작업장(분진에 관한 작업환경측정만 해당한다)
4. 그 밖에 작업환경측정 대상 유해인자의 노출 수준이 노출기준에 비하여 현저히 낮은 경우로서 고용노동부장관이 정하여 고시하는 작업장

동 **시행규칙 제188조**에 따라 사업주는 법 제125조제1항에 따라 작업환경측정을 한 경우에는 별지 제82호서식의 작업환경측정 결과보고서에 별지 제83호서식의 작업환경측정 결과표를 첨부하여 제189조제1항제3호에 따른 시료채취를 마친 날부터 30일 이내에 관할 지방고용노동관서의 장에게 제출하여야 한다. 다만, 시료분석 및 평가에 상당한 시간이 걸려 시료채취를 마친 날부터 30일 이내에 보고하는 것이 어려운 사업장의 사업주는 고용노동부장관이 정하여 고시하는 바에 따라 그 사실을 증명하여 관할 지방고용노동관서의 장에게 신고하면 30일의 범위에서 제출기간을 연장할 수 있다.

작업환경측정횟수는 동 **시행규칙 제190조**에 따라 사업주는 작업장 또는 작업공정이 신규로 가동되거나 변경되는 등으로 제186조에 따른 작업환경측정 대상 작업장이 된 경우에는 그 날부터 30일 이내에 작업환경측정을 하고, 그 후 6개월에 1회 이상 정기적으로 작업환경을 측정하여야 한다. 다만, 작업환경측정 결과가 다음 각 호의 어느 하나에 해당하는 작업장 또는 작업공정은 해당 유해인자에 대하여 그 측정일부터 3개월에 1회 이상 작업환경측정을 하여야 한다.

시행규칙 제189조(작업환경측정방법)

1. 작업환경측정을 하기 전에 예비조사를 할 것
2. 작업이 정상적으로 이루어져 작업시간과 유해인자에 대한 근로자의 노출 정도를 정확히 평가할 수 있을 때 실시할 것
3. 모든 측정은 개인시료 채취방법으로 하되, 개인시료 채취방법이 곤란한 경우에는 지역시료채취방법으로 실시(이 경우 그 사유를 별지 제83호서식의 작업환경측정 결과표에 분명하게 밝혀야 한다)할 것
4. 법 제125조제3항에 따라 작업환경측정기관에 위탁하여 실시하는 경우에는 해당 작업환경측정기관에 공정별 작업내용, 화학물질의 사용실태 및 물질안전보건자료 등 작업환경측정에 필요한 정보를 제공할 것

(2) 작업환경측정기관

법 제126조(작업환경측정기관) ① 작업환경측정기관이 되려는 자는 대통령령으로 정하는 인력·시설 및 장비 등의 요건을 갖추어 고용노동부장관의 지정을 받아야 한다.

② 고용노동부장관은 작업환경측정기관의 측정·분석 결과에 대한 정확성과 정밀도를 확보하기 위하여 작업환경측정기관의 측정·분석능력을 확인하고, 작업환경측정기관을 지도하거나 교육할 수 있다. 이 경우 측정·분석능력의 확인, 작업환경측정기관에 대한 교육의 방법·절차, 그 밖에 필요한 사항은 고용노동부장관이 정하여 고시한다.

③ 고용노동부장관은 작업환경측정의 수준을 향상시키기 위하여 필요한 경우 작업환경측정기관을 평가하고 그 결과(제2항에 따른 측정·분석능력의 확인 결과를 포함한다)를 공개할 수 있다. 이 경우 평가기준·방법 및 결과의 공개, 그 밖에 필요한 사항은 고용노동부령으로 정한다.

④ 작업환경측정기관의 유형, 업무 범위 및 지정 절차, 그 밖에 필요한 사항은 고용노동부령으로 정한다.

⑤ 작업환경측정기관에 관하여는 제21조제4항 및 제5항을 준용한다. 이 경우 "안전관리전문기관 또는 보건관리전문기관"은 "작업환경측정기관"으로 본다.

작업환경측정기관이 되려는 자는 인력·시설 및 장비 등의 요건을 갖추어 고용노동부장관의 지정을 받아야 한다.

고용노동부장관은 작업환경측정기관의 측정·분석 결과에 대한 정확성과 정밀도를 확보하기 위하여 작업환경측정기관의 측정·분석능력을 확인하고, 작업환경측정기관을 지도하거나 교육할 수 있다. 이 경우 측정·분석능력의 확인, 작업환경측정기관에 대한 교육의 방법, 절차, 그 밖에 필요한 사항은 고용노동부장관이 정하여 고시한다.

시행령 제95조(작업환경측정기관의 지정 요건) 법 제126조제1항에 따른 작업환경측정기관으로 지정받으려는 자는 법 제126조제4항에 따른 작업환경측정기관의 유형별로 별표 29에 따른 인력·시설 및 장비 등의 요건을 갖추어야 한다.

시행규칙 제191조(작업환경측정기관의 평가 등) ① 공단이 법 제126조제3항에 따라 작업환경측정기관을 평가하는 기준은 다음 각 호와 같다.

1. 인력·시설 및 장비의 보유 수준과 그에 대한 관리능력
2. 작업환경측정 및 시료분석 능력과 그 결과의 신뢰도
3. 작업환경측정 대상 사업장의 만족도

② 작업환경측정기관에 대한 평가 방법 및 평가 결과의 공개에 관하여는 제17조제2항부터 제8항까지의 규정을 준용한다. 이 경우 "안전관리전문기관 또는 보건관리전문기관"은 "작업환경측정기관"으로 본다.

시행규칙 제192조(작업환경측정기관의 유형과 업무 범위)

1. 사업장 위탁측정기관 : 위탁받은 사업장
2. 사업장 자체측정기관 : 그 사업장(계열회사 사업장을 포함한다) 또는 그 사업장 내에서 사업의 일부가 도급계약에 의하여 시행되는 경우에는 수급인의 사업장

(3) 작업환경측정 신뢰성 평가

법 제127조(작업환경측정 신뢰성 평가) ① 고용노동부장관은 제125조제1항 및 제2항에 따른 작업환경측정 결과에 대하여 그 신뢰성을 평가할 수 있다.

② 사업주와 근로자는 고용노동부장관이 제1항에 따른 신뢰성을 평가할 때에는 적극적으로 협조하여야 한다.

③ 제1항에 따른 신뢰성 평가의 방법·대상 및 절차, 그 밖에 필요한 사항은 고용노동부령으

로 정한다.

작업환경측정 결과에 대하여 그 신뢰성을 평가할 수 있으며, 사업주와 근로자는 고용노동부장관이 신뢰성을 평가할 때에는 적극적으로 협조하여야 하며, 신뢰성 평가절차는 시행규칙에 두고 있다.

시행규칙 제194조(작업환경측정 신뢰성평가의 대상 등) ① 공단은 법 제127조제1항에 따라 다음 각 호의 어느 하나에 해당하는 경우에는 법 제127조제1항에 따른 작업환경측정 신뢰성평가(이하 "신뢰성평가"라 한다)를 할 수 있다.

1. 작업환경측정 결과가 노출기준 미만인데도 직업병 유소견자가 발생한 경우
2. 공정설비, 작업방법 또는 사용 화학물질의 변경 등 작업 조건의 변화가 없는데도 유해인자 노출수준이 현저히 달라진 경우
3. 제189조에 따른 작업환경측정방법을 위반하여 작업환경측정을 한 경우 등 신뢰성평가의 필요성이 인정되는 경우

(4) 작업환경전문연구기관의 지정

법 제128조(작업환경전문연구기관의 지정) ① 고용노동부장관은 작업장의 유해인자로부터 근로자의 건강을 보호하고 작업환경관리방법 등에 관한 전문연구를 촉진하기 위하여 유해인자별·업종별 작업환경전문연구기관을 지정하여 예산의 범위에서 필요한 지원을 할 수 있다.
② 제1항에 따른 유해인자별·업종별 작업환경전문연구기관의 지정기준, 그 밖에 필요한 사항은 고용노동부장관이 정하여 고시한다.

작업장의 유해인자로부터 근로자의 건강을 보호하고 작업환경관리방법 등에 관한 전문연구를 촉진하기 위하여 작업환경전문연구기관의 지정에 관한 규정을 두고 있다. 유해인자별·업종별 작업환경전문연구기관을 지정에 대하여 예산의 범위에서 필요한 지원을 할 수 있으며, 유해인자별·업종별 작업환경전문연구기관의 지정기준, 그 밖에 필요한 사항은 고용노동부장관이 정하여 고시하도록 되어 있다.

제2절 건강진단 및 건강관리

(1) 일반건강진단

법 제129조(일반건강진단) ① 사업주는 상시 사용하는 근로자의 건강관리를 위하여 건강진단(이하 "일반건강진단"이라 한다)을 실시하여야 한다. 다만, 사업주가 고용노동부령으로 정하는 건강진단을 실시한 경우에는 그 건강진단을 받은 근로자에 대하여 일반건강진단을 실시한 것으로 본다.
② 사업주는 제135조제1항에 따른 특수건강진단기관 또는 「건강검진기본법」 제3조제2호에 따른 건강검진기관(이하 "건강진단기관"이라 한다)에서 일반건강진단을 실시하여야 한다.
③ 일반건강진단의 주기·항목·방법 및 비용, 그 밖에 필요한 사항은 고용노동부령으로 정한다.

사업주는 상시 사용하는 근로자의 건강관리를 위하여 건강진단을 실시하도록 되어있다. 한다. 사업주가 고용노동부령으로 정하는 건강진단을 실시한 경우에는 그 건강진단을 받은 근로자에 대하여 일반건강진단을 실시한 것으로 본다. 사업주는 제135조제1항에 따른 특수건강진단기관 또는 「건강검진기본법」 제3조제2호에 따른 건강검진기관에서 일반건강진단을 실시하여야 한다. 일반건강진단의 주기·항목·방법 및 비용, 그 밖에 필요한 사항은 고용노동부령으로 정한다.

종류	실시주기(또는 시기)
일반건강진단	상시 사용하는 근로자에 대하여 주기적으로 실시 - 사무직 : 2년 1회 - 생산직 : 1년 1회
특수건강진단	특수건강진단 대상 유해인자에 노출되는 업무에 종사하는 근로자
배치 전 건강진단	특수건강진단 대상 업무에 종사할 근로자에 대하여 배치예정업무에 대한 적합성 평가를 위하여 사업주가 실시하는 건강진단
수시 건강진단	특수건강진단 대상 작업으로 인하여 직업성 천식, 직업성 피부염, 기타 건강장해를 의심케 하는 증상이 있거나 소견을 보일 때
임시건강진단	- 동일부서 근무 또는 동일한 유해인자에 노출되는 근로자에게 유사한 질병의 자각 및 타각증상이 발견된 때 - 직업병 유소견자가 발생하거나 다수 발생할 우려가 있는 경우 - 지방노동관서의 장이 필요하다고 판단하는 경우

시행규칙 제195조(근로자 건강진단 실시에 대한 협력 등) ① 사업주는 건강진단기관이 근로자의 건강진단을 위하여 다음 각 호의 정보를 요청하는 경우 해당 정보를 제공하는 등

근로자의 건강진단이 원활히 실시될 수 있도록 적극 협조하여야 한다.

1. 근로자의 작업장소, 근로시간, 작업내용, 작업방식 등 근무환경에 관한 정보
2. 건강진단 결과, 작업환경측정 결과, 화학물질 사용 실태, 물질안전보건자료 등 건강진단에 필요한 정보

② 근로자는 사업주가 실시하는 건강진단 및 의학적 조치에 적극 협조하여야 한다.

③ 건강진단기관은 사업주가 법 제129조부터 제131조의 규정에 따라 건강진단을 실시하기 위하여 출장검진을 요청하는 경우에는 출장검진을 할 수 있다.

시행규칙 제196조(일반건강진단 실시의 인정) 법 제129조제1항 단서에서 "고용노동부령으로 정하는 건강진단"이란 다음 각 호 어느 하나에 해당하는 건강진단을 말한다.

1. 「국민건강보험법」에 따른 건강검진
2. 「선원법」에 따른 건강진단
3. 「진폐의 예방과 진폐근로자의 보호 등에 관한 법률」에 따른 정기 건강진단
4. 「학교보건법」에 따른 건강검사
5. 「항공안전법」에 따른 신체검사
6. 그 밖에 제198조제1항에서 정한 일반건강진단의 검사항목을 모두 포함하여 실시한 건강진단

시행규칙 제197조(일반건강진단의 주기 등) ① 사업주는 상시 사용하는 근로자 중 사무직에 종사하는 근로자(공장 또는 공사현장과 같은 구역에 있지 아니한 사무실에서 서무·인사·경리·판매·설계 등의 사무업무에 종사하는 근로자를 말하며, 판매업무 등에 직접 종사하는 근로자는 제외한다)에 대해서는 2년에 1회 이상, 그 밖의 근로자에 대해서는 1년에 1회 이상 일반건강진단을 실시하여야 한다.

② 법 제129조에 따른 일반건강진단을 실시하여야 할 사업주는 일반건강진단 실시 시기를 안전보건관리규정 또는 취업규칙에 규정하는 등 일반건강진단이 정기적으로 실시되도록 노력하여야 한다.

시행규칙 제198조(일반건강진단의 검사항목 및 실시방법 등) ① 법 제129조에 따른 일반건강진단의 제1차 검사항목은 다음 각 호와 같다.

1. 과거병력, 작업경력 및 자각·타각증상(시진·촉진·청진 및 문진)
2. 혈압·혈당·요당·요단백 및 빈혈검사
3. 체중·시력 및 청력

4. 흉부방사선 촬영
5. AST(SGOT) 및 ALT (SGPT), γ-GTP 및 총콜레스테롤

② 제1항에 따른 제1차 검사항목 중 혈당·총콜레스테롤 및 γ-GTP 검사는 고용노동부장관이 정하는 근로자에 대하여 실시한다.

③ 제1항에 따른 검사 결과 질병의 확진이 곤란한 경우에는 제2차 건강진단을 받아야 하며, 제2차 건강진단의 범위, 검사항목, 방법 및 시기 등은 고용노동부장관이 정하여 고시한다.

④ 제196조 및 제201조 각 호에 따른 법령과 그 밖에 다른 법령에 따라 제1항부터 제3항까지에서 정한 검사항목과 같은 항목의 건강진단을 실시한 경우에는 해당 항목에 한정하여 제1항부터 제3항에 따른 검사를 생략할 수 있다.

⑤ 제1항부터 제4항까지에서 정한 사항 외에 일반건강진단의 검사방법, 실시방법, 그 밖에 필요한 사항은 고용노동부장관이 정한다.

시행규칙 제199조(일반건강진단 결과의 제출) 지방고용노동관서의 장은 근로자의 건강을 유지하기 위하여 필요하다고 인정하는 사업장의 경우 해당 사업주에게 별지 제84호서식의 일반건강진단 결과표를 제출하게 할 수 있다.

(2) 특수건강진단

법 제130조(특수건강진단 등) ① 사업주는 다음 각 호의 어느 하나에 해당하는 근로자의 건강관리를 위하여 건강진단(이하 "특수건강진단"이라 한다)을 실시하여야 한다. 다만, 사업주가 고용노동부령으로 정하는 건강진단을 실시한 경우에는 그 건강진단을 받은 근로자에 대하여 해당 유해인자에 대한 특수건강진단을 실시한 것으로 본다.

1. 고용노동부령으로 정하는 유해인자에 노출되는 업무(이하 "특수건강진단대상업무"라 한다)에 종사하는 근로자
2. 제1호, 제3항 및 제131조에 따른 건강진단 실시 결과 직업병 소견이 있는 근로자로 판정받아 작업 전환을 하거나 작업 장소를 변경하여 해당 판정의 원인이 된 특수건강진단대상업무에 종사하지 아니하는 사람으로서 해당 유해인자에 대한 건강진단이 필요하다는 「의료법」 제2조에 따른 의사의 소견이 있는 근로자

② 사업주는 특수건강진단대상업무에 종사할 근로자의 배치 예정 업무에 대한 적합성 평가를 위하여 건강진단(이하 "배치전건강진단"이라 한다)을 실시하여야 한다. 다만, 고용노동부령으

로 정하는 근로자에 대해서는 배치전건강진단을 실시하지 아니할 수 있다.
③ 사업주는 특수건강진단대상업무에 따른 유해인자로 인한 것이라고 의심되는 건강장해 증상을 보이거나 의학적 소견이 있는 근로자 중 보건관리자 등이 사업주에게 건강진단 실시를 건의하는 등 고용노동부령으로 정하는 근로자에 대하여 건강진단(이하 "수시건강진단"이라 한다)을 실시하여야 한다.
④ 사업주는 제135조제1항에 따른 특수건강진단기관에서 제1항부터 제3항까지의 규정에 따른 건강진단을 실시하여야 한다.
⑤ 제1항부터 제3항까지의 규정에 따른 건강진단의 시기·주기·항목·방법 및 비용, 그 밖에 필요한 사항은 고용노동부령으로 정한다.

사업주는 근로자의 건강관리를 위하여 특수건강진단을 실시하여야 한다. 다만, 사업주가 건강진단을 실시한 경우에는 그 건강진단을 받은 근로자에 대하여 해당 유해인자에 대한 특수건강진단을 실시한 것으로 본다.

시행규칙 제200조(특수건강진단 실시의 인정) 법 제130조제1항 단서에서 "고용노동부령으로 정하는 건강진단"이란 다음 각 호의 어느 하나에 해당하는 건강진단을 말한다.
1. 「원자력안전법」에 따른 건강진단(방사선만 해당한다)
2. 「진폐의 예방과 진폐근로자의 보호 등에 관한 법률」에 따른 정기 건강진단(광물성 분진만 해당한다)
3. 「진단용 방사선 발생장치의 안전관리에 관한 규칙」에 따른 건강진단(방사선만 해당한다)
4. 그 밖에 다른 법령에 따라 별표 24에서 정한 특수건강진단의 검사항목을 모두 포함하여 실시한 건강진단(해당하는 유해인자만 해당한다)

(3) 임시건강진단 명령

법 제131조(임시건강진단 명령 등) ① 고용노동부장관은 같은 유해인자에 노출되는 근로자들에게 유사한 질병의 증상이 발생한 경우 등 고용노동부령으로 정하는 경우에는 근로자의 건강을 보호하기 위하여 사업주에게 특정 근로자에 대한 건강진단(이하 "임시건강진단"이라 한다)의 실시나 작업전환, 그 밖에 필요한 조치를 명할 수 있다.
② 임시건강진단의 항목, 그 밖에 필요한 사항은 고용노동부령으로 정한다.

같은 부서에서 근무하는 근로자가 유해인자에 노출될 경우 유사한 질병의 증상이 발생한 경우 등에는 근로자의 건강을 보호하기 위하여 사업주에게 특정 근로자에 대한 "임시건강진단"의 실시나 작업전환, 그 밖에 필요한 조치를 명할 수 있으며, **시행규칙 제207조**의 **임시건강진단 명령**을 통하여 실시한다.

1. 같은 부서에 근무하는 근로자 또는 같은 유해인자에 노출되는 근로자에게 유사한 질병의 자각·타각증상이 발생한 경우
2. 직업병 유소견자가 발생하거나 여러 명이 발생할 우려가 있는 경우
3. 그 밖에 지방고용노동관서의 장이 필요하다고 판단하는 경우

(4) 건강진단에 관한 사업주의 의무

법 제132조(건강진단에 관한 사업주의 의무) ① 사업주는 제129조부터 제131조까지의 규정에 따른 건강진단을 실시하는 경우 근로자대표가 요구하면 근로자대표를 참석시켜야 한다.
② 사업주는 산업안전보건위원회 또는 근로자대표가 요구할 때에는 직접 또는 제129조부터 제131조까지의 규정에 따른 건강진단을 한 건강진단기관에 건강진단 결과에 대하여 설명하도록 하여야 한다. 다만, 개별 근로자의 건강진단 결과는 본인의 동의 없이 공개해서는 아니 된다.
③ 사업주는 제129조부터 제131조까지의 규정에 따른 건강진단의 결과를 근로자의 건강 보호 및 유지 외의 목적으로 사용해서는 아니 된다.
④ 사업주는 제129조부터 제131조까지의 규정 또는 다른 법령에 따른 건강진단의 결과 근로자의 건강을 유지하기 위하여 필요하다고 인정할 때에는 작업장소 변경, 작업 전환, 근로시간 단축, 야간근로(오후 10시부터 다음 날 오전 6시까지 사이의 근로를 말한다)의 제한, 작업환경측정 또는 시설·설비의 설치·개선 등 고용노동부령으로 정하는 바에 따라 적절한 조치를 하여야 한다.
⑤ 제4항에 따라 적절한 조치를 하여야 하는 사업주로서 고용노동부령으로 정하는 사업주는 그 조치 결과를 고용노동부령으로 정하는 바에 따라 고용노동부장관에게 제출하여야 한다.

건강진단에 관한 사업주의 의무를 보면 사업주는 규정에 따른 건강진단을 실시하는 경우 근로자대표가 요구하면 근로자대표를 참석시켜야 한다. 사업주는 산업안전보건위원회 또는 근로자대표가 요구할 때에는 직접 또는 제129조부터 제131조까지의 규정에 따른 건강진단을 한 건강진단기관에 건강진단 결과에 대하여 설명하도록 하여야 한다. 다만, 개별 근로자의 건강진단 결과

는 본인의 동의 없이 공개해서는 아니 된다. 사업주는 제129조부터 제131조까지의 규정에 따른 건강진단의 결과를 근로자의 건강 보호 및 유지 외의 목적으로 사용해서는 아니 된다.

사업주는 제129조부터 제131조까지의 규정 또는 다른 법령에 따른 건강진단의 결과 근로자의 건강을 유지하기 위하여 필요하다고 인정할 때에는 작업장소 변경, 작업 전환, 근로시간 단축, 야간근로(오후 10시부터 다음 날 오전 6시까지 사이의 근로를 말한다)의 제한, 작업환경측정 또는 시설·설비의 설치·개선 등 고용노동부령으로 정하는 바에 따라 적절한 조치를 하여야 한다.

적절한 조치를 하여야 하는 사업주로서 고용노동부령으로 정하는 사업주는 그 조치 결과를 고용노동부령으로 정하는 바에 따라 고용노동부장관에게 제출하도록 되어 있다.

시행규칙 제210조(건강진단 결과에 따른 사후관리 등) ① 사업주는 제210조제3항에 따른 건강진단 결과표에 따라 근로자의 건강을 유지하기 위하여 필요하면 법 제132조제4항에 따른 조치를 하고, 근로자에게 해당 조치 내용에 대하여 설명하여야 한다.

② 고용노동부장관은 사업주가 제1항에 따른 조치를 하는 데 필요한 사항을 정하여 고시할 수 있다.

③ 법 제132조제5항에서 "고용노동부령으로 정하는 사업주"란 법 130조제1항 및 제3항, 제131조에 따른 특수건강진단, 수시건강진단, 임시건강진단의 결과 특정 근로자에 대하여 근로 금지 및 제한, 작업전환, 근로시간 단축, 직업병 확진 의뢰 안내의 조치가 필요하다는 건강진단을 실시한 의사의 소견이 있는 건강진단 결과표를 송부받은 사업주를 말한다.

④ 제3항에 따른 사업주는 건강진단 결과표를 송부 받은 날로부터 30일 이내에 별지 제86호서식의 사후관리 조치결과 보고서에 건강진단결과표, 제3항에 따른 조치의 실시를 증명할 수 있는 서류 또는 실시 계획 등을 첨부하여 관할 지방고용노동관서의 장에게 제출하여야 한다.

⑤ 그 밖에 제4항에 따른 사후관리 조치결과보고서 등의 제출에 필요한 사항은 고용노동부 장관이 정한다.

(5) 건강진단에 관한 근로자의 의무

법 제133조(건강진단에 관한 근로자의 의무) 근로자는 제129조부터 제131조까지의 규정에 따라 사업주가 실시하는 건강진단을 받아야 한다. 다만, 사업주가 지정한 건강진단기관이 아닌 건강진단기관으로부터 이에 상응하는 건강진단을 받아 그 결과를 증명하는 서류를 사업주에게 제출하는 경우에는 사업주가 실시하는 건강진단을 받은 것으로 본다.

근로자는 사업주가 실시하는 건강진단을 받아야 한다. 그러나 사업주가 지정한 건강진단기관이 아닌 건강진단기관으로부터 이에 상응하는 건강진단을 받아 그 결과를 증명하는 서류를 사업주에게 제출하는 경우에는 사업주가 실시하는 건강진단을 받은 것으로 본다.

(6) 건강진단기관 등의 결과보고 의무

법 제134조(건강진단기관 등의 결과보고 의무) ① 건강진단기관은 제129조부터 제131조까지의 규정에 따른 건강진단을 실시한 때에는 고용노동부령으로 정하는 바에 따라 그 결과를 근로자 및 사업주에게 통보하고 고용노동부장관에게 보고하여야 한다.
② 제129조제1항 단서에 따라 건강진단을 실시한 기관은 사업주가 근로자의 건강보호를 위하여 그 결과를 요청하는 경우 고용노동부령으로 정하는 바에 따라 그 결과를 사업주에게 통보하여야 한다.

건강진단기관은 건강진단을 실시한 때에는 고용노동부령으로 정하는 바에 따라 그 결과를 근로자 및 사업주에게 통보하고 고용노동부장관에게 보고하여야 한다. 또한 건강진단을 실시한 기관은 사업주가 근로자의 건강보호를 위하여 그 결과를 요청하는 경우 고용노동부령으로 정하는 바에 따라 그 결과를 사업주에게 통보하도록 규정하고 있다.

시행규칙 제209조(건강진단 결과의 보고 등) ① 건강진단기관이 건강진단을 실시하였을 때에는 그 결과를 건강진단 실시일부터 30일 이내에 근로자에게 송부하여야 한다.
② 건강진단기관은 건강진단을 실시한 결과 질병 유소견자가 발견된 경우에는 건강진단을 실시한 날부터 30일 이내에 해당 근로자에게 의학적 소견 및 사후관리에 필요한 사항과 업무수행의 적합성 여부를 설명하여야 한다.
③ 건강진단기관은 건강진단을 실시한 날부터 30일 이내에 다음 각 호의 어느 하나에 해당하는 건강진단 결과표를 사업주에게 송부하여야 한다.
1. 일반건강진단을 실시한 경우 : 별지 제84호서식의 일반건강진단 결과표
2. 특수건강진단·배치전건강진단·수시건강진단 및 임시건강진단을 실시한 경우 : 별지 제85호서식의 특수·배치전·수시·임시건강진단 결과표

④ 특수건강진단기관은 특수건강진단·수시건강진단 또는 임시건강진단을 실시한 경우에는 법 제134조제1항에 따라 건강진단을 실시한 날부터 30일 이내에 건강진단 결과표를 지방고용노동관서의 장에게 제출하여야 한다.

(7) 특수건강진단기관

법 제135조(특수건강진단기관) ① 「의료법」 제3조에 따른 의료기관이 특수건강진단, 배치전건강진단 또는 수시건강진단을 수행하려는 경우에는 고용노동부장관으로부터 건강진단을 할 수 있는 기관(이하 "특수건강진단기관"이라 한다)으로 지정받아야 한다.
② 특수건강진단기관으로 지정받으려는 자는 대통령령으로 정하는 요건을 갖추어 고용노동부장관에게 신청하여야 한다.
③ 고용노동부장관은 제1항에 따른 특수건강진단기관의 진단·분석 결과에 대한 정확성과 정밀도를 확보하기 위하여 특수건강진단기관의 진단·분석능력을 확인하고, 특수건강진단기관을 지도하거나 교육할 수 있다. 이 경우 진단·분석능력의 확인, 특수건강진단기관에 대한 지도 및 교육의 방법, 절차, 그 밖에 필요한 사항은 고용노동부장관이 정하여 고시한다.
④ 고용노동부장관은 특수건강진단기관을 평가하고 그 결과(제3항에 따른 진단·분석능력의 확인 결과를 포함한다)를 공개할 수 있다. 이 경우 평가 기준·방법 및 결과의 공개, 그 밖에 필요한 사항은 고용노동부령으로 정한다.
⑤ 특수건강진단기관의 지정 신청 절차, 업무 수행에 관한 사항, 업무를 수행할 수 있는 지역, 그 밖에 필요한 사항은 고용노동부령으로 정한다.
⑥ 특수건강진단기관에 관하여는 제21조제4항 및 제5항을 준용한다. 이 경우 "안전관리전문기관 또는 보건관리전문기관"은 "특수건강진단기관"으로 본다.

특수건강진단, 배치전건강진단 또는 수시건강진단을 수행하려는 경우에는 고용노동부장관으로부터 건강진단을 할 수 있는 기관으로 지정받아야 하며, 그리고 특수건강진단기관으로 지정받으려는 자는 대통령령으로 정하는 요건을 갖추어 고용노동부장관에게 신청하여야 한다.

시행령 제97조(특수건강진단기관의 지정 요건) ① 법 제135조제1항에 따라 특수건강진단기관으로 지정받으려는 자는 「의료법」에 따른 의료기관으로서 별표 30에 따른 인력·시설 및 장비 등의 요건을 갖추어야 한다.
② 제1항에도 불구하고 지방고용노동관서의 장은 제1항에 따른 특수건강진단기관이 없는 지역의 경우 고용노동부령으로 정하는 요건을 갖춘 의료기관을 특수건강진단기관으로 지정할 수 있다.

지정취소에 관한 규정은 시행령 제98조에 규정되어 있다.

시행령 제98조(특수건강진단기관의 지정 취소 등의 사유) 법 제135조제6항에 따라 준용되는 법 제21조제4항제5호에서 "대통령령으로 정하는 사유에 해당하는 경우"란 다음 각 호의 어느 하나에 해당하는 경우를 말한다.

1. 법 제129조제3항, 제130조제5항, 제131조제2항에 따라 고용노동부령으로 정한 검사항목을 빠뜨리거나 검사방법 및 실시 절차를 준수하지 않고 건강진단을 하는 경우
2. 법 제129조제3항, 제130조제5항, 제131조제2항에 따라 고용노동부령으로 정하는 건강진단비용을 줄이는 등의 방법으로 건강진단을 유인하거나 건강진단비용을 부당하게 징수한 경우
3. 법 제135조제3항에 따라 고용노동부장관이 실시하는 특수건강진단기관의 진단·분석 능력의 확인에서 부적합 판정을 받은 경우
4. 건강진단 결과를 거짓으로 판정하거나 고용노동부령으로 정하는 건강진단 개인표 등 건강진단 관련 서류를 거짓으로 작성한 경우
5. 무자격자 또는 대통령령으로 정하는 건강진단기관의 지정기준을 충족하지 못하는 자가 건강진단을 한 경우
6. 정당한 사유 없이 건강진단의 실시를 거부하거나 중단한 경우
7. 정당한 사유 없이 법 제135조제4항에 따른 특수건강진단기관의 평가를 거부한 경우
8. 그 밖에 법 또는 법에 따른 명령을 위반한 경우

(8) 유해인자별 특수건강진단 전문연구기관의 지정

법 제136조(유해인자별 특수건강진단 전문연구기관의 지정) ① 고용노동부장관은 작업장의 유해인자에 관한 전문연구를 촉진하기 위하여 유해인자별 특수건강진단 전문연구기관을 지정하여 예산의 범위에서 필요한 지원을 할 수 있다.
② 제1항에 따른 유해인자별 특수건강진단 전문연구기관의 지정 기준 및 절차, 그 밖에 필요한 사항은 고용노동부장관이 정하여 고시한다.

유해인자별 특수건강진단 전문연구기관의 지정에 관한 규정을 두고 있다. 고용노동부장관은 작업장의 유해인자에 관한 전문연구를 촉진하기 위하여 유해인자별 특수건강진단 전문연구기관을 지정하여 예산의 범위에서 필요한 지원을 할 수 있다. 유해인자별 특수건강진단 전문연구기관의 지정 기준 및 절차, 그 밖에 필요한 사항은 고용노동부장관이 정하여 하도록 규정하고 있다.

동 **시행규칙 제213조 특수건강진단 전문연구기관 지원업무의 대행**할 수 있다.

(9) 건강관리카드

법 제137조(건강관리카드) ① 고용노동부장관은 고용노동부령으로 정하는 건강장해가 발생할 우려가 있는 업무에 종사하였거나 종사하고 있는 사람 중 고용노동부령으로 정하는 요건을 갖춘 사람의 직업병 조기발견 및 지속적인 건강관리를 위하여 건강관리카드를 발급하여야 한다.

② 건강관리카드를 발급받은 사람이 「산업재해보상보험법」 제41조에 따라 요양급여를 신청하는 경우에는 건강관리카드를 제출함으로써 해당 재해에 관한 의학적 소견을 적은 서류의 제출을 대신할 수 있다.

③ 건강관리카드를 발급받은 사람은 그 건강관리카드를 타인에게 양도하거나 대여해서는 아니 된다.

④ 건강관리카드를 발급받은 사람 중 제1항에 따라 건강관리카드를 발급받은 업무에 종사하지 아니하는 사람은 고용노동부령으로 정하는 바에 따라 특수건강진단에 준하는 건강진단을 받을 수 있다.

⑤ 건강관리카드의 서식, 발급 절차, 그 밖에 필요한 사항은 고용노동부령으로 정한다.

고용노동부장관은 고용노동부령으로 정하는 건강장해가 발생할 우려가 있는 업무에 종사하였거나 종사하고 있는 사람 중 고용노동부령으로 정하는 요건을 갖춘 사람의 직업병 조기발견 및 지속적인 건강관리를 위하여 건강관리카드를 발급하도록 하고 있다.

건강관리카드를 발급받은 사람이 「산업재해보상보험법」 제41조에 따라 요양급여를 신청하는 경우에는 건강관리카드를 제출함으로써 해당 재해에 관한 의학적 소견을 적은 서류의 제출을 대신할 수 있다. 건강관리카드를 발급받은 사람은 그 건강관리카드를 타인에게 양도하거나 대여해서는 아니 된다. 건강관리카드를 발급받은 사람 중 제1항에 따라 건강관리카드를 발급받은 업무에 종사하지 아니하는 사람은 고용노동부령으로 정하는 바에 따라 특수건강진단에 준하는 건강진단을 받을 수 있다. 건강관리카드의 서식, 발급 절차, 그 밖에 필요한 사항은 고용노동부령으로 정하고 있다.

시행규칙 제214조(건강관리카드의 발급 대상) 법 제137조제1항에서 "고용노동부령으로 정하는 건강장해가 발생할 우려가 있는 업무" 및 "고용노동부령으로 정하는 요건을 갖춘 사람"은 별표 25와 같다.

시행규칙 제215조(건강관리카드 소지자의 건강진단) ① 건강관리카드(이하 "카드"라 한다)

> 를 발급받은 근로자가 카드의 발급 대상 업무에서 더 이상 종사하지 아니하는 경우에는 공단 또는 특수건강진단기관에서 실시하는 건강진단을 매년(카드 발급 대상 업무에서 종사하지 아니하게 된 첫 해는 제외한다) 1회 받을 수 있다. 다만, 카드를 발급받은 근로자(이하 "카드소지자"라 한다)가 카드의 발급 대상 업무와 같은 업무에 재취업하고 있는 기간 중에는 그러하지 아니하다.
>
> ② 공단은 제1항 본문에 따라 건강진단을 받는 카드소지자에게 교통비 및 식비를 지급할 수 있다.
>
> ③ 카드소지자는 건강진단을 받을 때에 해당 건강진단을 실시하는 의료기관에 카드 또는 주민등록증 등 신분을 확인할 수 있는 증명서를 제시하여야 한다.
>
> ④ 제3항에 따른 의료기관은 건강진단을 실시한 날로부터 30일 이내에 건강진단 실시 결과를 카드소지자 및 공단에 송부하여야 한다.
>
> ⑤ 제3항에 따른 의료기관은 건강진단 결과에 따라 카드소지자의 건강을 유지하기 위하여 필요하면 건강상담, 직업병 확진 의뢰 안내 등 고용노동부장관이 정하는 바에 따른 조치를 하고, 카드소지자에게 해당 조치 내용에 대하여 설명하여야 한다.
>
> ⑥ 카드소지자에 대한 건강진단의 실시방법과 그 밖에 필요한 사항은 고용노동부장관이 정하여 고시한다.

(10) 질병자의 근로 금지·제한

법 제138조(질병자의 근로 금지·제한) ① 사업주는 감염병, 정신질환 또는 근로로 인하여 병세가 크게 악화될 우려가 있는 질병으로서 고용노동부령으로 정하는 질병에 걸린 사람에게는 「의료법」 제2조에 따른 의사의 진단에 따라 근로를 금지하거나 제한하여야 한다.

② 사업주는 제1항에 따라 근로가 금지되거나 제한된 근로자가 건강을 회복하였을 때에는 지체 없이 근로를 할 수 있도록 하여야 한다.

질병자에 대하여 근로금지 규정을 두고 있다. 사업주는 감염병, 정신질환 또는 근로로 인하여 병세가 크게 악화될 우려가 있는 질병으로서 고용노동부령으로 정하는 질병에 걸린 사람에게는 「의료법」 제2조에 따른 의사의 진단에 따라 근로를 금지하거나 제한하여야 한다. 그리고 사업주는 제1항에 따라 근로가 금지되거나 제한된 근로자가 건강을 회복하였을 때에는 지체 없이 근로를 할 수 있도록 하여야 한다.

시행규칙 제220조(질병자의 근로금지) ① 법 제138조제1항에 따라 사업주는 다음 각 호의 어느 하나에 해당하는 사람에 대해서는 근로를 금지하여야 한다.

1. 전염될 우려가 있는 질병에 걸린 사람. 다만, 전염을 예방하기 위한 조치를 한 경우에는 그러하지 아니하다.
2. 조현병, 마비성 치매에 걸린 사람
3. 심장·신장·폐 등의 질환이 있는 사람으로서 근로에 의하여 병세가 악화될 우려가 있는 사람
4. 제1호부터 제3호까지의 규정에 준하는 질병으로서 고용노동부장관이 정하는 질병에 걸린 사람

시행규칙 제221조(질병자 등의 근로 제한) ① 사업주는 법 제129조부터 제130조에 따른 건강진단 결과 유기화합물·금속류 등의 유해물질에 중독된 사람, 해당 유해물질에 중독될 우려가 있다고 의사가 인정하는 사람, 진폐의 소견이 있는 사람 또는 방사선에 피폭된 사람을 해당 유해물질 또는 방사선을 취급하거나 해당 유해물질의 분진·증기 또는 가스가 발산되는 업무 또는 해당 업무로 인하여 근로자의 건강을 악화시킬 우려가 있는 업무에 종사하도록 하여서는 아니 된다.

② 사업주는 다음 각 호의 어느 하나에 해당하는 질병이 있는 근로자를 고기압 업무에 종사하도록 하여서는 아니 된다.

1. 감압증이나 그 밖에 고기압에 의한 장해 또는 그 후유증
2. 결핵, 급성상기도감염, 진폐, 폐기종, 그 밖의 호흡기계의 질병
3. 빈혈증, 심장판막증, 관상동맥경화증, 고혈압증, 그 밖의 혈액 또는 순환기계의 질병
4. 정신신경증, 알코올중독, 신경통, 그 밖의 정신신경계의 질병
5. 메니에르씨병, 중이염, 그 밖의 이관협착을 수반하는 귀 질환
6. 관절염, 류마티스, 그 밖의 운동기계의 질병
7. 천식, 비만증, 바세도우씨병, 그 밖에 알레르기성·내분비계·물질대사 또는 영양장해 등과 관련된 질병

(11) 유해·위험작업에 대한 근로시간 제한

법 제139조(유해·위험작업에 대한 근로시간 제한 등) ① 사업주는 유해하거나 위험한 작업으로서 높은 기압에서 하는 작업 등 대통령령으로 정하는 작업에 종사하는 근로자에게는 1일

6시간, 1주 34시간을 초과하여 근로하게 해서는 아니 된다.

② 사업주는 대통령령으로 정하는 유해하거나 위험한 작업에 종사하는 근로자에게 필요한 안전조치 및 보건조치 외에 작업과 휴식의 적정한 배분 및 근로시간과 관련된 근로조건의 개선을 통하여 근로자의 건강 보호를 위한 조치를 하여야 한다.

유해·위험작업에 대한 근로시간 제한 두고 있는데, 사업주는 유해하거나 위험한 작업으로서 높은 기압에서 하는 작업 등 대통령령으로 정하는 작업에 종사하는 근로자에게는 1일 6시간, 1주 34시간을 초과하여 근로하게 해서는 아니 되도록 규정하고 있다.

또한 사업주는 대통령령으로 정하는 유해하거나 위험한 작업에 종사하는 근로자에게 필요한 안전조치 및 보건조치 외에 작업과 휴식의 적정한 배분 및 근로시간과 관련된 근로조건의 개선을 통하여 근로자의 건강 보호조치를 해야 한다.

시행령 제99조(유해·위험작업에 대한 근로시간 제한 등) ① 법 제139조제1항에서 "대통령령으로 정하는 작업"이란 잠함(潛艦) 또는 잠수작업 등 높은 기압에서 하는 작업을 말한다.

② 제1항에 따른 작업에서 잠함·잠수 작업시간, 가압·감압방법 등 해당 근로자의 안전과 보건을 유지하기 위하여 필요한 사항은 고용노동부령으로 정한다.

③ 법 제139조제2항에 따라 "대통령령으로 정하는 유해하거나 위험한 작업"이란 다음 각 호를 말한다.

1. 갱(坑) 내에서 하는 작업
2. 다량의 고열물체를 취급하는 작업과 현저히 덥고 뜨거운 장소에서 하는 작업
3. 다량의 저온물체를 취급하는 작업과 현저히 춥고 차가운 장소에서 하는 작업
4. 라듐방사선이나 엑스선, 그 밖의 유해 방사선을 취급하는 작업
5. 유리·흙·돌·광물의 먼지가 심하게 날리는 장소에서 하는 작업
6. 강렬한 소음이 발생하는 장소에서 하는 작업
7. 착암기 등에 의하여 신체에 강렬한 진동을 주는 작업
8. 인력으로 중량물을 취급하는 작업
9. 납·수은·크롬·망간·카드뮴 등의 중금속 또는 이황화탄소·유기용제, 그 밖에 고용노동부령으로 정하는 특정 화학물질의 먼지·증기 또는 가스가 많이 발생하는 장소에서 하는 작업

(12) 자격 등에 의한 취업 제한

법 제140조(자격 등에 의한 취업 제한 등) ① 사업주는 유해하거나 위험한 작업으로서 상당한 지식이나 숙련도가 요구되는 고용노동부령으로 정하는 작업의 경우 그 작업에 필요한 자격·면허·경험 또는 기능을 가진 근로자가 아닌 사람에게 그 작업을 하게 해서는 아니 된다.
② 고용노동부장관은 제1항에 따른 자격·면허의 취득 또는 근로자의 기능 습득을 위하여 교육기관을 지정할 수 있다.
③ 제1항에 따른 자격·면허·경험·기능, 제2항에 따른 교육기관의 지정 요건 및 지정 절차, 그 밖에 필요한 사항은 고용노동부령으로 정한다.
④ 제2항에 따른 교육기관에 관하여는 제21조제4항 및 제5항을 준용한다. 이 경우 "안전관리전문기관 또는 보건관리전문기관"은 "제2항에 따른 교육기관"으로 본다.

사업주는 유해하거나 위험한 작업으로서 상당한 지식이나 숙련도가 요구되는 고용노동부령으로 정하는 작업의 경우 그 작업에 필요한 자격·면허·경험 또는 기능을 가진 근로자가 아닌 사람에게 그 작업을 하게 해서는 아니 된다.

시행령 제100조(교육기관의 지정 취소 등의 사유) 법 제140조제4항에 따라 준용되는 법 제21조제4항제5호에서 "대통령령으로 정하는 사유에 해당하는 경우"란 다음 각 호의 어느 하나에 해당하는 경우를 말한다.

1. 교육과 관련된 서류를 거짓으로 작성한 경우
2. 정당한 사유 없이 특정인에 대한 교육을 거부한 경우
3. 정당한 사유 없이 1개월 이상의 휴업으로 인하여 위탁받은 교육 업무의 수행에 차질을 일으킨 경우
4. 교육과 관련된 비치서류를 보존하지 않은 경우
5. 교육과 관련한 수수료 외의 금품을 받은 경우
6. 법에 따른 관계 공무원의 지도·감독을 거부·방해 또는 기피한 경우

(13) 역학조사

법 제141조(역학조사) ① 고용노동부장관은 직업성 질환의 진단 및 예방, 발생 원인의 규명을 위하여 필요하다고 인정할 때에는 근로자의 질환과 작업장의 유해요인의 상관관계에 관한 역

학조사(이하 “역학조사”라 한다)를 할 수 있다. 이 경우 사업주 또는 근로자대표, 그 밖에 고용노동부령으로 정하는 사람이 요구할 때 고용노동부령으로 정하는 바에 따라 역학조사에 참석하게 할 수 있다.
② 사업주 및 근로자는 고용노동부장관이 역학조사를 실시하는 경우 적극 협조하여야 하며, 정당한 사유 없이 역학조사를 거부·방해하거나 기피해서는 아니 된다.
③ 누구든지 제1항 후단에 따라 역학조사 참석이 허용된 사람의 역학조사 참석을 거부하거나 방해해서는 아니 된다.
④ 제1항 후단에 따라 역학조사에 참석하는 사람은 역학조사 참석과정에서 알게 된 비밀을 누설하거나 도용해서는 아니 된다.
⑤ 고용노동부장관은 역학조사를 위하여 필요하면 제129조부터 제131조까지의 규정에 따른 근로자의 건강진단 결과, 「국민건강보험법」에 따른 요양급여기록 및 건강검진 결과, 「고용보험법」에 따른 고용정보, 「암관리법」에 따른 질병정보 및 사망원인 정보 등을 관련 기관에 요청할 수 있다. 이 경우 자료의 제출을 요청받은 기관은 특별한 사유가 없으면 이에 따라야 한다.
⑥ 역학조사의 방법·대상·절차, 그 밖에 필요한 사항은 고용노동부령으로 정한다.

역학조사는 고용노동부장관은 직업성 질환의 진단 및 예방, 발생 원인의 규명을 위하여 필요히디고 인정할 때에는 근로자의 질환과 직업징의 유해요인의 싱관관계에 관한 조사를 할 수 있다. 이 경우 사업주 또는 근로자대표, 그 밖에 고용노동부령으로 정하는 사람이 요구할 때 고용노동부령으로 정하는 바에 따라 역학조사에 참석하게 할 수 있다. 사업주 및 근로자는 고용노동부장관이 역학주사를 실시하는 경우 적극 협조하여야 하며, 정당한 사유 없이 여학조사를 거부·방해하거나 기피해서는 아니 된다.

누구든지 제1항 후단에 따라 역학조사 참석이 허용된 사람의 역학조사 참석을 거부하거나 방해해서는 아니 된다. 역학조사에 참석하는 사람은 역학조사 참석과정에서 알게 된 비밀을 누설하거나 도용해서는 아니 된다. 역학조사를 위하여 필요하면 제129조부터 제131조까지의 규정에 따른 근로자의 건강진단 결과, 「국민건강보험법」에 따른 요양급여기록 및 건강검진 결과, 「고용보험법」에 따른 고용정보, 「암관리법」에 따른 질병정보 및 사망원인 정보 등을 관련 기관에 요청할 수 있다. 이 경우 자료의 제출을 요청받은 기관은 특별한 사유가 없으면 이에 따라야 한다.

역학조사의 방법·대상·절차, 그 밖에 필요한 사항은 고용노동부령으로 정하고 있다.

시행규칙 제222조(역학조사의 대상 및 절차 등) ① 공단은 법 제141조제1항에 따라 다음 각 호의 어느 하나에 해당하는 경우에는 역학조사를 할 수 있다.
1. 법 제125조에 따른 작업환경측정 또는 법 제129조부터 제131조에 따른 건강진단의

실시 결과만으로 직업성 질환에 걸렸는지를 판단하기 곤란한 근로자의 질병에 대하여 사업주·근로자대표·보건관리자(보건관리전문기관을 포함한다) 또는 건강진단기관의 의사가 역학조사를 요청하는 경우

2. 「산업재해보상보험법」 제10조에 따른 근로복지공단이 고용노동부장관이 정하는 바에 따라 업무상 질병 여부의 결정을 위하여 역학조사를 요청하는 경우
3. 공단이 직업성 질환의 예방을 위하여 필요하다고 판단하여 제224조제1항에 따른 역학조사평가위원회의 심의를 거친 경우
4. 그 밖에 직업성 질환에 걸렸는지 여부로 사회적 물의를 일으킨 질병에 대하여 작업장 내 유해요인과의 연관성 규명이 필요한 경우 등으로서 지방고용노동관서의 장이 요청하는 경우

시행규칙 제223조(역학조사에의 참석) ① 법 제141조제1항에 따라 공단에 역학조사 참석을 요구할 수 있는 사람은 다음 각 호와 같다.

1. 해당 사업주 또는 근로자대표
2. 해당 질병에 대하여 「산업재해보상보험법」 제36조제1항제1호 및 제5호에 따른 요양급여 및 유족급여를 신청한 자 또는 그 대리인(제222조제1항제2호에 따른 역학조사에 한한다)

② 공단은 제1항에 따라 역학조사 참석을 요구하는 경우에는 해당 역학조사에 제1항 각 호에 해당하는 사람을 참석시킬 수 있다.

시행규칙 제224조(역학조사평가위원회) ① 법 제141조제6항에 따라 공단은 역학조사 결과의 공정한 평가 및 그에 따른 근로자 건강보호방안 개발 등을 위하여 역학조사평가위원회를 설치·운영하여야 한다.

② 제1항에 따른 역학조사평가위원회의 구성·기능 및 운영 등에 필요한 사항은 고용노동부장관이 정한다.

제9장 산업안전지도사 및 산업보건지도사

법 제142조(산업안전지도사 등의 직무) ① 산업안전지도사는 다음 각 호의 직무를 수행한다.

1. 공정상의 안전에 관한 평가·지도
2. 유해·위험의 방지대책에 관한 평가·지도
3. 제1호 및 제2호의 사항과 관련된 계획서 및 보고서의 작성
4. 그 밖에 산업안전에 관한 사항으로서 대통령령으로 정하는 사항

② 산업보건지도사는 다음 각 호의 직무를 수행한다.

1. 작업환경의 평가 및 개선 지도
2. 작업환경 개선과 관련된 계획서 및 보고서의 작성
3. 근로자 건강진단에 따른 사후관리 지도
4. 직업성 질병 진단(「의료법」 제2조에 따른 의사인 산업보건지도사만 해당한다) 및 예방 지도
5. 산업보건에 관한 조사·연구
6. 그 밖에 산업보건에 관한 사항으로서 대통령령으로 정하는 사항

③ 산업안전지도사 또는 산업보건지도사(이하 "지도사"라 한다)의 업무 영역별 종류 및 업무 범위, 그 밖에 필요한 사항은 대통령령으로 정한다.

법 제143조(지도사의 자격 및 시험) ① 고용노동부장관이 시행하는 지도사 자격시험에 합격한 사람은 지도사의 자격을 가진다.

② 대통령령으로 정하는 산업 안전 및 보건과 관련된 자격의 보유자에 대해서는 제1항에 따른 지도사 자격시험의 일부를 면제할 수 있다.

③ 고용노동부장관은 제1항에 따른 지도사 자격시험 실시를 대통령령으로 정하는 전문기관에게 대행하게 할 수 있다. 이 경우 시험 실시에 드는 비용을 예산의 범위에서 보조할 수 있다.

④ 제3항에 따라 지도사 자격시험 실시를 대행하는 전문기관의 임직원은 「형법」 제129조부터 제132조까지의 규정을 적용할 때에는 공무원으로 본다.

⑤ 지도사 자격시험의 시험과목, 시험방법, 다른 자격 보유자에 대한 시험 면제의 범위, 그 밖에 필요한 사항은 대통령령으로 정한다.

법 제144조(부정행위자에 대한 제재) 고용노동부장관은 지도사 자격시험에서 부정한 행위를 한 응시자에 대해서는 그 시험을 무효로 하고, 그 처분을 한 날부터 5년간 시험응시자격을

정지한다.

법 제145조(지도사의 등록) ① 지도사가 그 직무를 수행하려는 경우에는 고용노동부령으로 정하는 바에 따라 고용노동부장관에게 등록하여야 한다.
② 제1항에 따라 등록한 지도사는 그 직무를 조직적·전문적으로 수행하기 위하여 법인을 설립할 수 있다.
③ 다음 각 호의 어느 하나에 해당하는 사람은 제1항에 따른 등록을 할 수 없다.

1. 피성년후견인 또는 피한정후견인
2. 파산선고를 받고 복권되지 아니한 사람
3. 금고 이상의 실형을 선고받고 그 집행이 끝나거나(집행이 끝난 것으로 보는 경우를 포함한다) 집행이 면제된 날부터 2년이 지나지 아니한 사람
4. 금고 이상의 형의 집행유예를 선고받고 그 유예기간 중에 있는 사람
5. 이 법을 위반하여 벌금형을 선고받고 1년이 지나지 아니한 사람
6. 제154조에 따라 등록이 취소(이 항 제1호 또는 제2호에 해당하여 등록이 취소된 경우는 제외한다)된 후 2년이 지나지 아니한 사람

④ 제1항에 따라 등록을 한 지도사는 고용노동부령으로 정하는 바에 따라 5년마다 등록을 갱신하여야 한다.
⑤ 고용노동부령으로 정하는 지도실적이 있는 지도사만이 제4항에 따른 갱신등록을 할 수 있다. 다만, 지도실적이 기준에 못 미치는 지도사는 고용노동부령으로 정하는 보수교육을 받은 경우 갱신등록을 할 수 있다.
⑥ 제2항에 따른 법인에 관하여는「상법」중 합명회사에 관한 규정을 적용한다.

법 제146조(지도사의 교육) 지도사 자격이 있는 사람(제143조제2항에 해당하는 사람 중 대통령령으로 정하는 실무경력이 있는 사람은 제외한다)이 직무를 수행하려면 제145조에 따른 등록을 하기 전 1년의 범위에서 고용노동부령으로 정하는 연수교육을 받아야 한다.

법 제147조(지도사에 대한 지도 등) 고용노동부장관은 공단에 다음 각 호의 업무를 하게 할 수 있다.

1. 지도사에 대한 지도·연락 및 정보의 공동이용체제의 구축·유지
2. 제142조제1항 및 제2항에 따른 지도사의 직무 수행과 관련된 사업주의 불만·고충의 처리 및 피해에 관한 분쟁의 조정
3. 그 밖에 지도사 직무의 발전을 위하여 필요한 사항으로서 고용노동부령으로 정하는 사항

법 제148조(손해배상의 책임) ① 지도사는 직무 수행과 관련하여 고의 또는 과실로 의뢰인에게 손해를 입힌 경우에는 그 손해를 배상할 책임이 있다.
② 제145조제1항에 따라 등록한 지도사는 제1항에 따른 손해배상책임을 보장하기 위하여 대통령령으로 정하는 바에 따라 보증보험에 가입하거나 그 밖에 필요한 조치를 하여야 한다.

법 제149조(유사명칭의 사용 금지) 제145조제1항에 따라 등록한 지도사가 아닌 사람은 산업안전지도사, 산업보건지도사 또는 이와 유사한 명칭을 사용해서는 아니 된다.

법 제150조(품위유지와 성실의무 등) ① 지도사는 항상 품위를 유지하고 신의와 성실로써 공정하게 직무를 수행하여야 한다.
② 지도사는 제142조제1항 또는 제2항에 따른 직무와 관련하여 작성하거나 확인한 서류에 기명·날인하거나 서명하여야 한다.

법 제151조(금지 행위) 지도사는 다음 각 호의 행위를 해서는 아니 된다.

1. 거짓이나 그 밖의 부정한 방법으로 의뢰인에게 법령에 따른 의무를 이행하지 아니하게 하는 행위
2. 의뢰인에게 법령에 따른 신고·보고, 그 밖의 의무를 이행하지 아니하게 하는 행위
3. 법령에 위반되는 행위에 관한 지도·상담

법 제152조(관계 장부 등의 열람 신청) 지도사는 제142조제1항 및 제2항에 따른 직무를 수행하는 데 필요하면 사업주에게 관계 장부 및 서류의 열람을 신청할 수 있다. 이 경우 그 신청이 제142조제1항 또는 제2항에 따른 직무의 수행을 위한 것이면 열람을 신청받은 사업주는 정당한 사유 없이 이를 거부해서는 아니 된다.

법 제153조(자격대여행위 등의 금지) 지도사는 다른 사람에게 자기의 성명이나 사무소의 명칭을 사용하여 지도사의 직무를 수행하게 하거나 그 자격증이나 등록증을 대여해서는 아니 된다.

법 제154조(등록의 취소 등) 고용노동부장관은 지도사가 다음 각 호의 어느 하나에 해당하는 경우에는 그 등록을 취소하거나 2년 이내의 기간을 정하여 그 업무의 정지를 명할 수 있다. 다만, 제1호부터 제3호까지의 규정에 해당할 때에는 그 등록을 취소하여야 한다.

1. 거짓이나 그 밖의 부정한 방법으로 등록 또는 갱신등록을 한 경우
2. 업무정지 기간 중에 업무를 수행한 경우
3. 업무 관련 서류를 거짓으로 작성한 경우
4. 제142조에 따른 직무의 수행과정에서 고의 또는 과실로 인하여 중대재해가 발생한 경우
5. 제145조제3항제1호부터 제5호까지의 규정 중 어느 하나에 해당하게 된 경우
6. 제148조제2항에 따른 보증보험에 가입하지 아니하거나 그 밖에 필요한 조치를 하지 아니한 경우
7. 제150조제1항을 위반하거나 같은 조 제2항에 따른 기명·날인 또는 서명을 하지 아니한 경우
8. 제151조, 제153조 또는 제162조를 위반한 경우

제10장 근로감독관 등

(1) 근로감독관의 권한

법 제155조(근로감독관의 권한) ① 「근로기준법」 제101조에 따른 근로감독관(이하 "근로감독관"이라 한다)은 이 법 또는 이 법에 따른 명령을 시행하기 위하여 필요한 경우 다음 각 호의 장소에 출입하여 사업주, 근로자 또는 안전보건관리책임자 등(이하 "관계인"이라 한다)에게 질문을 하고, 장부, 서류, 그 밖의 물건의 검사 및 안전보건 점검을 하며, 관계 서류의 제출을 요구할 수 있다.

1. 사업장
2. 제21조제1항, 제33조제1항, 제48조제1항, 제74조제1항, 제88조제1항, 제96조제1항, 제100조제1항, 제120조제1항, 제126조제1항 및 제129조제2항에 따른 기관의 사무소
3. 석면해체·제거업자의 사무소
4. 제145조제1항에 따라 등록한 지도사의 사무소

② 근로감독관은 기계·설비등에 대한 검사를 할 수 있으며, 검사에 필요한 한도에서 무상으로 제품·원재료 또는 기구를 수거할 수 있다. 이 경우 근로감독관은 해당 사업주 등에게 그 결과를 서면으로 알려야 한다.

③ 근로감독관은 이 법 또는 이 법에 따른 명령의 시행을 위하여 관계인에게 보고 또는 출석

을 명할 수 있다.

④ 근로감독관은 이 법 또는 이 법에 따른 명령을 시행하기 위하여 제1항 각 호의 어느 하나에 해당하는 장소에 출입하는 경우에 그 신분을 나타내는 증표를 지니고 관계인에게 보여 주어야 하며, 출입 시 성명, 출입시간, 출입 목적 등이 표시된 문서를 관계인에게 내주어야 한다.

산업안전보건에 관한 전반적인 예방 조치 규정은 사업주가 준수하도록 되어 있다. 국가는 사업주가 산업안전보건법의 준수가 잘 이루어지는지를 감독하고 재해가 발생하지 않도록 사전예방조치를 해야 한다고 본다. 이 규정이 근로감독관의 권한에 관한 규정이고, 「근로기준법」 제101조에 따른 근로감독관을 말한다. 근로감독관은 이 법에 따른 명령을 시행하기 위하여 필요한 경우 다음 각 호의 장소에 출입하여 사업주, 근로자 또는 안전보건관리책임자 등에게 질문을 하고, 장부, 서류, 그 밖의 물건의 검사 및 안전보건 점검을 하며, 1. 사업장, 2. 기관의 사무소, 3. 석면해체·제거업자의 사무소, 4. 지도사의 사무소관계 서류의 제출을 요구할 수 있도록 규정하고 있다.

그리고 근로감독관은 기계·설비등에 대한 검사를 할 수 있으며, 검사에 필요한 한도에서 무상으로 제품·원재료 또는 기구를 수거할 수 있다. 이 경우 근로감독관은 해당 사업주 등에게 그 결과를 서면으로 알려야 하며, 이 법 또는 이 법에 따른 명령의 시행을 위하여 관계인에게 보고 또는 출석을 명할 수 있다. 또한 근로감독관은 이 법에 따른 명령을 시행하기 위하여 1. 사업장, 2. 기관의 사무소, 3. 석면해체·제거업자의 사무소, 4. 지도사의 사무소관계 서류의 제출등의 어느 하나에 해당하는 장소에 출입하는 경우에 그 신분을 나타내는 증표를 지니고 관계인에게 보여 주어야 하며, 출입 시 성명, 출입시간, 출입 목적 등이 표시된 문서를 관계인에게 내주어야 한다.

시행규칙 제235조(감독기준)에 따라 근로감독관은 다음 각 호의 어느 하나에 해당하는 경우 법 제155조제1항에 따라 질문, 검사, 점검하거나 관계 서류의 제출을 요구할 수 있다.

1. 산업재해가 발생하거나 산업재해 발생의 급박한 위험이 있는 경우
2. 근로자의 신고 또는 고소·고발 등에 대한 조사가 필요한 경우
3. 법 또는 법에 따른 명령을 위반한 범죄의 수사 등 사법경찰관리의 직무를 수행하기 위하여 필요한 경우
4. 그 밖에 고용노동부장관 또는 지방고용노동관서의 장이 법 또는 법에 따른 명령의 위반 여부를 조사하기 위하여 필요하다고 인정하는 경우

시행규칙 제236조(보고·출석기간)에는 지방고용노동관서의 장은 법 제155조제3항에 따라 보고 또는 출석의 명령을 하려는 경우에는 7일 이상의 기간을 주어야 한다. 다만, 긴급한 경우에는 예외로 하며, 보고 또는 출석의 명령은 문서로 하여야 한다.

(2) 공단 소속 직원의 검사 및 지도

법 제156조(공단 소속 직원의 검사 및 지도 등) ① 고용노동부장관은 제165조제2항에 따라 공단이 위탁받은 업무를 수행하기 위하여 필요하다고 인정할 때에는 공단 소속 직원에게 사업장에 출입하여 산업재해 예방에 필요한 검사 및 지도 등을 하게 하거나, 역학조사를 위하여 필요한 경우 관계자에게 질문하거나 필요한 서류의 제출을 요구하게 할 수 있다.
② 제1항에 따라 공단 소속 직원이 검사 또는 지도업무 등을 하였을 때에는 그 결과를 고용노동부장관에게 보고하여야 한다.
③ 공단 소속 직원이 제1항에 따라 사업장에 출입하는 경우에는 제155조제4항을 준용한다. 이 경우 "근로감독관"은 "공단 소속 직원"으로 본다.

근로감독관이 공단 소속 직원의 검사 및 지도등을 할 수 있도록 규정 하고 있다. 고용노동부장관은 공단이 위탁받은 업무를 수행하기 위하여 필요하다고 인정할 때에는 공단 소속 직원에게 사업장에 출입하여 산업재해 예방에 필요한 검사 및 지도 등을 하게 하거나, 역학조사를 위하여 필요한 경우 관계자에게 질문하거나 필요한 서류의 제출을 요구하게 할 수 있다.

따라서 공단 소속 직원이 검사 또는 지도업무 등을 하였을 때에는 그 결과를 고용노동부장관에게 보고하여야 하며, 공단 소속 직원이 사업장에 출입하는 경우에는 법 제155조제4항을 준용하여 장소에 출입하는 경우에 그 신분을 나타내는 증표를 지니고 관계인에게 보여 주어야 하며, 출입 시 성명, 출입시간, 출입 목적 등이 표시된 문서를 관계인에게 보여주며, 이 경우 "근로감독관"은 "공단 소속 직원"으로 본다.

(3) 감독기관에 대한 신고

법 제157조(감독기관에 대한 신고) ① 사업장에서 이 법 또는 이 법에 따른 명령을 위반한 사실이 있으면 근로자는 그 사실을 고용노동부장관 또는 근로감독관에게 신고할 수 있다.
② 「의료법」 제2조에 따른 의사·치과의사 또는 한의사는 3일 이상의 입원치료가 필요한 부상 또는 질병이 환자의 업무와 관련성이 있다고 판단할 경우에는 「의료법」 제19조제1항에도 불구하고 치료과정에서 알게 된 정보를 고용노동부장관에게 신고할 수 있다.
③ 사업주는 제1항에 따른 신고를 이유로 해당 근로자에 대하여 해고나 그 밖의 불리한 처우를 해서는 아니 된다.

근로자가 사업장에서 위반 사실에 대하여 감독기관에 대한 신고할 수 있도록 규정하고 있다.

이 경우에 사업장에서 명령을 위반한 사실이 있으면 근로자는 그 사실을 고용노동부장관 또는 근로감독관에게 신고할 수 있으며, 이외에도 「의료법」 제2조에 따른 의사·치과의사 또는 한의사는 3일 이상의 입원치료가 필요한 부상 또는 질병이 환자의 업무와 관련성이 있다고 판단할 경우에는 「의료법」 제19조제1항에도 불구하고 치료과정에서 알게 된 정보를 고용노동부장관에게 신고할 수 있도록 규정하고 있다.

이 경우에 위반한 사실에 대하여 사업주는 신고를 이유로 해당 근로자에 대하여 해고나 그 밖의 불리한 처우를 해서는 아니 되도록 하여 근로자 보호를 하고 있다.

제11장 보칙

(1) 산업재해 예방활동의 보조·지원

법 제158조(산업재해 예방활동의 보조·지원) ① 정부는 사업주, 사업주단체, 근로자단체, 산업재해 예방 관련 전문단체, 연구기관 등이 하는 산업재해 예방사업 중 대통령령으로 정하는 사업에 드는 경비의 전부 또는 일부를 예산의 범위에서 보조하거나 그 밖에 필요한 지원(이하 "보조·지원"이라 한다)을 할 수 있다. 이 경우 고용노동부장관은 보조·지원이 산업재해 예방사업의 목적에 맞게 효율적으로 사용되도록 관리·감독하여야 한다.

② 고용노동부장관은 보조·지원을 받은 자가 다음 각 호의 어느 하나에 해당하는 경우 보조·지원의 전부 또는 일부를 취소하여야 한다. 다만, 제1호 및 제2호의 경우에는 보조·지원의 전부를 취소하여야 한다.

1. 거짓이나 그 밖의 부정한 방법으로 보조·지원을 받은 경우
2. 보조·지원 대상자가 폐업하거나 파산한 경우
3. 보조·지원 대상을 임의매각·훼손·분실하는 등 지원 목적에 적합하게 유지·관리·사용하지 아니한 경우
4. 제1항에 따른 산업재해 예방사업의 목적에 맞게 사용되지 아니한 경우
5. 보조·지원 대상 기간이 끝나기 전에 보조·지원 대상 시설 및 장비를 국외로 이전한 경우
6. 보조·지원을 받은 사업주가 필요한 안전조치 및 보건조치 의무를 위반하여 산업재해를 발생시킨 경우로서 고용노동부령으로 정하는 경우

③ 고용노동부장관은 제2항에 따라 보조·지원의 전부 또는 일부를 취소한 경우에는 해당 금

액 또는 지원에 상응하는 금액을 환수하되, 같은 항 제1호의 경우에는 지급받은 금액에 상당하는 액수 이하의 금액을 추가로 환수할 수 있다. 다만, 제2항제2호 중 보조·지원 대상자가 파산한 경우에 해당하여 취소한 경우는 환수하지 아니한다.
④ 제2항에 따라 보조·지원의 전부 또는 일부가 취소된 자에 대해서는 고용노동부령으로 정하는 바에 따라 취소된 날부터 3년 이내의 기간을 정하여 보조·지원을 하지 아니할 수 있다.
⑤ 보조·지원의 대상·방법·절차, 관리 및 감독, 제2항 및 제3항에 따른 취소 및 환수 방법, 그 밖에 필요한 사항은 고용노동부장관이 정하여 고시한다.

산업재해 예방활동의 보조·지원을 두고 정부는 사업주, 사업주단체, 근로자단체, 산업재해 예방 관련 전문단체, 연구기관 등이 하는 산업재해 예방사업 중 대통령령으로 정하는 사업에 드는 경비의 전부 또는 일부를 예산의 범위에서 보조하거나 그 밖에 필요한 지원을 할 수 있도록 하고 있다. 이때에는 고용노동부장관은 보조·지원이 산업재해 예방사업의 목적에 맞게 효율적으로 사용되도록 관리·감독하도록 하였고, 보조·지원을 받은 자가 1. 거짓이나 그 밖의 부정한 방법으로 보조·지원을 받은 경우, 2. 보조·지원 대상자가 폐업하거나 파산한 경우, 3. 보조·지원 대상을 임의매각·훼손·분실하는 등 지원 목적에 적합하게 유지·관리·사용하지 아니한 경우, 4. 제1항에 따른 산업재해 예방사업의 목적에 맞게 사용되지 아니한 경우, 5. 보조·지원 대상 기간이 끝나기 전에 보조·지원 대상 시설 및 장비를 국외로 이전한 경우, 6. 보조·지원을 받은 사업주가 필요한 안전조치 및 보건조치 의무를 위반하여 산업재해를 발생시킨 경우 등에 해당할 때에는 경우 보조·지원의 전부 또는 일부를 취소하도록 하였다.

보조·지원의 전부 또는 일부를 취소한 경우에는 해당 금액 또는 지원에 상응하는 금액을 환수하되, 지급받은 금액에 상당하는 액수 이하의 금액을 추가로 환수할 수 있으며, 다만, 보조·지원 대상자가 파산한 경우에 해당하여 취소한 경우는 환수하지 아니한다.

또한 보조·지원의 전부 또는 일부가 취소된 자에 대해서는 고용노동부령으로 정하는 바에 따라 취소된 날부터 3년 이내의 기간을 정하여 보조·지원을 하지 아니할 수 있으며, 보조·지원의 대상·방법·절차, 관리 및 감독, 제2항 및 제3항에 따른 취소 및 환수 방법, 그 밖에 필요한 사항은 고용노동부장관이 정하여 고시하고 있다.

그리고 **보조·지원의 환수와 제한** 규정을 보면 **시행규칙 제237조**에 따라 제한하는 경우를 보면 "고용노동부령으로 정하는 경우"란 보조·지원을 받은 후 3년 이내에 해당 시설 및 장비의 중대한 결함이나 관리상 중대한 과실로 인하여 근로자가 사망한 경우를 말한다. 또한 산업재해 예방사업의 목적에 맞게 사용되지 아니한 경우 보조·지원을 제한할 수 있는 기간은 1. 거짓이나 그 밖의 부정한 방법으로 보조·지원을 받은 경우는 3년, 2. 보조·지원 대상자가 폐업하거나 파산한 경우, 보조·지원 대상을 임의매각·훼손·분실하는 등 지원 목적에 적합하게 유지·관리·사용하지 아니한 경우, 제1항에 따른 산업재해 예방사업의 목적에 맞게 사용되지 아니한 경우, 보조·

지원 대상 기간이 끝나기 전에 보조·지원 대상 시설 및 장비를 국외로 이전한 경우, 보조·지원을 받은 사업주가 필요한 안전조치 및 보건조치 의무를 위반하여 산업재해를 발생시킨 경우는 1년, 이외에 3. 어느 하나를 위반한 후 2년 이내에 같은 항의 어느 하나를 위반한 경우는 2년으로 제한하고 있다.

시행령 제109조(산업재해 예방사업의 지원) 법 제158조제1항 전단에서 "대통령령으로 정하는 사업"이란 다음 각 호의 어느 하나에 해당하는 업무와 관련된 사업을 말한다.

1. 산업재해 예방을 위한 방호장치, 보호구, 안전설비 및 작업환경개선 시설·장비 등의 제작, 구입, 보수, 시험, 연구, 홍보 및 정보제공 등의 업무
2. 사업장 안전·보건관리에 대한 기술지원 업무
3. 산업 안전·보건 관련 교육 및 전문인력 양성 업무
4. 산업재해예방을 위한 연구 및 기술개발 업무
5. 법 제11조제3호에 따른 노무를 제공하는 자의 건강을 유지·증진하기 위한 시설의 운영에 관한 지원 업무
6. 안전·보건의식의 고취 업무
7. 법 제36조에 따른 위험성평가에 관한 지원 업무
8. 안전검사 지원 업무
9. 유해인자의 노출 기준 및 유해성·위험성 조사·평가 등에 관한 업무
10. 직업성 질환의 발생 원인을 규명하기 위한 역학조사·연구 또는 직업성 질환 예방에 필요하다고 인정되는 시설·장비 등의 구입 업무
11. 작업환경측정 및 건강진단 지원 업무
12. 법 제126조제2항에 따른 작업환경측정기관의 측정·분석 능력의 확인 및 법 제135조제3항에 따른 특수건강진단기관의 진단·분석 능력의 확인에 필요한 시설·장비 등의 구입 업무
13. 산업의학 분야의 학술활동 및 인력 양성 지원에 관한 업무
14. 그 밖에 산업재해 예방을 위한 업무로서 산업재해보상보험 및 예방심의위원회의 심의를 거쳐 고용노동부장관이 정하는 업무

(2) 영업정지의 요청

법 제159조(영업정지의 요청 등) ① 고용노동부장관은 사업주가 다음 각 호의 어느 하나에 해당하는 산업재해를 발생시킨 경우에는 관계 행정기관의 장에게 관계 법령에 따라 해당 사

업의 영업정지나 그 밖의 제재를 할 것을 요청하거나 「공공기관의 운영에 관한 법률」 제4조에 따른 공공기관의 장에게 그 기관이 시행하는 사업의 발주 시 필요한 제한을 해당 사업자에게 할 것을 요청할 수 있다.

1. 제38조, 제39조 또는 제63조를 위반하여 많은 근로자가 사망하거나 사업장 인근지역에 중대한 피해를 주는 등 대통령령으로 정하는 사고가 발생한 경우
2. 제53조제1항 또는 제3항에 따른 명령을 위반하여 근로자가 업무로 인하여 사망한 경우

② 제1항에 따라 요청을 받은 관계 행정기관의 장 또는 공공기관의 장은 정당한 사유가 없으면 이에 따라야 하며, 그 조치 결과를 고용노동부장관에게 통보하여야 한다.

③ 제1항에 따른 영업정지 등의 요청 절차나 그 밖에 필요한 사항은 고용노동부령으로 정한다.

영업정지의 요청규정을 두어 사업주가 많은 근로자가 사망하거나 사업장 인근지역에 중대한 피해를 주는 사고가 발생한 경우와 명령을 위반하여 근로자가 업무로 인하여 사망한 경우에 해당하는 산업재해를 발생시킨 경우에는 관계 행정기관의 장에게 관계 법령에 따라 해당 사업의 영업정지나 그 밖의 제재를 할 것을 요청하거나 「공공기관의 운영에 관한 법률」 제4조에 따른 공공기관의 장에게 그 기관이 시행하는 사업의 발주 시 필요한 제한을 해당 사업자에게 할 것을 요청할 수 있다. 그리고 요청을 받은 관계 행정기관의 장 또는 공공기관의 장은 정당한 사유가 없으면 이에 따라야 하며, 그 조치 결과를 고용노동부장관에게 통보하여야 한다.

시행령 제110조에는 "많은 근로자가 사망하거나 사업장 인근지역에 중대한 피해를 주는 등 대통령령으로 정하는 사고"란 동시에 2명 이상의 근로자가 사망하는 재해와 중대산업사고를 말하는데 구체적으로 설명하면, "동시에 2명 이상의 근로자가 사망하는 재해"란 해당 재해가 발생한 때부터 그 사고가 주원인이 되어 72시간 이내에 2명 이상이 사망하는 재해를 말한다. 그리고 **시행규칙 제238조**에 따라 **영업정지의 요청**을 두어 사업주가 "「건설산업기본법」 제82조제1항제7호에 따른 영업정지 및 입찰참가자격의 제한"을 통하여 공기업으로 지정된 기관의 장에게 해당 사업주에게 영업정지에 해당하는 처분을 할 것을 요청할 수 있다.

(3) 업무정지 처분을 대신하여 부과하는 과징금 처분

법 제160조(업무정지 처분을 대신하여 부과하는 과징금 처분) ① 고용노동부장관은 제21조제4항(제74조제4항, 제88조제5항, 제96조제5항, 제126조제5항 및 제135조제6항에 따라 준용되는 경우를 포함한다)에 따라 업무정지를 명하여야 하는 경우에 그 업무정지가 이용자에게 심한 불편을 주거나 공익을 해칠 우려가 있다고 인정되면 업무정지 처분을 대신하여 10억원 이하의 과징금을 부과할 수 있다.

② 고용노동부장관은 제1항에 따른 과징금을 징수하기 위하여 필요한 경우에는 다음 각 호의 사항을 적은 문서로 관할 세무관서의 장에게 과세 정보 제공을 요청할 수 있다.

1. 납세자의 인적사항
2. 사용 목적
3. 과징금 부과기준이 되는 매출 금액
4. 과징금 부과사유 및 부과기준

③ 고용노동부장관은 제1항에 따른 과징금 부과처분을 받은 자가 납부기한까지 과징금을 내지 아니하면 국세 체납처분의 예에 따라 이를 징수한다.

④ 제1항에 따라 과징금을 부과하는 위반행위의 종류 및 위반 정도 등에 따른 과징금의 금액, 그 밖에 필요한 사항은 대통령령으로 정한다.

법 제160조는 이번 개정안에서 신설된 것으로 사업주에 대하여 업무정지 처분을 대신하여 부과하는 과징금 처분을 두고 있다. 이 규정이 제정된 배경은 업무정지를 명하여야 하는 경우에 그 업무정지가 이용자에게 심한 불편을 주거나 공익을 해칠 우려가 있다고 인정되면 업무정지 처분을 대신하여 10억원 이하의 과징금을 부과하여, 공익과 이용자의 불편을 주어 공익을 해하지 않지만 사업주에 대하여 경제적 제제를 가할 목적으로 제정된 것이다.

과징금 납부에 관한 규정은 **시행령 제111조**에는 고용노동부장관은 과징금을 부과하려는 경우에는 위반행위의 종류와 해당 과징금의 금액 등을 구체적으로 밝혀 과징금을 낼 것을 서면으로 알려야 한다. 따라서 통지를 받은 자는 통지받은 날부터 30일 이내에 고용노동부장관이 정하는 수납기관에 과징금을 내야 한다. 다만, 천재지변이나 그 밖의 부득이한 사유로 그 기간 내 과징금을 낼 수 없는 경우에는 그 사유가 없어진 날부터 15일 이내에 내야하며, 과징금을 받은 수납기관은 납부자에게 영수증을 발급하여야 한다. 그리고 과징금의 수납기관은 과징금을 받은 경우에는 지체 없이 그 사실을 고용노동부장관에게 통보하여야 하도록 하고 있다. 또한 과징금 부과처분을 받은 자가 1. 재해 등으로 재산에 현저한 손실을 입은 경우, 2. 경제 여건이나 사업 여건의 악화로 사업이 중대한 위기에 있는 경우, 3. 과징금을 한꺼번에 내면 자금사정에 현저한 어려움이 예상되는 경우에 해당하는 사유로 과징금의 전액을 한꺼번에 내기 어렵다고 인정되는 경우에는 그 납부기한을 연장하거나 분할 납부하게 할 수 있으며, 필요하다고 인정하는 때에는 담보를 제공하게 할 수 있다.

과징금의 납부기한의 연장 또는 분할 납부를 하려는 자는 그 납부기한의 5일 전까지 납부기한의 연장 또는 분할 납부의 사유를 증명하는 서류를 첨부하여 고용노동부장관에게 신청하여야 하며, 납부기한의 연장은 그 납부기한의 다음 날부터 1년을 초과할 수 없으며, 분할 납부를 하게 하는 경우 각 분할된 납부기한의 간격은 4개월을 초과할 수 없으며, 분할 횟수는 3회를 초과할 수 없도록 규정하고 있다.

납부기한이 연장되거나 분할 납부가 허용된 과징금의 납부의무자가 1. 분할 납부하기로 결정된 과징금을 납부기한까지 내지 아니한 경우, 2. 강제집행, 경매의 개시, 법인의 해산, 국세 또는 지방세의 체납처분을 받은 경우 등으로 과징금의 전부 또는 잔여분을 징수할 수 없다고 인정되는 경우에는 납부기한 연장 또는 분할 납부 결정을 취소하고 과징금을 한꺼번에 징수할 수 있다.

(4) 도급금지 등 의무위반에 따른 과징금 부과

법 제161조(도급금지 등 의무위반에 따른 과징금 부과) ① 고용노동부장관은 사업주가 다음 각 호의 어느 하나에 해당하는 경우에는 10억원 이하의 과징금을 부과·징수할 수 있다.

1. 제58조제1항을 위반하여 도급한 경우
2. 제58조제2항제2호 또는 제59조제1항을 위반하여 승인을 받지 아니하고 도급한 경우
3. 제60조를 위반하여 승인을 받아 도급받은 작업을 재하도급한 경우

② 고용노동부장관은 제1항에 따른 과징금을 부과하는 경우에는 다음 각 호의 사항을 고려하여야 한다.

1. 도급 금액, 기간 및 횟수 등
2. 관계수급인 근로자의 산업재해 예방에 필요한 조치 이행을 위한 노력의 정도
3. 산업재해 발생 여부

③ 고용노동부장관은 제1항에 따른 과징금을 내야 할 자가 납부기한까지 내지 아니하면 납부기한의 다음 날부터 과징금을 납부한 날의 전날까지의 기간에 대하여 내지 아니한 과징금의 연 100분의 6의 범위에서 대통령령으로 정하는 가산금을 징수한다. 이 경우 가산금을 징수하는 기간은 60개월을 초과할 수 없다.

④ 고용노동부장관은 제1항에 따른 과징금을 내야 할 자가 납부기한까지 내지 아니하면 기간을 정하여 독촉을 하고, 그 기간 내에 제1항에 따른 과징금 및 제3항에 따른 가산금을 내지 아니하면 국세 체납처분의 예에 따라 징수한다.

⑤ 제1항 및 제3항에 따른 과징금 및 가산금의 징수와 제4항에 따른 체납처분 절차, 그 밖에 필요한 사항은 대통령령으로 정한다.

법 제161조에 **도급금지 등 의무위반에 따른 과징금 부과**하는 규정을 신설하여 도급에 관하여 강력한 제재를 통하여 위험의 책임을 부과하도록 하였다. 이 규정을 제정된 배경은 업무정지를 명하여야 하는 경우에 그 업무정지가 이용자에게 심한 불편을 주거나 공익을 해칠 우려가 있다고 인정되면 업무정지 처분을 대신하여 10억원 이하의 과징금을 부과하여, 공익과 이용자의 불편을 주어 공익을 해하지 않지만 사업주에 대하여 경제적 제재를 가할 목적으로 제정된 것이다. 따라서 과징금을 징수하기 위하여 필요한 경우에는 1. 납세자의 인적사항, 2. 사용 목적, 3. 과징금

부과기준이 되는 매출 금액, 4. 과징금 부과사유 및 부과기준 등을 적은 문서로 관할 세무관서의 장에게 과세 정보 제공을 요청할 수 있다. 그러므로 사업주가 유해 위험작업의 도급금지 위반, 적격수급인 선정 위반, 유해하거나 위험작업인 경우 고용노동부 승인 위반, 도급받은 작업을 재하도급한 경우에 해당하는 경우에는 10억원 이하의 과징금을 부과·징수할 수 있다. 이 경우에 과징금을 부과하는 경우에는 1. 도급 금액, 기간 및 횟수 등, 2. 관계수급인 근로자의 산업재해 예방에 필요한 조치 이행을 위한 노력의 정도, 3. 산업재해 발생 여부 등을 고려하여야 한다.

과징금 부과처분을 받은 자가 납부기한까지 과징금을 내지 아니하면 국세 체납처분의 예에 따라 이를 징수하며, 과징금을 부과하는 위반행위의 종류 및 위반 정도 등에 따른 과징금의 금액, 그 밖에 필요한 사항은 대통령령으로 정한다.

과징금 납부에 관한 규정은 **시행령 제111조**에는 고용노동부장관은 과징금을 부과하려는 경우에는 위반행위의 종류와 해당 과징금의 금액 등을 구체적으로 밝혀 과징금을 낼 것을 서면으로 알려야 한다. 따라서 통지를 받은 자는 통지받은 날부터 30일 이내에 고용노동부장관이 정하는 수납기관에 과징금을 내야 한다. 다만, 천재지변이나 그 밖의 부득이한 사유로 그 기간 내 과징금을 낼 수 없는 경우에는 그 사유가 없어진 날부터 15일 이내에 내야 하며, 과징금을 받은 수납기관은 납부자에게 영수증을 발급하여야 한다. 그리고 과징금의 수납기관은 과징금을 받은 경우에는 지체 없이 그 사실을 고용노동부장관에게 통보하여야 하도록 하고 있다. 또한 과징금 부과처분을 받은 자가 1. 재해 등으로 재산에 현저한 손실을 입은 경우, 2. 경제 여건이나 사업 여건의 악화로 사업이 중대한 위기에 있는 경우, 3. 과징금을 한꺼번에 내면 자금사정에 현저한 어려움이 예상되는 경우에 해당하는 사유로 과징금의 전액을 한꺼번에 내기 어렵다고 인정되는 경우에는 그 납부기한을 연장하거나 분할 납부하게 할 수 있으며, 필요하다고 인정하는 때에는 담보를 제공하게 할 수 있다.

고용노동부장관은 제1항에 따른 과징금을 내야 할 자가 납부기한까지 내지 아니하면 납부기한의 다음 날부터 과징금을 납부한 날의 전날까지의 기간에 대하여 내지 아니한 과징금의 연 100분의 6의 범위에서 가산금을 징수하며, 가산금을 징수하는 기간은 60개월을 초과할 수 없다.

과징금의 납부기한의 연장 또는 분할 납부를 하려는 자는 그 납부기한의 5일 전까지 납부기한의 연장 또는 분할 납부의 사유를 증명하는 서류를 첨부하여 고용노동부장관에게 신청하여야 하며, 납부기한의 연장은 그 납부기한의 다음 날부터 1년을 초과할 수 없으며, 분할 납부를 하게 하는 경우 각 분할된 납부기한의 간격은 4개월을 초과할 수 없으며, 분할 횟수는 3회를 초과할 수 없도록 규정하고 있다.

납부기한이 연장되거나 분할 납부가 허용된 과징금의 납부의무자가 1. 분할 납부하기로 결정된 과징금을 납부기한까지 내지 아니한 경우, 2. 강제집행, 경매의 개시, 법인의 해산, 국세 또는 지방세의 체납처분을 받은 경우 등으로 과징금의 전부 또는 잔여분을 징수할 수 없다고 인정되는 경우에는 납부기한 연장 또는 분할 납부 결정을 취소하고 과징금을 한꺼번에 징수할 수 있다.

또한 도급금지 등 의무위반에 따른 과징금 부과하는 규정을 신설하여 도급에 관하여 강력한 제재를 통하여 위험의 책임을 부과하도록 하였다. 그러므로 사업주가 유해 위험작업의 도급금지 위반, 적격수급인 선정 위반, 유해하거나 위험작업인 경우 고용노동부 승인 위반, 도급받은 작업을 재하도급한 경우에 해당하는 경우에는 10억원 이하의 과징금을 부과·징수할 수 있다. 이 경우에 과징금을 부과하는 경우에는 1. 도급 금액, 기간 및 횟수 등, 2. 관계수급인 근로자의 산업재해 예방에 필요한 조치 이행을 위한 노력의 정도, 3. 산업재해 발생 여부등을 고려하여야 한다.

고용노동부장관은 제1항에 따른 과징금을 내야 할 자가 납부기한까지 내지 아니하면 납부기한의 다음 날부터 과징금을 납부한 날의 전날까지의 기간에 대하여 내지 아니한 과징금의 연 100분의 6의 범위에서 가산금을 징수하며, 가산금을 징수하는 기간은 60개월을 초과할 수 없다.

과징금을 내야 할 자가 납부기한까지 내지 아니하면 기간을 정하여 독촉을 하고, 그 기간 내에 가산금을 내지 아니하면 국세 체납처분의 예에 따라 징수하며, "대통령령으로 정하는 가산금"은 과징금 납부기한이 경과한 날부터 매 1개월이 경과할 때마다 체납된 과징금의 1,000분의 5에 해당하는 금액(**시행령 제113조**)이다.

(5) 비밀 유지

법 제162조(비밀 유지) 다음 각 호의 어느 하나에 해당하는 자는 업무상 알게 된 비밀을 누설하거나 도용해서는 아니 된다. 다만, 근로자의 건강장해를 예방하기 위하여 고용노동부장관이 필요하다고 인정하는 경우에는 그러하지 아니하다.

1. 제42조에 따라 제출된 유해위험방지계획서를 검토하는 자
2. 제44조에 따라 제출된 공정안전보고서를 검토하는 자
3. 제47조에 따른 안전보건진단을 하는 자
4. 제84조에 따른 안전인증을 하는 자
5. 제89조에 따른 신고 수리에 관한 업무를 하는 자
6. 제93조에 따른 안전검사를 하는 자
7. 제98조에 따른 자율검사프로그램의 인정업무를 하는 자
8. 제108조제1항 및 제109조제1항에 따라 제출된 유해성·위험성 조사보고서 또는 조사결과를 검토하는 자
9. 제110조제1항부터 제3항까지의 규정에 따라 물질안전보건자료 등을 제출받는 자
10. 제112조제2항, 제5항 및 제7항에 따라 대체자료의 승인, 연장승인 여부를 검토하는 자 및 같은 조 제10항에 따라 물질안전보건자료의 대체자료를 제공받은 자
11. 제129조부터 제131조까지의 규정에 따라 건강진단을 하는 자

12. 제141조에 따른 역학조사를 하는 자
13. 제145조에 따라 등록한 지도사

업무상 알게 된 비밀을 누설하거나 도용해서는 아니 되지만, 근로자의 건강장해를 예방하기 위하여 고용노동부장관이 필요하다고 인정하는 경우 제외하고 비밀 유지를 하도록 규정하고 있다. 다음 각 호의 어느 하나에 해당하는 자는 업무상 알게 된 비밀을 누설하거나 도용해서는 아니 된다.

그 대상은 유해위험방지계획서를 검토, 공정안전보고서를 검토, 안전보건진단, 안전인증, 자율안전신고수리, 안전검사, 자율검사프로그램의 인정업무, 신규화학물질 유해성 조사 및 중대한 건강장해 우려 조사, 물질안전보건자료, 대체자료의 승인, 연장승인 여부, 건강진단, 역학조사, 지도사 업무등에 대하여 비밀 유지 규정을 두고 있다.

(6) 청문 및 처분기준

법 제163조(청문 및 처분기준) ① 고용노동부장관은 다음 각 호의 어느 하나에 해당하는 처분을 하려면 청문을 하여야 한다.

1. 제21조제4항(제48조제4항, 제74조제4항, 제88조제5항, 제96조제5항, 제100조제4항, 제120조제5항, 제126조제5항, 제135조제6항 및 제140조제4항에 따라 준용되는 경우를 포함한다)에 따른 지정의 취소
2. 제33조제4항, 제82조제4항, 제102조제3항, 제121조제4항 및 제154조에 따른 등록의 취소
3. 제58조제7항(제59조제2항에 따라 준용되는 경우를 포함한다. 이하 제2항에서 같다), 제112조제8항 및 제117조제3항에 따른 승인의 취소
4. 제86조제1항에 따른 안전인증의 취소
5. 제99조제1항에 따른 자율검사프로그램 인정의 취소
6. 제118조제5항에 따른 허가의 취소
7. 제158조제2항에 따른 보조·지원의 취소

② 제21조제4항(제33조제4항, 제48조제4항, 제74조제4항, 제82조제4항, 제88조제5항, 제96조제5항, 제100조제4항, 제120조제5항, 제121조제4항, 제126조제5항, 제135조제6항 및 제140조제4항에 따라 준용되는 경우를 포함한다), 제58조제7항, 제86조제1항, 제91조제1항, 제99조제1항, 제102조제3항, 제112조제8항, 제117조제3항, 제118조제5항 및 제154조에 따른 취소, 정지, 사용 금지 또는 시정명령의 기준은 고용노동부령으로 정한다.

청문 및 처분기준을 두어 전문기관 및 교육기관 지정 취소, 안전인증의 취소, 자율검사프로그램 인정의 취소, 허가의 취소, 승인의 취소, 보조·지원의 취소와 함께 취소, 정지, 사용 금지 또는 시정명령 등에 대하여 해당하는 처분을 하려면 청문을 하도록 규정하고 있다.

(7) 서류의 보존

법 제164조(서류의 보존) ① 사업주는 다음 각 호의 서류를 3년(제2호의 경우 2년을 말한다) 동안 보존하여야 한다. 다만, 고용노동부령으로 정하는 바에 따라 보존기간을 연장할 수 있다.

1. 안전보건관리책임자·안전관리자·보건관리자·안전보건관리담당자 및 산업보건의의 선임에 관한 서류
2. 제24조제3항 및 제75조제4항에 따른 회의록
3. 안전조치 및 보건조치에 관한 사항으로서 고용노동부령으로 정하는 사항을 적은 서류
4. 제57조제2항에 따른 산업재해의 발생 원인 등 기록
5. 제108조제1항 본문 및 제109조제1항에 따른 화학물질의 유해성·위험성 조사에 관한 서류
6. 제125조에 따른 작업환경측정에 관한 서류
7. 제129조부터 제131조까지의 규정에 따른 건강진단에 관한 서류

② 안전인증 또는 안전검사의 업무를 위탁받은 안전인증기관 또는 안전검사기관은 안전인증·안전검사에 관한 사항으로서 고용노동부령으로 정하는 서류를 3년 동안 보존하여야 하고, 안전인증을 받은 자는 제84조제5항에 따라 안전인증대상기계등에 대하여 기록한 서류를 3년 동안 보존하여야 하며, 자율안전확인대상기계등을 제조하거나 수입하는 자는 자율안전기준에 맞는 것임을 증명하는 서류를 2년 동안 보존하여야 하고, 제98조제1항에 따라 자율안전검사를 받은 자는 자율검사프로그램에 따라 실시한 검사 결과에 대한 서류를 2년 동안 보존하여야 한다.

③ 일반석면조사를 한 건축물·설비소유주등은 그 결과에 관한 서류를 그 건축물이나 설비에 대한 해체·제거작업이 종료될 때까지 보존하여야 하고, 기관석면조사를 한 건축물·설비소유주등과 석면조사기관은 그 결과에 관한 서류를 3년 동안 보존하여야 한다.

④ 작업환경측정기관은 작업환경측정에 관한 사항으로서 고용노동부령으로 정하는 사항을 적은 서류를 3년 동안 보존하여야 한다.

⑤ 지도사는 그 업무에 관한 사항으로서 고용노동부령으로 정하는 사항을 적은 서류를 5년 동안 보존하여야 한다.

⑥ 석면해체·제거업자는 제122조제3항에 따른 석면해체·제거작업에 관한 서류 중 고용노동

부령으로 정하는 서류를 30년 동안 보존하여야 한다.
⑦ 제1항부터 제6항까지의 경우 전산입력자료가 있을 때에는 그 서류를 대신하여 전산입력자료를 보존할 수 있다.

서류의 보존기간을 두어 산업안전보건에 관한 서류를 일정기간 보존하도록 하고 있다. 사업주는 안전보건관리책임자·안전관리자·보건관리자·안전보건관리담당자 및 산업보건의의 선임에 관한 서류, 안전조치 및 보건조치에 관한 서류, 산업재해의 발생 원인 등 기록, 화학물질의 유해성·위험성 조사에 관한 서류, 작업환경측정에 관한 서류, 건강진단에 관한 서류 등을 3년 동안 보존하여야 한다. 다만, 고용노동부령으로 정하는 바에 따라 보존기간을 연장할 수 있다. 산업안전보건위원회 및 도급협의체 회의록에 관한 서류는 2년을 두고 있다.

안전인증 또는 안전검사의 업무를 위탁받은 안전인증기관 또는 안전검사기관은 안전인증·안전검사에 관한 사항으로서 고용노동부령으로 정하는 서류를 3년 동안 보존하여야 하고, 안전인증을 받은 자는 안전인증대상기계등에 대하여 기록한 서류를 3년 동안 보존하여야 하며, 자율안전확인대상기계등을 제조하거나 수입하는 자는 자율안전기준에 맞는 것임을 증명하는 서류를 2년 동안 보존하여야 하고, 자율안전검사를 받은 자는 같은 조 제3항에 따른 자율검사프로그램에 따라 실시한 검사 결과에 대한 서류를 2년 동안 보존하도록 되어 있다. 일반석면조사를 한 건축물·설비소유주등은 그 결과에 관한 서류를 그 건축물이나 설비에 대한 해체·제거작업이 종료될 때까지 보존하여야 하고, 기관석면조사를 한 건축물·설비소유주등과 석면조사기관은 그 결과에 관한 서류를 3년 동안 보존하여야 한다. 작업환경측정기관은 작업환경측정에 관한 사항으로서 고용노동부령으로 정하는 사항을 적은 서류를 3년 동안 보존하여야 하며, 지도사는 그 업무에 관한 사항으로서 고용노동부령으로 정하는 사항을 적은 서류를 5년 동안 보존하여야 한다.

특히 석면해체·제거업자는 석면해체·제거작업에 관한 서류는 30년 동안 보존하여야 한다.

(8) 권한 등의 위임·위탁

법 제165조(권한 등의 위임·위탁) ① 이 법에 따른 고용노동부장관의 권한은 대통령령으로 정하는 바에 따라 그 일부를 지방고용노동관서의 장에게 위임할 수 있다.
② 고용노동부장관은 이 법에 따른 업무 중 다음 각 호의 업무를 대통령령으로 정하는 바에 따라 공단 또는 대통령령으로 정하는 비영리법인 또는 관계 전문기관에 위탁할 수 있다.

1. 제4조제1항제2호부터 제7호까지 및 제9호의 사항에 관한 업무
2. 제11조제3호에 따른 시설의 설치·운영 업무
3. 제13조제2항에 따른 표준제정위원회의 구성·운영

4. 제21조제2항에 따른 기관에 대한 평가 업무
5. 제32조제1항 각 호 외의 부분 본문에 따른 직무와 관련한 안전보건교육
6. 제33조제1항에 따라 제31조제1항 본문에 따른 안전보건교육을 실시하는 기관의 등록 업무
7. 제33조제2항에 따른 평가에 관한 업무
8. 제42조에 따른 유해위험방지계획서의 접수·심사, 제43조제1항 및 같은 조 제2항 본문에 따른 확인
9. 제44조제1항 전단에 따른 공정안전보고서의 접수, 제45조제1항에 따른 공정안전보고서의 심사 및 제46조제2항에 따른 확인
10. 제48조제2항에 따른 안전보건진단기관에 대한 평가 업무
11. 제58조제3항 또는 제5항 후단(제59조제2항에 따라 준용되는 경우를 포함한다)에 따른 안전 및 보건에 관한 평가
12. 제74조제3항에 따른 건설재해예방전문지도기관에 대한 평가 업무
13. 제84조제1항 및 제3항에 따른 안전인증
14. 제84조제4항 본문에 따른 안전인증의 확인
15. 제88조제3항에 따른 안전인증기관에 대한 평가 업무
16. 제89조제1항 각 호 외의 부분 본문에 따른 자율안전확인의 신고에 관한 업무
17. 제93조제1항에 따른 안전검사
18. 제96조제3항에 따른 안전검사기관에 대한 평가 업무
19. 제98조제1항에 따른 자율검사프로그램의 인정
20. 제98조제1항제2호에 따른 안전에 관한 성능검사 교육 및 제100조제2항에 따른 자율안전검사기관에 대한 평가 업무
21. 제101조에 따른 조사, 수거 및 성능시험
22. 제102조제1항에 따른 지원과 같은 조 제2항에 따른 등록
23. 제103조제1항에 따른 유해·위험기계등의 안전에 관한 정보의 종합관리
24. 제105조제1항에 따른 유해성·위험성 평가에 관한 업무
25. 제110조제1항부터 제3항까지의 규정에 따른 물질안전보건자료 등의 접수 업무
26. 제112조제1항·제2항·제5항부터 제7항까지의 규정에 따른 물질안전보건자료의 일부 비공개 승인 등에 관한 업무
27. 제116조에 따른 물질안전보건자료와 관련된 자료의 제공
28. 제120조제2항에 따른 석면조사 능력의 확인 및 석면조사기관에 대한 지도·교육 업무
29. 제120조제3항에 따른 석면조사기관에 대한 평가 업무

30. 제121조제2항에 따른 석면해체·제거작업의 안전성 평가 업무
31. 제126조제2항에 따른 작업환경측정·분석능력의 확인 및 작업환경측정기관에 대한 지도·교육 업무
32. 제126조제3항에 따른 작업환경측정기관에 대한 평가 업무
33. 제127조제1항에 따른 작업환경측정 결과의 신뢰성 평가 업무
34. 제135조제3항에 따른 특수건강진단기관의 진단·분석능력의 확인 및 지도·교육 업무
35. 제135조제4항에 따른 특수건강진단기관에 대한 평가 업무
36. 제136조제1항에 따른 유해인자별 특수건강진단 전문연구기관 지정에 관한 업무
37. 제137조에 따른 건강관리카드에 관한 업무
38. 제141조제1항에 따른 역학조사
39. 제145조제5항 단서에 따른 지도사 보수교육
40. 제146조에 따른 지도사 연수교육
41. 제158조제1항부터 제3항까지의 규정에 따른 보조·지원 및 보조·지원의 취소·환수 업무

③ 제2항에 따라 업무를 위탁받은 비영리법인 또는 관계 전문기관의 임직원은 「형법」 제129조부터 제132조까지의 규정을 적용할 때에는 공무원으로 본다.

권한 등의 위임·위탁규정을 두어 고용노동부장관의 권한은 대통령령으로 정하는 바에 따라 그 일부를 지방고용노동관서의 장에게 위임할 수 있으며, 고용노동부장관은 이 법에 따른 업무 중 다음 각 호의 업무를 대통령령으로 정하는 바에 따라 공단 또는 대통령령으로 정하는 비영리법인 또는 관계 전문기관에 위탁할 수 있다.

(9) 수수료

법 제166조(수수료 등) ① 다음 각 호의 어느 하나에 해당하는 자는 고용노동부령으로 정하는 바에 따라 수수료를 내야 한다.

1. 제32조제1항 각 호의 사람에게 안전보건교육을 이수하게 하려는 사업주
2. 제42조제1항 본문에 따라 유해위험방지계획서를 심사받으려는 자
3. 제44조제1항 본문에 따라 공정안전보고서를 심사받으려는 자
4. 제58조제3항 또는 같은 조 제5항 후단(제59조제2항에 따라 준용되는 경우를 포함한다)에 따라 안전 및 보건에 관한 평가를 받으려는 자
5. 제84조제1항 및 제3항에 따라 안전인증을 받으려는 자
6. 제84조제4항에 따라 확인을 받으려는 자

7. 제93조제1항에 따라 안전검사를 받으려는 자
8. 제98조제1항에 따라 자율검사프로그램의 인정을 받으려는 자
9. 제112조제1항 또는 제5항에 따라 물질안전보건자료의 일부 비공개 승인 또는 연장승인을 받으려는 자
10. 제118조제1항에 따라 허가를 받으려는 자
11. 제140조에 따른 자격·면허의 취득을 위한 교육을 받으려는 사람
12. 제143조에 따른 지도사 자격시험에 응시하려는 사람
13. 제145조에 따라 지도사의 등록을 하려는 자
14. 그 밖에 산업 안전 및 보건과 관련된 자로서 대통령령으로 정하는 자

② 공단은 고용노동부장관의 승인을 받아 공단의 업무 수행으로 인한 수익자로 하여금 그 업무 수행에 필요한 비용의 전부 또는 일부를 부담하게 할 수 있다.

산업안전보건에 관한 교육 및 그 외 서류 심사를 받고자 하는 자는 고용노동부령으로 정하는 바에 따라 수수료를 내도록 규정하고 있다.

제12장 벌칙

(1) 7년 이하 징역 또는 1억원 이하 벌금형

법 제167조(벌칙) ① 제38조제1항부터 제3항까지, 제39조제1항 또는 제63조를 위반하여 근로자를 사망에 이르게 한 자는 7년 이하의 징역 또는 1억원 이하의 벌금에 처한다.
② 제1항의 죄로 형을 선고받고 그 형이 확정된 후 5년 이내에 다시 제1항의 죄를 범한 자는 그 형의 2분의 1까지 가중한다.

법 제167조에는 제38조제1항부터 제3항까지, 제39조제1항 또는 제63조를 위반하여 근로자를 사망에 이르게 한 자는 7년 이하의 징역 또는 1억원 이하의 벌금에 처하도록 규정하고 있으며, 이번에 신설된 규정으로 형을 선고받고 그 형이 확정된 후 5년 이내에 다시 제1항의 죄를 범한 자는 그 형의 2분의 1까지 가중하도록 하였다. 그 내용을 살펴보면 다음과 같은 입법 취지가 있다.

구 산업안전보건법은 사업주가 안전·보건조치 의무를 위반하여 근로자를 사망에 이르게 한 경우 7년 이하 징역 또는 1억원 이하의 벌금에 처하도록 규정하고 있으나 재판과정에서 낮은 형

을 선고 받게 되는 경우가 발생하고 있다.

이번 법을 개정할 때 사망사고 시 사업주 처벌규정이 낮아 실질적인 사업주 처벌이 안 된다고 하여 사망사고 발생 시 처벌이 실질적으로 강화될 수 있도록 근로자 사망 시 7년 이하 또는 1억원 이하 벌금을 근로자 사망 시 1년 이상 7년 이하 또는 1억원 이하 벌금으로 개정안이 제시되었지만, 1년 이하 또는 1억원 이하 벌금으로 결정되었다. 그러나 산업안전보건위반의 사건으로 계속적으로 사망사고가 발생할 경우에 처벌 규정이 없어 법 제167조제2항을 두어 그 형이 확정된 후 5년 이내에 죄를 범한 자는 형의 2분의 1까지 가중하는 것으로 규정하였다.

이 경우는 재범을 막고 산업안전보건에 좀 더 사업주가 책임을 가지고 예방조치를 하도록 하기 위한 취지라고 볼 수 있다.

(2) 5년 이하 징역 또는 5천만원 이하 벌금형

법 제168조(벌칙) 다음 각 호의 어느 하나에 해당하는 자는 5년 이하의 징역 또는 5천만원 이하의 벌금에 처한다.

1. 제38조제1항부터 제3항까지, 제39조제1항, 제51조, 제54조제1항, 제117조제1항, 제118조제1항, 제122조제1항 또는 제157조제3항을 위반한 자
2. 제42조제4항 후단, 제53조제3항, 제55조제1항 또는 제118조제5항에 따른 명령을 위반한 자

법 제168조에는 1. 제38조제1항부터 제3항까지, 제39조제1항, 제51조, 제54조제1항, 제117조제1항, 제118조제1항, 제122조제1항 또는 제157조제3항을 위반한 자와 2. 제42조제4항 후단, 제53조제3항, 제55조제1항 또는 제118조제5항에 따른 명령을 위반한 자는 5년 이하 또는 5천만원 이하 벌금형을 처하도록 규정하였다.

여기에는 중대재해 발생하였을 때 즉시 해당 작업을 중지시키고 근로자를 작업장소에서 대피시키는 등 안전보건조치 미흡인 경우에도 처벌하도록 하였다.

또한 중대재해가 발생하였을 때 사업장의 재해가 다시 발생할 경우의 급박한 위험이 판단될 때 즉시 작업중지를 시키고 위반한 경우 처벌하도록 하였다.

(3) 3년 이하 징역 또는 3천만원 이하 벌금형

법 제169조(벌칙) 다음 각 호의 어느 하나에 해당하는 자는 3년 이하의 징역 또는 3천만원 이하의 벌금에 처한다.

1. 제44조제1항 후단, 제63조, 제76조, 제81조, 제82조제2항, 제84조제1항, 제87조제1항, 제118조제3항, 제123조제1항, 제139조제1항 또는 제140조제1항을 위반한 자
2. 제45조제1항 후단, 제46조제5항, 제53조제1항, 제87조제2항, 제118조제4항, 제119조제4항 또는 제131조제1항에 따른 명령을 위반한 자
3. 제58조제3항 또는 같은 조 제5항 후단(제59조제2항에 따라 준용되는 경우를 포함한다)에 따른 안전 및 보건에 관한 평가 업무를 제165조제2항에 따라 위탁받은 자로서 그 업무를 거짓이나 그 밖의 부정한 방법으로 수행한 자
4. 제84조제1항 및 제3항에 따른 안전인증 업무를 제165조제2항에 따라 위탁받은 자로서 그 업무를 거짓이나 그 밖의 부정한 방법으로 수행한 자
5. 제93조제1항에 따른 안전검사 업무를 제165조제2항에 따라 위탁받은 자로서 그 업무를 거짓이나 그 밖의 부정한 방법으로 수행한 자
6. 제98조에 따른 자율검사프로그램에 따른 안전검사 업무를 거짓이나 그 밖의 부정한 방법으로 수행한 자

법 제169조에는 1. 제44조제1항 후단, 제63조, 제76조, 제81조, 제82조제2항, 제84조제1항, 제87조제1항, 제118조제3항, 제123조제1항, 제139조제1항 또는 제140조제1항을 위반한 자, 2. 제45조제1항 후단, 제46조제5항, 제53조제1항, 제87조제2항, 제118조제4항, 제119조제4항 또는 제131조제1항에 따른 명령을 위반한 자, 3. 제58조제3항 또는 같은 조 제5항 후단(제59조제2항에 따라 준용되는 경우를 포함한다)에 따른 안전 및 보건에 관한 평가 업무를 제165조제2항에 따라 위탁받은 자로서 그 업무를 거짓이나 그 밖의 부정한 방법으로 수행한 자, 4. 제84조제1항 및 제3항에 따른 안전인증 업무를 제165조제2항에 따라 위탁받은 자로서 그 업무를 거짓이나 그 밖의 부정한 방법으로 수행한 자, 5. 제93조제1항에 따른 안전검사 업무를 제165조제2항에 따라 위탁받은 자로서 그 업무를 거짓이나 그 밖의 부정한 방법으로 수행한 자, 6. 제98조에 따른 자율검사프로그램에 따른 안전검사 업무를 거짓이나 그 밖의 부정한 방법으로 수행한 자에 대하여 3년 이하의 징역 또는 3천만원 이하의 벌금에 처하도록 규정하고 있다.

특히 도급인이 도급인의 사업장에서 관계 수급인의 근로자에게 안전보건조치를 하지 않은 경우에도 처벌규정을 두었다.

(4) 1년 이하 징역 또는 1천만원 이하 벌금형

법 제170조(벌칙) 다음 각 호의 어느 하나에 해당하는 자는 1년 이하의 징역 또는 1천만원 이하의 벌금에 처한다.

1. 제41조제3항을 위반하여 해고나 그 밖의 불리한 처우를 한 자
2. 제56조제3항을 위반하여 중대재해 발생 현장을 훼손하거나 고용노동부장관의 원인조사를 방해한 자
3. 제57조제1항을 위반하여 산업재해 발생 사실을 은폐한 자 또는 그 발생 사실을 은폐하도록 교사(敎唆)하거나 공모(共謀)한 자
4. 제65조제1항, 제80조제1항·제2항·제4항, 제85조제2항·제3항, 제92조제1항, 제141조제4항 또는 제162조를 위반한 자
5. 제85조제4항 또는 제92조제2항에 따른 명령을 위반한 자
6. 제101조에 따른 조사, 수거 또는 성능시험을 방해하거나 거부한 자

법 제170조에는 1. 제41조제3항을 위반하여 해고나 그 밖의 불리한 처우를 한 자, 2. 제56조제3항을 위반하여 중대재해 발생 현장을 훼손하거나 고용노동부장관의 원인조사를 방해한 자, 3. 제57조제1항을 위반하여 산업재해 발생 사실을 은폐한 자 또는 그 발생 사실을 은폐하도록 교사(敎唆)하거나 공모(共謀)한 자, 4. 제65조제1항, 제80조제1항·제2항·제4항, 제85조제2항·제3항, 제92조제1항, 제141조제4항 또는 제162조를 위반한 자, 5. 제85조제4항 또는 제92조제2항에 따른 명령을 위반한 자, 6. 제101조에 따른 조사, 수거 또는 성능시험을 방해하거나 거부한 자에 대하여 1년 이하의 징역 또는 1천만원 이하의 벌금에 처하도록 규정하고 있다.

또한 산업재해 사실을 은폐한자 또는 그 발생사실을 은폐하도록 교사하거나 공모한 자에 대하여도 처벌 규정을 두었다.

(5) 1천만원 이하 벌금형

법 제171조(벌칙) 다음 각 호의 어느 하나에 해당하는 자는 1천만원 이하의 벌금에 처한다.

1. 제69조제1항·제2항, 제89조제1항, 제90조제2항·제3항, 제108조제2항, 제109조제2항 또는 제138조제1항·제2항을 위반한 자
2. 제90조제4항, 제108조제4항 또는 제109조제3항에 따른 명령을 위반한 자
3. 제125조제6항을 위반하여 해당 시설·설비의 설치·개선 또는 건강진단의 실시 등의 조치를 하지 아니한 자
4. 제132조제4항을 위반하여 작업장소 변경 등의 적절한 조치를 하지 아니한 자

법 제171조에는 1. 제69조제1항·제2항, 제89조제1항, 제90조제2항·제3항, 제108조제2항, 제109조제2항 또는 제138조제1항·제2항을 위반한 자, 2. 제90조제4항, 제108조제4항 또는 제109

조제3항에 따른 명령을 위반한 자, 3. 제125조제6항을 위반하여 해당 시설·설비의 설치·개선 또는 건강진단의 실시 등의 조치를 하지 아니한 자, 4. 제132조제4항을 위반하여 작업장소 변경 등의 적절한 조치를 하지 아니한 자에 해당하는 자는 1천만원 이하의 벌금에 처하도록 규정하고 있다.

(6) 500만원 이하 벌금형

법 제172조(벌칙) 제64조제1항 또는 제2항을 위반한 자는 500만원 이하의 벌금에 처한다.

법 제172조에는 제64조제1항 또는 제2항을 위반한 자는 500만원 이하의 벌금에 처하도록 규정하고 있다.

(7) 양벌규정

법 제173조(양벌규정) 법인의 대표자나 법인 또는 개인의 대리인, 사용인, 그 밖의 종업원이 그 법인 또는 개인의 업무에 관하여 제167조제1항 또는 제168조부터 제172조까지의 어느 하나에 해당하는 위반행위를 하면 그 행위자를 벌하는 외에 그 법인에게 다음 각 호의 구분에 따른 벌금형을, 그 개인에게는 해당 조문의 벌금형을 과(科)한다. 다만, 법인 또는 개인이 그 위반행위를 방지하기 위하여 해당 업무에 관하여 상당한 주의와 감독을 게을리하지 아니한 경우에는 그러하지 아니하다.

1. 제167조제1항의 경우 : 10억원 이하의 벌금
2. 제168조부터 제172조까지의 경우 : 해당 조문의 벌금형

개정배경을 보면 현행법에서 의무규정을 이행해야 하는 자는 대부분 사업주인데, 사업주가 법인인 경우, 법인은 범죄행위능력과 수형능력이 없어 법인을 행위자로 처벌할 수 없다는 문제가 도출되고, 이에 법의 실효성 확보를 위해 양벌규정을 두어 행위자와 함께 법인 사업주를 처벌할 수 있는 근거를 두고 있다.[53)]

문제점을 본다면 「산업안전보건법」 제71조(양벌규정)은 기업 규모, 개인이냐 법인이냐 구별 없이 동일한 처벌수준 규정하고 있고, 법인의 대표자나 근로자가 위반행위를 한 경우 그 행위자와 법인에게 부과되는 벌금형의 법정형도 같으며, 따라서, 법인에 대하여 실제 선고되는 벌금액

53) 조흠학, 사업주책임의 확대에 관한 법정책적 검토, 법과 정책연구14집 제3호(통권 제35호), 한국법정책학회 2014, 1172~1173면에서 정리함.

이 법인인 사업주에게는 형벌의 효과가 크지 않아 처벌이 미약하여 재해의 심각성을 판단하지 못할 수도 있다고 본다. 특히, 중견기업 또는 대기업 등 기업의 규모가 크면 클수록, 자산규모가 상당하면 상당할수록 행위자와 같은 벌금액은 소액으로 볼 수 있으며 이러한 금액으로는 범죄 억제라는 효과가 미미할 수밖에 없어, 따라서, 법인의 자산규모와 벌금액을 비교하여 볼 때 「산업안전보건법」 위반에 대한 형벌의 예방적 기능을 실질적으로 수행할 수 있도록 법인인 사업주에게는 벌금형을 상향할 필요가 있다고 본다.[54)]

그런 의미에서 이번 개정내용에 대표자나 그 밖의 종업원이 안전 및 보건조치 의무를 위반하여 근로자가 사망한 경우 양벌규정을 이원화하여 법인 사업주에게 10억원 이하 벌금 부과하도록 한 것이다. **법 제173조**에는 **양벌규정**이 규정되었는데 이는 산업안전보건위반 사건에 대하여 회사의 감독책임을 묻는 것으로 직접적인 예방책임의 행위자인 사업주 외에 법인이나 법인 대표자에게 책임을 묻기 위한 규정이다. 이번 개정된 법률안에서는 법인의 책임을 중요하게 보고 10억원 이하의 벌금형으로 양벌 규정의 벌금을 상향 조정하였다.

(8) 형벌과 수강명령 등의 병과

법 제174조(형벌과 수강명령 등의 병과) ① 법원은 제38조제1항부터 제3항까지, 제39조제1항 또는 제63조를 위반하여 근로자를 사망에 이르게 한 사람에게 유죄의 판결(선고유예는 제외한다)을 선고하거나 약식명령을 고지하는 경우에는 200시간의 범위에서 산업재해 예방에 필요한 수강명령을 병과(併科)할 수 있다. 다만, 수강명령을 부과할 수 없는 특별한 사정이 있는 경우에는 그러하지 아니하다.

② 제1항에 따른 수강명령은 형의 집행을 유예할 경우에는 그 집행유예기간 내에, 벌금형을 선고하거나 약식명령을 고지할 경우에는 형 확정일부터 6개월 이내에, 징역형 이상의 실형(實刑)을 선고할 경우에는 형기 내에 각각 집행한다.

③ 제1항에 따른 수강명령이 벌금형 또는 형의 집행유예와 병과된 경우에는 보호관찰소의 장이 집행하고, 징역형 이상의 실형과 병과된 경우에는 교정시설의 장이 집행한다.

④ 제1항에 따른 수강명령은 다음 각 호의 내용으로 한다.

1. 안전 및 보건에 관한 교육
2. 그 밖에 산업재해 예방을 위하여 필요한 사항

⑤ 수강명령에 관하여 이 법에서 규정한 사항 외의 사항에 대해서는 「보호관찰 등에 관한 법률」을 준용한다.

54) 조흠학, 산업안전보건법의 위반과 처벌제도, 동아법학 제69호, 동아대학교 법학연구소, 2015, 125면.

사업주 수강명령에 관한 규정을 알기 위해서는 이전에 산업안전보건법의 사업주 교육제도의 연혁적 측면을 살펴 볼 필요가 있어 그 내용을 보면 다음과 같다.

사업주 교육에 관한 규정은 「산업안전보건법」 제32조에 1990년 1월 13일 전문 개정(법률 제4220호) 시에 사업주의 직무교육에 관한 규정을 신설하였고, 사업주의 교육을 강화하기 위한 방법으로 교육위반시에는 동법 제69조에 500만원 벌금형 부과하도록 규정하였다.

이 당시에 사업주의 교육을 직무교육 속에 포함시킨 이유는 사업장 안전보건관리체제에 있어서의 제반 문제점을 해소하고 사업장의 자율재해예방활동이 촉진되고, 산업재해예방사업을 효율적으로 추진하기 위하여 산업재해 예방에 관한 사업주 책임을 명확히 하여 산업재해의 감소와 근로자의 안전과 보건을 유지·증진시키려는 목적에 있었다.[55)]

그러나 시행규칙에 교육내용 및 대상자를 규정하기로 되어 있었지만, 고용노동부령이 미 제정되어 적용 될 여지가 없다가 1994년 3월 29일 시행규칙 개정 시에 동법 시행규칙 제38조(고용노동부령 제89호, 1994.3.29)에 '연간 2인 이상 사망자'의 사업장 사업주 개념을 정리하여 사업주의 교육에 관한 의무를 강화하였다.[56)]

이러한 고용노동부령의 개정 이후 사회적 인식과 직무교육의 필요성이 인정되어 「산업안전보건법」 일부 개정(법률 제5248호, 1996.12.31) 시에 중대재해 발생 사업장의 사업주 교육에 관하여 명확한 **의무내용**을 규정하였다. 이런 의미에서 사업주 교육을 필수적으로 인정하기 위한 방안으로 중대재해 사업장의 사업주가 반드시 교육을 통하여 안전보건교육을 이수하도록 하였으며, 이러한 교육의 내용을 일컬어 사업주의 벌칙성 교육이라 하였다.

이후에 벌칙성 교육에 대한 형사처벌제도를 완화할 목적으로 행정형벌 부과대상이었던 벌칙성 교육의 위반사항에 대하여 「산업안전보건법」(법률 제6847호, 2002.12.30) 제69조에 있던 500만원 이하의 벌금형을 삭제하고 제70조제2항에 500만원 과태료 부과로 전환하였다.[57)]

사업주 직무교육에 관하여 최초에 신설된 법률내용을 보면 『사업주 및 관리책임자등에 대한 교육』을 신설하여 「산업안전보건법」 제32조에 사업주 교육은 「산업안전보건법」(법률 제4220호, 1990.1.13, 전문개정)에 직무교육 신설하고 교육내용은 노동부령으로 제정하기로 하다. 그리고 동법 제69조 위반 시 500만원 벌금형 부과하기로 하였고, 이후 시행규칙에 교육내용 및 대상자를 규정하기로 되어 있었지만, 그러나 사회적 인식과 직무교육의 필요성은 인정되나 노동부령이 미 제정되어 적용될 여지가 없었다.[58)]

55) 조흠학, 산업안전보건법에서 사업주 교육의 실효성 확보방안에 관한 연구, 사회법 연구제11집, 사회법학회, 2009, 71~72면 재인용.

56) 조흠학, 산업안전보건법에서 사업주 교육의 실효성 확보방안에 관한 연구, 사회법 연구제11집, 사회법학회 2009, 73~76면 재인용.

57) 조흠학, 산업안전보건법에서 사업주 교육의 실효성 확보방안에 관한 연구, 사회법 연구제11집, 사회법학회 2009, 71~72면 재인용.

58) 조흠학, 산업안전보건법에서 사업주 교육의 실효성 확보방안에 관한 연구, 사회법 연구제11집, 사회법학회 2009, 71~72면 재인용.

이후에 「산업안전보건법」(법률 제5248호, 1996.12.31)(1996.12.31; 97.5.1 시행) 개정 시에 중대재해발생사업장에 대하여 벌칙성 교육을 의무적으로 하도록 하였으며 위반한 경우에는 과태료를 부과하도록 하였다. 그리고 동법 시행규칙 제38조(노동부령 제89호, 1994.3.29)에 '연간 2인 이상 사망자'의 사업장 사업주 개념을 정리하여 '기타 노동부령이 정하는 사업의 사업주·관리감독자의 개념'을 정리하여 **'노동부장관이 정하는 재해가 발생한 사업장에서 당해 작업을 직접 지휘·감독하는 관리감독자'**로 되어 있는 것을 **'연간 2인 이상의 사망자가 발생하는 사업장의 사업주'**로 전환하여, 산재사고의 감소와 경제적 손실을 줄이고 현실에 맞지 아니하는 규정을 정비할 목적으로 산안법을 정리하였다.[59)]

그리고 위반한 경우에는 「산업안전보건법」(법률 제6847호, 2002.12.30) 제69조에 500만원 이하의 벌금형을 삭제하고 제70조제2항에 500만원 과태료 부과로 개정하였다.

이후 1997년 국가경제위기 타결과 기업의 활성화를 위하여 기업활동규제완화에 관한 특별조치법 제55조의2조에 사업주 벌칙성교육을 면제하게 되었고,[60)] 이 법 속에 완화의 규정을 정하게 된 이유는 일부 사업장규제에 관한 법률 중에서 국민의 안전 및 환경의 보호와 밀접한 관련이 없는 부분은 폐지하거나 완화하여, 각종 영업에 대한 불필요한 행정규제를 완화함으로써 기업의 경쟁력을 강화하려는 목적으로 제정되었다.

당시의 입법적 취지를 보면 사업장의 관리책임자·안전관리자·보건관리자등이 받는 안전·보건에 관한 교육과 전기통신공사사업에 종사하는 통신기술자격자가 받는 보수교육을 폐지함으로써 기업의 부담을 덜어주고, 필요한 경우에는 기업이 자율적으로 교육을 실시하려고 하는 취지였으며, 사업주 벌칙성 교육 면제조항을 통하여 1997년 경제위기에 따라 정부에서 기업활동규제완화에 관한 특별조치법 제55조의2조 제1항(본조신설 1997.4.10)에서 교육을 받지 아니하도록 사업주의 의무교육을 면제하였다.[61)]

외환위기 당시 국가경제위기 타결과 기업 활동력 강화를 위한 「기업활동규제완화에 관한 특별조치법(제55조의2조)」에 의해 사업주에 관한 **벌칙성 교육 면제조항을 신설**(법률 제5328호 1997.4.10; 1997.5.1 시행)하였다. 그 개정 취지를 살펴보면, 기업활동규제완화에 관한 특별조치법(일부개정 1997.4.10, 법률 제5328호)에서 산업단지에 전기를 공급하기 위한 전기시설 공사비를 전기공급자가 전액 부담하게 하고, 현재 운영되고 있는 각종 의무고용제도중 국민의 안전 및 환경의 보호와 밀접한 관련이 없는 부분은 폐지하거나 완화하며, 각종 영업에 대한 불필요한 행

59) 조흠학, 산업안전보건법에서 사업주 교육의 실효성 확보방안에 관한 연구, 사회법 연구제11집, 사회법학회 2009, 75면 재인용.

60) 기업규제완화에 관한 특별조치법에서 ① 안전·보건관리자 선임 대상사업장 축소 ② 유사자격자의 안전·보건관리자 겸직 허용 ③ 모든 사업장에 대한 안전·보건관리 대행 허용 ④ 산업보건의 선임 면제 ⑤ 관리책임자 등에 대한 신규·보수교육 면제 ⑥ 프레스·리프트에 대한 정기검사 면제 ⑦ 제조업의 유해위험방지계획서 제출 면제 ⑧ 유해작업 도급 시 안전·보건평가 실시 면제

61) 조흠학, 산업안전보건법에서 사업주 교육의 실효성 확보방안에 관한 연구, 사회법 연구제11집, 사회법학회 2009, 78면 재인용.

정규제를 완화함으로써 기업의 경쟁력을 강화하려는 것이며, 또한 사업장의 관리책임자·안전관리자·보건관리자 등이 받는 안전·보건에 관한 교육과 전기통신공사업에 종사하는 통신기술자격자가 받는 보수교육을 폐지함으로써 기업의 부담을 덜어주고, 필요한 경우에는 기업이 자율적으로 교육을 실시하도록 하기 위한 목적으로 개정되어 면제되었다.[62)]

이후에 규제가 대폭 완화된 이후, 산업재해가 급증하고 있고 이로 인한 경제적 손실이 증대되어 오히려 국가경쟁력강화에 역행하는 결과를 가져오고 산재 증가[63)]에 결정적인 영향을 준[64)] 것으로 판단하여 기업활동 완화에 관한 면제규정 중에서 일부를 삭제하여 사업주의 책임을 강화하였다.

이에 따라 2007년 8월 3일자로 기업활동규제완화에 관한 특별조치법 제55조의2조가 개정되어 삭제되고, 삭제이유에 관한 개정이유 및 주요내용을 살펴보면 1997년 4월 기업활동촉진을 위하여 「기업활동 규제완화에 관한 특별조치법」을 개정하여 '산업안전보건과 관련된 규제가 대폭 완화된 이후, 산업재해가 급증하고 있고 이로 인한 경제적 손실이 증대되어 오히려 국가경쟁력강화에 역행하는 결과를 가져왔으며, 특히, 프레스·리프트에 대한 정기검사 면제, 산업안전·보건교육의 면제와 제조업 유해·위험방지계획서 제출의무의 면제가 **산업재해 증가에 결정적으로 영향을 준 것으로 판단**'됨에 따라, 이들 면제 조항을 모두 삭제하려는 것이라고 볼 수 있다.[65)]

그러나 1997년 국가경제위기 타결과 기업의 활성화를 위하여 기업활동규제완화에 관한 특별조치법 제55조의2조에 중대재해 사업장의 사업주 벌칙성교육을 면제하였다.[66)] 그 후 노동계의 의견[67)]과 국가경쟁력강화와 경제적 손실을 줄이고자 하는 의도에서 기업활동규제완화에 관한 특별조치법의 사업주 교육의 면제규정을 삭제를 하였지만, 현재 산안법(2008.7.27 개정안; 2009년 1.1 시행)에는 사업주 벌칙성 교육 규정(「산업안전보건법」 제32조제1항제4호)을 조문정리를 통

62) 조흠학, 산업안전보건법에서 사업주 교육의 실효성 확보방안에 관한 연구, 사회법 연구제11집, 사회법학회 2009, 76~77면 재인용

63) 2001년 산업재해 급증 추세
- 2001년 1/4분기 발생 산업재해자수 17,550명 / '99년 1/4분기 산업재해자수 14,113명 ⇒ 전년대비 3,437명이 늘어 24% 증가함.
- 2001년 5월 14일 현재 산업 재해자수 26,351명 / '99년 5월 14일 현재 산업재해자수 20,396명 ⇒ 전년 대비 5,955명이 늘어 29% 증가함.

64) 안전보건 직무교육 면제에 관한 노동계의 의견은 대부분 사업주의 직접적인 교육에 관한 의견은 제출하지 않았음. 예를 들면 규제완화내용 중에서 한국노총자료(2004) 일부를 보면, 기업활동규제완화에 관한 특별조치법 제55조의2('97. 4)에 대하여 관리책임자, 안전·보건관리자 등에 대한 직무교육 면제에 관한 문제점만 의견을 제시하였다.

65) 「기업활동규제완화에 관한 특별조치법」 면제 조항 삭제되었는데, 이유는 산업재해 급증과 이로 인한 경제적 손실 증대 등으로 인해 산업안전보건 교육의 면제 조항을 특별조치법에서 삭제(법률 제8599호, 2007.8.3 개정; 2009.1.1 시행)하였다.

66) 기업규제완화에 관한 특별조치법에서 ① 안전·보건관리자 선임 대상사업장 축소 ② 유사자격자의 안전·보건관리자 겸직 허용 ③ 모든 사업장에 대한 안전·보건관리 대행 허용 ④ 산업보건의 선임 면제 ⑤ 관리책임자 등에 대한 신규·보수교육 면제 ⑥ 프레스·리프트에 대한 정기검사 면제 ⑦ 제조업의 유해위험방지계획서 제출 면제 ⑧ 유해작업 도급 시 안전·보건평가 실시 면제

67) 재해의 다발과 경제적 손실의 심각성
① 2000년 산업재해자수는 99년 대비 13,571명이 늘어 24.5% 증가, ② 매년 경제손실 6~7조 가량, ③ 99년 대비 직접손실액 10% 이상 증가

하여 아예 삭제하였다.[68)]

「산업안전보건법」 제32조 관리책임자 등에 관한 교육의 의무에 관한 조항 중에서 동법 제32조 제1항제4호에는 기타 노동부령이 정하는 사업의 사업주 및 관리감독자는 의무적으로 교육을 받게 되어 있으며, 교육을 받지 아니할 경우에는 동법 제72조제2항제2호에 근거하여 500만원 이하의 과태료(개정 1996.12.31, 2002.12.30, 2006.3.24)에 처하게 되어있는[69)] 것을 모두 삭제하였다.

이러한 삭제의 내용은 프레스·리프트정기검사 면제, 제조업 유해·위험방지계획서 제출의무의 면제 등에 관한 규제완화 폐지를 통하여 산재예방의 효과를 도모하기 위하여 실효성 없는 규정도 함께 삭제한다는 의미 속에 사업주의 벌칙성교육이 포함되어진 것이다. 사업주 벌칙성 교육은 중대재해 발생 사업주에게 해당되는 것이지만 이미 산재발생에 대한 처벌이 되고 후에 부과하여 이중 처벌의 문제가 발생하고, 사업주 벌칙성교육의 대상이 중대재해로 한정하였기 때문에 대기업에 한정되어 실효성이 없다는 전제하에 사업의 사업주 및 관리감독자에 관한 벌칙성 교육을 자율적으로 교육을 실시하도록 개정하였다. 개정 이유를 자세히 살펴보면 관리책임자·안전관리자 및 보건관리자에 대하여 노동부장관이 실시하는 안전·보건에 관한 직무교육은 복원하되, 산업보건의, 안전관리대행기관의 종사자, 보건관리대행기관의 종사자 및 노동부령으로 정하는 사업의 사업주 및 관리감독자를 교육 대상자에서 구분하여 삭제하고 **자율적으로 교육을 실시**하도록 하는 목적이다. 또한 특별조치법상의 교육면제 조항이 삭제되어 산업안전보건법(제32조)에 의거한 사업주에 대한 벌칙성 교육이 실시되어야 하지만 사업주에 대하여 교육을 실시하는 것 이상으로 제재를 가하고 있어 **규제를 복원할 경우 과도한 부담**이 될 수 있으므로 삭제된다고 규정하고 있다.[70)]

따라서 처벌을 받더라도 산업재해의 피해, 안전·보건 조치의 중요성 등에 대하여 인식하지 못하면 재발이 발생하거나 연속적인 재해가 나타날 수 있어, 현재의 제재조치는 산업재해 방지라는 수단으로서 역할을 할 수 없다고 볼 수 있다.

현행 「형법」은 '형의 집행유예를 선고하는 경우에만 수강명령을 할 수 있어 법원에서 「산업안전보건법」을 위반한 사람에게 실형이나 벌금형을 선고하는 경우에는 수강명령을 할 수 없도록 규정되어 있다. 최근 울산지방법원 2015. 8. 13. 선고 2015고단1264 판결 등에서 수강 명령을 부과하기도 하였으며, 사회적으로 이러한 제재조치가 산업재해 예방이라는 목적을 실질적으로 달성할 수 있도록 하기 위해서는 실형이나 벌금을 선고하는 경우에도 수강명령 제도를 도입할 필요가 있는 것으로 볼 수 있다.[71)]

68) 조흠학, 산업안전보건법에서 사업주 교육의 실효성 확보방안에 관한 연구, 사회법 연구제11집, 사회법학회 2009, 70면 재인용.

69) 노동부령도 개정되어 삭제됨(일부개정 2008.9.18 노동부령 제308호, 시행일 2009.1.1)

70) 조흠학, 산업안전보건법에서 사업주 교육의 실효성 확보방안에 관한 연구, 사회법 연구제11집, 사회법학회 2009, 71면 재인용.

71) 조흠학, 산업안전보건법에서 사업주 교육의 실효성 확보방안에 관한 연구, 사회법 연구제11집, 사회법학회 2009, 88면 재인용.

신설내용을 보면 (수강명령 병과) 법원에서 안전보건조취 위반으로 근로자를 사망에 대한 책임으로 유죄 판결(선고유예 제외) 선고 시 200시간 범위에서 산업재해 예방에 필요한 수강명령을 병과 할 수 있도록 하였고, (수강명령 내용) 안전보건 교육을 포함하여 산업재해 예방을 위하여 필요한 사항으로 규정하도록 하였다.

이러한 수강명령제도는 산업재해에 대하여 대표이사의 인식을 바꾸는데 큰 역할을 할 것으로 보이며, 모든 재해에 다 수강명령을 부과하는 것이 아니라 실형과 교육 중에서 조건부 형태를 두어 실효성 있는 교육을 수행하면 된다고 본다.[72]

법 제174조에 이번 개정안에 신설된 것으로 형벌과 수강명령 등의 병과 하도록 규정하였다. 이 규정을 신설한 이유는 사업장의 안전보건예방 책임의 직접적인 책임을 부담하는 자는 사업주인데 실질적으로 사업주이고 사업주의 인식 전환에 따라 재해의 감소가 이루어질 수 있어 교육을 통하여 사업주의 책임을 부과한 것이다. 수강명령에 관한 교육의 내용 및 교육실시기관등의 명확한 하위규정이 제정되어 있지 않아 차후 적정한 하위규정이 마련될 것이라 본다.

일단 개정 법률안에서는 법원이 제38조제1항부터 제3항까지, 제39조제1항 또는 제63조를 위반하여 근로자를 사망에 이르게 한 사람에게 유죄의 판결(선고유예는 제외한다)을 선고하거나 약식명령을 고지하는 경우에는 200시간의 범위에서 산업재해 예방에 필요한 수강명령을 병과(倂科)할 수 있도록 하였다. 다만, 수강명령을 부과할 수 없는 특별한 사정이 있는 경우에는 그러하지 아니하다. 수강명령은 형의 집행을 유예할 경우에는 그 집행유예기간 내에, 벌금형을 선고하거나 약식명령을 고지할 경우에는 형 확정일부터 6개월 이내에, 징역형 이상의 실형(實刑)을 선고할 경우에는 형기 내에 각각 집행하도록 하였다.

또한 수강명령이 벌금형 또는 형의 집행유예와 병과된 경우에는 보호관찰소의 장이 집행하고, 징역형 이상의 실형과 병과된 경우에는 교정시설의 장이 집행하였으며, 수강명령은 내용은 1. 안전 및 보건에 관한 교육, 2. 그 밖에 산업재해 예방을 위하여 필요한 사항으로 하여 추상적으로 규정하고 있다. 이외에 수강명령에 규정한 사항 외의 사항에 대해서는 「보호관찰 등에 관한 법률」을 준용하도록 규정하였다.

중대재해 발생 사업장의 사업주에게 부가형으로 사업주 교육을 받도록 하는 규정을 포함하거나 또는 형사처벌을 감경하는 조건으로 산안법 제174조의 신설을 통하여 산재예방에 필요한 벌칙성 교육을 받도록 법률 개정이 필요하다고 본다. 그러나 문제점은 산안법 제174조를 신설에 따라 법원에 소추 되어진 사건에 대하여 판사가 변호사의 변론없이 결정을 통하여 교육을 부과할 수 있지만, 소추되어 재판에 회부되어 판사가 선고할 수 있는 사건에서만 부가형이 이루어질 수 있다는 문제가 나타날 수 있다.

제기될 수 있는 문제점으로는 수강명령제도가 제대로 이루어지지 않을 경우 산재예방을 위한

72) 조흠학, 산업안전보건법의 위반과 처벌제도, 동아법학 제69호 동아대학교 법학연구소, 2015, 91면.

처벌규정의 상징적 의미가 축소될 수 있으며, 따라서 노동계에서 실형의 선고가 미미한 상태에서 사실적인 처벌이 이루어질 수 없다는 의견이 대두될 수 있다. 그러나 일부 노동계에서는 효과적으로 적용되지 않는 처벌규정보다는 교육제도가 실효성 있는 규제이므로 의무부과에 있어 효과적이라고 인식하는 의견과 현재 처벌이 경미하여 강력한 처벌을 원하는 편에서는 수강명령제도가 처벌하지 않고 수강명령으로 대체한다는 규제완화라는 상반된 의견이 나타날 수 있다고 본다.

경영계에서 형벌규정에 병과하여 교육을 포함하면 이중규제라고 주장할 수 있지만 반대의견으로 사망사고 발생 사업장에 사업주 형사처벌 시 형량이 규정이 줄어드는 것에 긍정적인 의견이 있을 수 있고, 현실적으로 본다면 형사소추 되는 사건에서만 교육이 실행될 수 있어 구속되어 재판대상이 되지 못한 사건은 사업주 교육을 실시하지 못하는 문제가 나타날 수 있다고 본다.

산안법에서 사망사고가 발생한 사업장 사업주는 안전조치 의무위반으로 검찰에 의해 기소(起訴)는 되나, 처벌이 경미한 상태이므로 형사처벌 대상 사업주에게 형사처벌 외에 산재예방에 필요한 벌칙성 교육을 병과할 수 있도록 법률개정은 중요한 내용이라고 보며, 앞으로 사업주 수강명령을 통하여 사업장에 사업주 인식전환이 이루어질 수 있다고 본다.[73)]

(9) 과태료

법 제175조에 과태료 규정을 두어 사업주가 산업안전보건의 예방 의무를 이행하지 않았을 경우 그에 해당하는 과태료를 부과하도록 하였다.

법 제175조(과태료) ① 다음 각 호의 어느 하나에 해당하는 자에게는 **5천만원 이하의 과태료**를 부과한다.

1. 제119조제2항에 따라 기관석면조사를 하지 아니하고 건축물 또는 설비를 철거하거나 해체한 자
2. 제124조제3항을 위반하여 건축물 또는 설비를 철거하거나 해체한 자

② 다음 각 호의 어느 하나에 해당하는 자에게는 **3천만원 이하의 과태료**를 부과한다.

1. 제29조제3항 또는 제79조제1항을 위반한 자
2. 제54조제2항을 위반하여 중대재해 발생 사실을 보고하지 아니하거나 거짓으로 보고한 자

③ 다음 각 호의 어느 하나에 해당하는 자에게는 **1천500만원 이하의 과태료**를 부과한다.

1. 제47조제3항 전단을 위반하여 안전보건진단을 거부·방해하거나 기피한 자 또는 같은 항 후단을 위반하여 안전보건진단에 근로자대표를 참여시키지 아니한 자

73) 조흠학, 세계 각국의 산업안전보건법 형사처벌제도와 처벌사례 연구, 산업안전보건연구원, 2009, 136면.

2. 제57조제3항에 따른 보고를 하지 아니하거나 거짓으로 보고한 자
3. 제141조제2항을 위반하여 정당한 사유 없이 역학조사를 거부·방해하거나 기피한 자
4. 제141조제3항을 위반하여 역학조사 참석이 허용된 사람의 역학조사 참석을 거부하거나 방해한 자

④ 다음 각 호의 어느 하나에 해당하는 자에게는 **1천만원 이하의 과태료**를 부과한다.

1. 제10조제3항 후단을 위반하여 관계수급인에 관한 자료를 제출하지 아니하거나 거짓으로 제출한 자
2. 제14조제1항을 위반하여 안전 및 보건에 관한 계획을 이사회에 보고하지 아니하거나 승인을 받지 아니한 자
3. 제41조제2항, 제42조제1항·제5항·제6항, 제44조제1항 전단, 제45조제2항, 제46조제1항, 제67조제1항, 제70조제1항, 제70조제2항 후단, 제71조제3항 후단, 제71조제4항, 제72조제1항·제3항·제5항(건설공사도급인만 해당한다), 제77조제1항, 제78조, 제85조제1항, 제93조제1항 전단, 제95조, 제99조제2항 또는 제107조제1항 각 호 외의 부분 본문을 위반한 자
4. 제47조제1항 또는 제49조제1항에 따른 명령을 위반한 자
5. 제82조제1항 전단을 위반하여 등록하지 아니하고 타워크레인을 설치·해체하는 자
6. 제125조제1항에 따라 작업환경측정을 하지 아니한 자
7. 제129조제1항 또는 제130조제1항부터 제3항까지의 규정에 따른 근로자 건강진단을 하지 아니한 자
8. 제155조제1항 또는 제2항에 따른 근로감독관의 검사·점검 또는 수거를 거부·방해 또는 기피한 자

⑤ 다음 각 호의 어느 하나에 해당하는 자에게는 **500만원 이하의 과태료**를 부과한다.

1. 제15조제1항, 제16조제1항, 제17조제1항, 제18조제1항, 제19조제1항 본문, 제22조제1항 본문, 제24조제1항·제4항, 제25조제1항, 제26조, 제29조제1항·제2항, 제31조제1항, 제32조제1항(제1호부터 제4호까지의 경우만 해당한다), 제37조제1항, 제44조제2항, 제49조제2항, 제50조제3항, 제62조제1항, 제66조, 제68조제1항, 제75조제6항, 제77조제2항, 제90조제1항, 제94조제2항, 제122조제2항, 제124조제1항(증명자료의 제출은 제외한다), 제125조제7항, 제132조제2항, 제137조제3항 또는 제145조제1항을 위반한 자
2. 제17조제3항, 제18조제3항 또는 제19조제3항에 따른 명령을 위반한 자
3. 제34조 또는 제114조제1항을 위반하여 이 법 및 이 법에 따른 명령의 요지, 안전보건관리규정 또는 물질안전보건자료를 게시하지 아니하거나 갖추어 두지 아니한 자

4. 제53조제2항을 위반하여 고용노동부장관으로부터 명령받은 사항을 게시하지 아니한 자
5. 제110조제1항부터 제3항까지의 규정을 위반하여 물질안전보건자료, 화학물질의 명칭·함유량 또는 변경된 물질안전보건자료를 제출하지 아니한 자
6. 제110조제2항제2호를 위반하여 국외제조자로부터 물질안전보건자료에 적힌 화학물질 외에는 제104조에 따른 분류기준에 해당하는 화학물질이 없음을 확인하는 내용의 서류를 거짓으로 제출한 자
7. 제111조제1항을 위반하여 물질안전보건자료를 제공하지 아니한 자
8. 제112조제1항 본문을 위반하여 승인을 받지 아니하고 화학물질의 명칭 및 함유량을 대체자료로 적은 자
9. 제112조제1항 또는 제5항에 따른 비공개 승인 또는 연장승인 신청 시 영업비밀과 관련되어 보호사유를 거짓으로 작성하여 신청한 자
10. 제112조제10항 각 호 외의 부분 후단을 위반하여 대체자료로 적힌 화학물질의 명칭 및 함유량 정보를 제공하지 아니한 자
11. 제113조제1항에 따라 선임된 자로서 같은 항 각 호의 업무를 거짓으로 수행한 자
12. 제113조제1항에 따라 선임된 자로서 같은 조 제2항에 따라 고용노동부장관에게 제출한 물질안전보건자료를 해당 물질안전보건자료대상물질을 수입하는 자에게 제공하지 아니한 자
13. 제125조제1항 및 제2항에 따른 작업환경측정 시 고용노동부령으로 정하는 작업환경측정의 방법을 준수하지 아니한 사업주(같은 조 제3항에 따라 작업환경측정기관에 위탁한 경우는 제외한다)
14. 제125조제4항 또는 제132조제1항을 위반하여 근로자대표가 요구하였는데도 근로자대표를 참석시키지 아니한 자
15. 제125조제6항을 위반하여 작업환경측정 결과를 해당 작업장 근로자에게 알리지 아니한 자
16. 제155조제3항에 따른 명령을 위반하여 보고 또는 출석을 하지 아니하거나 거짓으로 보고한 자

⑥ 다음 각 호의 어느 하나에 해당하는 자에게는 **300만원 이하의 과태료**를 부과한다.

1. 제32조제1항(제5호의 경우만 해당한다)을 위반하여 소속 근로자로 하여금 같은 항 각 호 외의 부분 본문에 따른 안전보건교육을 이수하도록 하지 아니한 자
2. 제35조를 위반하여 근로자대표에게 통지하지 아니한 자
3. 제40조, 제108조제5항, 제123조제2항, 제132조제3항, 제133조 또는 제149조를 위반한 자

4. 제42조제2항을 위반하여 자격이 있는 자의 의견을 듣지 아니하고 유해위험방지계획서를 작성·제출한 자
5. 제43조제1항 또는 제46조제2항을 위반하여 확인을 받지 아니한 자
6. 제73조제1항을 위반하여 지도를 받지 아니한 자
7. 제84조제6항에 따른 자료 제출 명령을 따르지 아니한 자
8. 제108조제1항에 따른 유해성·위험성 조사보고서를 제출하지 아니하거나 제109조제1항에 따른 유해성·위험성 조사 결과 또는 유해성·위험성 평가에 필요한 자료를 제출하지 아니한 자
9. 제111조제2항 또는 제3항을 위반하여 물질안전보건자료의 변경 내용을 반영하여 제공하지 아니한 자
10. 제114조제3항을 위반하여 해당 근로자를 교육하는 등 적절한 조치를 하지 아니한 자
11. 제115조제1항 또는 같은 조 제2항 본문을 위반하여 경고표시를 하지 아니한 자
12. 제119조제1항에 따라 일반석면조사를 하지 아니하고 건축물이나 설비를 철거하거나 해체한 자
13. 제122조제3항을 위반하여 고용노동부장관에게 신고하지 아니한 자
14. 제124조제1항에 따른 증명자료를 제출하지 아니한 자
15. 제125조제5항, 제132조제5항 또는 제134조제1항·제2항에 따른 보고, 제출 또는 통보를 하지 아니하거나 거짓으로 보고, 제출 또는 통보한 자
16. 제155조제1항에 따른 질문에 대하여 답변을 거부·방해 또는 기피하거나 거짓으로 답변한 자
17. 제156조제1항에 따른 검사·지도 등을 거부·방해 또는 기피한 자
18. 제164조제1항부터 제6항까지의 규정을 위반하여 서류를 보존하지 아니한 자

⑦ 제1항부터 제6항까지의 규정에 따른 과태료는 대통령령으로 정하는 바에 따라 고용노동부장관이 부과·징수한다.

PART 04

노동형법으로 처벌규정과 중대재해처벌법

Ⅰ. 산업안전보건법의 적용과 효력

Ⅱ. 중대재해처벌법

I. 산업안전보건법의 적용과 효력

1. 산업안전보건법의 처벌규정

(1) 법의 적용과 집행

1) 법의 적용

법률은 사회생활을 지배하며 강제하는 실천적 규범이다. 그러므로 법률의 적용은 실생활에서 사용되어 사회생활상의 구체적 사실에 적용되는 것을 의미한다. 일상생활에 다툼이 되는 재판과정에서 판단의 근거로 삼을 수 있다.

그러므로 법률은 재판과정에서 나타나는 넓은 의미의 포괄적 근거로 적용하지만, 일반적으로 추상적 법률 목적을 세부적인 사실로 판단을 할 수 있는 근거를 구체적 해석하여 판결로서 도출해낸다. 예를 들면 「산안법 제80조 제1항의 규정을 보면 (유해하거나 위험한 기계기구 등의 방호조치 등)에 위반한 자는 1년 이하의 징역 또는 1천만 원 이하의 벌금에 처한다.」(산업안전보건법 제170조 제4호)는 법률의 넓은 의미의 근거가 되고 「A가 방호장치를 하지 않은 위험한 기계를 양도한 경우(제80조 제1항의 규정에 직접적인 위반행위인 경우)」를 세부적인 내용으로 판단하여 판결 시에는 「A를 9개월 징역에 처한다.」는 판결의 결과를 도출하여 산업안전보건법 제170조를 적용하게 되는 것이다.

따라서 산업안전보건법은 넓은 의미에서 행정법적 특징을 가지고 있지만 엄밀히 살펴보면 형사법의 일종이다. 이것은 법률제정 당시부터 제정 입법목적을 보면 산업안전보건법은 사업주 책임을 전제로 한 것이다. 근로기준법의 한 개의 장으로 안전보건규정이 있을 때에는 근로기준법의 목적 속에 안전보건규정을 적용해야 한다는 전제하에 근로기준법 위반은 사업주 위반임과 동시에 근로자의 노무제공 의무위반에 관한 규정을 적용할 수 있는 것이다. 다시 말하면 근로기준법은 사업주의 의무와 근로자의 의무도 명확하게 규정되어 있어 안전보건규정은 사업주의 의무이지만 근로자 의무준수도 근로자의 중요한 의무중의 하나이다. 그러므로 산재 발생의 책임은 사업주가 지지만, 어떤 부분은 근로자가 안전수칙을 따르지 않은 것은 근로자의무 이행의 책임이므로 사업주의 책임이 경감될 수도 있는 것이다.

이러한 문제를 해결하고 보다 명확한 산업안전보건에 관한 책임을 부과하기 위하여 1981년 산업안전보건법이 제정된 것이다. 이때의 제정 시 입법취지는 산업안전보건법은 사업주의 의무이행 규정이므로 반드시 사업주가 책임을 부담하는 것으로 규정하였다. 또한 이를 관리감독 할 부서를 당시 노동부로 하여 노동부 근로감독관이 산업안전보건법 관리감독을 실시하고 의무위반에 관하여 행정지도 및 행정 벌칙을 부과하여 과태료를 부과하였다. 그러나 과태료부과만으로 산업안전보건의 예방을 하기 힘들어 중대사망 즉 사망사고등의 중대한 사고가 발생한 경우를 들어 형사처벌 규칙을 적용하여 형사처벌을 하도록 한 것이다. 그러므로 산업안전보건법은 근로자 위무규정과 사업주범위, 근로자 범위와 보칙을 빼고는 거의 처벌규정으로 정리하여 과태료 내지 형사처벌 규정으로 제정하였다.

산업안전보건법 위반은 그 법의 수규자는 즉 책임 주체자는 사업주로 보고 그 법의 적용되는 위반자는 국가가 판단하도록 구성한 것이다.

법적용의 판단자, 즉 법관의 임무는 어떤 사안에 법률을 적용하느냐? 즉, 어떤 사안을 법률에 포섭시키도록 하는 것(subsumieren)이다. 「어떤 법률의 규범을 어떤 사안에 적용한다」고 하는 것은 「상위법률의 규범이 법률규범에 기하여 그 사안을 판결한 하위법률 규범을 정립하는 것」 즉 「일반적 추상적 당위명제인 법률규범으로부터 구체적 개별적 사안에 대한 개별적·구체적 당위명령(판결)을 도출하려는 것」을 말한다.

예컨대 갑이라는 자가 살인 혐의로 기소된 경우 여러 가지 증거에 기하여 갑이 살인을 하였다는 것이 충분히 증명된 경우에는 법관은 형법 제250조를 적용하여 판결을 내리게 된다. 그런데 '사람을 죽인 자는 사형, 무기 또는 5년 이상의 징역을 처한다'라고 하는 법률 규범(형법 제250조 제1항)은 일반적인 추상적 당위명령(일반적 추상적 명령)이므로 이 사안의 판결에 있어서 그대로 적용될 수는 없다. 재판이 최종적으로 목표로 하는 판결은 「갑을 사형에 처한다」라든가 「갑을 5년의 징역에 처한다」와 같이 특정인에 대하여 구체적인 강제조치를 명하는 경우에는 개별적·구체적 당위명제(개별적 구체적 명령)가 위반한 내용이 사실로서 증명되어야 한다. 그래서 위반사실에 대하여 이러한 개별적 구체적 위반사실의 당위명제를 도출해내는 것을 법의 적용이라고 한다. 즉 재판에서 법률로부터 구체적 사안에 대한 구체적 법률의 판단을 도출하는 것이 법의 적용인 것이다.

법의 적용은 논리적으로는 삼단논법의 형식으로 이루어진다.

이 삼단논법은 「갑이 을을 죽였다」는 사안에 대하여 「사람을 살해한 자는 사형, 무기 또는 5년 이상의 징역에 처한다」는 법률을 적용하는 경우에, 이 법률이 대전제(Major premise; Obersatz)이고, 「갑이 을을 죽였다」는 사안이 소전제(Minor premise; Untersatz)가 되며 「갑을 5년 징역에 처한다」라는 판결이 결론(Conclusion; Schluss)으로 된다. 즉, 「A는 B이다」, 「C는 A다」, 「그러므로 C는 B이다」라는 형식의 삼단논법으로 행해진다.

이와 같이 판결은 삼단논법으로 시작되고, 법의 해석은 삼단논문의 논리적 근거를 준비하는 과정이라 볼 수 있다. 그래서 법의 해석은 법률의 내용에 관한 법조문 및 그 구성요소인 단어의 의미를 명확히 하는 것이다. 사실판단 근거인 직접적 책임근거는 제1차적으로 사실인정과 제2차적으로 법조문의 구성요건에 해당되는지를 판단하고, 즉 사안이 구성요건에 해당되느냐에 따라 판결이 형성된다.

법률은 법률요건(Tatbestand)과 법률효과(Rechtsfolge)의 두요소로 이루어져 있으며, 법률요건에 해당하면 법률효과가 발생한다. 법률효과는 일정한 법적인 결과 즉, 법적인 명령이다. 법률효과가 발생하기 위해서는 일정한 전제조건이 갖추어져야 하는데 전제조건이 바로 법률요건인 것이다. 그리고 법률요건은 사안(Sachverhalt)을 구별하여야 한다. 사안이란 사실적으로 발생한 현실적이고 개별적인 구체적인 내용이다. 즉, 예컨대 갑이 을에 대한 살인이 사안에 해당한다. 그러나 법률요건은 이러한 사실들에 관한 조건 즉, 법률의 위반조건을 말하는 것이다.

법률의 적용은 법률에 위반한 사실을 법률조건에 따라 해석하고 법률요건을 충족시키도록 근거를 찾아서 법률의 일반적·추상적 명령으로부터 그 사안을 판단하는 것을 법률적용이라고 한다.

2) 법의 집행

보통 법을 집행하는 전형적인 기관은 법원이다. 그러나 오늘날 법치국가에 있어서는 국가의 행정도 전적으로 법에 의하여 행하여지므로 행정기관도 법을 적용하는 역할을 하는데, 이러한 행정기관의 역할을 법의 집행이라 한다. 가령 대통령이 대통령령을 발하거나, 고용노동부장관이 고용노동부령을 발하거나 노동위원회가 회의를 소집하고 진행할 때, 고용노동부가 심사 또는 중재를 할 때에는 모두 헌법을 비롯하여 법률·명령에 의하여 집행한다. 행정기관은 그저 「소극적으로」 법률에 복종하는 것이 아니고, 법의 집행을 통하여 행위가 이루어진다. 따라서 「적극적으로」 국가의 목적·정책·의도 등을 구체적으로 실현하도록 하는 행위를 법의 집행이라고 하는 것이다.

산업안전보건법의 경우에는 법의 목적이 산업재해의 예방의 집행기관인 행정기관에 의한 법의 집행 내지 수규자에 의한 법준수 여부에 대한 감독이 우선적으로 요구되는 것이다. 산업안전보건법처럼 예방법의 분야에서는 법관에 의한 사후구제는 이미 후속적인 의미 밖에 갖지 못하므로 행정기관의 적극적인 사전적 법집행이 예방에 있어서 실효를 거둘 수 있을 것이다. 그러므로 법률의 집행은 기업에 대한 경제적 영향을 미치므로 적절한 배려가 필요한 것이다. 이러한 특징이 산업안전보건법적용의 특수성이라고 하겠고, 수규자인 사업주와 근로자가 법집행에 있어서 능동적으로 인식하고 참여할 수 있도록 하는 것이 산업안전보건법의 효과적인 법률집행이라 할 수 있다.

(2) 산업안전보건법의 효력

1) 시간에 관한 효력

법률은 그 효력이 생긴 때부터 그 이후에 발생한 사실에 관하여서만 적용되는 것이 원칙이다. 이를 가리켜 「법률불소급의 원칙」이라고 한다. 이 원칙은 법률의 효력을 소급시킴으로써 발생하는 사회생활상의 혼란을 피하여 법적 안정성을 유지하기 위하여 구법 하에서 발생한 기득권을 가급적 존중하여야 한다는 데에서 나오는 원칙이다.

현행 산업안전보건법은 1981년 12월 31일 법률 제3532호로 공포되어 1982년 7월 1일부터 시행되고 있다. 그러므로 시행시기 이전의 사항에 관하여는 산안법 적용이 없으며, 그 시행이전은 근로기준법의 안전과 보건에 관한 사항과 그 부속시행령만이 적용된다고 보아야 할 것이다. 산업안전보건법이 형사법의 일종이므로 불소금의 원칙적용은 당연한 것이다. 그러나 일부에서는 현행 민법상 불소급의 원칙과는 다른 입장이라는 의견이 나타나지만 법률적용의 구속력 관점에서 다르다고 볼 수 있다. 예를 들면, 민법 부칙 제2조에 「본법은 특별한 규정 있는 경우 외에는 본법 시행일 전의 사항에 대해서는 이를 적용한다.」고 규정하여 법률불소급의 원칙을 입법으로 완전히 배제하고 민법에 소급효를 준 이유는 당사자 간의 권리관계의 문제를 법률시행부터 적용하게 되면 채권채무관계의 혼란이 발생할 수 있어 일부 인정하고 있는 부분이 있다. 그렇게 하더라도 크게 법률관계에 혼란을 가져오지 않는다는 데에 있는 것이다. 그러나 산업안전보건법에서 소급효를 인정하지 않는 것은 형사법의 일종이므로 법률에 의하지 아니하고 처벌할 수 없다는 헌법의 원리를 벗어나지 않아야 하기 때문이라고 할 수 있다. 그리고 산업안전보건법은 위반한 사업주에 대하여 형벌로서 제재를 가하기 위해서는 죄형법정주의의 원칙을 적용해야 하며 죄형법정주의에서는 소급효가 배제되어 있어 그 원칙을 따라야 하기 때문이다. 그래서 산업안전보건법은 시행 이후 반드시 장래에 대해서만 그 효력을 발생한다.

2) 사람에 관한 효력

대부분의 법률은 모든 대한민국 국민에게 적용되고 나아가 국내에 있는 국민은 물론, 국외에 있는 한국인에게도 적용된다. 이에 대해 산업안전보건법은 국내에 있는 모든 사업주 및 근로자에게 적용된다. 사업주 및 근로자를 대상으로 한다는 점에서 다른 법률과 구분되며, 국내에 있는 외국인 근로자도 포함하여 적용되는 것이다. 따라서 국민 중 사업주와 근로자가 아닌 자에게는 민법 및 그 밖에 다른 법률이 적용된다. 산업안전보건법은 대한민국의 영토 내에 있는 외국사업주 및 외국인근로자에게도 적용됨을 원칙으로 한다. 이를 속지주의라고 하며 산업안전보건법의 원칙이라 볼 수 있다. 법률적용의 대인적 효력적용에 있어 속인·속지 양주의의 병용은 근대국가의 법률에 있어서의 대부분 적용하고 있는 원칙이지만 산업안전보건법에서는 일반적으로 속지주의를 채택하고 있다. 일부 학자들이 주장하는 바에 따르면 산업안전보건법의 속지주의 원칙에 적용에 따른 논란이 있을 수 있다고 한다. 그 내용을 살펴보면 "속지주의를 예외 없이 적용하는 경우에는 산업안전보건법의 규정이 외국의 법률과 충돌하게 되고 또한 불필요하게 산업안전보건법을 적용하는 경우가 야기된다고 한다. 그 이유로는 국외에 있는 한국인은 우리 법의 적용을 받을 뿐만 아니라 그의 체류국의 법의 적용을 받으며, 또한 우리 국내에 있는 외국인은 국내에서 우리법의 적용을 받는 동시에 자국법의 적용도 받게 되기 때문이다. 이러한 법의 충돌문제는 사법이 아닌 산업안전보건법에 있어서는 섭외사법이 적용될 여지는 없고 다른 조치에 의해 해결되어야 할 것이다"라고 주장하고 있다. 그러나 이것은 산업안전보건법의 입법취지와 산업안전보건법의 목적과 다른 해석이라 할 수 있다. 근로기준법의 대상 자체가 남녀, 국적, 사회적신분에 평등하도록 되어 있고, 이 원칙은 근로자 보호원칙에 따라 적용되는 것이다. 그리고 이러한 근로관계의 보호원칙은 근로계약을 체결한 근로자가 사업장에서 안전하게 근로할 권리가 주어지고 사업주는 그에 따른 책임을 져야 하는 것이다. 사업장의 위치가 국내인 경우에는 사업주가 지켜야 할 의무규정에 따라 사업주가 책임을 지므로 국내 사업장에 근로하는 외국인 근로자도 당연히 산업안전보건법의 보호대상이 되는 것이다. 그러나 외국에 사업장을 두고 있는 경우에는 속지주의 원칙을 따르게 되면 당연히 외국의 산업안전보건법의 적용을 받게 되는 것이다. 그리고 이러한 속지주의를 택하게 되는 것은 사업장의 범위를 규정하는 노동법의 특성에 따라 사업장의 환경과 보건 또는 기준등의 준수를 위해서는 해당 사업장이 위치한 지역의 규정을 따르는 것이 타당하다고 본다. 그러므로 외국인 경우에는 국내 사업장인 경우에는 국내 산업안전보건법을 적용받고 외국에 있는 사업장의 당연히 해당 국가의 산업안전보건법의 적용 받는 것이 타당하다고 보며 상황에 따라 국내 산업안전보건법의 적용도 타당하다고 본다.

그러므로 모든 국민은 법 앞에 평등하므로 산안법상 사업주 및 근로자는 신분이나 성별 등 불합리한 사유에 의한 차별대우를 받지 아니하여야 할 것이다. 법의 일반원칙을 벗어나지 아니한 범위 내에서 산안법의 원칙을 지켜야 한다고 본다.

3) 장소에 관한 효력

법률은 특별규정을 두어서 그의 적용범위를 일부 지역에 한정하지 않는 한 우리나라의 전 영토 내에서 적용된다. 산업안전보건법은 우리나라의 전 영토 내에 그 효력이 미친다. 이 경우 영토는 영해와 영공을 포함하는 개념으로 이해하여야 할 것이다. 산업의 발전에 따라 설치되는 해상시설이나 비행물체 등에 대한 법적용 문제가 야기될 수 있으나 조약이나 국제법에 특별규정이 없는 한 우리나라의 법이 원칙적으로 적용되는 것으로 보아야 할 것이다. 또한 국내근로계약을 체결한 근로자인 경우에는 취업장소가 국내외를 불문하고 국내 근로기준법을 적용하여야 한다고 본다. 그 외에 사업장의 장소가 납품장소와 사업장이 다른 경우 또는 소재지가 같은 경우 동 현업기관들을 하나의 사업장으로 볼 수 있는 지의 여부에 관하여는 판례와 행정해석을 통하여 살펴보기로 한다.

(근로기준법의 적용범위를 취업장소가 국외라 하더라도 포함된다고 본 사례)

[관련 판례] 대판 1970.5.26 70다 523. 524

근로기준법은 대한민국의 국민 간에서의 고용계약에 의한 근로인 이상 그 취업장소가 국내이거나 국외임을 가리지 않고 적용될 성질의 법률이라고 할 것이니만큼 동법 제38조는 파월기술자의 모집에 관한 본건 고용계약들에 의한 근로에는 적용될 수 없는 것이었으며 설사 그 적용이 있다고 치더라도 동조의 평균 임금 중에는 파월수당을 포함시킬 수 없었던 것이었다고 할 수 없다.

[행정해석1] 2004. 5. 31 안정정책과-2876

(지방자치단체가 설치·운영하는 공립초등학교 급식시설에서 산업안전보건법을 위반하였을 경우 과태료를 부과할 수 있는지 여부)

과태료는 행정목적을 달성하기 위하여 부과하는 제재수단으로서 객관적 의무위반이 있으면 부과할 수 있고, 행위자의 주관적 요건 즉 고의·과실을 문제되지 않으므로 자연인·법인을 막론하고 그 부과대상으로 할 수 있으며 과태료의 책임자는 행위자인지 여부와 관계없이 법령상 책임자(의무자)로 정하여진 자이므로 산업안전보건법에서 사업주를 의무주체로 규정하고 있는 경우에는 위반행위자와 관계없이 동법상 의무자인 당해 사업주가 과태료 부과대상이 됨. 다만 공법인인 지방자치단체는 일방 사법인과 다르며, 중앙정부와 대등하게 국가의 전체적인 통치기구를 구성하는 기관이라는 점에서 과태료를 부과할 수 없다는 견해가 있으나 참고로 지방자치단체 공무원의 도로법 위반과 관련한 양별규정의 적용에 관한 판례에서 지방자치단체도 양별규정의 적용을 받는다는 판례가 있음. 따라서, 이건 공립초등학교는 지방자치단체가 설치·운영하는 기관으로서 산업안전보건법 제3조제2항의 규정에 의하여 산업안전보건법의 적용대상이므로, 지방자치단체 소속 공립초등학교 직원이 산입안진보건빕을 위반하였을 경우 산입안진보건빕싱 의무자에게 과태료를 부과할 수 있음.

[행정해석2] 2004. 12. 6 안전정책과-6733.

(본사 소속직원의 현장방문 시 발생 재해에 대한 책임 소재)

∴ **질의**

자재(설비) 납품업체가 자재 납품을 완료한 상태로서 납품업체 감리자가 시운전 가동하는 시점이며, 납품된 자재(설비)는 발주자가 가사용 승인을 받은 상태에서

1. 납품자재(설비)가 성능에 미달되는 등 사유로 납품업체 본사소속 직원이 현장을 방문하여 점검 중 실족하여 사고(경상, 중상, 사망)가 발생된 경우 사고처리 주체는 누구인지 여부

2. 사고자에 대한 산재처리와 보상책임은 누구에게 있는지 여부
3. 이 사고와 관련하여 재해율 산정은 어떻게 되는지 여부
4. 자재 납품완료, 가사용 승인 완료된 자재(설비)에 대해서 납품업체의 관리감독자에 대한 안전교육(신규, 정기 등), 보호구 지급·착용, 납품자재(설비)의 안전 시설물 설치의무는 누구에게 있는지 여부
5. 이렇게 납품업체 및 하도급업체 본사직원이 현장에 방문점검한 경우 해당 현장의 근로자로 보아야 하는지 여부

∴ **회시**

○ 동 질의 내용만으로는 납품자재(설비)의 공급계약 완료 이후 시운전 또는 성능 미달 등의 사유로 실시하는 점검·보수작업 등에 대한 구체적인 계약내용 등 사실관계를 확인할 수 없어 정확한 답변은 곤란하나, 자재(설비)의 납품계약이 완료된 상태에서 단순히 납품업체 본사소속 직원이 납품자재(설비)가 설치된 현장에 출장하여 동 자재(설비)의 성능점검을 하던 중 사고가 발생하였다면 납품업체 본사 본연의 업무로 일시 출장 중 발생한 재해로 볼 수 있어 동 직원 소속 회사인 납품업체 본사에서 사고처리와 아울러 사고자에 대한 업무상재해 여부를 판단하여 산재보상 및 보험처리 여부를 결정하여야 할 것으로 사료되며, 동 사고와 관련한 재해율 산정은 산재 보상 및 보험처리를 하여야 할 사고자 소속사업장이 그 주체가 될 것임

○ 계약된 자재(설비)가 납품이 완료되고 가사용 승인이 완료된 상태에서 납품업체 소속 근로자인 감리자가 현장에 일시 출장하여 시운전 가동하는 등 납품업체 고유작업을 수행하는 것이라면 동 작업과 관련한 근로자 안전교육, 보호구지급·작용 및 납품자재(설비)의 안전시설물 설치의무는 동 근로자 소속 사업장인 납품업체 사업주에게 있다고 사료됨

○ 납품업체 및 하도급업체 본사직원이 현장에 방문점검한 경우 해당 현장의 근로자로 보아야 하는지 여부는 구체적인 계약 및 사실관계 등에 따라 판단하여야 할 것임

[행정해석3] 2006. 1. 18 산업안전팀-433

(원수급업체 대표이사와 현장소장이 안전상 조치 의무 위반으로 고발되었을 경우 대표이사가 반드시 출석하여 조사를 받아야 하는지)

∴ **질의**

○ 건설현장의 안전상조치 의무위반 관련하여 원수급업체 대표이사와 현장소장이 고발된 경우 피고발인인 원수급업체 대표이사가 피의자로서 반드시 출석조사를 받아야

하는지 여부

∴ **회시**

○ 고발이란 제3자가 수사기관에 범죄사실을 신고하여 소추를 구하는 의사표시로서 고발사건이 제기될 경우 피고발인은 피의자 신분이 되고 해당기관은 피의자에 대한 신문조서를 작성하여 관할 검찰에 사건송치라게 되며, 피의자신문조서는 해당 피의자 외 누구도 대리할 수 없음

- 다만, 고발의 남용에 의한 피고발인의 인권침해 등을 방지하기 위하여 고발장의 기재 또는 고발인의 진술만으로도 기소를 위한 수사의 필요성이 없다고 명백하게 인정되는 경우로서 고발각하사유에 해당할 경우 피의자 신문조서의 작성 없이 사건송치가 가능할 수 있음
- 참고로, 각하사유에 대하여는 검찰청의 검찰사건사무규칙 제15조(수사관계사항의 조회) 및 같은 규칙 제69조(불기소처분)를 참조하시기 바람

[행정해석4] 2006. 1. 26. 산업보건환경팀-835

(지하철공사의 현업기관을 각각 하나의 사업장으로 볼 수 있는지)

∴ **질의**

○ 대구지하철공사의 현업기관인 시설사업소, 월배 차량기지사업소, 제1기전사업소의 소재지가 같은 경우 동 현업기관들을 하나의 사업장으로 볼 수 있는지의 여부

∴ **회시**

○ 현업기관들이 동일 장소에 있너라도 현저하세 근로의 형태가 다른 부문이 있고 그러한 부문이 주된 부문과 비교하여 노무관리, 회계 등이 명확하게 구분되는 동시에 주된 부문과 분리하여 취급하는 것이 보다 적절한 법적용을 가능케 한다면 그러한 부문을 독립된 사업장으로 보는 것이 타당하며(근기 01254-13559, '90.9) 사업장의 독립성 여부는 근로형태, 규모, 회계, 인사, 조직, 노무관리 및 사무처리 능력 등을 종합하여 판단하여 결정된 사항임(근기 01254-13559, 산안68320-9, 산보-4670)

○ 한편 귀소가 제출한 자료만을 검토했을 때 각각의 현업기관장은 소속직원에 대한 독립적인 지휘 감독권 및 업무 분장권을 갖고 있으므로 각각의 현업기관을 별개의 사업장으로 보는 것이 타당하다고 사료되나, 각각의 현업기관을 하나의 사업장 또는 별개의 사업장으로 볼 것인가의 여부는 근로형태, 노무관리, 회계 등에 대한 보다 구체적인 실사를 통해 결정되어야 할 것으로 판단됨

2. 산업안전보건법의 형벌이론

(1) 노동형법의 형벌이론

노동형법의 형벌이론은 형법의 형벌이론에서 출발하여 노동관계의 특수한 상황에 따라 적용되어지며, 일반 형법이론은 법규범적 내용을 가지고 판단되어진다.

이 형법이론의 법규범적 내용을 1차적 법규범성이라 하고 이러한 1차적 법규범성을 가지고 법률규정의 위반을 판단하고 있다.[1)]

그런데 노동형법은 일반 형법이론 속에 나타난 1차적 법규범 외에도 노동관계라는 2차적 법규범성을 같이 가지고 법률위반규정을 판단하고 있다. 따라서 이러한 2차적 법규범성의 의미는 일반 형법과 어떠한 차이가 있는지 구별하여 볼 필요가 있다.

특히 노동형법의 이론 속에 나타나는 법규범적 특징은 노동법의 지위와 노동형법의 처벌론에 나타나 있는 따른 위법성과 책임성등을 중요한 판단근거로 삼고 있기 때문에 처벌결과에 대하여 2차적 규범성의 의미를 보충성원칙에서 판단하여 볼 필요가 있다.

이러한 보충성의 원칙은 노동법 위반에 관한 처벌 부분에 나타나 있고, 특히 산업안전부분에 관하여 노동자와 사용자의 처벌규정으로 나타나 있다.

그러나 사용자에 관하여는 모든 부문에 처벌규정이 있으나, 실질적인 사용자의 처벌 면에서는 그 결과가 많지 않아 지금까지의 처벌결과에 따른 형법적 이론 근거가 미약하다는 지적이 많다. 산업안전보건법의 처벌규정은 다른 처벌규정과 비교해 보면 미약하지 않으면서도 형벌을 구성하는 이론적 해석근거가 철저하지 못하여, 중한 처벌이 마땅함에도 고의범으로 처벌되지 못하고 과실범으로 분류되어 경미한 벌금형으로 나타나며, 이로 인하여 산업안전의 예방적 효과를 충분히 나타내지 못하고 있는 현실이다.

1) 노동형법의 법규범적 의미

근대자본주의국가의 형벌법규 또는 형법은 지배계급의 이익을 침범하는 사항 또는 침범하려고 하는 일체의 사항(법익의 침해와 침해가능성)을 범죄로 단정하고 이에 대하여 강제적 권력, 즉 형벌을 발동시키기 위한 요건과 형태, 그리고 그 내용 등을 규정하고 있다.[2)]

이러한 근대자본주의국가의 형법은 도덕적 내용을 1차적 법규범이라 하고 사실관계에 따른 위반을 2차적 위반에 관한 2차적 법규범 또는 보충적 법규범의 성질이라고 하고 있다.[3)] 이 2차적

1) 이재상, 형법총론, 박영사, 1997, 6면.
2) 「"일정한 행위를 범죄로 하고, 범죄에 대한 법률효과로서 일정한 형사제재(형벌과 보안처분)를 과할 것을 규정한 법규범의 총체"라고도 표현한다.」 (임웅, 형법총론, 법문사, 2003, 3면).

인 보충적 법규범의 특성은 제1차적 법규범의 효력을 보충하여 형법이론에서 가벌적 위법성이라는 행위론의 유형에서 위반행위에 대하여 국가의 강제적 권한으로 형벌이라는 제재를 가하고, 범죄를 형벌로서 규정하고 있다.

즉 근대의 시민형법에서 처벌규정은 근대민법에서부터 나왔으며, 그 규정은 내용과 형식, 그리고 본질과 형태에 따라 형벌의 규정을 두게 되었다.[4]

근대시민법의 골격 속에 나타난 소유권 절대의 원칙, 계약자유의 원칙, 자기책임의 원칙을 바탕으로 하여 침해 범위정도를 법적 안정성속의 법익형량으로 판단하여 근대형법의 내용 속에 보충성의 원칙이라고 하여 형법의 본질 속에 구체화 시켰다. 그러므로 행위위반이라는 제1차적인 법위반의 처벌보다는 법익형량 속에 나타난 법적안정성을 유지하기 위하여, 근대형법은 법규범성에 형식적 내용으로 형벌을 제재할 수 있는 보충적인 2차적 법규범 특성을 지닌다고 볼 수 있다. 이에 따라 노동형법에서는 근대형법의 2차적인 보충성의 법규범성의 특징을 가지고 있기 때문에, 1차적 규범은 노동법 속에 나타난 노동관계를 보호하게 되고, 2차적인 보충성의 의미는 노동관계의 침해정도에 따라 법적안정성을 유지하기 위하여 법규범 위반에 대한 형벌을 두고 있다.[5]

그러므로 노동형법의 형식과 내용 그리고 본질과 형태는 1차적 법규범이 되는 노동법의 근본원칙에 따라 나타나고 있고, 위반 시에 노동관계의 침해정도에 따라 형벌로서 제한되고 있다.[6]

2) 노동형법의 보호대상과 그 지위

노동형법은 노동관계에서 나타나는 규범적 명령 및 금지에 대한 위반대상을 처벌이 되어지는 가벌적 위법행위로 정해놓고 이에 대한 일정한 형벌을 부과하는 법규의 총체를 말한다. 따라서 위반 시에 형사소송법과 같은 형사절차법규와는 다른 의미의 형사실체법규이며, 노동형법은 국가적 형벌법규로서 일반적 시민형법과 동일하게 국가에 의하여 제정되고 국가에 의하여 시행되는, 형벌법규를 의미한다. 다시 말하면, 당사자 간의 임의적 계약에 대한 계약벌 또는 위약벌이 주어지는 사법(私法)적 제재와도 다르고, 또한 국가가 공법상 위반에 대하여 부과하는 형벌적 제

3) 「즉 형사제재는 공권력 중 가장 강력한 물리력의 행사방법이므로 다른 법에 비하여 보충적으로, 또 최후의 수단으로 사용되어야 한다.」 (임웅, 위의 책, 8면).

4) 임종률, 노동법, 박영사, 2004, 4면.

5) 「"산업안전보건법은 벌칙규정을 두고 있으므로 일종의 형법이다. 그러나 일종의 일반적 의미에서 형사적 제재 방안으로 분류 되지 않는다. … 국가의 의무와 일반 국민(사업주)의 의무를 정해놓은 예방법이다. … 따라서 산업안전보건법은 입법취지로 보나 내용면으로 보나 형법이 아니라 행정법으로 분류 된다. 산재예방의 실효성 확보방안을 논의함에 있어서 이 점을 명확히 구분하는 것이 중요하다." (박두용(연구책임자), 21C노동환경권 변화에 따른 산재예방 실효성 확보에 관한 연구, 산업안전공단 2003. 9, 50면). 라고 주장하고 있으나 이는 논리의 전개가 맞지 않는다고 본다. 일단 넓은 의미 형사 실체법속에 산업안전보건법이 들어가고 산업안전보건법의 처벌 규정은 형법 속에서 법익형량을 판단하고 그것을 사법적 판단으로 하여 그 제재가 가해지고 있기 때문에 형사제재를 할 수 있는 근거기준이 될 수도 있고, 또한 법의 분류로 공법과 사법의 중간형태인 사회법의 하나로 보기 때문에 행정법적 근거는 아니라고 본다.」

6) 김치선, 노동법강의, 박영사, 1988, 104면.

재의 행정형법과도 다른 의미이다. 규범적 금지 명령을 위반한 경우에 범죄로 구성되어 나타나고, 노동관계에서 보호대상 될 수 있는 것을 주체로 하여 노동법의 규범적 명령 및 금지에 관한 위반행위를 형벌 대상으로 한다. 즉 노동법 안에서 노동조건의 보호대상이 될 수 있는 내용의 위반에 관한 부분을 직접적인 범죄와 형벌로 보는 형사형벌법규를 의미하며, 국가의 조직화된 형벌규정에 따라 노동법 속에 종속된 노동관계의 노동자와 그리고 노동자단체 및 조직체의 법익을 보호대상으로 하며, 좁은 의미에서는 노동관계에 있어서 발생하는 범죄에 적용되는 형사실체법규라고 정의할 수 있다. 다시 말하면 넓은 의미에서는 노동관계로 나타나서 발생되는 일반적 범죄와 형벌까지 확대할 수가 있다[7].

이러한 의미에서의 노동형법의 지위는 처벌대상을 기준으로 하여 형벌법규는 형사형법과 행정형법으로 구분하게 되고, 여기서 노동형법이 형사형법에 속하느냐 행정형법에 속하느냐 하는 것이 바로 노동형법의 지위문제이다. 그러나 노동형법의 개념에 관한 통설은 형사형법의 체계에 소속시키고 있으며, 따라서 노동형법의 위반은 형사범죄를 구성하게 되고, 노동형법은 국가의 조직화된 형벌 속에 포함하여 근대자본주의사회내의 종속적 노동관계 하의 노동자를 보호대상으로 한다. 다시 말하면 노동자 및 노동자단체의 법익을 보장하게 되며, 이러한 법익의 보호는 근대국가의 헌법적 보장, 즉 노동자의 기본권 및 생존권에 대한 보장을 의미하며 노동형법상의 의무규범에는 자연적 도덕성이 내포되어 있다고 볼 수 있겠다.

그래서 법익보호의 범위내용은 행위 시 발생하는 행위자의 주체문제와 연관시켜 생각할 수 있으며, 그 중에서도 행위주체자에게 내려지는 법규 판단의 책임성 및 위법성이 처벌내용에서 가장 중요하다고 본다.

3) 노동형법의 행위주체

노동형법은 노동법의 규정에 반하여 발생하는 범죄와 형벌에 관한 형사실체법이며 노동형법의 중심적 개념도 일반형법과 동일하게 범죄와 형벌로써 구성되어진다. 그러나 노동형법상의 범죄로 볼 수 있는 것은 일반형법보다는 특이한 성질과 형태를 지니고 있어, 노동법의 위반이 노동관계법의 적용대상이 될 수 있는 범위 속에서 나타나고 발생되는 것으로 일반범죄대상이 되는 것과는 다른 형태의 범위개념을 가지고 있다.

그러므로 현행 산안법의 처벌규정이 적용 시에는 산안법도 사업주의 의무규정과 그 의무의 위반사항에 대한 벌칙 규정을 정하고 있는 노동형법의 하나이다.

형사법의 하나인 노동형법은 일반적으로 형사법은 어떠한 것이 범죄인지, 범죄를 저질렀을 경

7) 그러나 이러한 넓은 의미의 노동형법의 개념은 근대노동법의 중심을 이루는 종속적 노동관계 하에서, 인간적 기본권의 자유를 타율적으로 구속받고 인격적 불평등의 지위에 있는 노동자를 중심으로 하는 사회적·경제적 사실관계에 대한 법적 보호를 형벌적 강제에 의하여 보충하고 담보함을 직접적 기능으로 하는 노동형법의 존재이유를 무시 내지는 부인하는 점에서 인정하기 어렵다.

우 어떠한 형사제재가 가해지는지를 정한 법규정이며, 현재 산안법도 사업주의 의무규정과 그 의무의 위반사항을 규정해 놓고 노동형법으로 분류되어질 수 있다. 특히 노동형법은 노동관계에서 나타나는 규범적 명령 및 금지에 관한 위반대상을 처벌하는 가벌적 위법행위를 정해놓고 이에 대한 일정한 형벌을 부과하는 법규의 총체를 말한다.[8] 노동형법의 위반은 형사범죄를 구성하게 되고, 노동형법은 국가의 조직화된 형벌 속에 포함하여 근대자본주의 사회내의 종속적 노동관계하의 근로자를 보호대상으로 하고 있다.

노동법에서 범죄가 성립되기 위한 법률적 요건은, 형법에서와 마찬가지로 형식적 입장에서 볼 수 있는 구성요건에 해당하는 행위, 위법행위 그리고 유책행위들로 판단될 수 있지만, 단순히 유책행위만으로 노동법상의 범죄행위가 구성되지 않으며 노동형법에서 규정하는 구성요건에 해당하는 행위가 있어야 한다.

그 행위는 노동형법상 범죄구성요건의 가장 중심적인 요소이며, 여기에서 이른바 행위는 의사의 객관화를 의미하는 인간의 태도를 말하는 것이다. 따라서 객관적으로 인식될 수 없는 주관적, 내부적 의사만으로는 노동형법상 범죄구성요건의 요소가 되지 못한다는 것이다.

따라서 이러한 행위가 범죄로 구성되기 위하여 행위의 주체가 필요한데, 범죄행위의 주체에 관하여 일반시민형법은 원칙적으로 행위자를 특정하여 규정하지 않고 있으며, 특별한 경우에 한하여 예외적으로 일정한 신분자에 대하여 특정하고 있을 뿐이다.[9]

그러므로 노동형법은 그 본질적 특성에 따라 근대자본주의 생산관계상의 종속노동관계를 중요시하여 그 종속노동계급인 노동자의 권리와 이익을 보호함을 직접적 기능으로 하고 있다. 그래서 범죄행위의 행위주체는 원칙적으로 산업안전보건에 해당하는 노동관계에서는 당사자인 사업주로 볼 수 있고, 산업안전보건법에서의 노동형법의 범죄행위 주체자로 산업안전을 책임지고 있는 사업주와 사업을 관리 감독하는 자가 되어야 한다는 것이다.

이와 같이 노동형법은 범죄행위의 주체를 원칙적으로 일정 신분자를 구성요소로 하는 까닭에 신분범을 원칙으로 한다고 할 수 있고, 이러한 행위의 주체와 관련하여 특히 주목하여야 할 점은 사용자와 사용자의 단체이다. 물론 노동형법에 있어서도 근대형사형법과 마찬가지로 행위의 주체는 원칙적으로 자연인을 대상으로 하는 것은 사실이지만 그러나 근대노동법의 주체로서 중요한 위치에 있는 사용자의 단체도 역시 노동형법상의 행위주체로서의 적격성이 인정되고[10] 있음은 당연하다고 볼 수 있다.

이것은 근대시민 형법에서의 행위주체원칙에 대한 수정적 의미라고 할 수 있지만, 형법에서 처벌대상이 되는 행위주체라 하더라도 노동형법에서는 위법성과 책임의 문제가 노동자보호라는 중요한 내용이 포함된 노동관계 속의 위법성과 책임성을 판단해야 한다고 본다.

8) 조흠학, “노동법 처벌규정의 법률적 구속력에 관한 연구”, 「노동법논총」 제13집, 2008, 136쪽.

9) 임웅, 형법총론, 법문사, 2003, 72~73면; 이재상, 형법총론, 박영사, 1997, 39면.

10) 「산업안전보건법의 제67조 내지 동법 제70조의 위반행위를 한 때에는 그 행위자를 벌하는 외에 그 법인 또는 개인에 대하여도 동조의 벌금형 부과하고 있는 것이 노동형법상의 행위주체로서의 적격성이 인정되는 것을 말한다.」

따라서 노동형법상의 범죄를 일반적인 형성에서의 행위론으로 단순하게 형식적인 법률적 개념만으로서 이해한다면 결코 그 특수성 내지는 본질을 파악할 수 없다고 보며, 노동관계에서의 독자적인 특수성과 노동관계의 중요성을 포함해야 한다고 본다.[11)]

4) 노동형법의 위법성과 책임성

노동형법에 있어서의 범죄가 위법행위인 것은 일반시민형법에 있어서의 범죄가 위법행위인 것과 동일하지만 그 위법의 뜻과 개념은 각기 다르다고 볼 수 있다.

노동형법에서의 위법의 개념은 형식적 개념과 실질적 개념으로 구분해 볼 수가 있다.

형식적 개념으로는 규범적 명령 및 금지에 대한 위반을 의미하며, 실질적 개념은 법익에 대한 침해 또는 위험을 의미한다. 그러므로 노동형법에 있어서의 범죄론 상의 위법성은 형식적 개념에만 한정하지 아니하고 실제로 노동형법이 보호하고자 실질적인 노동관계의 특수성을 포함시켜 판단해야 한다고 보고, 근대노동법의 노동자 보호법익의 특수성에서 출발해야 한다.[12)]

책임성의 문제에 있어서는 당사자 대상보다는 당사자의 범죄행위능력의 책임을 말하는 것이다. 범죄는 구성요건에 해당되는 위법행위가 있고, 그 행위가 범죄구성요건에 해당되고 또한 위법성이 있다고 하더라도 그 행위자에게 책임이 있어야 한다.

여기에서 책임이란 그 행위자에 의한 반가치성의 판단과 그것에 대한 법적 비난을 의미한다.[13)] 그러므로 형법상 책임비난이 성립되려면, 첫째 책임능력이 있어야 하고, 둘째 고의나 과실이 있어야 한다.

그러나 노동형법은 그 보호법익의 특수성과 법익주체의 특수성 등으로 인하여 형사책임원칙에 대한 수정적 예외를 규정하고 있다. 규범적 명령 및 금지에 대한 사실상의 위반행위자인 근로계약을 체결한 노동자의 책임을 사업주에게 묻고 그 사업주에게 노동형법상의 책임비난을 과하는 규정 즉 사업주의 책임(사용자의 무과실책임)의 원칙이 있다.

또 규범적 명령 및 금지에 대한 사실상의 위반행위자인 사업주인 당사자와 그 사업주체까지도 노동형법 상의 책임비난을 부과하는 이른바 양벌규정 등의 예외가 있으며, 특히 이러한 예외규정에 대한 예외로서 사업주가 위반방지를 위한 적절한 조치를 강구한 경우에 한해서는 그 해당 사업주는 책임을 면하게 된다.

이러한 책임의 문제는 노동형법에 따른 처벌 당사자의 법익형량에 맞추어 만들어진 것이 아니

11) 주로 형법 속에는 일반적인 범죄의 구성요건과 위법성, 책임성과 함께 노동관계라는 특수성이 포함되어야 하며, 노동자 보호라는 중요성이 있어야 한다.

12) 「학설로 근대노동법은 현실적 자본주의사회 내에서 생활하고 있는 인간들의 종속관계로부터 본질적 대등관계에로 발전시키기 위하여 이른바 계급적 법익을 직접적으로 보호함을 임무로 한다. 따라서 노동법의 세계에는 동등한 인격 또는 평등한 인간관계라는 가설은 존재하지 않으며, 모든 인간에 동등한 보편적 법적 평가도 존재하지 않는다. 직 정당성의 법적 평가의 본질은 노동자를 위한 단체적 법익에서만 이해한다.」

13) 임웅, 앞의 책, 64면.

라 노동법의 특수성에 맞추어 노동자의 보호와 노동형법의 1차적 법규범의 보호 속에 2차적 보충적 법규범의 효력을 나타내는 것이라 하겠다.

그러한 형벌 규정이 모든 노동관계에서 가장 잘 나타나고 있지만, 특히 책임성에 관한 부분은 사실상 노동자가 직접 현장에서 일하는 작업장에서 위반사실에 관한 처벌내용을 다루는 산업안전보건법에서 가장 많이 나오고 이에 대한 사업주 책임 부분이 가장 크다고 볼 수 있다.

이러한 사업주의 책임부분을 가장 잘 설명할 수 있는 것이 과실과 주의의무에 관한 처벌 규정으로 형법적 특성을 포함하여 파악하여야 하며, 주의의무 위반에 따른 내용이 객관적 의무대상에서 판단할 수 있는지 아니면 주관적 의무대상인지를 판단하여야 한다고 본다.

(2) 산업안전보건법의 형사처벌

1) 과실과 고의

① 과실의 예견가능성

과실에 있어서 예견가능성이란 대법원판례나 형법적 일반이론 속에 나타나는 '일상경험에 비추어 상당하다'든가, '사고가 발생하는 것은 경험칙상 당연히 예상할 수 있는 것', '위험성이 있음은 현장에 있는 사람이라면 누구나 예견할 수 있는 것' 등을 '객관적 예견가능성'[14)]이라 하여 형법해석을 할 때 사용하고 있다.

이 객관적 예견가능성의 개념은 과실범에서 행위자의 과실을 판단하는 가치척도[15)]로서의 기능이지만 일부 주의의무 위반에 관한 주장에서도 나타나고 있다.[16)]

그러므로 노동법 속에서 과실이 가장 많이 나타나는 산업안전보건법을 적용하려 할 때에는 객관적 예견가능성과 과실범 판단과의 관계에 대하여, 과실범의 근거를 판단하기 위한 척도로서 객관적 예견가능성이 바람직하다고 본다.

특히 산업안전보건법의 위반에 관한 판단근거를 살펴보면 형법 제14조에서 "정상의 주의를 태만함으로 인하여 죄의 성립요소인 사실을 인식하지 못한 행위는 법률에 특별한 규정이 있는 경우에 한하여 처벌한다."라는 것을 적용하고 있다.

그러므로 이 규정을 적용함에 있어서 정상적인 주의의무가 존재하는지를 판단하여 보고 산업안전보건법의 산재사고에 대하여는 절차 속에서 주의의무규정이 없을 경우에는 주의규정을 대신할 규범의무를 만들어 가치척도로 삼고 판단하여야 한다.

14) 「"이 객관적 예견가능성의 개념은 과실범에서 행위자의 과실을 판단하는 척도로서 객관적으로 사용되어 왔다. 하지만 과실판단의 척도로서 객관적 입장을 주장하는 견해들도 과실범의 구성요건요소인 주의의무 위반과 언급 없이 독자적인 요건인양 파악하고 있다."」(김성돈, 과실범과 객관적 예견가능성의 자리매김, 고시계, 2002.12, 4면).

15) 김일수, 새로쓴 형법총론, 503면 이하 재인용.

16) 김성돈, 과실범과 객관적 예견가능성의 자리매김, 고시계, 2002.12, 6면.

그러나 산업안전보건법에는 총 9장 제1조~제72조로(총 89개의 조문) 구성되어 있는 것 가운데 이 중에서 제1장 제6조의 근로자의 의무를 뺀 나머지는 모두 사업주의 의무규정이라 볼 수 있으므로 행위자의 주의의무 능력을 기준으로 보더라도 형법 제14조의 내용 속에 나타나고 있는 "정상의 주의를 태만함으로 인하여 죄의 성립요소인 사실을 인식하지 못한 행위…"로 보아 정상의 주의의무 즉 객관적주의의무가 존재하고 있다는 것으로 인정하여야 한다고 할 수 있다.

② 과실과 고의

산업안전보건법위반에 관한 지금까지 처벌규정은 사업주의 객관적 주의의무가 존재한다고 보고 객관적 주의의무위반에 대한 과실범의 처벌이 이루어졌다.

그러나 과실의 주의의무위반의 처벌 중에는 그 위반의 대상이 되는 것이 형법상 주의의무위반의 과실 외에도 금지규정위반의 고의에 해당하는 부분들이 여러 관점에서 나타나고 있다.

즉, 고의와 과실은 마음속의 고의와 행동이 실수인 과실로 같이 분류되어 일반적인 과실로 나타나고 있으며, 이로 인하여 산업안전보건법위반의 처벌은 과실로 분류되어지고 있다. 형법의 고의와 과실은 원칙적으로 고의범만 처벌하고 과실범은 예외적으로 법률에 특별한 규정이 있는 경우에 한하여 처벌하도록 되어있고, 고의범과 과실범의 처벌은 현저한 차이가 나고 범죄의 성립에 있어서 구별이 되고 있다.

문제는 고의와 과실을 어떻게 구별하느냐 이며, 그 한계인 미필적 고의와 인식 있는 과실의 적용이 구별되어야 산업안전보건법위반의 처벌대상에 해당하는 고의와 과실이 명확해 진다는 것이다.

고의는 구성요건 실현가능성을 확실한 것으로 인식하고 그 실현을 적극적으로 의욕한 경우를 확정적 고의라 하고, 미필적 고의는 구성요건 상의 실현이 불확실하지만 행위자는 이를 가능 한 것으로 인식하고, 구성요건 실현을 인용한 경우를 말한다. 이에 반하여 인식 있는 과실은 행위자가 구성요건해당 사실을 인식함으로써 자신의 행위가 구성요건적 결과를 발생시킬 위험성을 감지했으나, 결과발생을 부정하면서 결과발생을 회피하기 위하여 필요한 주의의무를 다하지 않은 경우를 말하는 것으로 결과가 발생하지 않을 것이라고 신뢰한 경우에 성립한다.17)

이에 대하여 산업안전보건법위반의 경우에는 두 가지의 결과가 나타나는데 하나는 사업주가 산재예방을 충분히 하였기 때문에 절대로 산재가 발생하지 않을 것 이라고 확신하고 발생한 경우와 또 하나는 산재예방은 하지 아니 하였지만 산재는 발생은 나와 상관이 없고 작업자의 주의에 달려 있다고 생각한 경우에 발생한 산재로 구분할 수 있다.

17) 임웅, 형법총론, 법문사, 2003, 140면.

전자는 인식 있는 과실로서 과실범으로 구분이 되지만, 후자는 미필적 고의로 구분되어진다. 처벌은 과실보다는 미필적 고의가 크지만 결과발생만으로 직접적인 행위자가 아니기 때문에 사법부에서는 사업주의 처벌은 과실로서 판단하고 있다.[18)]

이러한 과실을 분류하여 보면, 부과하는 의무가 수범자의 행동과 마음 중 어느 것에 해당하는지에 따라서 형법적 의무의 부과는 수범자의 행동관련 즉 객관적 의무와 마음관련의 주관적 의무로 나눈다.[19)]

다시 객관적 의무는 규범의 소극적 명령(금지적 내용에 따른)과 적극적 명령(요구적 내용)으로 나누어지고, 이것이 어느 것에 상응하여 발생할 것이냐에 따라 소극적인(금지된) 객관적 의무와 적극적인(요구적) 객관적 의무로 나뉜다.[20)]

소극적인 객관적 의무는 어떠한 행동을 하지 말 것을 말하며, 적극적인 객관적 의무는 어떠한 행동을 할 의무를 말한다. 따라서 결과회피의무는 소극적인 객관적 의무를 말하며, 어떠한 마음을 갖지 말 것을 말하기도 하며, 범죄구성요건 상의 고의를 막기 위한 소극적인 금지의 주관적 의무에 해당한다.[21)]

구성요건의 과실에 관한 내용을 다루는 것은 주관적 적극적인(요구적) 의무에 해당하고 구성요건의 과실에 상응하는 '앎과 예견의무'를 기초로 하는 의무위반에 따른 구성요건의 사실관계를 과실로서 나타내고 있다.

따라서 산업안전보건법위반행위는 형법 제14조의 당연한 과실의무 위반 대상이 되느냐의 문제에 있어서 과실범의 분류는 당연한 것이고, 형법 제13조의 "죄의 성립요소를 인식하지 못한 행위는 벌하지 아니한다. 단 법률에 특별한 규정이 있는 규정에는 예외로 한다"는 범죄 적용의 고의범 분류가 중요하며, 예외적 단서에 따라 판단하는 해석이 있어야 하다고 본다.

형법 제13조의 규정 속에는 결과발생의 인식이 있음은 물론 결과 발생을 용인하는 내심의 의사가 있었음이 포함되어 있고, 이러한 내심의 의사를 근거로 하는 고의의 판단이 중요하고, 산업안전보건법적용은 이 고의의 분류 속에 나타난 미필적 고의 적용[22)]이 필요하다고

18) 「"미필적 고의의 특성은 구성요건 객관적 요소를 사실로 인식했다는 점과 구성요건실현가능성을 소극적으로나마 받아들이는 의지적 태도를 가진 것이고, 인식 있는 과실은 결과발생가능성을 인식했음에도 불구하고 결과가 발생하지 않을 것이라고 신뢰한 경우에 성립한다."」 (임웅, 앞의 책, 140~141면)

19) 임광주, 과실은 주의의무위반?, 저스티스 통권 제80호, 2004.8, 59면.

20) 설명

- 의무
  - 객관적 의무(행동)
    - 소극적(금지된) 명령 – 어떤 행동을 하지 말아야 할 의무
    - 적극적(요구적) 명령 – 어떤 행동을 해야 할 의무
  - 주관적 의무(마음)
    - 소극적(금지된) 마음 – 어떤 마음을 갖지 말아야 할 의무
    - 적극적(요구적) 마음 – 어떤 마음을 가져야 할 의무

21) 임광주, 앞의 논문, 61면.

22) 대법 1985.6.25, 대판 85도660; 김일수 183면; 이재상, 형법총론, 박영사, 1997, 162면.

본다.

고의의 학설을 살펴보면[23] ⅰ) 인식설 ⅱ) 의사설 ⅲ) 인용설 ⅳ) 진지설 ⅴ) 개연성 ⅵ) 무관심설 등으로 나누는데 본질적인 요소를 결과발생에 둘 것인가 아니면 결과발생에 의지적 태도를 포함시킬 것인가에 따라 달라진다고 볼 수 있다.

과실범에 비하여 고의범에게 무거운 형벌을 부과하는 이유는 결과발생에 대한 지적인식의 정도에 차이보다는 결과발생을 원하는가 또는 거부하는가의 의지적 태도의 질적 차이에 따라 판단되어지고 있다.

그러므로 미필적 고의(Eventualvorsatz, dolus eventualis)[24]의 적용은 이러한 학설을 총칭하여 행위자의 결과발생의 태도를 어떻게 보이느냐에 따라 판단하고 이러한 판단근거로 인용설이 다수설로 나타나고 있다. 이 경우에 결과발생을 인용하더라도 결과발생가능성을 확실하게 인식하며 인용하는 경우도 있고, 결과발생이 희박하다고 인식하면서 인용하는 경우가 있는데, 결과발생이 희박하더라도 결과발생의 여부는 행위자의 지배범위에 있기 때문에 미필적 고의 구성요건이 성립한다고 볼 수 있다.

이러한 미필적 고의가 산업안전보건법에서의 적용이 가능한 것인가에 대하여 살펴보면 산재발생의 결과를 인식하고 있다는 것이 결과발생을 인식하는 것이라 볼 수 있다. 형법에서 나타나는 구성요건의 객관적 요소에 해당하는 주체와 결과발생에 있어서 결과를 인식하는 적극적 객관적 위험요소를 가지고 그에 따른 소극적인 주관적 의무규정(산업안전보건의 사업주규정)이 포함된 앎과 예견의무를 기초로 한 미필적 고의가 나타난다고 볼 수 있다. 그 이유는 노동자가 인식하여 발생되는 범죄구성이 아니라, 사업주가 인식하고 마음적으로 판단하여 적극적인 결과를 발생하지 않도록 노력해야 한다는 것을 알면서 노력하지 않아서 발생한 사고는 알고 있는 고의로 분류되어 미필적 고의가 된다고 볼 수 있다.

따라서 범죄성립단계의 과실이 성립하기 위한 이론을 보면 주관적 의무가 존재하고 객관적으로 나타난 사실을 인식하지 못할 때 과실범으로 구분되어 주관적 의무위반에 관한 과실의 구성요건으로 보고 있다.

그렇지만 산재 발생의 고의범 입장에서 본다면 주관적 의무 중 소극적 주관의무와 그에 따

23) 「ⅰ) 인식설 : 행위자가 결과발생의 가능성을 인식하기만 하면 고의가 성립한다. ⅱ) 의사설 : 행위자가 결과발생의 가능성을 인식하는 것만으로 부족하고 더 나아가 결과발생을 적극적으로 의욕, 희망하여야 한다는 것이다. ⅲ) 인용설 : 행위자가 가능하다고 인식한 결과의 발생에 내심적으로 동위한 경우 결과가 발생해도 부득이한 것으로 인용한 경우이고, 만약 부정하면 과실로 인정된다. ⅳ) 진지설 : 행위자가 법익침해의 가능성을 계산에 넣은 채 진지하게 받아들인 경우, ⅴ) 개연성 : 고의가 성립하기위하여 행위자가 결과발생의 단순한 가능성만을 인식한 것으로는 부족하고 결과발생의 고도의 가능성, 즉 결과발생의 개연성을 인식한 경우이다. ⅵ) 무관심설 : 보호법익에 대한 무관심으로 말미암아 행위자가 가능하다고 생각한 구성요건실현을 감수하는 경우에 고의가 존재한다고 본다. 이중에서 인용성설이 다수설로 보고 있다.」 (임웅, 앞의 책, 145면.)

24) 「미필적 고의(Eventualvorsatz, dolus eventualis) 결과발생의 대상은 확정적으로 인식하였으나 결과발생 자체를 확실히 의욕하지 않고 부득이한 것으로 인용한 것으로 조건부고의(bedingter Vorsatz)라고도 한다.」 (임웅, 앞의 책, 153면; 이재상, 앞의 책, 147면)

른 결과발생의 인식을 가지고 산업안전보건법이라는 특별규정을 준수하여야 하고, 산재발생예방을 해야 하고 예방하지 않으면 사고가 발생한다는 것을 충분히 인식하고 있는 미필적 고의에 의한 적용이 타당하다고 본다.

2) 업무상 과실치사상죄의 개념

업무상 과실치사상죄란 형법 제268조에 규정된 범죄로서 사람이 업무수행과 관련하여 부주의, 태만 등 과실로 인하여 다른 사람을 다치게 하거나 부상 또는 사망에 이르게 한 경우에 이를 처벌하도록 하고 있다.

형법에서는 업무상 과실치사상죄를 규정함에 있어 업무상 과실의 구체적 내용을 규정하지 않고 있으며 이는 그 내용을 법률에서 특정적·열거적으로 나열하기에는 개별 사건에서 나타나는 업무의 내용이 너무나 광범위하고 다양하기 때문에 이를 형법에 기술하지 않고 산업안전보건법과 같은 개별 행정작용에 관한 법률이나 개인회사의 사규 또는 관습 등에서 구체적인 사안별로 정해질 것이라고 예견하고 있기 때문이다.

산업안전보건법위반에 관한 지금까지 처벌규정은 사업주의 객관적 주의의무가 존재한다고 보고 객관적 주의의무위반에 대한 과실범의 과실치사상죄로 처벌이 이루어졌다.

그러나 과실과 주의의무위반 관계에 있어서 그 위반의 대상이 되는 것이 형법상 주의의무위반과 금지규정위반의 고의범에 해당하는지의 여부는 여러 관점에서 찾아볼 수 있다.

즉, 고의와 마음속에 나타난 과실은 마음속의 고의와 행동이 실수인 과실로 같이 분류되어 일반적인 과실로 나타나고 있으며, 이러한 과실을 분류하여 보면, 부과하는 의무가 수범자의 행동과 마음 중 어느 것에 해당하는지에 따라서 형법적 의무의 부과는 수범자의 행동관련 즉 객관적 의무와 마음관련의 주관적 의무로 나눈다.[25)]

다시 객관적 의무는 규범의 소극적 명령(금지적 내용에 따른)과 적극적 명령(요구적 내용)으로 나누어지고, 이것이 어느 것에 상응하여 발생할 것이냐에 따라 소극적인(금지된) 객관적 의무와 적극적인(요구적) 객관적 의무로 나뉜다.

소극적인 객관적 의무는 어떠한 행동을 하지 말 것을 말하며, 적극적인 객관적 의무는 어떠한 행동을 할 의무를 말한다. 따라서 결과회피의무는 소극적인 객관적 의무를 말하며, 어떠한 마음을 갖지 말 것을 말하기도 하며, 범죄구성요건상의 고의를 막기 위한 소극적인 금지의 주관적 의무에 해당한다.[26)]

구성요건의 과실에 관한 내용을 다루는 것은 주관적 적극적인(요구적) 의무에 해당하고 구성요건의 과실에 상응하는 '앎과 예견의무'를 기초로 하는 의무위반에 따른 구성요건의 사실관계

25) 임광주, 과실은 주의의무위반?, 저스티스 통권 제80호, 2004.8, 59면.
26) 임광주, 앞의 논문, 61면.

를 과실로서 나타내고 있다.

3) 산안법 위반에 대한 고의범의 기준

노동형법은 1차적 규범으로서의 노동법속에 나타난 노동관계를 보호하게 되고 보충적 의미로서 2차적 또는 보충적 법규범성을 띠고 노동관계의 침해정도에 따라 법적 안정성을 유지하기 위하여 법규범 위반에 대한 처벌과 형벌의 제재를 가하고 있다.

그러므로 노동형법의 내용은 당사자 간의 임의적 계약에 대한 계약벌 또는 위약벌 등의 사법적 제재와는 다르며, 노동형법은 또한 국가가 공법상 위반에 대하여 부과하는 형벌적 제재를 규정하는 이른바 행정형법과도 달라 규범적 금지 명령의 위반에 따른 행위를 다루고, 그에 따른 노동형법의 보호대상은 노동법의 규범적 명령 및 금지에 대한 위반적 범죄와 형벌을 대상으로 한다.

이런 의미에서의 노동형법의 지위는 처벌대상을 기준으로 하여 형벌법규는 형사형법과 행정형법으로 구분하게 되고, 여기서 노동형법이 형사형법에 속하느냐 행정형법에 속하느냐 하는 것이 바로 노동형법의 지위문제이지만, 노동형법의 처벌이론에 근거하여 형사형법의 체계에 소속될 수 있으며, 노동형법의 위반은 형사범죄를 구성하게 되고, 노동관계 하의 노동자를 보호대상으로 할 수밖에 없다. 다시 말하면 노동자 및 노동자단체의 법익을 보장하여야 하며, 이러한 법익의 보호는 근대국가의 헌법적 이념과 즉 노동자의 기본적 생존권을 보호할 수 있는 보장을 말하며 사실상 노동형법상의 처벌행위주체는 사업주와 사업주 단체가 될 수밖에 없다는 것이다.

따라서 산업안전보건법상의 사업주 위반에 관한 규정을 살펴보면, 노동형법에서 규정하는 구성요건에 해당하는 행위가 있어야 하며, 그 구성요건에 해당하는 내용이 노동형법상 범죄구성요건의 가장 중심적인 요소이며, 여기에서 이른바 행위는 의사의 객관화를 의미하는 인간의 태도를 말하며, 결국 객관적으로 인식될 수 없는 주관적, 내부적 의사만으로는 노동형법상 범죄구성요건의 요소가 되지 못한다는 것이다.

따라서 이러한 행위가 구성되기 위해서는 행위의 주체가 필요하며, 그 행위주체는 사업주로 판단될 수 있으며, 사업주라는 전제하에 사업주의 신분이 되어야 하는 신분범의 대상이 된다. 추가로 안전관리책임자나 안전관리자, 관리감독자라는 신분이 되어지고 그에 따른 예방 업무의 미흡으로 발생되는 사고에 대하여 책임대상이 되는 신분범에 해당하는 것이다. 그러므로 주체의 객관적으로 인식될 수 있는 주관적 의무대상이 될 수 있는 소극적인 범죄행위에 대하여 구성요건이 성립되므로, 산업안전보건법은 처벌조문자체가 객관적으로 인식될 수 있는 요건이 된다. 따라서 주의의무를 하라는 내용이 금지내용이 소극적 주의의무 속에 나타나기 때문에 고의범의 적용이 가능한 부분도 있다. 그러나 현행 형법의 처벌의 기준은 입증책임[27]에 따른 증거주의를 채택

27) 형사사건에 있어서 일반적인 법칙은 사건에 대한 입증은 합리적인 의심이 없을 정도로(beyond reasonable doubt)하여야 한다는 것이다. 민사사건에 있어서 입증의 부담은 원고가 가지는 것이 법칙이다. 이 경우 원고는 증거법칙에

하고 있어 사실상 고의범을 입증하기에는 어려운 점이 있다고 본다. 최대한 가능한 범위 내에서 고의범의 한계는 형법 제13조의 규정 속에 있는 결과발생의 인식이 있음을 판단하여 이러한 결과에 대한 발생을 용인하는 내심의 의사가 있었음을 필요로 하는 사실적 고의보다는 신분범으로서의 미필적 고의의 적용이 가능하다고 본다.[28)]

실질적으로 범죄성립단계는 과실범과 고의범을 구별하는 근거는 범죄의 행위론에서 출발되었다고 본다. 즉 근대형법을 주도하고 있는 행위론의 주류는 인과적 행위론이었으나 이 인과적 행위론은 원인이 없으면 결과가 없다는 내용으로 범죄가 발생해야 범죄로 구성한다는 것이므로 과실범도 현행범과 같은 처벌이 되고 결과발생이 나타나지 않는 고의범 중 미수범에 관한 근거제시가 부족하였다. 이후 1960년대 독일의 Hans welzel 교수의 목적적 행위론이 나오면서 과실범과 고의범, 미수범의 구별이 이루어졌다.[29)]

특히 범죄행위를 모의하고 인식하고 있는 상태라든가 행위를 실행 했음에도 결과가 발생하지 못하였을 경우에는 행위의 고의범인 미수범으로 처벌하게 되었다.

그러므로 산업안전보건법 위반에 관하여는 사업주의 과실로 보는 것이 아니라 중대재해에 관하여는 안전비용의 과다로 인하여 산업안전보건법의 주의의무를 하지 않겠다는 고의의 마음속에 나타난 결과의 예견가능성이라고 판단하여 신분범으로서 고의범으로 판단하여야 한다고 본다.

산재 발생의 고의범은 주관적 의무 중 소극적 주관의무와 그에 따른 결과발생의 인식을 가지고 있고 산업안전보건법이라는 특별규정을 준수하여야 하며, 산재발생예방을 해야 하고 예방하

의한 지원을 받을 수도 있다. 영미법의 추정법칙으로서 사실추정법(res ipsa loquitor)이 있다. 만약 상황이 피고의 지배하에 있고, 피고의 주의의 결여가 없었더라면 사고는 발생하지 않았으리라는 상황에서 사고가 발생했다면, 피고에게 과실이 있다는 추정이 된다. 사고를 설명하고 피고측에 주의가 결여되지 않았다는 입증을 할 책임은 피고에게 있다. 다시 말해서 「사실 그 자신이 증명하고 있다.」(The facts speak for themselves). 그러나 피고는 그 자신에게 과실이 없었음을 항변할 수 있고(예컨대, 사고가 제3자의 과실에 의해서 야기되었다고 하는 경우), 이러한 경우 입증책임은 통상의 경우처럼 원고에게 돌아간다. 또 하나의 법칙으로는 추정의 이전이 있다. 경우에 따라서는 단순한 사실의 진술이 추단적인 추정을 야기시킨다. 이 경우 입증책임은 일반당사자로부터 타방당사자에게 이전되며, 증거에 의해 논박될 것을 필요로 한다. 원고가 업무 중 이환되었다고 주장하는 피부병에 대해서 소를 제기하였다. 이 소에 대해 법원은 「이전에 질병에 이환된 적이 없는 자가 그것을 야기시킬 법한 조건에 노출된 후에 질병이 이환되었고, 또한 원고가 이러한 질병이 그러한 조건하에서 전형적으로 시작된다는 것을 보여준다면, 그의 질병이 이러한 조건에 의해서 야기되었다는 일응의 추정을 세운 것이다」라고 하였다. 따라서 만약 분진이 비산하는 작업장에서 작업한 후 기관지염에 이환되었거나, 과다하게 소음이 많은 환경에 노출된 후 난청에 시달리는 경우에는 이러한 조건들이 문제의 질병이나 상해를 야기시켰다는 증거적인 추정을 초래한다.

28) 그러므로 산업안전보건법위반행위는 형법 제14조의 당연한 과실의무 위반 대상이 되느냐의 문제에 있어서 과실범의 분류보다는 형법 제13조의 "죄의 성립요소를 인식하지 못한 행위는 벌하지 아니한다. 단 법률에 특별한 규정이 있는 규정에는 예외로 한다"는 법의 범죄의 적용의 예외적 단서에 따라 판단하는 해석이 필요하다고 본다. 형법 제13조의 규정 속에는 결과발생의 인식이 있음은 물론 이러한 결과에 대한 발생을 용인하는 내심의 의사가 있었음이 포함되어 있어 이러한 내심의 의사를 근거로 하는 고의로 분류하여 미필적 고의 적용이 가능하다고 본다(조흠학, 산재 발생의 사업주책임. 한국노총. 2004 재참조; 대법 1985.6.25, 대판 85도660; 김일수 183면; 이재상, 형법총론, 박영사, 1997, 162면 참조).

29) 「"과실행위에 있어서는 본질적인 행위자에 의한 행위수행에 있어서 목적적조종이 결여 되어있기 때문에 구성요건해당결과에(법익침해) 고의 없이 발생한다. 즉 법익침해의 회피를 위하여 최소한도로 요구되는 목적적 조종을 하지 않았기 때문에 결여가 있으므로 과실이 있는 것이다".」 (Hans welzel, Das neue bild des strafrechtssystems, Verlag otto schwartz & co. gottingen 1957. 황산덕 역, 형법체계의 신형상, -목적적행위론입문-, 65면).

지 않으면 사고가 발생한다는 것을 충분히 알고 인식한다는 미필적 고의에 의한 적용이 타당하다고 본다.

표 4-1 산업안전보건법 위반 범죄

구분	작위범(作爲犯)	부작위범(不作爲犯)
범죄성립요건	어떠한 행위를 함	어떠한 행위를 하지 않음
범죄의 예	살인죄, 절도죄, 상해죄, 사기죄, 업무상 과실치사상죄	산업안전보건범죄
책임요건	포괄적 책임의무	규정된 예방조치 준수의무 (안전배려의무, 주의의무)
사전규제	없음	구체적으로 정함
범죄성립여부의 사전인지	대부분 인지함	대부분 인지하지 못함
기본적 형사정책의 경향	엄중한 형벌을 가함	엄중한 형벌을 가하지 못함

4) 형벌이론에 관한 의견

노동형법은 1차적 규범으로서의 노동법속에 나타난 노동관계를 보호하게 되고 보충적 의미로서 2차적 또는 보충적 법규범성을 띠고 노동관계의 침해정도에 따라 법적 안정성을 유지하기 위하여 법규범 위반에 대한 처벌과 형벌의 제재를 가하고 있다.

그러므로 노동형법의 내용은 당사자 간의 임의적 계약에 대한 계약벌 또는 위약벌 등의 사법적 제재와는 다르며, 노동형법은 또한 국가가 공법상 위반에 대하여 부과하는 형벌적 제재를 규정하는 이른바 행정형법과도 달라 규범적 금지 명령의 위반에 따른 행위를 다루고, 그에 따른 노동형법의 보호대상은 노동법의 규범적 명령 및 금지에 대한 위반적 범죄와 형벌을 대상으로 한다[30].

이런 의미에서의 노동형법의 지위는 처벌대상을 형벌법규로 하여 형사형법과 행정형법으로 구분하게 된다. 노동형법은 형사형법인지 행정형법인지의 판단은 노동형법의 역할에 따라 나타나지만, 처벌내용에 따라 노동자를 보호하는 근거규정이 된다면 노동형법으로의 역할을 하게 된다.

다시 말하면 노동자 및 노동자단체의 법익을 보장하여야 하며, 이러한 법익의 보호는 근대국가의 헌법적 이념과 즉 노동자의 기본적 생존권을 보호할 수 있는 보장을 말하며 사실상 노동형법상의 처벌행위주체는 사업주와 사업주 단체가 될 수밖에 없다는 것이다.

따라서 이 연구의 주제에 해당하는 산업안전보건법상의 사업주 위반에 관한 규정을 살펴보면, 노동형법에서 정하는 구성요건에 해당하는 행위가 있어야 하며, 그 구성요건에 해당하는 내용이 노동형법상 범죄구성요건의 가장 중심적인 요소가 되며, 여기에서 행위는 의사의 객관화를 의미

30) 김치선, 노동법강의, 박영사, 1988, 113면.

하는 인간의 태도를 말하며, 결국 객관적으로 인식될 수 없는 주관적, 내부적 의사만으로는 노동형법상 범죄구성요건의 요소가 되지 못한다는 것이다.

따라서 이러한 행위가 구성되기 위해서는 행위의 주체가 필요하며, 그 행위주체는 사업주로 판단될 수 있으며, 주체의 객관적으로 인식될 수 있는 주관적 의무대상이 될 수 있는 소극적인 범죄행위에 대하여 구성요건이 성립되므로, 산업안전보건법은 처벌조문자체가 객관적으로 인식될 수 있는 요건이 되고 주의의무를 하라는 내용이 금지된 마음의 주의의무 속에 나타나기 때문에 형법 제13조의 규정에 내포하고 있는 결과발생의 인식이 있음은 물론 이러한 결과에 대한 발생을 용인하는 내심의 의사가 있었음을 필요로 하는 미필적 고의(Eventualvorsatz, dolus eventualis) 적용이 된다고 본다.

실질적으로 범죄성립단계는 과실범과 고의범을 구별하는 근거는 범죄의 행위론에서 출발 되었다고 본다. 즉 근대형법을 주도하고 있는 행위론의 주류는 인과적 행위론이었으나 이 인과적 행위론은 원인이 없으면 결과가 없다는 내용으로 범죄가 발생해야 범죄로 구성한다는 것이므로 과실범도 현행범과 같은 처벌이 되고 결과발생이 나타나지 않는 고의범 중 미수범에 관한 근거제시가 부족하였다. 이후 1960년대 독일의 Hans welzel 교수의 목적적 행위론이 나오면서 과실범과 고의범, 미수범의 구별이 이루어졌다.[31)]

특히 범죄행위를 모의하고 인식하고 있는 상태라든가 행위를 실행 했음에도 결과가 발생하지 못하였을 경우에는 행위의 고의범인 미수범으로 처벌하게 되었다.

그러므로 산업안전보건법 위반에 관하여는 사업주의 과실로 보는 것이 아니라 재해에 관하여는 안전비용의 과다로 인하여 산업안전보건법의 주의의무를 하지 않겠다는 고의의 마음속에 나다난 결과의 예견가능성이라고 판단하여 고의범으로 판단하여야 한다고 본다.

산재 발생의 고의범은 주관적 의무와 그에 따른 결과발생의 인식을 가지고 있고 산업안전보건법이라는 특별규정을 준수하여야 하며, 산재발생예방을 해야 하고 예방하지 않으면 사고가 발생한다는 것을 충분히 알고 인식하는 미필적 고의에 의한 적용이 타당하다고 본다.

(3) 양벌규정의 책임

1) 양벌규정의 일반이론

양벌규정에 관한 기존의 산업안전보건법의 내용 보면, "법인의 대표자 또는 법인이나 개인의 대리인, 사용인, 그 밖의 종업원이 그 법인 또는 개인의 업무에 관하여 제167조제1항 또는 제168

31) 「"과실행위에 있어서는 본질적인 행위자에 의한 행위수행에 있어서 목적적조종이 결여 되어있기 때문에 구성요건해당결과에(법익침해) 고의 없이 발생한다. 즉 법익침해의 회피를 위하여 최소한도로 요구되는 목적적조종을 하지 않았기 때문에 결여가 있으므로 과실이 있는 것이다."」 (Hans welzel, Das neue bild des strafrechtssystems, Verlag otto schwartz & co. gottingen 1957. 황산덕 역, 형법체계의 신형상, -목적적행위론입문-, 65면).

조부터 제172조까지의 어느 하나에 해당하는 위반행위를 한 때에는 그 행위자를 벌하는 외에 그 법인 또는 개인에 대하여도 동조의 벌금형을 부과하고 있다.

그 내용을 자세히 살펴보면, (구)산업안전보건법 제71조 (양벌규정) 법인의 대표자나 법인 또는 개인의 대리인, 사용인, 그 밖의 종업원이 그 법인 또는 개인의 업무에 관하여 제66조의2, 제67조, 제67조의2 또는 제68조부터 제70조까지의 어느 하나에 해당하는 위반행위를 하면 그 행위자를 벌하는 외에 그 법인 또는 개인에게도 해당 조문의 벌금형을 과(科)한다. 다만, 법인 또는 개인이 그 위반행위를 방지하기 위하여 해당 업무에 관하여 상당한 주의와 감독을 게을리 하지 아니한 경우에는 그러하지 아니하다[전문개정 2009.2.6.]라고 규정되어 있다.

이것은 행위자 외에도 사업주가 관리 감독하여야 한다는 중요성을 강조하는 경우라 볼 수 있으며, 사업주에게도 같은 책임이 존재하고 있다는 것을 강조하는 규정이라 볼 수 있다.

이 규정의 취지는 각각 위반행위를 한 사업자인 법인이나 개인이 직접 하지 않은 경우에도 사업주의 책임을 물어 처벌하려는데 있다.

산업안전보건법에 있어 주요한 책임과 의무가 부과되는 주체는 사업주이기 때문에 산업안전보건법 위반의 책임은 사업주에게 일차적인 책임이 있다는 것을 강조하는 것이다. 즉 의무조항의 주체가 사업주로 한정되어 있더라도 사업주의 사용인이나 종업원이 해당 조항의 위반행위를 하였을 경우 양벌규정의 특성상 사업주와 그 행위자가 같이 처벌을 받는다는 것이다.

여기서 사업주라 함은 근로자를 사용하여 사업을 행하는 자를 말한다. 즉 사업경영이익의 '실질적' 귀속주체인 영업주체로서, 사업주가 법인인 경우에는 그 법인 자체, 개인인 경우에는 그 개인 자체를 말한다. 개인사업주의 경우, 양벌규정이 적용되는 사업주는 실질적인 사업자에 해당된다. 산업안전보건법에서는 근로자의 안전과 보건을 유지·증진하기 위한 안전·보건 조치의무를 사업주에게 부과하고 있고, 산업안전보건의 1차적인 책임을 부담하고 있는 사업주가 예방조치 의무를 위반하였을 때 사업주를 처벌하도록 하는 형식으로 규정되어 있는 것이다.

산업안전보건법에서 양벌규정에서의 행위자는 법인 사업주와 관련하여서는 "법인의 대표자, 대리인, 사용인(관리감독자를 포함) 기타 종업원"이고, 개인사업주와 관련하여서는 "개인의 대리인, 사용인(관리감독자를 포함) 기타 종업원"이 해당된다.[32)]

이러한 의미에서 우리나라 형법에서는 대륙법계, 특히 독일형법의 영향을 받아 현재까지 기업, 즉 법인의 범죄능력을 부정하고, 오직 자연인의 행위능력, 책임능력 및 수형능력만을 인정하고 있다.

그렇기 때문에 법인에 대해서는 범죄능력 인정여부와 무관하게 다수의 부수형법(예컨대 행정형법, 경제형법 및 조세형법 등)에서 "법인의 대표자, 법인이나 개인의 대리인·사용인 기타 종업원이 그 법인 또는 개인의 업무에 관하여 제○조의 위반행위를 한 때에는 행위자를 벌하는 외에

32) 조흠학, 산업안전보건법해설, 신광문화사, 2020, 429면.

그 법인 또는 개인에 대해서도 각 해당조의 벌금형을 과한다."는 양벌규정이라는 입법형식에 의해 벌금이라는 형벌의 수형능력을 인정하고 있다.[33)]

그러나 형법에서 법인의 범죄능력을 부정하면서 부수형법에서 양벌규정에 의해 법인에 대해 벌금이라는 형벌을 부과하는 방식은 법인의 범죄능력은 부정하고 수형능력만을 인정하는 것으로 이론적 모순을 나타내는 것이다.[34)] 더욱이 양벌규정은 그 낙후성에 대한 언급은 별개의 논의로 하더라고, 법인형벌로 단지 벌금만을 규정하고 있는데, 법인의 구조에 적합한 형벌의 마련 없이 벌금만으로 법인에 의한 또는 법인을 통한 법인범죄에 대해 효과를 달성할 수 있느냐를 가지고 의문을 제시하는 견해도 있다.

2) 현행 양벌규정의 문제

현행 산업안전보건법에 관한 양벌규정의 이론은 처음 제정 시나 현재 전면개정(2020년 시행), 혹은 중대재해처벌법에서도 특별히 논의되지 않고 기존의 법률을 답습하고 있다. 따라서 양벌규정의 이론정리를 하는 방법은 현실에 맞게 현실적인 방법으로 현행의 양벌규정을 정비하는 것이라 볼 수 있다. 법무부에서 2007년 11월 29일 헌법재판소가 고의·과실 유무에 상관없이 양벌규정을 적용하는 것은 책임주의 원칙에 어긋난다는 이유로 '보건범죄 단속에 관한 특별조치법'상 양벌규정에 대하여 위헌 결정을 내린 것을 계기로, ① 종업원의 범죄행위를 방지하기 위해 관리·감독의무를 다한 경우에는 법인·개인 영업주의 형사책임을 면제하고, ② 관리·감독상의 과실이 있을 뿐인 영업주에게 징역형까지 부과하는 양벌규정을 개선하여 징역형을 폐지하며, ③ 양벌규정의 적용범위를 '업무에 관한' 위반 행위로 한정하여 업무와 무관한 종업원의 행위에 대하여는 영업주가 책임지지 않도록 관련 법률 총 392개를 모두 개정할 전제로 양벌규정 개선안을 마련하였다.[35)]

그러나 이러한 양벌규정의 개선을 통한 법인처벌의 합리화는 책임주의 원칙에는 일정부분 부합할지 모르지만 법인의 범죄능력을 부인하고 수형능력만을 인정하는 이론상의 모순을 전혀 해결할 수 없을 뿐만 아니라 벌금이라는 단일한 형벌만을 규정하여 법인의 구조에 적합한 논리적 형벌을 과할 수 없다는 문제점을 안고 있다고 볼 수 있다.[36)]

33) 조흠학, 산업안전보건법의 사업주 책임에 관한 고찰, 노동법논총, 비교노동법학회, 2013, 78면.

34) 이와 달리 법인에게는 범죄능력이 없고 양벌규정에 의하여 법인의 수형능력이 긍정되는 것은 행정목적의 달성을 위한 정책적 고려로 불가피한 것이고, 이 때 법인의 책임은 무과실책임으로 책임주의에 대한 예외가 된다는 견해가 유력하다(이재상, 형법총론, 2005, 96-97면; 배종대, 형법총론, 2001, 213, 217면). 그러나 범죄능력을 부정하며 행정목적 달성을 위해 수형능력만을 인정한다는 것은 논리적 설명이라 볼 수 없으며, 더욱이 법인처벌과 관련해서도 책임주의 원칙은 유지되어야 한다는 점에서 타당하다고 볼 수 없다. 특히 2007년 11월 20일 헌법재판소가 보건범죄 단속에 관한 특별조치법상 과실 유무에 상관없이 양벌규정을 적용하여 처벌하는 것은 '책임 없는 자에게 형벌을 부과할 수 없다'는 책임주의 원칙에 어긋남(헌재 2007.11.29. 2005헌가10)을 분명히 밝히고 있다는 점에서 더욱 그러하다고 본다.

35) 법무부, 2008년 7월 24일자 보도자료, 1면(http://www.moj.go.kr/ 2009.4.6. 검색).

36) 탁희성 박사는 "우리의 입법현실에 있어서 가장 바람직한 방법은 개별 행정특별법에 양벌규정을 두는 방식이라 생각

현재 우리나라의 경제가 어렵고 경제를 살리기 위해 정부가 다양한 '비즈니스 플랜들리 정책'(기업친화적 정책)을 펼치고 있는 시점에서 법인처벌의 강화에 대한 반론이 나올 수 있다. 그러나 벌금으로 되어 있는 양벌규정만으로 기업범죄를 제재하기 곤란하다는 것은 이미 산업안전보건법의 위반사례에서 나타나고 있다. 그러므로 형법의 목적 내지 기능이 법익침해행위를 범죄로 규정하고, 그에 상응하는 형벌을 부과함으로써 평화롭고 안정적인 사업장의 유지를 위하여 범죄로 파악하여 그에 상응하고 적합한 형벌을 부과할 필요가 있다. 일반적으로 법인(기업)의 형사책임에 대한 구성요건표지를 명확히 설정하는 한편, 그에 대한 형벌체계도 법인(기업)의 구조에 적합하고 응보, 일반예방 및 특별예방이라는 형벌의 목적도 달성할 수 있도록 마련하여 법인(기업) 범죄에 효율적으로 대처하는 것이 타당하다고 볼 수 있다.[37)]

특히 산업안전보건법상 처벌 대상이 되는 법인과 개인사업주의 관계를 구분하여 보면 법인은 정신적·육체적 실체가 없으므로 형법상 범죄의 행위능력을 인정할 수 없다. 그러나 산업안전보건법에서는 의무위반에 벌칙조항을 두어 자연인을 의무주체로 하고 그 의무위반에 관하여 법인도 처벌하는 양벌규정을 두고 있다.[38)] 그러므로 산업안전보건법에서는 법인과 자연인 모두 의무주체로 보고 있으며, 개인사업주인 경우에 실제 행위자의 선임감독 책임을 물어 처벌하게 된다. 이 경우에 개인사업주는 고의와 자기행위에 관하여서 자기책임을 근거로 처벌될 수 있고, 법인은 양벌규정에 의해서만 처벌될 수 있다.

따라서 개인사업주와 법인사업주의 문제에 있어서 적용문제는 개인사업주는 행위능력이 있고, 자기행위에 대하여 벌칙조항이 적용되는 것이고 법인은 양벌규정으로 적용하는 것이다. 문제가 되는 것은 법조문의 "행위자를 벌하는 외에…"라는 규정이 해석상 어려움을 나타날 수 있으나 사업주의 책임을 부과하는 데는 큰 문제가 없다고 볼 수 있다.

다시 설명한다면, 「노동부 행정해석」의 질의회신에 관한 해석을 살펴보면, 법인대표자가 산업안전보건법을 위반하는 경우에는 안전보건관리책임자로 임명된 공장장이 실제로 공장업무를 수행하였더라도 공장장의 업무수행에 관하여 책임을 묻는 것이 아니라고 해석하고 있다. 그러므로 "사업주라 함은 사업을 행하는 자로서 근로자를 사용하는 자"라고 규정하여 법조문상 사업주가 아니면 산업안전보건법 위반행위의 주체가 될 수 없는 것으로 규정하고 있기 때문에 단순한 감독자의 의미가 아니라 사업주입장에서 설명되는 의미라고 할 수 있다.

따라서 양벌규정은 행위자의 위반행위가 인정되면 특별한 사정이 없는 한 법인의 책임도 인정되어 진다. 그러나 소규모 사업장이나 중소기업의 경우에는 기업의 대표자가 직접 행위자가 되어 사법적 책임을 지지만 대기업의 경우 주로 관리책임자인 공장장이나 현장소장 등이 처벌을 받고

된다. 다만 지금과 같은 입법방식으로 법인처벌의 근거를 두되 그 내용은 분명하게 개정되어야 한다."고 하여 이 방식을 지지한다(탁희성, "기업범죄에 있어서 양벌규정의 정당성 확보를 위한 소고", 지송 이재상 교수 정년기념논문집, 박영사, 2008년, 75면).

37) 조흠학, 산업안전보건법의 사업주 책임에 관한 고찰, 노동법논총, 비교노동법학회, 2013, 81면.

38) 조흠학, 산업안전보건법의 사업주 책임에 관한 고찰, 노동법논총, 비교노동법학회, 2013, 79면.

기업의 대표자는 제외되는 형평성의 문제가 제기된다. 이것은 경영전반에 걸친 포괄적인 의사결정만을 하는 기업의 대표자에게 특정 의무불이행이라는 결과에 대한 인과관계를 인정할 수 없기 때문이다.[39)]

하지만 중대재해처벌법이 시행되는 경우에도 양벌규정은 기존의 산업안전보건법의 논리를 그대로 적용할 것으로 보인다. 다만 사망한 경우에 중대재해처벌법 제7조에 근거하여 50억원 이하의 벌금형으로 상향 조정되었다는 것이 특징이라 할 수 있으며, 부상이나 질병이 있는 경우에는 책임을 물어 10억 이하의 벌금형을 부과하도록 규정하고 있다.

이러한 법인의 처벌여부를 판단할 때의 기준을 살펴보면, 중대재해처벌법 제7조에 근거하여 "법인 또는 기관이 그 위반행위를 방지하기 위하여 해당업무에 관하여 상당한 주의와 게을리 하지 아니한 경우에는 그러하지 아니하다"라고 하여 처벌의 면책을 두고 있다. 그러나 다시 설명하면 "상당한 주의와 게을리 한 경우"는 양벌규정으로 처벌이 가능하다는 것이다.

중대재해처벌법이 시행되어야 하겠지만 사실상 중대재해처벌법 제7조의 양벌규정은 차후 처벌근거의 논란이 발생할 수 있는 조문이라 할 수 있다.

최근 고용노동부의 중대재해처벌법의 해설서에는 "상당히 주의 또는 감독을 게을리 하였는지 여부는 해당 위반행위와 관련한 모든 사정, 즉 해당 법률의 입법취지. 처벌조항 위반으로 예상되는 법익의 침해정도와 그 위반행위에 관하여 마련된 구체적인 모습으로 실제 야기된 피해 또는 결과 정도에 따라 종합적으로 판단한다"고 해석하고 있다. 이것은 대법원 판결(대법원 2010,2.25 선고 2009도5824판결)을 근거로 해석한 것이다.[40)]

앞서 이야기되는 판례는 현재 산업안전보건에 관한 양벌규정의 근거를 설명하는 판결로 해석되고 있는 것이지만, 경영책임자라는 처벌을 전제로 하는 중대재해처벌법의 양벌규정 해석의 논리 근거로는 논란이 발생할 수 있다. 중대재해처벌법에서 규정하는 사실상 상당한 주의 의무위반의 개념이 무엇인지 명확하지가 않고, 게을리 한 경우의 추상적 개념으로 중대재해처벌법의 형사책임을 물을 수 있는지 논란이 된다고 볼 수 있다.

기존의 산업안전보건법에서는 안전보건기준에 관한 예방책임의 근거가 명확하여 그 책임을 준수하지 않은 정도를 판단하여 재해발생 결과를 중심으로 게을리 하는 경우와 상당한 주의를 판단하였지만, 중대재해처벌법에서는 예방책임의 명확한 근거가 제시되지 않은 상태에서 추상적 의미를 적용할 수 있느냐의 문제가 된다고 본다. 예를 들면, "안전보건체계구축"이라고 한다면 사업장에서 단순히 안전보건체계를 구축하였다고 하면 해당 업무를 다한 것이라고 볼 수 있는데, 안전보건체계구축을 게을리 한 경우가 어떠한 것인지 명확하지 않아 형사법의 대원칙인 명확성의 원칙에 위반된다고 본다. 또한 상당한 주의와 감독은 추상적 개념으로 형사법의 유추해석 금지에도 위반되므로 차후 논란의 소지가 있다고 본다.

39) 전형배, 산업안전보건법의 양벌규정 개정에 관한 연구, 안암법학 제27권, 2008, 372면.
40) 고용노동부, 중대재해처벌법해설, 고용노동부, 2021, 110면.

그러므로 중대재해처벌법의 양벌규정은 상당한 주의와 감독, 게을리 하는 경우에 대하여 구체적인 해석과 예시가 없는 한 기존의 양벌규정의 처벌 범위에서 벗어나질 못할 것으로 보인다. 따라서 단순히 수십조원의 매출이 발생하는 기업에 대하여 중대재해처벌법 사망 벌금 50억원, 상해 시의 10억원은 큰 의미가 없다고 보며[41] 중대재해처벌법의 양벌규정의 실효성을 확보하는 방안으로 상당한 주의와 게을리 하는 경우의 근거가 제시되어야 한다고 본다.

3) 대륙법계 국가의 양벌규정

법인처벌의 입법유형은 다음과 같이 크게 세 가지 유형으로 분류할 수 있다.[42] 첫 번째 입법유형은 프랑스, 스위스, 네덜란드, 벨기에 및 덴마크와 같이 형법전 내지 부수형법에서 법인의 범죄능력을 전면적으로 긍정하고 벌금만을, 또는 벌금을 포함한 다양한 법인형벌을 인정하는 유형이다. 두 번째 입법유형은 독일과 같이 형법전에서는 법인의 범죄능력을 부정하고 질서위반법이라는 부수형법에서 부수형벌로서 법인에 대해 질서위반금을 부과하는 유형이다. 다만 이 경우 형법전에서 법인이 범죄행위로 취득한 불법이익에 대한 환수의 가능성은 열어두고 있다. 세 번째 입법유형은 오스트리아, 이탈리아 및 폴란드에서와 같이 형법전에서는 법인의 범죄능력을 전면 부정하지만 법인의 형사책임을 인정하는 독자적인 특별법을 제정하여 법인범죄에 대처하는 입법유형이다.

다음으로, 법인의 범죄능력을 인정하는 입법유형에 있어서도 그 세부적인 구성요건표지와 관련하여 대표적으로 두 가지 상이점을 발견할 수 있다. 하나는 법인처벌의 행위주체가 다르다는 것이다. 즉 독일, 프랑스, 네덜란드 및 오스트리아는 '법인'(또는 '인적 단체'를 포함하여)을 행위주체로 명시하고 있으나, 스위스는 사법상의 법인, 자치단체를 제외한 공법상 법인, 회사, 개인회사를 포괄하여 '기업'(Unternehmen)[43]을 그 주체로 하고 있다. 다른 하나는 기업형법에서 빈번히 문제가 되고 있는 소위 '조직화된 무책임'에 관하여 형사처벌의 가능성을 열어두고 있는가에 대해서도 각국의 입법례는 차이를 보이고 있다. 즉 독일과 프랑스는 이에 대한 명확한 조항이 없지만 스위스 형법은 제102조 제1항에서 조직의 하자로 인하여 특정인에게 귀속될 수 없는 경우에도 기업처벌을 긍정하는 기업의 부수적 책임을 긍정하고 있다. 네덜란드 역시 경제형법 제15조 제2항에 따라 각각의 개별적인 개인의 행위가 어떠한 범죄행위도 근거지울 수 없지만 다수

41) 김수근 외, 산업안전보건법 체계 선진화 방안을 위한 연구, 한국산업안전공단 산업안전보건연구원, 2008, 199면.

42) 기업형벌의 도입이라는 관점에서 이러한 입법형태의 구분에 대해서는 Delmas-Marty, "Rapport general, Colloque International de Freiburg 20.-23.9.1982", RIDP 1983, S. 47 ff. 참조. 특히 정성근 교수는 환경범죄와 관련한 기업체처벌의 입법례를 7가지 유형으로 보다 상세히 구분하고 있다(정성근, "환경범죄규제에 관한 비교법적 고찰", 성균관법학 제9호, 1988, 153면 이하 참조).

43) 스위스 형법 제102조 제1항의 기업은 "영업 업무"를 수행해야 하므로 주식회사, 공기업, 반관반민의 주식회사, 합명회사, 합자회사 등이 포함될 수 있으나, 영업 업무를 수행하지 않는 여가선용 또는 문화활동을 위해 설립된 사단법인, 재단법인, 정당, 자선단체 등은 스위스 형법상 기업에서 제외된다. 그리고 상수도 및 전력을 공급하는 국영공기업, 국영운송기업, 국·공립학교 및 병원 등도 기업에 해당하지 않는다.

의 상호작용에 의해 모든 구성요건표지가 충족될 경우에 기업에게 책임을 물을 수 있다.

그리고 유럽 각국의 입법례에서 법인형벌의 종류에 관하여 다양한 스펙트럼이 존재하고 있음을 알 수 있다. 즉 독일은 법인처벌과 관련하여 형벌의 성격보다는 행정처분으로 인식되는 질서위반금이 부과될 뿐임에 반하여 프랑스 신형법은 벌금이라는 전통적인 형벌뿐만 아니라 법인의 해산, 영업활동이나 사회활동의 영구적 또는 5년 이하의 직접 또는 간접적 수행의 금지, 사법감시, 영업소의 폐쇄, 공계약 배제, 기업자금 공모금지 등(신형법 제131-39조) 다양한 형태의 특별형벌을 부과할 수 있다.

4) 법인처벌의 입법형태

① 현행 양벌규정의 개선안

가장 손쉽고 현실적인 방법으로 현행의 양벌규정을 정비하는 것이다. 법무부는 2007년 11월 29일 헌법재판소가 고의·과실 유무에 상관없이 양벌규정을 적용하는 것은 책임주의 원칙에 어긋난다는 이유로 '보건범죄 단속에 관한 특별조치법'상 양벌규정에 대하여 위헌 결정을 내린 것을 계기로, ⅰ) 종업원의 범죄행위를 방지하기 위해 관리·감독의무를 다한 경우에는 법인·개인 영업주의 형사책임을 면제하고, ⅱ) 관리·감독상의 과실이 있을 뿐인 영업주에게 징역형까지 부과하는 양벌규정을 개선하여 징역형을 폐지하며, ⅲ) 양벌규정의 적용범위를 '업무에 관한' 위반 행위로 한정하여 업무와 무관한 종업원의 행위에 대하여는 영업주가 책임지지 않도록 관련 법률 총 392개를 모두 개정할 예정이라는 양벌규정 개선안을 마련하였다.[44]

그러나 이러한 양벌규정의 개선을 통한 법인처벌의 합리화는 책임주의 원칙에는 일정부분 부합할지 모르지만 법인의 범죄능력을 부인하고 수형능력만을 인정하는 이론상의 모순을 전혀 해결할 수 없다. 뿐만 아니라 벌금이라는 단일한 형벌만을 규정하여 법인의 구조에 적합한 합리적 형벌을 과할 수 없다는 문제점을 안고 있다.[45]

② 질서위반행위규제법에 의한 규율방식

양벌규정에서 법인에 대한 제재수단으로 규정하고 있는 벌금형을 과태료로 전환하고 이에 대해서 2008년 6월 22일 시행된 질서위반 행위규제법에 의해 규율하는 방식을 고려해 볼 수 있다. 이 때 질서위반행위규제법에 의해 과태료가 부과될 수 있는 법인범죄는 질서위반행위에 속하는 행정의무위반행위와 형법상의 범죄행위보다 불법과 책임의 정도가 경미한

44) 법무부, 2008년 7월 24일자 보도자료, 1면(http://www.moj.go.kr/ 2009.4.6. 검색).

45) 탁희성 박사는 "우리의 입법현실에 있어서 가장 바람직한 방법은 개별 행정특별법에 양벌규정을 두는 방식이라 생각된다. 다만 지금과 같은 입법방식으로 법인처벌의 근거를 두되 그 내용은 분명하게 개정되어야 한다."고 하여 이 방식을 지지한다(탁희성, "기업범죄에 있어서 양벌규정의 정당성 확보를 위한 고소", 지송 이재상 교수 정년기념논문집, 박영사, 2008년, 75면).

법익침해행위로 국한된다.[46] 이미 질서위반행위규제법 제11조는 "법인의 대표자, 법인 또는 개인의 대리인·사용인 및 그 밖의 종업원이 업무에 관하여 법인 또는 그 개인에게 부과된 법률상의 의무를 위반한 때에는 법인 또는 그 개인에게 과태료를 부과한다."고 규정하고 있기 때문에 법인처벌의 근거는 마련되어 있다. 이는 독일이 법인의 형사처벌에 관한 긴 논쟁 끝에 질서위반법 30조에 과태료인 질서위반금을 부과하는 방식과 유사한 것이다. 이 방식의 장점으로는 한편으로 그 동안 끊임없이 지적되어 왔던 행정형벌로서의 벌금의 정당성 문제를 극복할 수 있다는 점이다. 즉 벌금은 형벌의 일종으로 형법상 형벌은 '구체적 법익'을 침해한 범죄행위에 대해 최후적·보충적으로 부과되어야 함에도 불구하고 행정형벌로서의 벌금은 '행정상 의무이행확보수단'으로 부과되어 형벌의 정당성 확보하지 못하는 문제점을 보였다. 양벌규정상의 벌금형의 과태료 전환은 형벌의 정당성 문제를 해소하는 동시에 행정상 의무이행확보수단이라는 본래의 목적을 달성할 수 있다. 다른 한편으로 질서위반행위규제법에 의한 법인에 대한 과태료는 법인에게 직접 부과되지만 위법하고 유책한 행위는 법인 그 자체가 아니라 법인 구성원인 개인에 의해 충족되어야 함을 전제로 하기 때문[47]에 법인의 범죄능력 인정 유무의 문제와 무관하게 부과가 가능하다.

그러나 이러한 방식은 무엇보다 과태료 전환대상인 '범죄행위와 비범죄행위의 구별'이 선결문제로 해결될 때 의미가 있으나, 그 구별이 용이하지 않다는 데 문제가 있다. 예컨대 행정법규상 장부기록의무의 위반행위에 대하여 일반적으로 행정목적을 달성하기 위한 위반행위로서 질서위반행위로 볼 수 있으나, 환경법규상 경우에 따라서는 오염물질배출의 기록은 환경법준수체계의 근간을 이루는 것이므로 환경법익 내지 건강 등 신체·생명에 관한 법익의 침해를 방지하기 위한 사전적인 단계에서 범죄행위로 규정한 '추상적 위험범'으로 보아 범죄행위로 분류할 수 있다고 한다.[48] 하지만 그 구체적인 구별기준이 무엇이며, 그러한 구별기준을 각양각색의 행법법규상의 위반행위를 일률적으로 범죄행위와 비범죄행위로 구별할 수 있는가 하는 점이다. 나아가 양자를 구별했다고 하더라도 중대한 범죄행위로 분류된 행위를 한 법인에 대해 어떠한 형벌을 부과할 것인지의 문제가 또 다시 남는다. 이에 대해 법인의 범죄능력을 부정하면서 형벌이 아닌 보안처분(예컨대, 강제해산, 영업정지, 보호관찰, 벌금형과 구분되는 금전지급명령 등)을 부과하자는 견해가 제시되나,[49] 다른 것은 논외로 하더라도 벌금형과 구분되는 금전지급명령은 책임을 전제로 한 형벌로서의 벌금이 보안처분의 형태로 위장되어 법인에게 부과되는 것은 아닌지 의문이다. 마지막으로 법인에게 질서위반행위의 구성요건의 주체성은 부인하면서 제재의 주체성은 긍정하는 것

46) 같은 취지로 이주희, "기업에 대한 제재가능성과 제재수단", 한양법학 제23집, 2008.6, 434면 이하; 조병선, "질서위반행위규제법에 관한 연구", 법학논집 제9집, 청주대학교 법학연구소, 2007, 50면 이하.
47) 김성돈, "가칭 질서위반법의 체계와 이른바 질서위반행위의 구조", 법조 2004·10(Vol.577), 35면.
48) 조병선, 앞의 논문, 48면 각주 14)
49) 이주희, 앞의 논문, 2008.6, 443면 이하.

은 법인의 범죄행위 주체성을 부인하면서 형사제재의 주체성을 긍정하여 벌금을 부과하는 현행양벌규정과 마찬가지로 모순된 태도이며, 양벌규정상의 벌금형을 과태료로 전환하는 것은 문제가 되는 곳에서 문제를 회피하는 방식으로 문제를 해결하고자 하는 방법으로 찬성하기 어렵다.

③ 법인처벌을 위한 특별법 제정방식

오스트리아의 단체책임법과 같이 법인에 대한 형사처벌의 근거를 명확하게 할 수 있는 별도의 특별법을 제정하는 방식을 생각해 볼 수 있다. 이러한 입법방식은 법인의 형사책임을 형벌의 기본원칙으로 수용하는 것이 아니기 때문에 여전히 논쟁의 소지가 있다는 한계점이 있지만 법인의 형사책임에 관한 전반적인 내용을 실체법적 내용과 소송법적 내용으로 나누어 체계적으로 담을 수 있고, 법개정의 필요성이 있을 경우 시기적절하게 개정할 수 있다는 편의성을 제공해 줄 수 있다는 장점이 있다.

그러나 이러한 방식은 특별법의 난립으로 법적용의 왜곡이 심각한 우리 현실에서 또 다시 특별법으로 문제를 극복하려는 점에서 문제가 있으며,[50] 특별법상의 제재를 형벌로 할 것인지, 아니면 형행 질서위반행위규제법과 같이 과태료로 할 것인지의 문제도 여전히 남는다.

④ 법인처벌 규정을 형법전에 도입하는 방식

마지막으로, 프랑스 내지 스위스의 입법례와 같이 형법전에 법인처벌의 규정을 마련하는 입법방식이 있다. 법인의 범죄능력을 전면적으로 긍정하고 형사책임에 관한 명문규정과 법인에 고유한 형벌을 형법총칙에 두는 한편 법인이 범죄주체가 될 수 있는 개별범죄유형에 법인이라는 표현을 삽입하면 된다는 것이다.[51] 이러한 방식은 앞의 세 가지 방식보다 법인의 범죄능력을 인정하고 형벌로서 벌금과 보호관찰 등 다양한 형사제재를 부과할 수 있다는 점에서 논리적 일관성과 통일성을 가질 수 있다는 장점이 있다. 반면에 법인의 범죄주체성에 대한 이론적 합의조차 도출되지 않은 상태이므로 이러한 입법방식의 도입은 시기상조라는 비판이 있지만,[52] 법인처벌 규정의 형법전의 도입은 입법자의 형사정책적 결단의 문제이므로 법인의 범죄능력 인정유무의 이론적 논의에 구속을 받을 사항은 아니라는 점, 법인의 범죄능력과 책임능력의 유무, 법인을 처벌할 범죄의 종류, 구체적 처벌요건, 형사제재의 내용 등을 어떻게 할 것인가 등의 어려운 문제가 다수 포함하고 있지만 해결할 문제가 많다고 하여 시기 상조론으로 언제까지 회피할 수만은 없다는 점에서 타당한 지적

50) 같은 지적으로 탁희성, 앞의 논문, 74-75면.
51) 박기석, 앞의 논문, 1998, 131면; 이천현, “법인의 범죄주체능력과 형사책임”, 형사법연구 제22호, 2004, 70-77면; 조국, “법인의 형사책임과 양벌규정의 법적 성격”, 서울대 법학 제48권 제3호, 2007, 74면.
52) 탁희성, Hans welzel, Das neue bild des strafrechtssystems, Verlag otto schwartz & co. gottingen 1957, 앞의 논문, 74면.

으로 평가할 수 없다.

따라서 현실적·이론상의 문제를 고려한다면 법인처벌의 입법방식은 우선적으로 양벌규정상의 단순한 행정의무위반행위와 경미한 법익침해행위에 대한 벌금형은 과태료로 전환하여 질서위반행위규제법에 의해 규율을 받도록 하고, 중대한 법익침해행위에 대해서는 형법전에 법인처벌 규정을 명문화하여 해결하는 방식을 말한다.

(4) 이행강제금제도

1) 이행강제금의 의의

이행강제금은 연원적으로 볼 때 종래의 강제벌(Zwangsstraf)에서 발전된 것이기는 하지만, 오늘날에는 「벌(Stafe)」이 아니라 순수한 복종수단(Beugemittel)으로 보고 있는 점에서 벌적 성격을 가진 과태료와는 구별된다.[53)]

설명하자면 ① 이행강제금은 과거의 불법에 대한 제재가 아니라 장래의 행위를 강제하는 수단이다. 그렇기 때문에 그것은 - 모든 강제수단과 같이 - 의무자에 의해 요구된 행위가 이행되었거나 요구된 상태가 의무자의 관여 없이 실현된 경우에도 더 이상 그 수단의 적용은 없게 된다. ② 이행강제금은 - 벌금 또는 형벌과 달리 - 고의여부에 관계없이 부과되며 요구된 작위 또는 부작위의 의무자의 의사에 좌우되고 그에게 법적으로나 사실적으로 불가능한 것이 아니어야 한다는 것을 전제로 한다. ③ 이행강제금은 동일한 사건에 있어서 과태료 또는 형사벌과 병과될 수 있으며 필요한 경우에는 반복·증액하여 부과되거나 다른 강제수단과 대체하여 적용될 수도 있다. 이러한 때에도 「二重處罰의 禁止」에는 반하지 아니한다.

2) 이행강제금에 관한 외국제도

이행강제금은 일정한 의무를 이행하지 않을 때에는 일정한 금전적 부담을 과할 뜻을 미리 계고함으로써 의무자에게 심리적 압박을 주어 장래에 그 의무를 이행하게 하려는 행정상 간접적인 강제수단의 하나로서 이행 청구권실행에 대한 결과가 이행강제금이라 할 수 있다.

① 독일법의 경우

이행강제금의 규정은 독일법에서 유래되었으며 현재 우리나라에서 사용하고 있는 이행강제금의 시초는 독일법의 유형을 따라 시행되었다고 볼 수 있다.

53) R. Schweickhardt, Allgenmeines Verwaltungsrecht, 4. Aufl, Rdnt, 940.; Giemulla/Jaworsky/Müller-Uri, Vaerwaltungsrecht 3. Aufl, 1988, 544.; 강제금에 대해 「강제금은 강학상 집행 "벌"로서의 과태료에 해당되는 바 건축법개정안에서의 "강제금"이라는 표현을 "과태료"로 바꾸는 것이 좋을 것이다」고 하는 견해는 강제금의 성질에 대한 오해에서 비롯된 것으로 보인다. 최정일 법제관, 차관회의보류조항 검토내용, 1991. 1. 23, 7면 참조.

따라서 독일법의 이행강제금의 연혁적 측면을 살펴보도록 한다.

독일법에는 간접적인 강제 집행의 수단으로 1931년 프로이센경찰행정법에서 강제금(Zwangs-geld)이라는 용어가 처음 사용되어 현재 실정법에서 사용되고 있다.

그 내용을 살펴보면 1808년 프로빈츠경찰 및 재무관청의 개량설치에 관한 명령 제84조에 '행정청은 집행절차에 있어서 100마르크 이하의 금액 또는 4주 이하의 구류를 벌을 부과할 수 있도록 한다'라고 규정하고 있으며, 1872년 Keis조례 제79조에 강제수단의 방안으로 과료를 규정하고 있고, 동법 제82조에서는 독일형법 제28조 및 제29조에 정하는 바에 따라 구류로 전환할 수 있도록 규정하고 있다. 또한 1883년 일반주행정법에서 강제수단으로 금전벌을 인정하고 형법 제28조 및 제29에 정하는 바에 따라 구류로 전환할 수 있도록 하고 있다.

독일의 이행강제금은 광의의 벌이라는 의미에서 나타났으며, 이행의 강제를 심리적 강제로 전환하여 형법이 적용되지 않는 범위에서 형성된 행정강제라고 볼 수 있다. 즉 공법상의 의무 실현을 담보로 한 행정강제와 행정형벌을 전제로 할 경우 행정형벌의 일종으로 발전되어졌다고 볼 수 있다. 따라서 단순히 벌이라는 비난가능성에서 시작된 것이지만 행정청의 집행을 전제로 한 행정명령의 강제로 나타나 것이다. 지금은 형벌의 범주가 아니라 순수한 행정청의 강제집행이라는 영역 속에 의무자의 재산에 직접적으로 실력을 가하여 행정명령을 집행할 수 있다는 의미로 발전되었다. 그러나 일부 학자들은 헌법의 기본권을 중시하는 입장에서 헌법의 자유권침해와 법의 적정한 절차를 통하여 권리를 제한하는데 논란의 소지가 있다고 지적하고 있다. 그래서 현재는 행정청의 일반적인 강제징수만을 통하여 이행강제금의 실현을 이루고 있다.

② 영국법의 경우

이행강제금에 관한 이론적 근거는 이행강제권의 실행에 따른 결과로 볼 수 있고, 이행강제권은 법원에서 판결이행을 전제로 한 보통법의 본래이행(specific performance)을 근거로 하여 나타난 것이다. 법원 판결의 본래이행이 민법상 채무자에게 상당한 곤란(severe hardship)을 야기할 경우나 계약이 불공정한 경우에는 본래이행을 부정할 수 있는 경우가 발생할 수 있다.[54) 즉, 이행에 의해서 원고가 받게 되는 이익보다 피고가 지출해야 하는 비용이 더 커서 균형을 이루지 않는다면 본래이행의 청구가 인정되지 않아, 이행이 상당히 곤란한 경우에 이행강제권이 발생하고 그 결과 이행강제금이 인정된다.[55) 예를 들면 주택의 매도인이 자신이 이주할 다른 주택을 구하지 못하였다는 사유가 있다고 해서 주택매도의 본래이행을 부정하게 되면 강제권을 실행하여 그에 따른 이행 강제금이 부여되는 것이다. 이

54) Treitel(註2), pp.769-770; P.D.V.Marsh, Comparative Contract Law. England, France, Germany, Aldershot; Gower, 1994, p311.

55) Ibid., p.770.

경우에 주택가액이 불충분하다는 것으로 주택매도의 본래이행을 부정할 수 있는 근거가 될 수 없으며 그에 따른 책임으로 이행강제금이 나타난 것이라 볼 수 있다.

그러므로 영국에서 판례를 통한 판결결과의 이행을 전제로 한 방안중의 하나로 법원의 이행강제권발동과 함께 이행강제금을 부과하는 형태로 발전된 것이다.

그러므로 판결을 강제하는 강제집행의 방법은 우리나라와 상당한 차이가 있다. 우리나라에서는 직접강제, 대체집행, 간접강제의 강제집행방법을 두고 있는데 이러한 강제집행의 유형은 급부의 내용에 따라서 결정되지만, 영국법은 이러한 상세한 강제집행방법을 두고 있지 않고, 전통적으로 법원에서 본래이행의 판결하는 형평법원에서 부과하는 것으로 전제로 하여 이 판결에 따르지 않으면 채무자에게 법정모독을 이유로 구금이나 벌금이 부과되었다.[56] 다시 말하면 우리나라의 즉 간접강제의 방법과 유사하며 이용되었다. 판결에 따라 이행하지 않는 경우에 부과된 벌금은 국가에 귀속되게 된다.[57] 그러므로 사실상 법률근거에 따라 행정청에서 집행하는 강제집행의 이행강제금과는 의미가 다르다고 볼 수 있다.

3) 이행강제금의 실현

① 강제금의 결정과 집행

일반적으로 강제금은 비례원칙에 따른다.[58] 다시 말하자면 위반의 정도와 의무자의 경제적 상태를 감안하여 의무자가 자신의 의무이행을 예측적으로 선택할 수 있을 정도의 범위내에서 강제금의 결정되어야 하는 것이다.

법률상 허용될 수 있는 최고액의 강제금 결정은 행위의무자의 상습성이 인정되는 경우에 해당된다고 볼 수 있다. 그리고 강제금의 징수는 공법상 금전채권의 집행에 관한 규정에 따른다.

② 대체강제유치

대체강제유치는 원래 강제수단이 아니며, 강제금의 징수에 이용되는 것이 아니라 강제금의 징수가 의무자의 지급불능등을 이유로 여의치 못한 경우나 강제금의 징수가 처음부터 기대되지 아니하는 경우에 강제금을 대신하는 행정집행의 수단이다. 그러므로 이런 수단을 「대체강제유치(Ersatzzwangshaft)」라는 명칭을 갖게 되었다.[59]

대체강제유치는 침해의 과중성을 이유로 다른 강제수단과의 관계에서 "최종적인 수단"으

56) P.J.Cooke/D.W.Oughton(註8), p216, Zweigert/Kotz(註6), 300면; treitel(註2), p.764.

57) P.D.V.Marsh(註16), p.332.

58) 다른 한편, 비례원칙에 따른 강제수단의 적용우위는 그것이 비대체적 행위인 경우에는 강제금 ⇨ 직접강제로, 그리고 대체적 행위의 경우에는 행정에 의한 자력집행 ⇨ 제3자를 통한 대집행 ⇨ 강제금 ⇨ 직접강제의 순에 따른다고 한다. Giemulla/Jaworsky/Müller-Uri, a.a.Oa, Rdnr, 552.

59) ibid., Rdnr. 546.

로 인정되고 있으며, 이는 비례원칙에 있어서 상이한 강제수단 간의 선택에 대하여도 적용되기 때문에 대체강제유치명령은 원칙적으로 강제금의 납부불가능 외에 대집행 및 직접강제의 실효성을 기대할 수 없는 때에 허용되어진다.[60]

대체강제유치는 벌적 성격이 없는 복종수단(beugemittel)이며, 요구된 행위의 실현을 통하여 보충적 성격으로 강제금의 납부를 통하여서도 회피될 수 있다.

대체강제유치는 독일기본법 제104조, 제2항과의 관계에서 법관에 의해서만 명령될 수 있다. 즉, 관할행정청의 신청이 있으면 동행정청의 처분에 대한 취소소송의 관할법원이 유치명령의 판단결정권을 갖게 되는 것이다.

그리고 의무자에 대한 대체강제유치의 집행은 집행청의 신청에 있으면 민사집행법 제904조 내지 제911조의 규정에 따라서 법무부에 의해 행하여지게 된다(독일 행정집행법 제16조 참조).

그러나 우리나라의 건축법에는 강제금제도로서 이행강제금제도만은 도입하였을 뿐 강제금의 징수가 불가능한 경우의 대체수단인 대체강제유치는 규정하고 있지 않다.

기본권침해의 우려가 큰 만큼 신중성이 요구되는 제도라고 하겠다.

③ 이행강제금의 실현

이행강제금은 1991년 건축법에서 처음으로 대두되어 농지법, 부동산실권리자 명의등기에 관한 법률 등에서 실행되고 있다.

건축법에서의 이행강제금은 건폐율과 용적률 위반에 관하여 무허가 미신고인 경우 과세표준액의 50/100에 위반면적을 곱한 금액이고, 증축 및 기타건축물 위반 시에 과세 표준액의 10/100 범위 안에서 대통령이 정하는 금액을 부과[61]함.[62] 농지법에서는 처분명령을 이

60) BverwGE4, 196ff : Erlenkämper, Verwaltungsvollstreckungsgesetz. N. W, Kommentarfür die Praxis, 3. Aufl, 1981, § 61 Aum. 3b.

61) 건축법 제82조 과태료 부분의 반복부과에 대한 시비를 없애기 위해 제83조에 위반건축물 시정명령에 관하여 강제이행금을 부과할 수 있도록 하고 있음.

62) 건축법 제80조 ① 허가권자는 제79조제1항에 따라 시정명령을 받은 후 시정기간 내에 시정명령을 이행하지 아니한 건축주등에 대하여는 그 시정명령의 이행에 필요한 상당한 이행기한을 정하여 그 기한까지 시정명령을 이행하지 아니하면 다음 각 호의 이행강제금을 부과한다. 다만, 연면적이 85제곱미터 이하인 주거용 건축물과 제2호 중 주거용 건축물로서 대통령령으로 정하는 경우에는 다음 각 호의 어느 하나에 해당하는 금액의 2분의 1의 범위에서 해당 지방자치단체의 조례로 정하는 금액을 부과한다. 1. 건축물이 제55조와 제56조에 따른 건폐율이나 용적률을 초과하여 건축된 경우 또는 허가를 받지 아니하거나 신고를 하지 아니하고 건축된 경우에는 「지방세법」에 따라 해당 건축물에 적용되는 1제곱미터의 시가표준액의 100분의 50에 해당하는 금액에 위반면적을 곱한 금액 이하 2. 건축물이 제1호 외의 위반 건축물에 해당하는 경우에는 「지방세법」에 따라 그 건축물에 적용되는 시가표준액에 해당하는 금액의 100분의 10의 범위에서 위반내용에 따라 대통령령으로 정하는 금액 ② 허가권자는 제1항에 따른 이행강제금을 부과하기 전에 제1항에 따른 이행강제금을 부과·징수한다는 뜻을 미리 문서로써 계고(戒告)하여야 한다. ③ 허가권자는 제1항에 따른 이행강제금을 부과하는 경우 금액, 부과 사유, 납부기한, 수납기관, 이의제기 방법 및 이의제기 기관 등을 구체적으로 밝힌 문서로 하여야 한다. ④ 허가권자는 최초의 시정명령이 있었던 날을 기준으로 하여 1년에 2회 이내의 범위에서 그 시정명령이 이행될 때까지 반복하여 제1항에 따른 이행강제금을 부과·징수할 수 있다. 다만, 제1항 각 호 외의 부분 단서에 해당하면 총 부과 횟수가 5회를 넘지 아니하는 범위에서 해당 지방자치단체의 조례로 부과 횟수를 따로 정할 수 있다. ⑤ 허가권자는 제79조제1항에 따라 시정명령을 받은 자가 이를 이행하면 새로운

행하지 아니한 자에게 해당 농지의 토지가액의 20/100[63]), 부동산실권리자 명의등기에 관한 법률[64])에서는 과징금 부과일로부터 1년 경과 시 가액의 10/100, 2년 경과는 20/100으로 부과하고 있다.

표 4-2 현행 법률의 이행강제금제도

법령	부과 내용
건축법 제80조	① 허가권자는 제79조제1항에 따라 시정명령을 받은 후 시정기간 내에 시정명령을 이행하지 아니한 건축주등에 대하여는 그 시정명령의 이행에 필요한 상당한 이행기한을 정하여 그 기한까지 시정명령을 이행하지 아니하면 다음 각 호의 이행강제금을 부과한다. 다만, 연면적이 85제곱미터 이하인 주거용 건축물과 제2호 중 주거용 건축물로서 대통령령으로 정하는 경우에는 다음 각 호의 어느 하나에 해당하는 금액의 2분의 1의 범위에서 해당 지방자치단체의 조례로 정하는 금액을 부과한다. 1. 건축물이 제55조와 제56조에 따른 건폐율이나 용적률을 초과하여 건축된 경우 또는 허가를 받지 아니하거나 신고를 하지 아니하고 건축된 경우에는 「지방세법」에 따라 해당 건축물에 적용되는 1제곱미터의 시가표준액의 100분의 50에 해당하는 금액에 위반면적을 곱한 금액 이하 2. 건축물이 제1호 외의 위반 건축물에 해당하는 경우에는 「지방세법」에 따라 그 건축물에 적용되는 시가표준액에 해당하는 금액의 100분의 10의 범위에서 위반내용에 따라 대통령령으로 정하는 금액
농지법 제62조	정당한 사유 없이 지정기간까지 그 처분명령을 이행하지 아니한 자에게 해당 농지의 토지가액의 100분의 20 부과

이행강제금의 부과를 즉시 중지하되, 이미 부과된 이행강제금은 징수하여야 한다. ⑥ 허가권자는 제3항에 따라 이행강제금 부과처분을 받은 자가 이행강제금을 납부기한까지 내지 아니하면 지방세 체납처분의 예에 따라 징수한다.

63) 농지법 제62조 ① 시장(구를 두지 아니한 시의 시장을 말한다. 이하 이 조에서 같다)·군수 또는 구청장은 제11조제1항(제12조제2항에 따른 경우를 포함한다)에 따라 처분명령을 받은 후 제11조제2항에 따라 매수를 청구하여 협의 중인 경우 등 대통령령으로 정하는 정당한 사유 없이 지정기간까지 그 처분명령을 이행하지 아니한 자에게 해당 농지의 토지가액의 100분의 20에 해당하는 이행강제금을 부과한다. ② 시장·군수 또는 구청장은 제1항에 따른 이행강제금을 부과하기 전에 이행강제금을 부과·징수한다는 뜻을 미리 문서로 알려야 한다. ③ 시장·군수 또는 구청장은 제1항에 따른 이행강제금을 부과하는 경우 이행강제금의 금액, 부과사유, 납부기한, 수납기관, 이의제기 방법, 이의제기 기관 등을 명시한 문서로 하여야 한다. ④ 시장·군수 또는 구청장은 최초로 처분명령을 한 날을 기준으로 하여 그 처분명령이 이행될 때까지 제1항에 따른 이행강제금을 매년 1회 부과·징수할 수 있다. ⑤ 시장·군수 또는 구청장은 제11조제1항(제12조제2항에 따른 경우를 포함한다)에 따라 처분명령을 받은 자가 처분명령을 이행하면 새로운 이행강제금의 부과는 즉시 중지하되, 이미 부과된 이행강제금은 징수하여야 한다. ⑥ 제1항에 따른 이행강제금 부과처분에 불복하는 자는 그 처분을 고지받은 날부터 30일 이내에 시장·군수 또는 구청장에게 이의를 제기할 수 있다. ⑦ 제1항에 따른 이행강제금 부과처분을 받은 자가 제6항에 따른 이의를 제기하면 시장·군수 또는 구청장은 지체 없이 관할 법원에 그 사실을 통보하여야 하며, 그 통보를 받은 관할 법원은 「비송사건절차법」에 따른 과태료 재판에 준하여 재판을 한다. ⑧ 제6항에 따른 기간에 이의를 제기하지 아니하고 제1항에 따른 이행강제금을 납부기한까지 내지 아니하면 지방세 체납처분의 예에 따라 징수한다.

64) 부동산 실권리자명의 등기에 관한 법률 제6조 ① 제5조제1항제1호에 따른 과징금을 부과받은 자는 지체 없이 해당 부동산에 관한 물권을 자신의 명의로 등기하여야 한다. 다만, 제4조제2항 단서에 해당하는 경우에는 그러하지 아니하며, 자신의 명의로 등기할 수 없는 정당한 사유가 있는 경우에는 그 사유가 소멸된 후 지체 없이 자신의 명의로 등기하여야 한다. ② 제1항을 위반한 자에 대하여는 과징금 부과일(제1항 단서 후단의 경우에는 등기할 수 없는 사유가 소멸한 때를 말한다)부터 1년이 지난 때에 부동산평가액의 100분의 10에 해당하는 금액을, 다시 1년이 지난 때에 부동산평가액의 100분의 20에 해당하는 금액을 각각 이행강제금으로 부과한다. ③ 이행강제금에 관하여는 제5조제4항부터 제7항까지의 규정을 준용한다.

법령	부과 내용
부동산실권리자 명의등기에 관한 법률 제6조	자신의 명의로 등기를 위반한 자에 대하여는 과징금 부과일(제1항 단서 후단의 경우에는 등기할 수 없는 사유가 소멸한 때를 말한다)부터 1년이 지난 때에 부동산평가액의 100분의 10에 해당하는 금액을, 다시 1년이 지난 때에 부동산평가액의 100분의 20에 해당하는 금액을 각각 이행강제금으로 부과한다.

4) 산안법에서 이행강제금 제도의 검토

① 산안법에서 이행강제금 제도의 도입대상 및 방법

산안법에서 이행강제금 검토는 도입에 있어서 산안법에서는 그 의무의 불이행이 근로자에게 급박한 위험을 초래하지 않은 영역 중 주로 산재예방의 관리감독을 효율적으로 실현하기 위한 방안으로 행정명령의 불이행을 중심으로 도입하는 것이 바람직하다고 본다. 대표적인 예로, 산안법 제48조에서 규정하고 있는 유해·위험방지사항에 관한 계획서나 제49조의2의 공정안전보고서 등을 작성하여 제출하여야 할 사업주의 의무, 제49조에 의한 안전·보건진단명령의 불이행 같은 경우에는 이행강제금을 통한 방법이 더욱 실효성을 가지게 될 수 있다.

② 이행강제금 부과와 징수절차

ⅰ) 부과절차

이행강제금은 법률이 정하는 일정한 절차에 따라 부과하도록 하며, 독일의 예를 보면 행정집행법에서 「상당한 이행기간을 정하여 서면으로 계고하고 강제금의 액수는 일정한도로 계고되어야 하며, 계고는 송달되어야 하고 또한 의무가 이행될 때까지 반복될 수 있을 뿐만 아니라 그때마다 증액될 수 있다」고 규정하고 있다(독일 행정집행법 제13조). 또한 강제금의 징수는 공법상이 금전채권의 강제징수에 관한 규정에 따라 징수하도록 규정하고 있다. 우리나라는 독일과 같이 행정상 강제집행에 대한 일반법이 없으므로 각각 개별법에 이행강제금의 부과징수절차는 두고 법률위반에 따라 기본적으로 같은 법이 규정하는 이행강제금이나 과징금의 부과·징수절차를 준용하도록 하고, 이행강제금의 특질로부터 발생하는 특례규정에 따라 법률을 두면 된다.

ⅱ) 징수절차

부과된 이행강제금은 납부자가 이의를 제기하지 아니하고 납부기한 내에 납부하지 아니할 때에는 공법상의 금전채권의 강제징수의 방법인 국세체납처분 또는 지방세체납처분의 예에 따라 징수하고, 구체적인 징수절차는 세입징수관 사무처리규칙을 준용하도록 한다.

iii) **불복 절차**

현행법에서 이행강제금을 규정하고 있는 모든 법률은 이행강제금의 부과징수절차에 대해서 같은 법에서 규정하고 있는 과태료 또는 과징금의 부과·징수절차를 준용하도록 하고 있기 때문에 이행강제금의 부과에 대한 불복절차 역시 과태료나 과징금에 대한 불복절차에 따르게 된다. 따라서 현행법상 이행강제금의 부과에 대한 불복은 두 가지 유형이 있는 바, 과태료의 부과에 대한 불복절차유형과 과징금의 부과에 대한 불복절차유형이 있다.

5) 이행강제금 도입의 장단점

우리나라의 현행법상 행정강제 수단으로 집행벌은 일반적으로 인정되지 아니하며 다만 건축법에서 처음으로 집행벌적 성격을 띤 이행강제금제도가 도입되었다. 따라서 집행벌이 의무확보 수단으로서 실효성을 가질 수 있는 영역에 대하여 벌금이나 과태료 등의 벌칙을 의무확보 수단으로 하고 있는 현행법의 규정은 이를 집행벌로 대체시키도록 정비하는 것이 의무이행의 확보측면에서 바람직하다고 할 수 있다. 집행벌의 경우에는 계고에서 정한 기간 내에 의무를 이행하여 버리면 집행벌(과태료 또는 강제금)은 이행하지 않아도 되는데, 벌금이나 과태료의 경우에는 의무위반이 있기만 하면 설령 그 뒤에 의무를 이행하더라도 그것이 과하여지기 때문에 집행벌을 채택하는 것이 상대방에게도 유리하기 때문이다. 더욱이 의무이행확보수단은 그 자체가 목적이 아니고 의무를 이행시키기 위한 수단에 불과하므로 의무가 이행되었다면 제재의 필요성이 없다.[65] 독일의 경우, 집행벌제도는 행정집행법에 의하여 행정상 강제집행의 일반적 수단으로 채택되어 있으며, 환경보전, 산업안전 분야에서 조업정지, 시설의 사용정지 등 의무실현은 강제금(집행벌)이나 직접강제로 대치하면 가능하다고 본다.

① 도입의 장점

i) 이행강제금은 집행벌이 의무확보 수단으로서 실효성을 가질 수 있는 영역에 대하여 벌금이나 과태료 등의 벌칙을 의무확보 수단으로 하고 있는 현행법의 규정은 이를 집행벌로 대체시키도록 정비하는 것이 의무이행의 확보측면에서 바람직하다고 할 수 있다.

ii) 이행강제금은 심리적 압박을 가하여 의무자에게 부과하는 것이지만 일부 처벌규정과 혼합되어 이중처벌의 문제가 나타날 수도 있고 현행 처벌제도의 집행력을 강화하는 방법도 될 수 있다고 본다.

65) 김원주, "집행벌", 『월간고시』, 1988년 11월호, 128면 이하 참고.

iii) 과태료와 같이 처벌적 성질을 갖는 행정벌은 일사부재리의 원칙을 적용받게 되어 동일한 의무위반에 대해 반복 부과될 수 없지만 순수한 복종수단으로서의 이행강제금은 동 원칙의 적용을 받지 않기 때문에 동일한 의무위반사항에 대해서도 의무의 이행(시정명령의 이행)이 있을 때까지 반복하여 부과하여도 이중처벌의 문제를 가져오지 않는 장점이 있다.

② 도입의 단점

i) 이행강제금과 함께 행정형벌이 동시에 부과될 수 있어 사업주의 반대가 있을 수 있다.

ii) 이행강제금은 행정형법과 달라 법원의 판결로 이루어지는 것이 아니므로 행정청의 관리감독에 따른 이행강제금의 남용이 나타날 수 있다.

iii) 형벌과 동시에 부과될 수는 있지만 이행강제금 수단으로 형벌을 담보 할 수 없으므로 형벌을 두고 산안법에 이행강제금을 신설하는 방안이 필요하며 산안법 개정국회의 통과가 필요하다고 본다.

iv) 과태료와 같이 처벌적 성질을 갖는 행정벌은 일사부재리의 원칙을 적용받게 되어 동일한 의무위반에 대해 반복 부과될 수 없지만 순수한 복종수단으로서의 이행강제금은 이중 규제[66]라는 의미라고 할 수 있어 이에 따른 대응방안이 필요하다.

6) 소결

지금까지 정리한 내용을 살펴보면 이행강제금은 일정한 의무를 이행하지 않을 때에 일정한 금전적 부담을 부과할 뜻을 미리 계고함으로써 의무자에게 심리적 압박을 주어 장래에 그 의무를 이행하게 하려는 행정상 간접적인 강제수단의 하나로서 볼 수 있다.

따라서 이행강제금은 이행 청구권 실행에 대한 실행의 결과로 불법행위로 제재하는 것이 아니라 장래의 행위를 강제하기 위한 수단으로 사용되어지는 것이다. 그러므로 의무자에 의해 실행되고 이행된 행위가 되었을 때에는 이행강제금의 적용을 할 수 없게 되는 것으로 위의 장점에서 정리하였듯이 예방조치로서 장점을 발휘 할 수 있다고 본다. 그러나 일부 사업주 입장에서 볼 때 이행강제금제도가 있고 과태료가 있고, 위반인 경우 처벌제도도 있으면 사업주의 책임을 이중적으로 부과하는 것이라고 주장하기도 하지만 이행강제금은 벌금 또는 형벌과 달리 고의여부에 관계없이 부과되며, 요구된 행위 또는 부작위행위 의무자의 행위결과에 따라 부과하는 것이다. 그러므로 과태료와 형벌과 같이 병과하여 부과하는 특징이 있어 효과적인 행정 감독이 이루어질 수 있다고 본다.

66) 동일한 의무위반사항에 대해서도 의무의 이행(시정명령의 이행)이 있을 때까지 반복하여 부과하여도 이중처벌의 문제를 가져오지 않는다.

그래서 현행 법률에서 이행강제금을 두는 경우에는 건축법, 부동산실권리자 명의등기에 관한 법률, 농지법 등의 행위 의무자의 도덕적 사실행위에 관한 부분에 대하여 부과하고 있는 것이다. 이는 행위자의 행위가 법률적 위반으로 인하여 타인의 직접적인 손해와 사회적 물의를 일으키는 범죄행위가 아닌 법률상의 명령 내에서 사회 도덕적 부분을 이행하지 못하는 책임에 관하여 이행강제금을 부과하고 있는 것이며, 외국의 입법예에서 보듯이 우리나라의 이행강제금제도 또한 같은 맥락에서 시행하고 있다고 볼 수 있다.

이런 의미에서 현행 산업안전보건법에서 이행강제금을 두게 되는 경우에는 사업주가 해야 할 의무에 관하여 장래 이행을 촉구하기 위한 방안으로 이행강제금제도를 실시하는 것이 바람직하다고 본다. 현행 산안법 중에서 명령에 관한 부분에 대하여 미이행의 예방조치 하나로 이행강제금을 부여하는 방안이 가장 타당하다고 본다.

(5) 징벌적 배상제도의 도입

징벌적 배상책임이란 가해자의 행위가 도덕적 비난을 받을 만할 때 벌을 추가하는 의미로서 제재를 부과하는 제도로서 통상의 손해배상 이외의 배상을 의미하는 것이다[67].

징벌적 손해배상[68]은 가해자의 악의적은 불법행위에 대하여 가해자를 처벌하고, 장래에 그 가해자나 다른 자가 그와 유사한 행위를 못하게 억제하기 위한 것으로, 전보(塡補)적 손해배상에 부가하여 부과되는 손해배상이라고 정의할 수 있다.

다시 말하면 징벌적 손해배상은 가해자의 위법행위(Wrongful Act)로 입은 손실을 피해자에게 단지 전보할(Recompense) 뿐만 아니라, 본보기로(In an exemplary Manner) 가해자를 처벌하고, 또한 고의의 위법행위자(Wrongdoer)와 과실의 위법행위자를 구별하기 위하여 인정된다는 것이다. 지금은 징벌적(Punitive) 또는 훈계적(Exemplary) 손해배상이 일반적으로 사용되고 있지만, 이전에는 복수적, 형벌적, 가중적, 보복적(Vindictive, Penal, Punitive, Aggravated, Retributory) 손해배상 또는 횡재금(Smart Money) 등의 용어가 혼용되고 있다고 한다.

67) 「최근에 이 배상의 적용사례가 늘어나고 있으며, 대표적인 사례로서는 포드 핀토의 가솔린 탱크의 폭발사고(1981년), 1999년 12월에 미국의 사우스캐롤라인주에서 내려진 자동차문의 결함으로 어린이가 사망한 사건에서 대기업의 사회적 책임을 물어 2억 5000만 달러의 배상을 명한 판결이 있기도 하다.」

68) 「영미법국가에서 발전하여 왔다. 로마법의 계수 이후 유럽 대륙은 공법과 사법의 구분이 엄격한 반면 영미 국가에서는 그렇지 않았던 역사를 반영한 것이다. 그러나 대륙에서도 영미 판결의 승인·집행의 문제가 있어 이 문제에 관심을 기울이고 있고, 북유럽 나라는 이 제도를 도입하고 있는 과정이다. 우리나라의 경우 대륙법의 전통에 따라 이 문제는 미국 판결의 승인·집행이라는 차원에서 검토되고 있는 수준이다.」 (오문완, 징벌적 배상제도의 도입, 노동법연구하반기 제13호, 서울대 노동법연구회, 415면; 김성태, "민·형사상의 분화현상에 관한 일고찰", 「경희법한」 제20권 1호, 1985; 장재옥, "징벌적 손해배상과 법치국가의 원리", 「중앙대학교 법학」 제20집, 1995; 김태한, "징벌적 손해배상에 관한 연구", 「호서대학교 사회과학연구」 제15집, 1996; 소재선, "징벌적 손해배상의 기능과 한계", 「경희대학교 논문집 인문·사회과학편」 제27집, 1998; 이점인, 「징벌적 손해배상제도에 관한 연구」(동아대학교 박사학위논문), 1998 등 재인용)

그러나 가중적 배상금은 징벌적 배상금과는 구별될 수 있고, 그 본질은 전보적(Compensatory)이며, 가중적 배상금이 지급되는 것은 원고의 존엄성(Dignatory interests)이 침해된 경우에 해당되며, 이때 피고의 사악함(Outrageousness; 현저히 정의에 반하는 행위)으로 인하여 원고가 입은 손실이 증대하였다고 볼 수 있기 때문에 나타날 수 있는 것이다.[69] 하지만 가중적 손해배상의 경우에도 가중배상을 하는 기준이 피고의 행위형태에 따라 나타나므로 징벌적 손해배상제도와 같은 의미를 두는 것이다.

그러나 이 제도를 도입하기 위하여 문제점이 나타나는데 이중처벌의 문제[70], 적법절차의 보장, 배상액 규모의 적정성, 입증책임의 정도 문제들이 나타나지만, 이것은 ① 이중처벌의 문제는 민사책임으로 바꾸어 정리하면 이중처벌을 해결 할 수 있고, ② 적법절차의 보장은 적정한 실체적 요건을 규정하는 법의 절차를 만들면 되는 것이고, ③ 배상액 규모의 적정성[71]은 사안에 따라 사법적 판단에 따라 나타나는 것이고, ④ 입증책임의 정도 문제는 징벌과 배상이라는 양 요소를 조화시켜 적절하게 손해정도를 입증하면 될 수 있다고 본다.

따라서 소송의 원고에게 법위반에 대한 기소권을 허용하여, 법원에게 법 위반자에 대한 배상금액을 결정토록 하게 되는 것인데, 이러한 배상책임제도는 산업안전보건법의 위반에 대한 사업주의 책임을 형사고발한 경우에도 형사처벌이 경미한 벌금형으로 나오게 될 때 이에 대한 징벌적 배상으로 손해배상이나 산업재해보상과 별도로 징벌적 의미의 배상제도를 두어 선택적으로 적용하게 되면 사업주의 신체형을 부과하지 못한 경우에 금전적 책임을 지게 하는 효과적인 책임제도라고 하겠다. 특히 최근에 사업주의 사법석 세새의 완화로 시업주의 책임이 경감되어질 수 있기 때문에 이러한 징벌적 배상제도를 두어 책임을 명확히 한다는 장점이 있다.

69) 「미국에서의 징벌적 손해배상은 민사책임 전반에서 광범위하게 인정되고 있다. 계약불이행(breach of contract)으로 인한 손해배상의 경우에는 인정되지 않는 게 원칙이나 계약 불이행이 동시에 고의적인 불법행위를 구성하는 경우와 혼인·고용·보험계약 등에서 신의성실의 원칙(good faith)에 반하는 때에는 인정되곤 한다. 즉, 일반적으로 고의불법행위의 경우뿐만 아니라, 보험업자의 불성실행위, 불공정거래행위, 음주운전행위, 직업적 배임행위 등에서도 징벌적 손해배상이 인정되고 있다.」 (오문완, 징벌적 배상제도의 도입, 노동법연구하반기 제13호, 서울대 노동법연구회, 425면)

70) 「이중처벌 문제는 형벌의 중복 집행 문제로 제기 되어 지지만, 징벌적 손해배상도 손해배상 즉 민사문제라고 해석하게 되면 이중 처벌 문제를 해결할 수 있을 것 같다. 헌법재판소 2002. 7. 18. 전원합의재판부의 결정(2000 헌바57)을 살펴보면, 「공무원연금법 제64조 제3항에서 공무원의 범죄행위에 대하여 형벌을 과하는 것 외에 다시 연금급여를 제한하는 것은 헌법정신에 반하여 이중적으로 처벌하려는 것인지가 문제이다. 이에 대해 헌법재판소는 "일정한 범죄를 범한 공무에 대하여 형벌이나 공무원법상의 징계 외에 추가적인 경제적 불이익을 부과하는 것이기는 하나, 헌법 제13조 제1항 후단에 규정된 일사부재리 또는 이중처벌금지의 원칙에 있어서 처벌이라고 함은 원칙적으로 범죄에 대한 국가의 형벌권 실행으로서 과벌을 의미하는 것이고 국가가 행하는 일체의 제재나 불이익처분이 모두 그에 포함된다고는 할 수 없으므로 이 사건 법률조항에 의하여 급여를 제한한다고 하더라도 그 것이 헌법이 금하고 있는 이중적인 처벌에 해당하는 것은 아니라고 할 것"이라는 판결을 내리고 있다.」 (오문완, 징벌적 배상제도의 도입, 노동법연구하반기 제13호, 서울대 노동법연구회, 436면; 재인용)

71) 「과다한 징벌이 되지 않도록 침해와 배상 사이의 비례성(proportionality)을 중시하는 견해로 Victor E. Schwartz, "Reining in Punitive Damages 'RunWild': Proposals for Reform by Courts and Lerislatures", Brooklyn Law Review, Vol.65, 2000 참조」; (오문완, 징벌적 배상제도의 도입, 노동법연구하반기 제13호, 서울대 노동법연구회, 437면 재인용)

II. 중대재해처벌법

1. 중대재해처벌법의 제정이유

'산업안전보건법'은 사업장의 예방의무를 전제로 제정되었다. 이 법은 사업장의 안전보건에 대한 예방의무 책임은 사업주에 있고, 사업주에 관한 구체적인 의무사항을 규정해 놓고 있다. 그런데 최근 몇 년 동안 사업장의 중대재해가 발생하게 되면 사업주의 책임이 명확하지 않아 실제적인 책임을 부담하는 자에 대하여 처벌이 이루어지지 않는다는 의견이 나오고 있었다. 이러한 문제를 해결하기 위하여 2021년 제정하여 사망사고일 때 책임을 부담하도록 하는 '중대재해처벌법'을 2022년 1월부터 시행하게 되었다.

사업주, 법인 또는 기관 등이 운영하는 사업장 등에서 발생한 '중대 산업재해'의 경우와 공중이용시설 또는 공중 교통수단을 운영하거나 위험한 원료 및 제조물을 취급하여 발생되는 인명사고에 대하여 '중대 시민재해'라 하여 처벌할 수 있는 근거를 마련하고, 사전에 재해를 예방하자는 취지에서 법률을 제정하게 된 것이다.

이러한 이유가 나타나는 근거로 지난 2017년 '재해에 대한 기업 및 정부책임자 처벌에 관한 특별법안'에서 ① 대형재해 사건은 특정한 개인의 위법행위 결과가 아니라, 기업 내 위험관리시스템 부재이고, ② '한국형 중대재해'를 예방하기 위하여 기업 등이 조직적·제도적으로 철저한 안전관리를 해야 하며, ③ 재해사고가 발생하더라도 안전관리 주체인 경영자에게 형사책임을 묻기 어려운 사회적 인식이 있어, ④ 법인의 경우에 산업안전보건법의 처벌규정이 있지만, 그 처벌이 피해에 비해 낮고, ⑤ 현행 형사법 체계는 기업의 안전관리시스템을 관할하고 지배하는 경영자에 대하여 산업재해에 관한 인식을 전환함과 아울러 안전 조직문화가 확립되지 못한 복합적인 원인을 해결하기 위한 법률의 필요성이 나타나게 된 것이다.

이러한 사회적 인식에 따라 중대재해에 관한 외국의 법률을 찾아본 결과로 영국의 경우에는 '기업과실치사법'이 제정되어 시행되었다. 영국의 '기업과실치사법'은 2008년 시행하여 근로자 10만 명당 산업재해의 사망자 수가 법 시행 직후인 2009년에 0.5명이었다가 법 시행 직전인 2006년 0.7명보다 감소하였다. 또한 호주 및 캐나다의 경우는 2003년 '형법'을 개정해서 산업재해에 대한 기업의 처벌을 강화하였다. 이러한 근거가 우리나라도 기업에 대하여 중대재해가 발생할 경우 그 책임을 명확하기 위하여 '중대재해처벌법'을 제정하게 된 이유이기도 하다.

그러나 영국의 경우 사망 재해자가 10만 명당 2009년 0.5명으로 시행 직전인 2006년 0.7명보다 감소하였으나, 2011년부터는 다시 증가하여 기업의 처벌 강화와 산업재해의 예방 효과는 불확실한 것으로 나타났다. 또한 호주나 캐나다도 기업의 처벌을 강화하기 이전부터 지속적으로 산업재해의 사망자 수가 줄어들었게 되었지만, 하지만 반드시 처벌을 강화한 이유에 따른 효과인지는 불명확하다고 설명하는 견해도 있다.

2. 중대재해처벌법의 주요내용

(1) 사업주의 의미

중대재해처벌법에서 "사업주"란 자신의 사업을 영위하는 자, 타인의 노무를 제공받아 사업을 하는 자를 말한다(제2조 제8호). 또한 "경영책임자 등"이라 하여 사업을 대표하고 사업을 총괄하는 권한과 책임이 있는 사람 또는 이에 준하여 안전보건에 관한 업무를 담당하는 사람과 중앙행정기관의 장, 지방자치단체의 장, 「지방공기업법」에 따른 지방공기업의 장, 「공공기관의 운영에 관한 법률」 제4조부터 제6조까지의 규정에 따라 지정된 공공기관의 장을 말하고 있다(제2조 제9호).

다시 설명하면 경영책임자는 사업을 대표·총괄하는 권한, 책임이 있는 자를 말하는 것이고, 안전보건에 관한 업무 담당자와 대표·총괄의 권한과 책임이 있는 자에 준하여야 한다고 볼 수 있는 것이다. 그러나 안전보건 관련 업무에 대해서는 총괄적 권한과 책임을 가질 필요가 있는지의 해석에서는 '또는'의 문제가 나타난다.

사업을 대표하고 사업을 총괄하는 권한과 책임이 있는 사람이 경영책임자인지 아니면 이에 준하여 안전보건에 관한 업무를 담당하는 사람이 경영책임자인지 해석상 논란이 발생한다.

다시 설명하면, 책임 주체의 의미가 사업을 총괄하는 권한과 책임이 있는 사람도 되고, 이에 준하여 안전보건업무를 담당하는 사람이 모두 해당되어야 하는 것인지가 문제이다.

사실상 넓게 광의로 해석하면 사업을 총괄하는 권한과 책임이 있는 사람도 해당되고, 이에 준하여 안전보건에 관한 업무를 담당하는 사람도 모두 해당한다는 견해가 있다. 반면에 일부는 협의로 해석하여 사업을 총괄하는 권한과 책임이 있는 사람이나 아니면 이에 준하여 안전보건 업무를 담당하는 사람 중에서 경영책임자를 판단하는 것이라고 해석하는 견해도 있다고 본다.

여기에서 책임 주체에 대하여 의무 의미가 선택적인지, 병렬적으로 포괄적인지 논란이 예상된다. 물론 선택적으로 해석한다면 중대재해처벌법을 관리하는 임원을 선임하여 업무를 수행하도록 책임을 진다는 의견도 있다. 하지만 법의 취지나 내용은 CEO의 인식과 안전보건에 관한 예방의 문제점을 해결하기 위하여 책임 있는 자에게 안전보건업무를 부담하도록 한다는 의미의 규정이다. 그러므로 총괄 권한이 있는 책임을 가지고 있는 자와 동시에 안전보건업무를 담당하는 자일 경우에 중대재해가 발생할 때 책임을 부담하도록 하는 광의의 포괄적 해석이 타당할 것이라고 본다.

그러나 사업장 특성상 총괄 권한과 안전보건책임 권한이 각각 다른 사람에게 있는 경우가 나타날 수도 있다. 만약 총괄권한과 안전보건책임 권한이 다를 경우 경영책임자라고 하여 처벌의 책임을 묻는다면 사업장에서 경영책임자가 여러 명이 될 수도 있게 된다. 경영책임자에게 책임을 묻고 안전보건담당자는 해당 업무에 대하여 업무상과실의 책임을 물을 수 있다고 본다.

따라서 대표이사의 여부를 불문하고 안전보건의 예방책임을 부담하고 있는 경영상 책임이 있는 자가 중대재해처벌법의 책임자로 해석하는 것이 타당하다. 이러한 의미에서 산안법 제14조의 안전보건계획에 대한 이사회 보고의무와 조화될 수 있는 업무의 범위를 구체적으로 규정되어 있어야 한다고 본다.

그래서 중대재해처벌법 제4조의 "사업주와 경영책임자 등의 안전 및 보건 확보의무" 개념에 해당하는 범위와 내용이 필요하다. 그러므로 재해예방에 필요한 인력 및 예산 등 안전보건관리체계의 구축 및 그 이행에 관한 조치, 재해발생 시 재발방지대책의 수립 및 그 이행에 관한 조치, 중앙행정기관·지방자치단체가 관계 법령에 따라 개선, 시정 등을 명한 사항의 이행에 관한 조치와 안전·보건관계 법령에 따른 의무이행에 필요한 관리상의 조치 등이 해당되는지 충분하게 검토할 필요가 있다.

(2) 중대재해처벌법의 경영책임자

중대재해처벌법에서 규정하고 있는 내용을 구체적으로 살펴보면, 사업 또는 사업장, 공중이용시설 및 공중교통수단을 운영하거나 인체에 해로운 원료나 제조물을 취급하면서 안전·보건 확보의무를 위반하여 인명피해를 발생하게 한 경우 해당 사업주, 경영책임자 및 법인의 처벌 등을 규정하고 있다. 그러므로 중대재해를 예방하고 시민과 종사자의 생명과 신체를 보호함을 목적으로 (중대재해처벌법 제1조)하고 있으며, 사업주 또는 경영책임자 등은 사업주나 법인 또는 기관이 실질적으로 지배·운영·관리하는 사업 또는 사업장에서 종사자의 생명, 신체의 안전·보건상의 유해 또는 위험을 방지할 의무가 있는 것이다. 그리고 사업주나 법인 또는 기관이 제3자에게 도급, 용역, 위탁 등을 행한 경우 제3자의 종사자에 대한 안전 및 보건 확보의무를 부담하도록 하였다(동법 제4조 및 제5조).

경영책임자 등이 안전 및 보건 확보의무를 위반하여 중대산업재해가 발생한 경우 경영책임자 등을 처벌하고, 경영책임자 등이 제6조의 위반행위를 하는 경우 법인 또는 기관에 대해서도 벌금형을 부과하도록 하였다(동법 제6조 및 제7조). 경영책임자 등은 원료나 제조물로 인한 공중 위험의 발생 또는 공중이용시설 및 공중교통수단에서의 위험의 발생으로부터 그 이용자 등의 안전 및 보건 확보의무와(동법 제9조) 경영책임자 등이 안전 및 보건 확보의무를 위반하여 중대시민재해가 발생한 경우 사업주와 경영책임자 등을 처벌하고 법인 또는 기관에 대해서도 벌금형을 부과하도록 하였다(동법 제10조 및 제11조).

(3) 지방공기업의 경영책임자

중대재해처벌법에서의 경영책임자 등이란 “사업을 대표하고 사업을 총괄하는 권한과 책임이 있는 사람 또는 이에 준하여 안전보건에 관한 업무를 담당하는 사람” 또는 “중앙행정기관의 장, 지방자치단체의 장, 「지방공기업법」에 따른 지방공기업의 장, 「공공기관의 운영에 관한 법률」 제4조부터 제6조까지의 규정에 따라 지정된 공공기관의 장” 중 어느 하나에 해당하는 자를 말한다(제2조 제9호).

위 법 규정을 정리해 보면, 일반 기업은 인사권과 경영권을 가지고 안전보건에 관한 업무를 총괄하여 책임을 부담하는 자이다. 그러므로 구체적인 인사권과 경영권을 가지고 있는 자이므로 대표이사가 될 수 있다. 하지만 인사 경영권과 예산의 집행권 및 안전보건의 책임을 부담하는 자를 ‘임원’으로 구성하여 선임하게 되면 임원이 책임을 부담하는 경영책임자가 될 수 있지만, 법의 제정목적은 대표이사를 책임부담자로 보고 있다.

공기업의 경우 경영책임자등에 ‘지방자치단체의 장’이나 또는 ‘지방공기업의 장’에서 누구를 경영책임자로 보아야 하는 문제가 발생할 수 있다. 일반적인 논란은 ‘안전보건에 관한 임원 또는 중간간부 등’도 경영책임자등에 해당된다고 할 수 있다.

그러나 중대재해처벌법 제2조 제9호 나목에서는 ‘지방공기업의 장’을 별도로 규정하고 있다. 중대재해처벌법 제2조 제9호 나목에서는 지방공기업의 장을 별도로 정하고 있지만, 구체적인 대상으로는 지방의 직영기업의 경우에는 ‘지방자지난체의 장’이 경영책임자등에 해당할 수 있고, 지방공사, 공단의 경우에는 각 기관의 기관장이 경영책임자등에 해당한다고 볼 수 있을 것이다.

그러나 공기업의 경우 경영책임자등에 ‘지방자치단체의 장’이므로 시·군·구의 “장”을 의미할 수 있고, 공공기관은 지방공기업법에 따른 지방공기업의 장, 공공기관의 유영에 관한 법률 제4조부터 제6조에 따라 지정된 공공기관의 장이 해당된다고 볼 수 있다.[72)]

지방자치단체 출자·출연 기관의 운영에 관한 법률에 따른 출자·출연기관의 기관장에 대해서는 별도로 정하고 있지 않아, 중대재해처벌법 제2조 제9호 가목의 “사업을 대표하고 사업을 총괄하는 권한과 책임이 있는 사람 또는 이에 준하여 안전보건에 관한 업무를 담당하는 사람”을 기준으로 판단한다면 기관장이 해당된다고 볼 수 있는 것이다. 이외에도 학교의 경우는 국가 설립한 학교는 국립대학총장, 법인으로 설립된 경우 국립법인 총장등 해당되고 공립학교는 교육자치법 제2조에 따른 교육감이고 사립학교는 법인 이사장이 해당될 수 있다.

일반적으로 일부 논란이 되는 것은 안전보건에 관한 임원 또는 책임이 있는 간부 등도 경영책임자등에 해당되는 것이냐의 문제이다.

일부 출연기관에서 이사를 두어 안전보건을 담당하는 상임이사가 있는 경우에는 상임이사가

72) 고용노동부, 중대재해처벌법해설, 고용노동부, 2021, 22면

경영책임자로서 책임을 부담할 수도 있느냐의 문제인데, 중대재해처벌법의 경영책임자는 사업의 전체를 대표하고 전체를 총괄하는 권한과 책임 있는 자를 말하는 것이므로 대표나 "장"에 해당하는 자가 경영책임자라고 할 수 있다.

3. 경영책임자의 의무

중대재해처벌법에 근거한 경영책임자의 업무와 내용을 살펴보면, 안전보건 예방 주체 및 계획 수립을 하는 자로서 "사업을 대표하고 사업을 총괄하는 권한과 책임이 있는 사람 또는 이에 준하여 안전보건에 관한 업무를 담당하는 사람"으로 해당 업무를 수행하고 있다. 또한 중앙행정기관의 장, 지방자치단체의 장, 「지방공기업법」에 따른 지방공기업의 장, 「공공기관의 운영에 관한 법률」 제4조부터 제6조까지의 규정에 따라 지정된 공공기관의 장도 경영책임자로서의 책임을 부담하는 자라고 볼 수 있다.

(1) 경영책임자의 인사권행사의 범위

중대재해처벌법에서의 사업주 또는 경영책임자 등은 사업주나 법인 또는 기관이 실질적으로 지배·운영·관리하는 사업 또는 사업장에서 종사자의 안전·보건 상 유해 또는 위험을 방지하기 위하여 그 사업 또는 사업장의 특성 및 규모 등을 고려하여 안전보건에 관한 조치를 하도록 규정하고 있다.

그 내용을 살펴보면 경영책임자의 업무 중 가장 중요한 부분이 지배·운영·관리에서 사업장의 안전에 관한 인사권을 행사하고 관리하는 업무라고 볼 수 있다. 그러므로 이러한 인사권의 행사 대상이 무엇인지 구체적으로 정리하여 보면, 기존의 산업안전보건법을 중심으로 안전보건인사 업무를 행사하는 자라고 할 수 있다.

산업안전보건법을 중심으로 살펴보면, 사업장의 안전관리책임자를 지정하거나 안전관리자 또는 보건관리자를 지정할 수 있는 자이다. 또한 사업장 내에서 사내하도급이 시행 시에는 안전보건예방을 통합해 책임을 부과하여 관리해야 할 안전보건총괄책임자를 지정할 수 있다.

그리고 도급사업에 관한 수급인 사업주와의 안전보건협의체를 운영하고 재해예방을 위하여 작업장의 순회점검, 근로자의 안전보건교육 지원 등 도급 시의 안전보건조치를 수행할 수 있어야 한다. 그 밖에도 사업장에 중금속취급 유해작업, 제조·사용허가 대상물질의 취급 작업 등을 도급 시 안전보건기준을 준수하도록 지시하고 관리감독을 해야 한다.

또 사업장 내에서 안전관리자 및 보건관리자를 지정과 동시에, 안전보건경영시스템의 실행 및 운영활동과 안전보건 목표를 달성하기 위한 역할을 수행해야 하며, 관리감독자를 지정해 안전보건 관련 역할을 수행하도록 해야 한다.

- 안전보건총괄책임자를 지정하고 안전보건협의체의 운영, 작업장 순회점검, 근로자 안전보건교육 지원 등 도급 시의 안전보건조치를 수행해야 한다.
- 중금속취급 유해작업, 제조·사용허가 대상물질 취급 작업 등을 도급 시 안전·보건기준을 준수하고 있어야 한다. 안전관리자 및 보건관리자를 지정(대행기관)하고, 안전보건경영시스템의 실행 및 운영활동과 안전보건목표를 달성하기 위한 역할을 수행해야 한다.
- 안전보건관리책임자를 선임하고, 관리감독자를 지정하여 안전보건 관련 역할을 수행하도록 해야 한다.

(2) 경영책임자의 예산권 행사

경영책임자는 사업장에서 안전보건예방을 위한 적절한 안전관리 예산의 배분 및 사용 점검이 필요하다. 이러한 예산에 대하여 적절하게 사용하고 있는지에 대한 계획과 보고를 대표이사의 안전보건의 개선계획을 마련하는 규정(산안법 제14조)이 있기에 이를 준용하면 된다.

그 밖에도 산업안전보건법 상의 ① 안전관리비 계상에 관한 부분, 도급 시에 적격수급인 선정에 관한 권한(도급금지 작업현황 및 도급여부 확인, 도급계약 시 금지/승인 대상 작업확인 절차 여부, 재하도급 방지 기준 수립 및 이행 여부, 적격 수급업체 선정 여부)과 행사, 도급비용의 예산권 행사 등의 권한과 수급업체의 안전보건활동 확인(제66조), ② 기본안전보건대장 작성, 설계안전보건대장 작성, 공사안전보건대장 작성, 준수(제67조), ③ 안전보건조정자 지정(제68조), ④ 공사기간 단축 및 공법변경 금지(제69조) 등을 지시하고 행할 수 있는 자이어야 한다.

산업안전보건법상의 경영책임자의 의무

- 안전보건계획을 수립하고 이사회 승인받음(제14조)
- 안전보건관리책임자를 지정하고, 2년마다 6시간 안전보건 교육을 받음(제15조)
- 관리감독자를 지정하고 매년 16시간 안전보건교육을 받음(제16조)
- 안전관리자를 선임하고 2년 마다 24시간 안전보건교육을 받음(제17조)
- 보건관리자를 선임하고 2년 마다 24시간 안전보건교육을 받음(제18조)
- 산업안전보건위원회를 개최함(제24조)
- 안전보건관리규정을 개정함(제25조)
- 근로자에게 채용, 배치, 정기, 수시 안전교육함(제15조, 제16조)
- 정기(매년), 수시 위험성평가를 실시함(제36조)

4. 지배·운영·관리에 관한 책임

중대재해처벌법에서는 "실질적으로 지배·운영·관리하는 사업 또는 사업장"에서 경영책임자 등에게 안전 및 보건 확보의무에 관한 해석상 문제가 나타나고 있다(제4조 제1항 및 제9조 제1항, 제2항). 여기에서 문제는 '지배하는 경우'와 '운영하는 경우'와 '관리하는 경우'가 같은 경영책임자가 책임을 부담하고 기업이라는 법인 내에서 이루지는 경우도 있지만, 지배하는 지배·운영·관리행위가 각각 다른 책임자 나타날 수 있다고 본다. 이렇게 각각 지배·운영·관리행위가 다른 경우에는 누가 책임 부담을 할 것인지가 문제된다.

일반적인 경우에 '지배'라는 의미는 소유권이라는 의미로 나타날 수 있고, 운영은 소유자가 할 수도 있다. 하지만 지배가 위탁 행위를 통해 운영되고, 관리의 측면에서 재차 위탁계약을 통해 관리되는 경우가 있다. 예를 들어 건물과 공장 등의 소유자가 위탁 운영 계약을 통하여 위탁 운영자에게 운영을 맡긴다면 경영책임은 운영자가 부담하고, 도급계약 또는 위탁계약을 통하여 관리자를 선정해 관리업무가 행해지면 관리자가 안전보건의 책임을 부담한다.

이러한 경우 사고가 발생하면 운영 중 발생한 사고는 위탁받은 자가 경영책임자 또는 사업주로 책임을 부담하고, 건물주나 시설주인 경우는 책임이 없다고 할 수 있다. 그러나 시설이 위험시설로 분류되어 있고, 운영 중에 시설을 사용하여 발생할 경우는 운영주체나 관리주체의 책임도 진다. 하지만 위험시설의 안전한 관리를 책임을 지고 있는 소유자의 책임도 발생할 수 있다.

예를 들면, 서울 돔 경기장의 소유권은 서울시에서 가지고 있고, 서울시설공단에서 운영하며, 사실상 직접적인 운영은 야구단에서 하고 있으며, 야구단에서 운영 중 돔 경기장 내에 치킨프라이드집을 임대해 주고, 치킨집 사장이 치킨프라이드집을 관리하는 경우가 있다. 이때에 치킨집에서 화재로 사망사고가 발생한 경우 화재예방의 1차적 책임은 치킨집 사장이 부담하지만 돔 경기장의 특성에 화재예방시설 설치가 어려움이 있는 경우 서울시나 서울시설공단에서 책임도 있고, 치킨집을 임대하여 준 야구단의 책임도 존재한다.

그러나 현재 법이 시행되기 전, 다양한 해석이 존재하는데, 그 중에서 지배·운영·관리를 모두 행하는 경영책임자만 해당된다는 해석과 지배·운영·관리 중에서 어느 하나의 업무가 행해져도 책임을 부담해야 한다는 해석이 있다. 또한 지배·운영·관리 모두 포함되어야 한다는 것과 각각 하나만 해당되는 경우 외에도 현장에서는 지배·운영·관리가 중복현상으로 행해지는 경우도 발생할 수 있어 다양한 해석이 나올 수 있어 명확하게 검토할 필요가 있다.

이와 관련해, 소유자, 위탁 운영자, 관리자가 별도로 있는 경우에는 소유자, 운영자, 관리자도 별도로 부담한다. 하지만, 소유자와 운영자가 동일인, 운영자와 관리자가 동일인, 소유자와 관리자가 동일인인 경우에 각각 안전보건의 의무를 부담한다면 해당되지 않는 관리자, 소유자, 운영자도 안전보건책임을 부담할 수 있는지가 문제된다. 물론 소유자가 운영자와 관리자가 동일인 경우는 당연히 부담하는 것으로 볼 수 있다. 하지만 직접적인 안전보건의 책임이 없는 경우에도 책임을 부담하는지는 논란이 있다.

중대재해처벌법에서는 도급, 용역, 위탁 등 관계에서의 안전 및 보건 확보의무 규정을 두어 "사업주 또는 경영책임자 등은 사업주나 법인 또는 기관이 제3자에게 도급, 용역, 위탁 등을 행한 경우…"로 포괄적인 책임을 지고 있다(제5조). 중대재해의 직접적인 책임이 없는 경우에 시설 소유권이 있다고 무조건 안전보건을 책임지도록 하기에는 어려운 점이 있다. 그런데 중대재해처벌법의 목적이 재해예방의 전제해 해석한다면 지배, 운영, 관리와 상관없이 어느 하나에 해당된다면 각각의 모두 책임을 부담한다고 볼 수 있다.

5. 안전보건 관리체계의 구축

안전보건관리체계를 구축하는데 경영책임자의 운영 범위를 보면, 제조업이나 건설업, 서비스업 등의 업무가 다르다고 현장에서 이야기하고 있다. 하지만 제조업이나 건설업, 서비스업은 공통적으로 경영책임자가 사업장 내에서 '안전보건 경영방침'을 제정할 필요가 있다. 이것은 사업주의 의지를 명확하게 인지하는 것은 공통된 사항이다. 경영방침을 통해 경영책임자의 안전보건 예방 의지를 근로자에게 전달하는 중요한 수단이고, 차후에 기업경영에 반영하는 것이기에 반드시 제정해야 한다.

또한 기업에 적절한 산재예방 조직체계를 구축해야 하며, 휴먼에러를 통한 재해 방지를 위하여 안전문화 형성에 기여해야 한다. 특히 안전문화는 기업의 직무스트레스를 줄이고 조직의 감정노동을 예방하는 축으로 기준과 방침을 마련해야 한다. 그리고 해당 사업장의 도급업체의 관리체제를 조직해야 한다. 특히 제조업의 사내하도급의 관리와 건설업의 도급관리가 다르고, 서비스업의 도급관리가 다르기 때문에 그 업종에 따른 도급관리 체제를 구축해야 한다.

경영책임자에게 공통된 사업장에 재해예방 방안을 위한 인력과 예산을 확보하는 것이 중요한 부분이고, 안전보건의 체제를 구축해 실행하는 것이 현장에서 실질적인 예방을 다지는데 기초가 된다. 이러한 안전보건 체제를 구축하는데 구체적인 내용은 '산업안전보건법'을 중심으로 해서 살펴보면 다음과 같다.

안전보건관리책임자 선임(제15조), 관리감독자 지정(제16조), 안전관리자 선임(산업안전보건법 제17조), 보건관리자 선임(제18조), 산업보건의 선임(특조법에 의하여 선임하지 않을 수 있음)(제22조), 안전보건총괄책임자 선임(제62조), 산업안전보건위원회 설치·운영(제24조) 등을 규정하고 있다. 또한 안전보건계획을 수립하고 이사회 승인 받아(제14조), 산업안전보건위원회에 보고하도록 하고 있으며, 안전보건체계 구축에 관한 교육 실시에 관해 규정하고 있다.

'안전보건교육'의 규정을 보면, 안전보건관리책임자를 지정하고, 2년마다 6시간(제15조), 관리감독자를 지정하고 매년 16시간(제16조), 안전관리자를 선임하고 2년마다 24시간(제7조), 보건관리자를 선임하고 2년마다 24시간(제18조)을 각각 안전보건교육을 실시해야 한다. 또한 근로자에게 채용, 배치, 정기, 수시로 각각 안전교육을 실시한다. 이것은 정기(매년), 수시 위험성평가를 실시하여 산업안전보건위원회에 보고 근거를 두고 마련해야 하는 업무이다.

분기별 연4회 산업안전보건위원회를 개최(제24조), 안전보건 관리규정을 개정(제25조)하고, 산업안전보건위원회에 보고해 심의의결을 받고, 근로자에게 채용, 배치, 정기, 수시 안전교육을 실시하고, 수시로 위험성평가를 실시하여 산업안전보건위원회에 보고하는 업무를 수행해야 한다.

안전보건관리체계의 구축(산업안전보건법)

- 안전보건계획을 수립하고 이사회 승인 받음(제14조)
- 안전보건관리책임자를 지정하고 2년마다 6시간 안전보건교육을 받음(제15조)
- 관리감독자를 지정하고 매년 16시간 안전보건교육을 받음(제16조)
- 안전관리자를 선임하고 2년마다 24시간 안전보건교육을 받음(제17조)
- 보건관리자를 선임하고 2년마다 24시간 안전보건교육을 받음(제18조)
- 산업안전보건위원회를 개최함(제24조)
- 안전보건관리규정을 개정함(제25조)
- 정기(매년), 수시 위험성평가를 실시함(제36조)
- 적격수급인 선정기준(제61조)
- 안전보건총괄책임자 선임(제62조)
- 도급 협의체 구성(제64조)
- 건설발주자 예방 조치(제67조)

6. 도급인의 경영책임자 업무

도급인은 경영책임자로서 협력업체의 안전보건활동의 지원이 필요하다.

① 협력업체에 대하여 적절한 안전보건관리와 안전보건총괄책임자를 지정해야 한다. ② 안전보건협의체의 운영, 작업장 순회 점검, 근로자 안전보건교육 지원 등 도급 시의 안전보건조치를 수행해야 한다. ③ 중금속취급 유해작업, 제조·사용허가 대상물질 취급 작업 등을 도급 시 안전·보건기준을 준수해야 한다.

또한 경영자는 '안전·보건관계자 역할과 활동'으로 ① 안전·보건관계자 역할과 활동을 통하여 안전보건경영시스템의 실행 및 운영활동과 안전보건목표를 달성하기 위한 역할을 수행해야 한다. ② 사업장 내에 안전보건경영방침 등을 두고 사업장에 비치해야 한다.

그리고 경영자는 '산업재해조사 활동'으로 ① 산업재해조사의 활동을 통하여 사업장(협력업체 포함)에서 재해발생 시 원인조사를 실시해야 한다. ② 재발방지대책을 적극적으로 실행해야 한다. ③ 재해통계 분석은 정기적으로 실시하고 다음 연도 안전보건 활동 목표에 반영해야 한다.

도급관련 경영책임자의 업무	(1) 협력업체의 안전보건 활동	• 협력업체에 적절한 안전보건을 관리해야 한다. • 안전보건총괄책임자를 지정하고 안전보건협의체의 운영, 작업장 순회점검, 근로자 안전보건교육 지원 등 도급 시의 안전보건조치를 수행해야 한다. • 중금속취급 유해작업, 제조·사용허가 대상물질 취급 작업 등을 도급 시 안전·보건기준을 준수해야 한다.
	(2) 안전·보건관계자 역할과 활동	• 안전관리자 및 보건관리자를 지정(대행기관)하고, 안전보건경영시스템의 실행 및 운영활동과 안전보건목표를 달성하기 위한 역할을 수행해야 한다. • 안전보건관리책임자를 선임하고, 관리감독자를 지정하여 안전보건 관련 역할을 수행해야 한다.
	(3) 산업재해조사 활동	• 사업장(협력업체 포함)에서 재해발생 시 원인조사를 실시하고, 재발방지대책을 적극적으로 실행해야 한다. • 재해통계분석은 정기적으로 실시하고, 다음 연도 안전보건 활동 목표에 반영해야 한다.

또 경영자는 협력업체의 지원 업무를 통하여 협력업체의 안전보건 활동 지원을 위하여 협력업체에 대하여 적절한 안전보건 관리를 다음과 같이 해야 한다.

계약서에 도급업체 안전수준 유지가 포함되도록 하고, 사내 수급업체는 안전보건관리담당자(또는 안전관리자/보건관리자)를 선임하도록 지시하고(산안법 제19조), 수급업체에게 건설업 안전교육을 받은 일용식을 채용히도록 해야 한다(산안법 제31조).

또한 수급업체는 매년 위험성평가를 실시하는 지를 감독하고, 수급업체는 위험작업에 내한 인전작업 허가를 실시하는지를 확인하며, 안전보건진단/개선계획, 물질안전보건자료, 작업환경측정결과, 위험성평가결과, 밀폐공간 정보를 도급사업주와 공유하도록 해야 한다(산안법 제65조).

그리고 유해한 작업은 도급금지(산안법 제58조), 안전보건총괄책임자 지정(산안법 제62조), 안전보건협의체 구성, 운영(산안법 제64조), 작업장 순회점검(산안법 제64조), 안전보건교육 장소, 자료 제공(산안법 제64조) 및 교육실시 확인, 비상경보체계 운영, 대피방법 훈련(산안법 제64조), 휴게실, 세탁, 세면실 지원, 수급업체의 안전보건활동 확인(산안법 제66조), 기본안전보건대장 작성, 준수(산안법 제67조)와 설계안전보건대장 작성, 준수(산안법 제67조), 공사안전보건대장 작성, 준수(산안법 제67조) 등이 있다.

또 건설공사도급에서는 안전보건조정자 지정(산안법 제68조), 공사기간 단축 및 공법변경 금지(산안법 제69조), 건설공사기간의 연장 금지(산안법 제70조) 안전보건관리비 적정 계상 및 집행(산안법 제72조), 안전보건협의체 구성 및 운영(산안법 제75조), 타워크레인 설치, 해체, 조립 시 감독(산안법 제76조) 등이 있다.

도급관련 경영책임자의 업무(산업안전보건법)

- 계약서에 도급업체 안전수준 유지가 포함됨
- 사내 수급업체는 안전보건관리담당자(또는 안전관리자/보건관리자)를 선임함(제19조)
- 수급업체는 건설업 안전교육을 받은 일용직을 채용함(제31조)
- 수급업체는 매년 위험성평가를 실시함
- 수급업체는 위험작업에 대한 안전작업허가를 실시함
- 안전보건진단/개선계획, 물질안전보건자료, 작업환경측정결과, 위험성평가결과, 밀폐공간 정보를 공유함(제65조)
- 유해한 작업은 도급금지됨(제58조)
- 안전보건총괄책임자 지정함(제62조)
- 안전보건협의체 구성, 운영함(제64조)
- 작업장 순회점검함(제64조)
- 안전보건교육 장소, 자료 제공함(제64조)
- 경보체계 운영, 대피방법 훈련함(제64조)
- 휴게실, 세탁, 세면실 지원함(제64조)
- 수급업체의 안전보건활동 확인함(제66조)
- 기본안전보건대장 작성, 준수함(제67조)
- 설계안전보건대장 작성, 준수함(제67조)
- 공사안전보건대장 작성, 준수함(제67조)
- 안전보건조정자 지정함(제68조)
- 공사기간 단축 및 공법변경 금지함(제69조)
- 건설공사기간의 연장함(제70조)
- 안전보건관리비 적정 계상 및 집행함(제72조)
- 안전보건협의체 구성 및 운영함(제75조)
- 타워크레인 설치, 해체, 조립 시 감독함(제76조)

7. 중대재해처벌법의 재검토

(1) 중대시민재해의 범위

중대재해처벌법 제2조(정의)를 보면, 중대산업재해 및 중대시민재해의 정의가 각각 다르기 때문에 양자를 일치해야 한다. 사업장의 재해와 넓은 범위의 사업장 밖에서 발생하는 재해의 강도가 달라질 수 있다. 하지만 이 법의 목적이 중대재해처벌법이니 범위는 일치시킬 수 있도록 검토해야 한다.

산업현장에서 실질적으로 동일한 재해로 사업장과 시민이 동시에 중대재해가 발생할 경우에는 산업재해와 중대재해가 동시에 해당될 수도 있지만, 사업장의 근로자에 대한 산업재해와 시민재해는 다르게 발생할 수 있다.

사례를 들어보면, 동일한 사고가 6개월 이상 치료가 5명이라 할 경우에 근로자가 1명이고, 시민이 4명이면, 중대산업사고에 해당하지만, 중대시민재해 대상은 해당하지 않을 수도 있다고 본다. 또한 법해석상 사업장에서 1명이 발생하고, 4명은 시민으로 사업장 밖에서 발생하게 되는 경에는 이 사고는 중대산업재해도 아니고 중대시민재해가 아니라고 해석할 수 있다. 그렇기 때문에 중대재해의 판단기준을 '사업장'과 '시민재해'와 구별할 필요가 있을지 의문이다. 근로자나 시민을 대상으로 발생한 재해는 어디서 어떠한 사고가 발생하든지 모두 사고책임의 주체에게 중대재해가 발생한 책임을 묻는 것이 타당하다고 본다.

중대산업재해	중대시민재해	비교
• 사망자가 1명 이상 발생	• 사망자가 1명 이상 발생	같음
• 동일한 사고로 6개월 이상 치료가 필요한 부상자가 2명 이상 발생	• 동일한 사고로 2개월 이상 치료가 필요한 부상자가 10명 이상 발생	• 6개월과 2개월 차이가 있고, 재해자수도 2~10명 차이가 있어 일치시킬 필요가 있음
• 동일한 유해요인으로 급성중독 등 대통령령으로 정하는 직업성 질병자가 1년 이내에 3명 이상 발생	• 동일한 원인으로 3개월 이상 치료가 필요한 질병자가 10명 이상 발생	• 기간에 관한 부분도 1년 내 3명과 3개월 10명 이상으로 달라 일치시킬 필요가 있음

일반적으로 시민이 2개월 이상에 7명 정도가 발생하면 사회적으로 심각한 재해임에도 중대시민재해에도 해당하지 않고 중대산업재해도 해당되지 않을 수 있어 중대재해처벌법 제정의 의미가 없을 수도 있다. 2개월 이상에 7명 정도의 재해가 발생하면 사실상 재해의 성격이 일반적인 재해보다는 심각성을 띠고 있다고 볼 수 있기 때문에 검토해 재정리해야 한다. 동일한 법에서 생명 보호 규정이 근로자와 시민과의 차별적 처벌이 발생 할 수 있기 때문에 검토할 필요가 있다고 볼 수 있다.

(2) 안전보건교육의 수강의무

이번에 시행되어지는 법률의 제목이 중대재해처벌법이라고 한다면 제2장의 중대산업재해(제2장)와 중대시민재해(제3장)에서 발생한 재해에서 동일하게 책임을 부과하여 안전보건교육을 수강하여야 함에도 불구하고 중대시민재해에 대하여는 안전보건확보의무만 있고 교육수강의 의무가 없어 안전의식 결여나 중대시민재해의 재발이 발생할 수 있어 안전보건교육수강의 의무도 필요하다고 본다.[73)]

물론 안전보건교육을 반드시 수강해야 안전에 관한 인식전환이 발생할 수 있다고 볼 수는 없지만, 중대재해라는 사회적 인식을 감안하면 중대시민재해의 책임과 차후 재발 방지를 위해서는 필요한 대상에 대하여 교육은 필요하다고 본다. 중대재해처벌법 제8조의 교육의무대상이 중대산업사고 대상만 있어 중대시민재해를 발생시킨 사업장의 사업주도 안전보건교육을 받아야 하다고 볼 수 있다. 다시 설명하면, 중대산업재해는 산업안전보건법에 수강명령제도가 있어 제8조에서는 수강명령이 필요 없어도 되지만 수강명령제도를 규정해 놓았는데, 중대시민재해 경우에는 사회적 경각심을 높이는 차원에서 중요한 의미를 나타내므로 수강명령제도가 필요하다고 본다. 그러므로 중대시민재해만 발생하는 경우에는 안전보건교육의 수강의무가 없는 결과가 나타나므로 재검토하는 것이 좋다고 본다.

(3) 도급의 제3자 범위의 명확성

중대재해처벌법의 '도급' 규정(제5조, 제9조 제3항) 중에서 제3자의 범위가 모호해 재정리 할 필요가 있다. 법률의 내용 속에 있는 제3자의 설명을 보면, 도급받은 수급인 근로자와 2차 하도급에 대하여 '제3자'라고 설명하고 있다. 그 적용대상은 관리책임을 질 수 있는 그 사업장 내임을 알 수 있다. 여기서 '제3자'라 함은 당사자 외를 이야기하는 것이므로 이에 사업주와 1차 도급계약을 맺은 자만 '계약당사자'로 볼 수 있다.

그리고 제3자란 당사자를 벗어난 자를 말하는데, 통상적으로 계약이 이루어지는 자는 계약 당사자가 되면 계약 이외의 자가 제3자가 된다. 도급계약을 하고 수급인이 하도급을 통하여 하도급계약이 이루어지면 하도급 시에 해당되는 하수급인이 제3자 된다. 여기에서 제3자의 규정을 둔 것은 도급의 책임을 확대하여 동일한 사업장 내의 사내하도급인 경우 제2차, 제3차 수급인의 보호를 위하여 제3자의 범위로 추가한 것이다. 그러므로 법률 내용이 "제3자에게 행한 경우"로 되어 있어 직접 계약을 행한 당사자로 해석되기 때문에 제3자에 대한 책임의 부담은 없다고 할 것이다.[74)]

그런데 중대재해처벌법 제5조를 보면 "사업주 또는 경영책임자등은 사업주나 법인 또는 기관이 제3자에게 도급, 용역, 위탁 등을 행한 경우에는 제3자의 종사자에게…"라고 되어 있다. 이 경우에 '행한 경우'에 관한 해석이 중요하다고 보는데 일반적으로 '행한 경우'는 직접계약을 행한다는 것으로, 사업주가 제3자인 하도급업체와 직접 계약이 이루어진다는 것으로 해석될 수 있다.

그러므로 제3자의 정의를 재검토하여야 한다고 보며 법의 목적에 타당하도록 도급의 책임을

73) 조흠학, 산업안전보건법 해설, 신광문화사, 2020, 400면
74) 조흠학, 중대재해 처벌 등에 관한 법률의 실효성 확보에 대하여, 월간노동 2021년 2월호, 34면

확대하여 동일한 사업장 내의 사내하도급인 경우 제2차, 제3차 수급인의 보호하도록 하여야 한다.

하지만 법 내용이 “제3자에게 행한 경우”로 되어 있어 직접 계약을 체결한 당사자로 해석되기 때문에 제3자에 대한 책임의 부담은 없어지므로 따라서 제3자의 정의를 재검토하여 “제3자의 범위를 도급 및 하도급계약이 되는 모든 범위에 해당하여 관리책임이 미치는 자”라고 재정리하여야 한다고 본다.

(4) 양벌규정의 재검토

현행 산업안전보건에 관한 양벌규정의 이론은 처음 제정할 때나 현재 전면개정(2020년 시행), 혹은 중대재해처벌법에서도 특별한 논의 없이 기존의 법률을 답습하고 있다. 이에 양벌규정 이론을 정리하는 방법은 현실에 맞게 현실적인 방법으로 현행의 양벌규정을 정비해야 한다고 본다.

특히 산업안전보건법에서 처벌 대상이 되는 법인과 개인사업주의 관계를 구분해 살펴보면, 법인은 정신적·육체적 실체가 없으므로 형법상 범죄의 행위능력을 인정할 수 없다. 하지만 산업안전보건법에서는 법인과 자연인 모두 의무주체로 보고, 개인사업주인 경우에 실제 행위자의 선임감독 책임을 물어 처벌하게 된다. 이 경우에 개인사업주는 고의와 자기행위에 관해서 자기책임을 근거로 처벌되고 법인은 양벌규정에 의하여 처벌할 수 있다.

중대재해에 관한 처벌이 이루어질 경우는 양벌규정에서 행위자의 위반행위가 인정되면 특별한 사정이 없는 한 법인의 책임도 인정하게 된다. 하지만 소규모 사업장이나 중소기업에서는 기업의 대표자가 직접 행위자가 되어 사법적 책임을 지지만, 반면에 대기업의 경우 주로 관리책임자인 공장장이나 현장소장 등이 처벌을 받고 기업의 대표자는 제외되는 형평성의 문제가 제기된다.

그러므로 중대재해처벌법에서 경영책임자의 책임을 물어 처벌하게 되는 경우에 기업 법인에 대하여 벌금형을 부과하게 되는데 그 벌금형의 금액이 높지 않다는 것이다.

현행 산업안전보건법의 벌금 최고형이 10억 원으로 벌금의 액수가 실제 위반행위에 비하여 징벌의 효과가 크지 않아, 중대재해처벌법의 양벌규정에서는 사망 50억 원 이하 상해 10원 이하의 법인의 벌금형으로 산업안전보건법보다 높게 규정되어 있다.

앞으로 양벌규정은 법인의 예방조치의무를 명확하게 하는데 중요한 역할을 할 것으로 보이지만, 수십조 원의 매출이 발생하는 대기업일 경우 중대재해처벌법 벌금 50억 원, 상해 시의 10억 원은 큰 의미가 없을 수 있는 것이다.

따라서 사업주인 법인의 양벌책임에 상응하는 벌금액으로 상향해 재조정하는 것이 실효성을 확보하는 방안이므로 추가적으로 검토가 필요하다고 본다.

(5) 산업안전보건법에서 사업주개념의 재정립

중대재해처벌법의 경영책임자 개념은 상당히 중요한 의미를 지니고 있다. 특히 산업안전보건법에 있어서 산업안전보건 예방의 의무주체로 사업주라는 의미가 들어가 있음에도 명확한 사업주의 처벌은 이루어지지 않았다. 그러므로 지금까지는 안전관리책임자로 선임된 자가 사업주로서의 책임을 부담하였고, 사망사고등의 중대재해인 경우 처벌되는 경우는 형법상 업무상 과실로 이루어져 왔으며, 직접적인 재해의 책임을 부담하는 경영상의 주체가 처벌되는 경우는 없었다고 볼 수 있다.

이러한 원인을 주장하는 근거로는 앞서 판례에서 설명하였듯이 경영상의 책임주체 즉, 대표이사의 책임을 묻는 법률이나 조문은 구체적으로 명시되지 않아 처벌이 되지 않았다는 것이다.

그러한 입장에서 이번 중대재해처벌법의 경영책임자의 책임은 사업장이나 시민재해를 중심으로 발생하는 중대재해의 직접적인 재해발생에 대한 책임을 묻는 것으로 매우 중요한 의미를 나타내고 있다. 특히 사업장에서 재해예방의 실효성은 실질적인 경영상의 권한을 가지고 예방조치에 관한 인사권과 기업재정의 예산을 가지고 있는 자가 산업안전보건의 예방의식이 있어야 재해를 예방할 수 있다고 볼 수 있는 것이다.

이러한 주장은 재해에 대한 경영자의 인식전환이 이루어져야 사업장의 사고예방이 된다는 단순한 논리에서 나온 법률 근거이지만, 사실상 현장에서는 경영상의 책임을 행사하는 자가 예방주체자로서 중요한 역할을 담당하고 있는 것은 사실이다.

하지만 산업재해예방의 근간이 되는 산업안전보건법의 입장에서 볼 때, 사업주의 의미와 경영책임자와 혼란이 발생하여 사업장에서 예방책임의 주체가 누구인지 어렵다는 의견이 나타날 수 있다고 본다.

산업안전보건법에서 사업주는 법인일 경우에는 법인이 사업주가 되는 것이고, 개인 사업주, 즉 소규모회사 같은 개인 사업자가 있으면 개인 사업자가 사업주가 되는 것이다. 다시 말하면 산업안전보건법에서는 처벌규정이 사업주로 되어 있어 개인 사업자는 사망사고가 발생하면 처벌이 이루어지지만, 법인 경우는 법인에게 처벌이 이루어지게 되는 것이고, 따라서 산업안전보건법에서 법인의 처벌은 양벌규정으로만 처벌이 가능하고 법인의 직접적인 권리와 권한 행사가 이루어지는 대표이사등은 처벌이 이루어지지 않는다는 것이다.

산업안전보건법의 사업주의 일반적인 의무를 살펴보면, 법에 의한 산업재해예방을 위한 기준 준수의무, 노동자에게 안전보건에 관한 정보 제공의무, 노동자의 신체적 피로와 정신적 스트레스 등으로 인한 건강장해 예방의무, 근로조건의 개선을 통하여 적절한 작업환경을 조성함으로써 노동자의 생명 보전과 안전보건을 유지 증진할 의무, 국가가 시행하는 산업재해예방시책 준수의무 등으로 나누어져 있고, 추가로 설계·제조·수입·건설하는 자의 의무는 이 법과 이 법에 의한 명령에서 정하는 기준을 준수하고 산업재해발생 방지를 위해 노력하도록 되어 있다.

그렇지만 지금까지 법인의 대표자가 처벌이 되는 경우에는 최근 판례에서 안전관리책임자로 선임되어 있어 안전관리책임자로서 안전보건의 책임을 다하지 못한 책임을 부과받고 있는 정도이기 때문에[75] 중대재해처벌법의 경영책임자 처벌은 넓은 의미에서 재해예방의 책임을 명확히 하는데 한 축이 될 것이라 본다.

따라서 산업안전보건법에서도 용어 정리를 통하여 사업주의 용어 개념을 재정비하여 산업안전보건법과 중대재해처벌법의 책임대상이 달라지는 경우를 일원화 시킬 필요가 있다.

이러한 측면에서 안전보건에 관한 법률들에서도 사업주 의미와 경영책임자의 개념을 재정비하여야 하여야 혼란을 막는 방법이라 볼 수 있어 명확한 조문으로 재정비하여야 한다고 본다.

그런 의미에서 차후 산업안전보건법을 개정할 경우 사업주의 개념을 정비할 필요가 있어 경영책임자와 사업주의미 일원화의 의견을 제시하고자 한다.

산업안전보건법에서도 경영책임자의 규정을 둘 필요가 있으며, 경영책임자의 업무, 경영책임자의 책임 범위도 정비하여야 한다고 보고 실질적인 기업의 책임을 부과하기 위해서는 경영책임자라는 용어로 재정비해야 할 것으로 보인다.

8. 중대재해처벌법의 향후 전망

중대재해처벌법은 우리나라의 중대 산업재해 및 시민재해를 줄인다는 의미에서 중요한 법률이다. 하지만 법의 내용과 성격이 형사법의 특성 및 특별법의 성격을 모두 가지고 있다. 이에 형사법 측면에서 처벌을 실시하려면 명확한 근거와 법적 이론을 내포하고 있어야 법률의 실질적 효과성도 담보된다. 이러한 부분에서는 미비한 부분이 있기 때문에 향후 중대재해처벌법의 실효성을 높이려면 수정보완해야 한다. 일반적으로 형사법에서는 죄가 확성되기 진까지 무죄를 추정한다는 '무죄추정의 원칙'을 두고 처벌을 부과하고 있다.

그런데 중대재해처벌법에서는 단순히 사업주가 예방조치를 부족하게 했기 때문에 처벌할 수 있다고 본다. 재해가 발생하는 일반적인 원인을 살펴보면, 재해예방을 하지 않아 발생하는 경우가 많다. 하지만, 재해 원인을 충분하게 대비했으나 다른 요인으로 재해가 발생할 수 있다. 하기에 이를 범죄로 처벌하면 형사법의 처벌원칙에서 위반될 우려가 있다. 예를 들어 난간대 추락사고가 있는 경우에, 난간대를 법 규정대로 설치하지 않았지만, 사고원인은 난간대 미흡으로 발생한 사고가 아닐 수도 있다. 사실은 동료 근로자와 다툼이라는 다른 요인으로 난간에서 실족하는 경우에도 난간 설치가 미흡한 것으로 추정해 처벌하는 경우가 발생할 수가 있다는 것이다. 중대

75) 대전지방법원 2017.06.13 선고 2017고단1 판결 : 대표이사이면서 안전관리책임자로 선임되어 있어 안전관리 책임자로 처벌이 이루어진 경우이다. 화학물질을 다루는 경우에는 자격자가 안전관리책임자가 되어야 하므로 대표이사가 자격자로서 안전관리책임자가 되어 처벌되어진 사례이다.

재해처벌법은 형사법이므로 명확한 처벌을 위해서는 근거가 구체적으로 마련되어야 하며, 사업장과 국민의 안전을 위한 법률의 실효성을 높이려면 더욱 명확한 근거를 제시될 필요가 있다.

향후 중대재해처벌법령을 개정할 경우에는 재해 개념의 명확한 내용, 도급에서 제3자의 범위, 안전에서 핵심인 안전보건교육의 현실성 있는 근거 등을 마련해 보다 중대재해처벌법이 시행할 필요가 있다. 그리고 기존의 안전에 관한 법률과 해석상에 충돌이 발생하지 않도록 하는 것이 중요하다.

중대재해처벌법이 탄생한 배경은 2017년 '재해에 대한 기업 및 정부책임자 처벌에 관한 특별법안'이 나오면서 법률의 문제를 제기했다. 그런데 실질적으로 기업에서 '사업주'의 개념에 대표이사인 자연인의 처벌이 어려웠다. 이것을 개정하기 위하여 중대재해처벌법에서는 대표이사로서 자연인인 '경영책임자'에게 직접적인 책임을 지는 자를 처벌하려는 것이 주된 목적이었다.

이러한 의미에서 중대재해처벌법에서 '경영책임자'의 개념은 중요한 의미를 가지고 있다. 특히 '산업안전보건법'에서 안전보건의 예방에 대한 의무주체로 '사업주'라는 의미를 포함하고 있다. 그러나 사업장에서 사망사고가 발생할 경우에는 사업주에게 명확하게 처벌할 근거 규정이 없었다. 아직도 사업주의 처벌은 사업주를 위하여 업무를 행사하는 자, 즉 '안전관리책임자'로 선임된 자가 사업주로서의 책임을 부담하였다.

또한 형사처벌을 하려고 해도 형법상 '업무상 과실'로 다루어져 왔다. 하지만 직접적인 재해의 책임을 부담하는 경영상의 주체가 처벌되는 경우는 없었다. 앞서 설명한 것처럼 경영상의 책임주체로서 '대표이사'의 책임을 묻는 법이나 조문은 구체적으로 명시되지 않아 처벌이 되지 않았던 것이다.

이러한 입장에서 보면, 중대재해처벌법의 경영책임자의 책임은 사업장이나 시민재해를 중심으로 발생하는 중대재해의 직접적인 재해발생에 대한 책임을 묻는 것으로 중요한 의미를 가지고 있다. 이로 인하여 재해 예방의 실효성을 높이기 위해 실질적인 경영상의 권한을 가지고 예방조치 따른 '인사권'과 기업 재정의 '예산권'을 가진 경영책임자가 산업안전보건의 예방의식이 있어야 재해를 예방할 수 있다고 볼 수 있기 때문이다. 다시 말하면, 경영상의 책임을 행사하는 자가 예방 주체자로서 중요한 역할이 맡고 있다는 사실에 기인하여 재해에 대한 인식이 전환되어야 사업장의 사고예방이 된다는 단순한 논리에서 나온 법률이다.

그런데 논란은 산업안전보건법에서의 '사업주의 의미'와 '경영책임자의 의미'와의 상호간에 법해석상 혼란이 발생하고 있다. 사업장에서 예방책임의 주체가 누구인지를 확정하는 것이 어렵다는 의견이다. 이러한 경우에 명확한 법해석을 도출할 수 있어야 한다. 산업안전보건법의 '사업주'는 법인이면 '법인'이 사업주로 되고, 개인 사업주, 즉 소규모 회사와 같은 개인 사업자가 있으면 '개인 사업자'가 사업주로 된다. 다시 말하면, 산업안전보건법의 처벌은 사업주로 되어 있어 사망 사고가 발생하면 소규모 회사의 경우에는 개인 사업주를 처벌하지만, 법인의 경우에는 법인에 대하여 양벌규정으로 처벌한다.

이에 따라 산업안전보건법에서 법인의 처벌은 '양벌규정'으로만 처벌할 수 있고, 법인의 직접적인 권리와 권한을 행사하는 '대표이사 등'은 처벌되지 않는다. 법인의 대표자가 처벌받는 사안은 최근 하급심 판례(대전지방법원 2017. 6. 13 선고 2017고단1 판결)에서 '안전관리책임자'로 선임되어 있기 때문에 '안전관리책임자로서 안전보건의 책임을 다하지 못한 책임'을 부과하고 있는 정도이다. 이러한 경우는 화학물질을 다루는 경우에는 자격을 가진 자가 '안전관리책임자'가 되어야 함으로 대표이사가 자격을 가진 자로서 안전관리책임자가 되어 처벌되어진 사례일 뿐이다.

따라서 마지막으로 중대재해처벌법의 실질적 효과가 나타나고 산업안전보건예방 효과를 높이기 위해서는 중대재해처벌법과 산업안전보건법의 적용범위 일치가 이루어져야 한다고 본다. 가장 중요한 적용범위가 경영책임자의 의미이다.

현재 사업장의 재해를 예방하는 한 축으로 경영책임자의 역할이 중요하기 때문에 현장에서 혼란을 막기 위한 방법으로 산업안전보건법에서도 '사업주'라는 의미보다는 '경영책임자'라는 명확한 조문으로 재정비해야 한다. 이러한 차원에서 산업안전보건법에서 '사업주의 개념'과 함께 사업주의 의무도 재정비할 필요가 있다. 산업안전보건법에서 실질적인 사업주로서 의무이행의 당사자가 누구인지가 명확하지 않아 논란이 발생하고 있는데, 예를 들어 산업안전보건법에서는 안전조치가 미흡한 것도 사업주이고, 교육을 실시하지 않은 것도 사업주이지만, 사업장에서는 '안전관리자'가 안전교육도 실시할 수 있다. 그런데 안전교육을 미실시한 책임은 '사업주'의 책임으로 지우고 있다.

산업안전보건법에서 안전보건업무를 보면, 안전관리책임자, 안전관리자, 보건관리자, 총괄책임자 등으로 규정되어 있다. 하지만 실질적인 안전보건업무와 경영책임자의 업무를 구분해야 책임을 부과할 필요가 있다. 따라서 산업안전보건법에서도 기업의 실질적인 책임을 부과하기 위해서는 '경영책임자'라는 용어를 명확하게 규정하여 경영책임자의 '업무' 및 '책임 범위'도 명확하게 재정비해야 할 필요가 있다.

참고자료

● 형사소송 판결

◎ 간접적 감시 책임일 경우에도 원도급인에게 안전상의 책임이 있음

(대법원 2014. 5. 29. 선고 2014도3542 판결)

사건 내용
○○국가산업단지 ○○공장에서는 2012.6.28. 발생한 블렌더 폭발사고를 계기로 2013년 정기보수 기간 동안 사일로 내부 검사와 청소 등의 편의를 목적으로 사일로 옆면에 맨홀을 설치하기로 하고 준비작업을 거친 후 2013.3.14. 사일로에 맨홀설치작업을 진행하던 중 폭발사고가 일어남. 20:30경부터 원청회사 소속 직원들의 지시에 따라 용접기를 사용하여 보강판을 다시 설치하는 가용접 작업을 진행하던 중 20:51경 사일로 2기가 폭발하였다. 이 결과로 근로자 6명이 사망하고 9명이 상해

○ **판결 결과** : 1심, 2심 사업주 무죄에서 대법원 유죄인정

○ **대법원 상고심** : 2014.5.26 간접적 감시를 원청직원이 하였으므로 안전상의 조치 책임이 있음.

○ **주문 판결 결과** : 특별한 규정이 없는 한 산업안전보건법 제23조가 규정하고 있는 사업주의 안전상 조치의무는 그 소속 근로자에 대한 것으로 봄이 상당하다. 나아가 정식으로 소속된 근로자가 아니라 하더라도 근로계약의 형식에 관계없이 근로의 실질에 있어 근로자가 종속적인 관계에서 사용자에게 근로를 제공하는 것이라면 그는 근로기준법 제14조 소정의 근로자에 해당하여 사업주의 안전조치의무의 보호대상이 된다고 볼 것이다.

◎ 산재사고에 대한 사업주의 형사책임 무죄

(의정부지방법원 2005. 3. 31 선고 2004노1726 업무상과실치사 사건)

> **사건 내용**
>
> 피고인 A는, B 주식회사(이하 '공소외 B 주식회사'라고 한다)의 대표이사로서 그 회사가 C 주식회사(이하 'C'주식회사라 한다)로부터 도급받은 건축물 신축공사 중 무빙워크 난간대 공사의 안전관리에 대한 책임을 지는 자이다. 2003. 5. 22. 16:10경 위 신축공사 현장에서 C 주식회사 소속으로 청소업무를 담당하는 일용근로자인 피해자 D가 5층에서 청소업무를 수행하다가 추락하여 사망하게 된 사건이다. 건축물 신축공사 중 무빙워크 난간대 해제 및 재설치 작업공사를 하게 함에 있어 그 작업 장소는 약 5.2 m 높이에 위치한 곳으로 작업 중 그 아래 4층 무빙워크 바닥으로 추락할 위험이 있는 장소이므로 이러한 경우 피고인 A는 B 주식회사의 대표이사로서 공사현장의 안전관리를 책임지는 자로서 피해자 D로 하여금 안전모, 안전대를 착용하도록 하거나 추락방지용 방망이나 표준안전난간 등을 설치하는 등 추락 위험을 방지하기 위하여 필요한 조치를 취하여야 할 업무상 주의의무가 있음에도 불구하고 이를 게을리 한 채 그대로 작업하게 한 과실로 피해자 D가 위 작업 중 부주의로 약 5.2 m 아래 4층 무빙워크 바닥으로 추락함으로써 그 충격으로 현장에서 중증뇌좌상 등으로 사망에 이르게 한 사건이다.
>
> 이 사건에 대하여 법원은 산업안전보건법 제2조제3호의 '사업주'란 어떤 사업에서의 경영주체로서 경영상의 손익계산이 귀속하는 자를 가리키는 것으로서, 공사를 도급받은 수급인인 회사 소속 직원들이 공사현장에서 작업에 종사하였다면 그 회사는 법 소정의 사업주라고 볼 수 있지만, 그 회사의 대표이사를 산업안전보건법 소정의 사업주라고 볼 수는 없으므로, 이 사건에 있어서 B 주식회사의 대표이사인 피고인 A는 산업안전보건법상의 사업주가 아니라고 판시하였고, 또한 B 주식회사의 규모, 피고인의 업무와 B 주식회사의 개별현장에서 행하여지는 작업과의 관계, 이 사건 사고 현장에서 이루어진 B 주식회사의 작업에 대한 안전관리책임은 B 주식회사의 현장소장이 담당하고 있었던 점, 피고인 A와 현장소장 사이의 업무분담관계 등을 고려하여 볼 때, 이 사건 사고 현장에서 직접 근로자들을 지휘·감독하지 않았던 피고인 A를 이 사건 사고 현장에서 작업 중 근로자가 추락할 위험을 방지하기 위하여 필요한 조치를 취하지 아니한 행위자라고 볼 수는 없다고 하여 회사의 대표이사인 피고인 A에게 무죄를 선고한 사례

- **판결 주요논점** : 회사의 대표이사인 피고인을 산업안전보건법상의 사업주라고 볼 수 없고, 같은 법상의 추락방지의무를 이행하지 아니한 행위자라고 볼 수도 없다는 이유로 회사의 대표이사는 산업안전보건법 제71조 양벌규정에 의한 처벌대상이 되지 않는다고 한 사례.
- **판결 요지** : 회사의 규모, 피고인의 업무와 회사의 개별현장에서 행하여지는 작업과의 관계, 소속 근로자의 안전사고 현장에서 이루어진 회사의 작업에 대한 안전관리책임은 회사의 현장소장이 담당하고 있었던 점, 피고인과 현장소장 사이의 업무분담관계 등을 고려하여 볼 때, 사고 현장에서 직접 근로자들을 지휘·감독하지 않았던 회사의 대표이사인 피고인을 사고 현장에서 작업 중 근로자가 추락할 위험을 방지하기 위하여 필요한 조치를 취하지 아니한 행위자라고 볼 수도 없다는 이유로 회사의 대표이사인 피고인은 산업안전보건법 제71조 양벌규정에 의한 처벌대상이 되지 않는다고 한 사례.

◎ **퀵서비스 배송기사의 근로기준법상의 근로자성 여부 및 퀵서비스업체의 산업재해보상보험 적용 제외 사업장 여부**(서울행정법원 2007.10.25. 선고 2006구단10552 요양급여불승인처분취소 판결)

사건 내용
원고 X는 배송기사로 퀵서비스 배달업체인 소외 업체(A)에 배송기사 업무를 수행하던 중 물품을 배달하기 위해 원고 자신의 소유인 오토바이를 타고 도로상 삼거리에서 좌회전하가 좌석버스에 충격을 당하는 사고가 나서 '두개골 골절, 기뇌성, 뇌경막외 출혈, 좌측 대퇴골 골절, 좌측 경골 및 비골간부 개방성 골절'의 상해를 입고, 피고인 근로복지공단(Y)에게 산업재해보상보험법상에 요양을 신청하였다. 그런데 피고인 Y 공단은 소외업체(A)는 '상시근로자가 1인 미만'이어서 산업재해보상보험법 적용제외 사업장에 해당한다는 이유로 원고 X의 요양신청서를 반려하는 요양급여불승인처분을 내렸다. 이에 원고 X는 피고 Y 공단을 상대로 산업재해보상보험법상의 요양급여불승인 처분취소를 구하는 소송을 서울행정법원에 제기하게 되었다.

○ **판결 주요논점** : 퀵서비스 배달업체의 배송기사가 업무를 수행하던 중 교통사고로 상해를 입어서 근로복지공단에 요양신청을 한 경우에 인정받을 수 있는지 여부와 관련해, 먼저 근로기준법상의 근로자에 해당하는지, 퀵서비스 배달업체가 산업재해보상보험법상의 적용제외 사업장인지 여부가 문제됨.

○ **판결 요지** : 퀵서비스 배달업체의 배송기사는 오토바이 배송업무라는 근로를 제공함으로써 노동관계법에 의한 보호를 받을 필요가 있는 근로자에 해당하고, 또한 배달업체는 산업재해보상법의 적용제외 사업인 '상시근로자 수가 1인 이상이 되지 아니하는 사업'에 해당하는지에 대해서는 당해 사업의 사회통념에 의하여 객관적으로 판단해 볼 때 산업재해보상보험법의 적용제외 사업에 해당하지 않는다고 판단한 사례.

● 민사소송 판결

◎ 산재사고에 대한 도급인의 손해배상책임범위

(전주지방법원 2007.11.23. 선고 2005가단7278 손해배상(산) 판결)

사건 내용
2003년 선박수리 및 도장작업회사(B)와 계약을 맺은 C의 일용직 도장공인 원고 A씨는 채용되어 C씨의 도급자인 선박수리 및 도장작업회사(B)에서 400t급 (D)선박의 외부도장작업을 하던 중 안전부주의로 선박 밖 4～5 m 지상으로 추락하여 요주 압박골절 좌측 경골후과 골절등의 상해를 입었다. 이에 대하여 원고 A씨는 도급회사인 B조선회사를 상대로 산재에 대한 손해배상을 요구하며 소송을 제기하였다. 재판부는 원고가 하던 선박도장업무가 2인1조로 작업을 실시하는 등 안전조치가 필요하고 추락방지를 위한 안전장비를 갖추어야 함에도 불구하고 피고인 선박수리회사가 당시 지휘 감독을 하면서도 아무런 대비도 하지 않은 과실책임이 있다고 하여 손해배상책임을 인정하였다. 다만 피고회사에게는 사고당시 원고도 피고회사에게 지급받은 안전보호구를 착용하지 않은 점과 추락방지 차원의 안전교육 및 안전작업지시가 있었음에도 따르지 않은 점을 들어 피고회사의 과실책임을 50%로 제한하는 판결을 내렸다.

- **판결 주요논점** : 노무도급의 경우 수급인의 피용자가 근로 중 산재사고를 당한 경우 도급인이 그 손해배상책임을 지는지의 여부 및 안전장비가 제공되었음에도 피해자가 이를 착용하지 않고 작업하다가 추락한 사고의 과실.
- **판결 요지** : 도급인이 수급인에 대하여 특정한 행위를 지휘하거나 특정한 사업을 도급시키는 경우와 같은 이른바 노무도급의 경우에 있어서는 도급인이라고 하더라도 민법제756조가 규정하고 있는 사용자책임의 요건으로서의 사용관계가 인정된다(대법원 1998.6.26 선고 97다58170 판결 참조)는 판례로 사업주의 책임이 일부 인정된 사례.

참고문헌

【단행본】

곽윤직, 민법총칙, 박영사, 2013.
곽윤직, 채권각론, 박영사, 2017.
권영성, 헌법학원론, 법문사, 2000.
금동흠, 헌법강의, 법률출판사, 2004.
김대성, 원진레이온 이황화탄소 중독의 전말, 제18회 산업안전보건 정책 포럼, 2010.
김대성, 원진레이온 이황화탄소중동발생 20년을 돌아보며, 안전보건연구동향, 2010.4.
김수근, 산업안전보건법 체계 선진화방안에 관한 연구, 산업안전보건연구원, 2008.
김연수, 개인정보의 개념 이해와 보호해야 할 개인정보 범위, 사이버출판사, 2003.
김윤환·김낙중, 한국노동운동사, 일조각, 1970.
김윤환 한국노동운동사, 일조각, 1982.
김윤환, 日帝下 韓國勞動運動의 展開過程, 1968.
김증한, 주석채권각칙, 한국사법행정학회, 1994.
김치선, 노동법강의, 박영사, 1988.
김형배, 「노동법(제28판)」, 박영사, 2018.
노상헌, 산안법 위반에 관한 벌칙제도 개선방안 연구, 산업안전보건연구원, 2008.
박두용, 21C 노동환경권 변화에 따른 산재예방 실효성 확보방안에 관한 연구 -산재사고처리절차 및 처벌 특별법 중심으로-, 산업안전보건연구원, 2003.
박두용, 21세기 노동환경권변화에 따른 산재예방 실효성확보방안에 관한 연구, 산업안전보건연구원, 2003.
박두용, 위험성평가제도의 구체적인 도입방안연구, 산업안전보건연구원, 2009.
박두용, 주요 선진국의 사업장 안전관리 일원화제도 및 운영실태에 관한 연구, 노동부, 2003.
박두용, 주요선진국의 사업장 안전관리 일원화 제도 및 운영실태에 관한 연구, 노동부, 2003.
박두용외, 위험성 평가제도의 도입방안에 대한 연구, 노동부, 2004.
박세일, 산업재해문제에 대한 법경제학적 접근, 박영사, 1983.
박종희, 산업안전보건집행의 효율성 강화를 위한 개선방안에 관한 연구, 산업안전보건연구원, 2006.12.
박종희, 산업안전보건집행의 효율성강화를 위한 개선방안에 관한 연구, 산업안전보건연구원, 2006.
배종대, 형법총론, 박영사, 2001.
송강직·이진국, 산업재해 은폐에 대한 처벌방안, 산업안전보건연구원, 2015.
스케노카즈오, 이정(역), 「일본노동법」, 법문사, 2007.
양봉민외 4인, 산업안전보건분야 규제완화에 따른 사회경제적 비용편익 분석, 노동부용역보고서, 2002.
양창수, 독일민법전, 박영사, 2018.

원정훈외 4인, 발주자의 안전관리 의무마련 및 책임강화에 관한 연구, 산업안전보건연구원, 2015.
이상윤, 「영미법」, 박영사, 2007.
이상윤, 영미법, 박영사, 2018.
이승렬, 박찬임, 조흠학, 강병식, 서비스업산업재해의 실태와 정책과제(1), 음식업 배달종사자, 한국노동연구원, 2012.
이은영, 채권각론, 박영사, 2009.
이재상, 형법총론, 박영사, 2019.
이학춘, ILO 주요 산업보건분야 협약과 국내법의 비교연구, 노동부정책 연구용역보고, 2003.
임　웅, 형법총론, 법문사 2003.
임정평, 채권각론, 법지사, 1995.
정진우, 산업안전보건법의 국제비교 연구, 한국경영자총협회, 2009.
주창업, 「주요 선진국의 산재예방 조직 및 운영에 대한 비교 연구 -미국, 영국, 독일, 일본을 중심으로-」, 한국산업안전공단, 2007.
조흠학, 법제사적 의미에서 산업안전보건법의 역할과 지위에 관한 연구, 산업안전보건연구원, 2010.
조흠학, 산업안전보건법 확대적용에 관한 연구, 노동부, 2006.
조흠학, 산업안전보건법의 적용범위에 관한 타법과의 비교연구, 산업안전보건구원, 2014.
조흠학, 산재발생의 사업주 책임에 관한 개선방안, 한국노총 중앙연구원, 2004.
조흠학, 산재종합센터 건립에 관한 연구, 한국노총, 1998.
조흠학, 세계 각국의 산업안전보건법 형사처벌제도와 처벌사례 연구, 산업안전보건연구원, 2009.
조흠학외 4인, 산재발생보고제도 개편방안에 관한 연구, 산업안전보건연구원, 2016.
조흠학외 4인, 노동법의 과제와 지속가능성, 관악사, 2022
조흠학외 5인, 산업안전, 방송대출판부, 2021.
조흠학외 3인, NEW산업보건위생, 신광문화사, 2023.
한돈희외 3인, 유해 위험작업에 대한 재하도급제한방안에 관한 연구, 산업안전보건연구원, 2016.
한성대학교 & 한국행정연구원, 기업활동 규제완화에 관한 특별조치법 개정안 제안서설명요지, 산업안전보건 규제완화의 타당성 분석연구, 노동부용역보고서, (조정식의원발의) 2005.
허　영, 한국헌법론, 박영사, 2007.
허　정, 서양보건사, 신광출판사, 1998.
현대호, 인터넷상의 정보보호에 관한 법제연구, 한국법제연구, 2000.
현승종·조규창, 게르만법, 박영사, 2001.
황산덕역, 형법체계의 신형상, -목적적행위론입문 Hans welzel, Das neue bild des strafrechtssystems, Verlag otto schwartz & co. gottingen 1957.

국제노동법연구원, 우리나라와 EU의 노동법제 비교연구, 노동부, 2007.
노동부, 산업안전보건법 제·개정 발자취, 노동부, 2003.
노동부, 「노동백서」, 2006.
노동부, 「노동백서」, 2007.
노동부, 「노동백서」, 2008.
노동부, 「산업안전보건법 제·개정 발자취」, 노동부산업안전국, 2003.
노동부, 「산업안전근로감독관수사실무」, 노동부산업안전국, 2001.
대검찰청, 범죄분석, 2009~2018, 대검찰청.
http://news.lawsee.com/news/news_view.asp?idx=94115 참조.
산업노동조사소, 산업노동시보, 창간호.

산업안전공단, 한일 산업안전위반 판례집, 1995.
산업안전보건공단, 재해조사 분석.
산업안전보건연구원, 도전과 열정 새로운길 20년사, 산업안전보건연구원, 2009.
한국산업안전공단, 「산업안전보건 백과사전-국제노동기구(ILO)」, 2001.
한국산업안전공단, 「산업안전보건법 변천사」, 1997.
한국산업안전공단, 「선진외국의 산업안전보건제도와 활동 - 미국편」, 2008.
한국산업안전공단, 「선진외국의 산업안전보건제도와 활동 - 영국편」, 2008.
한국산업안전공단, 「선진외국의 산업안전보건제도와 활동 - 일본편」, 2008.
한국산업안전공단, 「선진외국의 산업안전보건제도와 활동 - 독일편」, 2008.
한국산업안전공단, 「한·일 산업안전위반 판례집」, 1995.
한국ILO협회, "안전하고 건강한 직장-디센트워크를 실현한다", 「국제노동」 제125호, 2007.
전국경제조사기관합회편, 「朝鮮經濟年報」, 1939년 자료.
한국산업안전공단, 선진외국의 산업안전보건제도와 활동, 2008.

【논 문】

김성돈, "가칭 질서위반법의 체계와 이른바 질서위반행위의 구조", 법조 2004 · 10(Vol.577).
김승년, 노동법 발달에 관한 비교법제사적 고찰, 단국대 박사학위논문, 1997.
김원주, "집행벌", 월간고시, 1988.
김유성, 사업자의 안전배려의무, 한국사법행정학회, 1992.
김형배, 미국노동입법의 전개과정, 고시연구 제8권7호 1987.
김희성, 미국의 노동쟁의조정제도, 노동법에 있어서 권리와 책임, 김형배교수화갑기념논문집, 박영사 1994.
민경식, 노사분쟁의 소송외적 방법에 의한 해결, 중앙대 법학논문집 제13집, 김이열교수화갑기념논문집 1988.
박 준, 동남아제국의 노동쟁의조정제도, 노동 제113호 1984.
박기석, "양벌규정의 문제점과 법인범죄의 새로운 구성", 형사정책 제10호, 1998.
박기엽, 한국노동입법의 발달사, 건대사회과학연구소 제5집 1980.
박두용, "외국의 위험성 평가제도-EU Directive 89/391/EEC)", 「산업보건」 통권 제228호, 대한산업보건협회, 2007.
박종보, 미국헌법상 기본권의 체계와 이론적 특징(The Structure of the Individual Rights of the U.S. Constitution and its Theoretical Characteristics), 미국헌법학회.
백윤철, "헌법상 개인정보 자기결정권에 관한 연구", 법조548호, 2002.
백형구, 의무의 충돌, 고시계, 1976.
손동권, "이중기능적 양벌규정 -산업안전보건법의 적용사례를 중심으로-", 「민주사회를 위한 변론」 제5호, 1995.
유기호, "사건이후 공단의 변화", 제18회 산업안전보건 정책 포럼, 2010.
이종걸, "19세기 독일사회학의 역사적 발전", 1994년 대한의사학회, 춘계학술대회(1994.5.6) 심포지움 발표자료.
이주원, "산업안전보건법상 양벌규정에 의한 사업주와 행위자의 처벌", 「고려법학」 제51호, 2008.
이주희, "기업에 대한 제재가능성과 제재수단", 한양법학 제23집, 2008.
이천현, "법인의 범죄주체능력과 형사책임", 형사법연구 제22호, 2004.
이학춘, "독일의 집단적 노동쟁의의 조정에 관한 연구", 동아법학 제20호, 1996.
이호준, "노동정책에 관한 비교고찰", 전남대학교 사회과학논총 제9집, 1981.
임광주, "과실은 주의의무위반?", 저스티스 통권 제80호, 2004.

임송자, "대한노총연구", 성균관대박사학위논문, 2003.

전재경, "산업안전보건법 집행의 실효성 확보방안 연구 -위반행위의 제재를 중심으로-", 한국법제연구원, 2000.

전재경, "산업안전보건법집행의 실효성 확보방안 연구", 한국법제연구원, 2000.

전종주, "의무의 충돌에 관한 고찰", 박양빈교수화갑기념논문집, 법문사, 1996.

전형배, "산업안전보건법의 양벌규정 개정에 관한 연구", 「안암법학」 제27권, 2008.

정구복, "서독의 노사관계의 변모와 노동법의 전환", 입법조사월보86 제9-10호, 1986.

정구복, "주요국노동쟁의조정제도", 입법조사월보92 제1-2호, 1992.

정선욱, "미국의 노동안전규제강화 : 산업안전보건청의 예산 및 역할 확대", 「국제노동브리프」, 한국노동연구원, 2009.

정성근, "환경범죄규제에 관한 비교법적 고찰", 성균관법학 제9호, 1988.

정진우, "직업병 예방대책, 원진레이온 이황화탄소 중독 발생 20년을 되돌아보며", 18회 산업안전정책포럼, 2010.

정진우, "직업병 예방종합대책수립19년 이후", 제18회 산업안전보건 정책 포럼, 2010.

정혜선, "안전보건규제완화이후 산재예방활동 평가 및 향후 정책방향", 제5회 노사정학산업안전보건정책 지원방안 토론회(2003.11.25) 자료집.

조　국, "법인의 형사책임과 양벌규정의 법적 성격", 서울대법학 제48권 제3호, 2007.

조병선, "질서위반행위규제법에 관한 연구", 법학논집 제9집, 청주대학교 법학연구소, 2007.

조흠학·백희정, 산업안전보건법의 체계 정립 방안에 관한 미래의 방향, 노동법논총 제59집, 비교노동법학회, 2023.

조흠학·백희정, 2022 파견 위탁 근로자의 건강보호에 관한연구 -대학 경비원을 중심으로-, 노동법논총 제56집, 비교노동법학회, 2022.

조흠학·박민수, 산업안전보건 교육제도의 해외동향에 관한 연구, 노동법논총 제56집, 비교노동법학회, 2022.

조흠학·박민수, 산업안전보건법 상 석면 관리체계의 문제점에 대한 소고, 원광법학 제38권 제1호, 원광대 법학연구소, 2022.

조흠학, 중대재해처벌법에서의 경영책임자의 범위와 의무에 관한소고, 노동법논총 제53집, 비교노동법학회, 2021.

조흠학·박민수, 매장문화재 발굴현장 안전 예방시스템 구축을 위한 연구, 강원법학 제63권, 강원대법학연구소, 2021.

조흠학·백희정, 택배기사의 노동 현황과 산업재해 예방 방안, 사회법연구 제45집, 사회법학회, 2021.

조흠학·박민수, 현행 산업안전보건법 상 중대재해조사체계의 문제점에 대한 소고, 동아법학 제91집, 동아대 법학연구소, 2021.

조흠학, 산업보건에 있어서 특수형태근로종사자 최근 이슈와 외국제도, 노동법포럼 제31호, 노동법이론실무학회, 2020.

조흠학·장유리, 개정 산업안전보건법령의 현황과 문제점, 노동법논총 제46집, 비교노동법학회, 2019.

조흠학, "산업안전보건법 개정안에 관한 소고", 사회법연구 제36호, 사회법학회, 2018.12.

조흠학, "산안법에서 위험작업의 근로자 보호방안 -산안법의 이동식 크레인 작업을 중심으로-" 노동법논총 제42집, 비교노동법학회, 2018.4.

조흠학, "산업안전보건법에서 나타난 도급에 관한 쟁점", 노동법논총 제40집, 비교노동법학회, 2017.6.

조흠학, "산업안전보건에 있어서 양질의 일자리", 동아법학 제73호 동아대학교 법학연구소 2016.11.

조흠학, "산업재해 보고 위반 처벌제도 도입에 관한 소고", 노동법논총 제37집, 비교노동법학회, 2016.6.

조흠학, "유해·위험작업에 대한 하도급업체 근로자 보호강화 방안", 노동법논총 제38집, 비교노동법학회, 2016.11.

조흠학, "중국산업안전보건제도의 사업주 책임", 노동법논총 제32집, 비교노동법학, 2014.12.
조흠학, "산업안전보건법상 근로자의 권리 -작업중지권 실태조사를 중심으로-", 노동법논총 제31집, 비교노동법학회, 2014.8.
조흠학, "산업안전보건법에 있어서 사업주 책임 범위에 관한 고찰", 노동법논총 제29집, 비교노동법학회, 2013.12.
조흠학, "산업안전보건법의 유해 위험물질에 관한 근로자의 안전보건관리 방안에 관한 연구", 노동법논총 제27집, 비교노동법학회, 2013.4.
조흠학, 노동법처벌규정의 법률적 구속력에 관한 연구, 노동법노총 제15집, 비교노동법학회, 2009.
조흠학, "산업안전보건법에서 사업주 교육의 실효성 확보방안에 관한 연구", 사회법연구 제11호, 사회법 학회, 2009.
최영호, "정보통신 기술을 이용한 근로감시와 근로자 인권", 민주사회와 정책연구 3권2호, 2003.
최정열, "인터넷과 개인정보 보호", 정보법학 제6권1호, 2002.
탁희성, "기업범죄에 있어서 양벌규정의 정당성 확보를 위한 고소", 지송 이재상교수 정년기념논문집, 박영사, 2008.
한인섭, "국민참여재판 하에서 경찰 역할의 변화", 「형사정책」 제18권제2호, 한국형사정책학회, 2006.

(http://minwon.moel.go.kr/minwon2008/faq/faq_open_view.do)

【외국 문헌】

管野和夫, 勞働法, 弘文堂 1988.
敎葛兩參, 勞働法學と 法社會學, 東京三省堂 1985.
菊 一 功, 「偽装請負労働安全衛生法と建設業法の接点」, 労働新聞社, 2007.
勞働省勞働基準局安全衛生部, 「實務に役立つ勞働安全衛生法」, 中央勞働災害防止協會, 2000.
多田勝利, 「使用者·事業主의刑事責任」, 總合勞働研究所, 1983.
大友福夫, 日本勞働組合論, 未來社 1981.
大前朔郎·池田信, 日本勞働運動史論, 日本評論社 昭和46年.
大典通編 工典外工匠條.
大河內一男, 日本勞働組合論, 有斐閣 昭和29年.
渡 部 徹, 本勞働組合運動史, 青木書房 1970.
藤林敬三, 勞使官界と 勞使協議制 昭和38年.
藤田若雄, 日本勞働協約論, 東京大學 出版部 1965.
藤田若雄作, 戰後勞働組合織論 (3), 三一書房 1982.
労働調查会, 「労働安全衛生法実務便覧」, 労働調査會, 2007.
末弘嚴太郎, 日本勞働運動組合運動史, 共同通信社 昭和 25年.
木浦志編纂會 「木浦志」, 1913년.
木浦志編纂會 「木浦志」, 1913년.
木檜哲夫, 日本勞働運動の 歷史と 課題, 勞働史研究會, 勞働旬報社, 昭和44年.
未 來 社, 勞働組合運動の 現代的課題, 大友福夫 先生 還曆記念論文集 第1卷, 未來社 1984.
寺西輝泰, 「労働安全衛生法違反の刑事責任総論ー労働災害の防止をめざして」, 日労研, 2004.
山口浩一郎, 「労災補償の諸問題」, 有斐閣, 2002.
松岡三郎, 現代勞働法講座12, 勞働災害· 安全衛生, 日本勞働法學會, 1983.
我 妻 榮, 「民法講義Ⅱ」, 未來社, 1962.

籾井常喜, “勞災問題と權利闘爭の課題”, 「季刊勞働法」 第75號, 1970.
日本勞働法學會, 「現代勞働法講座12勞働災害·安全衛生」, 總合勞働研究所, 1983.
井 上 浩, 「最新労働安全衛生法(第 9 版)」, 中央経済社, 2008.
秋官志 卷六 雇工立案.
土田道夫, 日本的 雇用慣行ど 勞動契約, 勞動法 73號, 1989.
厚生労働省, “労働基準監督官の主な仕事”, 2008.
동경지방재판소판결, 노동법률순보 900호, 1975.
나고야 고등재판소판결, 판례시보 892호, 1977.

AFL-CIO, 「Death on the Job - The Toll of Neglect」, 2009.
Bauer, Jobst-Hubertus/Opolony, Bernhard, “Arbeitsrechtliche Aenderungen in der Gewerbeordnung”, BB 2002.
David Ormerod., Richard Taylor., “THE CORPORATE MANSLAUGHTER AND CORPORATE HOMICIDE ACT 2007”, Criminal Law Review 2008.
DGUV, 「DGUV Statistics 2008」, 2009.
Egger, Hartmut, “Die Rechte der Arbeitnehmer und des Betriebsrats auf dem Gebiet des Arbeitsschutzes”, BB 1992.
Eric J. Conn & Robert C. Gombar, “Protecting America´s Workers Act Of 2009: A Plan To Give OSHA A Lot More Teeth”, 「Mondaq Business Briefing」 Sep 16, 2009.
Fabricius, Nicolai, “Die Mitbestimmung des Betriebsrats bei der Umsetzung des neuen Arbeitsschutzrechts”, BB 1997.
Gitter, Wolfgang, “Die gesetzliche Unfallversicherung nach der Einordnung ins Sozialgesetzbuch - ein Versicherungszweig ohne Reformbedarf?”, BB Beilage 1998.
HooverR.L, HancockR.L, HyltonK.L, DickersonO.B, HarriesG.E, History and Organization in Health, Safety and Environmental Control, Van Nostrand Reinhold, 1989
HSE, 「Health and Safety statistics 2007/2008」, 2008.
HSE, Enforcement Policy Statement, 2009.
HSE, Health and Safety Offences and Penalties 2004/2005(A Report by the HSE).
Jorn Axel Kammerer/Gregor Thusing, Ladenschlussrecht und Arbeitszeitrecht Zur Gesetzgebungshoheit fur die Materien des Ladenschlussgesetzes nach der Foderalismusreform, GewArch 2006.
Leube, Konrad, “Die Pflicht zur Ubernahme einer Tatigkeit als Ersthelfer im Betrieb”, BB 1998.
Marburger, Horst, “Haftungsfreistellung bei Arbeitsunfallen”, BB 2000.
Maschmann, Frank, “Die Zukunft des Arbeitsschutzrechts”, BB 1995.
Muggenborg, Hans-Jurgen, “Die Akkreditierung zugelassener Ueberwachungsstellen zur Prufung uberwachungsbedurftiger Anlagen nach Betriebssicherheitsverordnung im Industriepark”, GewArch 2006.
OSHA, 「OSHA’s Field Operation Manual(FOM)」, 2009.
Rosemary Craig., “THOU SHALL DO NO MURDER: A DISCUSSION PAPER ON THE CORPORATE MANSLAUGHTER AND CORPORATE HOMICIDE ACT 2007”, COMPLAW 30(1) 2009.
Zachert, Ulrich, “Ein Mosaik von Arbeitnehmergrundrechten im Grundgesetz”, BB 1998.

찾아보기

ㄱ

가맹본부 339
감정노동 277
건강진단 391
건설공사발주자 223
경영책임자 486
고의 455
공장령(GewO) 166
공정안정보고서 282
과실 455
과징금 418
과태료 437
관계수급인 222
관리감독자 238
규약 36
근로안전관리규칙 17
근로자 219
근로자대표 221
근로자의 작업중지권 292
급박한 위험 290
기업과실치사 142
기업활동 32

ㄴ

노동관행 38
노동안전위생법 188
노동자 11
노동판례 38
노동형법 450
노무제공자 28

ㄷ

단체협약 36
도급 221
도급인 222
동업조직 159

ㅁ

물론해석 46
미필적 고의 458

ㅂ

반대해석 45
배달종사자 338
범죄구성요건 453
법원 34
법인처벌 469
법해석 40
보건관리자 244
보건조치 275
보정해석 47

ㅅ

사업 224
사업주 220
사업주의 작업중지 290
사용중지 293
사회법전(Sozialgesetzbuch) 167
산업안전보건관리비 328
산업안전보건위원회 250
산업재해 218
산재은폐 302
수강명령 432
수급인 222

ㅇ

아동노동 118
안전관리자 240
안전보건관리규정 252
안전보건관리담당자 246
안전보건교육 254
안전보건진단 223
안전인증 344
안전조치 274
역학조사 405
원진레이온 22
위험성평가 26, 270
유권해석 42
유리한 조건의 우선원칙 39
유추해석 46
유해위험방지계획서 279
은폐 301
이사회 보고 237
이행강제금 472
일반법 31

ㅈ

작업중지 해제 298
작업환경측정 223
중대재해 218
중대재해처벌법 482
지배·운영·관리 488
징벌적 배상제도 480

ㅊ

책임성 454
축소해석 44
취업규칙 37

ㅌ

타워크레인 343
특별법 31
특수형태근로종사자 334

ㅎ

학리해석 43
행정해석 38
확장해석 44
황린 119

영문

EU법 74
ILO협약 39
MSDS 370
OSH Act 110

저자 : **조흠학**

단국대학교(법학박사, 사회법)
현, 인제대학교 보건안전공학과 강의교수

| 경 력 |

산업안전보건공단 산업안전보건연구원 정책제도 연구부장 역임
한국노총 중앙연구원 연구조정실장 역임
단국대 법학과 및 대학원, 교통대 대학원, 창원대 법학과, 인하대행정대학원, 충남대 대학원 법학과, 아주대보건대학원, 한국기술교육대, 신성대 등에서 노동법 및 산업안전보건법 강의

| 주요저서 |

『산업안전보건법 해설』(신광문화사, 2020, 1판)
『NEW 산업보건위생』(신광문화사, 2023, 공저)
『노동법의 과제와 지속가능성』(관악사, 2022, 공저)
『산업안전』(방송대, 2021, 공저)
『법과 생활』(에이포 미디어)
『노동법 특강』(태학관)
『법제사적 의미에서 산업안전보건법의 역할과 지위에 관한 연구』(연구총서)
『산업안전보건법의 적용범위에 관한 타법과의 비교연구』(연구총서)
『세계 각국의 산업안전보건법 형사처벌제도와 처벌사례 연구』(연구총서) 외 다수

| 주요논문 |

「명예산업안전감독관제도의 제도적 개선방안」
「산업안전보건법의 체계 정립 방안에 관한 미래의 방향」
「산업안전보건법에서 사업주 교육의 실효성 확보방안에 관한 연구」
「2022 파견 위탁 근로자의 건강보호에 관한 연구 –대학 경비원을 중심으로–」
「산업안전보건법상 석면 관리체계의 문제점에 대한 소고」
「중대재해처벌법에서의 경영책임자의 범위와 의무에 관한 소고」
「매상문화재 발굴현장 안전 예방시스템 구축을 위한 연구」
「현행 산업안전보건법상 중대재해조사체계의 문제점에 대한 소고」
「산업보건에 있어서 특수형태근로종사자 최근 이슈와 외국제도」
「산업안전보건법 개정안에 관한 소고」
「산안법에서 위험작업의 근로자 보호방안 –산안법의 이동식 크레인 작업을 중심으로–」
「산업안전보건법에서 나타난 도급에 관한 쟁점」
「산업안전보건에 있어서 양질의 일자리」
「산업재해 보고 위반 처벌제도 도입에 관한 소고」
「유해 · 위험작업에 대한 하도급업체 근로자 보호강화 방안」
「중국산업안전보건제도의 사업주 책임」
「산업안전보건법상 근로자의 권리 –작업중지권 실태조사를 중심으로–」
「산업안전보건법에 있어서 사업주 책임 범위에 관한 고찰」
「산업안전보건법의 유해 위험물질에 관한 근로자의 안전보건관리 방안에 관한 연구」
「노동법처벌규정의 법률적 구속력에 관한 연구」 외 70여편
「Developing a Basic Scale for Workers' Psychological Burden from the Perspective of Occupational Safety and Health」
「Safety Climate and Occupational Stress According to Occupational Accidents Experience and Employment Type in Shipbuilding Industry of Korea」
「Unions, Health and Safety Committees, and Workplace Accidents in the Korean Manufacturing Sector」 외 70여편

산업안전보건법 해설 정가 32,000원

발 행 2025년 3월 10일 2판 1쇄
저 자 조흠학
발행인 전귀연
발행처 신광문화사
경기도 파주시 광인사길 201(문발동, 파주출판도시)
Tel (031)955-4211~6 donghwapub@nate.com
Fax (031)955-4217 www.donghwapub.co.kr
(등록) 1991년 6월 26일/6-130호

Printed in Korea
ISBN 978-89-7432-976-1

공급처 도서출판 동화기술